学电脑从入门到精通

黑客攻防从入门到精通

（黑客与反黑客工具篇）

第2版

李书梅 张明真 编著

机械工业出版社
China Machine Press

图书在版编目（CIP）数据

黑客攻防从入门到精通：黑客与反黑客工具篇 / 李书梅，张明真编著．—2 版．—北京：机械工业出版社，2020.5（2024.11 重印）

ISBN 978-7-111-65539-8

I. 黑… II. ①李… ②张… III. 黑客 – 网络防御 IV. TP393.081

中国版本图书馆 CIP 数据核字（2020）第 081237 号

黑客攻防从入门到精通（黑客与反黑客工具篇）第 2 版

出版发行：机械工业出版社（北京市西城区百万庄大街 22 号 邮政编码：100037）

责任编辑：陈佳媛　　责任校对：李秋荣

印　　刷：北京建宏印刷有限公司　　版　　次：2024 年 11 月第 2 版第 5 次印刷

开　　本：185mm×260mm 1/16　　印　　张：24.75

书　　号：ISBN 978-7-111-65539-8　　定　　价：79.00 元

客服电话：（010）88361066 68326294

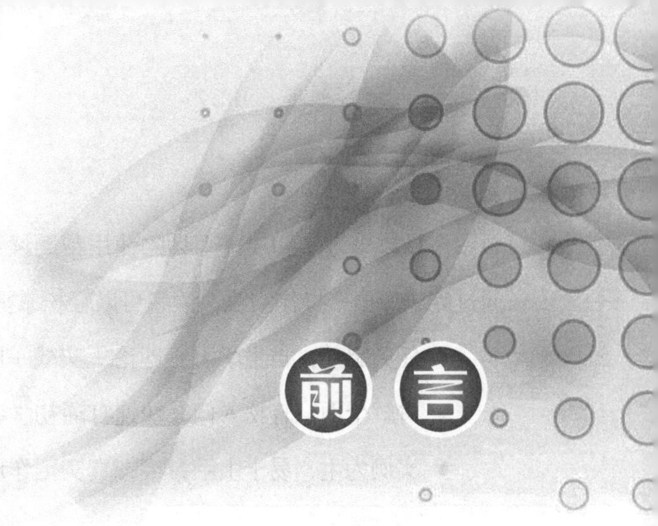

前言

在现实生活中，黑客可能是那些编程能力强的程序员，他们组合使用众多强大的工具解决自己的各种需求。随着计算机网络的普及与黑客工具的传播，越来越多的人使用简单的工具即可对一些疏于防范的计算机进行攻击，并在受侵入的计算机里为所欲为。当计算机用户发现自己的密码被盗、资料被修改或被删除、硬盘变作一片空白之时，再想亡羊补牢，却为时已晚。

关于本书

俗话说：害人之心不可有，防人之心不可无。知己知彼方能百战不殆。

本书的目的是让读者了解基础的网络知识，通晓常见的黑客攻击手段与软件，从而用知识与技巧将自己的计算机与网络很好地保护起来，防患于未然。

本书内容

本书从“攻”“防”两个不同的角度出发，在讲解黑客攻击手段的同时，介绍相应的防范方法，图文并茂地再现网络入侵与防御的全过程。本书内容涵盖黑客必备小工具、扫描与嗅探工具、注入工具、密码攻防工具、病毒攻防常用工具、木马攻防常用工具、网游与网吧攻防工具、黑客入侵检测工具、清理入侵痕迹工具、网络代理与追踪工具、局域网黑客工具、远程控制工具、QQ 聊天工具、系统和数据的备份与恢复工具、系统安全防护工具、常用手机软件的安全防护等，由浅入深地讲述黑客攻击的原理、常用手段，让读者在了解的同时学会拒敌于千里之外的方法。

本书特色

本书由浅入深地讲解黑客攻击和防范的具体方法和技巧，通过具体的操作步骤，向读者展示多种攻击方法和攻击工具的使用帮助读者深入了解黑客攻击手段，从而更好地保护自己。通过完成一个个操作实践，读者可以轻松掌握各种知识点，在不知不觉中快速提升防御技能。

- 任务驱动，自主学习，理论 + 实战 + 图文 = 快速精通。
- 讲解全面，轻松入门，快速打通初学者学习的重要关卡。
- 实例为主，易于上手，模拟真实工作环境，解决各种疑难问题。

本书适合人群

作为一本面向广大网络爱好者的速查手册，本书适合如下读者学习使用：

- 没有多少计算机操作基础的普通读者
- 需要获得数据保护知识的日常办公人员
- 喜欢看图学习的广大读者
- 网络管理人员、网吧工作人员等

目 录

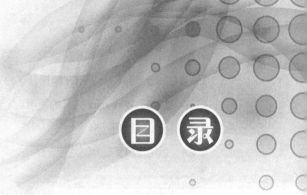

第3章 注入工具

第4章 密码攻防工具

第5章 病毒攻防常用工具

第6章 木马攻防常用工具

第7章 网游与网吧攻防工具

第8章 黑客入侵检测工具

第9章 清理入侵痕迹工具

第10章 网络代理与追踪工具

第11章 局域网黑客工具

第12章 远程控制工具

第13章 系统和数据的备份与恢复工具

第14章 系统安全防护工具

第15章 常用手机软件的安全防护

第1章 黑客必备小工具

黑客在试图攻击他人计算机并进行一系列破坏性操作时，如果要实现攻击目的，他往往会借助各种各样的工具。本章主要介绍黑客攻击时必备的各种小工具，例如文本编辑工具、免杀辅助工具、破解辅助工具及其他工具，有助于读者对这些工具有一个比较全面的了解，以便更好地防御网络攻击。

1.1 文本编辑工具

在对文件进行修改时，经常会用到文本编辑工具，如 UltraEdit 编辑器、WinHex 及 PE 文件编辑工具 PEditor。黑客通常借助这些工具来修改木马病毒的特征码，以避开杀毒软件的查杀。

1.1.1 UltraEdit 编辑器

UltraEdit 是一套功能强大的文本编辑器，该工具可以编辑文本、十六进制代码、ASCII 码等，甚至可取代记事本。该编辑器中内建英文单词检查、C++ 及 VB 指令，可同时编辑多个文件。该软件又附有 HTML 标签颜色显示、搜寻替换及无限制还原功能，可修改 EXE 和 DLL 文件。

该工具的具体使用步骤如下。

步骤 1：下载并安装 UltraEdit，双击该工具的快捷图标，即可打开“UltraEdit”主窗口。在“UltraEdit”工具中可以查看各种应用软件的十六进制代码，如图 1.1.1-1 所示。

步骤 2：依次选择“文件”→“打开”菜单项，即可打开“打开”对话框，如图 1.1.1-2 所示。

步骤 3：在其中选择相应的应用程序，单击“打开”按钮，即可在“UltraEdit”主窗口中看到该应用程序对应的十六进制编码，如图 1.1.1-3 所示。

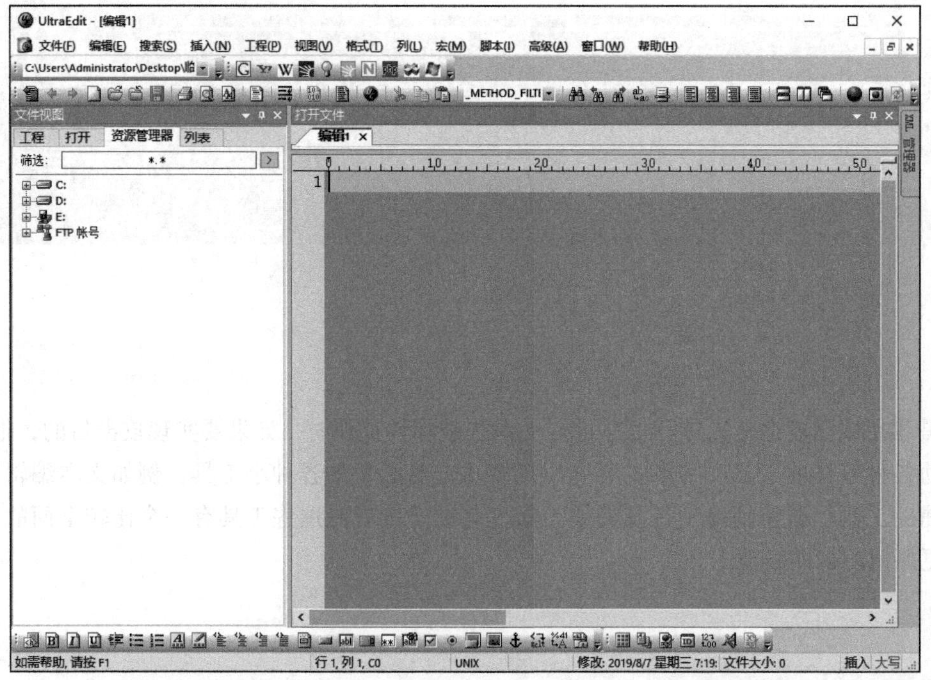

图 1.1.1-1

图 1.1.1-2

步骤 4：UltraEdit 支持多文件查找和替换，如果想把打开的几个文件中的“/index.htm”全部替换为“../index.htm”，只要在“UltraEdit”主窗口中依次选择“搜索”→“替换”选项，即可打开“替换”对话框，在其中分别输入要查找的词或要替换的词，如图 1.1.1-4 所示。单击“全部替换”按钮，即可进行替换操作。

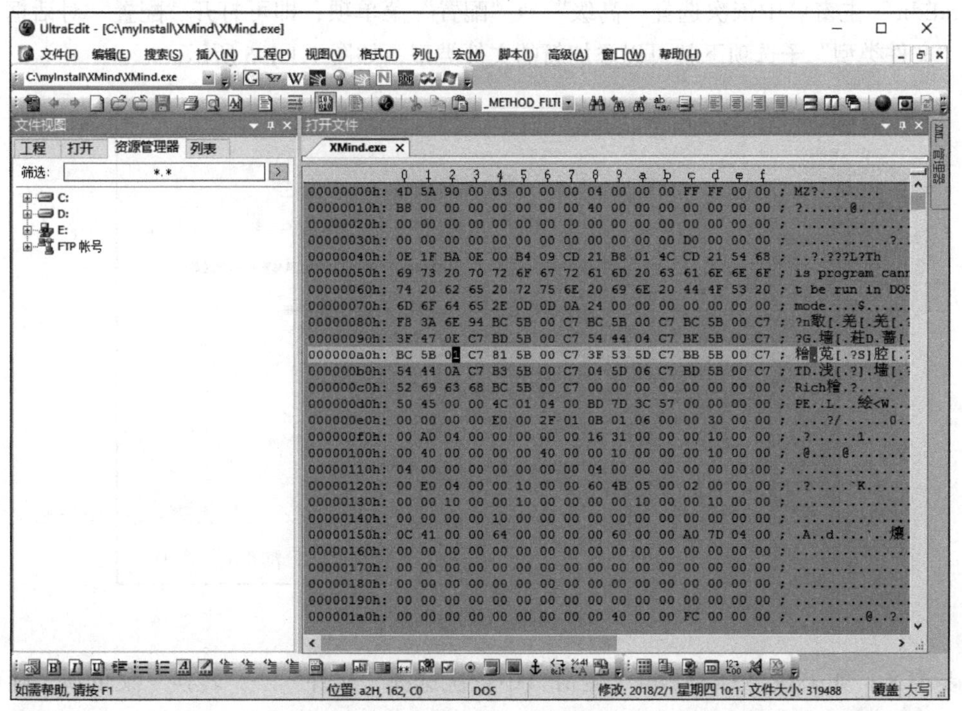

图　1.1.1-3

步骤 5：在 UltraEdit 编辑工具中还可以插入或删除十六进制数据。在“UltraEdit”主窗口中依次选择“编辑”→“十六进制功能”→“十六进制插入 / 删除”菜单项，即可打开“十六进制插入 / 删除”对话框，如图 1.1.1-5 所示。

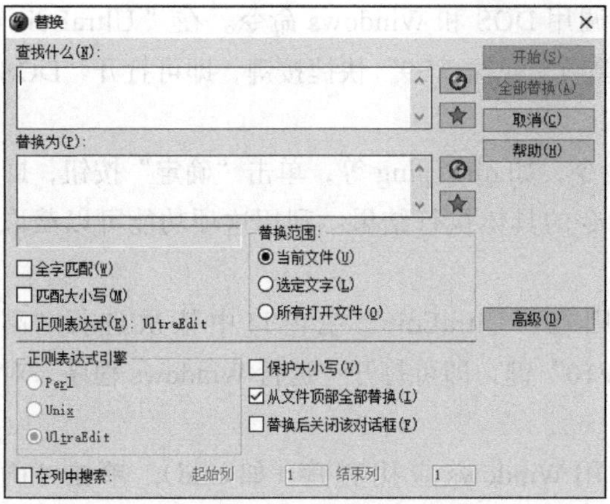

图　1.1.1-4

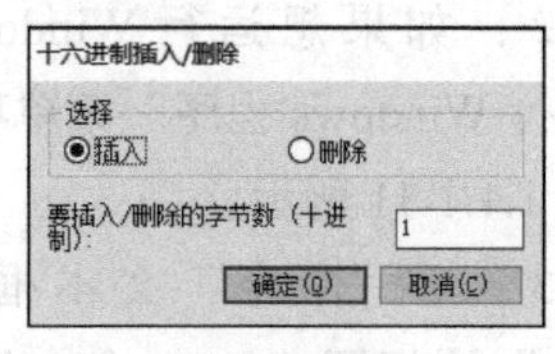

图　1.1.1-5

步骤 6：在“UltraEdit”主窗口依次中选择“插入”→“在每一个增量处字符串”菜单项，即可打开“用指定增量插入字符串”对话框，可在其中设置要插入的字符、文件偏移开始点等属性。单击“确定”按钮，即可添加指定的字符串。

步骤 7：还可以让 UltraEdit 软件自己打开指定类型的文件，其具体的添加方法为，在“UltraEdit”主窗口中依次选择“高级”→“配置”菜单项，即可打开“配置”对话框。在左边“文件类型”子选项下就可以添加新的文件类型，如图 1.1.1-6 所示。

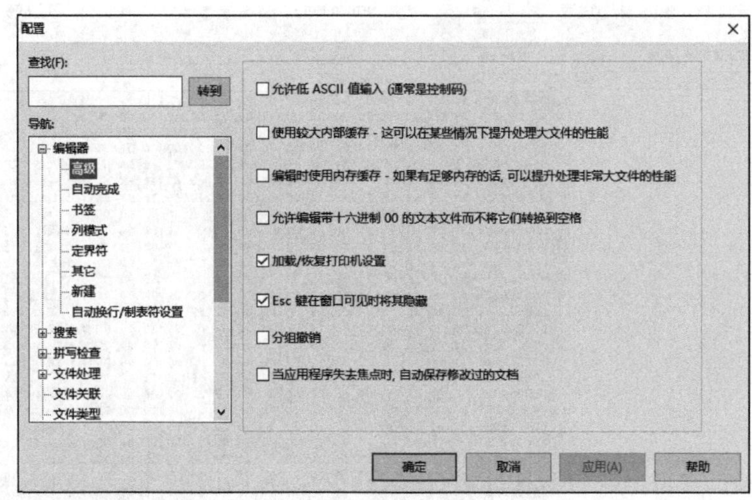

图 1.1.1-6

步骤 8：如果在“UltraEdit”主窗口中依次选择“文件”→“转换”菜单项，则可展开 UltraEdit 的文本格式转换菜单，可在其中进行 UNIX/MAC 与 DOS、EBCDIC 与 ASCII、OEM 与 ANSI 等之间文本的相互转换，如图 1.1.1-7 所示。

步骤 9：UltraEdit 软件支持在 Windows 系统里安装的所有字体，其中包括中文 Windows 和其他外挂字体。如果要选择显示字体，在“UltraEdit”主窗口中依次选择“视图”→“设置字体”菜单项，打开“字体”对话框，在其中选择即可，如图 1.1.1-8 所示。

步骤 10：在 UltraEdit 软件中还可以直接调用 DOS 和 Windows 命令。在“UltraEdit”主窗口中依次选择“高级”→“DOS 命令”菜单项，或按“F9”快捷按键，即可打开“DOS 命令”对话框，如图 1.1.1-9 所示。

步骤 11：在“命令”文本框中输入 DOS 命令，如 dir、ping 等，单击“确定”按钮，即可在“UltraEdit”主窗口的编辑区中输出该命令的具体执行结果。利用这项功能可以截取 DOS 窗口运行的文本信息，如图 1.1.1-10 所示。

步骤 12：如果想运行 Windows 程序，则在“UltraEdit”主窗口中依次选择“高级”→“运行 Windows 程序”菜单项，或按“F10”键，即可打开“运行 Windows 程序”对话框，如图 1.1.1-11 所示。

步骤 13：在“命令”文本框中输入调用 Windows 应用程序（如 cmd），单击“确定”按钮，即可打开“DOS 命令窗口”，在其中可以看到 UltraEdit 软件的安装路径，如图 1.1.1-12 所示。

步骤 14：在 UltraEdit 工具中还可以编辑和使用宏，但在使用宏之前需要先定义宏。在“UltraEdit”主窗口中依次选择“宏”→“录制”菜单项，即可打开“宏定义”对话框，如

图 1.1.1-13 所示。在其中输入宏的名称和热键后，单击“确定”按钮即可录制宏。

步骤 15：如果想在 UltraEdit 工具中插入并使用已经存在的脚本文件，则在“UltraEdit”主窗口中依次选择“脚本”→“脚本”菜单项，即可打开“脚本”对话框，可在其中进行添加、编辑、删除脚本操作，如图 1.1.1-14 所示。

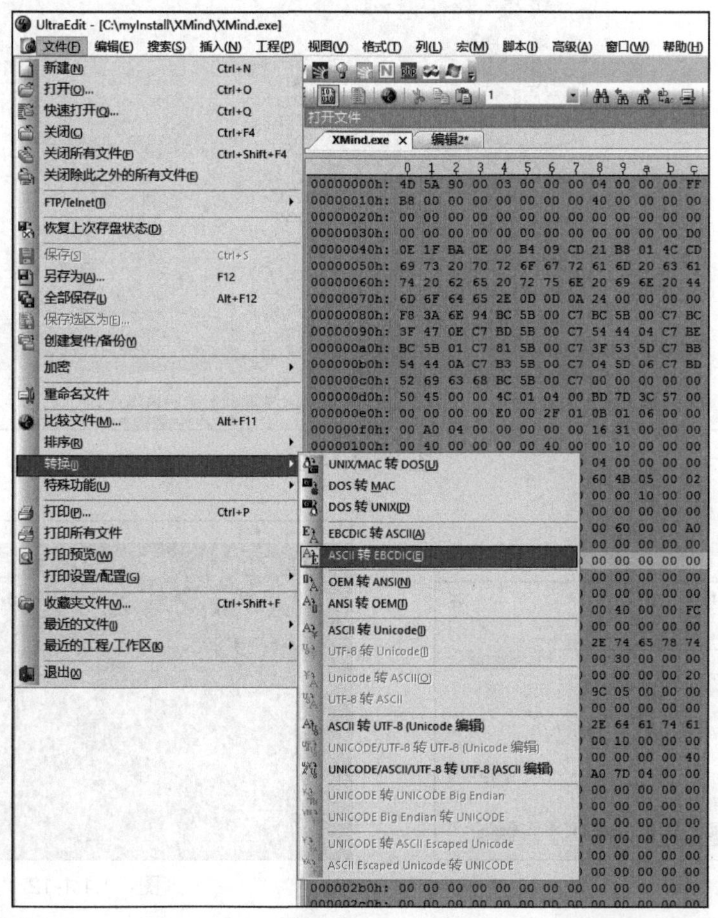

图　1.1.1-7

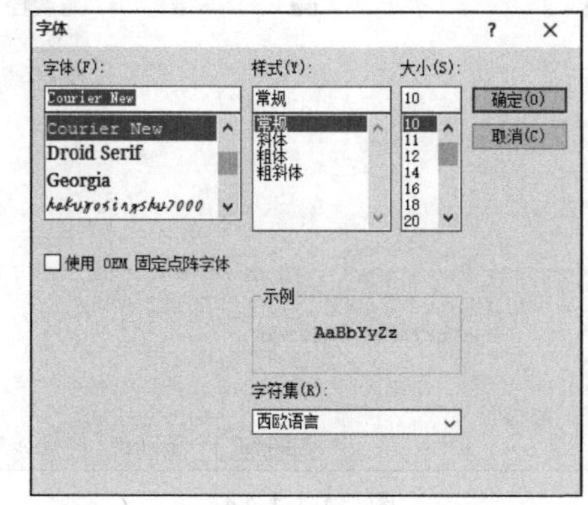

图　1.1.1-8

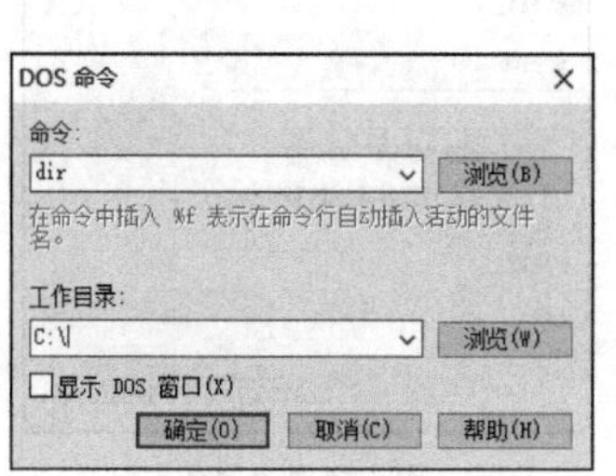

图　1.1.1-9

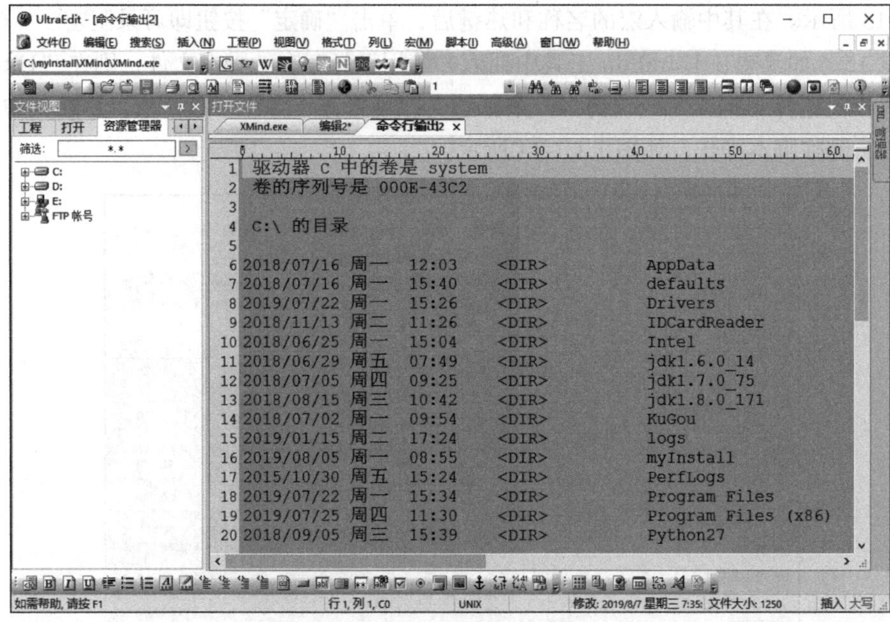

图 1.1.1-10

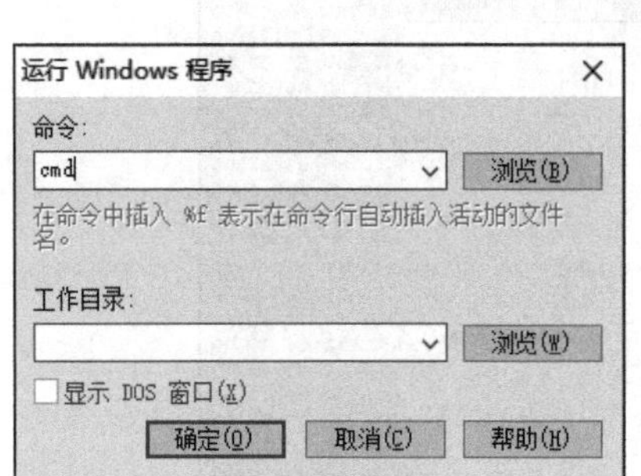

图 1.1.1-11

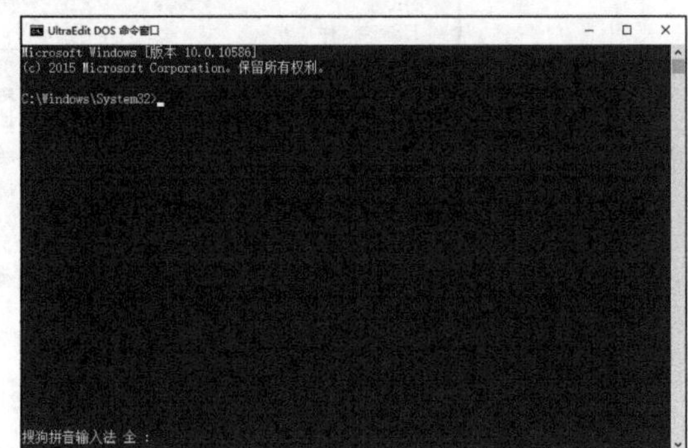

图 1.1.1-12

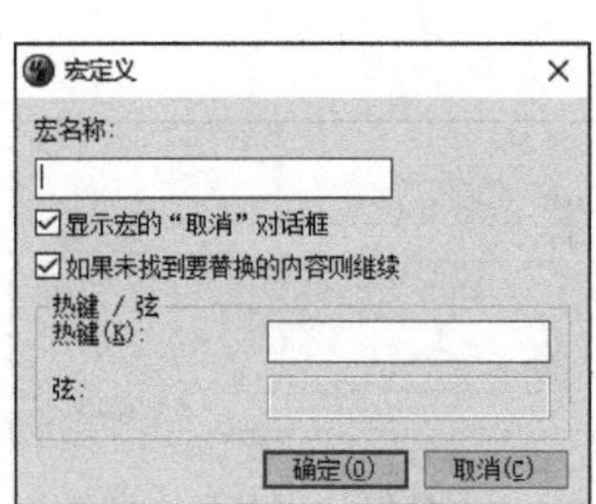

图 1.1.1-13

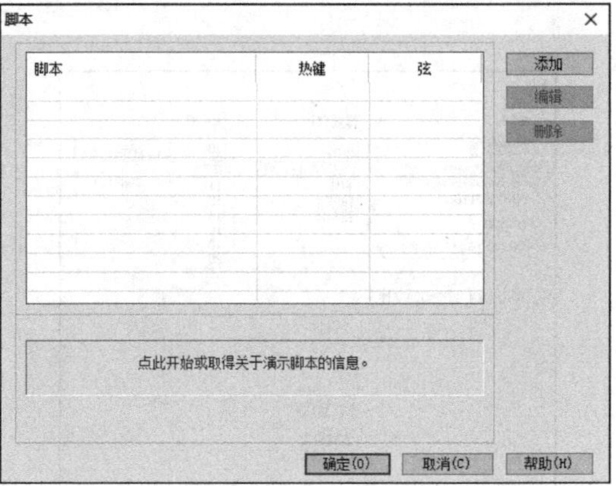

图 1.1.1-14

步骤 16：在编辑和使用脚本之前，同样需要先添加脚本文件。在“脚本”对话框中单击“添加”按钮，即可打开“打开”对话框，如图 1.1.1-15 所示。

步骤 17：在其中选择相应的脚本文件（一般是 .js 文件），单击“打开”按钮，即可在“脚本”对话框中看到添加的脚本文件，如图 1.1.1-16 所示。

图　1.1.1-15

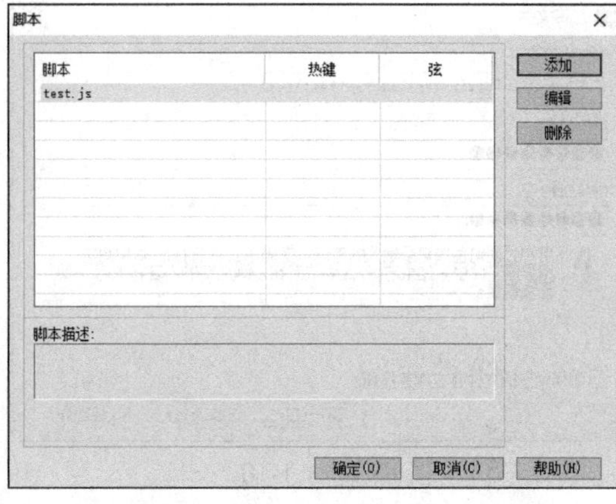

图　1.1.1-16

步骤 18：单击“确定”按钮，返回“UltraEdit”主窗口中的“脚本列表”窗格中，即可看到刚添加的脚本文件，如图 1.1.1-17 所示。

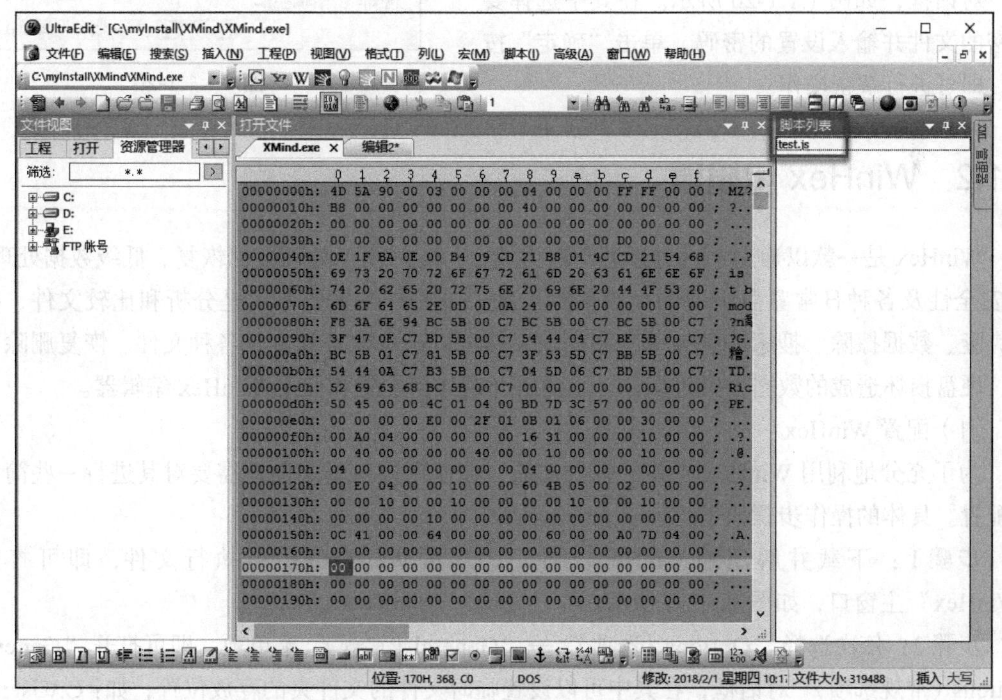

图　1.1.1-17

步骤 19：利用 UltraEdit 软件还可以对应用程序进行加密和解密操作。在“UltraEdit”

主窗口中依次选择“文件”→“加密”→“加密文件”菜单项，即可打开“加密文件”对话框，在“密码”和“确认密码”文本框中分别输入要设置的密码，如图 1.1.1-18 所示。

步骤 20：单击“确定”按钮，即可打开“加密 - 删除文件”对话框，如图 1.1.1-19 所示。如果不想删除应用程序源文件，则单击“否”按钮，即可进行加密操作。

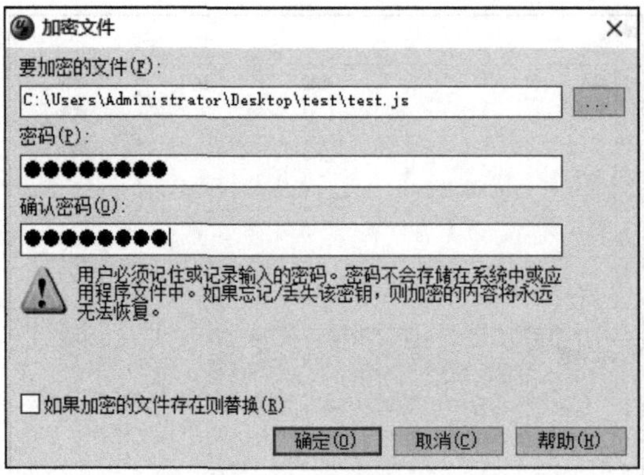

图 1.1.1-18

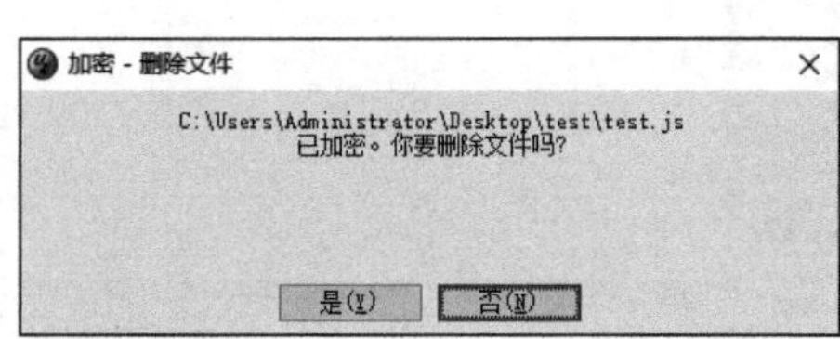

图 1.1.1-19

步骤 21：同理，如果想解密文件，则在“UltraEdit”主窗口中依次选择“文件”→“加密”→“解密文件”菜单项，即可打开“解密文件”对话框，如图 1.1.1-20 所示。在其中选择要解密的文件并输入设置的密码，单击“确定”按钮，即可进行解密操作。

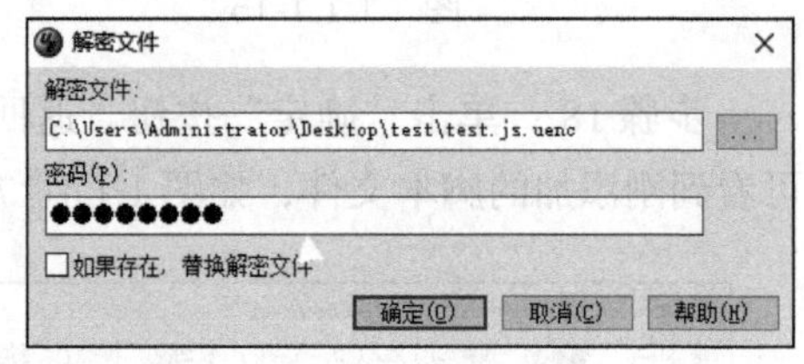

图 1.1.1-20

1.1.2 WinHex 编辑器

WinHex 是一款以通用十六进制编辑器为核心，专门用于处理数据恢复、低级数据处理、IT 安全性及各种日常紧急情况的高级编辑工具。该工具的主要作用是分析和比较文件、磁盘克隆、数据擦除、搜索和替换等，利用该工具可以进行检查和修复各种文件、恢复删除文件、硬盘损坏造成的数据丢失等操作。下面将介绍如何配置和使用 WinHex 编辑器。

（1）配置 WinHex

为了充分地利用 WinHex 工具的强大功能，在使用该工具之前还需要对其进行一些简单的配置。具体的操作步骤如下。

步骤 1：下载并解压缩 WinHex 文件后，双击 WinHex.exe 可执行文件，即可打开“WinHex”主窗口，如图 1.1.2-1 所示。

步骤 2：依次选择“Options（选项）”→“General（常规）”菜单项，即可打开“General Options（常规选项）”对话框，在其中可以设置临时文件的文件夹的存放位置，如：C:\Users，并勾选“（Hexadecimal offsets）十六进制偏移量”复选框，将虚拟地址和偏移地址都设置为十六进制的，如图 1.1.2-2 所示。

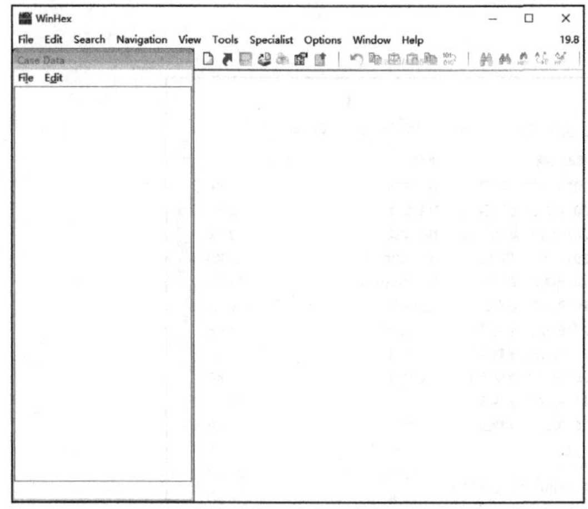

图　1.1.2-1

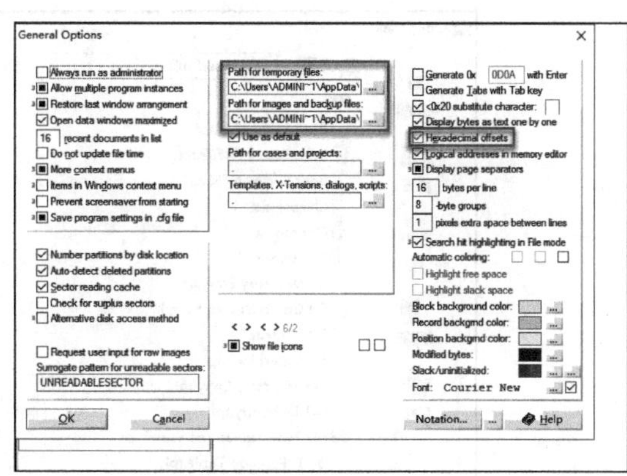

图　1.1.2-2

步骤 3：依次选择“Options（选项）”→“Edit Mode（编辑模式）”菜单项，即可打开“Select Mode（选择模式）”对话框，如图 1.1.2-3 所示。由于 WinHex 默认是写保护方式的，这里将编辑模式修改为“Default Edit Mode (=editable)(默认的编辑模式（= 可编写))”选项。

步骤 4：依次选择“Options（选项）”→“Data Interpreter Options（数据解析器选项）”菜单项，即可打开“Data Interpreter Options（数据解析器选项）”对话框，可在其中设置数据解析器的各个属性，如图 1.1.2-4 所示。

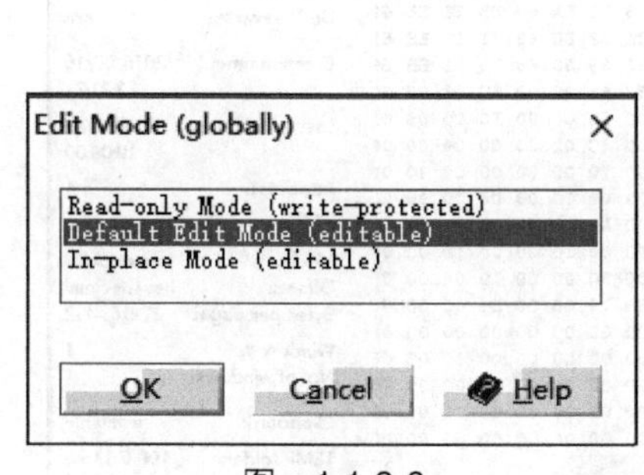

图　1.1.2-3

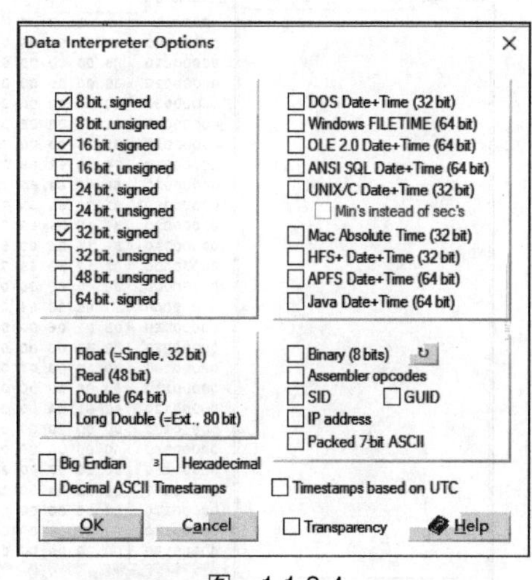

图　1.1.2-4

（2）WinHex 的使用

WinHex 的主要功能是以十六进制方式编辑和修改机器码，另外它还有编辑文本、文件比较以及内存编辑等功能。该工具的具体使用步骤如下。

步骤 1：在“WinHex”主窗口中依次选择“File”→“Open”菜单项，即可打开“Open Files（打开文件）”对话框，可在其中选择需要打开的应用程序，如图 1.1.2-5 所示。

步骤 2：单击“打开”按钮，即可在“WinHex”主窗口中看到该文件的十六进制代码，如图 1.1.2-6 所示。

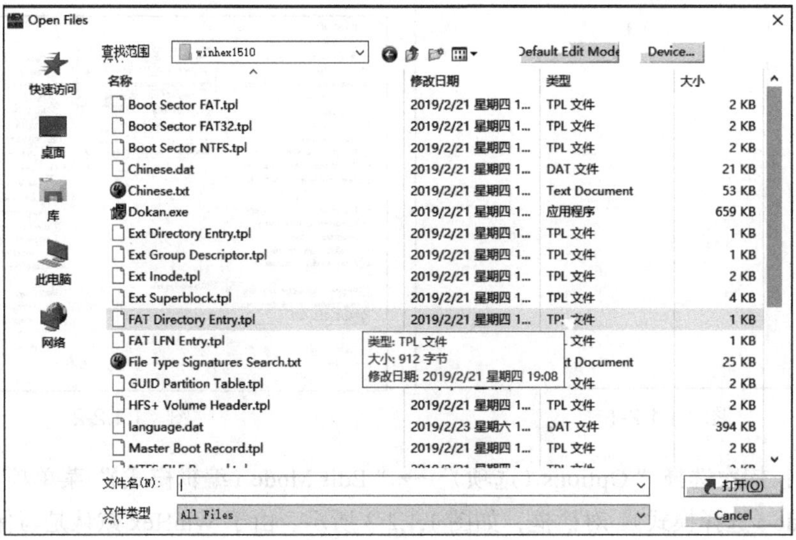

图 1.1.2-5

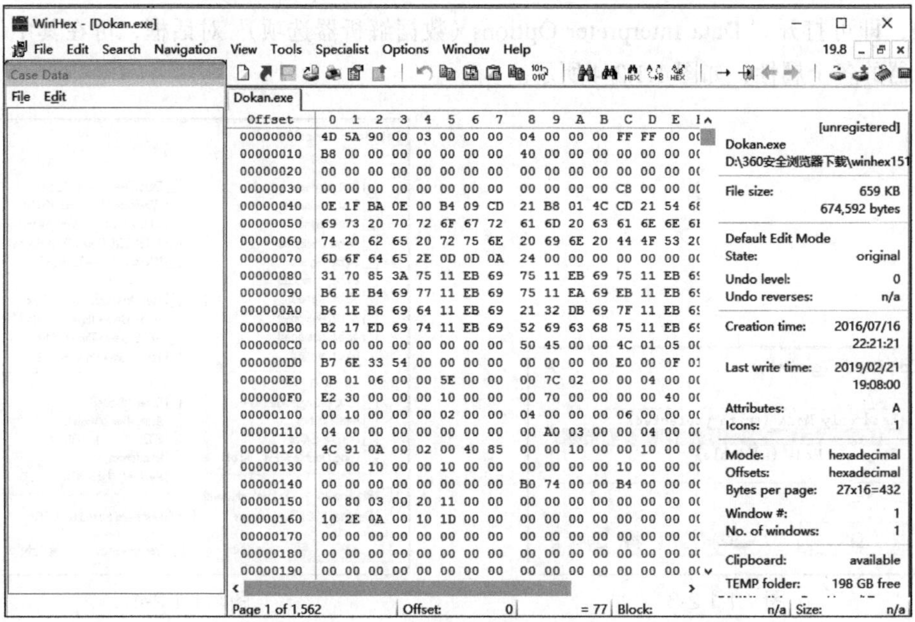

图 1.1.2-6

步骤 3：在 WinHex 中可以定位到某个偏移地址处。在“WinHex”主窗口中依次选择“Navigation（浏览）”→“Go To Offset（转到偏移量）”菜单项，即可打开“Go To Offset（转到偏移量）”对话框。在“New position（新位置）”文本框中输入“0000050”，如图 1.1.2-7 所示。

步骤 4：单击“OK”按钮，即可将光标转到相应的地址处，如图 1.1.2-8 所示。

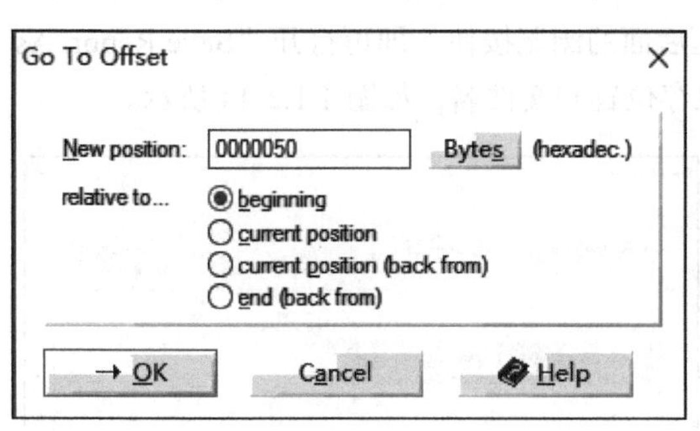

图　1.1.2-7

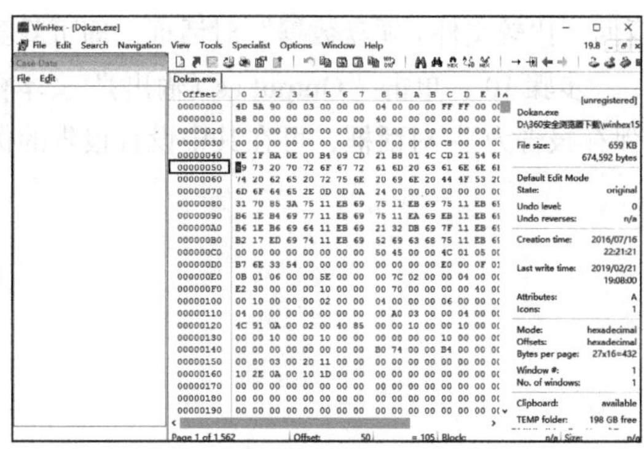

图　1.1.2-8

步骤 5：使用 WinHex 还可以搜索出一些程序内的字符串，并且可以对它们进行编辑。在“WinHex”主窗口中选择“Search（搜索）”→“Find Text（查找文本）”命令，即可打开“Find Text（查找文本）”对话框。在其中输入需要修改的字符串，如“run in DOS mode”，将搜索方式设置为“ASCII/Code page”选项，如图 1.1.2-9 所示。

步骤 6：单击“OK”按钮，即可看到已经跳转到要搜索字符串的地址处，如图 1.1.2-10 所示。在窗口右侧文本区域中进行字符串的修改，单击工具栏上的保存按钮，即可保存。

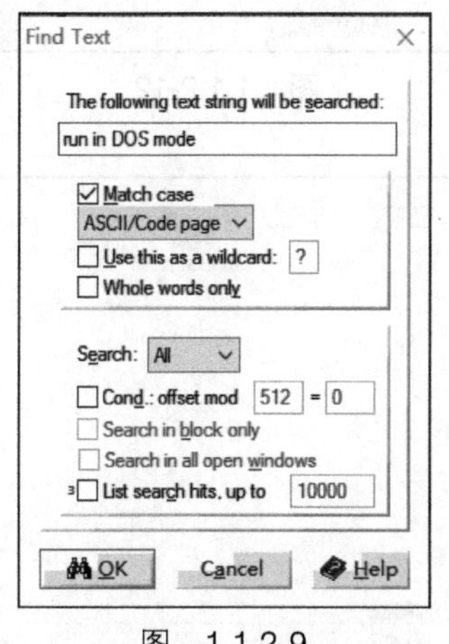

图　1.1.2-9

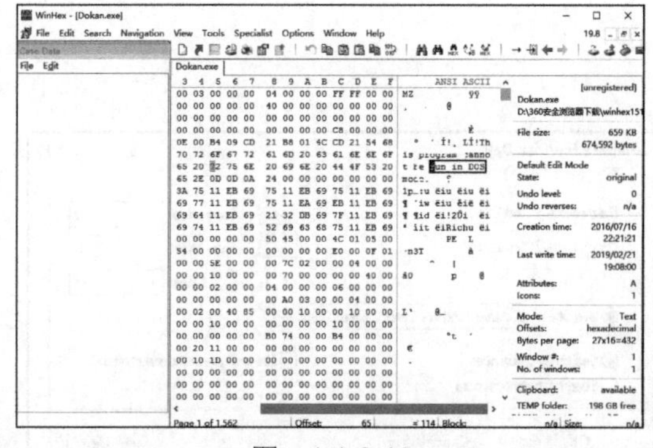

图　1.1.2-10

步骤 7：利用 WinHex 软件还可以对文件进行连接、分割、合并、不可逆转删除和比较等操作。在解密时经常用到的功能是比较，即通过比较解密前后的文件，看出解密者对程序中的哪些代码做了修改，最后生成一个文本格式的差别报告。在 Winhex 主窗口中依次选择“Tools（工具）”→“Compare Data（比较数据）”菜单项，即可打开“Compare File/Disks Data（比较文件 / 硬盘数据）”对话框，如图 1.1.2-11 所示。

步骤 8：分别单击“Data source 1”“Data source 2”文本框后面的浏览按钮，即可打开“Start Center（启动中心）”对话框，如图 1.1.2-12 所示。

步骤 9：单击“Open File（打开文件）”按钮，在“Open Files（打开文件）”对话框中选择需要比较的文件，单击“打开”按钮，即可返回“启动中心”对话框。单击“OK”按钮返回“比较文件 / 硬盘数据”对话框，即可看到选择的需要比较的文件，如图 1.1.2-13 所示。

步骤 10：单击“Output as（输出）”文本框后面的浏览按钮，即可打开“Save Report As（保存报告为）”对话框，可在其中设置报告的保存位置和文件名，如图 1.1.2-14 所示。

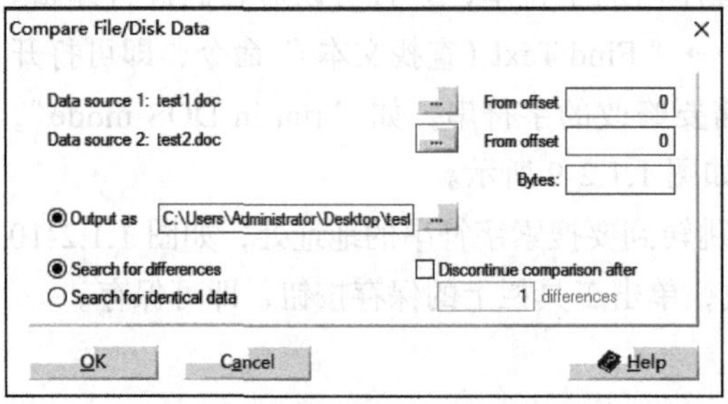

图 1.1.2-11

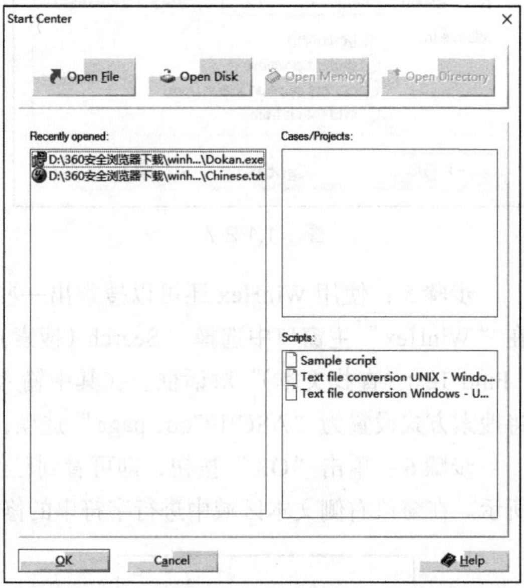

图 1.1.2-12

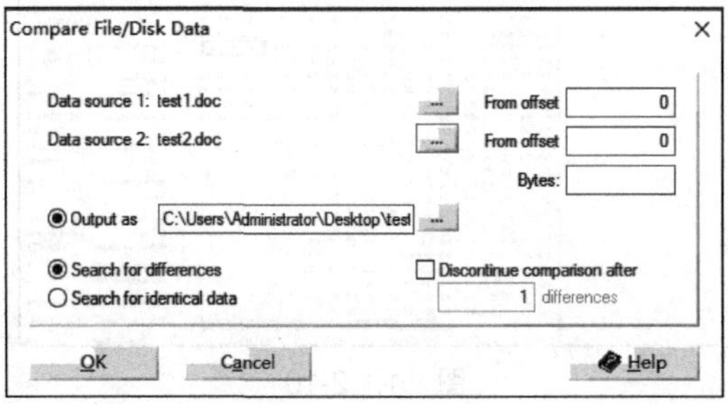

图 1.1.2-13

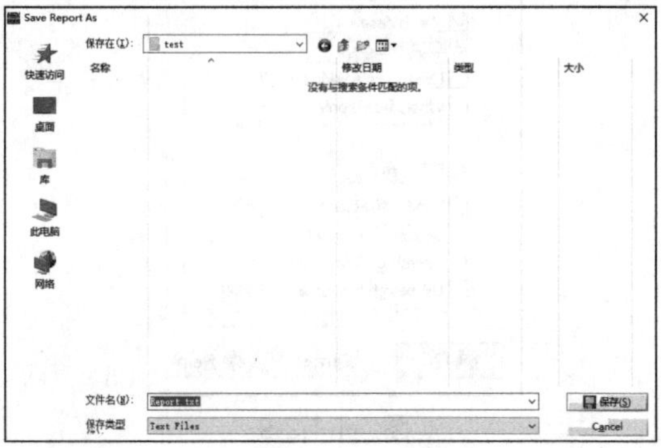

图 1.1.2-14

步骤 11：单击“保存”按钮，即可返回“比较文件 / 硬盘数据”对话框，可在其中看到报告的具体保存位置，如图 1.1.2-15 所示。单击“OK”按钮，即可打开“可以用记事本程序查看报告”提示框，如图 1.1.2-16 所示。

步骤 12：当系统完成文件的比较之后，将会产生一个文本文件，从中可以看到不同代码处的偏移地址、代码内容和差别总数等信息，如图 1.1.2-17 所示。

步骤 13：在 WinHex 软件中还可以将应用程序分割为指定大小的文件。在 WinHex 主窗口中依次选择“Tools（工具）”→“Files Tools（文件工具）”→“Split（分割）”菜单项，即可打开“Split File（分割文件）”对话框，在其中选择需要分割的文件，如图 1.1.2-18 所示。

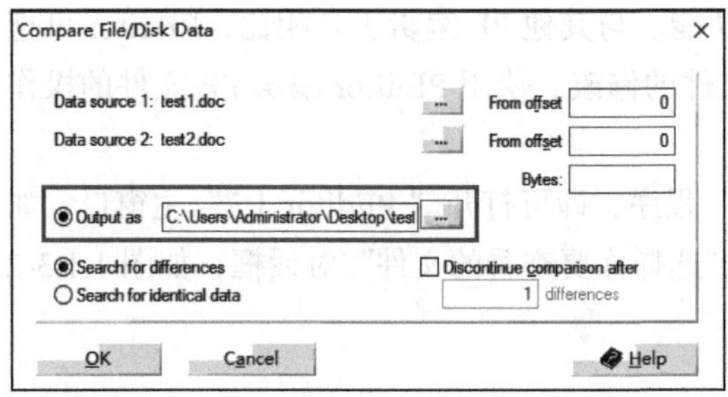

图　1.1.2-15

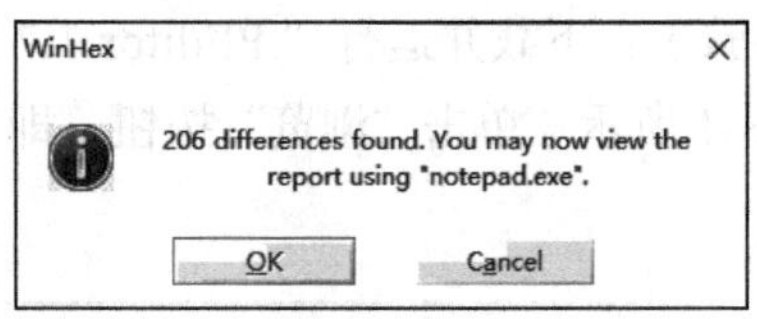

图　1.1.2-16

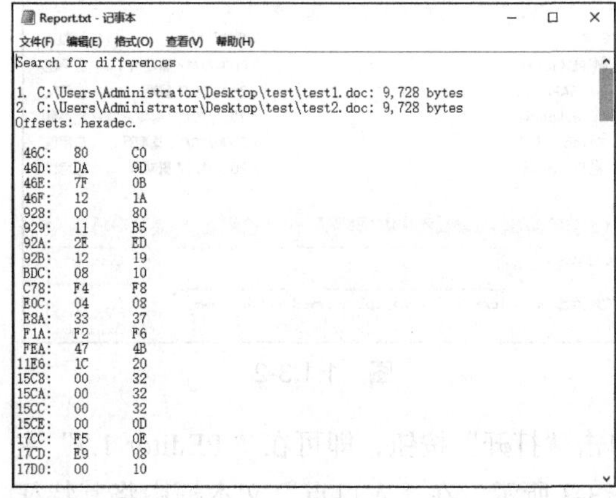

图　1.1.2-17

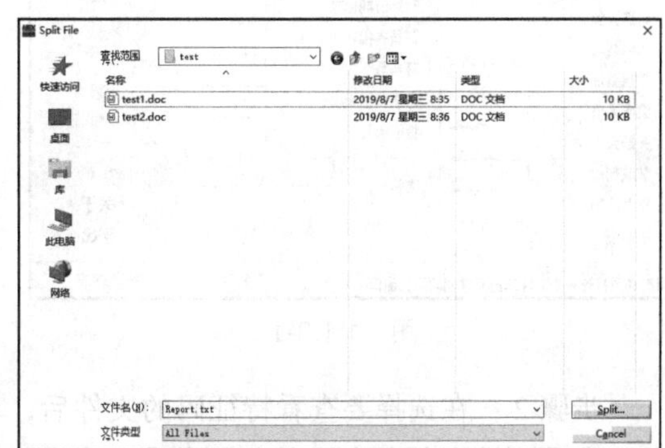

图　1.1.2-18

步骤 14：单击“Split（分割）”按钮，即可打开定义文件大小对话框，在其中设置文件的大小，如图 1.1.2-19 所示。

步骤 15：单击“OK”按钮，即可打开“Destination File（目标文件）”对话框，在其中设置目标文件的保存位置，如图 1.1.2-20 所示。单击“保存”按钮，即可进行文件分割并保存。

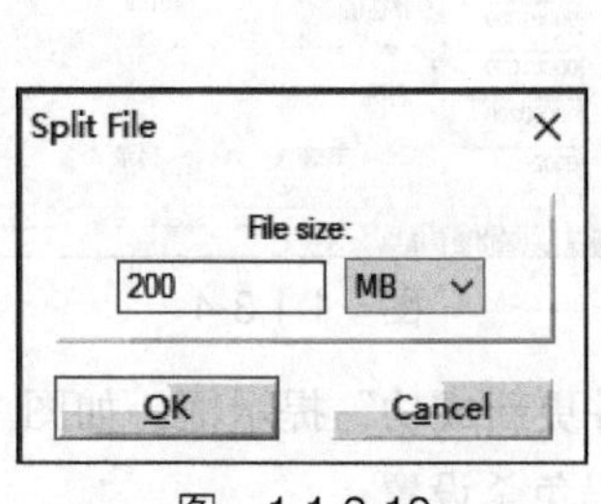

图　1.1.2-19

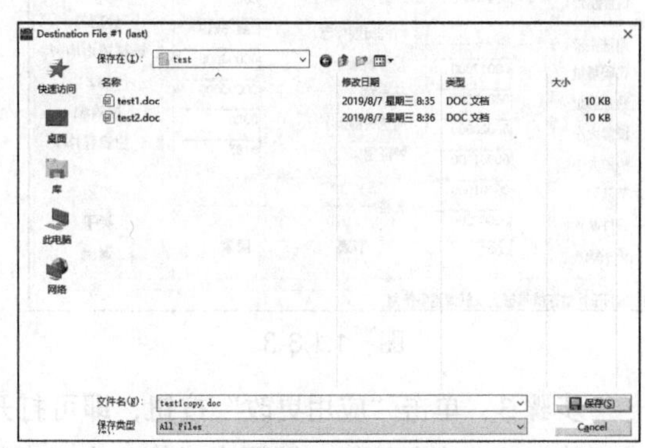

图　1.1.2-20

1.1.3　PE 文件编辑工具 PEditor

PEditor 是一款 PE 文件编辑工具，有转存进程、在 SoftICE 中插入中断，以及编辑 PE

文件的导入表、节表、重建校验和重建程序等功能。与其他 PE 编辑工具相比，PEditor 可把所有的功能都集中在主窗口中，从而方便 PE 文件的修改。使用 PEditor 编辑 PE 文件的操作步骤如下。

步骤 1：下载并运行“PEditor 1.7 汉化版”程序，即可打开“PEditor 1.7”主窗口，如图 1.1.3-1 所示。单击“浏览”按钮，即可打开“选择你要查看的文件”对话框，如图 1.1.3-2 所示。

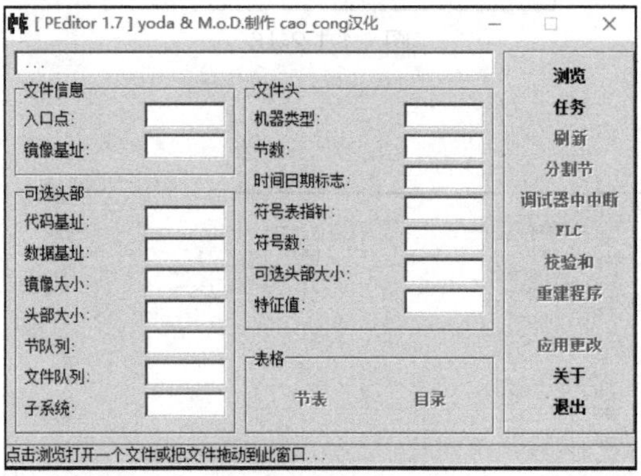

图 1.1.3-1

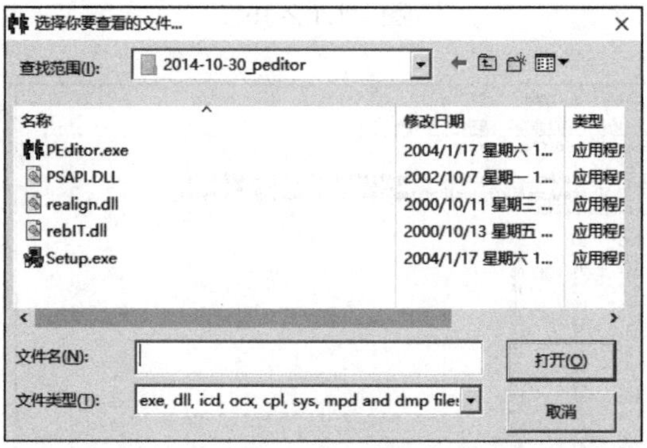

图 1.1.3-2

步骤 2：在选择要查看特征码的文件后，单击“打开”按钮，即可在“PEditor 1.7”主窗口中看到该文件的各种特征码信息，如图 1.1.3-3 所示。在“入口点”文本框中将其特征码修改为“000021A0”，如图 1.1.3-4 所示。该种方法可以使木马程序避开一般的杀毒软件的查杀。

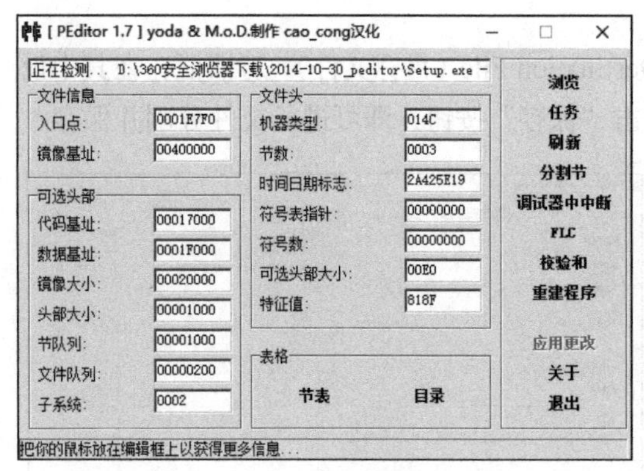

图 1.1.3-3

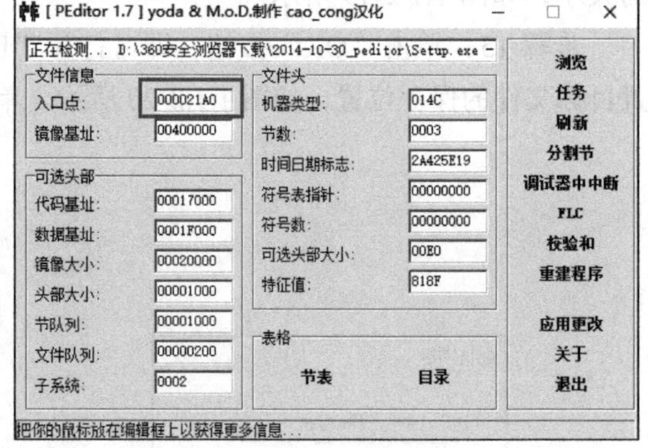

图 1.1.3-4

步骤 3：单击“应用更改”按钮，即可打开“此文件更新成功”提示框，如图 1.1.3-5 所示。单击“确定”按钮，即可完成修改入口点的防特征码免杀设置。

步骤 4：在“PEditor 1.7”主窗口中单击“分割节”按钮，即可打开“8 区段及 PE 头成功转存”提示框，如图 1.1.3-6 所示。单击“确定”按钮，即可转存 8 区段和 PE 头文件。

步骤 5：在“PEditor 1.7”主窗口中单击“调试器中断”按钮，即可打开“调试器中中断”提示框，在“虚拟地址”文本框中输入虚拟地址，如图 1.1.3-7 所示。

步骤6：单击“运行”按钮，即可打开“WinHex已停止工作”提示框，如图1.1.3-8所示。单击“关闭程序”按钮，即可关闭程序。

图 1.1.3-5

图 1.1.3-6

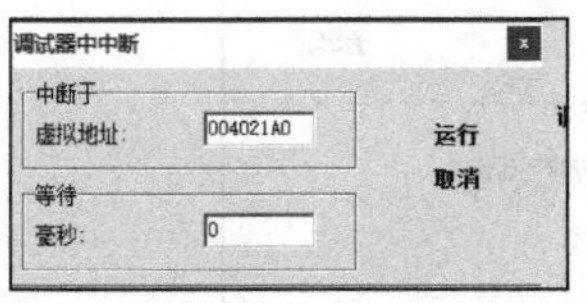

图 1.1.3-7

图 1.1.3-8

步骤7：在“PEditor 1.7”主窗口中单击“FLC”按钮，即可打开“文件地址计算器”对话框，在其中选择“相对虚拟地址”单选项并输入相对虚拟地址，如图1.1.3-9所示。

步骤8：单击“执行”按钮，即可计算出输入的“相对虚拟地址”对应的虚拟地址、十六进制偏移、十进制偏移及字节内容，如图1.1.3-10所示。

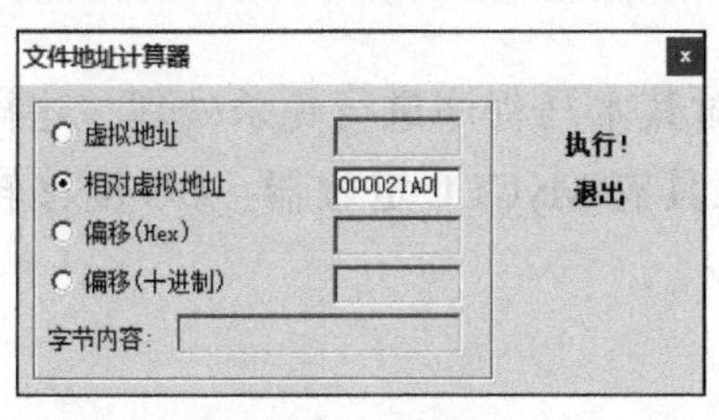

图 1.1.3-9

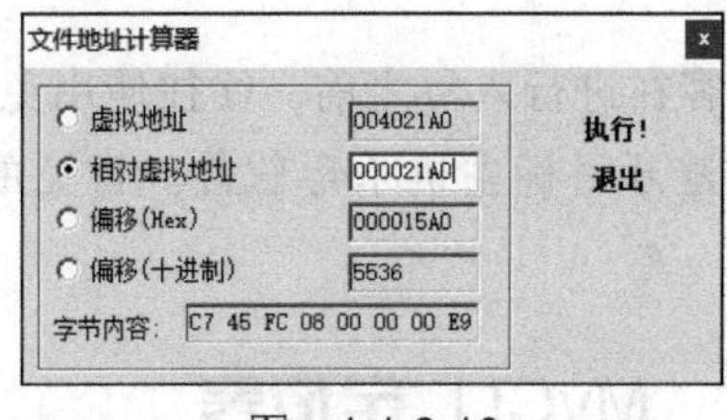

图 1.1.3-10

步骤9：在“PEditor 1.7”主窗口中单击“校验和”按钮，即可打开“校验和修正器”对话框，在其中输入“当前校验和”与“修正校验和”，如图1.1.3-11所示。单击“修正”按钮，即可打开“校验和更新成功”提示框，如图1.1.3-12所示。

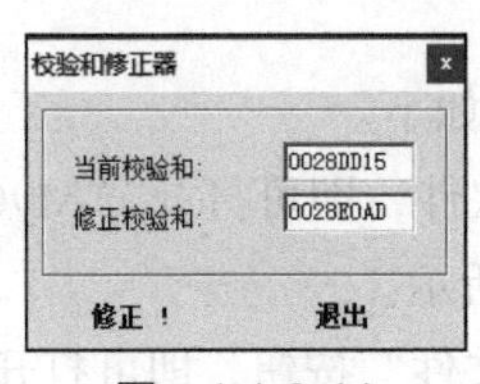

图 1.1.3-11

图 1.1.3-12

步骤10：在“PEditor 1.7”主窗口中单击“重建程序”按钮，即可打开“重建器”对话框，在其中勾选相应的复选框，如图1.1.3-13所示。单击“执行”按钮，即可重建打开的应用程序，如图 1.1.3-14 所示。

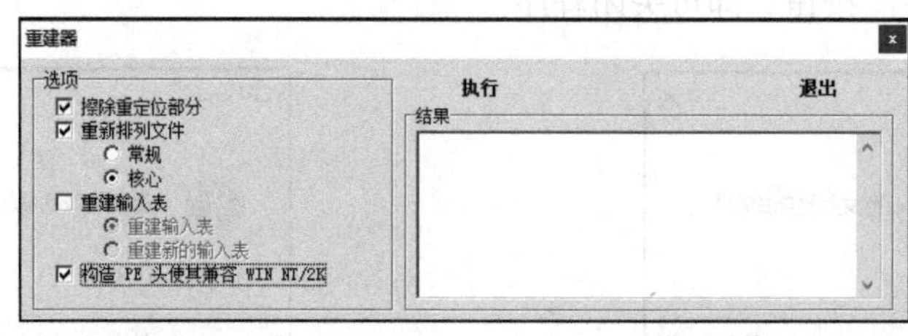

图 1.1.3-13

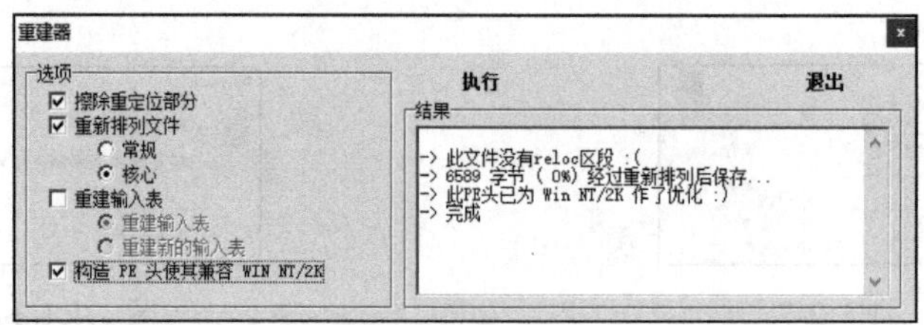

图 1.1.3-14

1.2 免杀辅助工具

黑客在进行入侵之前，往往使用免杀辅助工具对其木马程序进行免杀处理，这样才可以成功避开目标主机杀毒软件。常见的免杀辅助工具有 MyCLL 定位器、OC 偏移转换工具等。

1.2.1 MyCLL 定位器

当杀毒软件遇到新的病毒时，就会从该病毒程序中截取一段二进制程序代码（特征码），来当作是否是病毒的特征，所以更改特征码就成为免杀最常见也比较有效的方法。在修改特征码之前，往往需要先对特征码进行定位，而定位特征码通常有手工定位和自动定位两种方法。在一般情况下，先使用手工定位确定大范围，再使用自动定位确定小范围。MyCLL 就是一款非常经典的特征码定位软件。

使用 MyCLL 特征码定位器定位特征码的具体操作步骤如下。

步骤 1：下载并运行“ MyCLL 特征码定位器 V3.0”软件，即可打开“ MyCLL Ver3.0”主窗口，在其中可以查看应用软件的特征码，如图 1.2.1-1 所示。

步骤 2：在“MyCLL Ver3.0”主窗口中单击右边的“文件”按钮，即可打开“打开”对话框，在其中选择需要定位特征码的文件，如图 1.2.1-2 所示。

步骤 3：单击“打开”按钮，即可在“MyCLL Ver3.0”主窗口中下半部分看到该文件包含的 PE 文件信息，如图 1.2.1-3 所示。

图　1.2.1-1

图　1.2.1-2

步骤 4：单击“特征区间”按钮，即可打开“填充 / 特征码区间设定”对话框。在“开始位置”和“结束位置”文本框中分别输入开始位置和结束位置对应的特征码后，单击“添加已确定特征码范围”按钮，即可添加该特征码区间，如图 1.2.1-4 所示。

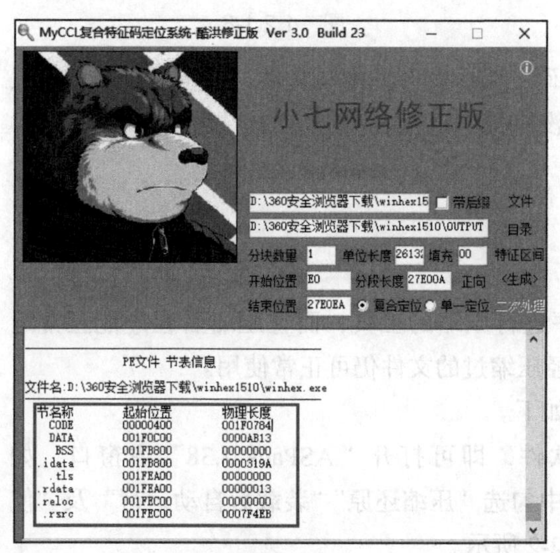

图　1.2.1-3

图　1.2.1-4

步骤 5：单击“MyCLL Ver3.0”主窗口中的“生成”按钮，即可打开“程序将清空设置目录里面的所有文件”提示框，如图 1.2.1-5 所示。

步骤 6：单击“Yes”按钮，即可打开“请对生成目录进行杀毒”提示框，如图 1.2.1-6 所示。单击“OK”按钮，即可在“MyCLL Ver3.0”主窗口中看到生成文件的具体路径，如图 1.2.1-7 所示。

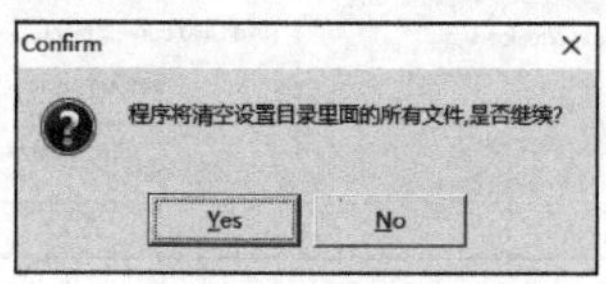

图　1.2.1-5

图　1.2.1-6

步骤 7：单击“二次处理”按钮，即可在“MyCLL Ver3.0”主窗口中看到复合特征码定位结果，如图 1.2.1-8 所示。

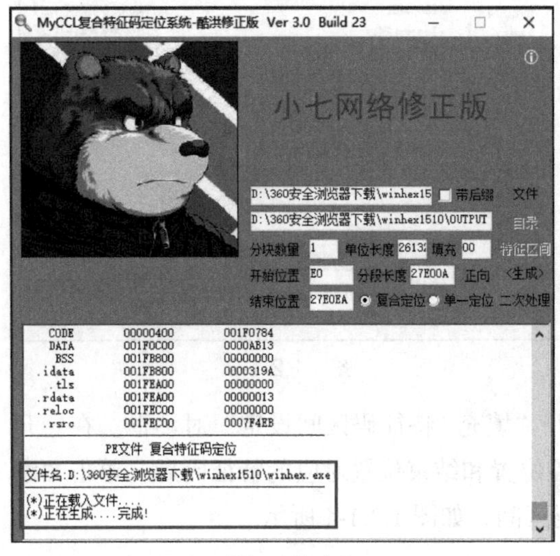

图 1.2.1-7

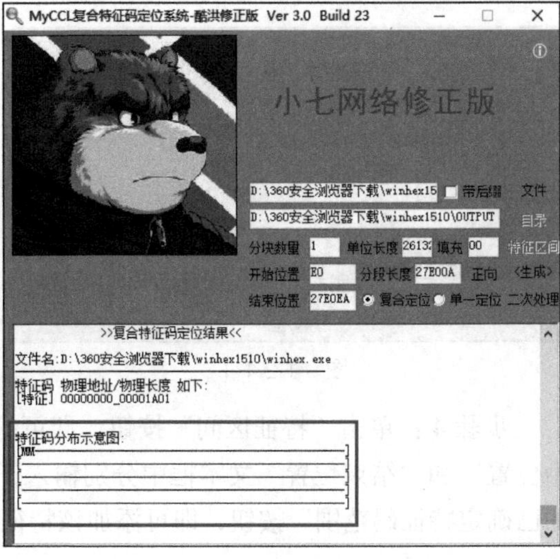

图 1.2.1-8

步骤 8：根据定位的结果在专门修改特征码工具中打开该木马文件，将特征码所在的位置替换为 0。再使用杀毒软件进行杀毒，如果没有报病毒就表明定位的结果是正确的，同时也完成修改特征码操作。

1.2.2 ASPack 加壳工具

ASPack 是一款专门对 WIN32 可执行程序进行压缩的工具，而且压缩后程序能正常运行。另外，即使将 ASPack 从硬盘中删除，曾经压缩过的文件仍可正常使用。

利用 ASPack 对木马加壳的具体操作步骤如下。

步骤 1：下载并运行“ASPack 2.38”软件，即可打开“ASPack 2.38”主窗口，如图 1.2.2-1 所示。在“Options（选项）”选项卡中勾选“压缩还原”“装载后自动运行”及“使用 Windows DLL loader”等复选框，如图 1.2.2-2 所示。

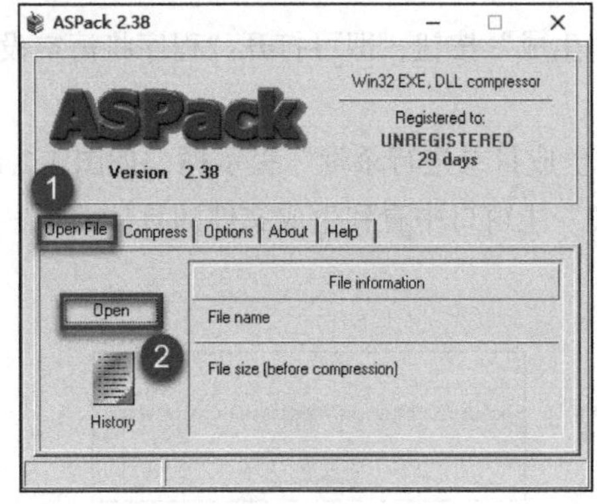

图 1.2.2-1

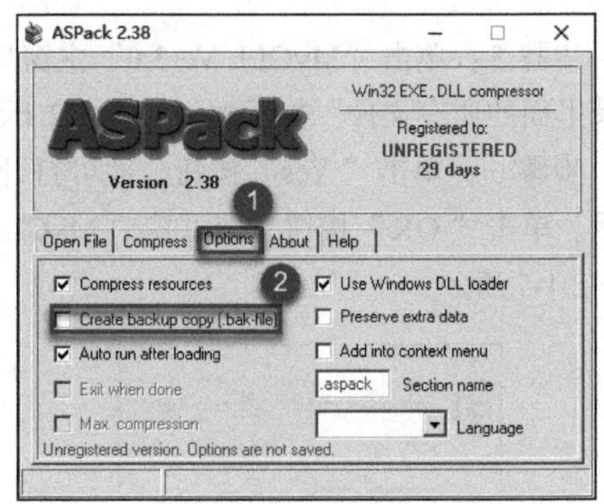

图 1.2.2-2

步骤 2：选择“OpenFile（打开文件）”选项卡，单击“Open（打开）”按钮，即可打开“Select file to comress（选择文件压缩）”对话框，在其中选择需要加壳的文件，如图 1.2.2-3 所示。

步骤 3：单击“打开”按钮，即可开始进行压缩，如图 1.2.2-4 所示。在“Compress（压缩）”选项卡中可进行压缩、测试操作，并在完成之后生成加壳后的文件。

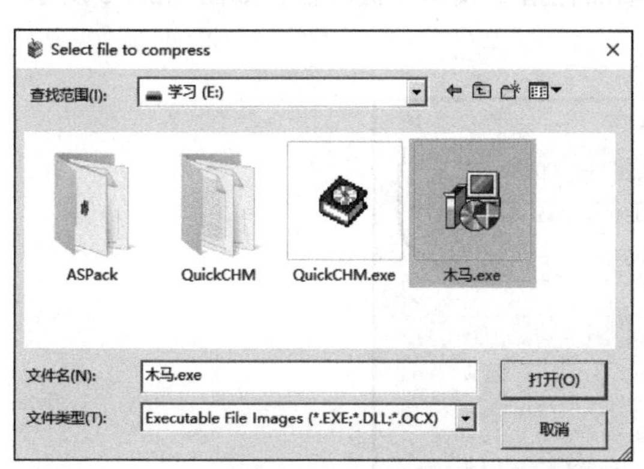

图　1.2.2-3

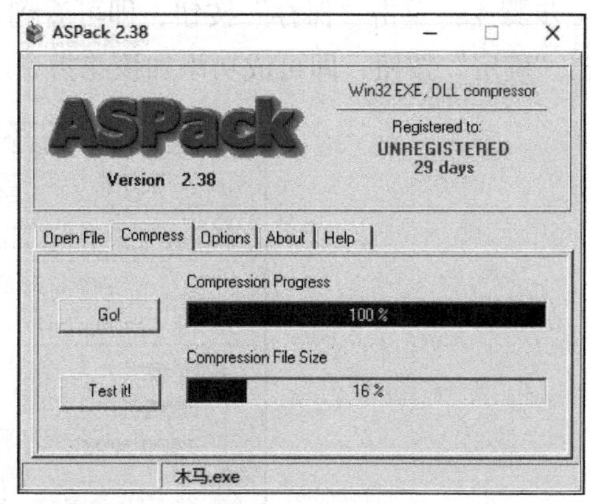

图　1.2.2-4

1.2.3　超级加花器

“超级加花器”是一款加花指令工具，该工具支持附加数据自动检测，而且对于存在附加数据的 EXE、DLL 等程序加花后仍可执行。使用“超级加花器”工具加花指令的具体操作如下。

步骤 1：下载并运行“超级加花器”工具，即可打开“超级加花器”主窗口，如图 1.2.3-1 所示。直接拖动需要加花指令的程序到“文件名”文本框中并释放鼠标；在“花指令”下拉列表中选择相应的花指令，如图 1.2.3-2 所示。

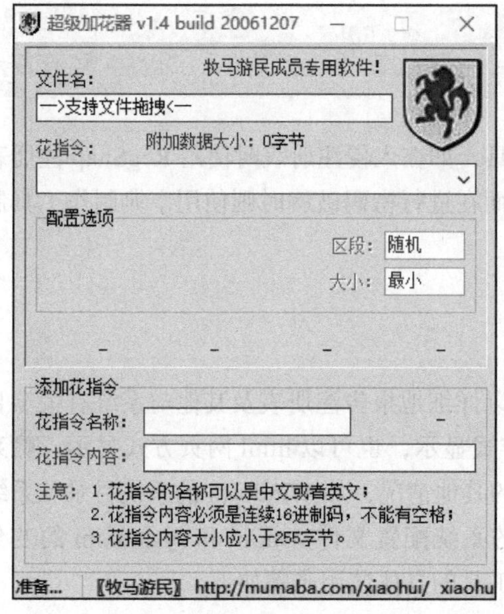

图　1.2.3-1

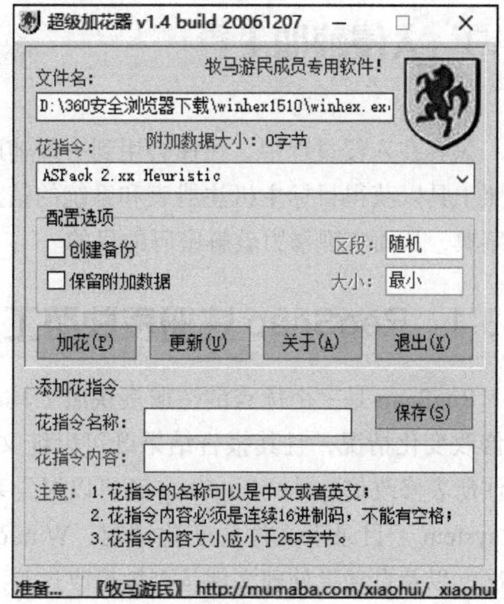

图　1.2.3-2

步骤 2：单击“加花”按钮，即可看到“添加成功”提示框，如图 1.2.3-3 所示。单击“确定”按钮，即可完成加花操作。

步骤 3：在“超级加花器”工具中还可以添加自定义的花指令。在“花指令名称”和“花指令内容”文本框中分别输入花指令的名称和内容，如图 1.2.3-4 所示。

步骤 4：单击“保存”按钮，即可看到“添加花指令成功”提示框，如图 1.2.3-5 所示。单击“确定”按钮，即可成功添加该花指令。

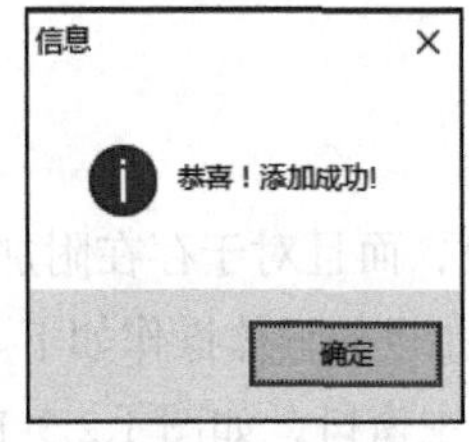

图 1.2.3-3

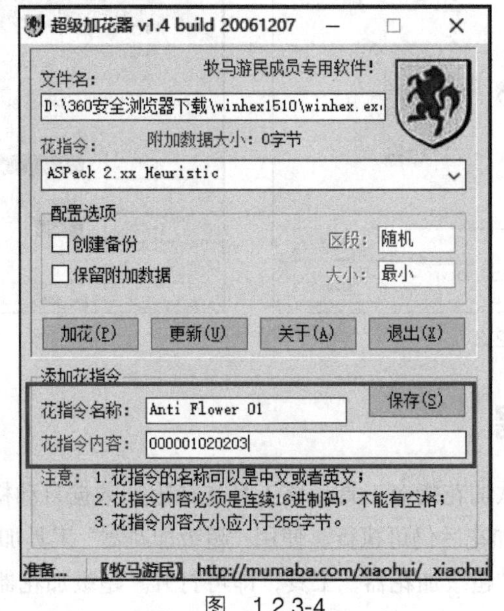

图 1.2.3-4

图 1.2.3-5

1.3 入侵辅助工具

黑客在入侵过程中，往往会用到一些辅助工具，如在入侵注册表时使用 RegSnap 注册表快照工具以获得目标主机注册表和系统的信息；而在进行密码破解时则使用字典制作工具制作字典，从而实现暴力破解密码的目的。

1.3.1 RegSnap 注册表快照工具

RegSnap 是一个优秀的注册表快照工具，可以详细地报告注册表及其他与系统有关项目的修改变化情况，且其报告结果既可以纯文本方式显示，也可以 html 网页方式显示。除系统注册表修改信息外，RegSnap 还可以报告系统的其他情况，如 Windows 的系统目录和系统的 system 子目录下文件的变化情况，Windows 的系统配置文件 win.ini 和 system.ini 的变化情况，以及自动批处理文件是否被修改过等。该工具的具体使用步骤如下。

步骤 1：下载 RegSnap 软件后，双击 RegSnap.exe 即可打开“regsnap”主窗口，如

图 1.3.1-1 所示。

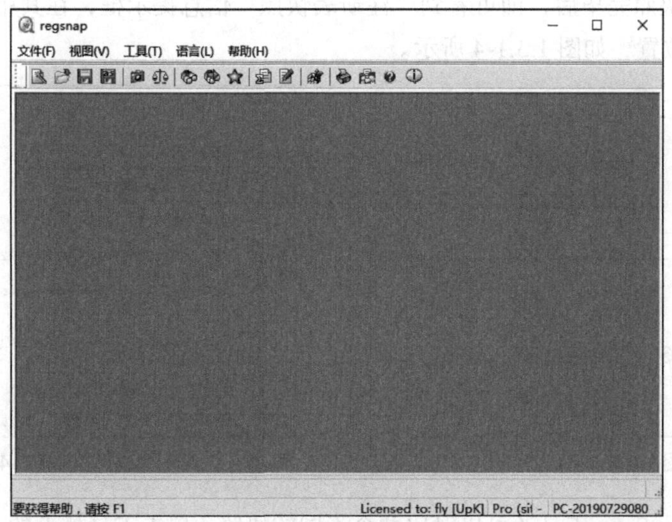

图　1.3.1-1

步骤 2：依次选择“文件”→“新建”菜单项或单击工具栏中的按钮，即可打开“保存快照”对话框，如图 1.3.1-2 所示。在其中有 3 种快照方式，各种快照的作用如下。

- 生成所有项目的快照：除记录注册表的数据外，还可记录系统目录、系统子目录、系统配置文件、系统自动批处理文件及引导文件的情况等信息。默认选中该选项。
- 仅生成注册表的快照：该选项仅对注册后的用户开放，主要是选择记录局域网上某台计算机的注册表情况。
- 远程 PC 的注册表：记录远程计算机注册表的数据，但是只适用于 RegSnap 专业版。

注意

“保存动态链接库文件的版本信息”复选框的作用是记录每个键值及 DLL 文件的变动情况。

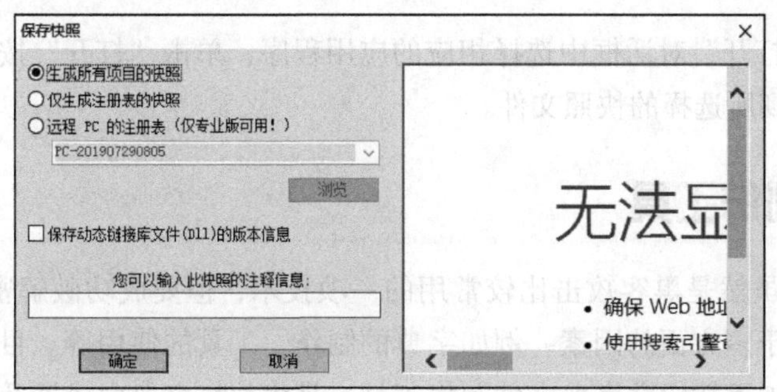

图　1.3.1-2

步骤 3：在其中选择“生成所有项目的快照”单选项，单击“确定”按钮，即可对系统注册表进行快照。同时还可显示快照的进度情况，并向用户报告已经记录了多少个键值，如

图 1.3.1-3 所示。

步骤 4：在快照完毕后，即可看到“注册表快照”信息提示框，在其中有各种快照文件列表的具体保存位置，如图 1.3.1-4 所示。

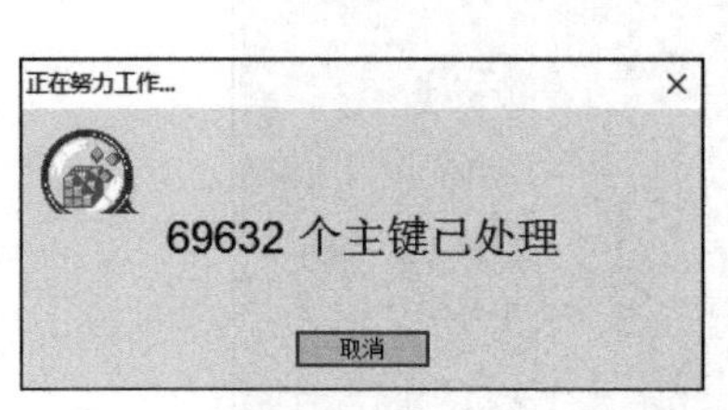

图 1.3.1-3

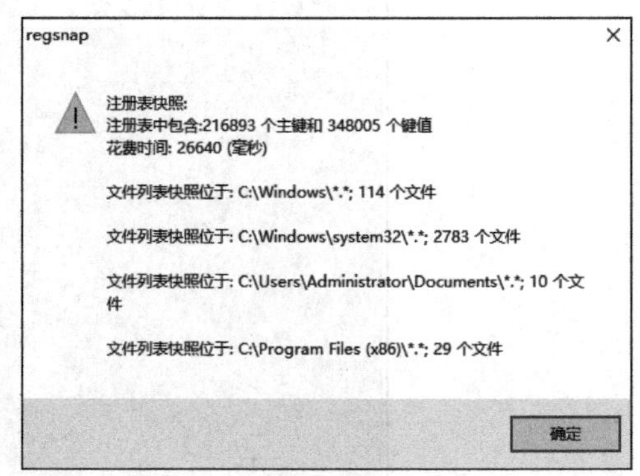

图 1.3.1-4

步骤 5：用 RegSnap 工具还可以对比两个不同的快照。单击工具栏上的“比较”按钮，即可打开“比较快照”对话框，如图 1.3.1-5 所示。单击“第一个快照”文本框后面的浏览按钮，即可打开“打开”对话框，如图 1.3.1-6 所示。

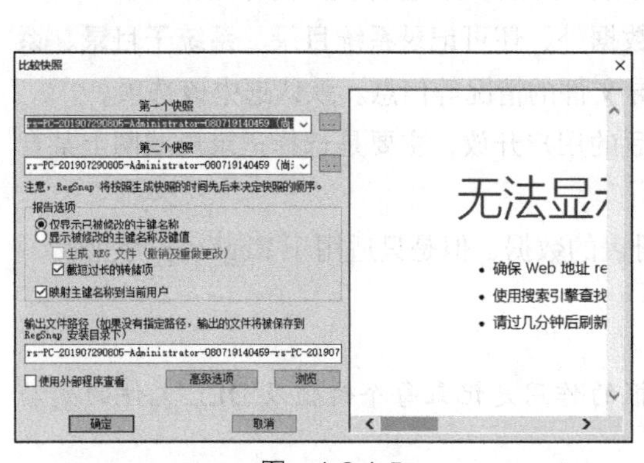

图 1.3.1-5

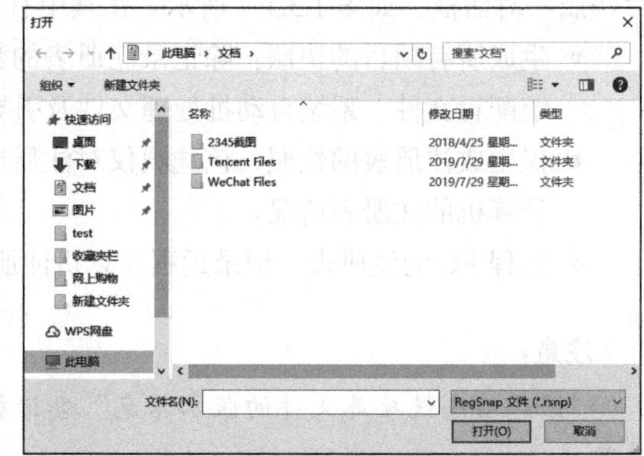

图 1.3.1-6

步骤 6：在“打开”对话框中选择相应的应用程序，单击“打开”按钮，即可在“比较快照”对话框中看到所选择的快照文件。

1.3.2 字典制作工具

密码暴力破解虽然是黑客攻击比较常用的一项技术，但要成功破解密码并非那么简单。破解的成功率取决于多方面的因素，例如字典的制作、工具的使用等。目前可以用来制作字典的工具有很多，如万能钥匙字典文件制作工具、易优超级字典生成器及“流光”自带的字典制作工具等。这里以易优超级字典生成器为例，介绍黑客字典的具体制作方法。

使用易优超级字典生成字典文件的具体操作步骤如下。

步骤 1：下载并运行“易优超级字典生成器”工具，即可打开“易优软件—超级字典生成器”主窗口，在其中可以看到易优超级字典生成器的主要功能，如图 1.3.2-1 所示。

步骤 2：选择“基本字符”选项卡，在其中选择字典文件的需要的数字、字母及其他字符，如图 1.3.2-2 所示。

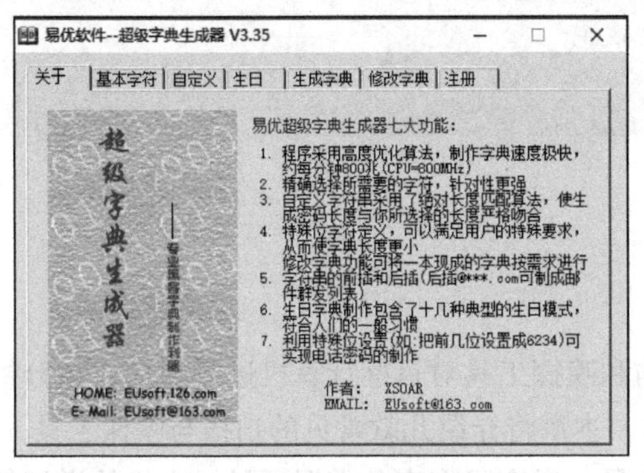

图 1.3.2-1

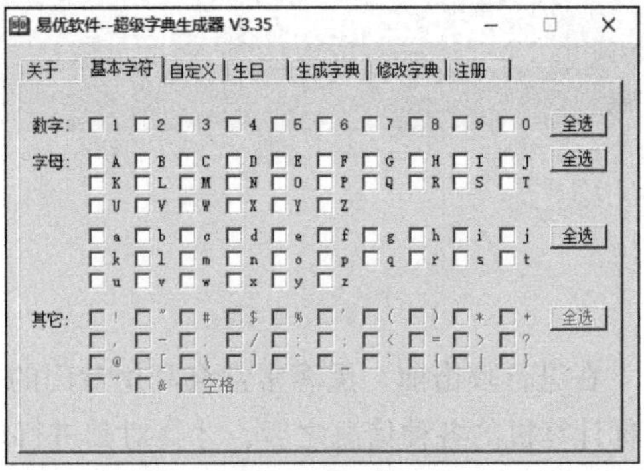

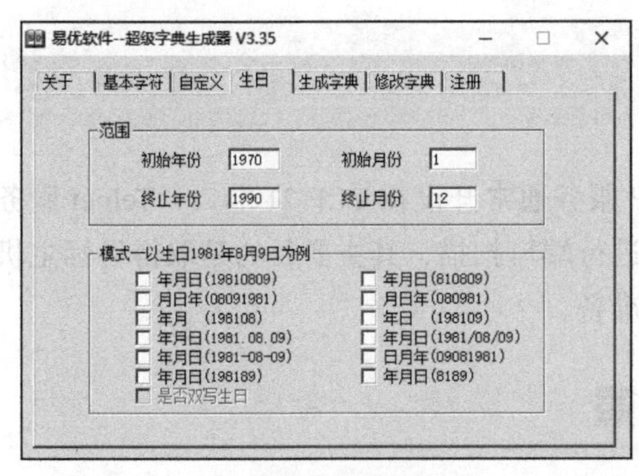

图 1.3.2-2

步骤 3：在“生日”选项卡中可设置生日的范围及显示模式等属性，如图 1.3.2-3 所示。

步骤 4：选择“生成字典”选项卡，单击“浏览”按钮可设置要生成字典文件的保存位置，如图 1.3.2-4 所示。

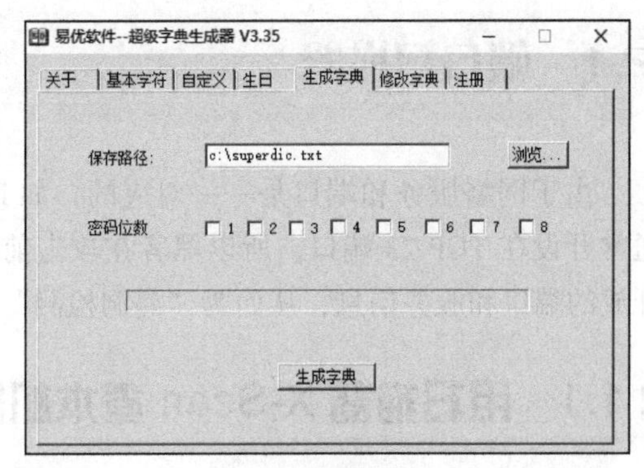

图 1.3.2-3

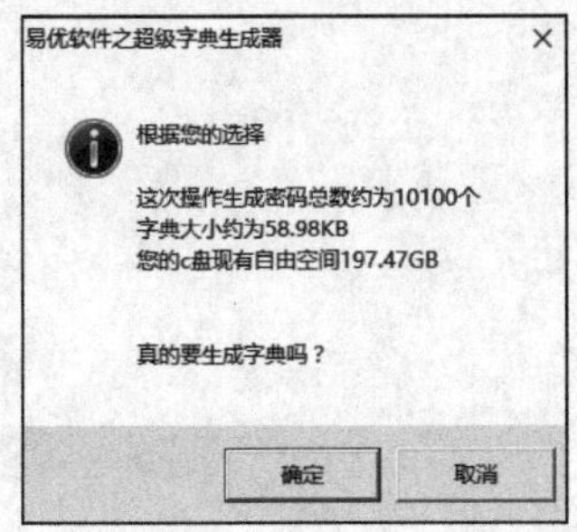

图 1.3.2-4

步骤 5：在设置完“密码位数”后，单击“生成字典”按钮，即可看到是否生成字典文件提示框，如图 1.3.2-5 所示。单击“确定”按钮，即可开始生成字典文件。待完成后将会出现一个“字典制作完成”提示框，如图 1.3.2-6 所示。

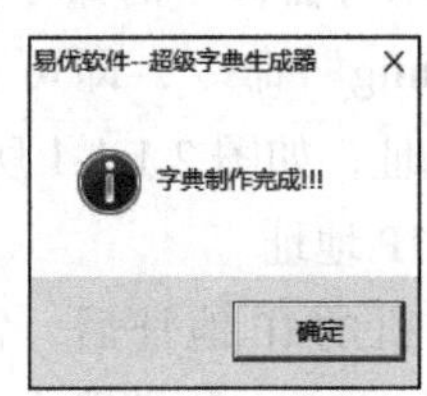

图 1.3.2-5

易优软件--超级字典生成器
字典制作完成!!!
确定

图 1.3.2-6

第2章 扫描与嗅探工具

在进行攻击前，黑客常常会利用专门的扫描和嗅探工具对目标计算机进行扫描，在分析目标计算机的各种信息之后，才会对其进行攻击。本章将介绍几款常见的扫描与嗅探工具。

扫描工具和嗅探工具是黑客使用最频繁的工具，黑客只有充分掌握了目标主机的详细信息，才可以进行下一步操作。网络管理人员合理利用扫描和嗅探工具，则可以实现配置系统的目的。

2.1 端口扫描器

由于网络服务和端口是一一对应的，如 FTP 服务通常开设在 TCP 21 端口，Telnet 服务通常开设在 TCP 23 端口，所以黑客在攻击前要进行端口扫描，其主要目的是取得目标主机开放的端口和服务信息，从而为“漏洞检测”做准备。

2.1.1 用扫描器 X-Scan 查本机隐患

X-Scan 是由安全焦点网站开发的一个功能强大的扫描工具。它采用多线程方式对指定 IP 地址段（或单机）进行安全漏洞检测，支持插件功能。

（1）用 X-Scan 查看本机 IP 地址

利用 X-Scan 扫描器来查看本机的 IP 地址的方法很简单，只是需要先指定扫描的 IP 范围。由于是本机探测，只需要在命令提示符窗口中的命令提示符下输入“ipconfig”命令，即可查知本机的当前 IP 地址，如图 2.1.1-1 所示。

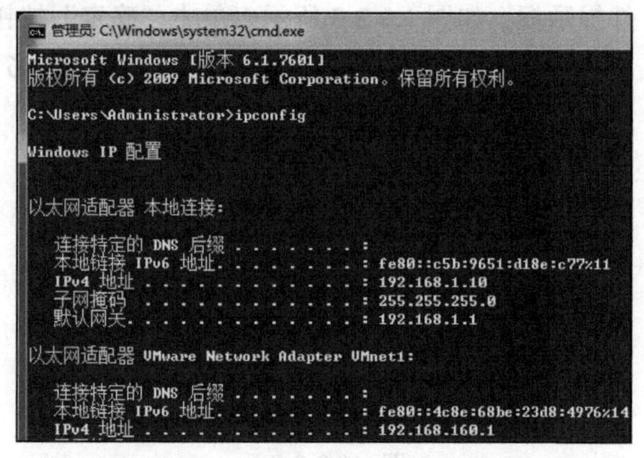

图　2.1.1-1

（2）添加 IP 地址

在得到本机的 IP 地址后，需要将 IP 地址添加到 X-Scan 扫描器中。具体操作步骤如下。

步骤 1：打开 X-Scan 主窗口，浏览此软件的功能简介、常见问题解答等信息，依次单击“设置”→“扫描参数”菜单项，或单击工具栏上的“扫描参数”按钮，如图 2.1.1-2 所示。

步骤 2：在“扫描参数”对话框中单击“检测范围”选项，输入需要扫描的 IP 地址、IP 地址范围。若不知道输入的格式，可以单击“示例”按钮，如图 2.1.1-3 所示。

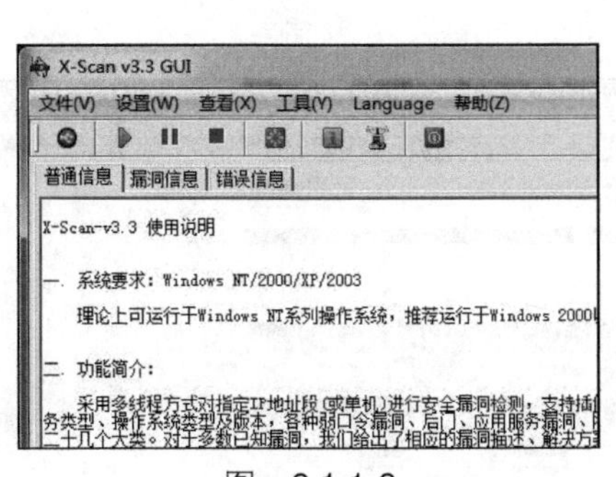

图　2.1.1-2

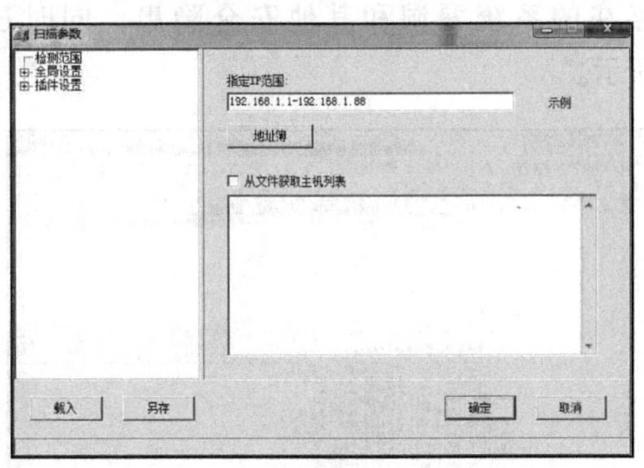

图　2.1.1-3

步骤 3：在“示例”窗口中查看示例格式，了解有效输入格式后单击“确定”按钮，如图 2.1.1-4 所示。

步骤 4：返回“扫描参数”对话框，通过勾选“从文件获取主机列表”选项，从存储有 IP 地址的文本文件中读取待检测的主机地址，如图 2.1.1-5 所示。

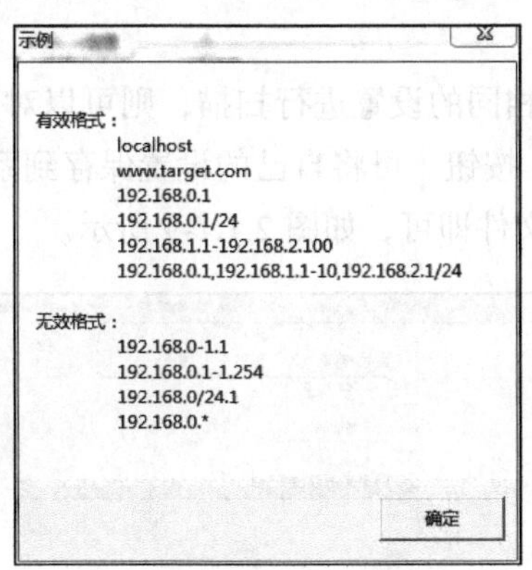

图　2.1.1-4

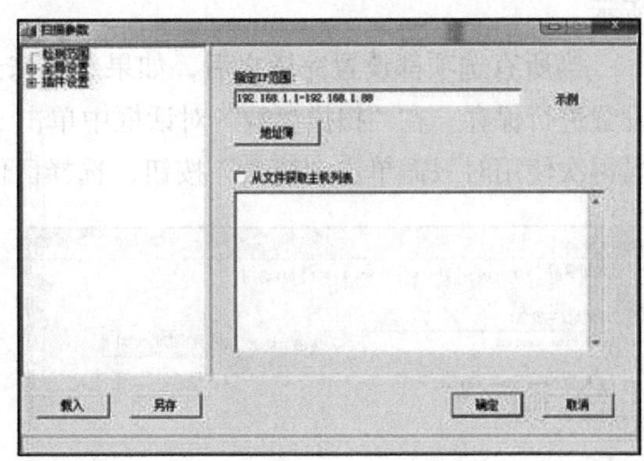

图　2.1.1-5

提示

读取 IP 地址的文本文件中，每一行可包含独立 IP 或域名，也可以包含以“-”或“,”分隔的 IP 范围。

步骤 5：在 IP 地址输入完毕后，可以发现扫描结束后自动生成的“报告文件”项中的文件名也在发生相应的变化。通常这个文件名不必手工修改，只需记住这个文件将会保存在 X-Scan 目录的 LOG 目录下即可。设置完毕后单击“确定”按钮，即可关闭对话框。

（3）开始扫描

在设置好扫描参数之后，就可以开始扫描了。单击 X-Scan 工具栏上的“开始扫描”按钮▶，即可按设置条件进行扫描，同时显示扫描进程和扫描所得到的信息（可通过单击右下方窗格中的“普通信息”“漏洞信息”及“错误信息”选项卡查看所得到的相关信息），如图 2.1.1-6 所示。在扫描完成后将自动生成扫描报告并显示出来，其中有活动主机 IP 地址、存在的系统漏洞和其他安全隐患，同时还提出了安全漏洞的解决方案，如图 2.1.1-7 所示。

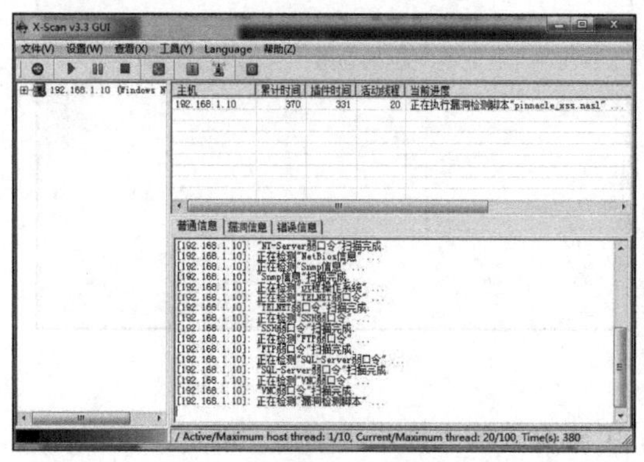

图 2.1.1-6

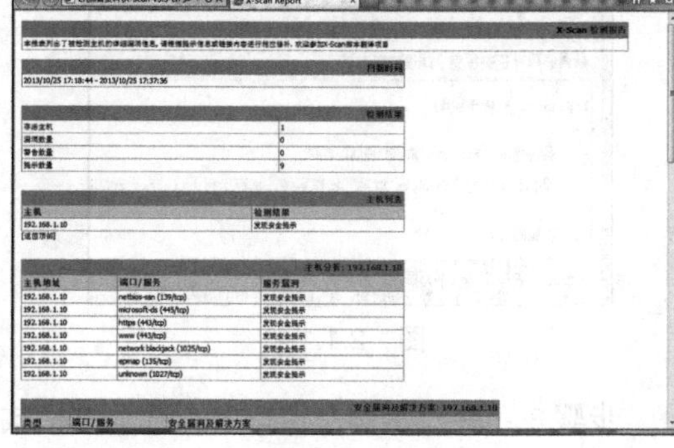

图 2.1.1-7

X-Scan 扫描工具不仅可扫描目标计算机的开放端口及存在的安全隐患，而且还具有查询目标计算机物理地址、检测本地计算机网络信息和 Ping 目标计算机等功能，如图 2.1.1-8 所示。

当所有选项都设置完毕之后，如果想将来还使用相同的设置进行扫描，则可以对这次的设置进行保存。在“扫描参数”对话框中单击“另存”按钮。可将自己的设置保存到系统中。当再次使用时只需单击“载入”按钮，选择已保存的文件即可，如图 2.1.1-9 所示。

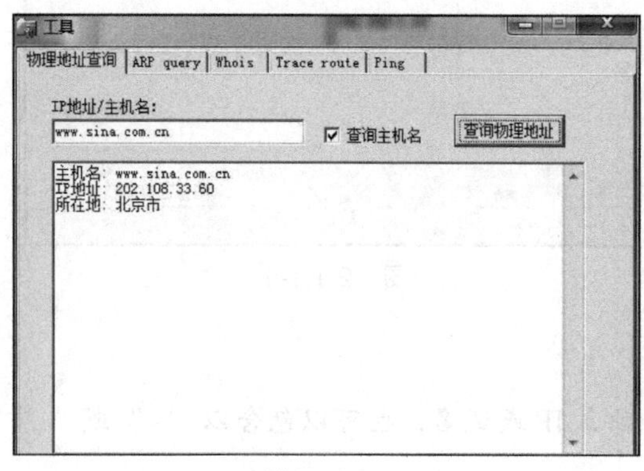

图 2.1.1-8

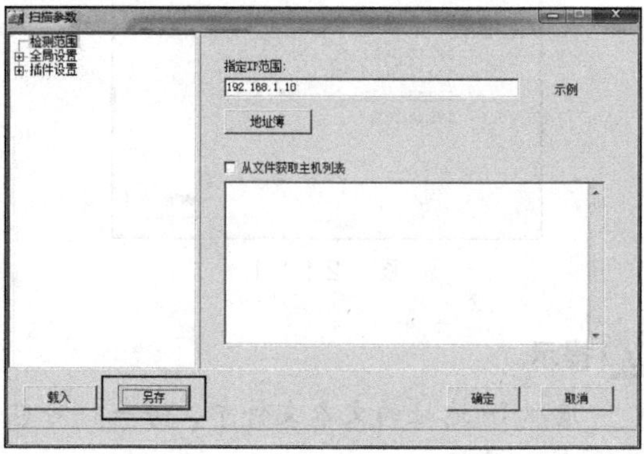

图 2.1.1-9

（4）高级设置

X-Scan 在缺省状态下效果往往不会发挥到最佳状态，这个时候就需要进行一些高级设置，让 X-Scan 变得强大起来。高级设置需要根据实际情况来做出相应的设定，否则 X-Scan

也许会因为一些“高级设置”而变得脆弱不堪。

1）设置扫描模块。展开“全局设置”选项之后，选取其中的“扫描模块”选项，则可选择扫描过程中需要扫描的模块。在选择扫描模块时还可在其右侧窗格中查看该模块的相关说明，如图 2.1.1-10 所示。

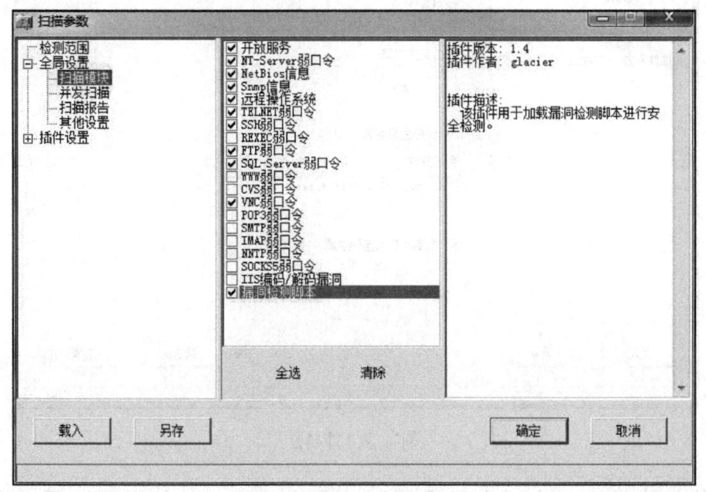

图 2.1.1-10

2）设置扫描线程。因为 X-Scan 是一款多线程扫描工具，所以在“全局设置”选项下的“并发扫描”子选项中，可以设置扫描时的并发线程数量（扫描线程数量要根据自己网络情况来设置，不可过大），如图 2.1.1-11 所示。

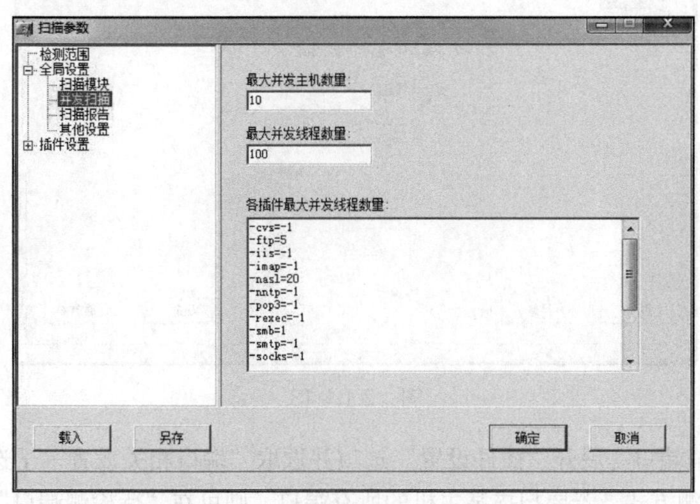

图 2.1.1-11

3）设置扫描报告存放路径。在“全局设置”选项中选取“扫描报告”子选项，即可设置扫描报告存放的路径，并选择报告文件保存的文件格式。若需要保存自己设置的扫描 IP 地址范围，则可在勾选“保存主机列表”复选框之后，输入保存文件名称，这样，以后就可以调用这些 IP 地址范围了。若用户需要在扫描结束时自动生成报告文件并显示报告，则可勾选“扫描完成后自动生成并显示报告”复选框，如图 2.1.1-12 所示。

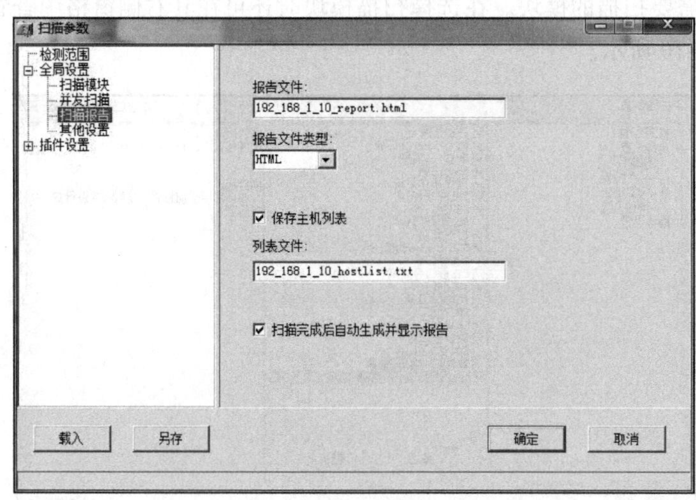

图 2.1.1-12

4）设置其他扫描选项。在“全局设置”选项中选取“其他设置”子选项，则可设置扫描过程的其他选项，如勾选“跳过没有检测到开放端口的主机”复选框，如图 2.1.1-13 所示。

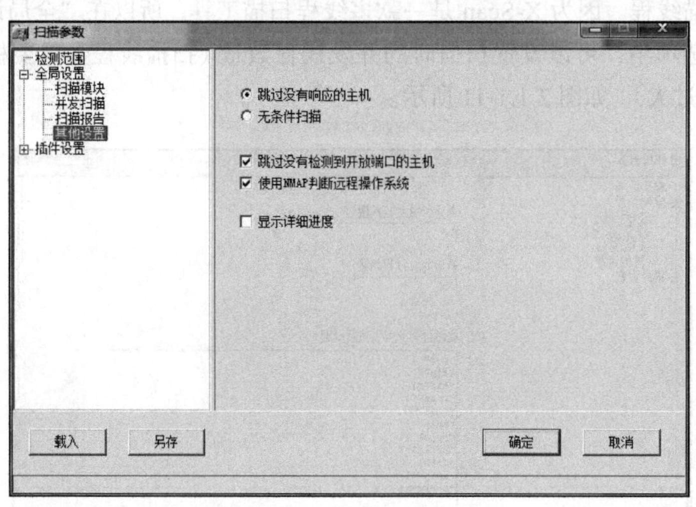

图 2.1.1-13

5）设置扫描端口。展开“插件设置”选项并选取“端口相关设置”子选项，即可扫描端口范围以及检测方式。若要扫描某主机的所有端口，则可在“待检测端口”文本框中输入 1 ～ 65535 中的数字，如图 2.1.1-14 所示。

6）设置 SNMP 扫描。在“插件设置”选项中选取“ SNMP 相关设置”子选项，可以选取在扫描时获取 SNMP 信息的内容，如图 2.1.1-15 所示。

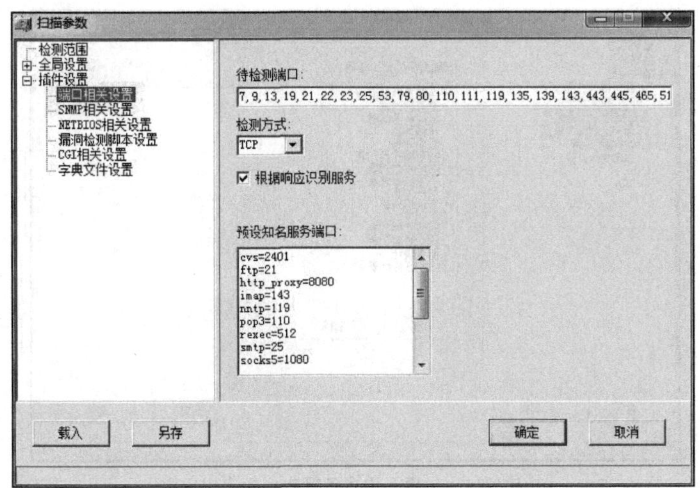

图 2.1.1-14

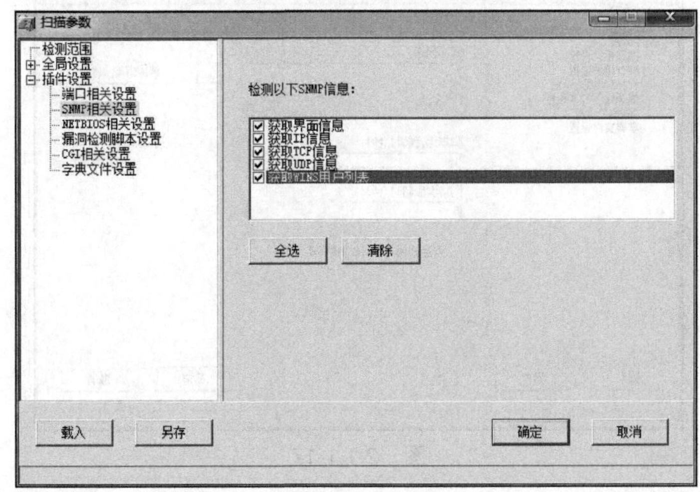

图 2.1.1-15

7）设置 NETBIOS 扫描。选取“插件设置”选项下的“ NETBIOS 相关设置”子选项，用户可以选择需要获取的 NETBIOS 信息，如图 2.1.1-16 所示。

8）设置漏洞检测脚本。选取“插件设置”选项下的“漏洞检测脚本设置”子选项，在显示窗口中取消勾选“全选”复选框，单击“选择脚本”按钮，即可选择扫描时需要加载的漏洞检测脚本，如图 2.1.1-17 所示。

9）设置 CGI 插件扫描。在“插件设置”选项下选择“ CGI 相关设置”子选项，即可选择扫描时需要使用的 CGI 选项，如图 2.1.1-18 所示。

10）设置字典文件。在“字典文件设置”选项中可选择需要的破解字典文件，双击即可打开文件列表。在设置好所有选项之后，单击“确定”按钮，即可完成扫描参数的设置，如图 2.1.1-19 所示。

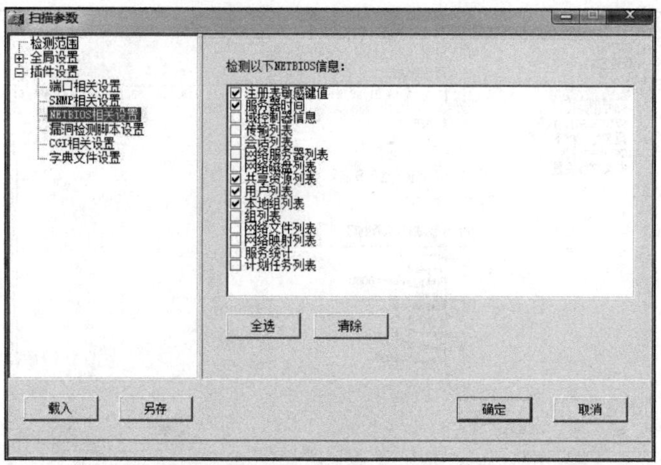

图 2.1.1-16

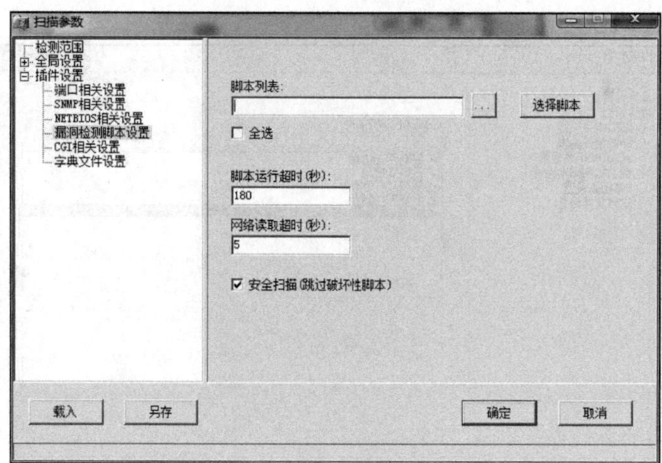

图 2.1.1-17

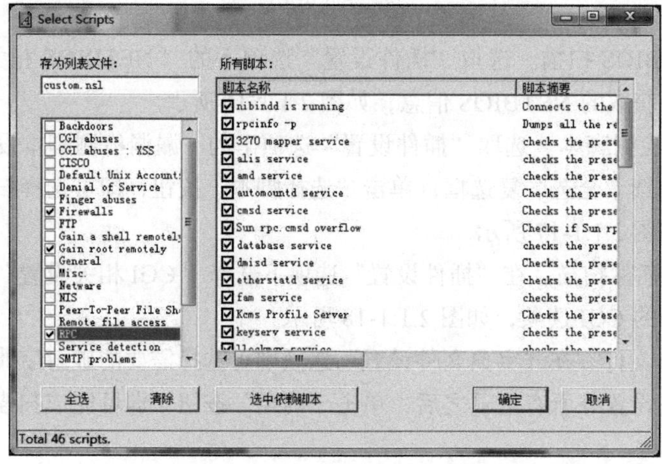

图 2.1.1-18

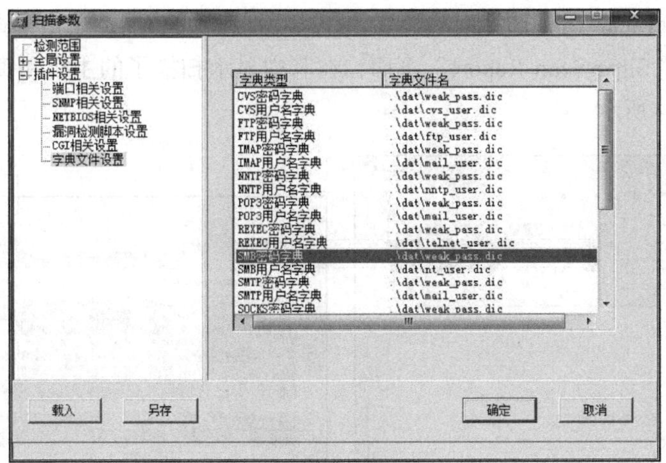

图　2.1.1-19

2.1.2　SuperScan 扫描器

扫描类黑客工具 SuperScan 自带一个木马端口列表 Trojans.lst，通过这个列表可以检测目标计算机是否有木马，也可以自定义修改这个木马端口列表。其主要功能有：通过 Ping 检验 IP 是否在线、IP 和域名相互转换、检验目标计算机提供的服务类别、检验一定范围目标计算机是否在线和端口情况等。使用 SuperScan 进行扫描的具体操作步骤如下。

步骤 1：下载“SuperScan”工具之后，运行其中的“SuperScan.exe”应用程序，即可打开“SuperScan 4.0”主窗口，如图 2.1.2-1 所示。

步骤 2：在“开始 IP”和“结束 IP”文本框中输入要扫描的 IP 范围之后，单击 -> 按钮，即可将其添加到右边的列表中，如图 2.1.2-2 所示。

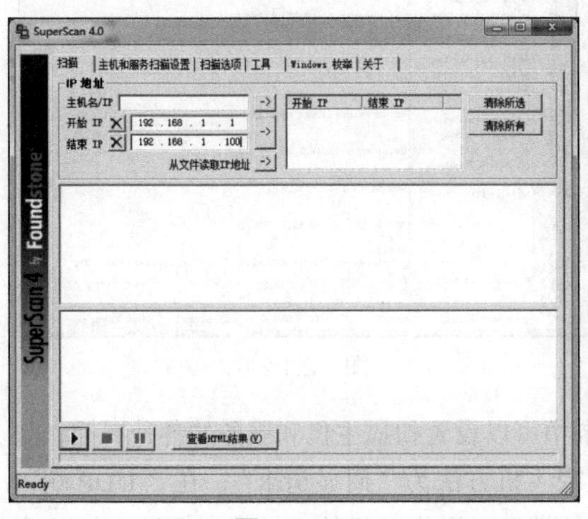

图　2.1.2-1

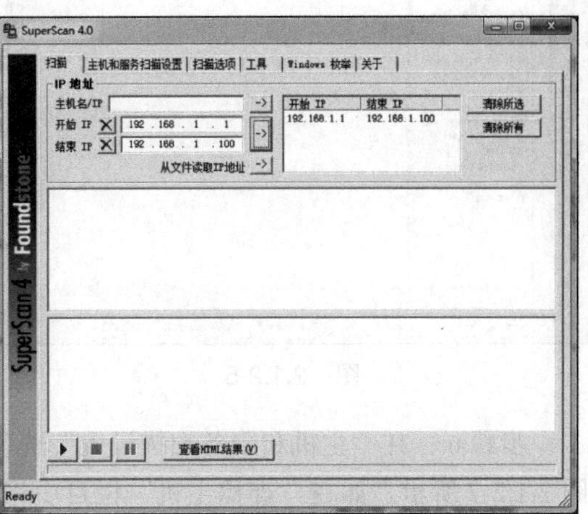

图　2.1.2-2

步骤 3：在设置完毕之后，单击 ▶ 按钮，即可开始扫描。在扫描结束之后，SuperScan 将提供一个主机列表，用于显示每台扫描过的主机被发现的开放端口信息，如图 2.1.2-3 所示。

步骤 4：SuperScan 还有选择以 HTML 格式显示信息的功能。单击“查看 HTML 结果”按钮，即可打开“ SuperScan Report”页面，在其中显示扫描了的主机和每台主机中开放的端口，如图 2.1.2-4 所示。

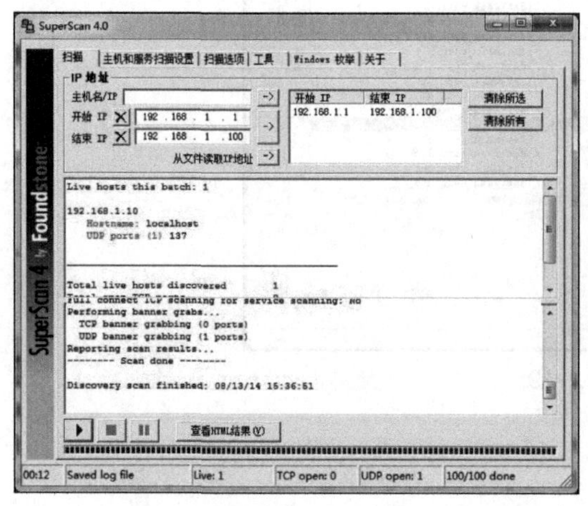

图 2.1.2-3

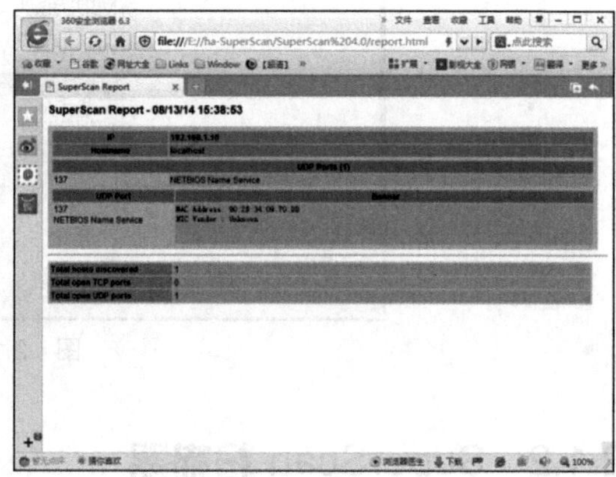

图 2.1.2-4

步骤 5：在 SuperScan 软件中还可自己定制扫描方式。在“ SuperScan 4.0”主窗口中单击“ Windows 枚举”选项卡，在“主机名 /IP/URL”文本框中输入目标主机的 IP 地址，如图 2.1.2-5 所示。单击“枚举”按钮，即可在列表中看到该主机的各种信息，如图 2.1.2-6 所示。

图 2.1.2-5

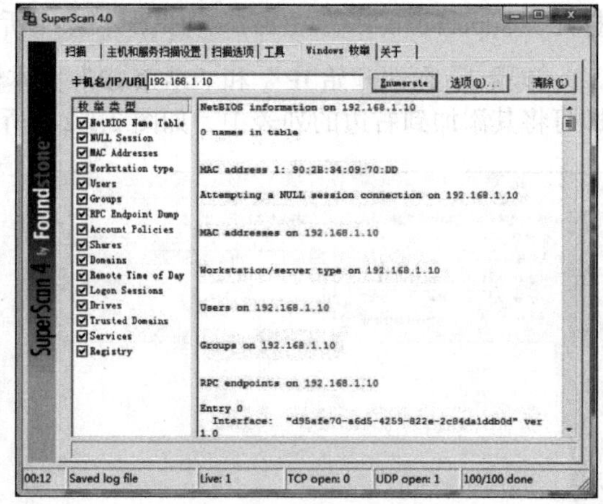

图 2.1.2-6

步骤 6：在“主机和服务扫描设置”选项卡中可以设置扫描主机和服务的各种属性，如图 2.1.2-7 所示。如在“查找主机”栏目中将发现主机方法为“回显请求”；在“ UDP 端口扫描”和“ TCP 端口扫描”栏目中设置要扫描的端口。因为一般的主机都有超过 65 000 个的 UDP 和 TCP 端口，若对每个可能开放端口的 IP 地址进行超过 130 000 次的端口扫描，无疑将需要耗费太长的时间。这里需要自己定义扫描端口范围，也可以只扫描常用的几个端口。

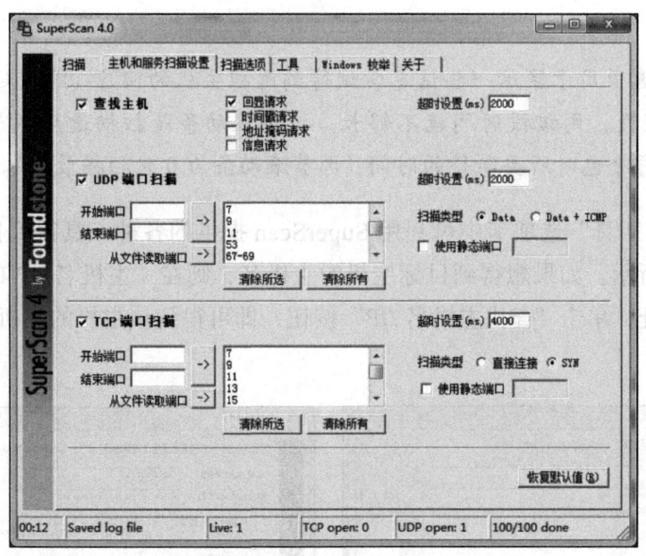

图　2.1.2-7

提示

在“主机和服务扫描设置”选项卡中选择的选项越多，则扫描用的时间就越长。如果用户正在试图尽量多地收集一个明确的主机信息，建议先执行一次常规的扫描以发现主机，再利用可选的请求选项来扫描。

步骤 7：在“扫描选项”选项卡中可设置与扫描有关的各种属性，如将“检测开放主机次数”设置为 1，如图 2.1.2-8 所示。还可以设置扫描速度和解析通过次数，其中“查找主机名”选项可设置主机名解析通过的数量（默认值是 1）。当扫描速度设置为 0 时，虽然扫描速度最快，但却存在数据包溢出的可能。如果担心 SuperScan 引起的过量包溢出，则最好调慢 SuperScan 扫描的速度。

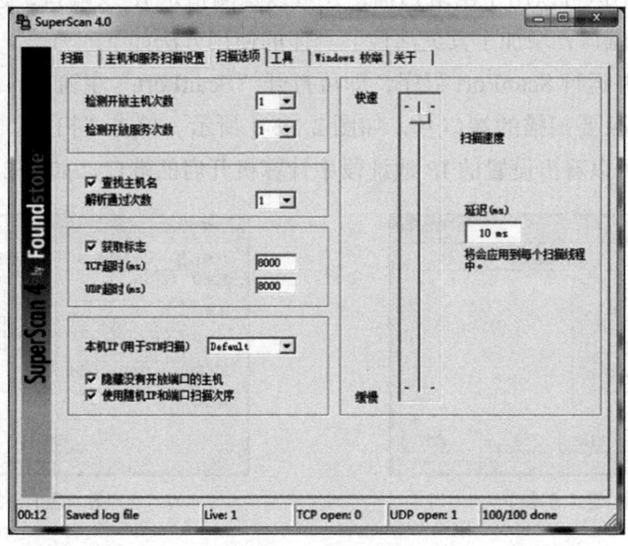

图　2.1.2-8

提示

“获取标志”选项用于显示一些信息尝试得到远程主机的回应（默认延迟是8000毫秒），如果所连接主机较慢，则该段时间就不够长。旁边滚动条是扫描速度调节选项，用于调节SuperScan在发送每个包时所要等待的时间（调节滚动条为0时扫描最快）。

步骤8：在“工具”选项卡中可利用SuperScan提供的各种工具得到目标主机的各种信息，如图2.1.2-9所示。如果想得到目标主机的主机名，则在“主机名/IP/URL”文本框中输入目标主机IP地址，单击“查找主机名/IP”按钮，即可得到该主机的主机名，如图2.1.2-10所示。

图 2.1.2-9

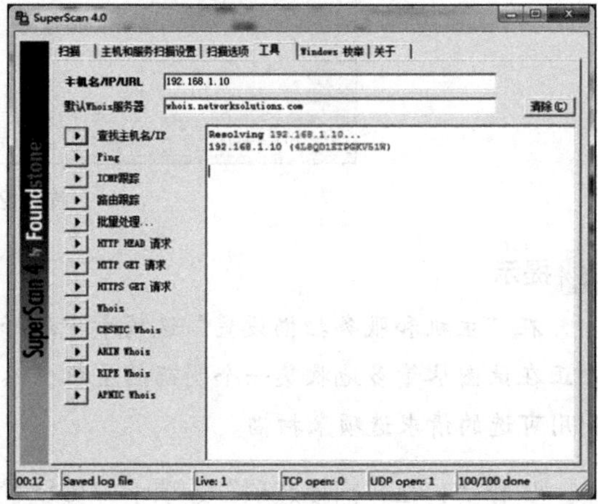

图 2.1.2-10

2.1.3 ScanPort

ScanPort软件不但可以用于网络扫描，还可以探测指定IP及端口，速度比传统软件快，且支持用户自设IP端口，增加了其灵活性。具体的使用方法如下。

步骤1：下载并运行ScanPort程序，即可打开“ScanPort”主窗口，在其中设置起始IP地址、结束IP地址及要扫描的端口号，如图2.1.3-1所示。单击“扫描”按钮，即可进行扫描，从扫描结果中可以看出设置的IP地址段中计算机开启的端口，如图2.1.3-2所示。

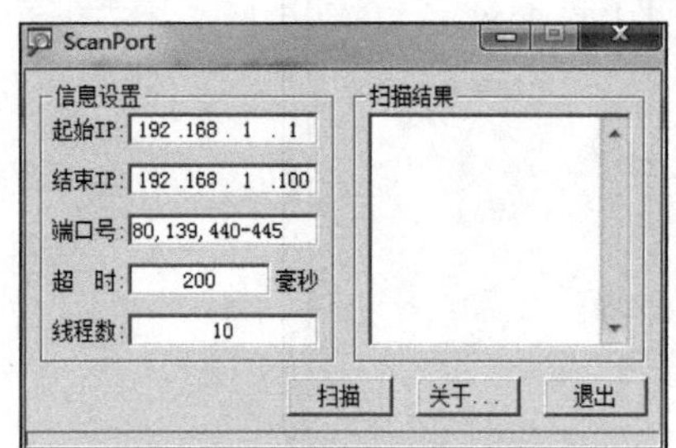

图 2.1.3-1

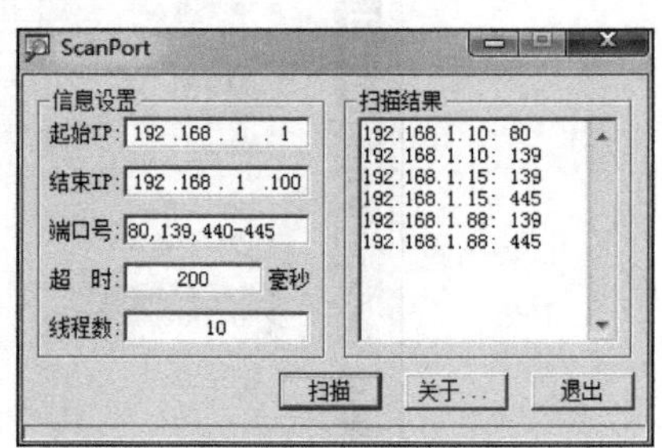

图 2.1.3-2

步骤 2：若要扫描某台计算机中开启的端口，则将开始 IP 和结束 IP 都设置为该主机的 IP 地址，如图 2.1.3-3 所示。在设置完要扫描的端口号之后，单击“扫描”按钮，即可扫描出该主机中开启的端口（设置端口范围之内），如图 2.1.3-4 所示。

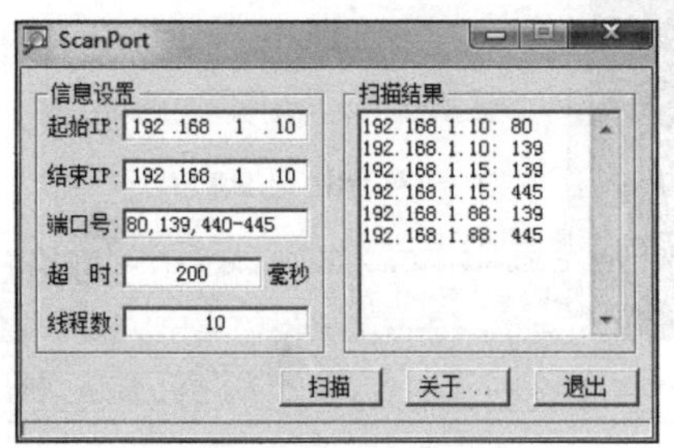

图 2.1.3-3

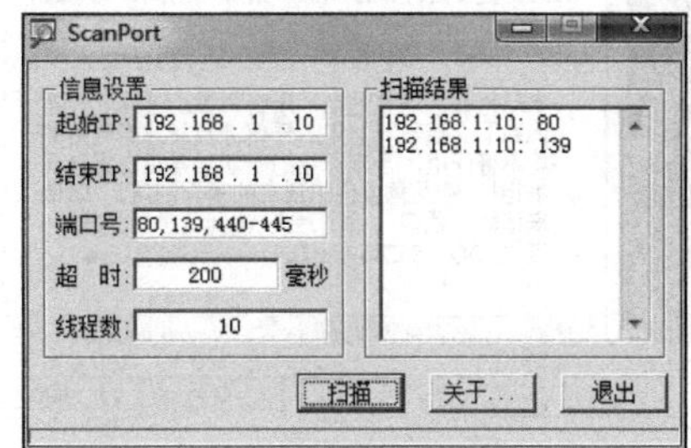

图 2.1.3-4

2.1.4 网络端口扫描器

网络扫描端口不但要扫描主机本地的开放端口，还要扫描出网络中存在的开放端口，并获取它们的信息。Network Scanner（网络 IP 扫描工具）是一个免费的多线程的 IP、NetBIOS 和 SNMP 的扫描工具，可以检测用户自定义的端口并报告已打开的端口，解析主机域名和自动检测本地 IP，并可监听 TCP 端口扫描，哪些类型的资源共享在网络上（包括系统和隐藏）显示器。可以帮用户安装为网络驱动器共享文件夹，然后使用 Windows 资源管理器，筛选结果列表等。

可实现的功能如下：

- 两种不同的扫描方式（SYN 扫描和一般的 connect 扫描）；
- 扫描单个 IP 或 IP 段的所有端口；
- 扫描单个 IP 或 IP 段的单个端口；
- 扫描单个 IP 或 IP 段用户定义的端口；
- 显示打开端口的 banner；
- 将结果写入文件；
- TCP 扫描可自定义线程数。

步骤 1：从官网下载安装包到本地，双击解压程序，如图 2.1.4-1 所示。

步骤 2：在安装路径界面中，单击“浏览”按钮，选择目标文件夹，单击“安装”按钮，如图 2.1.4-2 所示。

步骤 3：完成后，有 32 位和 64 位的不同程序文件夹，用户可根据自己的系统选择。

步骤 4：双击程序图标，启动程序。

步骤 5：弹出程序更新提示，单击“是”按钮，如图 2.1.4-3 所示。

步骤 6：在弹出的下载界面中，单击“Download Now”按钮，进行程序更新，如图 2.1.4-4 所示。

步骤 7：程序更新完成后，显示程序操作主界面，如图 2.1.4-5 所示。

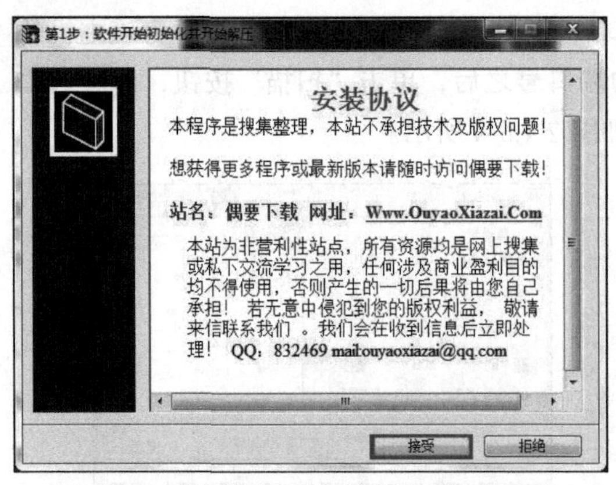

图 2.1.4-1

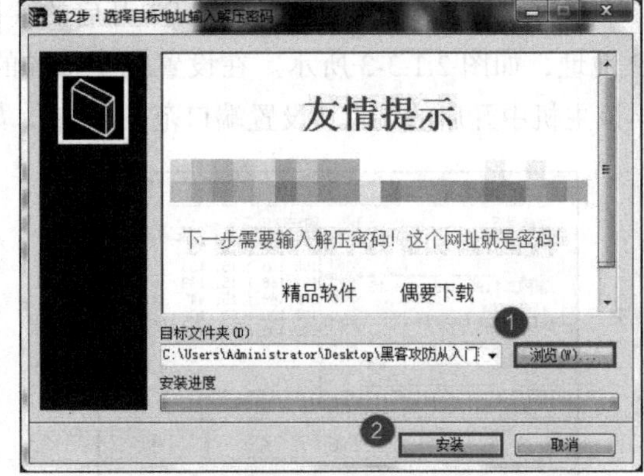

图 2.1.4-2

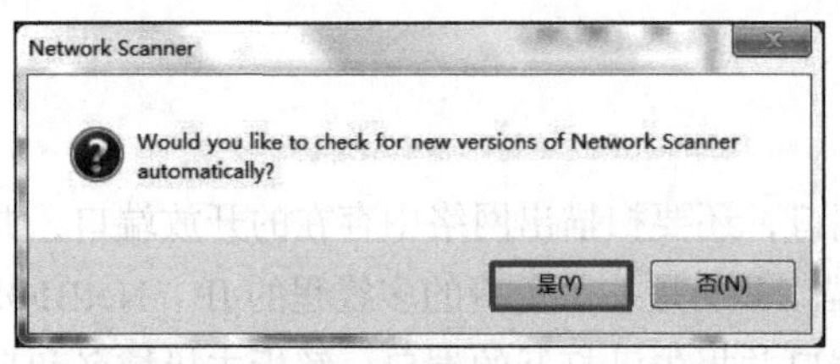

图 2.1.4-3

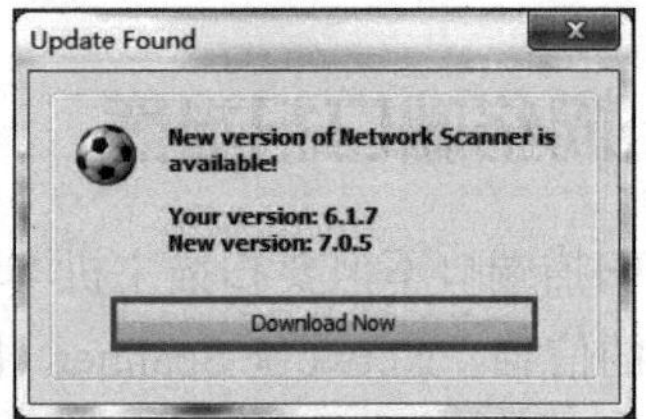

图 2.1.4-4

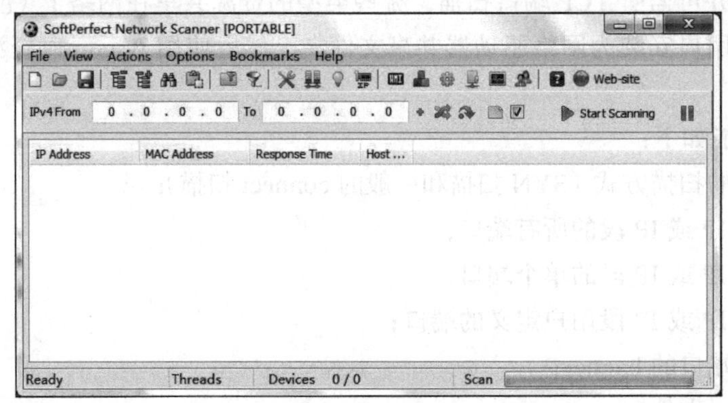

图 2.1.4-5

步骤 8：在主界面中，没有扫描端口的信息，需要先进行设置。单击“Options”选项卡，在弹出的选项中单击“Program Options”选项，如图 2.1.4-6 所示。

步骤 9：在 Options 界面中，单击“Workstation”选项卡，勾选如图 2.1.4-7 所示选项，单击“OK”按钮。

步骤 10：单击“Ports”选项卡，勾选想要显示的端口类别，单击“OK”按钮，如图 2.1.4-8 所示。

步骤 11：回到主界面，会发现显示出了“TCP Ports”“DNS Query”等端口信息，如图 2.1.4-9 所示。

步骤 12：在“IPv4 From”对应的文本框输入扫描的 IP 范围，单击“Start Scanning”按钮，扫描信息显示出主机 10.216.153.71 的开放端口为 TCP 80，如图 2.1.4-10 所示。

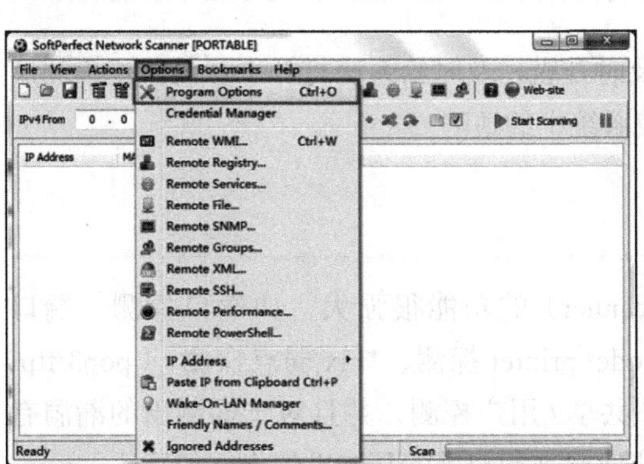

图　2.1.4-6

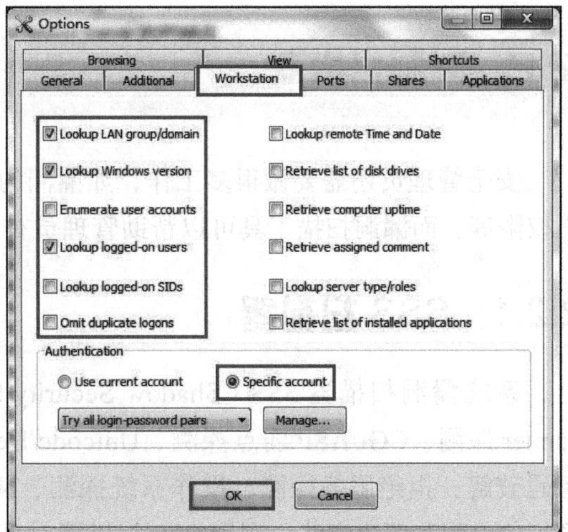

图　2.1.4-7

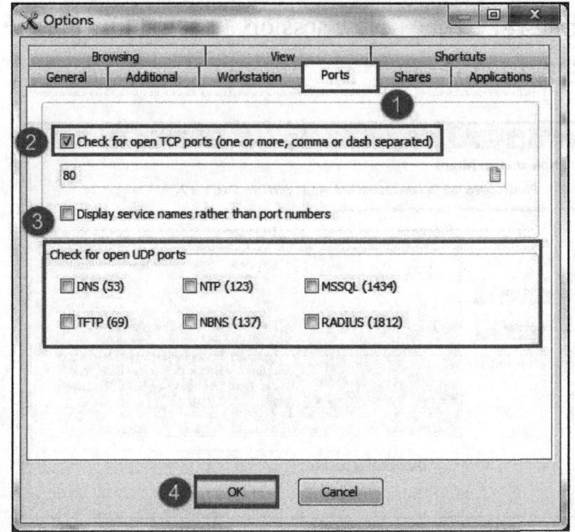

图　2.1.4-8

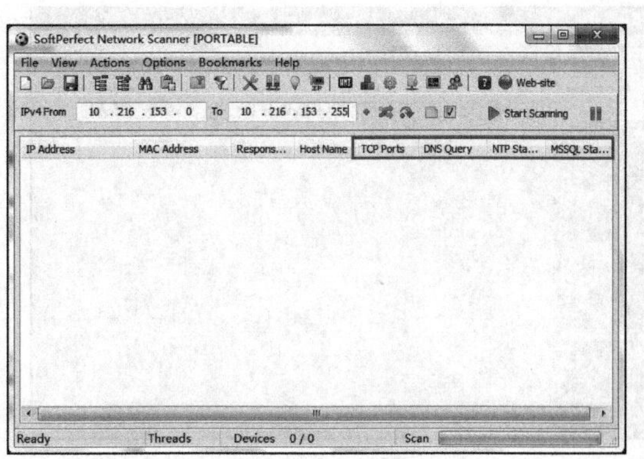

图 2.1.4-9

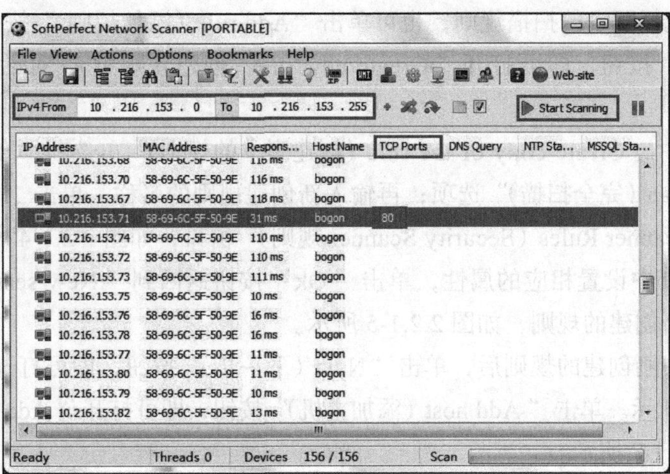

图　2.1.4-10

2.2 漏洞扫描器

安全管理员还需要做很多工作，如漏洞的及时升级、及时给系统打补丁、设置正确的用户权限等，而漏洞扫描工具可以帮助管理员查找系统中的缺陷。

2.2.1 SSS 扫描器

系统漏洞扫描器 SSS（Shadow Security Scanner）的功能很强大，如端口探测、端口 banner 探测、CGI/ASP 弱点探测、Unicode/Decode/.printer 探测、*nix 弱点探测、(pop3/ftp) 密码破解、拒绝服务探测、操作系统探测、NT 共享 / 用户探测，并且对于探测出的漏洞有详细的说明和解决方法。利用 SSS 扫描器对系统漏洞进行扫描的具体操作步骤如下。

步骤 1：在安装好 SSS 软件后，双击“Shadow Security Scanner”图标，即可打开“Shadow Security Scanner”主窗口，如图 2.2.1-1 所示。单击工具栏中的“New session(新建项目)”按钮，即可打开“New session（新建项目）”窗口，如图 2.2.1-2 所示。

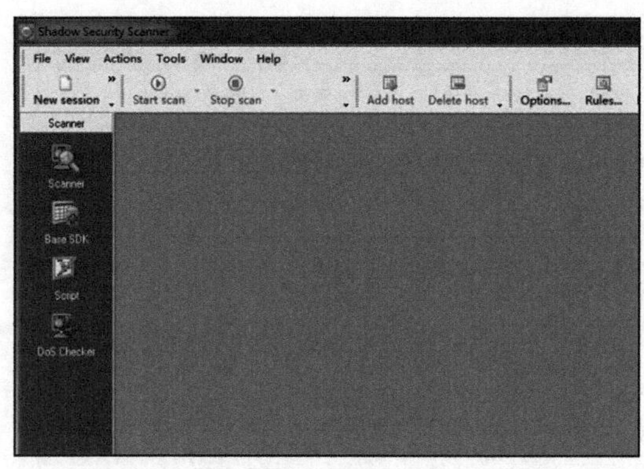

图 2.2.1-1

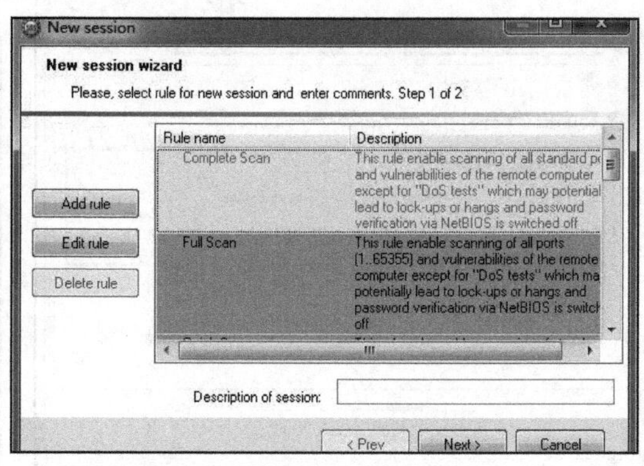

图 2.2.1-2

步骤 2：可选择预设的扫描规则，也可单击“Add rule（添加规则）”按钮添加扫描规则。单击“添加规则”按钮，即可打开“Create new rule（创建新规则）”对话框，如图 2.2.1-3 所示。

步骤 3：选中“Create copy of the rule（创建副本的规则）”单选项，在其下拉列表中选择“Complete Scan（完全扫描）”选项；再输入新创建规则的名称，单击“Ok”按钮，即可打开“Security Scanner Rules（Security Scanner 规则）”窗口，如图 2.2.1-4 所示。

步骤 4：在其中设置相应的属性，单击“Ok”按钮返回到“New session（新建项目）”窗口，即可看到新创建的规则，如图 2.2.1-5 所示。

步骤 5：选中刚创建的规则后，单击“Next（下一步）”按钮，即可打开添加扫描主机窗口，如图 2.2.1-6 所示。单击“Add host（添加主机）”按钮，即可打开“Add host（添加主机）”对话框，如图 2.2.1-7 所示。

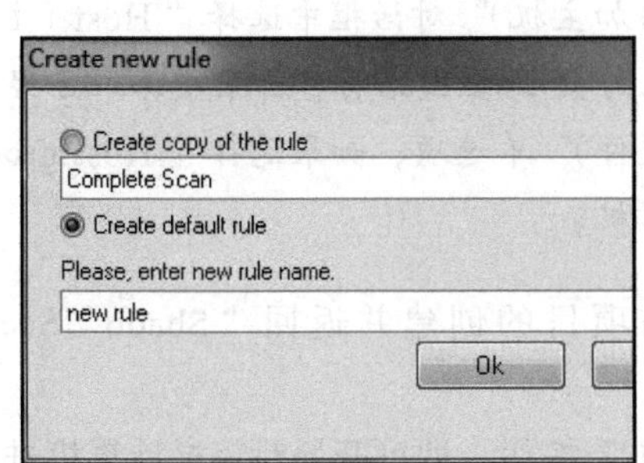

图　2.2.1-3

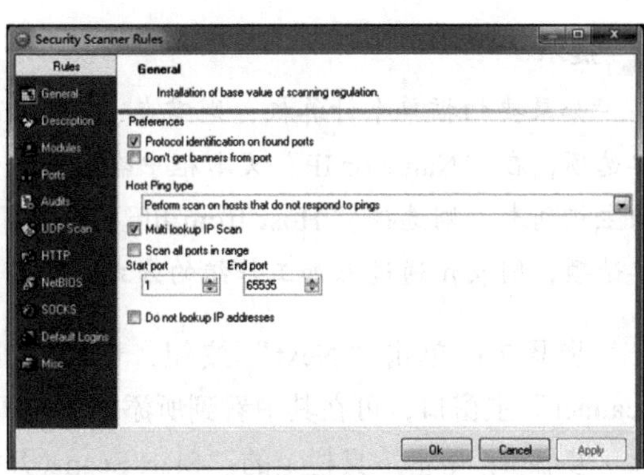

图　2.2.1-4

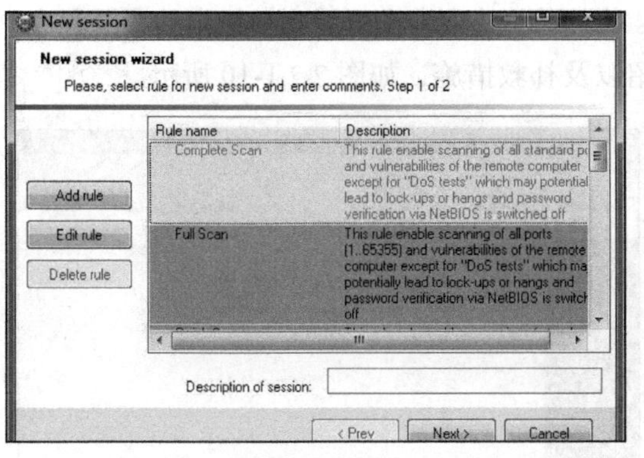

图　2.2.1-5

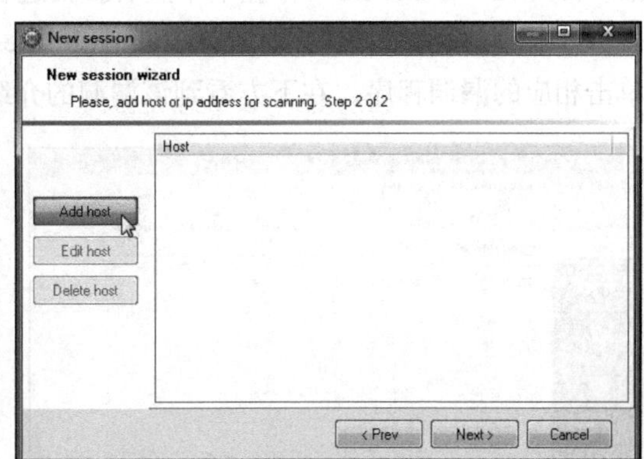

图　2.2.1-6

步骤 6：选择“Hosts range”单选项，在“From IP”和“To IP”文本框中分别输入起始 IP 地址和结束 IP 地址，单击“Add”按钮，即可在添加扫描主机窗口中看到添加的 IP 地址段，如图 2.2.1-8 所示。

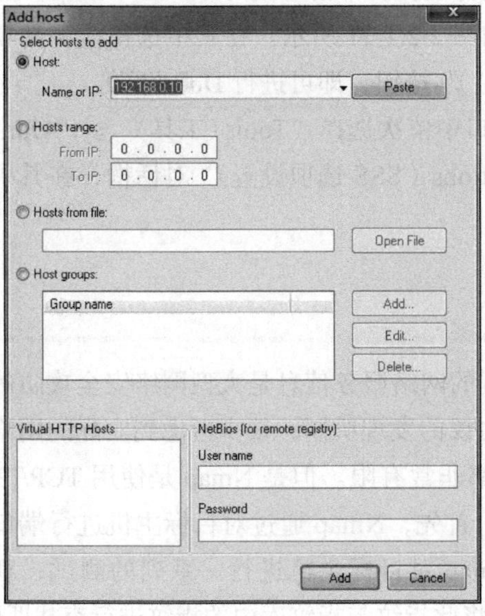

图　2.2.1-7

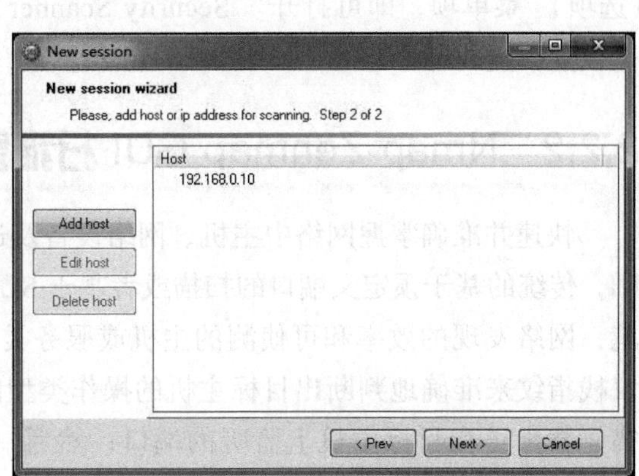

图　2.2.1-8

提示

如果要扫描单个计算机，则需在“Add host（添加主机）”对话框中选择“Host（主机）”单选项，在“Name or IP”文本框中输入目标计算机的 IP 地址或名称；如果要添加已经存在的主机列表，则选择“Host from file（主机来自于文件）”单选项；如果选择“Host groups”单选项，则表示通过添加工作组的方式添加目标计算机。

步骤 7：单击“Next”按钮，即可完成扫描项目的创建并返回“Shadow Security Scanner”主窗口，可在其中看到所添加的主机。

步骤 8：单击工具栏上的“Start Scan（开始扫描）”按钮，即可开始对目标计算机进行扫描，并可在“Statistics”标签卡中查看扫描进程，如图 2.2.1-9 所示。

步骤 9：待扫描结束后，在“Vulnerabilities（漏洞）”选项卡中可看到扫描出的漏洞程序。单击相应的漏洞程序，在下方看到该漏洞的介绍以及补救措施，如图 2.2.1-10 所示。

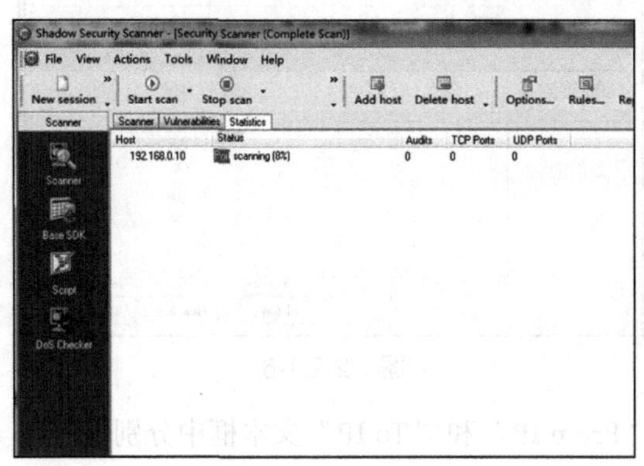

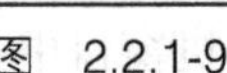
图 2.2.1-9

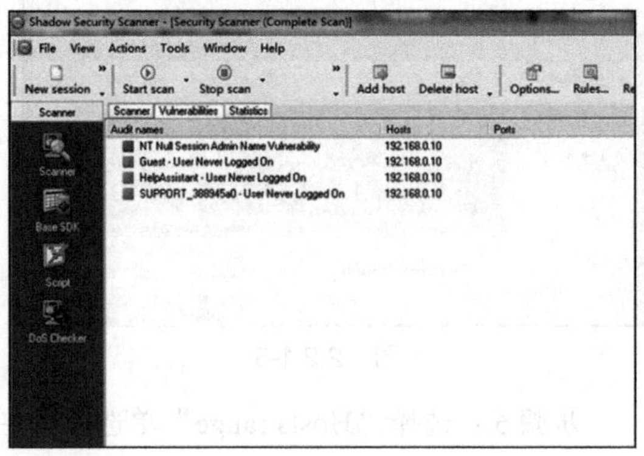

图 2.2.1-10

步骤 10：使用 SSS 还可以进行 DoS 安全性进行检测。单击左侧的“DoS Checker（DoS 检查器）”按钮，即可打开 DoS 检查器对话框，如图 2.2.1-11 所示。在其中选择检测的项目并设置扫描的线程数（Threads），单击“Start（开始）”按钮，即可进行 DoS 检测。

步骤 11：在“Shadow Security Scanner”主窗口中依次选择“Tools（工具）”→“Options（选项）”菜单项，即可打开“Security Scanner Options（SSS 选项设置）”对话框，在其中可以设置扫描的各个选项，如图 2.2.1-12 所示。

2.2.2 Nmap-Zenmap GUI 扫描器

快速并准确掌握网络中主机、网络设备及运行的网络服务信息是大型网络安全攻防的基础，传统的基于预定义端口的扫描或者基于 SLP 协议的发现机制，很少考虑到实际的网络环境，网络发现的效率和可侦测的主机或服务类型都非常有限。但是 Nmap 是使用 TCP/IP 协议栈指纹来准确地判断出目标主机的操作类型的。首先，Nmap 通过对目标主机进行端口扫描，找出正在目标主机上监听的端口；然后，Nmap 对目标主机进行一系列的测试，利用响应结果建立相应目标主机的 Nmap 指纹；最后，将此指纹与指纹库中的指纹进行查找匹配，

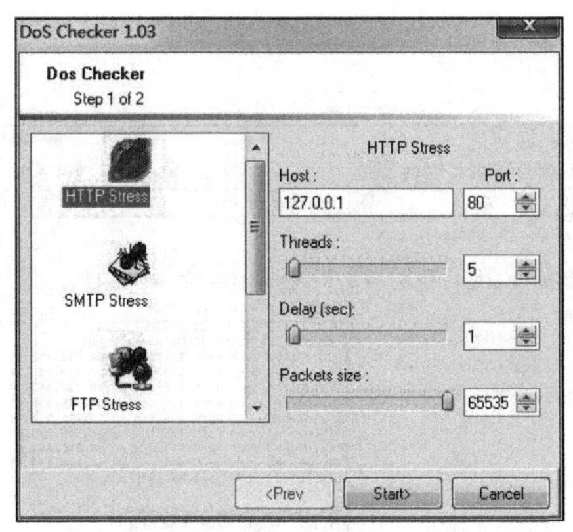

图　2.2.1-11

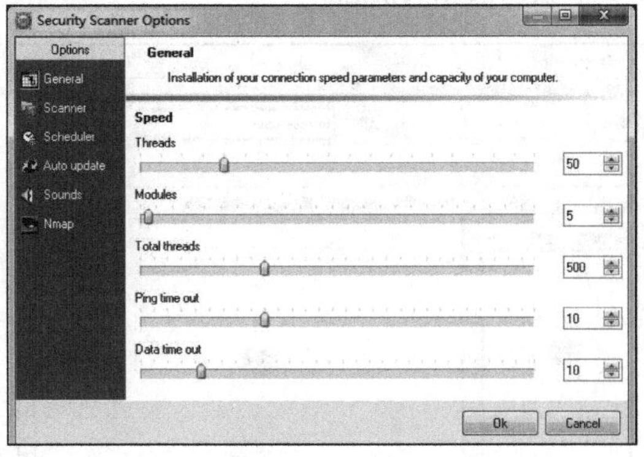

图　2.2.1-12

从而得出目标主机类型、操作系统类型、版本及运行服务等相关信息。Nmap 可以有效地克服传统扫描问题，帮助网络安全员实现高效率的日常工作，如查看整个网络的库存信息、管理服务升级计划，以及监视主机和服务的运行情况。

Zenmap（网络扫描器）是一个开放源代码的网络探测和安全审核的工具。它是 Nmap 安全扫描工具的图形界面前端，它可以支持跨平台。使用 Zenmap 工具可以快速地扫描大型网络或单个主机的信息。例如，扫描主机提供了哪些服务，以及使用的操作系统等。下面介绍如何使用 Zenmap 扫描发现主机漏洞。

步骤 1：双击桌面上“Nmap-Zenmap GUI”程序图标，启动程序。

步骤 2：Zenmap 程序操作主界面如图 2.2.2-1 所示。

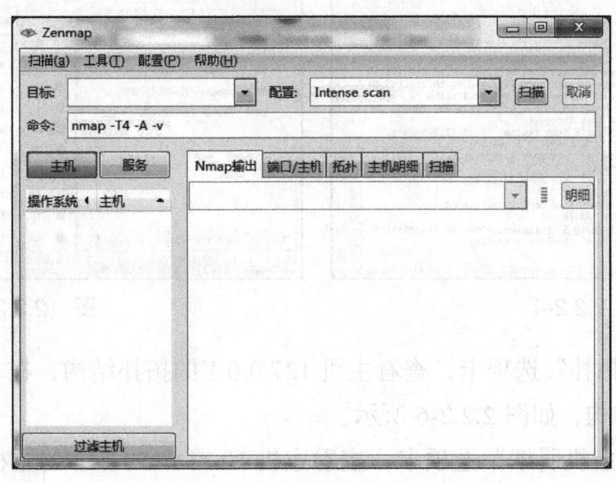

图　2.2.2-1

步骤 3：从该界面可以看到，Zenmap 工具分为 3 个部分。在第 1 部分用于指定扫描目标、命令、配置信息；第 2 部分显示扫描的主机；第 3 部分显示扫描的详细信息，如图 2.2.2-2 所示。

步骤 4：这里在“目标”文本框中输入 10.216.153.0/24，在“配置”一栏中选择“Intense scan”选项，然后单击“扫描”按钮，将显示如图 2.2.2-3 所示的界面，右侧窗格显示了

Nmap 输出的相关信息。

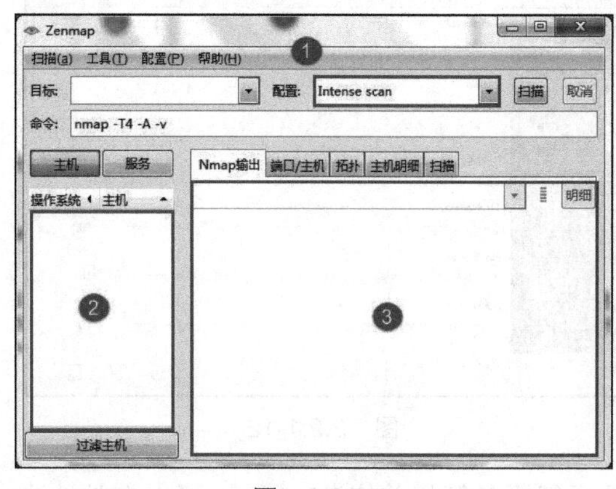

图 2.2.2-2

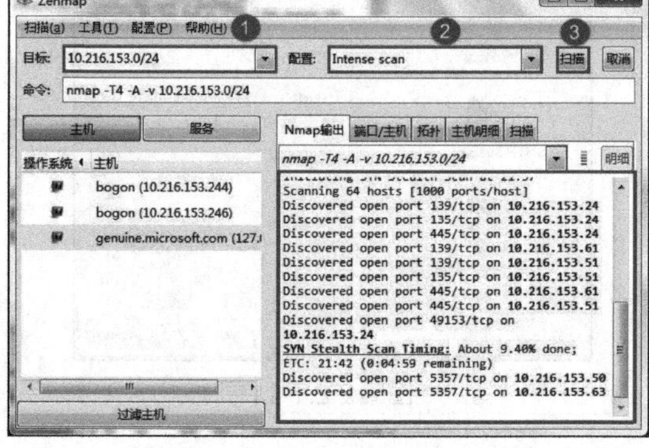

图 2.2.2-3

步骤 5：从该界面可以看到在 10.216.153.0/24 网络内所有主机的详细信息。在 Zenmap 的左侧窗格内显示了在该网络内活跃的主机，如图 2.2.2-4 所示。

步骤 6：还可以通过切换选项卡，选择查看每台主机的端口号。例如，要查看主机 127.0.0.1 的端口号 / 主机，可单击“端口 / 主机”选项卡，则在右侧栏显示主机 127.0.0.1 的端口号相关信息，开启了 1、3、4、6 等端口，如图 2.2.2-5 所示。

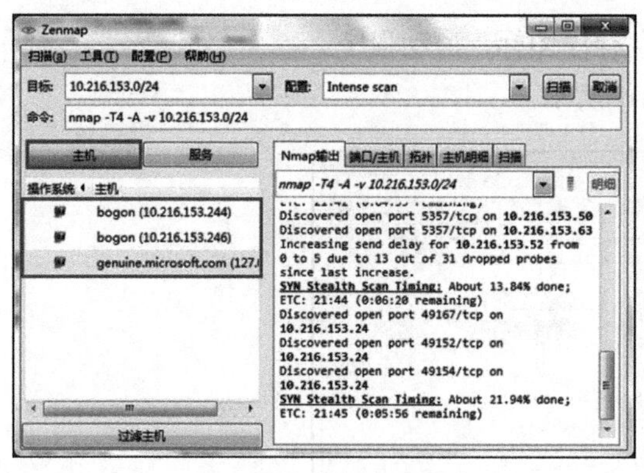

图 2.2.2-4

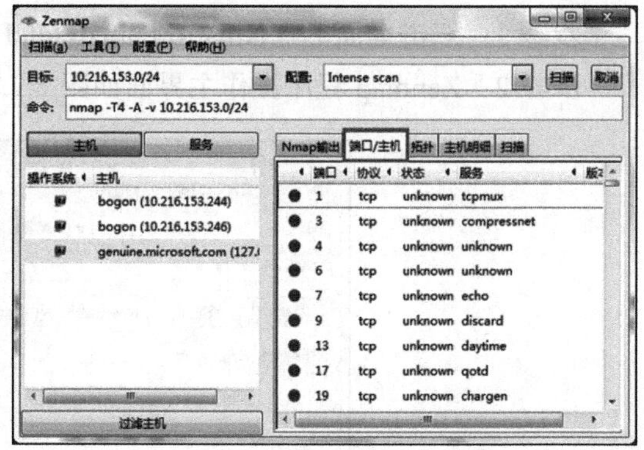

图 2.2.2-5

步骤 7：单击“拓扑”选项卡，查看主机 127.0.0.1 的拓扑结构，在右侧窗格内显示了主机 127.0.0.1 的拓扑结构，如图 2.2.2-6 所示。

步骤 8：单击“主机明细”选项卡，查看主机 10.216.153.244 的主机详细信息，在右侧窗格内显示了主机 10.216.153.244 的主机详细信息，如主机的状态、地址及操作系统等，如图 2.2.2-7 所示。

步骤 9：单击“扫描”选项卡，在右侧窗格内显示了 10.216.153.0/24 网络中正在运行和未保存的扫描程序，如图 2.2.2-8 所示。

步骤 10：如果扫描结果中主机数目太多，无法找到我们想要的目标网络，可以单击“过滤主机”按钮，在底部弹出的“主机过滤”文本框中输入要寻找的目标网络，如 10.216.153.244，则在 Zenmap 的左侧窗格中会只显示主机 10.216.153.244，如图 2.2.2-9 所示。

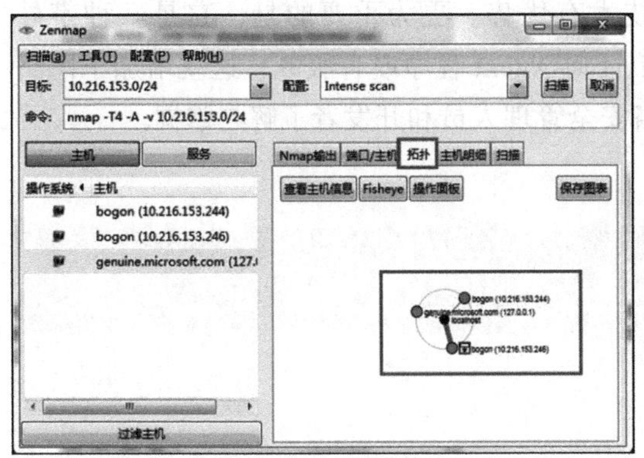

图 2.2.2-6

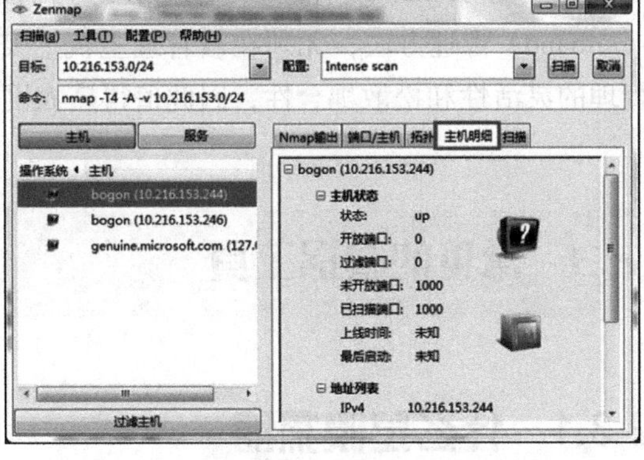

图 2.2.2-7

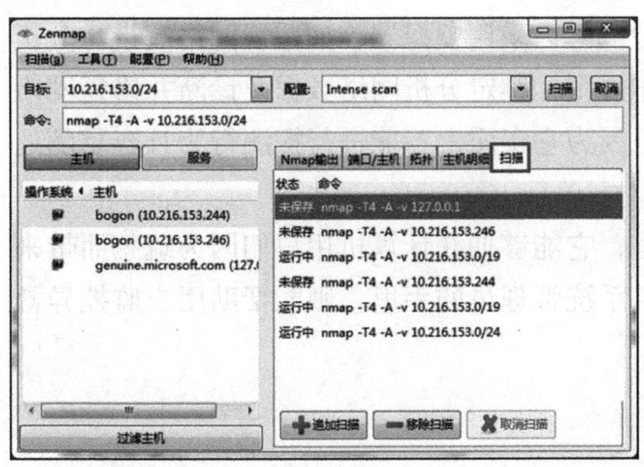

图 2.2.2-8

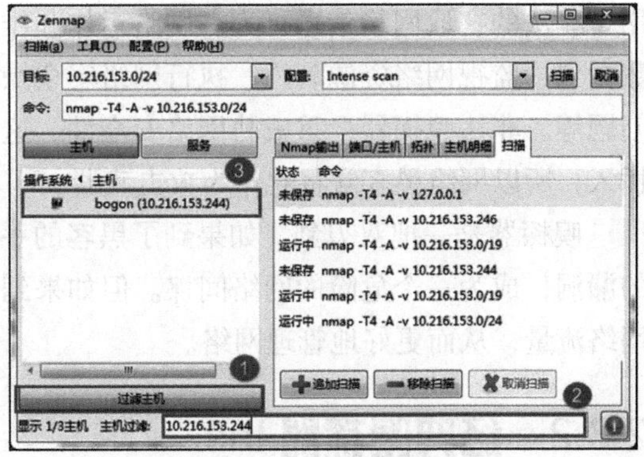

图 2.2.2-9

步骤 11：如果要查看该主机有哪些网络服务，单击“服务”按钮，在 Zenmap 的左侧窗格中会显示主机存在的服务信息，如图 2.2.2-10 所示。

步骤 12：当要保存扫描结果时，可以单击功能栏中“扫描”选项，在弹出的选项中单击“保存所有扫描到目录”，选择要保存到的路径后退出即可，如图 2.2.2-11 所示。

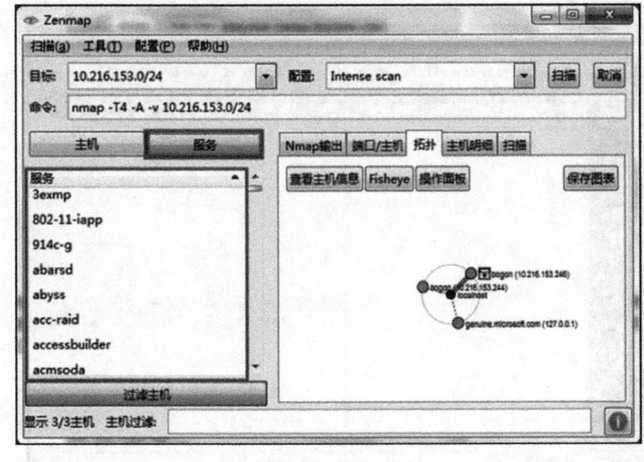

图 2.2.2-10

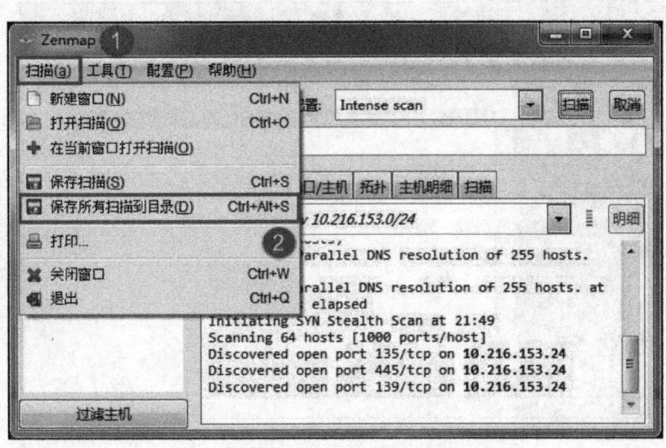

图 2.2.2-11

综上所述，利用Nmap工具实现网络发现与管理，无论在效率上还是准确性上，都比传统的、基于SLP或者基于预定义端口扫描技术有优势。更为重要的是，它是一种带外（Outband）管理方法，无须在被管理主机上安装任何Agent程序或者服务，这就增加了网络管理的灵活性和松散耦合性，因此值得广大网络安全管理人员和开发者了解与掌握。

2.3 常见的嗅探工具

2.3.1 什么是嗅探器

嗅探器是一种监视网络数据运行的软件设备，嗅探器既能用于合法的网络管理工作也能用于非法的窃取网络信息行为。网络运作和维护都可以采用嗅探器，如监视网络流量、分析数据包、监视网络资源利用、执行网络安全操作规则、鉴定分析网络数据及诊断并修复网络问题等。非法嗅探器严重威胁网络安全性，这是因为它实质上不能进行探测行为且容易随处插入，所以网络黑客常将它作为攻击武器。

嗅探器是一把双刃剑，如果到了黑客的手里，它能够捕获计算机用户们因为疏忽而带来的漏洞，成为一个危险的网络间谍。但如果到了系统管理员的手里，则能帮助用户监控异常网络流量，从而更好地管理网络。

2.3.2 经典嗅探器 Iris

网络通信分析工具Iris可以帮助系统管理员轻易地捕获和查看进出网络的数据包，进行分析和解码，并生成多种形式的统计图表。还可以探测本机端口和网络设备的使用情况，有效地管理网络通信。使用Iris对QQ登录密码进行嗅探的具体操作步骤如下。

步骤1：启动Iris，选择绑定网卡，然后单击“确定”按钮，如图2.3.2-1所示。

步骤2：打开“Iris主窗口”，单击工具栏上的“开始捕获”按钮▶，如图2.3.2-2所示。

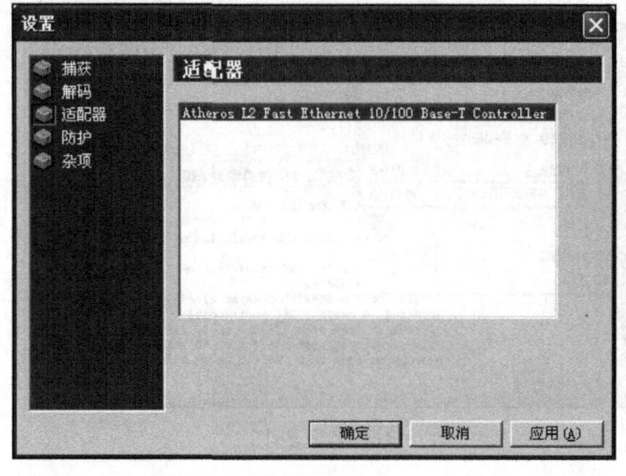

图 2.3.2-1

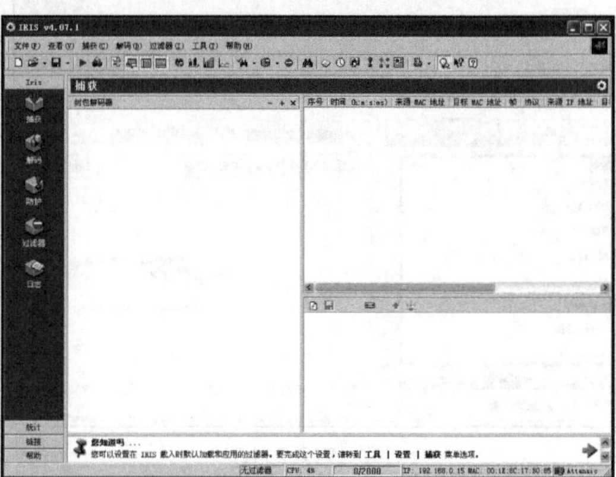

图 2.3.2-2

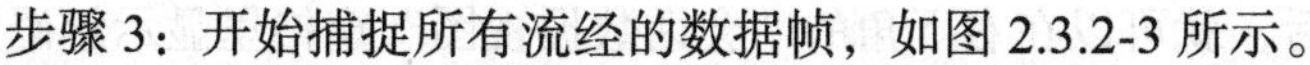

步骤 3：开始捕捉所有流经的数据帧，如图 2.3.2-3 所示。

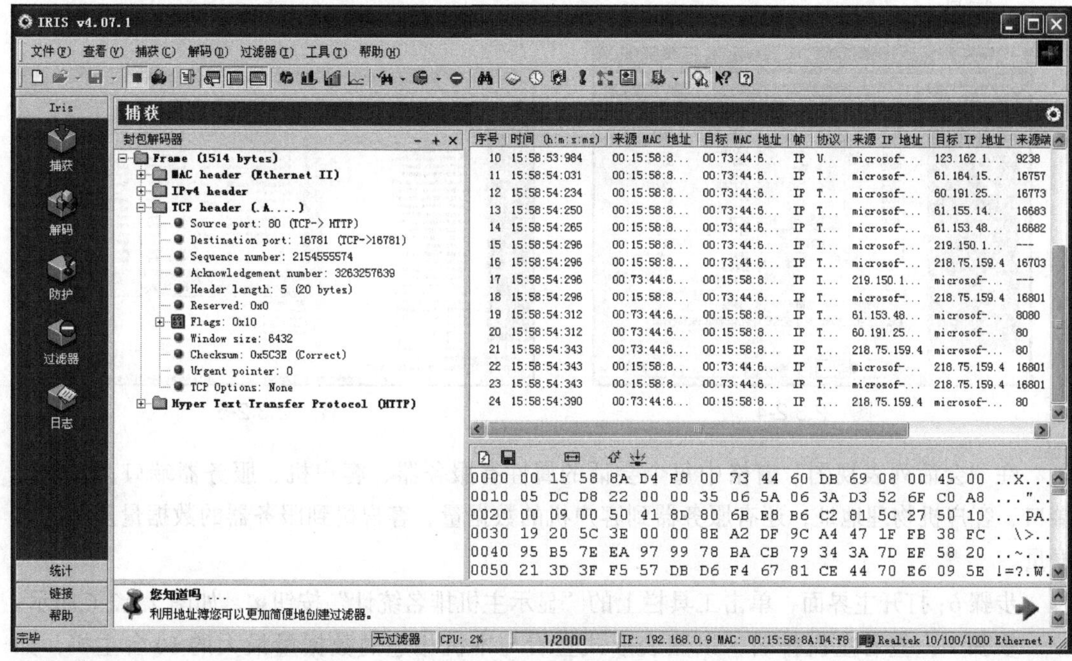

图　2.3.2-3

- 左侧的“解码”窗格用树型结构显示着每个数据包的详细结构（所找到的数据包会被分解为容易理解的部分）及数据包的每个部分所包含的数据。
- 右上角的“数据包列表”窗格显示所有流经的数据包列表（新产生的数据包自动添加到列表里）。在选中特定的数据包之后，其详细信息将会呈树型显示在“解码”窗格中。每一行数据包信息所包含的属性有数据包流经时间、源和目的 MAC 地址、帧形式、所用传输协议、源和目的 IP 地址、所用端口、确认标志及大小等。
- 右下角的“编辑数据包”窗格分左右两部分，左边显示数据包十六进制信息，右边则显示对应 ASCII 值。可以在这里编辑、修改数据包并发送出去（会自动添加到数据包列表中）。

步骤 4：在没有开启 Filter 功能之前，可能抓获的是所有进出网卡的流量。为了方便查找目标，需要进行简单的过滤，包括硬件、层（Layer）、关键字、MAC 地址、IP 地址、端口等的过滤，如图 2.3.2-4 所示。

步骤 5：运行 QQ 的客户端软件，如图 2.3.2-5 所示。

这里要捕获其登录密码，所以运行 QQ 程序进行登录。QQ 登录成功后单击 Iris 工具栏上的停止抓包按钮■，停止对数据的捕获。密码就藏在捕获的数据包中，只需单击左侧的“解码”按钮，即可对捕获的数据包进行分析查找。

在左边的“主机活动”窗格中，选择按照服务类型显示的树型结构的主机传输信息。

- 在选中某个服务之后，客户机和服务器之间的会话信息就会显示在右上角的“会话列表视图”窗格中。

- 在选中某个会话记录之后，就可以在右下角的“会话数据视图”窗格里显示解码后的信息。

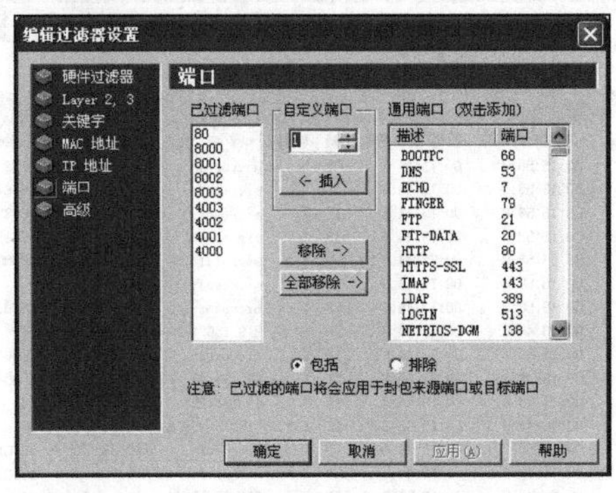

图 2.3.2-4

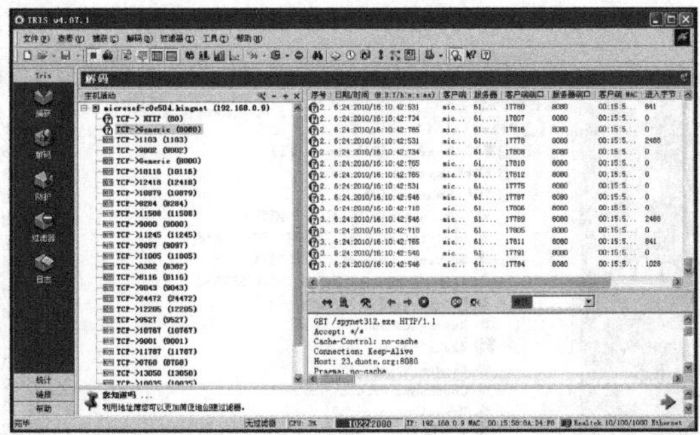
图 2.3.2-5

在“会话列表视图”窗格中每个会话的属性有服务器、客户机、服务器端口、客户机端口、客户机物理地址，还有服务器到客户机的数据量、客户机到服务器的数据量及总的数据量。

步骤 6：打开主界面，单击工具栏上的“显示主机排名统计”按钮，如图 2.3.2-6 所示。

步骤 7：查看主机排名，以图表形式查看与本机相连的数据量最大的 10 台主机，如图 2.3.2-7 所示。

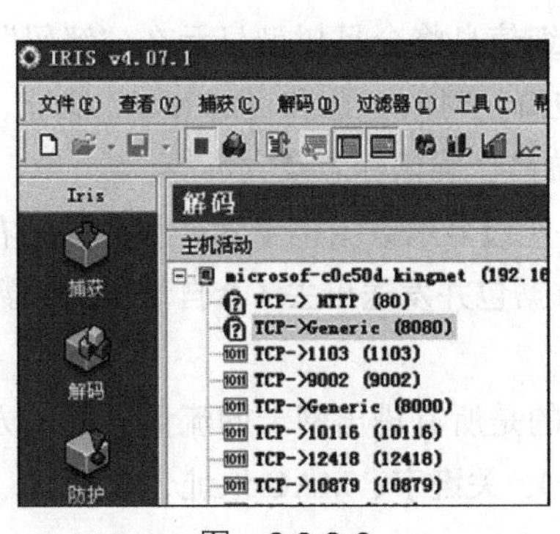

图 2.3.2-6

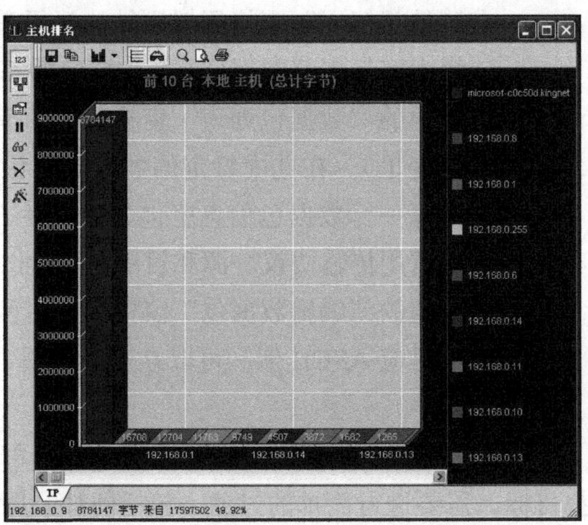

图 2.3.2-7

尽管 Iris 嗅探器功能强大，但它也有一个致命的弱点：黑客必须侵入一台主机才可以使用该嗅探工具。因为只有在网段内部才可以有广播数据，而在网络之间是不会有广播数据的，所以 Iris 嗅探器的局限性就在于它只能使用在目标网段上。

2.3.3 WinArpAttacker

WinArpAttacker 是一款 ARP 欺骗攻击工具，被攻击的主机无法正常与网络进行连接。

该工具还是一款网络嗅探（监听）工具，可以嗅探网络中的主机、网关等对象。同时它也可以进行反监听，扫描局域网中是否存在监听等操作。

利用 WinArpAttacker 进行嗅探并实现欺骗工具的具体操作步骤如下。

步骤 1：在安装 WinPcap 软件后，双击“WinArpAttacker”文件夹中的“WinArpAttacker.exe”应用程序，即可打开“WinArpAttacker”主窗口，如图 2.3.3-1 所示。

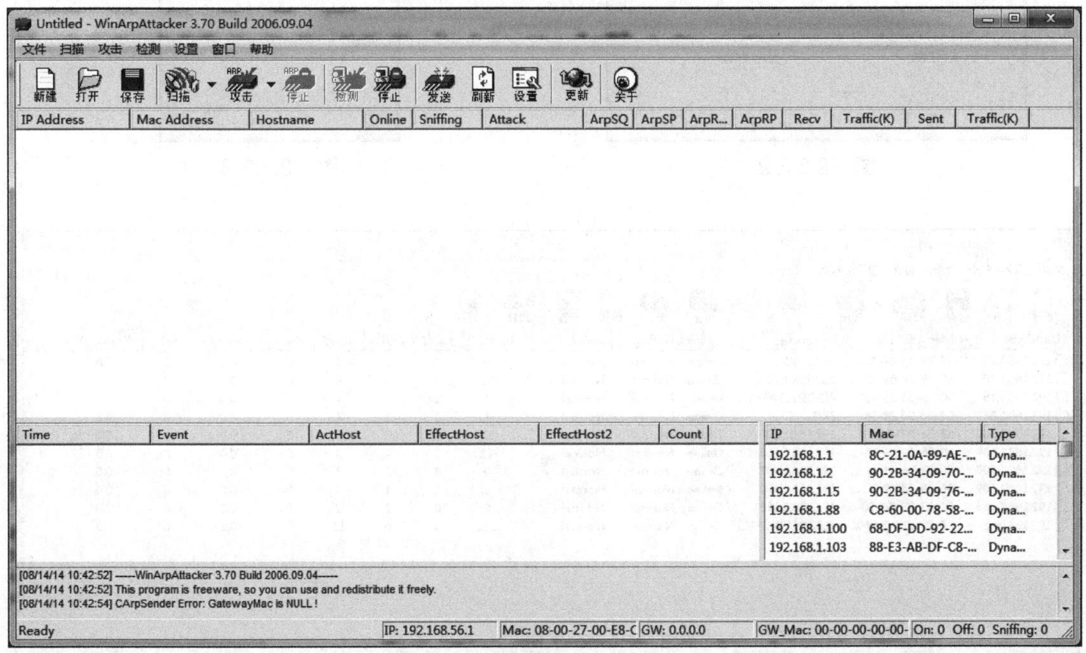

图 2.3.3-1

步骤 2：单击“扫描”按钮，即可扫描出局域网中所有主机。如果在“WinArpAttacker”主窗口中选择“扫描”→“高级”菜单项，即可打开“扫描”对话框，在其中有 3 种扫描方式，如图 2.3.3-2 所示。

- 扫描主机：可以获得目标主机的 MAC 地址。
- 扫描网段：扫描某个 IP 地址范围内的主机。
- 多网段扫描：扫描本地网络。如果本机存在两个以上 IP 地址，就会出现两个子网选项。最下面有两个属性，正常扫描（Normal Scan）属性的作用是扫描其是否在线，而反监听扫描（Antisniff scan）属性的作用是把正在监听的机器扫描出来。

步骤 3：这里以扫描本地网络为例，在“扫描”窗口中选择“多网段扫描”单选项，并勾选相应子网，单击“扫描”按钮即可进行扫描。扫描完成后弹出“Scanning successfully！(扫描成功)”提示框，如图 2.3.3-3 所示。

步骤 4：单击“确定”按钮，即可在“WinArpAttacker”主窗口中看到扫描结果。如图 2.3.3-4 所示区域是主机列表区，上半部主要显示局域网内机器 IP 地址、Mac 地址、主机名、是否在线、是否在监听、是否处于被攻击状态；左下方区域主要显示检测到的主机状态变化和攻击事件；而右下方区域主要显示本地局域网中所有主机的 IP 地址和 Mac 地址信息。

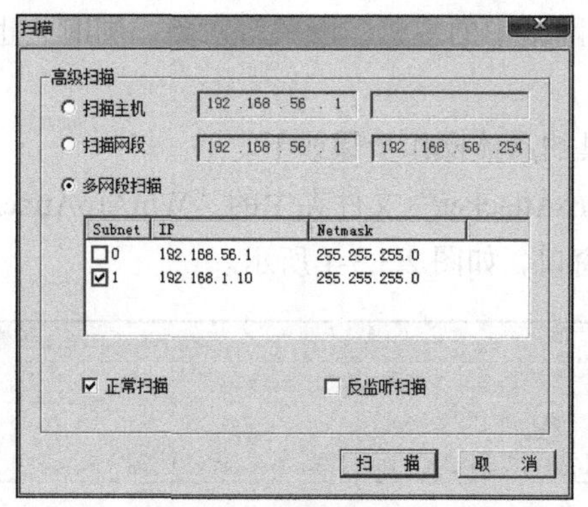

图 2.3.3-2

图 2.3.3-3

IP Address	Mac Address	Hostname	Online	Sniffing	Attack	ArpSQ	ArpSP	ArpR...	ArpRP	Recv	Traffic(K)	Sent	Traffic(K)
192.168.1.2	90-2B-34-09-70-...	192.168.1.2	Online	Normal	Normal	0	1	1	3	0	0.0	0	0.0
192.168.1.10	90-2B-34-09-70-...	192.168.1.10	Online	Normal	Normal	12	3	3	9	0	0.0	0	0.0
192.168.1.15	90-2B-34-09-76-...	4L8QD1ETPGKV...	Online	Normal	Normal	1	1	1	4	0	0.0	0	0.0
192.168.1.88	C8-60-00-78-58-...	ZKG	Online	Normal	Normal	1	1	1	4	0	0.0	0	0.0
192.168.1.100	68-DF-DD-92-22...	192.168.1.100	Online	Normal	Normal	0	0	3	3	0	0.0	0	0.0
192.168.1.104	90-2B-34-09-76-...	192.168.1.104	Online	Normal	Normal	11	1	1	3	0	0.0	0	0.0
192.168.1.107	E8-99-C4-41-28-...	192.168.1.107	Online	Normal	Normal	0	4	1	3	0	0.0	0	0.0
192.168.1.109	90-2B-34-09-7C-...	192.168.1.109	Online	Normal	Normal	1	1	1	4	0	0.0	0	0.0
192.168.1.116	64-A3-CB-D9-F0-...	192.168.1.116	Online	Normal	Normal	0	0	3	3	0	0.0	0	0.0
192.168.56.1	08-00-27-00-E8-...	4L8QD1ETPGKV...	Online	Normal	Normal	251	0	0	11	0	0.0	0	0.0

Time	Event	ActHost	EffectHost	EffectHost2	Count
2014-08-14 10:48:57	New_Host	192.168.1.15	90-2B-34-09-76-...		1
2014-08-14 10:48:57	New_Host	192.168.1.109	90-2B-34-09-7C-...		1
2014-08-14 10:48:58	New_Host	192.168.1.116	64-A3-CB-D9-F0-...		1
2014-08-14 10:48:57	New_Host	192.168.1.10	90-2B-34-09-70-...		1
2014-08-14 10:49:34	Local_Arp_Entry_Delete	192.168.1.100	68-DF-DD-92-22...		1
2014-08-14 10:49:34	Local_Arp_Entry_Delete	192.168.1.116	00-00-00-00-00-...		1

IP	Mac	Type
192.168.1.1	8C-21-0A-89-AE-...	Dyna...
192.168.1.2	90-2B-34-09-70-...	Dyna...
192.168.1.15	90-2B-34-09-76-...	Dyna...
192.168.1.88	C8-60-00-78-58-...	Dyna...
192.168.1.103	88-E3-AB-DF-C8-...	Dyna...
192.168.1.104	90-2B-34-09-76-...	Dyna...

图 2.3.3-4

步骤 5：在进行攻击之前，需要对攻击的各个属性进行设置。单击工具栏上的“设置”→“适配器”菜单项，则打开“Options”对话框，如图 2.3.3-5 所示。如果本地主机安装有多块网卡，则可在“适配器”选项卡下选择绑定的网卡和 IP 地址。

步骤 6：在“攻击”选项卡中可设置网络攻击时的各种选项，如图 2.3.3-6 所示。除“连续 IP 冲突”是攻击次数外，其他都是持续的时间，如果是 0 则表示不停止。

步骤 7：在“更新”选项卡中可设置自动扫描的时间间隔，如图 2.3.3-7 所示。在“检测”选项卡中可设置是否启动自动检测及检测的频率，如图 2.3.3-8 所示。

步骤 8：在“分析”选项卡中可设置保存 ARP 数据包文件的名称与路径，如图 2.3.3-9 所示。在“ARP 代理”选项卡中可启用代理 ARP 功能，如图 2.3.3-10 所示。

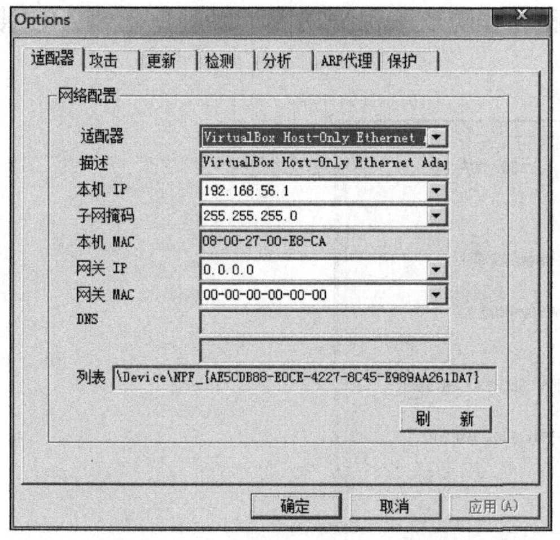

图 2.3.3-5

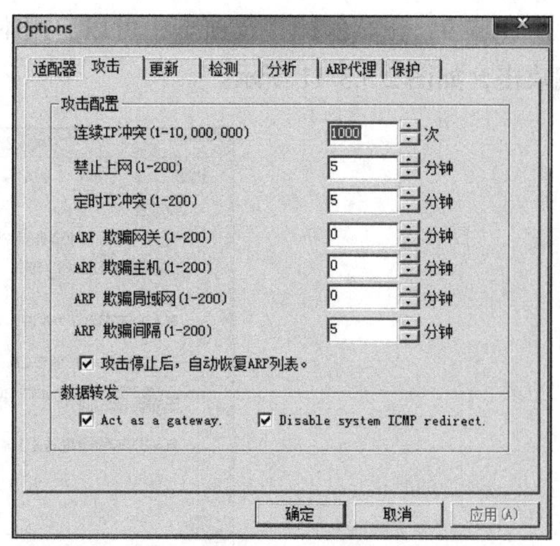

图 2.3.3-6

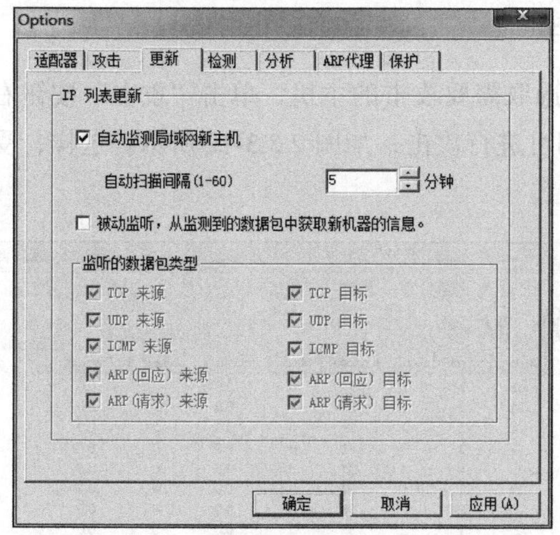

图 2.3.3-7

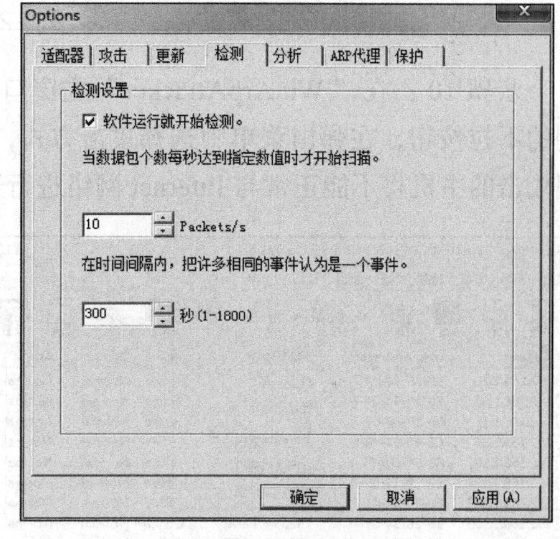

图 2.3.3-8

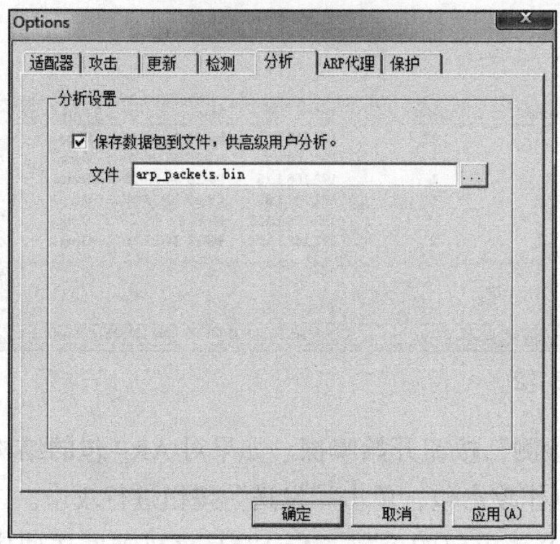

图 2.3.3-9

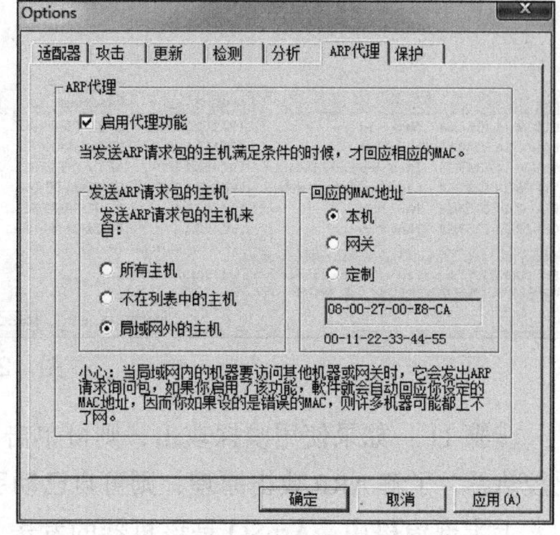

图 2.3.3-10

步骤 9：在“保护”选项卡中可以启用本地和远程防欺骗保护功能，以避免受到 ARP 欺骗攻击，如图 2.3.3-11 所示。

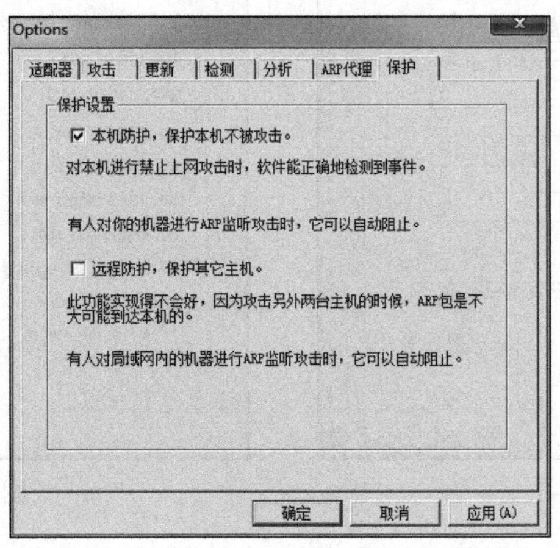

图　2.3.3-11

步骤 10：在“WinArpAttacker”主窗口中选取需要攻击的主机，单击“攻击”按钮右侧的下拉按钮，在弹出菜单中选择攻击方式，即可进行攻击，如图 2.3.3-12 所示。这样，受到攻击的主机将不能正常与 Internet 网络进行连接。

图　2.3.3-12

步骤 11：如果使用嗅探攻击，则可单击“检测”按钮开始嗅探。如果对 ARP 包的结构比较熟悉，了解 ARP 攻击原理，则可自己动手制作攻击包，单击“发送”按钮进行攻击。

上半部窗格中，ArpSQ 是该机器的发送 ARP 请求包的个数；ArpSP 是该机器发送回应包的个数；ArpRQ 是该机器接收请求包的个数；ArpRP 是该机器接收回应包的个数。

2.3.4　捕获网页内容的艾菲网页侦探

艾菲网页侦探是一个 HTTP 协议的网络嗅探器、协议捕捉器和 HTTP 文件重建工具。可以捕捉局域网内含有 HTTP 协议的 IP 数据包，并对其进行分析，找出符合过滤器的那些 HTTP 通信内容。用它可以看到网络中其他人都在浏览哪些 HTTP 协议的 IP 数据包，并对其进行分析，找出符合过滤器的那些 HTTP 通信内容。还可以看到网络中的其他人在浏览哪些网页，以及网页的内容是什么。该工具特别适合用于企业主管对公司员工的上网情况进行监控。

使用艾菲网页侦探对网页内容进行捕获的具体操作步骤如下。

步骤 1：运行艾菲网页侦探，依次单击“Sniffer”→“Filter”菜单项，如图 2.3.4-1 所示。

步骤 2：设置缓冲区的大小、启动选项、探测文件目标、探测的计算机对象等属性，如图 2.3.4-2 所示。

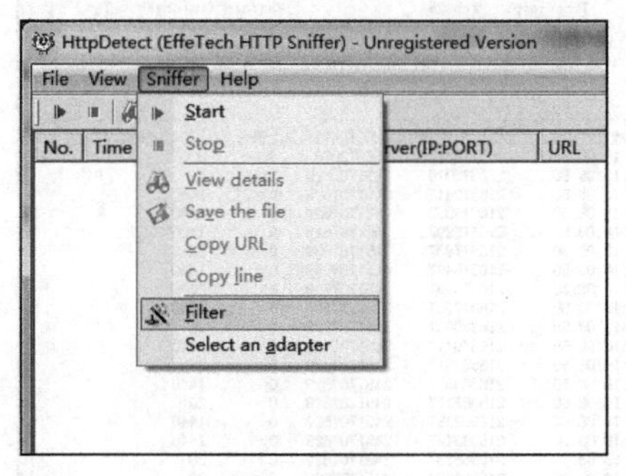

图　2.3.4-1

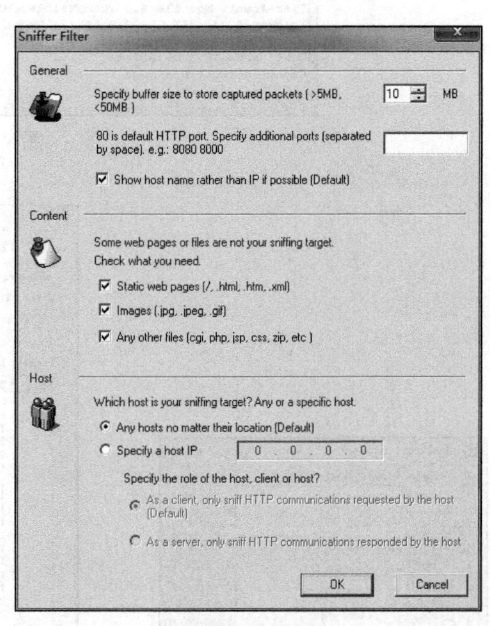

图　2.3.4-2

步骤 3：返回主界面，单击工具栏上的“开始”按钮，如图 2.3.4-3 所示。

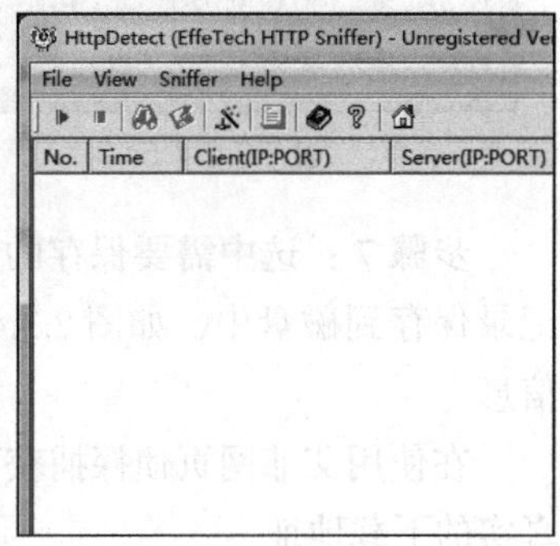

图　2.3.4-3

步骤 4：捕获目标计算机浏览网页的信息，并可查看捕获到的信息，如图 2.3.4-4 所示。

步骤 5：打开主界面，选中需要查看的捕获记录，则可查看其 HTTP 请求命令和应答信息。选择“探测器”→“查看详情”菜单项，如图 2.3.4-5 所示。

步骤 6：HTTP Communications Detail（通信详细资料）界面可查看 HTTP 通信所记录的详细信息，如图 2.3.4-6 所示。

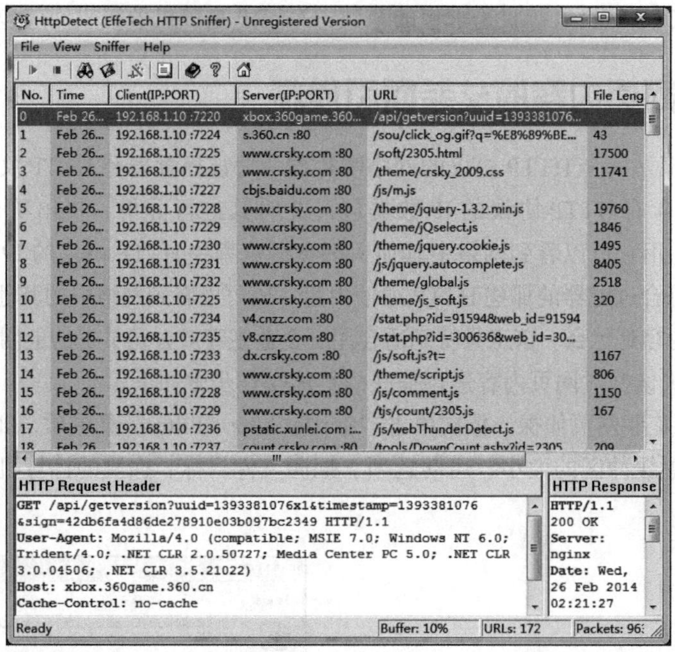

图 2.3.4-4

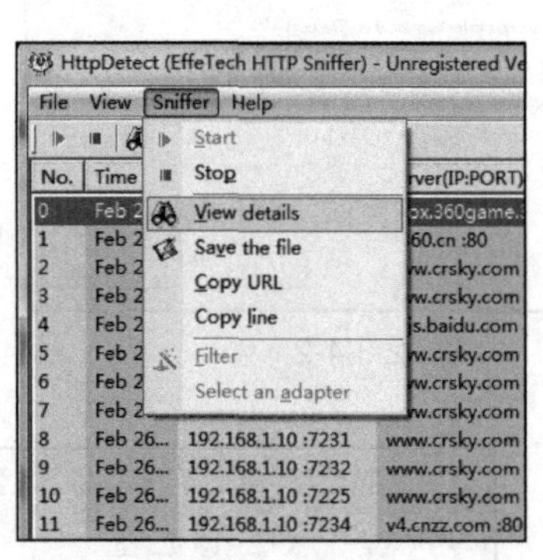

图 2.3.4-5

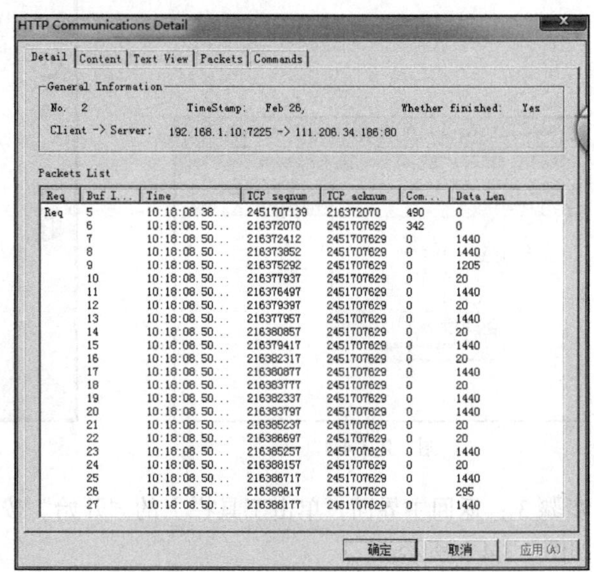

图 2.3.4-6

步骤 7：选中需要保存的记录条，单击“保存来自选定链接的文件”按钮，可将所选记录保存到磁盘中，如图 2.3.4-7 所示。可通过“记事本”程序打开该文件浏览其中的详细信息。

在使用艾菲网页侦探捕获下载地址时，不仅可以捕获到其引用页地址，还可以捕获到其真实的下载地址。

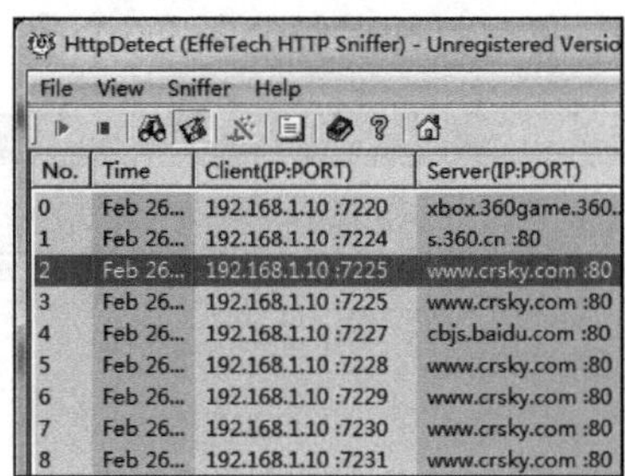

图　2.3.4-7

2.3.5　SpyNet Sniffer 嗅探器

网络监听工具 SpyNet Sniffer 可以捕获到 Telnet、POP、QQ、HTTP、login 等数据，可以了解到与自己计算机连接的用户及其正在进行的操作。如果有黑客攻击自己的计算机，SpyNet Sniffer 可以将其踪迹记录下来。

（1）SpyNet Sniffer 配置

在使用 SpyNet Sniffer 工具进行嗅探之前，需要对其进行配置，例如选择适配器、当缓冲满时应采取的措施等。配置 SpyNet Sniffer 的操作步骤如下。

步骤 1：下载并安装 SpyNet Sniffer 软件之后，依次选择“开始”→“程序”→“SpyNet”→“CaptureNet”菜单项，即可打开“Settings（设置）”对话框，可在其中选择监听网络适配器，如图 2.3.5-1 所示。

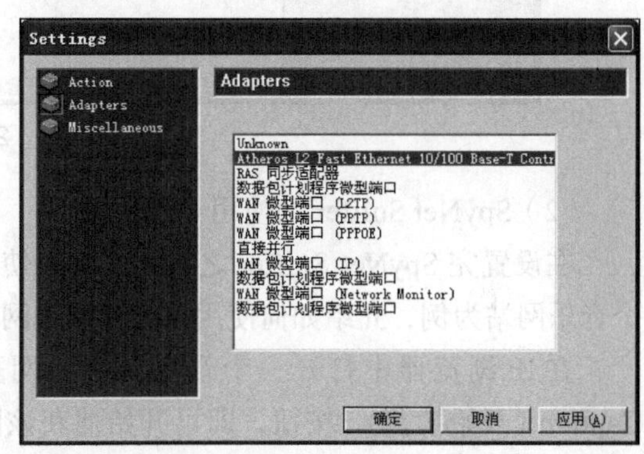

图　2.3.5-1

步骤 2：在“Action（措施）”选项卡中可设置当缓冲满时应采取的措施，以及记录文件保存的路径等属性，如图 2.3.5-2 所示。在“Miscellaneous（杂项）”选项卡中可设置缓冲区的大小，如图 2.3.5-3 所示。

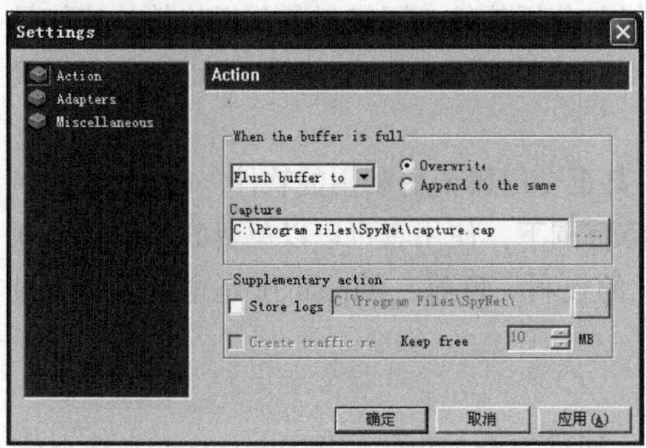

图　2.3.5-2

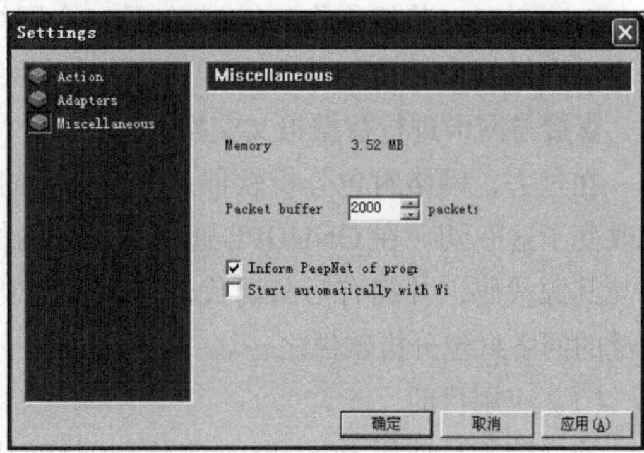

图　2.3.5-3

步骤3：单击“确定”按钮，即可打开“SpyNet Sniffer”主窗口，如图2.3.5-4所示。

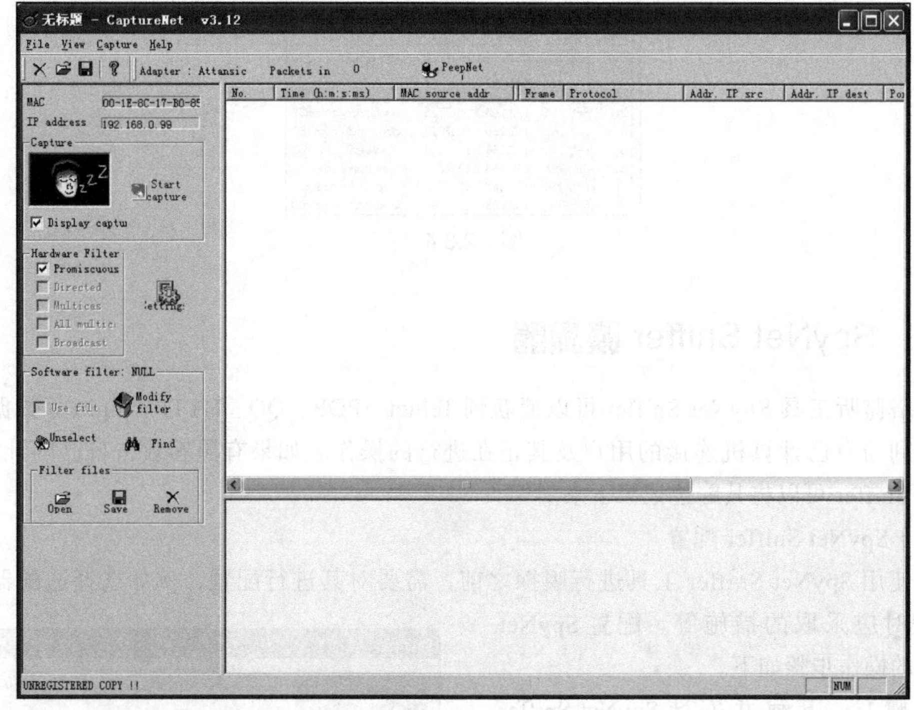

图 2.3.5-4

（2）SpyNet Sniffer 的使用

在设置完 SpyNet Sniffer 之后，就可以使用该工具来捕获网页中的数据。下面以打开一个音乐网站为例，介绍如何使用该软件捕获网页中的数据。具体的操作步骤如下：

在IE浏览器中打开一个音乐网站的网页，在 SpyNet Sniffer 的主窗口中单击“Start Capture（开始捕获）”按钮，即可开始捕获该网页的信息，捕获的数据则显示在右侧的列表框中，如图2.3.5-5所示。单击“Stop Capture（停止捕获）”按钮，即可停止捕获。

2.3.6 Wireshark 工具的使用技巧

Wireshark（曾经称作 Ethereal）是一个网络封包分析软件。网络封包分析软件的功能是撷取网络封包，并尽可能地显示出最详细的网络封包资料。Wireshark 使用 WinPCAP 作为接口，直接与网卡进行数据报文交换。

在过去，网络封包分析软件是非常昂贵的，甚至专门属于盈利用的软件。Ethereal 的出现改变了这一切。在 GNUGPL 通用许可证的保障范围下，使用者可以以免费的代价取得软件与其源代码，并拥有对其源代码修改及定制化的权利。目前，Wireshark 是全世界应用最广泛的网络封包分析软件之一。

（1）应用目的

网络管理员使用 Wireshark 来检测网络问题，网络安全工程师使用 Wireshark 来检查信

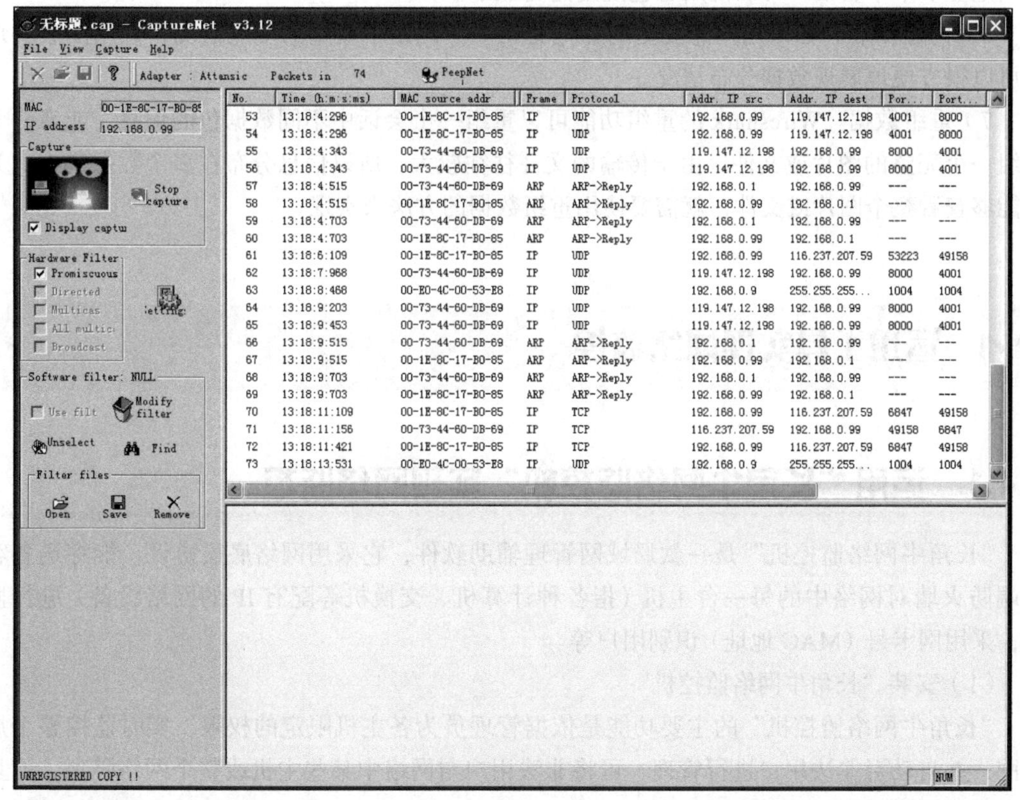

图　2.3.5-5

息安全相关问题，开发者使用 Wireshark 来为新的通信协定除错，普通使用者使用 Wireshark 来学习网络协定的相关知识。当然，有的人也会居心叵测地用它来寻找一些敏感信息。

Wireshark 不是入侵侦测系统（Intrusion Detection System，IDS）。对于网络上的异常流量行为，Wireshark 不会产生警示或任何提示。然而，仔细分析 Wireshark 撷取的封包能够帮助使用者更清楚地了解网络行为。Wireshark 不会对网络封包产生内容的修改，它只会反映出目前流通的封包信息。Wireshark 本身也不会发送封包到网络上。

（2）工作流程

1）确定 Wireshark 的位置。如果没有一个正确的位置，启动 Wireshark 后会花费很长的时间才能捕获一些与自己无关的数据。

2）选择捕获接口。一般都是选择连接到 Internet 网络的接口，这样才可以捕获到与网络相关的数据。否则，捕获到的其他数据对自己也没有任何帮助。

3）使用捕获过滤器。通过设置捕获过滤器，可以避免产生过大的捕获文件。这样用户在分析数据时，也不会受其他数据的干扰，可以为用户节约大量的时间。

4）使用显示过滤器。通常使用捕获过滤器过滤后的数据往往还是很复杂，为了使过滤的数据包更细致，可使用显示过滤器进行过滤。

5）使用着色规则。通常使用显示过滤器过滤后的数据都是有用的数据包。如果想更加突出地显示某个会话，可以使用着色规则高亮显示。

6）构建图表。如果用户想要更明显地看出一个网络中数据的变化情况，使用图表的形式可以很方便地展现数据分布情况。

7）重组数据。Wireshark 的重组功能可以重组一个会话中不同数据包的信息，或者一个重组一个完整的图片或文件。由于传输的文件往往较大，所以信息分布在多个数据包中。为了能够查看整个图片或文件，就需要使用重组数据的方法来实现。

2.4 运用工具实现网络监控

2.4.1 运用“长角牛网络监控机”实现网络监控

“长角牛网络监控机”是一款局域网管理辅助软件，它采用网络底层协议，能穿透各客户端防火墙对网络中的每一台主机（指各种计算机、交换机等配有 IP 的网络设备）进行监控；采用网卡号（MAC 地址）识别用户等。

（1）安装“长角牛网络监控机”

“长角牛网络监控机”的主要功能是依据管理员为各主机限定的权限，实时监控整个局域网，并自动对非法用户进行管理，可将非法用户与网络中某些主机或整个网络隔离，而且无论局域网中的主机运行何种防火墙，都不能逃避监控，也不会引发防火墙警告，从而提高了网络安全性。

在使用“长角牛网络监控机”进行网络监控前应对其进行安装。具体的操作步骤如下。

步骤 1：双击“长角牛网络监控机”安装程序图标，打开“选择安装语言”对话框，选定语言后单击“确定”按钮，如图 2.4.1-1 所示。

步骤 2：在弹出界面中单击“下一步”按钮，如图 2.4.1-2 所示。

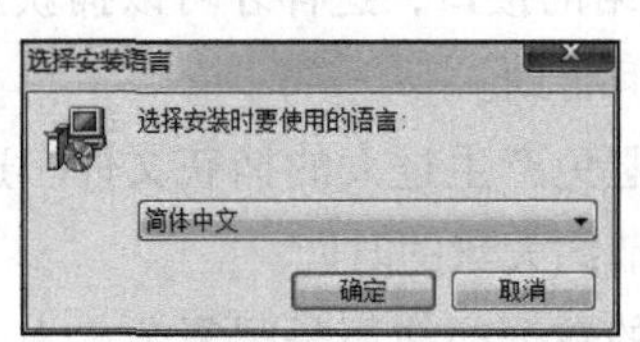

图 2.4.1-1

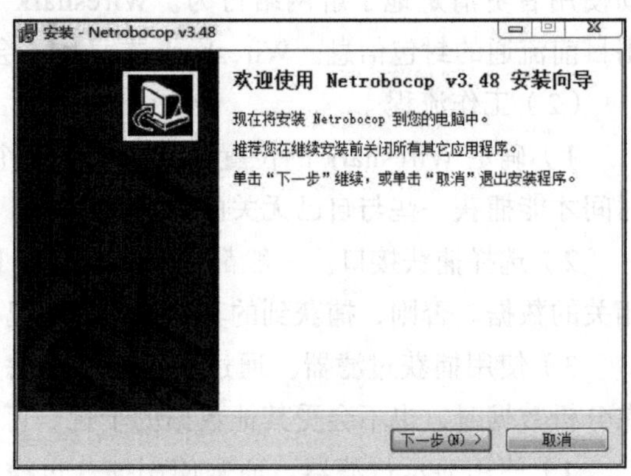

图 2.4.1-2

步骤 3：单击“浏览”按钮选择安装目标位置，单击“下一步”按钮，如图 2.4.1-3 所示。

步骤 4：单击“浏览”按钮选择开始菜单文件夹位置，单击“下一步”按钮，如图 2.4.1-4 所示。

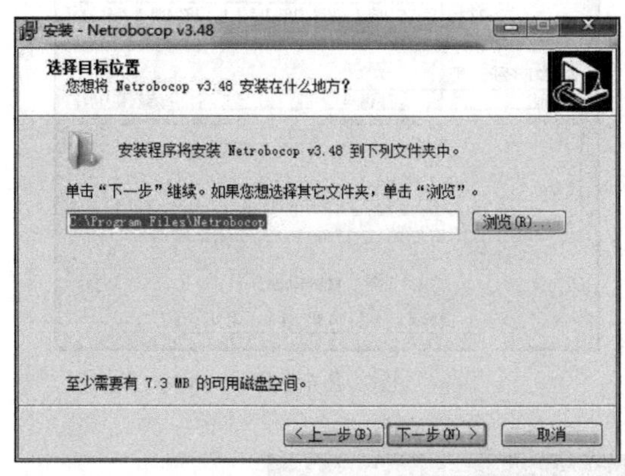

图 2.4.1-3

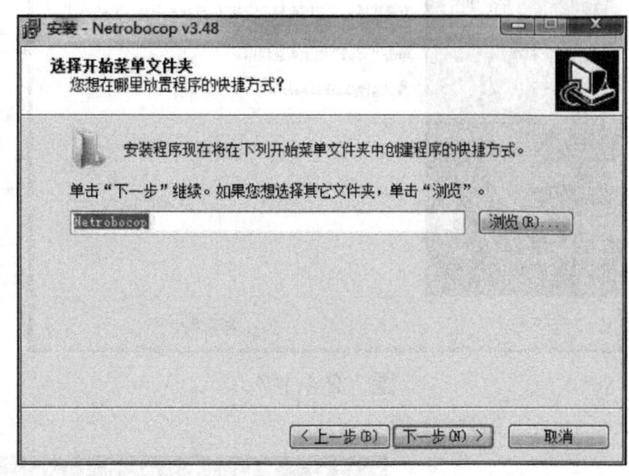

图 2.4.1-4

步骤 5：根据需要勾选需要创建快捷方式复选框，单击“下一步”按钮，如图 2.4.1-5 所示。

步骤 6：确认安装信息，单击“安装”按钮，如图 2.4.1-6 所示。

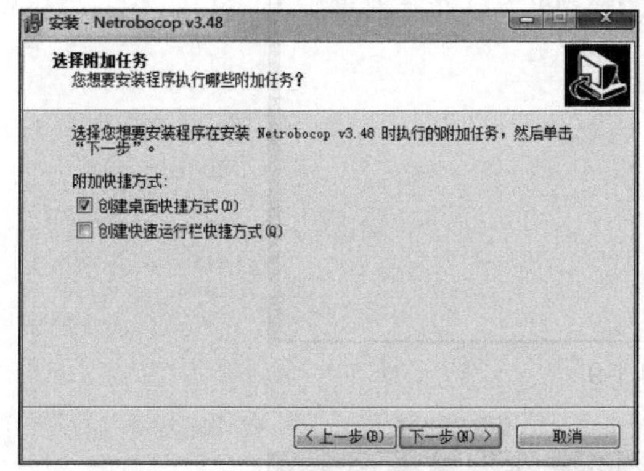

图 2.4.1-5

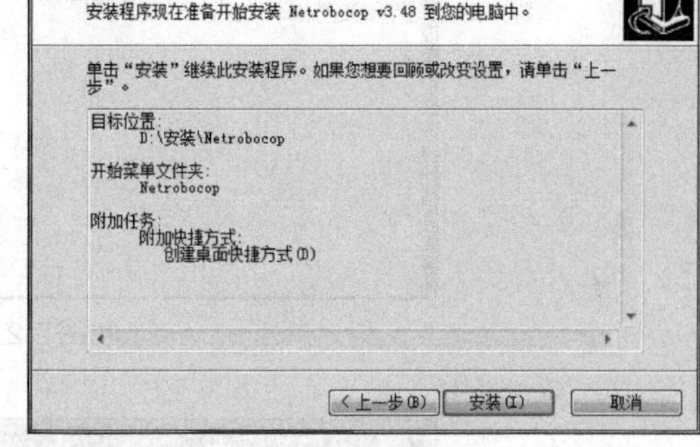

图 2.4.1-6

步骤 7：勾选“运行 Netrobocop”复选框，单击“完成”按钮，如图 2.4.1-7 所示。

步骤 8：指定监测的硬件对象和网段范围，然后单击“添加 / 修改”按钮，单击“确定”按钮，如图 2.4.1-8 所示。

步骤 9：打开“长角牛网络监控机”操作窗口，界面中显示了在同一个局域网下的所有用户，可查看其状态、流量、IP 地址、是否锁定、最后上线时间、下线时间、网卡注释等信息，如图 2.4.1-9 所示。

（2）查看目标计算机属性

使用“长角牛网络监控机”可搜集处于同一局域网内所有主机的相关网络信息。具体的操作步骤如下。

步骤 1：打开“长角牛网络监控机”操作窗口，双击用户列表中需要查看对象，如图 2.4.1-10 所示。

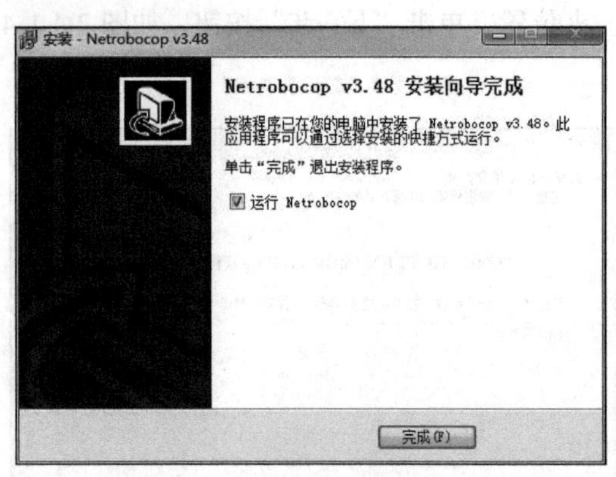

图 2.4.1-7

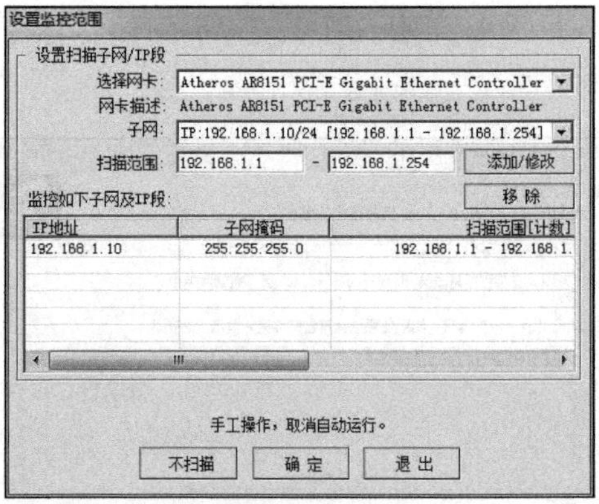

图 2.4.1-8

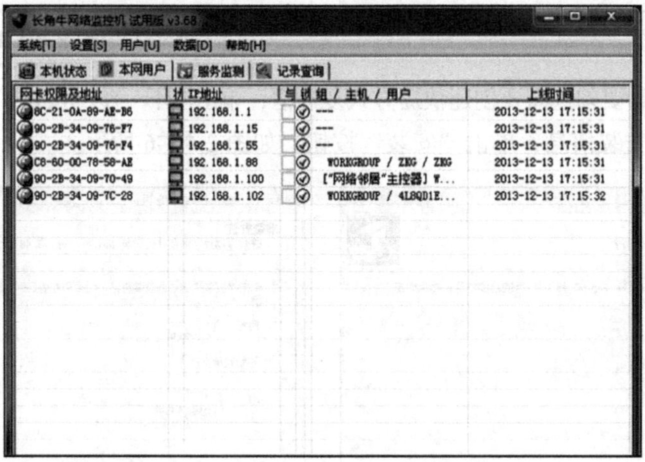

图 2.4.1-9

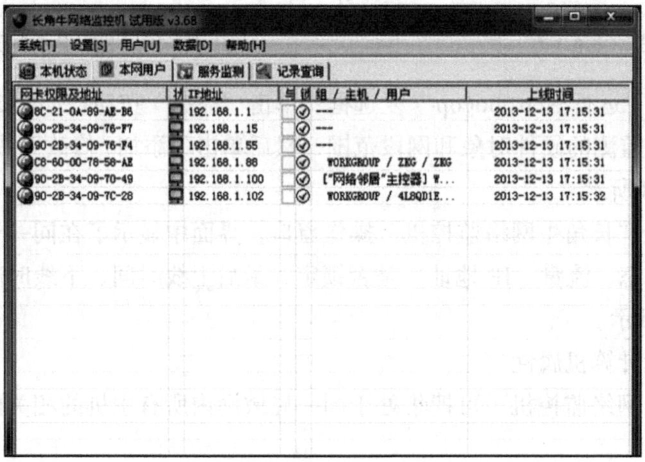

图 2.4.1-10

步骤 2：在“用户属性”窗口中可查看用户的网卡地址、IP 地址、上线情况等。单击“历史记录”按钮，如图 2.4.1-11 所示。

步骤 3：在“在线记录”窗口中可查看该计算机上线的情况，如图 2.4.1-12 所示。

图　2.4.1-11

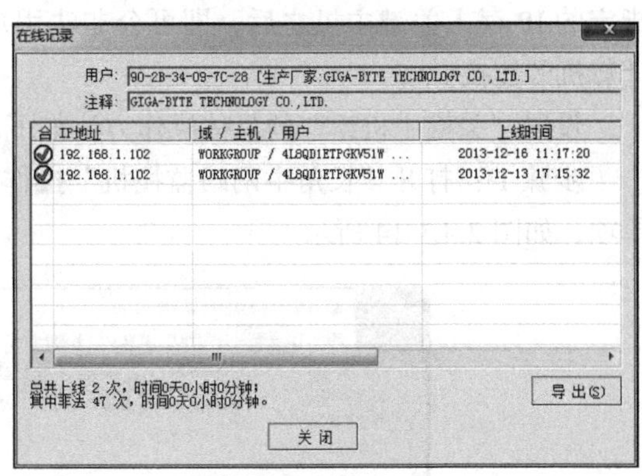

图　2.4.1-12

（3）批量保存目标主机信息

除收集局域网内各个计算机的信息之外，“长角牛网络监控机”还可以对局域网中的主机信息进行批量保存。具体的操作步骤如下。

打开“长角牛网络监控机”操作窗口，单击“记录查询”按钮，在 IP 地址段中输入起始 IP 地址和结束 IP 地址，单击“查找”按钮，开始收集局域网中计算机的信息，单击“导出”按钮即可导出相关信息，如图 2.4.1-13 所示。

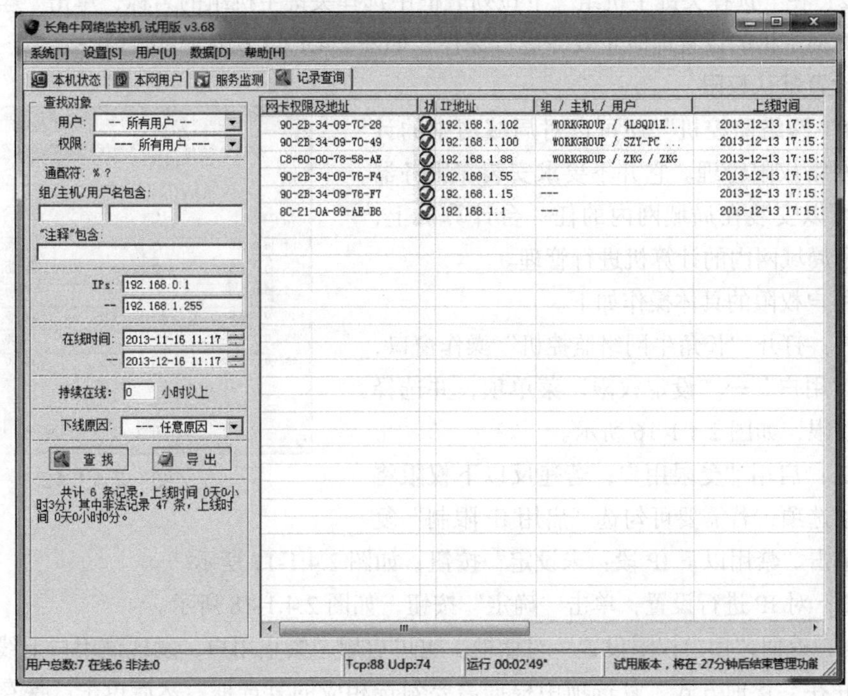

图　2.4.1-13

（4）设置关键主机

关键主机是由管理员指定的 IP 地址，可以是网关、其他计算机或服务器等。管理员将指定的 IP 存入关键主机之后，即可令非法用户仅断开与关键主机的连接，而不断开与其他计算机的连接。

设置“关键主机组”的具体操作方法如下。

步骤 1：打开“长角牛网络监控机”操作窗口，依次单击“设置”→“关键主机组”菜单项，如图 2.4.1-14 所示。

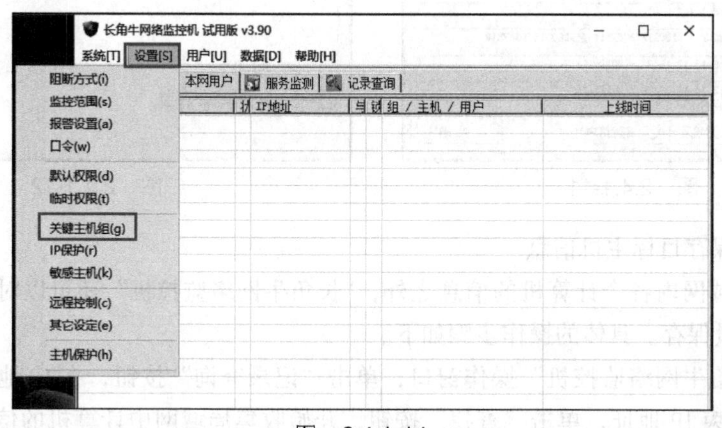

图 2.4.1-14

步骤 2：在“选择关键主机组”下拉列表框中选择关键主机组的名称，单击“全部保存”按钮，将关键主机的设置即时生效并进行保存，如图 2.4.1-15 所示。

（5）设置默认权限

“长角牛网络监控机”还可以对局域网中的计算机进行网络权限管理。它并不要求安装在服务器中，而是可以安装在局域网内的任一台计算机上，即可对整个局域网内的计算机进行管理。

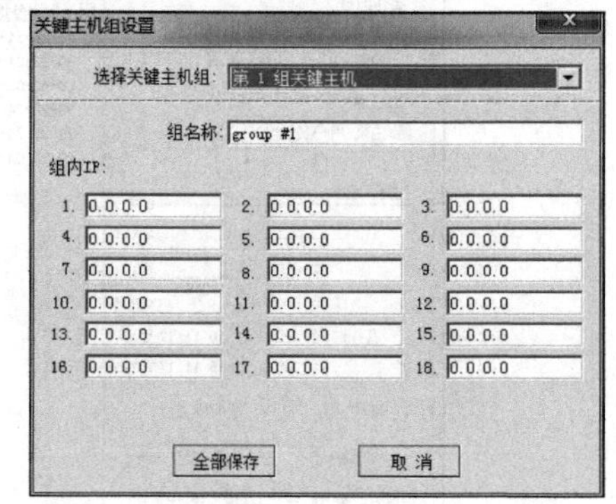

图 2.4.1-15

设置用户权限的具体操作如下。

步骤 1：打开“长角牛网络监控机”操作窗口，依次单击“用户”→“设定权限”菜单项，并选择一个网卡权限，如图 2.4.1-16 所示。

步骤 2：启用“受限用户，若违反以下权限将被管理”单选项，若需要可勾选“启用 IP 限制”复选框，并单击“禁用以下 IP 段：未设定”按钮，如图 2.4.1-17 所示。

步骤 3：对 IP 进行设置，单击“确定”按钮，如图 2.4.1-18 所示。

步骤 4：返回“用户权限设置”对话框。也可启用“禁止用户，发现该用户上线即管理”单选项，并在“管理方式”复选项中根据需要勾选相应的复选框，然后单击“保存”按钮，如图 2.4.1-19 所示。

图　2.4.1-16

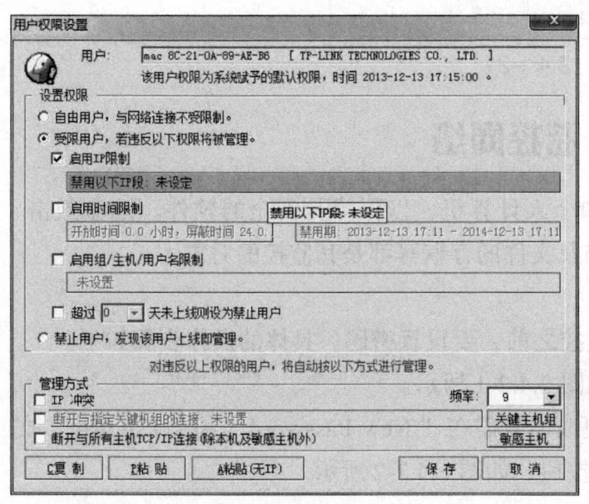

图　2.4.1-17

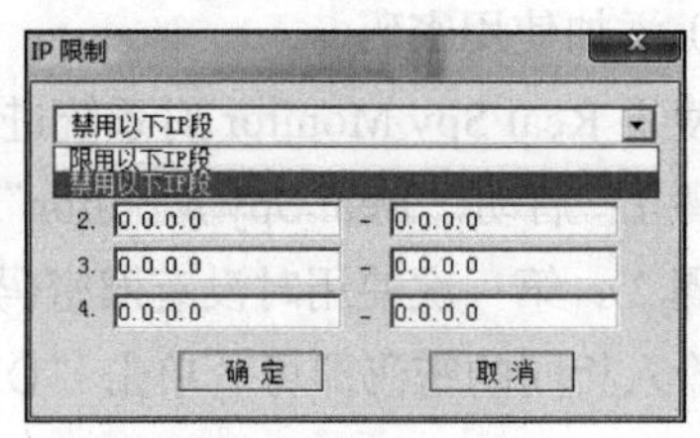

图　2.4.1-18

（6）禁止目标计算机访问网络

禁止目标计算机访问网络是“长角牛网络监控机”的重要功能。具体的禁止方法如下。

步骤 1：打开“长角牛网络监控机”操作窗口，右击用户列表中的任意一个对象，在弹出的快捷菜单中选择“锁定 / 解锁”选项，如图 2.4.1-20 所示。

步骤 2：启用“禁止与所有主机的 TCP/IP 连接（除敏感主机外）”单选项，单击“确定”按钮，即可实现禁止目标计算机访问网络这项功能，如图 2.4.1-21 所示。

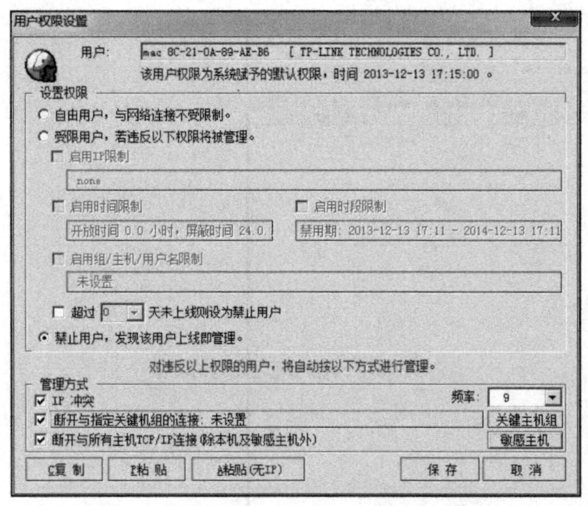

图 2.4.1-19

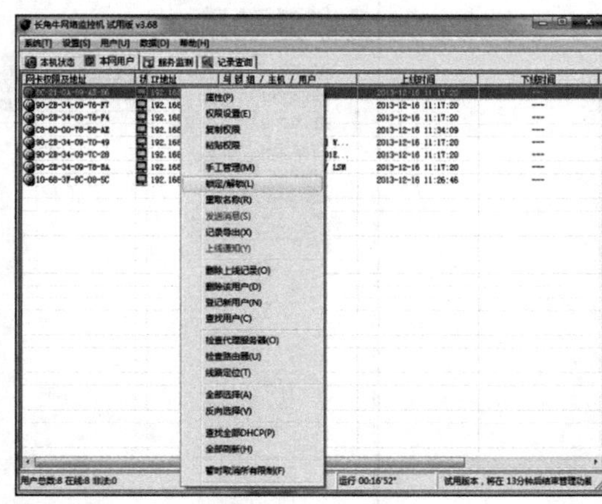

图 2.4.1-20

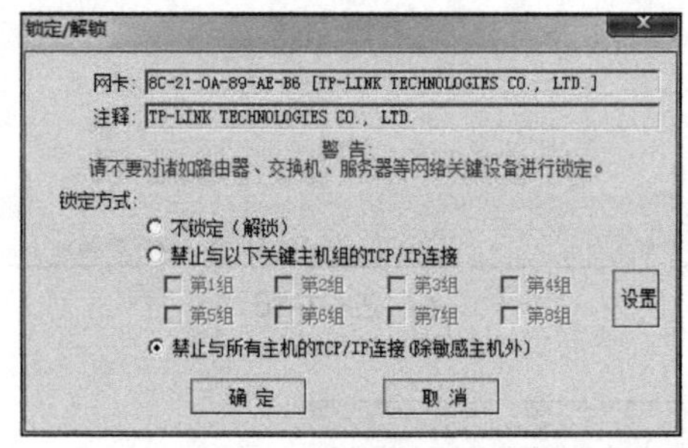

图 2.4.1-21

2.4.2 运用 Real Spy Monitor 监控网络

Real Spy Monitor 是一个监测互联网和个人计算机，以保障其安全的软件。键盘敲击、网页站点、视窗开关、程序执行、屏幕扫描及文件的存取等都是其监控的对象。

（1）添加使用密码

在使用 Real Spy Monitor 对系统进行监控之前，要设置密码。具体的操作步骤如下。

步骤 1：启动“Real Spy Monitor”，如图 2.4.2-1 所示。

步骤 2：第一次使用时没有旧密码可更改，只需在“New Password”和“Confirm”文本框中输入相同的密码即可，单击“OK”按钮，如图 2.4.2-2 所示。

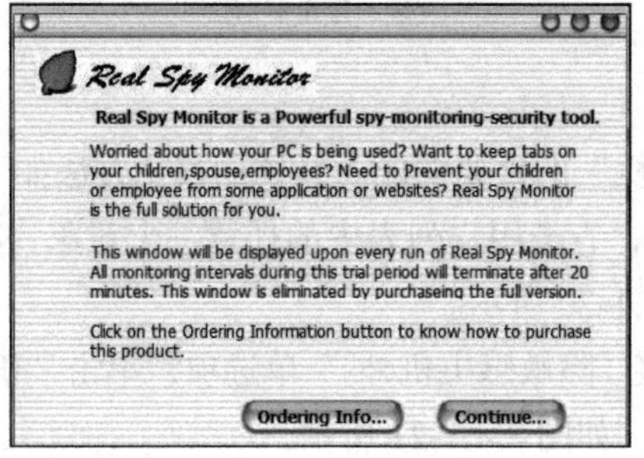

图 2.4.2-1

图 2.4.2-2

注意

在“SetPassWord”对话框中所填写的新密码，在Real Spy Monitor的使用中处处要用，所以千万不能忘记。

（2）设置弹出热键

之所以需要设置弹出热键，是因为Real Spy Monitor运行时会较彻底地将自己隐藏，用户在“任务管理器”等处看不到该程序的运行。要将运行时的Real Spy Monitor调出只有使用热键才行，否则即使单击“开始”菜单中的Real Spy Monitor菜单项也不能将其调出。

设置热键的具体操作步骤如下。

步骤1：打开“Real Spy Monitor”主窗口，单击“Hotkey Choice”图标，如2.4.2-3所示。

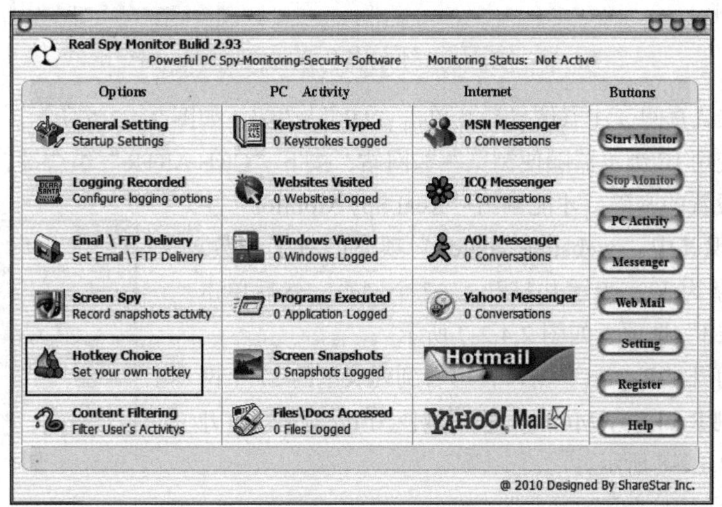

图 2.4.2-3

步骤2：在“select your hotkey patten”下拉列表中选择所需热键（也可自定义）即可，如图2.4.2-4所示。

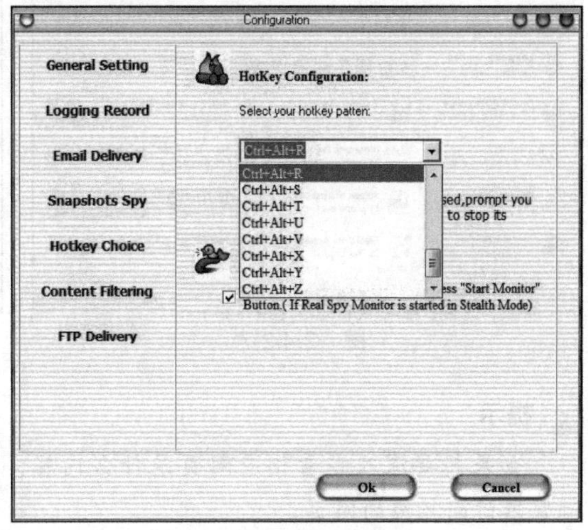

图 2.4.2-4

（3）监控浏览过的网站

在完成了最基本的设置后，就可以使用Real Spy Monitor进行系统监控了。监控浏览过网站的具体操作步骤如下。

步骤1：单击主窗口中的“Start Monitor”按钮，弹出输入密码对话框，输入正确的密码后单击“OK”按钮，如图2.4.2-5所示。

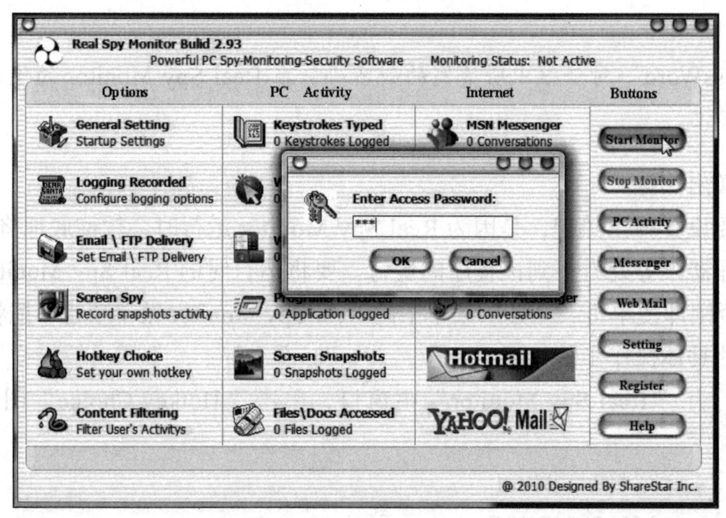

图 2.4.2-5

步骤 2：在认真阅读注意信息后，单击“OK”按钮，如图 2.4.2-6 所示。

步骤 3：使用 IE 浏览器随便浏览一些网站，按下“Ctrl+Alt+R”组合键，在输入密码对话框中输入所设置的密码，才能调出“Real Spy Monitor”主窗口，可以发现其中“websites Visited”项下已有了计数。此处计数的数字为 37，表示共打开了 37 个网页。然后单击“Websites Visited”选项，如图 2.4.2-7 所示。

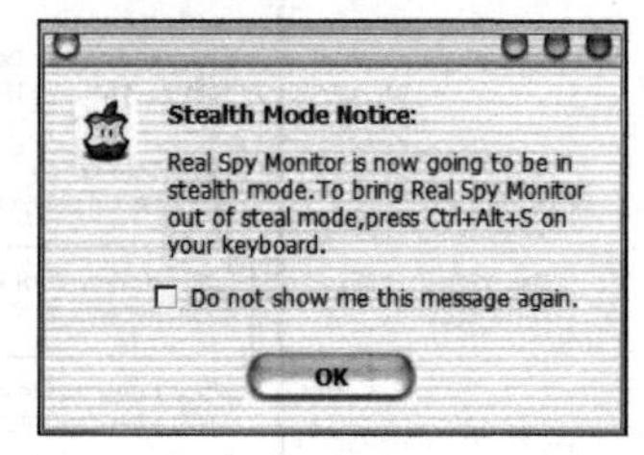

图 2.4.2-6

步骤 4：打开“Report”窗口，可看到列表里的 37 个网址。这就是刚刚 Real Spy Monitor 监控到使用 IE 浏览器打开的网页，如图 2.4.2-8 所示。

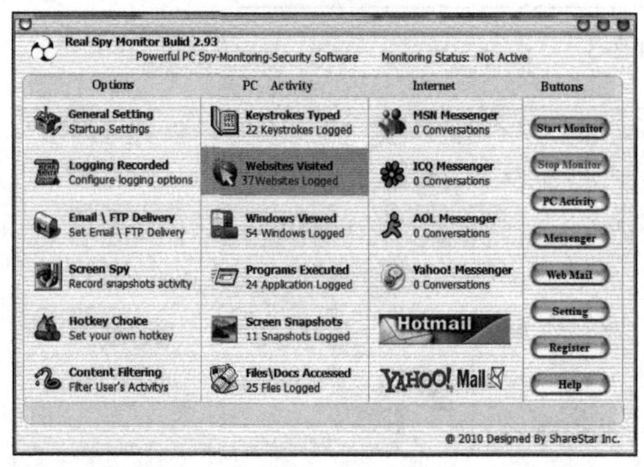

图 2.4.2-7

图 2.4.2-8

提示

如果想要深入查看相应网页是什么内容，只需要双击列表中的网址，即可自动打开 IE 浏览器访问相应的网页。

（4）键盘输入内容监控

对键盘输入的内容进行监控通常是木马做的事，但 Real Spy Monitor 为了让自身的监控功能变得更加强大也提供了此功能。其针对键盘输入内容进行监控的具体操作步骤如下。

步骤 1：用键盘输入一些信息，按下所设的“Ctrl+Alt+R”组合键，在输入密码对话框中输入所设置的密码，调出“Real Spy Monitor”主窗口，此时可以发现“Keystrokes Typed”项下已经有了计数。可以看出计数的数字为 23，表示有 23 条记录。然后单击“Keystrokes Typed”选项，如图 2.4.2-9 所示。

步骤 2：查看记录信息，双击其中任意一条记录，如图 2.4.2-10 所示。

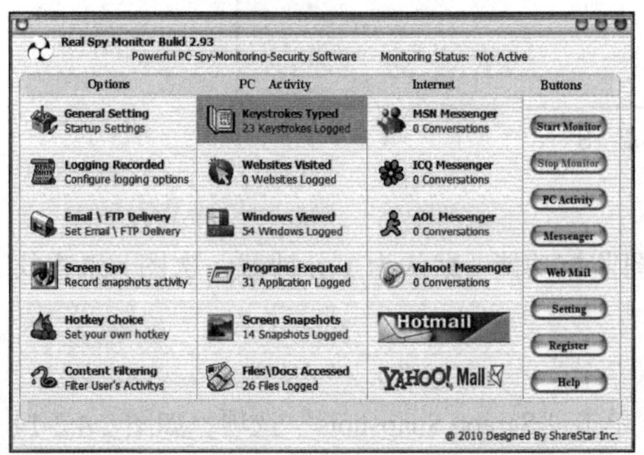

图　2.4.2-9

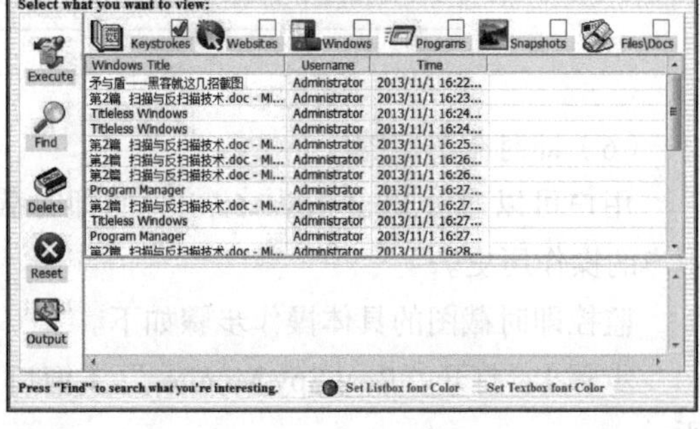

图　2.4.2-10

步骤 3：打开记事本窗口，可以看到“Administrator”用户在某个时间输入的信息，如图 2.4.2-11 所示。

步骤 4：如果用户输入了“Ctrl”类的快捷键，Real Spy Monitor 同样也可以捕获到，如图 2.4.2-12 所示。

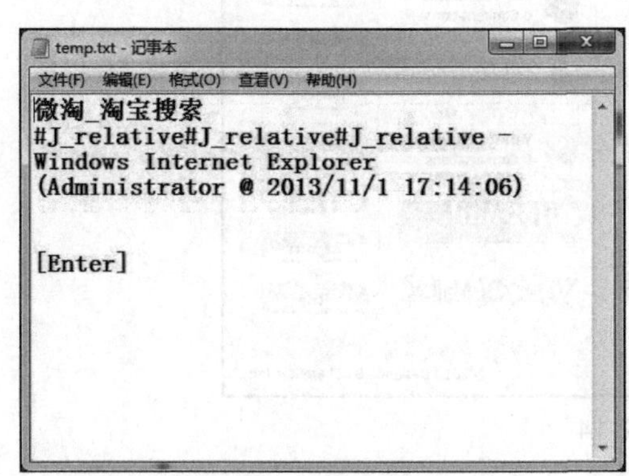

图　2.4.2-11

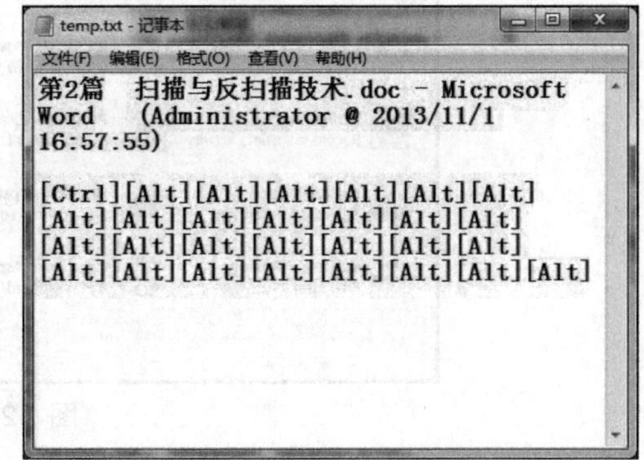

图　2.4.2-12

（5）程序执行情况监控

如果想知道用户在计算机中运行了哪些程序，只需在“Real Spy Monitor”主窗口中单击“Programs Executed”图标，在弹出的“Report”窗口中即可看到运行的程序名和路径，如图 2.4.2-13 所示。

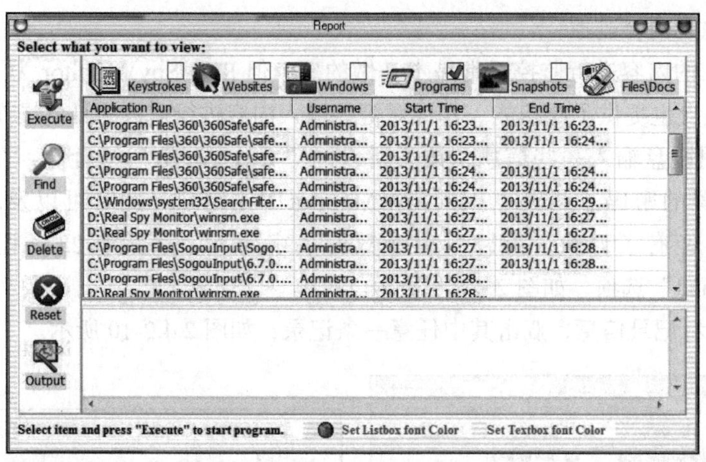

图 2.4.2-13

（6）即时截图监控

用户可以通过 Real Spy Monitor 的即时截图监控功能（默认为 1 分钟截一次图）来查找用户的操作历史。

监控即时截图的具体操作步骤如下。

步骤 1：打开“Real Spy Monitor”主窗口，单击“Screen Snapshots”选项，如图 2.4.2-14 所示。

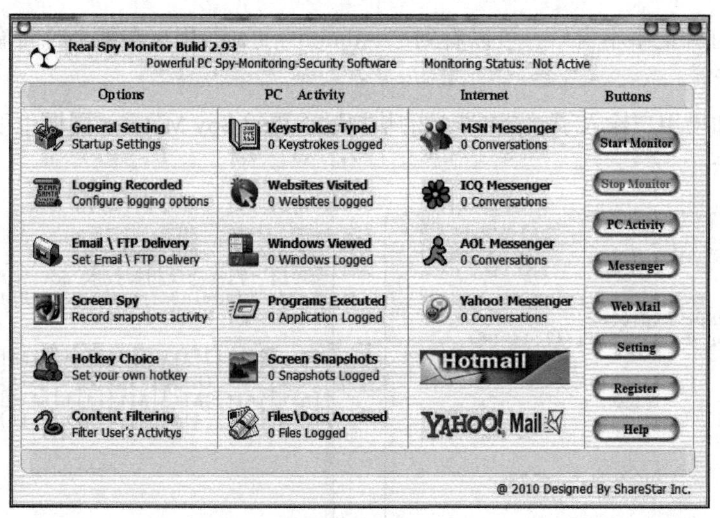

图 2.4.2-14

步骤 2：可看到 Real Spy Monitor 记录的操作。双击其中任意一项截图记录，如图 2.4.2-15 所示。

步骤 3：以 Windows 图片和传真查看器查看，即可看到所截的图。

显然，Real Spy Monitor 的功能是极其强大的。使用它对系统进行监控，网管的工作将会轻松很多。在一定程度上能为网管监控系统中是否有黑客的入侵带来极大方便。

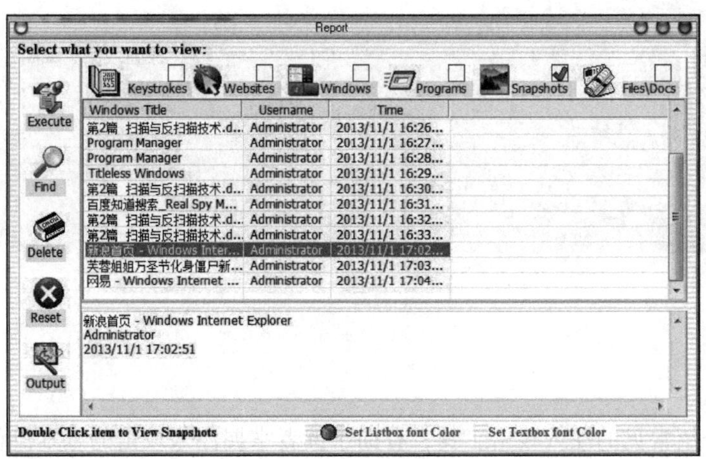
Report
Select what you want to view:
Keystrokes
Websites
Windows
Programs
Snapshots
Files\Docs
Execute
Find
Delete
Reset
Output
Windows Title
Username
Time
第2篇 扫描与反扫描技术.d... Administrator 2013/11/1 16:26...
Program Manager Administrator 2013/11/1 16:27...
Program Manager Administrator 2013/11/1 16:28...
Titleless Windows Administrator 2013/11/1 16:29...
第2篇 扫描与反扫描技术.d... Administrator 2013/11/1 16:30...
百度知道搜索_Real Spy M... Administrator 2013/11/1 16:31...
第2篇 扫描与反扫描技术.d... Administrator 2013/11/1 16:32...
第2篇 扫描与反扫描技术.d... Administrator 2013/11/1 16:33...
新浪首页 - Windows Inter... Administrator 2013/11/1 17:02...
芙蓉姐姐万圣节化身僵尸新... Administrator 2013/11/1 17:03...
网易 - Windows Internet ... Administrator 2013/11/1 17:04...
新浪首页 - Windows Internet Explorer
Administrator
2013/11/1 17:02:51
Double Click item to View Snapshots
Set Listbox font Color
Set Textbox font Color

图 2.4.2-15

第3章 注入工具

本章主要介绍常见的注入攻击工具，有助于读者掌握注入攻击的基本流程，通过对注入攻击的深层实战剖析，帮助读者了解这种攻击所用的方法和手段，从而找到有效防范注入攻击的方法。

3.1 SQL注入攻击前的准备

注入攻击是攻击者通过 Web 把恶意的代码传播到其他系统上，这些攻击包括系统调用（通过 shell 命令调用外部程序）和后台数据库调用（通过 SQL 注入）等。当一个 Web 应用程序通过 HTTP 请求把外部请求的信息传递给应用后台时，必须非常小心，否则注入攻击就可以将特殊字符、恶意代码或者命令改变器注入这些信息中，并传输到后台执行。

由于 SQL 注入是从正常的 Web 端口开展攻击的，而且看起来和一般的 Web 页面一样，所以目前防火墙无法发现 SQL 注入攻击。如果网站管理员没有查看 IIS 日志的习惯，则可能很长时间都发觉不了该注入攻击，所以 SQL 注入攻击是目前黑客比较喜欢的攻击方式。

3.1.1 设置“显示友好 HTTP 错误信息”

由于 SQL 注入攻击需要利用服务器返回出错信息，但在 IE 浏览器中默认是不显示友好 HTTP 错误信息的，所以在进行 SQL 注入攻击前需要设置 Internet 属性。具体的设置步骤如下。

步骤 1：打开 IE 浏览器，依次选择“工具”→“Internet 选项”菜单项，打开“Internet 属性”对话框，如图 3.1.1-1 所示。

步骤 2：选择“高级”选项卡，在“设置”列表中勾选“显示友好 HTTP 错误消息”复选框，如图 3.1.1-2 所示。单击“确定”按钮，完成设置。

3.1.2 准备注入工具

在 SQL 注入过程中，一般会利用一些特殊的工具，如 SQL 注入漏洞扫描工具、注入辅助工具及 Web 木马后门，所以，黑客在进行注入攻击前需准备这几种工具。

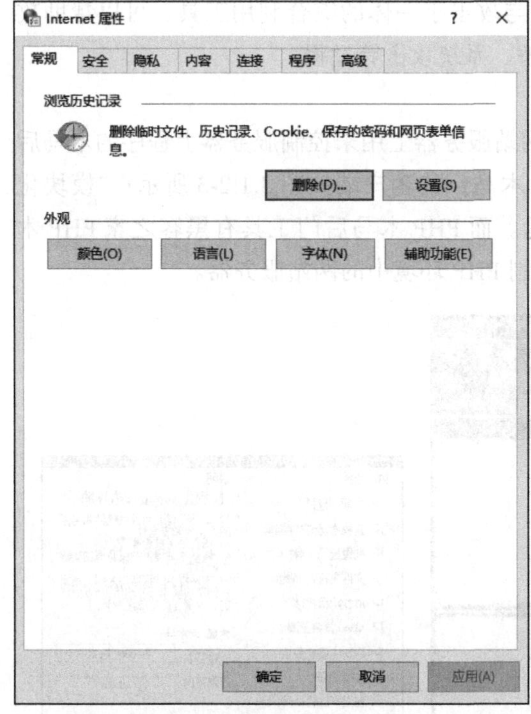

图 3.1.1-1

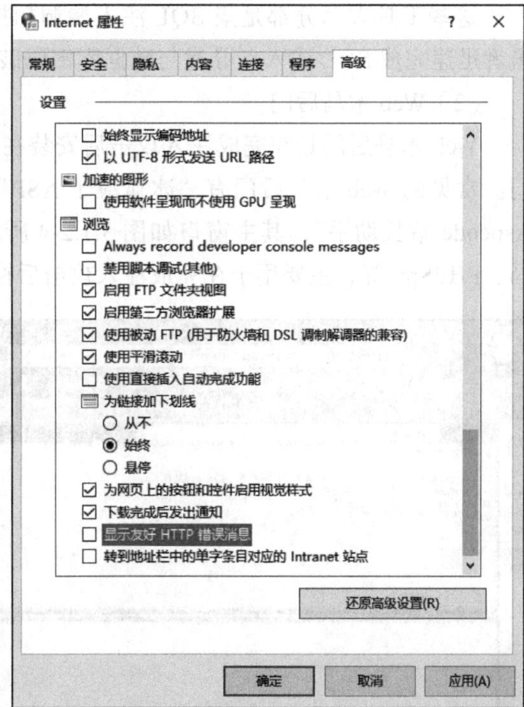

图 3.1.1-2

（1）SQL 注入漏洞扫描器

注入工具是用来检测网站漏洞并检测出一些敏感信息的工具。可用于 ASP 环境的注入扫描器有 NBSI、“冰舞”等。其中“冰舞”是一款针对 ASP 脚本网站的扫描工具，它可以寻找目标网站存在的注入漏洞，其主窗口如图 3.1.2-1 所示。

而用于 PHP+MySQL 环境的注入工具有 CASI、PHPrf、“二娃”等。其中 CASI 是用 VB 编写的 PHP 注入补助工具，它利用 MySQL 的 load_file() 函数来读取文件，其主窗口如图 3.1.2-2 所示。

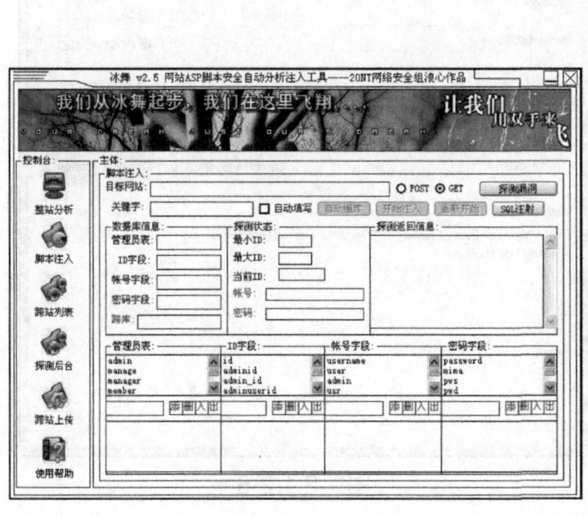

图 3.1.2-1

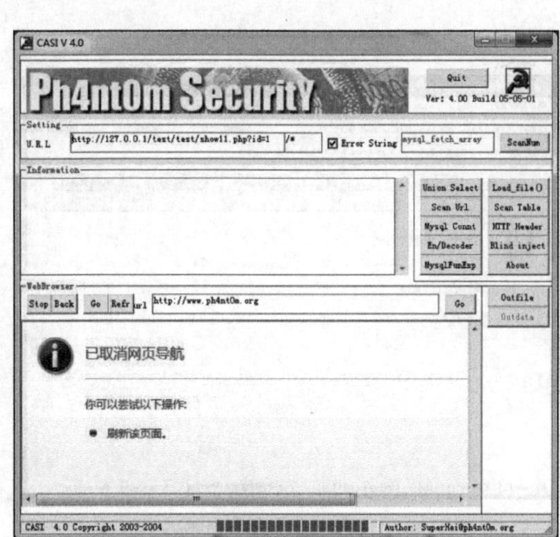

图 3.1.2-2

这些工具大部分都是集 SQL 注入漏洞扫描与攻击于一体的综合利用工具，可以帮助攻击者迅速完成 SQL 注入点寻找与数据库密码破解、系统攻击等过程。

（2）Web 木马后门

Web 木马后门是在完成注入攻击后安装在网站服务器上用来控制服务器上程序的木马后门。常见的 Web 木马后门有“冰狐浪子 ASP”木马，其客户端如图 3.1.2-3 所示；“模块化 Aspcode 站长助手”，其主窗口如图 3.1.2-4 所示。而 PHP 木马后门工具有黑客之家 PHP 木马、PHPSpy 等，主要用于在完成注入攻击后控制 PHP 环境中的网站服务器。

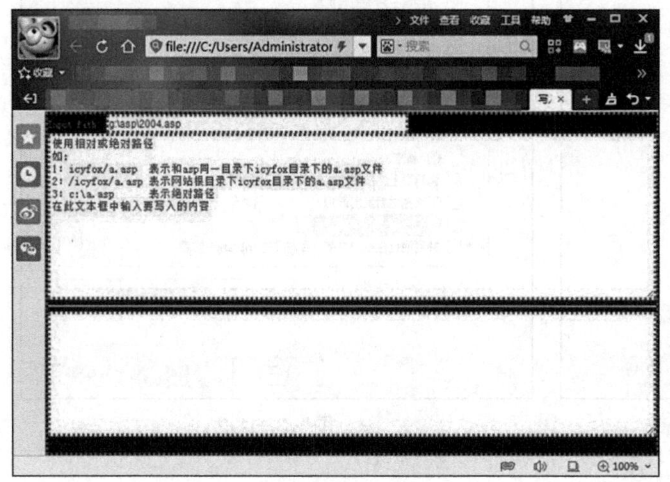

图 3.1.2-3

图 3.1.2-4

（3）注入辅助工具

在进行 SQL 注入攻击时，还需要借助一些辅助工具来实现字符转换、格式转换等功能。常见的 SQL 注入辅助工具有 SQL 注入字符转换工具、ASP 手工注入辅助工具、GetWebShell，后两个的主窗口分别如图 3.1.2-5 和图 3.1.2-6 所示。

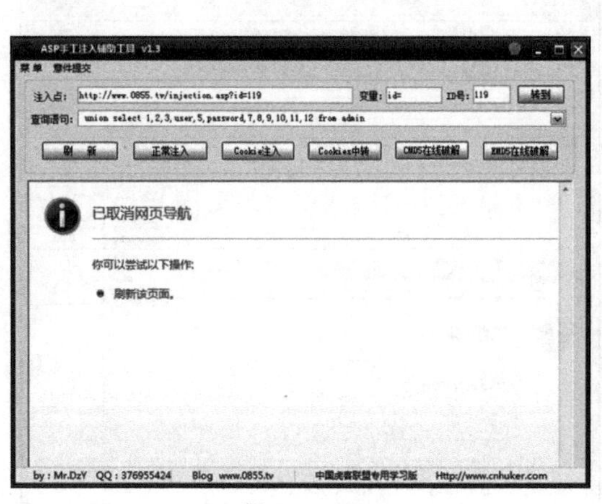

图 3.1.2-5

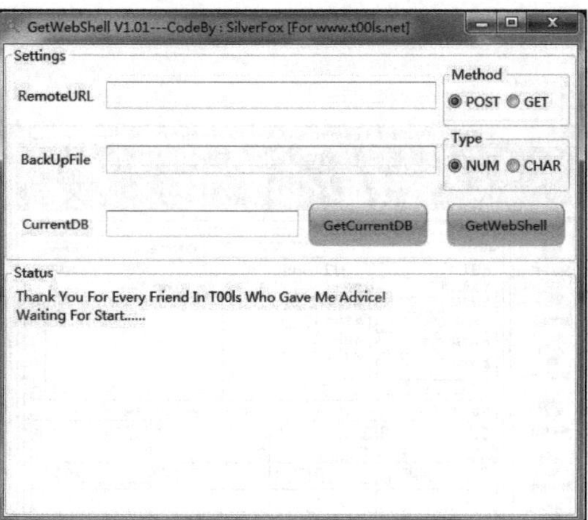

图 3.1.2-6

3.2 啊D注入工具

进行手工注入攻击具有相当大的难度，而利用一些注入工具进行注入攻击就简单多了。啊D注入工具就是一款出现时间相对较早、功能非常强大的SQL注射工具，利用该工具可以进行检测旁注、猜解SQL、破解密码、管理数据库等操作。

3.2.1 啊D注入工具的功能

啊D注入工具是一款针对ASP +SQL注入漏洞的工具，利用该工具可以检测出更多存在注入漏洞的连接。啊D注入工具使用多线程技术，大大提高了检测速度。它主要的功能有跨库查询、注入点扫描、管理入口检测、目录查看、提供CMD命令、木马上传、注册表读取、旁注/上传、WebShell管理、Cookies修改等。可以看出，该工具是集多种功能于一体的综合注入工具包，也是目前被黑客运用最多的注入工具。

3.2.2 使用啊D注入工具

通过啊D注入工具可以检测出网站是否存在注入漏洞，还可以对存在注入漏洞的网页进行注入。具体的操作步骤如下。

步骤1：下载并运行“啊D注入工具V2.32”，其主窗口如图3.2.2-1所示。

步骤2：在“注入检测”栏目中单击“扫描注入点”按钮，即可打开扫描注入点窗口，在“检测网址”地址栏中输入要注入的网站地址，单击按钮，打开该网站，并扫描注入点个数，如图3.2.2-2所示。

图　3.2.2-1

图　3.2.2-2

步骤3：若单击“检测网址”右侧的按钮，即可对Cookies进行修改，如图3.2.2-3所示。

步骤4：在“啊D注入工具V2.32”主窗口中单击“管理入口检测”按钮，即可打开

“检测管理入口”窗口。在“网站地址”栏目中输入需要管理入口的地址，单击“检测管理入口”按钮，即可在下方列表中显示该网站的所有登录入口点，如图 3.2.2-4 所示。

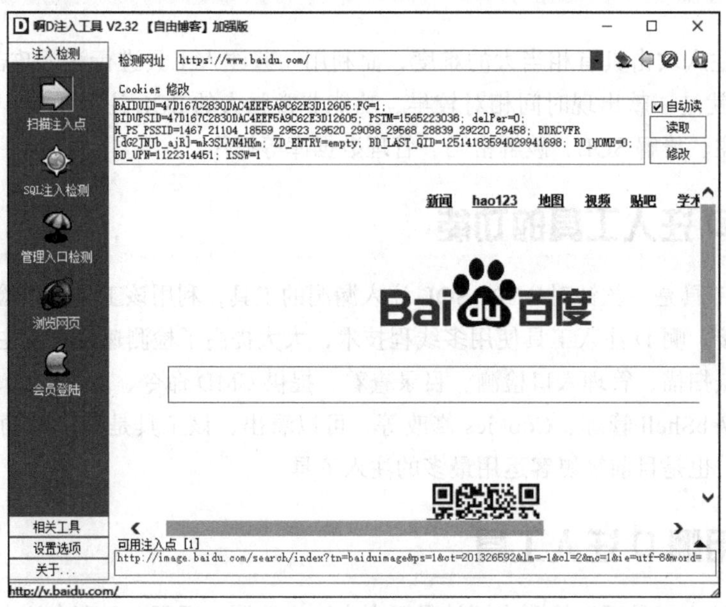

图 3.2.2-3

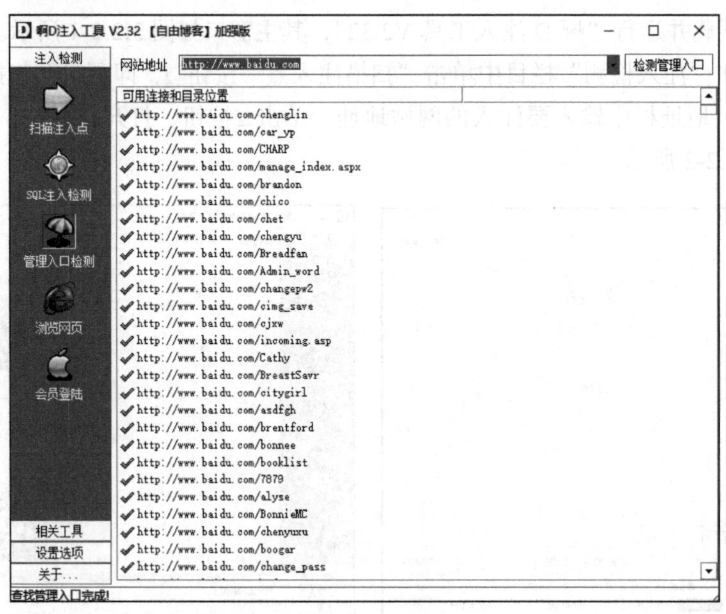

图 3.2.2-4

步骤 5：在“可用连接和目录位置”列表中右击要打开的网址，在快捷菜单中选择“用 IE 打开连接”选项，在 IE 浏览器中打开该网页。这样，黑客就可以用猜解出来的管理员账号和密码尝试着进入该网站后台管理页面。

3.3 NBSI注入工具

NBSI注入工具也是黑客经常使用的注入工具，利用该工具可以对各种注入漏洞进行解码，从而提高密码猜解效率。NBSI被称作网站漏洞检测工具，是一款ASP注入漏洞检测工具，在SQL Server注入检测方面有极高的准确率。

3.3.1 NBSI功能概述

NBSI（网站安全漏洞检测工具，又叫SQL注入分析器）是一套高集成性Web安全检测系统，是由NB联盟编写的一个非常强的SQL注入工具。经长时间的更新优化，它在ASP程序漏洞分析方面已经远远超越同类产品。NBSI分为个人版和商业版两种，使用个人版只能检测出一般网站的漏洞，而商业版则完全限制，其分析范围和准确率都有所提升。

黑客利用网站程序漏洞结合注入利器NBSI可以获取该网站的会员账号和管理员账号，从而可以获取整个网站的WebShell，然后通过开启Telnet和3389端口，攻击该网站服务器。

3.3.2 使用NBSI实现注入

使用NBSI可检测出网站中是否有注入漏洞，也可进行注入攻击。具体的实现步骤如下。

步骤1：下载并运行NBSI.exe，打开"NBSI操作"主窗口，如图3.3.2-1所示。单击工具栏中的"网站扫描"按钮，打开"网站扫描"窗口，如图3.3.2-2所示。

图 3.3.2-1

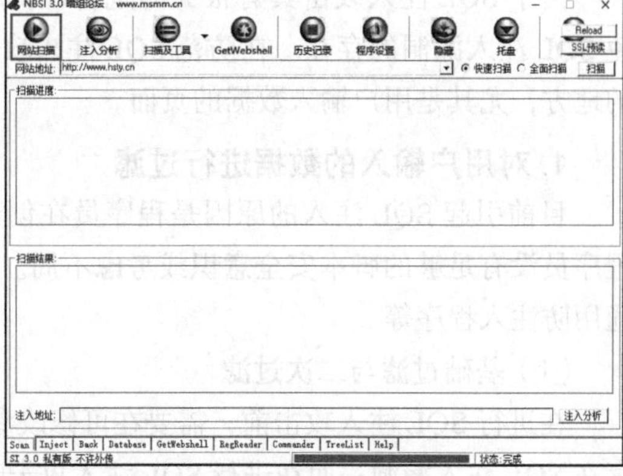

图 3.3.2-2

步骤2：在"网站地址"文本框中输入要扫描的网站地址，并选择"快速扫描"单选项，单击"扫描"按钮，开始进行扫描。如果该网站存在注入漏洞，则会被扫描出来，并将这些漏洞地址及其注入性的高低显示在"扫描结果"列表中，如图3.3.2-3所示。

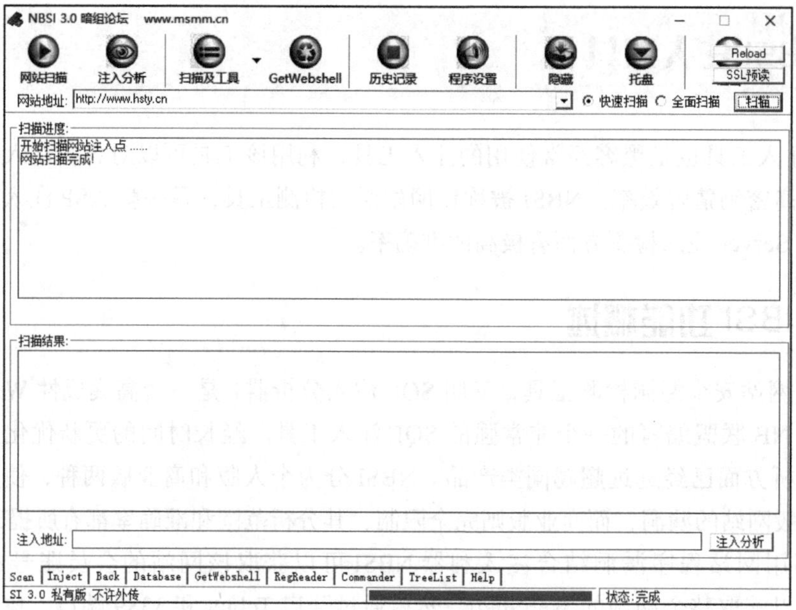

图 3.3.2-3

在检测完毕之后，如果“未检测到注入漏洞”单选项被选中，则表明不能对该网站进行注入攻击。

3.4 SQL 注入攻击的防范

由于 SQL 注入攻击具有很大的危害性，现在已经严重影响到网站的安全，所以必须避免 SQL 注入漏洞的存在。在防范 SQL 注入攻击时，网站管理员必须注意可能出现安全漏洞的地方，尤其是用户输入数据的页面。

1. 对用户输入的数据进行过滤

目前引起 SQL 注入的原因是程序员在创建网站时对特殊字符不完全过滤，这还是因为程序员没有足够的脚本安全意识或考虑不周。常见的过滤方法有基础过滤、二次过滤及 SQL 通用防注入程序等。

（1）基础过滤与二次过滤

在进行 SQL 注入攻击前，需要在可修改参数中提交“'”“and”等特殊字符，判断是否存在 SQL 注入漏洞；而在进行 SQL 注入攻击时，需要提交包含“；”“--”“update”“select”等特殊字符的 SQL 注入语句。所以要防范 SQL 注入攻击，需要在用户输入或提交变量时，对这些特殊字符进行转换或过滤，这样才能在很大程度上避免 SQL 注入漏洞的存在。

下面是一个 ID 变量的过滤性语句：

```
if instr(request(“id”),“,”)>0 or instr(request(“id”),“insert”)>or instr(request
```

```
(“id”),“;”)>0 then response.write”
    <SCRIPT language=javascript>
    javaScript:history.go(-1);
    </SCRIPT>
    response.end
    end if
```

上面代码的作用是过滤 ID 参数中的“；”“,”和“insert”字符。如果 ID 参数中包含这几个字符，则会返回错误页面。但危险的字符远不止这几个，如果要过滤其他字符，只需将危险字符加到上面的代码中即可。通常情况下，在获得用户提交的参数时，首先要进行基础过滤，然后再根据程序相应的功能及用户输入的数据进行二次过滤。

（2）在 PHP 中对参数进行过滤

与 ASP 注入相比，PHP 注入的难度比较大，同样在 PHP 中防御 SQL 注入要相对容易一些，可以利用 PHP 网站中的配置文件 php.ini 来对 PHP 站点进行安全设置。打开 php.ini 文件的安全模式，分别设置“safe_mode=on”和“display_errors=off”即可。因为如果显示 PHP 执行错误信息的“display_errors”属性是 on 的话，就会返回很多信息，这样黑客就可以利用这些信息进行攻击。

另外，在该文件中还有一个重要的属性“magic_quotes_gpc”，如果将其设置为 on，PHP 网站就会自动将含有“'”“"”“\”等特殊字符的数据转换为含有反斜线的转义字符。该属性与 ASP 中的参数过滤非常类似，可以防御大部分字符型注入攻击。

（3）使用“SQL 通用防注入程序”进行过滤

通过手工的方法对特殊字符进行过滤难免会留下过滤不严的漏洞，而使用“SQL 通用防注入程序”就可以对程序进行全面的过滤，从而避免存在 SQL 脚本注入漏洞。将下载的“SQL 通用防注入程序 V3.2”存放在网站所在的文件夹中，然后只需要进行简单的设置就可以很轻松地帮助程序员防御 SQL 注入攻击。这是一种比较简单的过滤方法。

该工具可以全面处理通过 POST 和 GET 两种方式提交的 SQL 注入，并且可以自定义需要过滤的字符串。当黑客提交 SQL 注入危险信息时，它就会自动记录其 IP 地址、提交数据、非法操作等信息。使用“SQL 通用防注入程序”进行过滤的具体操作步骤如下。

步骤 1：解压“SQL 通用防注入程序”压缩包，即可看到该工具主要包含 Neeao_SqlIn.Asp、Neeao_sqi_admin.asp 和 Sql.mdb 这 3 个文件。

步骤 2：将其复制到网站所在的文件夹中，在需要防注入的页面头部加入“<!--#include file="Neeao_SqlIn.Asp"-->”代码，保存该网页后，黑客便无法再对该网页进行注入攻击，如图 3.4-1 所示。

提示

如果想使整个网站都可以防注入，则只需在数据库连接文件（一般为 conn.asp）中加入代码“<!--#include file="Neeao_SqlIn.Asp"-->”，就可以在任意页面中调用防注入程序。

2. 使用专业的漏洞扫描工具进行扫描

还可以利用一些专业的漏洞扫描工具来扫描网站中存在的漏洞，例如 Acunetix 的 Web

漏洞扫描程序。一个完善的漏洞扫描程序可以专门查找网站上的 SQL 注入式漏洞。

图 3.4-1

3. 对重要数据进行加密

可以采用加密技术对网站中的重要数据进行加密，如用 MD5 加密，因为 MD5 没有反向算法，也不能解密，这样就可以防范注入攻击对网站的危害。

第4章 密码攻防工具

在日常办公中离不开各种各样的办公软件，如 Microsoft Office 系列、文件夹、文件压缩包等。但是目前这些应用软件也存在安全性的问题，只有对这些文件进行加密，增强安全意识，才可以减少不必要的损失。

4.1 文件和文件夹密码攻防

文件和文件夹是计算机磁盘空间里面为了分类储存电子文件而建立独立路径的目录，“文件夹”就是一个目录名称。文件夹不但可以包含文件，还可以包含下一级文件夹。为了保护文件夹的安全，就需要给文件或文件夹进行加密。

4.1.1 文件分割巧加密

为保护自己文件的安全，可以将其分割成几个文件，并在分割的过程中进行加密，这样黑客就束手无策了。在本节将介绍两款常见的文件分割工具。

（1）Fast File Splitter

文件分割工具 Fast File Splitter 可把大文件快速分割成小部分，以便于用软盘携带或用 E-Mail 发送。并且支持自定义分割文件的大小和数量，支持创建自解压格式的分割文件包，支持数据包的加密功能。使用 Fast File Splitter 软件分割和合并文件的具体操作步骤如下。

步骤 1：运行 Fast File Splitter 软件，切换到“Options（选项）”选项卡，分别对常规选项、优化选项、加密选项属性进行设置，如图 4.1.1-1 所示。

步骤 2：切换到“Split（分割）”选项卡，单击“Browse”按钮选择文件来源，单击“Choose”按钮选择目标文件夹，然后设置目标基准名称、分割类型，在“分割选项”栏目中勾选“Encrypt（加密）”复选框，在加密密码文本框中输入相应的密码，然后单击“Split（分割）”按钮，如图 4.1.1-2 所示。

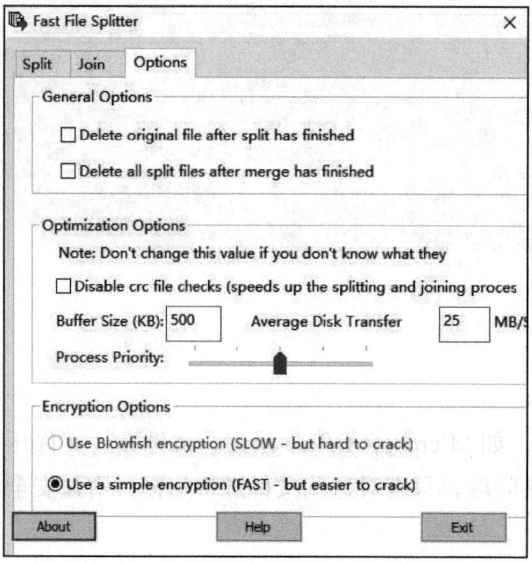

图 4.1.1-1

图 4.1.1-2

步骤 3：分割完成后，系统会提示“Splitting complete”，单击“确定”即可，如图 4.1.1-3 所示。

步骤 4：返回 Fast File Splitter 的主界面，选择“Split（分割）”选项卡，在“Splitting style（分割类型）”栏目中选择“By Files Numb（按文件数量）”单选项，在“Files number（文件数量）”文本框中输入每个分割文件包含的文件数目，单击“Split（分割）”按钮，即可按文件的数量进行分割，如图 4.1.1-4 所示。

图 4.1.1-3

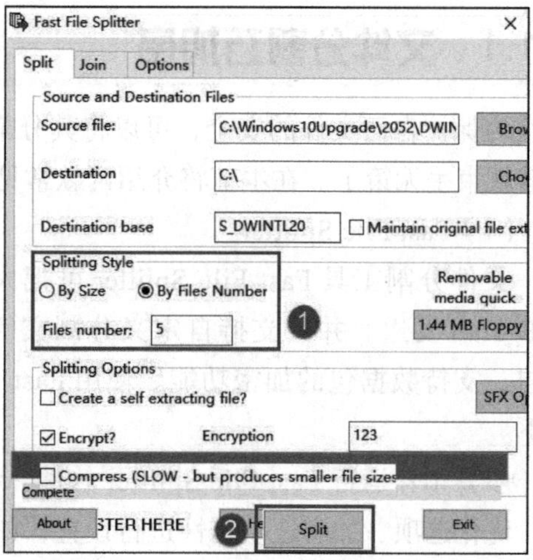

图 4.1.1-4

步骤 5：切换到“Join（合并）”选项卡，设置 Source file（来源文件）、Destination（目标文件夹），单击“Join（合并）”按钮，如图 4.1.1-5 所示。

步骤 6：系统弹出输入密码的窗口，在文本框内输入密码，单击“OK”按钮，即可合并已分割的文件，如图 4.1.1-6 所示。

图　4.1.1-5

图　4.1.1-6

步骤 7：合并完成后，系统会弹出“Success（成功）”窗口，提示“Files joined（文件已合并）”，单击“确定”按钮即可，如图 4.1.1-7 所示。

（2）Chop 分割工具

Chop 分割工具使用普通窗口或向导界面，能够按照用户想要的文件数量及最大文件大小劈分文件，也可以使用预设的用于电子邮件、软盘、Zip 盘、CD 等的通用大小劈分文件。Chop 能以向导或普通界面劈分和合并文件，并支持保留文件时间和属性、CRC、命令行操作，甚至可简单加密。使用 Chop 劈分和合并文件的具体操作步骤如下。

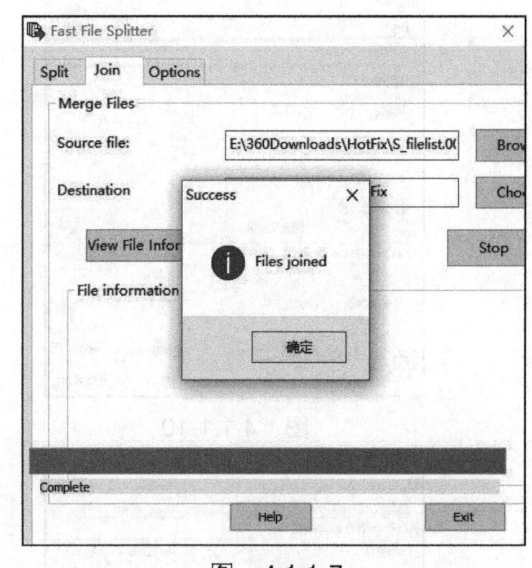

图　4.1.1-7

步骤 1：运行 Chop 分割工具，单击“要劈分 / 合并的文件”右下方的“选择…”按钮，选择要进行劈分或者合并的文件，如图 4.1.1-8 所示。

步骤 2：在打开的“打开”界面中，选择要操作的文件，单击“打开”按钮，如图 4.1.1-9 所示。

步骤 3：返回 Chop 主界面，勾选“加密”，并在后面的文本框内输入密码，然后单击“输出目标位置”右下方的“选择…”按钮，设置输出的目标位置，如图 4.1.1-10 所示。

步骤 4：在打开的“浏览文件夹”窗口中，选择要输出的文件夹，单击“确定”即可，如图 4.1.1-11 所示。

步骤 5：返回 Chop 的主界面，单击右下方的“开始劈分”按钮即可，如图 4.1.1-12 所示。稍等片刻，劈分完成后，系统会提示已完成，单击“继续”按钮即可，如图 4.1.1-13 所示。

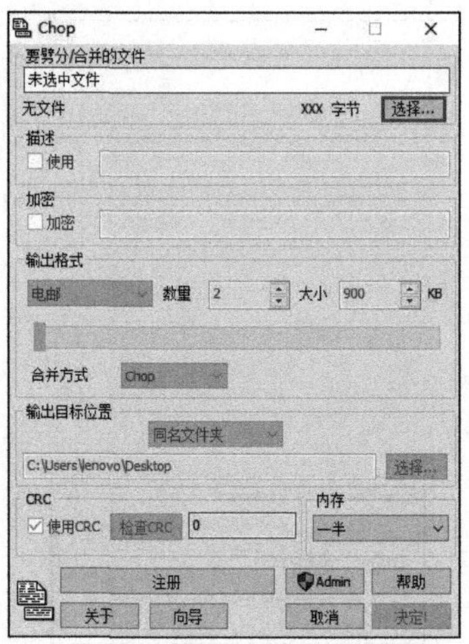

图 4.1.1-8

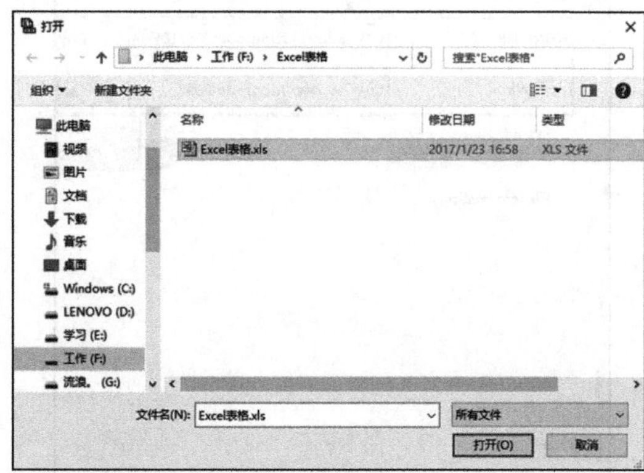

图 4.1.1-9

图 4.1.1-10

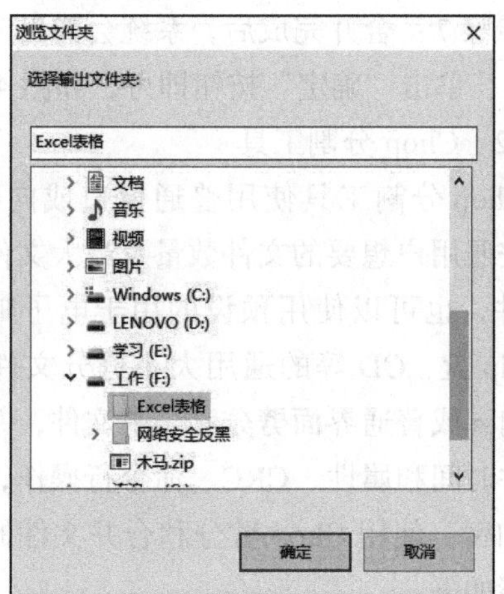

图 4.1.1-11

图 4.1.1-12

图 4.1.1-13

步骤 6：打开输出文件夹，就可以看到劈分后的文件了，如图 4.1.1-14 所示。

图　4.1.1-14

步骤 7：要想使用向导劈分文件，在 Chop 的窗口底部单击“向导”按钮，如图 4.1.1-15 所示。

步骤 8：在打开的“选择文件”对话框中，单击“选择”按钮，在打开的对话框中选择要劈分的文件，然后单击“下一步”按钮，如图 4.1.1-16 所示。

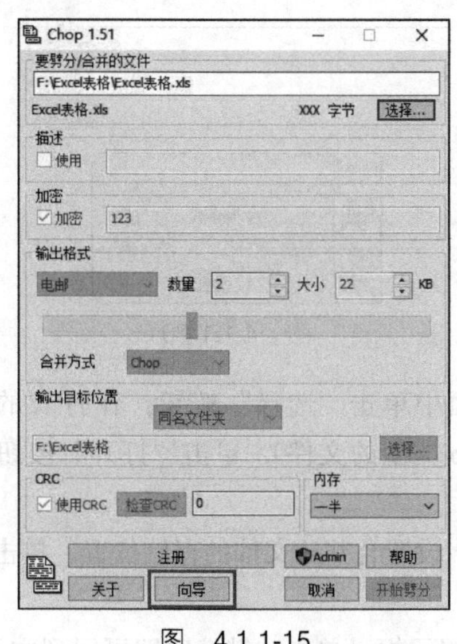

图　4.1.1-15

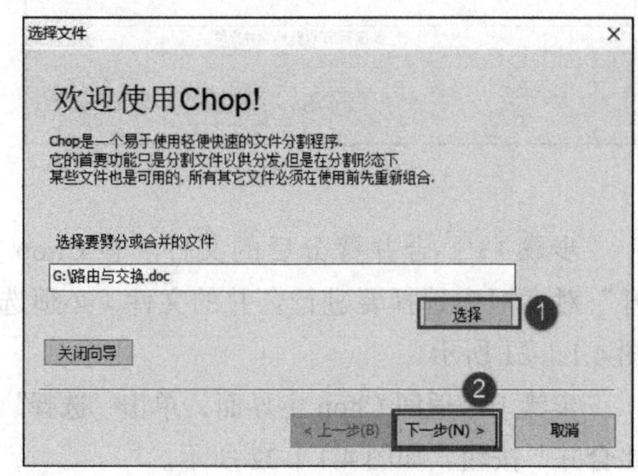

图　4.1.1-16

步骤 9：打开“劈分模式”对话框，设置分发 / 存储方式，此处选择 Zip 100（99MB），然后单击“下一步”按钮，如图 4.1.1-17 所示。

步骤 10：打开“选择目标位置”对话框，在“劈分、合并的文件储存位置”选项栏中选择“在选中文件夹中创建同名的文件夹”。单击“选择”按钮，设置劈分文件的储存位置，单击“下一步”按钮，如图 4.1.1-18 所示。

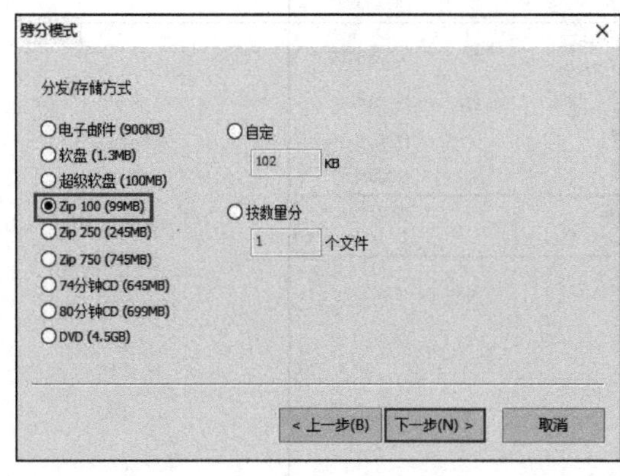

图 4.1.1-17

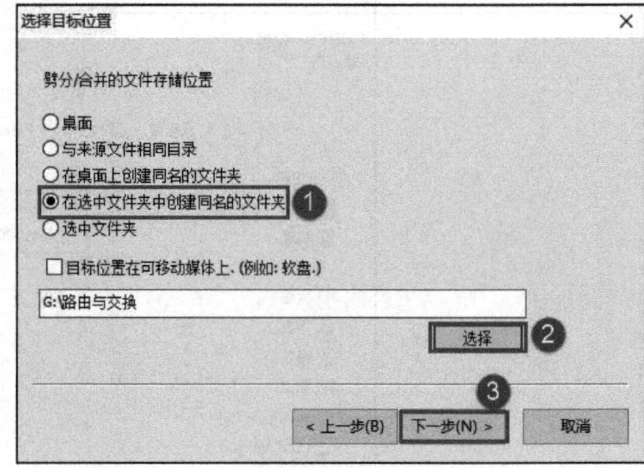

图 4.1.1-18

步骤 11：打开“选项”对话框，在“合并文件方式”选项栏中选择“使用 Chop”单选项，勾选“加密”复选框，并在文本框中输入加密密码，单击“完成”按钮即可完成劈分文件的操作，如图 4.1.1-19 所示。

步骤 12：文件劈分完成后，单击“继续”按钮即可返回主界面，如图 4.1.1-20 所示。

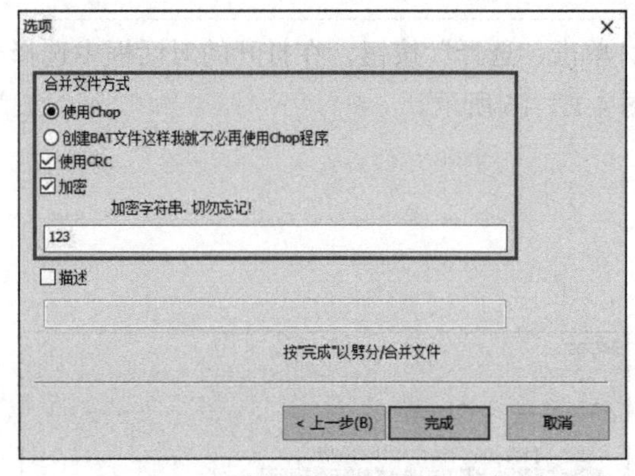

图 4.1.1-19

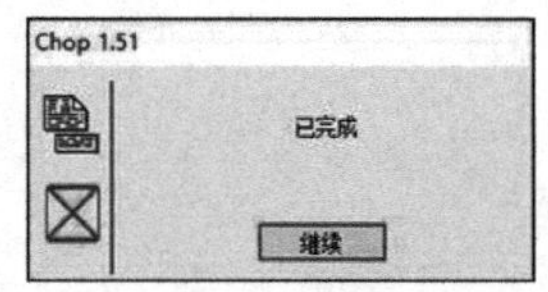

图 4.1.1-20

步骤 13：合并劈分后的文件。在 Chop 主界面中单击“选择”按钮，在打开的“打开”对话框中选择要进行合并的文件（必须选择 chp 类型的文件），单击“打开”按钮，如图 4.1.1-21 所示。

步骤 14：返回 Chop 主界面，单击“选择”按钮，设置合并后文件的存储位置，单击“开始合并”按钮，如图 4.1.1-22 所示。

步骤 15：稍等片刻，合并完成后，系统会弹出提示框，单击“继续”即可回到主界面，如图 4.1.1-23 所示。

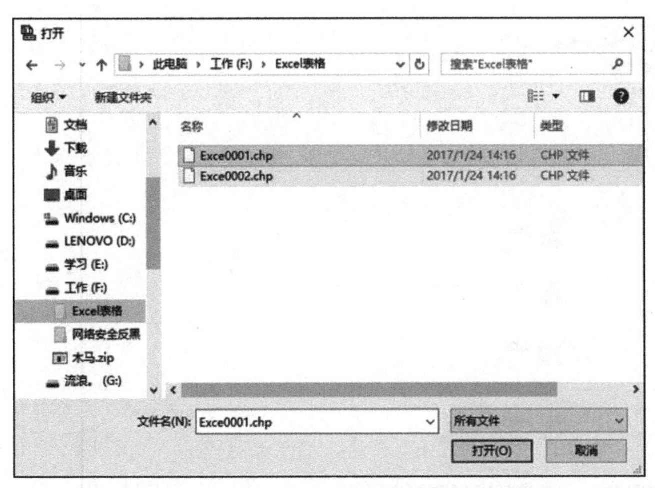

图 4.1.1-21

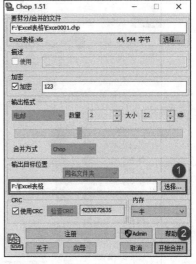

图 4.1.1-22

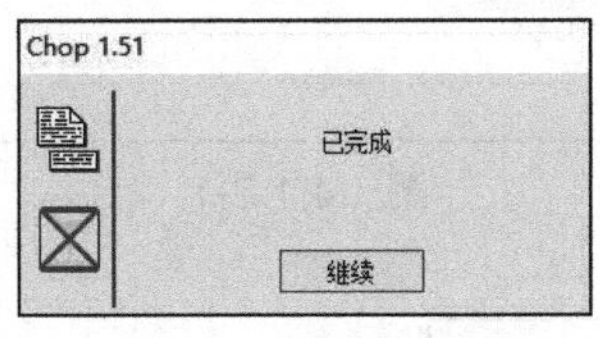

图 4.1.1-23

4.1.2 对文件夹进行加密

除了给电脑中的文件进行加密，还可以为文件夹加密。使用 Windows 系统中自带的加密功能可以对文件夹及其子文件夹进行加密，还可以使用专门的工具对文件夹进行加密。

（1）使用 Windows 系统自带的加密功能

对于很多企业公司来说，多人共用一台计算机的情况是非常常见的。如果不希望别人访问自己创建的文件内容，可运用 Windows 自带的加密文件系统对自己创建的文件夹及其子文件夹进行加密。

具体的操作步骤如下。

步骤 1：双击桌面上“此电脑”图标，即可打开“资源管理器”窗口，如图 4.1.2-1 所示。

步骤 2：在选择需要加密的文件夹之后，右击并从弹出菜单中选择“属性”选项，即可打开“属性”对话框，如图 4.1.2-2 所示。

步骤 3：单击“高级”按钮，即可打开“高级属性”对话框，如图 4.1.2-3 所示。

步骤 4：在勾选“加密内容以便保护数据”复选框后，单击“确定”按钮即可。

提示

利用 Windows 系统自带的加密功能对文件夹进行加密，只适合于 NTFS 文件系统，而不适合于 FAT32 文件系统。

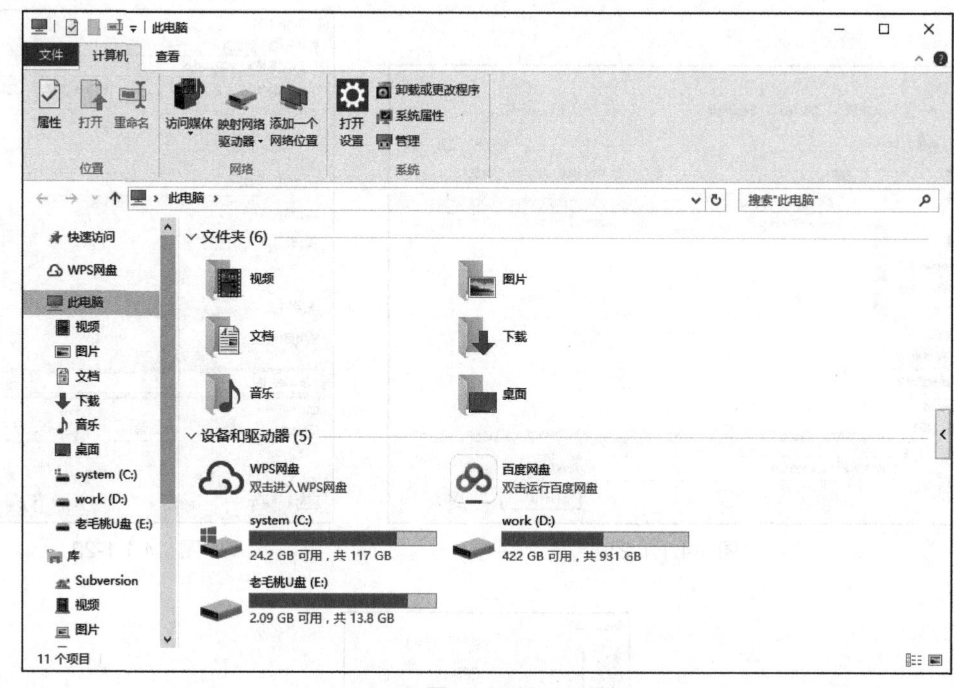

图 4.1.2-1

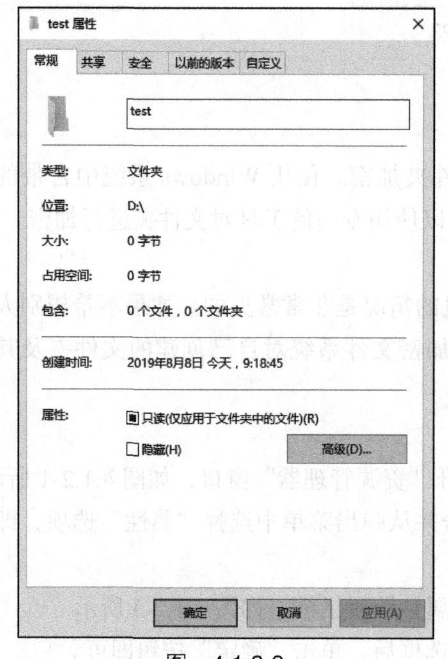

图 4.1.2-2

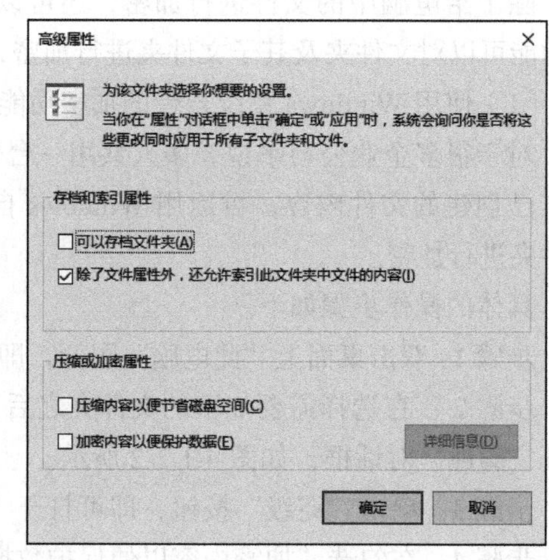

图 4.1.2-3

（2）“文件夹加密超级大师”

“文件夹加密超级大师”是一款强大的文件加密软件和文件夹加密软件。它具有文件加密、文件夹加密、数据粉碎、彻底隐藏硬盘分区、禁止或只读使用USB设备等功能。

使用“文件夹加密超级大师”软件进行加密的具体操作步骤如下。

步骤 1：下载并安装“文件夹加密超级大师”软件后，双击桌面上的快捷图标，即可打开“文件夹加密超级大师”主窗口，如图 4.1.2-4 所示。

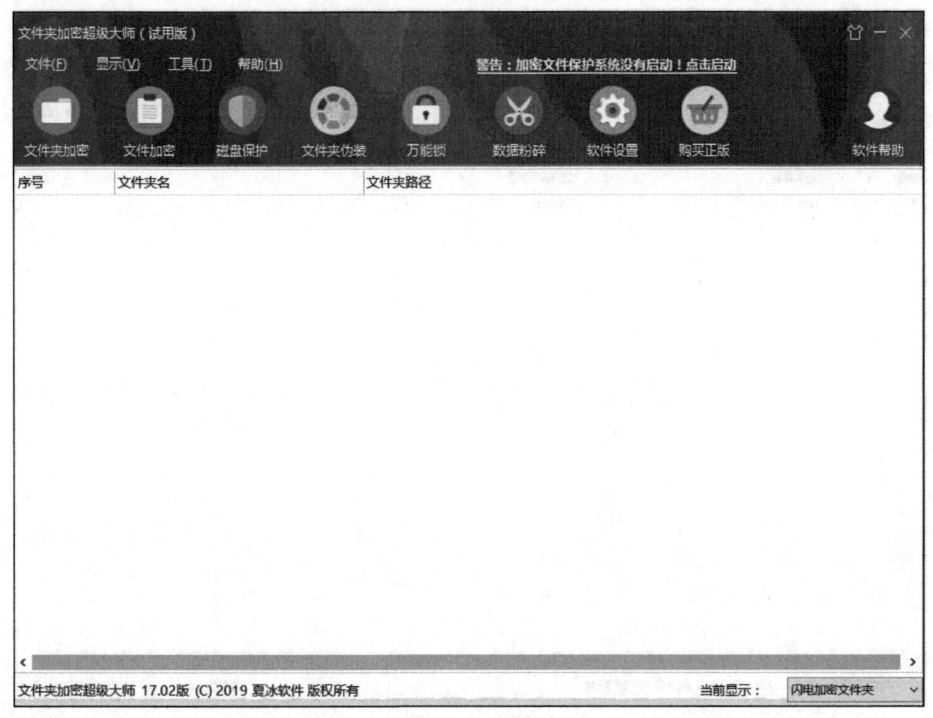

图　4.1.2-4

步骤 2：单击“文件夹加密”按钮，即可打开“浏览文件夹”对话框，如图 4.1.2-5 所示。选择要加密的文件夹，单击“确定”按钮，即可打开“加密文件夹”对话框，如图 4.1.2-6 所示。

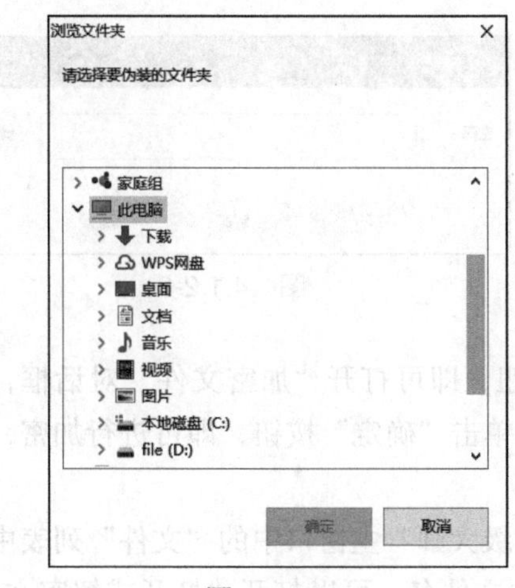

图　4.1.2-5

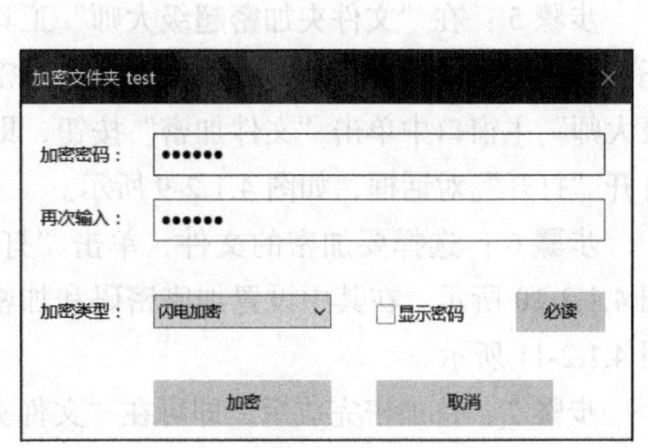

图　4.1.2-6

步骤 3：在其中输入要设置的密码，单击“确定”按钮，即可进行加密。待解密完成，即可在“文件夹加密超级大师”主窗口中的“文件夹”列表中看到加密的文件夹，如图 4.1.2-7 所示。

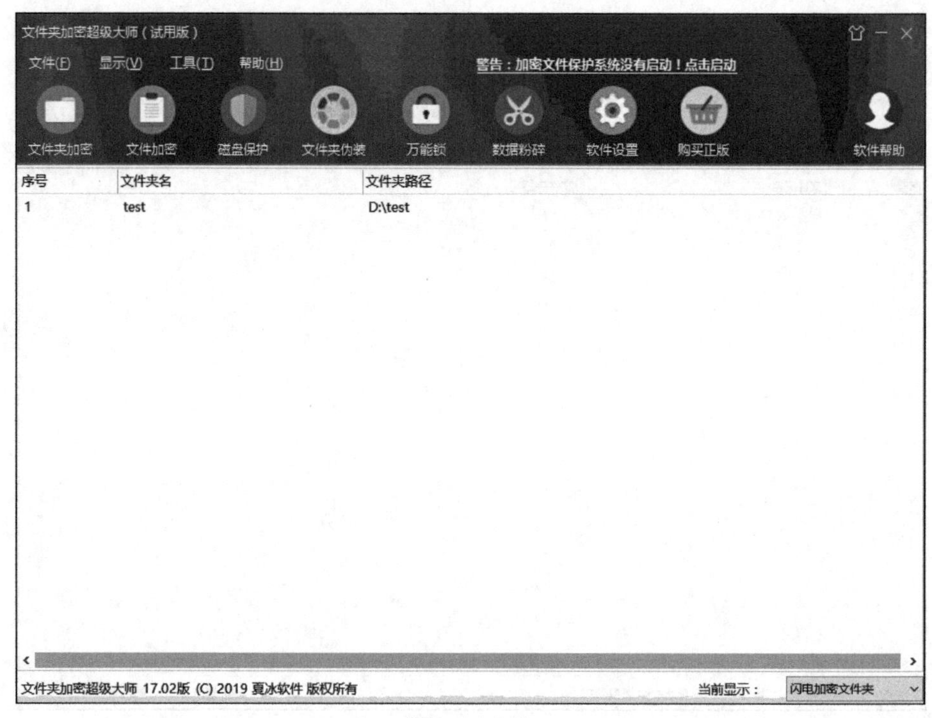

图 4.1.2-7

步骤 4：加密后文件夹具有最高的加密强度，且防删除、防复制、防移动，还有打开功能（临时解密），在每次使用加密文件夹或加密文件后不用重新加密。双击使用“文件夹加密超级大师”加密的文件夹，即可打开“打开或解密文件夹”对话框，如图 4.1.2-8 所示。在其中输入设置的密码，才可临时解密并打开该文件夹。如果单击“解密”按钮，则可进行解密操作。

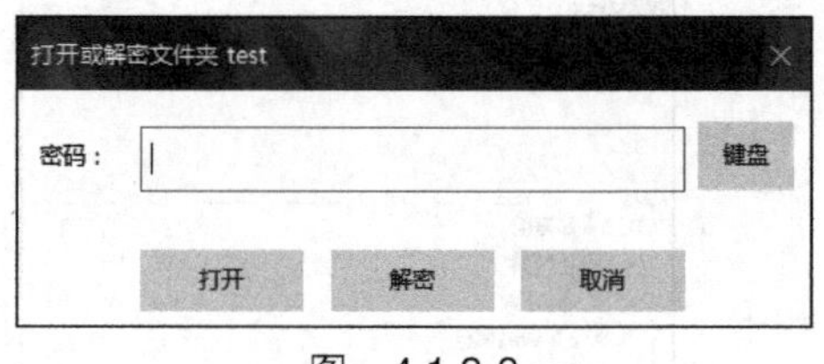

图 4.1.2-8

步骤 5：在“文件夹加密超级大师”工具中还可以对单个文件进行加密。在“文件夹加密超级大师”主窗口中单击“文件加密”按钮，即可打开“打开”对话框，如图 4.1.2-9 所示。

步骤 6：选择要加密的文件，单击“打开”按钮，即可打开“加密文件”对话框，如图 4.1.2-10 所示。在其中设置加密密码和加密类型，单击“确定”按钮，即可进行加密，如图 4.1.2-11 所示。

步骤 7：待加密完成后，即可在“文件夹加密超级大师”主窗口中的“文件”列表中看到成功加密的文件，如图 4.1.2-12 所示。双击其中的文件名，可以打开“打开或解密文件”对话框，如图 4.1.2-13 所示。只有在“密码”文本框中输入正确的密码，才可以打开该文件。

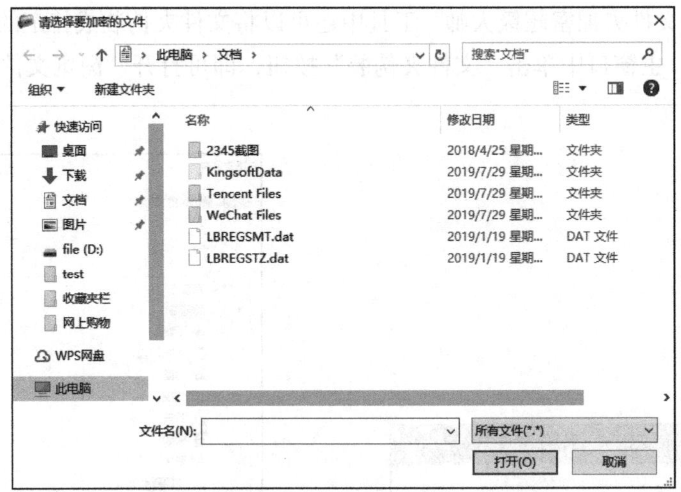

图　4.1.2-9

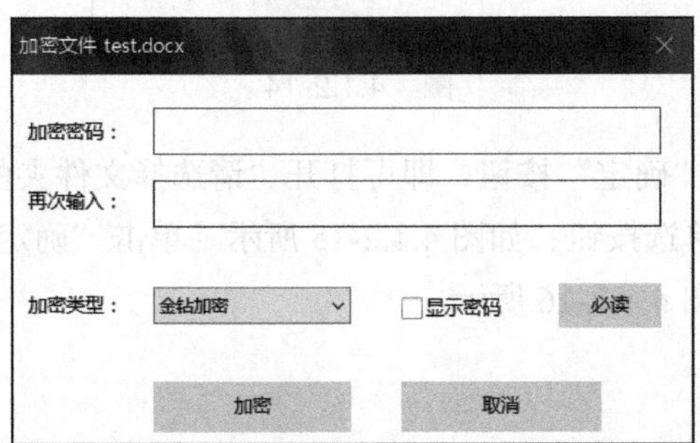

图　4.1.2-10

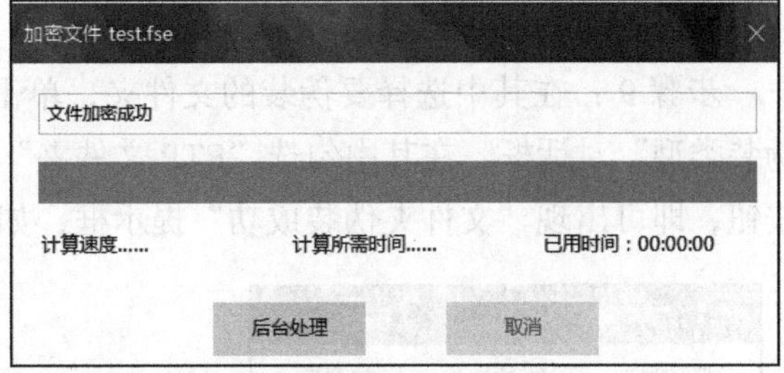

图　4.1.2-11

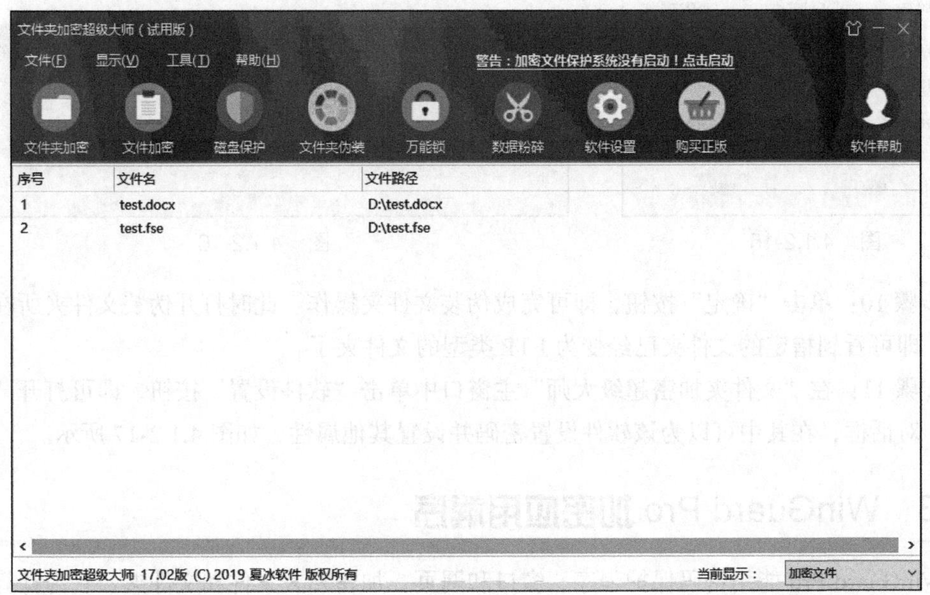

图　4.1.2-12

步骤 8：在“文件夹加密超级大师”工具中还可以将文件夹伪装成特定的图标。在“文件夹加密超级大师”主窗口中单击“文件夹伪装”按钮，即可打开“浏览文件夹”对话框，如图 4.1.2-14 所示。

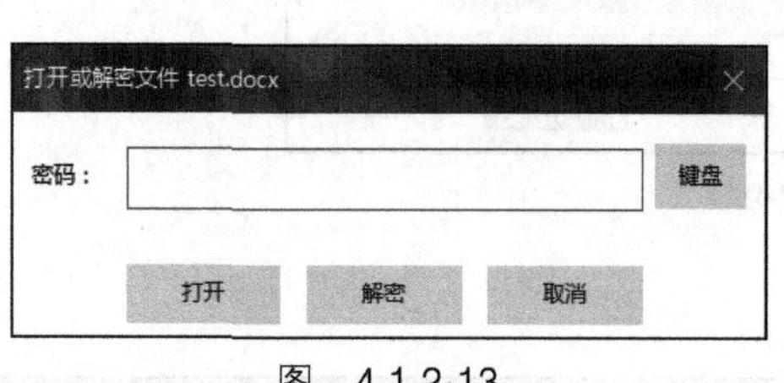

图 4.1.2-13

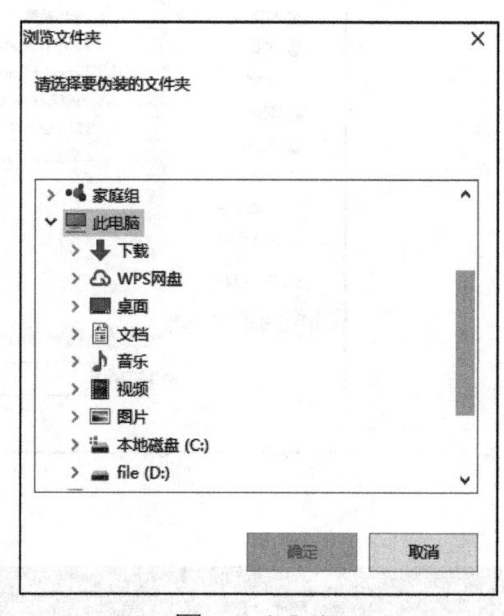

图 4.1.2-14

步骤 9：在其中选择要伪装的文件夹，单击“确定”按钮，即可打开“请选择文件夹的伪装类型”对话框，在其中勾选“FTP 文件夹”单选按钮，如图 4.1.2-15 所示。单击“确定”按钮，即可出现“文件夹伪装成功”提示框，如图 4.1.2-16 所示。

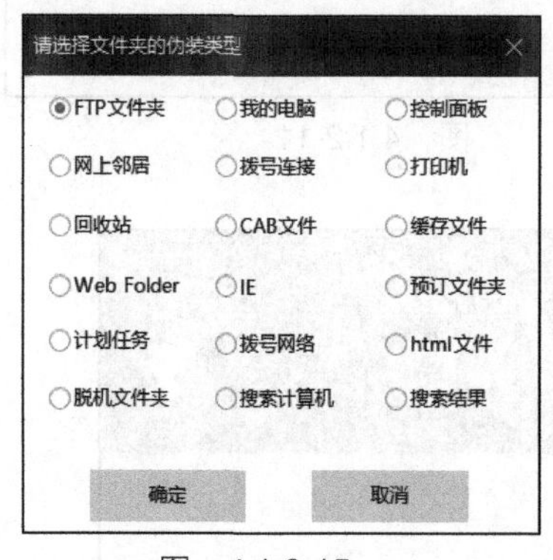

图 4.1.2-15

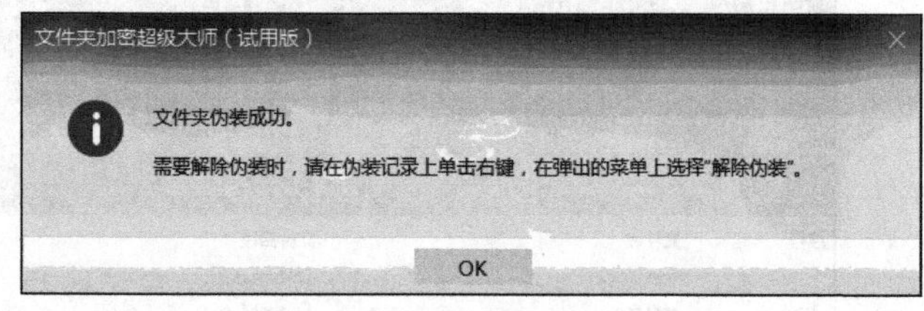

图 4.1.2-16

步骤 10：单击“确定”按钮，即可完成伪装文件夹操作。此时打开伪装文件夹所在的文件夹，即可看到指定的文件夹已经变为 FTP 类型的文件夹了。

步骤 11：在“文件夹加密超级大师”主窗口中单击“软件设置”按钮，即可打开“软件设置”对话框，在其中可以为该软件设置密码并设置其他属性，如图 4.1.2-17 所示。

4.1.3 WinGuard Pro 加密应用程序

WinGuard Pro 能用密码保护程序、窗口和网页，加密私人文件和文件夹。它为计算机提供了多合一的安全解决方案，能够锁住桌面、启动键、任务键，禁止软件安装和 Internet 接

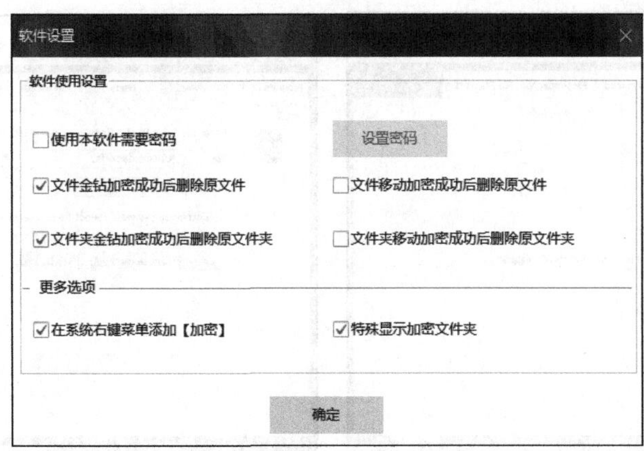

图　4.1.2-17

入等。使用 WinGuard Pro 加密应用程序的具体操作步骤如下。

步骤 1：下载并安装 WinGuard Pro，在桌面上双击"WinGuard Configuration"图标，即可打开"Configuration（设置）"对话框，如图 4.1.3-1 所示。

步骤 2：在"Password（密码）"文本框中输入密码，即可打开"WinGuard Pro"主窗口，如图 4.1.3-2 所示。

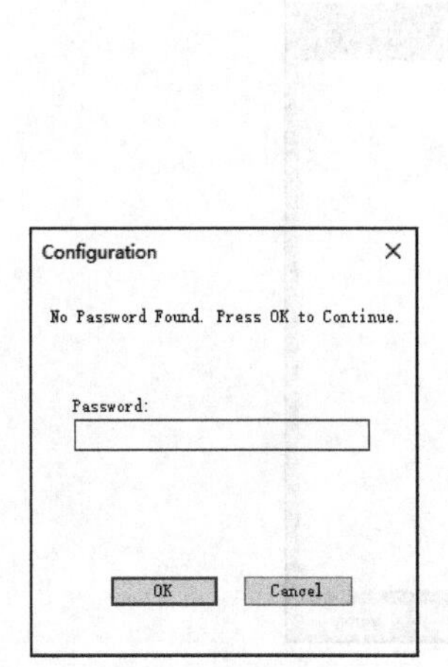

图　4.1.3-1

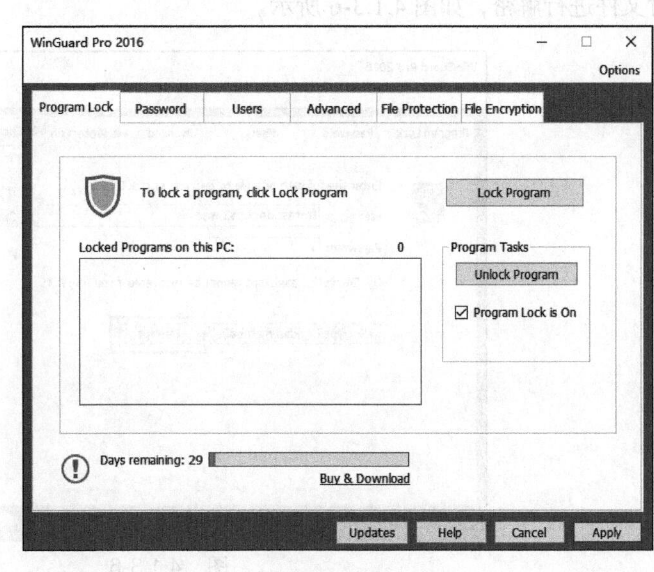

图　4.1.3-2

步骤 3：切换至"Password（密码）"选项卡，可对加密密码进行设置。根据提示在文本框中输入要设置的密码，单击"Apply（应用）"按钮，即可设置成功，如图 4.1.3-3 所示。

步骤 4：切换至"File Protection（文件保护）"选项卡，单击"Browse（浏览）"按钮，选择要加密的文件，选定后单击"Encrypt(加密)"按钮，即可对文件进行加密，如图 4.1.3-4 所示。

步骤 5：加密完成后在选定的文件目录下可以看到文件已被加密，如图 4.1.3-5 所示。

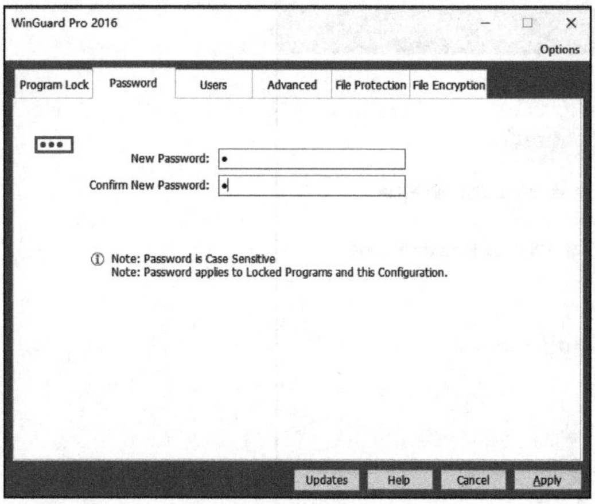

图 4.1.3-3

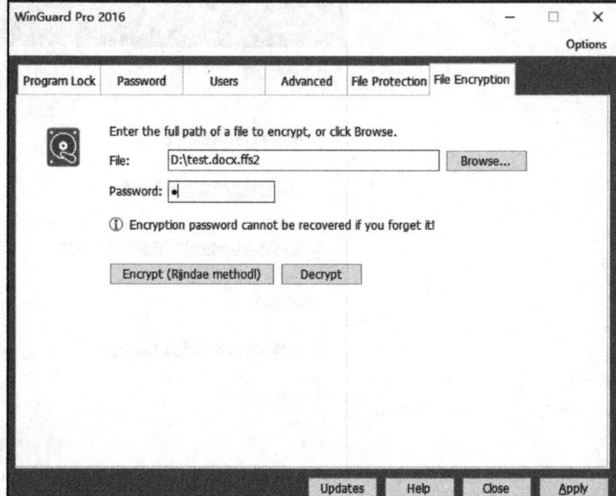

图 4.1.3-4

图 4.1.3-5

步骤 6：在“File Encryption”选项卡下选中要解密的文件，单击“Decrypt”按钮，即可对文件进行解密，如图 4.1.3-6 所示。

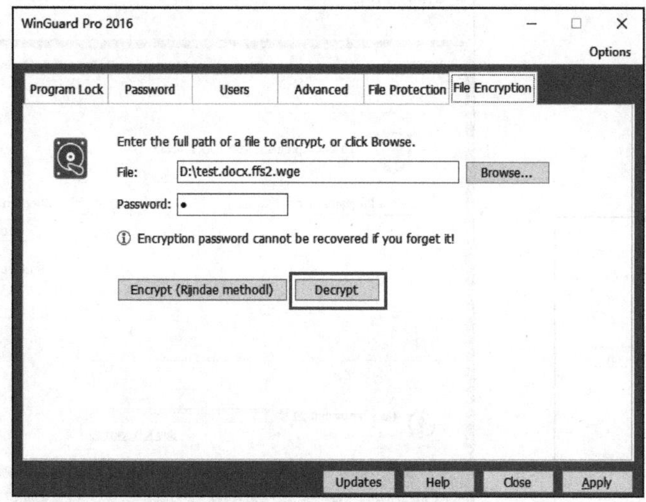

图 4.1.3-6

步骤 7：解密完成后在选定的文件目录下可以看到已被解密的文件。

4.2 办公文档密码攻防

大多数办公文档的编辑都是在 Office 中完成的，这就会涉及一些文件安全问题，所以对

Office 文件进行加密就显得非常必要了。

4.2.1 对 Word 文档进行加密

Microsoft Word 2016 在提供加密文档的同时，还提供保护文档功能。本节介绍对 Word 文档进行加密，可以防止别人进行窥探与修改。

（1）使用强制保护功能

Microsoft Word 2016 自带的强制保护功能，可以帮助用户保护自己的 Word 文档不被修改。具体的操作步骤如下。

步骤 1：在“ Microsoft Word 2016”主窗口中打开要加密的 Word 文件，选择“审阅”选项卡，如图 4.2.1-1 所示。单击“限制编辑”按钮，即可在“ Word 2016”主窗口右边打开“限制格式和编辑”对话框，如图 4.2.1-2 所示。

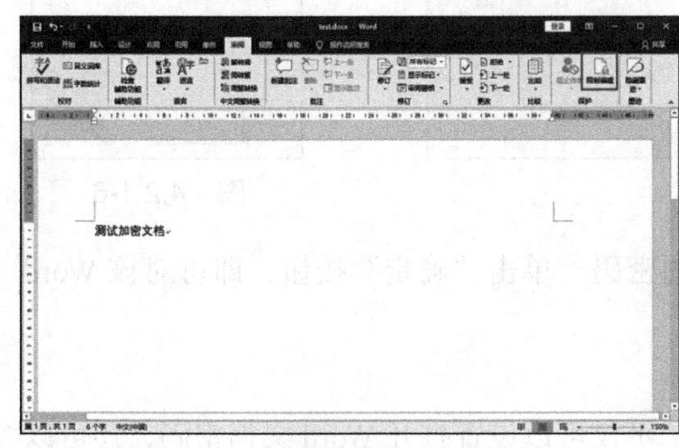

图 4.2.1-1

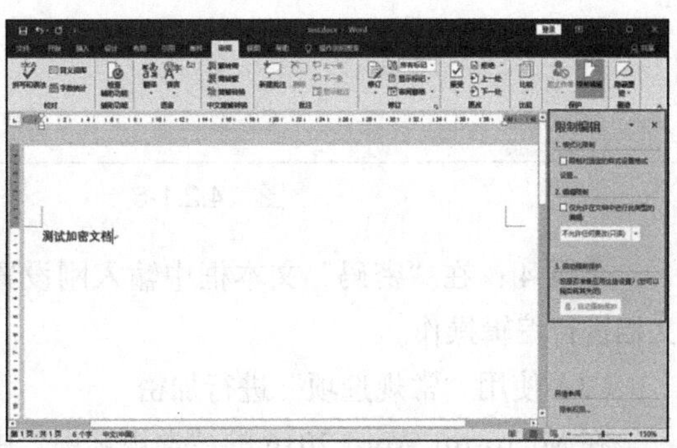

图 4.2.1-2

步骤 2：在“编辑限制”栏目中勾选“仅允许在文档中进行此类编辑”复选框，即可激活“是，启动强制保护”按钮，如图 4.2.1-3 所示。单击“是，启动强制保护”按钮，即可打开“启动强制保护”对话框，如图 4.2.1-4 所示。

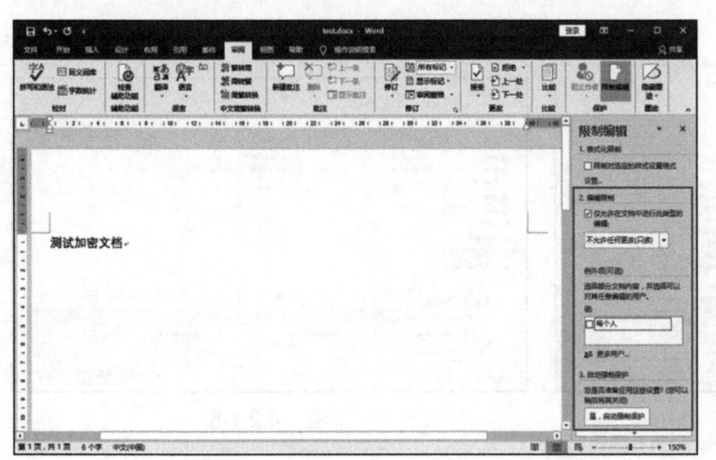

图 4.2.1-3

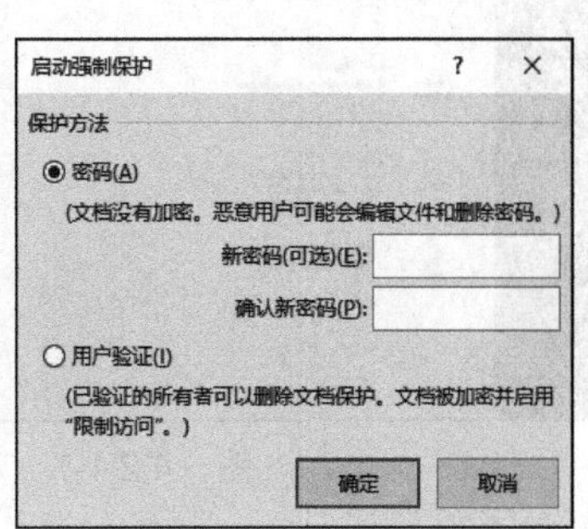

图 4.2.1-4

步骤 3：在其中选择“密码”单选项并输入密码，单击“确定”按钮，即可对该 Word 文档进行保护，如图 4.2.1-5 所示。此时是不能对其进行修改的。如果想取消对 Word 文档的保护，则需单击“停止保护”按钮，即可打开“取消保护文档”对话框，如图 4.2.1-6 所示。

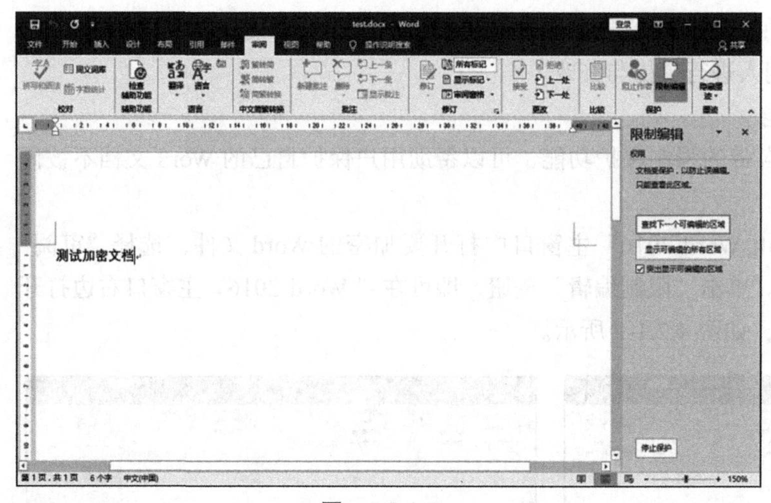

图 4.2.1-5

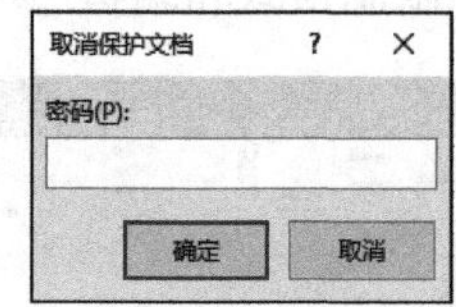

图 4.2.1-6

步骤 4：在“密码”文本框中输入刚设置的密码，单击“确定”按钮，即可对该 Word 文档进行编辑操作。

（2）使用“常规选项”进行加密

在 Microsoft Word 2016 的“常规选项”中，不仅可以设置打开 Word 文档密码，还可以设置修改 Word 文档密码，这样可以对 Word 文档设置双重保护。

使用“常规选项”加密 Word 文档的具体操作步骤如下。

步骤 1：在“Microsoft Word 2016”主窗口中单击“文件”菜单项，即可打开“信息”窗口，如图 4.2.1-7 所示。在左边的列表中选择“另存为”选项，即可打开“另存为”对话框，如图 4.2.1-8 所示。

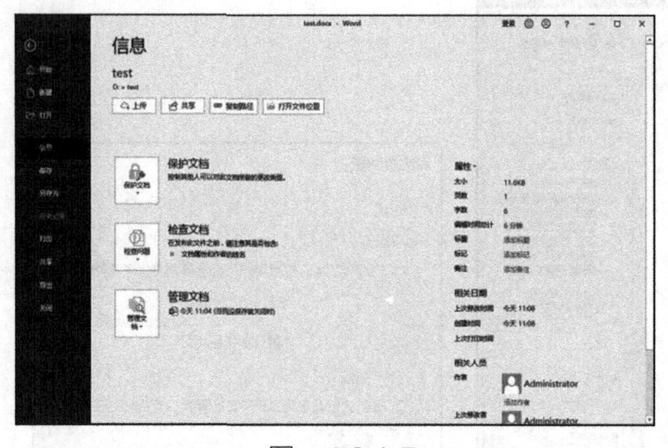

图 4.2.1-7

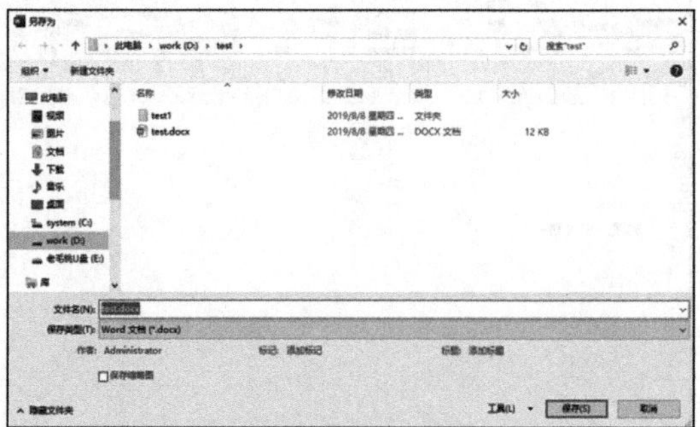

图 4.2.1-8

步骤 2：在其中设置保存名称和位置，单击右下方的“工具”按钮，在弹出的快捷菜单中选择“常规选项”选项，即可打开“常规选项”对话框，如图 4.2.1-9 所示。

步骤 3：分别在“打开文件时的密码”文本框和“修改文件时的密码”文本框中输入相应的密码，单击“确定”按钮，即可打开“确认密码”对话框，如图 4.2.1-10 所示。

图　4.2.1-9

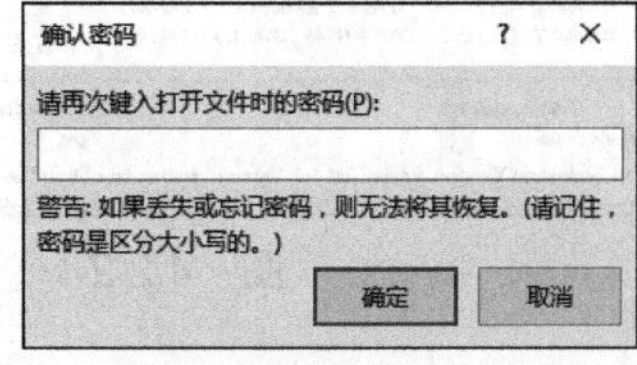

图　4.2.1-10

步骤 4：在其中输入刚才设置的打开文件密码，单击“确定”按钮，第 2 次打开“确认密码”对话框，输入修改文件密码，如图 4.2.1-11 所示。单击“确定”按钮返回“另存为”对话框，单击“保存”按钮，即可保存 Word 文档。

步骤 5：再次打开该 Word 文档时，会出现“请键入打开文件所需的密码”提示框，在其中输入前面设置的打开文件密码，如图 4.2.1-12 所示。

步骤 6：单击“确定”按钮，即可看到“请键入修改文件所需的密码”提示框，在其中输入设置的修改文件密码，如图 4.2.1-13 所示。单击“确定”按钮，即可打开刚才加密的 Word 文档。

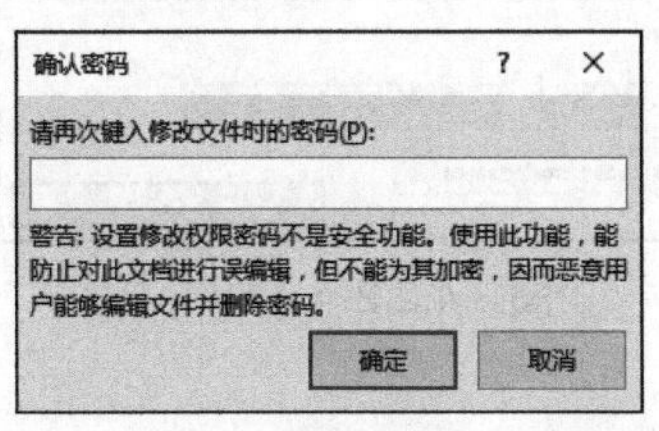

图　4.2.1-11

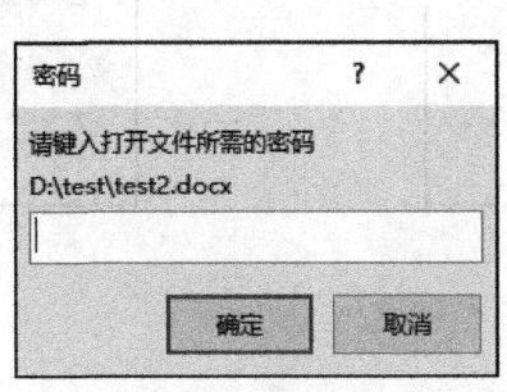

图　4.2.1-12

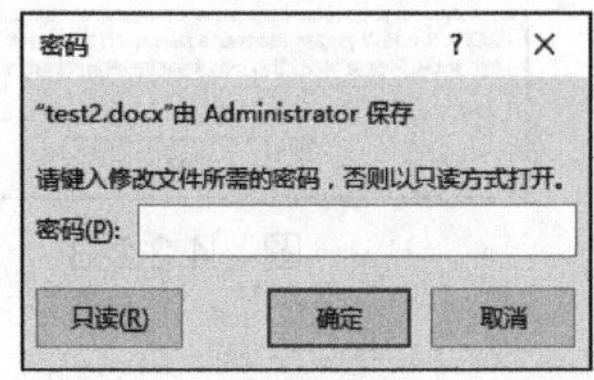

图　4.2.1-13

4.2.2　使用 AOPR 解密 Word 文档

Advanced Office Password Recovery（AOPR）是一个密码恢复软件，利用该工具可以恢复 Microsoft Office 2016 文档的密码，而且还支持非英文字符。

使用 AOPR 解密 Word 文档的具体操作步骤如下。

步骤 1：下载并安装 AOPR 软件后，在桌面上双击图标，即可打开“Advanced Office Password Recovery”主窗口，如图 4.2.2-1 所示。

步骤 2：单击“Openfile”按钮，即可打开 Open File 对话框，可在其中选择需要解密的 Word 文档，如图 4.2.2-2 所示。

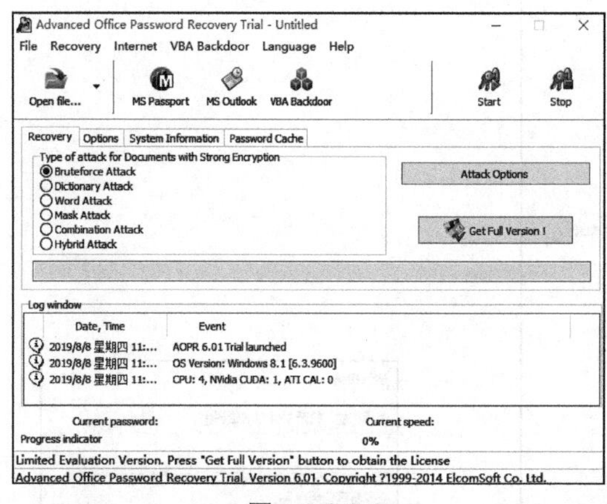

图 4.2.2-1

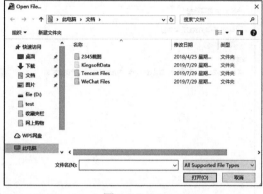

图 4.2.2-2

步骤 3：单击“打开”按钮即可进行解密操作，在“Preliminary Attack（预备破解）”对话框中，即可看到破解的具体进度，如图 4.2.2-3 所示。待解密完成后，即可打开 Word 密码已被恢复对话框，在其中可看到解密出的各种密码，如图 4.2.2-4 所示。

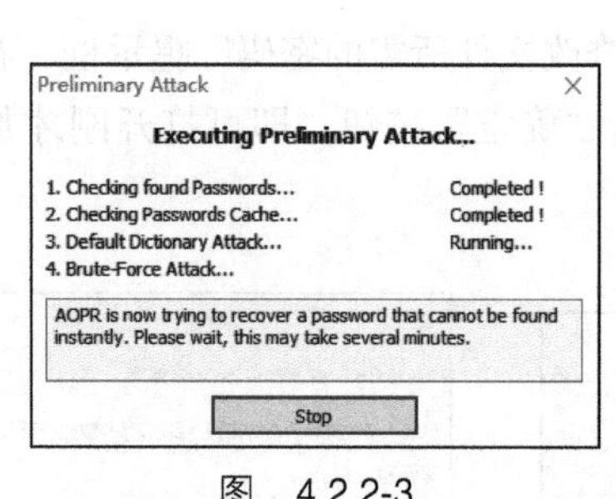

图 4.2.2-3

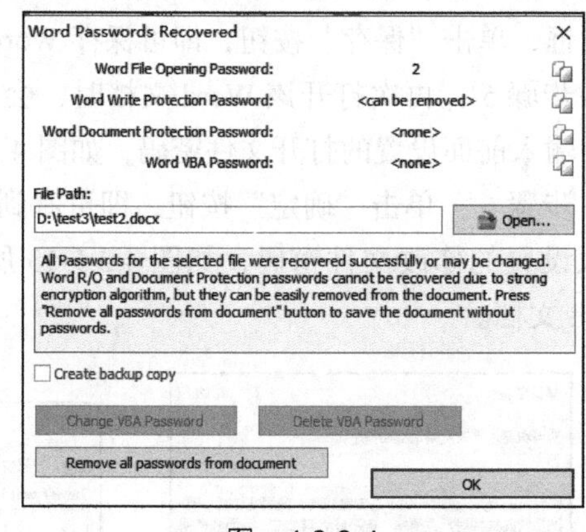

图 4.2.2-4

4.2.3 宏加密技术

在 Microsoft Office 套件中内嵌了一个 Visual Basic 编辑器，它是宏产生的来源。使用宏同样可对 Word、Excel 文档进行加密。对 Word 文档而言，最大的敌人当然就是宏病毒了。

在 Word 里使用宏进行防范设置十分简单，依次选择“文件”→“选项”→“信任中心”→“信任中心设置”项，即可打开如图 4.2.3-1 所示的对话框。选择“禁用无数字签署的所有宏”。这样，以后每打开一个文档，系统都会检查它的数字签名，一旦发现是不明来源的宏，即可将它拒之门外。

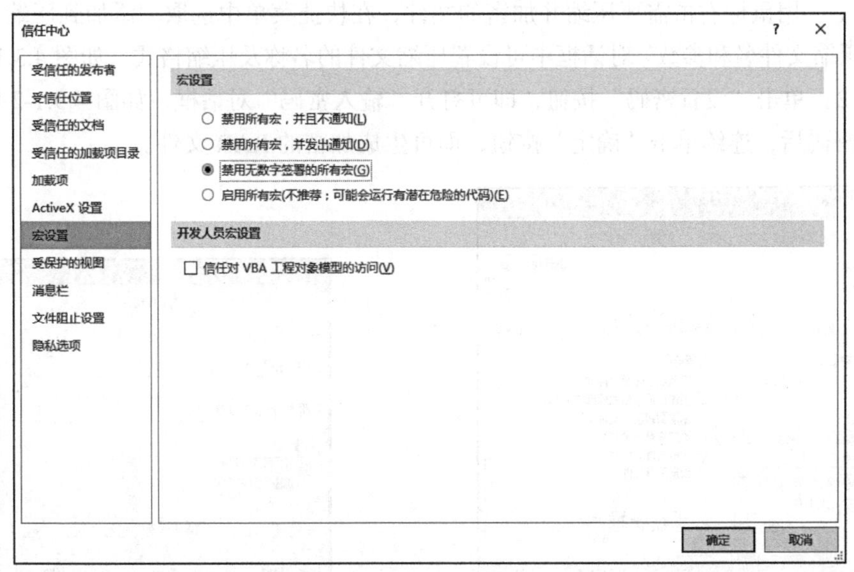

图 4.2.3-1

另外，为阻止可恶的宏病毒在打开文件时自动运行并产生危害，可以在打开一个 Office 文件时，很容易地阻止一个用 VBA 写成的在打开文件时自动运行的宏的运行。

依次选择“文件”→“打开”菜单项，在“打开”对话框中选择所要打开的文件名，在单击“打开”按钮时按住 Shift 键，Office 将在不运行 VBA 过程的情况下打开该文件。按住 Shift 键阻止宏运行的方法，同样适用于选择“文件”菜单底部的文件（最近打开的几个文件）。

同样，在关闭一个 Office 文件时，也可以很容易地阻止一个用 VBA 写成的将会在关闭文件时自动运行的宏。依次选择“文件”→“关闭”菜单项，在单击“关闭”按钮时按住 Shift 键，Office 将在不运行 VBA 过程的情况下关闭这个文件（按住 Shift 键同样适用于单击窗口右上角的“×”关闭文件时阻止宏的运行）。

4.3 压缩文件密码攻防

压缩文件可以节省大量的磁盘空间，所以压缩文件的安全也很重要。确保压缩文件安全最常用方法是给压缩文件添加密码，只有在知道密码的前提下，才能进行解压和浏览压缩文件，从而可以确保文件的安全。

4.3.1 WinRAR 自身的口令加密

WinRAR 是一款晚于 WinZip 推出的高效压缩软件，其不但压缩比、操作方法都较

WinZip 优越，而且能兼容 Zip 压缩文件，可以支持 RAR、Zip、ARJ、CAB 等多种压缩格式，并且可以在压缩文件时设置密码。具体的操作步骤如下。

步骤 1：用鼠标右击需要压缩并加密的文件，在快捷菜单中选取“添加到压缩文件”选项。在“压缩文件名和参数”对话框中可设置压缩文件的名称及压缩格式，如图 4.3.1-1 所示。

步骤 2：单击“设置密码”按钮，即可打开“输入密码”对话框，如图 4.3.1-2 所示。在其中输入密码后，连续单击“确定”按钮，即可生成加密的 RAR 文件。

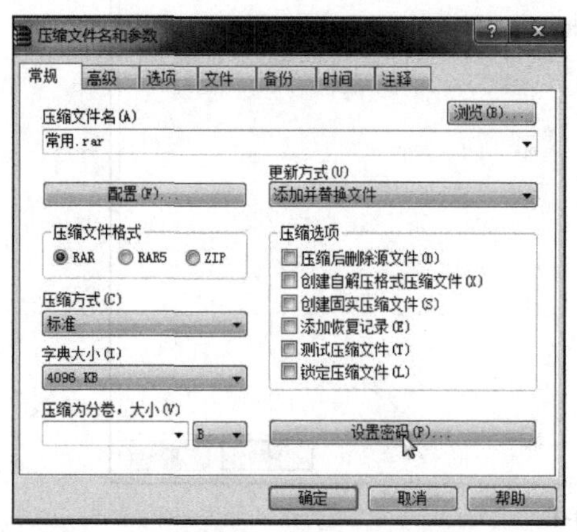

图 4.3.1-1

图 4.3.1-2

4.3.2 用 RAR Password Recovery 软件恢复密码

RAR Password Recovery 软件是专为解除 RAR 压缩文件的密码而制作的，其操作界面如图 4.3.2-1 所示。单击“ Open”按钮，在其中选择需要解除密码的 RAR 文件，选择破解方式，并在相应选项卡中设置其选项，单击“start”按钮，即可开始破解。

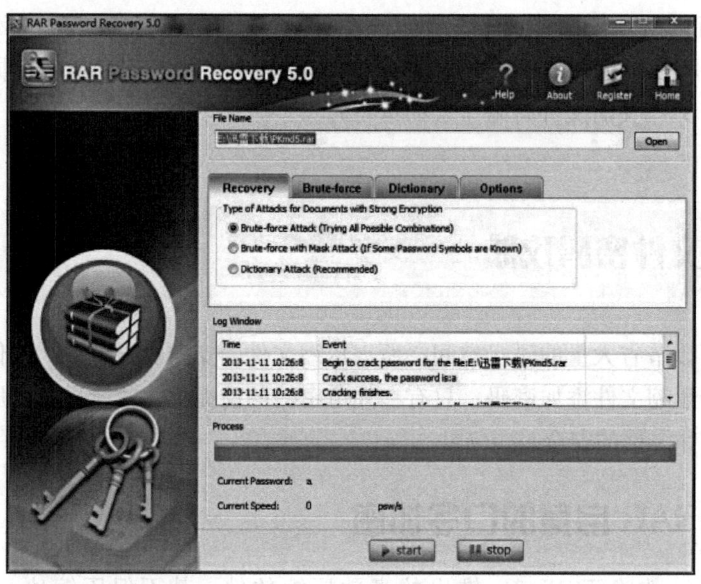

图 4.3.2-1

4.4 保护多媒体文件密码

Private Pix 是一款功能强大的多媒体加密工具，它还支持对音频文件或视频文件进行加密，可为用户提供更全面的保护功能。Private Pix 提供了简单易用的界面来对图片进行管理、加密和浏览，让用户在查看图片文件的同时还能对图片进行加密，并且具有两种类型的加密方式。

使用 Private Pix 对文件进行加密的具体操作步骤如下。

步骤 1：运行 Private Pix 软件，进入“Private Pix（tm)”主窗口。Private Pix 加密工具主要由显示窗口和控制窗口两部分组成，在左边显示窗口的资源管理器中选择要加密的多媒体文件，若想设置密钥，选择“Settings”选项卡；如果不设置密钥，则使用默认密钥，如图 4.4-1 所示。

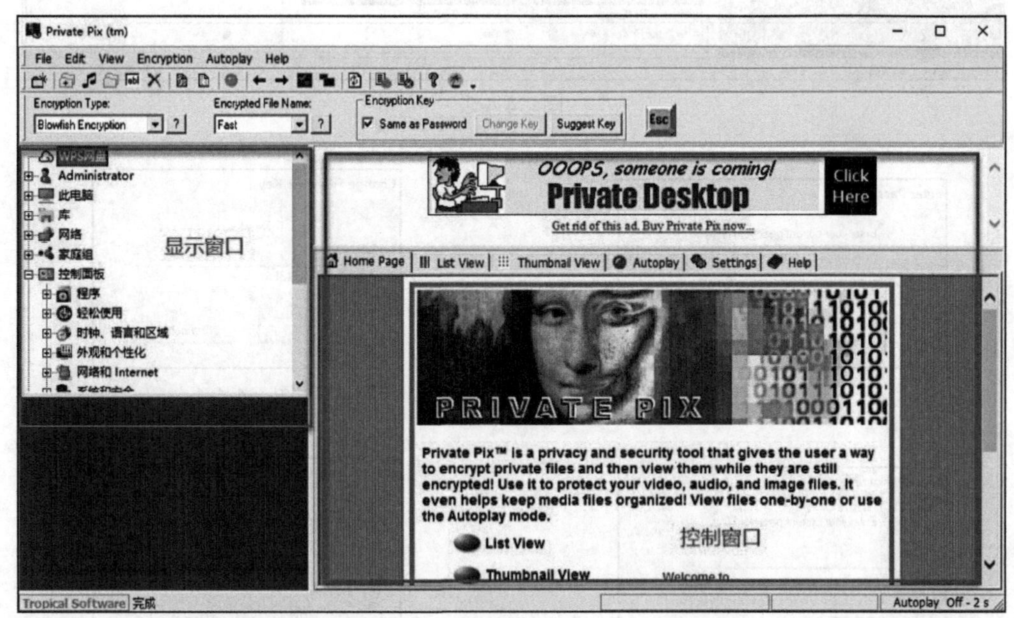

图　4.4-1

步骤 2：打开“Settings”选项卡，从左侧“Encryption Type”下拉列表中选择一种文件加密的类型，单击中间“Filename Encrypt Key”选项右侧的密码处，会出现一个按钮，单击此按钮，如图 4.4-2 所示。

步骤 3：在输入密码对话框中输入之前设定的密码，并单击“OK”按钮，如图 4.4-3 所示。

步骤 4：再输入新密码，并单击“OK”按钮，如图 4.4-4 所示。

步骤 5：再次输入之前的密码，如图 4.4-5 所示。

步骤 6：再次输入新密码，如图 4.4-6 所示。

步骤 7：密码修改完成，单击“确定”按钮，如图 4.4-7 所示。

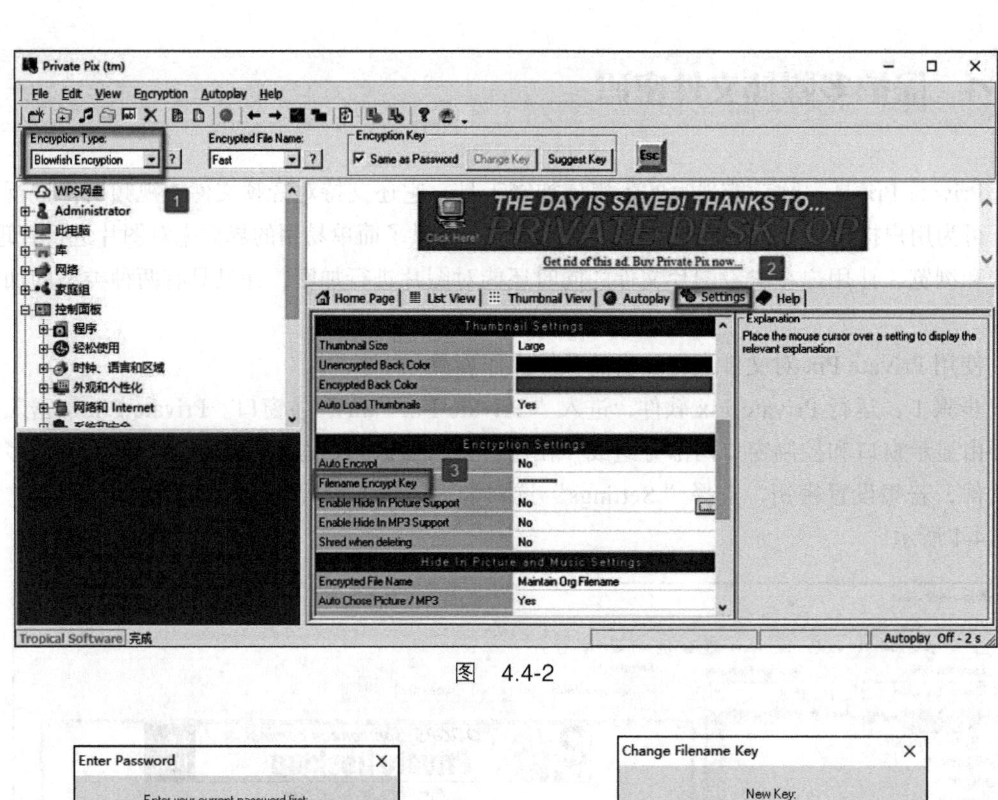

图 4.4-2

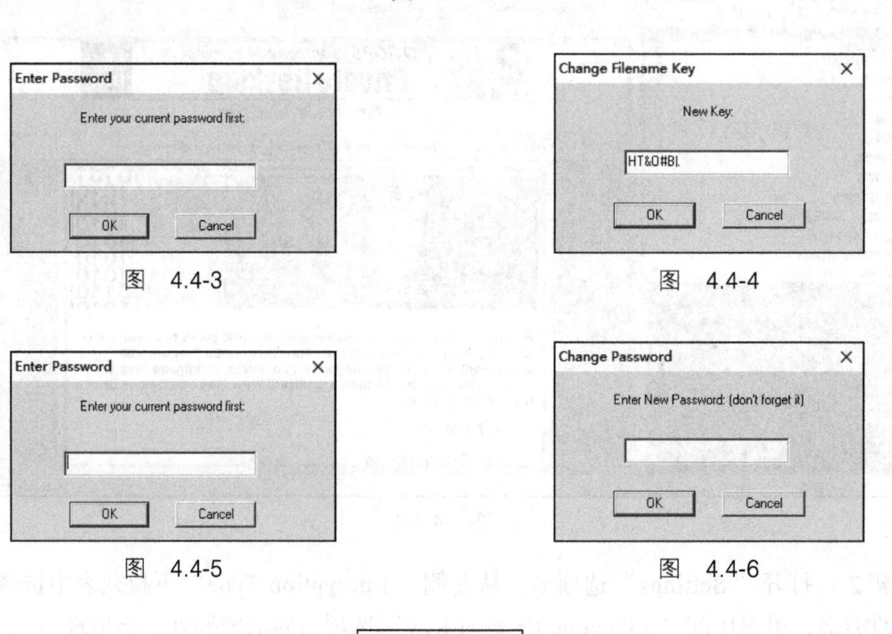

图 4.4-3

图 4.4-4

图 4.4-5

图 4.4-6

图 4.4-7

步骤 8：返回“Private Pix”主窗口，在主窗口左侧选择要加密的文件，单击工具栏的加密按钮，如图 4.4-8 所示。

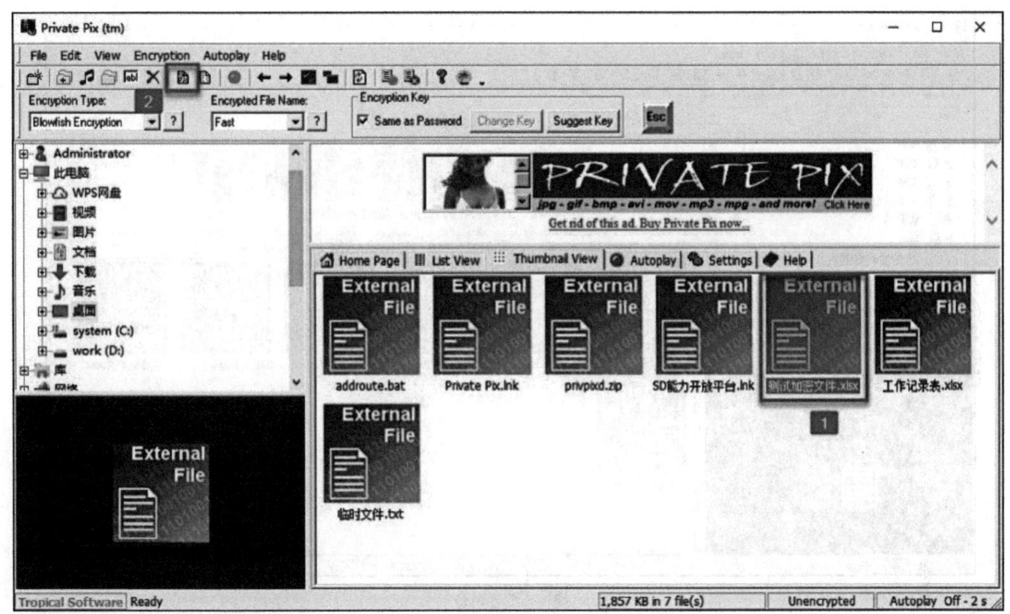

图　4.4-8

步骤 9：可以看出，加密后的文件由原来的绿色变成了红色，如图 4.4-9 所示。

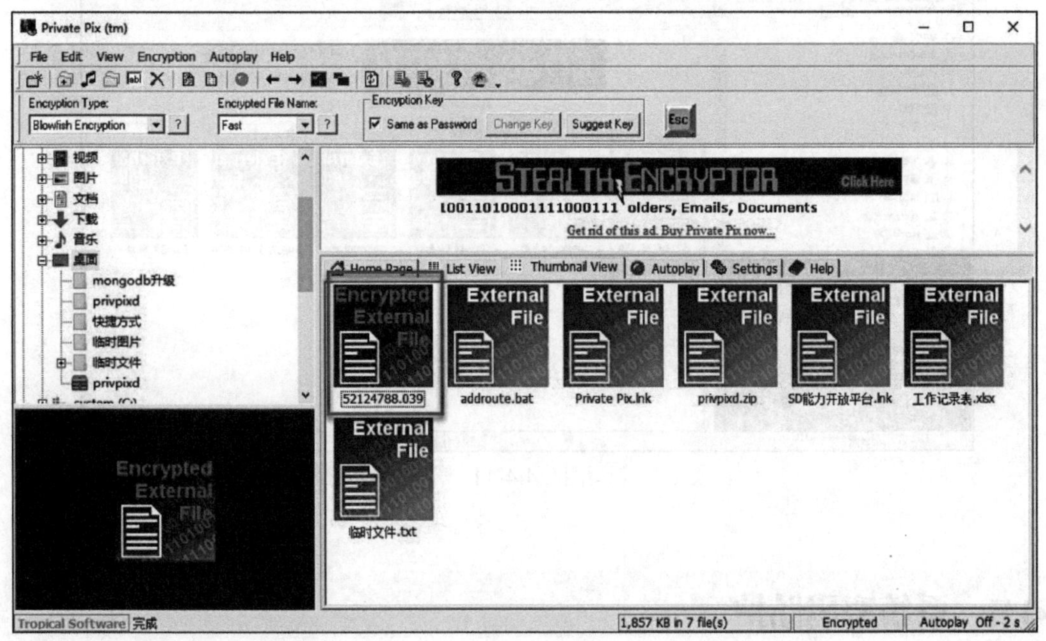

图　4.4-9

步骤 10：选择要解密的文件，单击工具栏上的解密按钮，这样，被加密的文件就可以被恢复原状了，如图 4.4-10 所示。

步骤 11：文件恢复原状后，变为绿色，如图 4.4-11 所示。

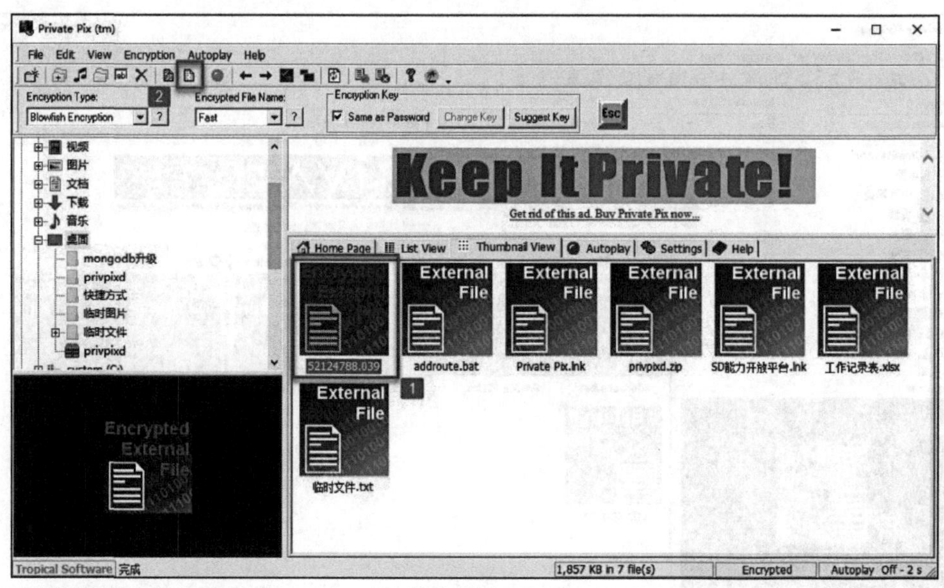

图 4.4-10

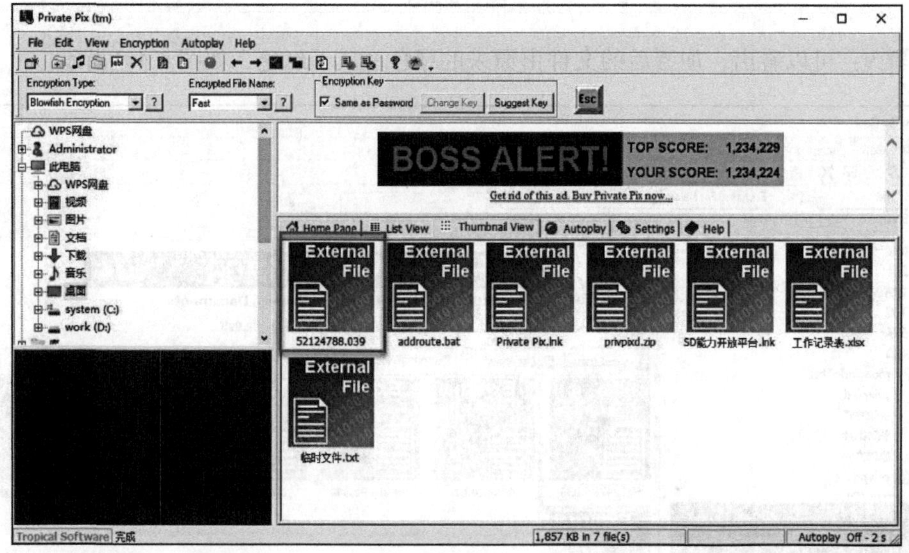

图 4.4-11

4.5 系统密码防护

4.5.1 使用 SecureIt Pro 给系统桌面加把超级锁

为了避免别人趁机乱动用自己的计算机，用户可使用桌面锁软件 SecureIt Pro 来解决这个问题，该软件可以让任何人（包括自己）都无法在不输入正确密码的情况下使用计算机。

（1）生成后门口令

在开始使用 SecureIt Pro 前，软件为了防止用户忘记了设置的进入口令，需要先填一些基本信息，并会根据这些信息自动生成一个后门口令，用于万不得已时登录使用。

具体的操作步骤如下。

步骤 1：下载并安装“SecureIt Pro”软件，双击桌面上的“SecureIt Pro”应用程序图标，即可打开“ SecureIt Pro-End User’s License Agreement”对话框，阅读 SecureIt Pro 软件的使用许可协议，如图 4.5.1-1 所示。

步骤 2：勾选“ Yes,I agree to be bound by the terms of the License Agreement”单选项，单击“ Continue”按钮，即可打开“ SecureIt Pro First Time Initialization-1”对话框，在其中查看首次初始化的基本信息，如图 4.5.1-2 所示。

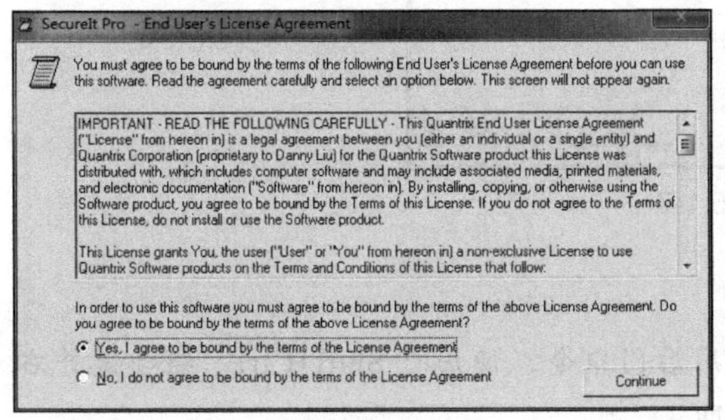

图　4.5.1-1

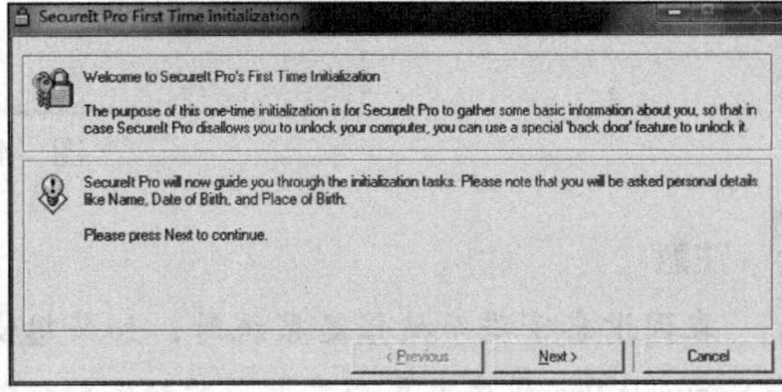

图　4.5.1-2

步骤 3：单击“Next”按钮，即可打开“SecureIt Pro First Time Initialization-2”对话框，在其中可以填写注册信息，如图 4.5.1-3 所示。

步骤 4：单击“Next”按钮，即可打开“SecureIt Pro First Time Initialization-3”对话框，用于查看自动生成的一个后门口令，以便于帮助用户登录时使用，如图 4.5.1-4 所示。

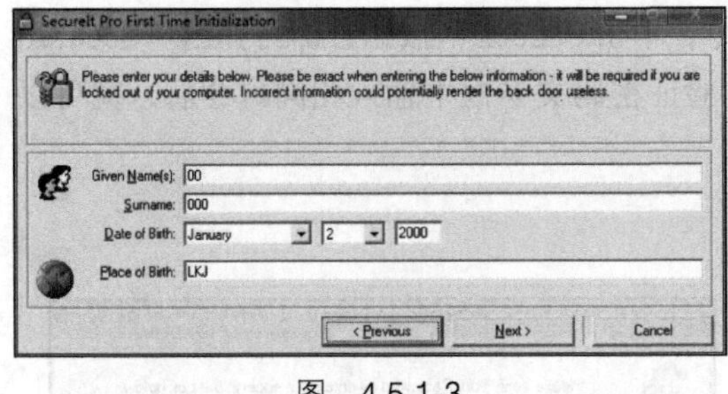

图　4.5.1-3

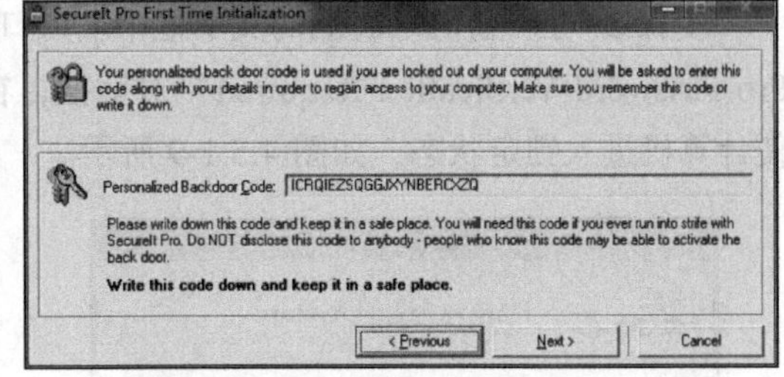

图　4.5.1-4

步骤 5：单击“Next”按钮，即可打开“SecureIt Pro First Time Initialization-4”对话框，要求用户在文本框中填写前面自动生成的后门口令，如图 4.5.1-5 所示。

步骤 6：单击“Next”按钮，即可打开“SecureIt Pro First Time Initialization-5”对话框，如图 4.5.1-6 所示。单击右下角■按钮，即可弹出“ SecureIt Pro”提示框，提示是否继续，单击“是”按钮，即可完成整个初始化操作，如图 4.5.1-7 所示。

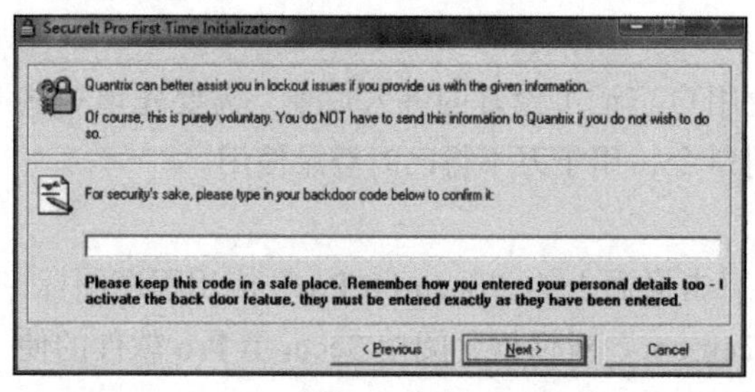

图 4.5.1-5

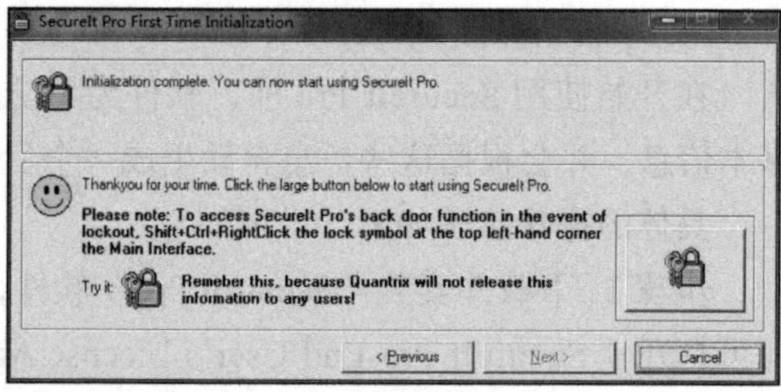

图 4.5.1-6

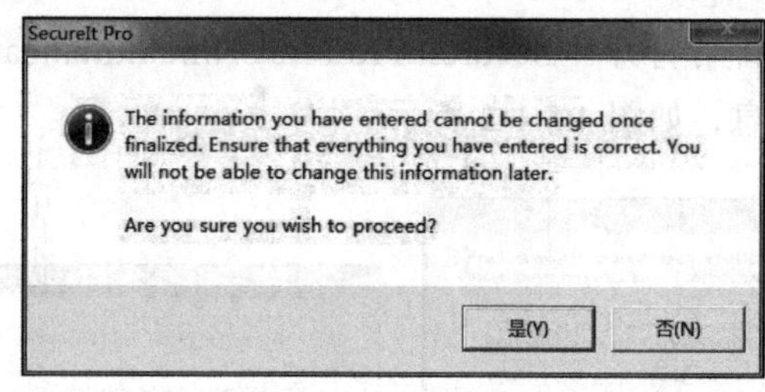

图 4.5.1-7

注意

在因遗忘密码而被锁定系统时，如果想使用后门口令，使用“Shift+Ctrl”组合键并右击 SecureIt Pro 程序主界面左上角的锁定标记即可。

（2）设置登录口令

在开始使用 SecureIt Pro 之前，先要设置进入的口令，这样才能在以后利用这个口令来锁定计算机，反之用来开启这个锁。具体的操作步骤如下。

步骤 1：双击桌面上的“SecureIt Pro”应用程序图标，即可弹出“SecureIt Pro”窗口，在其中可以设置进入时的口令，如图 4.5.1-8 所示。

步骤 2：在“密码”右侧的文本框中输入口令，单击“Lock”按钮，即可弹出“SecureIt Pro-Password Verification Required”对话框，在验证密码文本框中输入相同口令后，就可以使计算机进入锁定状态，如图 4.5.1-9 所示。

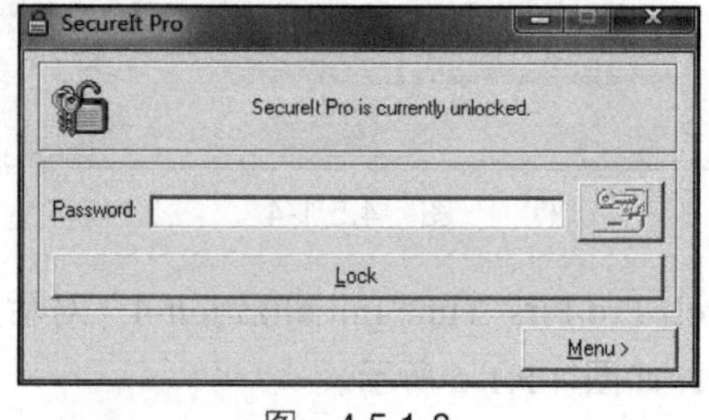

图 4.5.1-8

图 4.5.1-9

（3）解锁

在锁定状态下，他人只能在桌面上看到一个“SecureIt Pro-Locked”窗口，其他信息

（如原有程序）都呈现不可见状态。任何人都必须输入正确口令并单击“Unlock”按钮才能进入计算机系统。他人可以给计算机设定锁定状态的用户留言，当用户回到计算机后，就能查看这些留言，如图 4.5.1-10 所示。

图 4.5.1-10

4.5.2 系统全面加密大师 PC Security

系统级的加密工具 PC Security 可以帮助大家锁定因特网、任何文件与目录、任何磁盘分区、系统等。

（1）锁定驱动器

使用 PC Security 锁定驱动器是很简单的事情。以锁定存储有重要文件的 D 盘为例，在 PC Security 安装完毕后，在“我的电脑”窗口中右击 D 盘盘符，从快捷菜单中依次选择“PC Security”→“Lock”选项，即可完成对 D 盘的锁定操作。

（2）锁定系统

PC Security 可以完成多种方式的系统锁定，下面逐一介绍。

1）即时锁定系统。如果需要暂时离开计算机，为防止他人乱操作自己的计算机，就可以即时锁定自己的计算机系统。具体的操作步骤如下。

步骤 1：下载并安装“PC Security”软件，双击桌面上的“PC Security”应用程序图标，即可弹出密码输入窗口，如图 4.5.2-1 所示。

步骤 2：在“Password”文本框中输入正确的登录密码（默认为 Security），即可登录“PC Security”操作管理界面，如图 4.5.2-2 所示。

步骤 3：在登录操作管理界面后，单击“System Lock（系统锁定）”链接，即可进入系统锁定设置界面，如图 4.5.2-3 所示。

步骤 4：单击“Lock the Computer Now”按钮，当前系统将自动切换到类似屏幕保护的状态，在屏幕窗口中有一个“密码输入”对话框，只有输入了 PC Security 的登录密码才能恢复系统的正常使用状态。

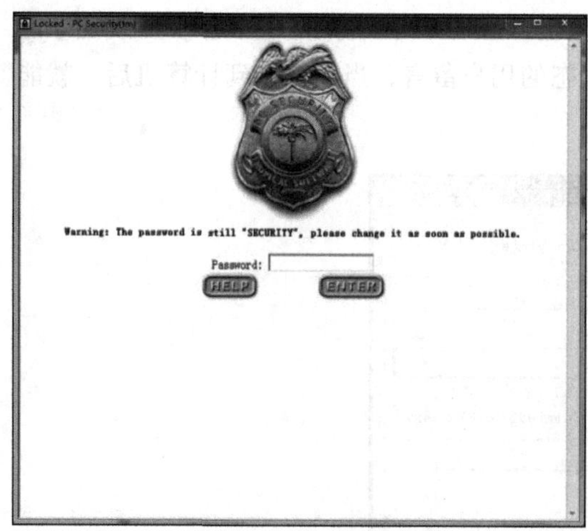

图 4.5.2-1

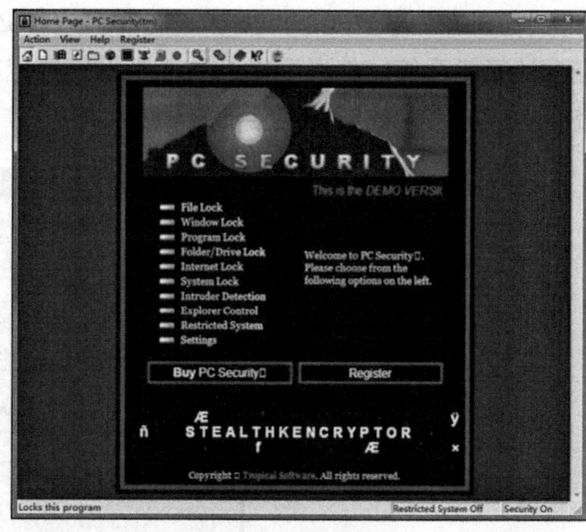

图 4.5.2-2

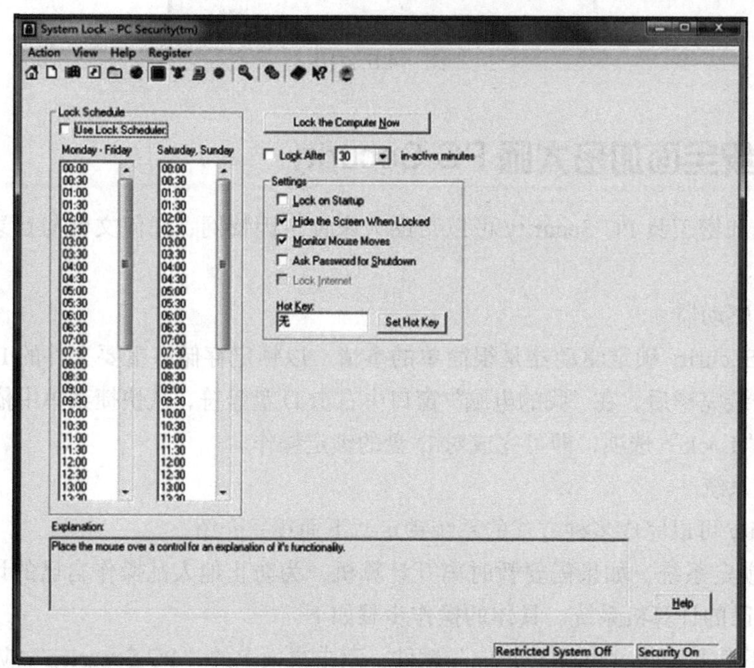

图 4.5.2-3

2）启动时锁定系统。采用启动时锁定系统功能，可彻底解决 Windows 10 系统不需密码就能登录系统的安全隐患。在功能启用后，当用户登录 Windows 10 系统时，在“登录”对话框中单击“确定”按钮，将会自动进入类似屏幕保护状态的 PC Security 登录状态。使用方法很简单，只需单击“系统锁定”界面中的“Lock on Startup”选项即可，如图 4.5.2-4 所示。

3）指定时间锁系统。若勾选“Lock After‘　’in-active minutes”选项，在数字栏中输入所需的数字后，PC Security 就会自动在指定时间无活动后锁定系统，如图 4.5.2-5 所示。

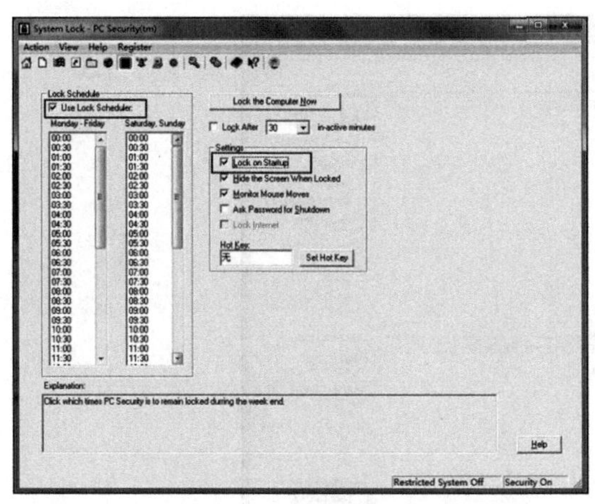

图 4.5.2-4

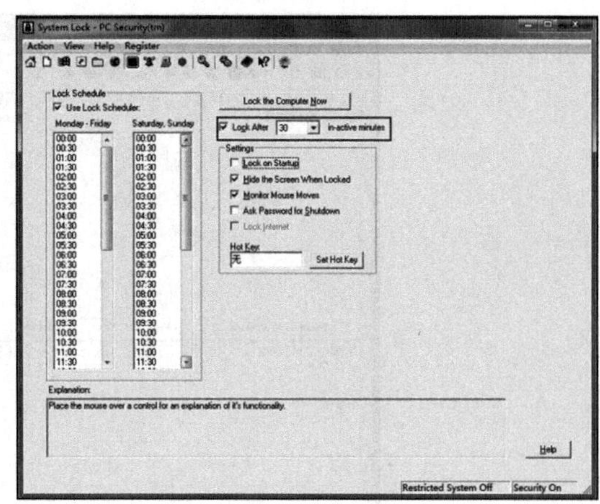

图 4.5.2-5

4）锁定活动窗口。如果在运行程序时有人要借用一下计算机，这个时候往往不方便将正在运行的程序关闭，但又不想让他人打开正在运行的程序。这个看起来很麻烦的问题，通过 PC Security 将会很容易解决。具体的操作步骤如下。

步骤 1：在登录操作管理界面中单击“ Windows Lock（即窗口锁定)”链接项，即可打开窗口锁定设置界面。如图 4.5.2-6 所示。

步骤 2：单击右侧的 Add Title Pattern 按钮，即可弹出“Add a Title Search String（添加一个搜索标题)”对话框。单击“ Window Tide”右侧的下三角按钮，在当前运行程序列表中选择要锁定的程序，单击“OK”按钮，返回“窗口锁定”设置界面即可，如图 4.5.2-7 所示。

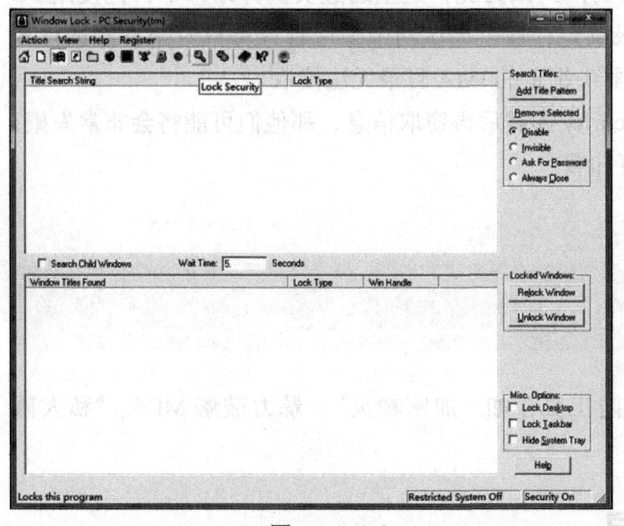

图 4.5.2-6

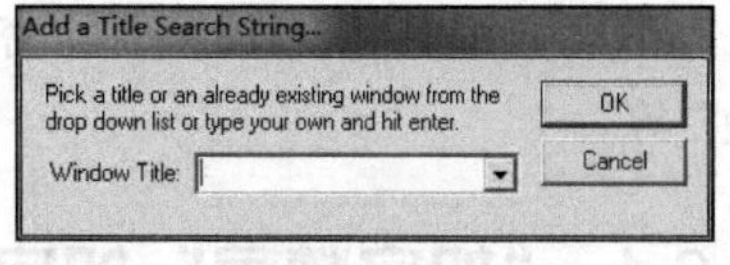

图 4.5.2-7

步骤 3：在窗口锁定设置界面中勾选“Disable（禁用)”“Invisible（不可见)”等所需选项后，单击右侧“ Relock Window”按钮，即可打开“窗口锁定”窗口。此时可看到选中的程序列表，从其下方状态列表中可以看出当前程序为禁止使用状态，如图 4.5.2-8 所示。

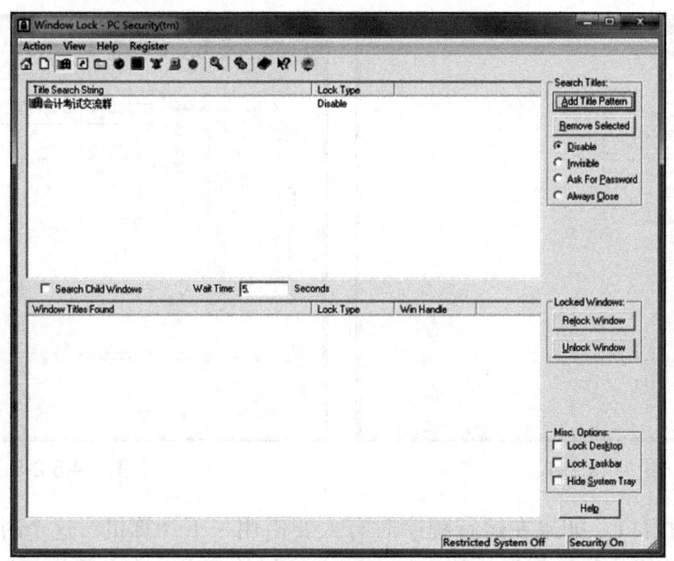

图 4.5.2-8

5）锁定程序。如果系统中有一些很重要的程序不方便被其他人使用，也可以使用 PC Security 来完成程序的锁定。在登录操作管理界面中单击“ Program Lock（程序锁定）”链接项，即可打开程序锁定设置界面。从展开目录中选中需锁定的程序，单击选择中间的锁定方式（只读或完全），单击“Lock”按钮，即可锁定程序。

（3）验证加密效果

究竟锁定目录对于非法用户有没有访问约束力呢？这里通过实例介绍一下：先使用 PC Security 将服务器的 D 盘下的 IMA 目录锁定，通过局域网中另一台计算机对服务器进行木马控制，此时会发现远程控制对于服务器中锁定的 IMA 目录无法读取。

如果恶意用户想通过网络将 PC Security 卸载后再窃取信息，那他们可能将会非常失望，因为 PC Security 必须在输入密码后才可卸载。

4.6 其他密码攻防工具

下面介绍其他几款常见的密码攻防工具，如“加密精灵”、暴力破解 MD5、“私人磁盘”等。

4.6.1 “加密精灵”加密工具

“加密精灵”是一款加密速度极快且功能强大的国产加密工具，可用于加密任何格式的文件，几乎集成了当前所有加密工具的功能。

利用“加密精灵”可以加密任何格式的文件。加密的具体步骤如下。

步骤 1：运行“加密精灵”应用程序，弹出“加密精灵”的主窗口，如图 4.6.1-1 所示。

步骤 2：在“加密精灵”主窗口中选择要加密的文件。单击“加密”按钮，即可弹出“设置操作信息”对话框，在“输入密码”“确认密码”文本框中输入密码，即可开始加密，密码长度为 8 ～ 128 个字符，如图 4.6.1-2 所示。

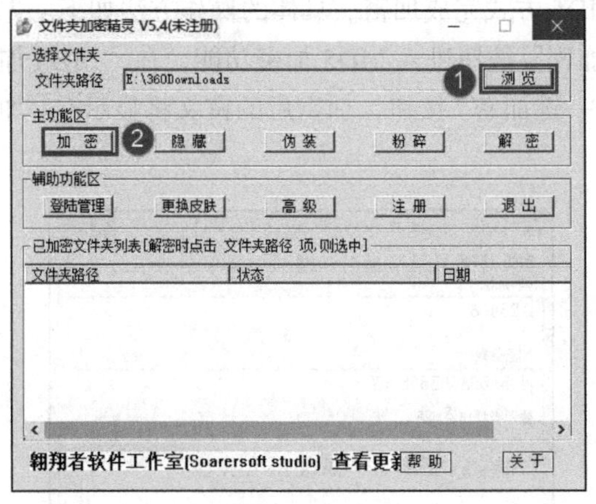

图　4.6.1-1

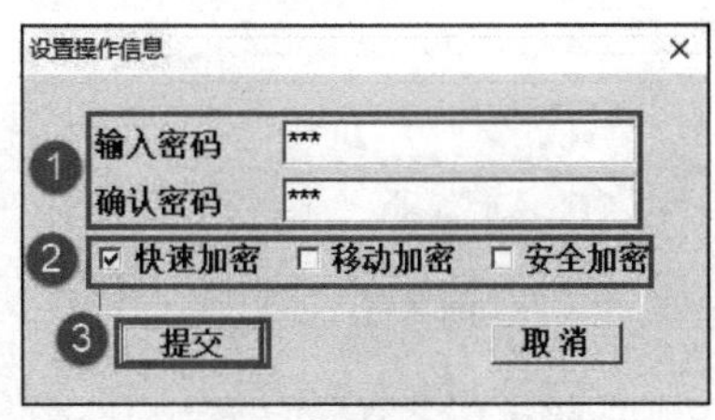

图　4.6.1-2

步骤 3：加密完成后，在已加密文件夹列表中可以查看到已经加密的文件夹，如图 4.6.1-3 所示。

解密的过程与加密过程相似，在文件列表里选择要解密的文件之后，单击工具栏上的“解密”按钮，即可打开“设置操作信息”对话框。在“确认密码”文本框中输入密码即可解密，如图 4.6.1-4 所示。

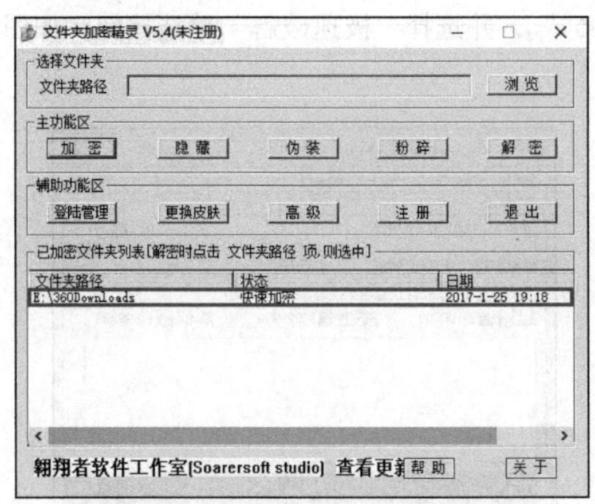

图　4.6.1-3

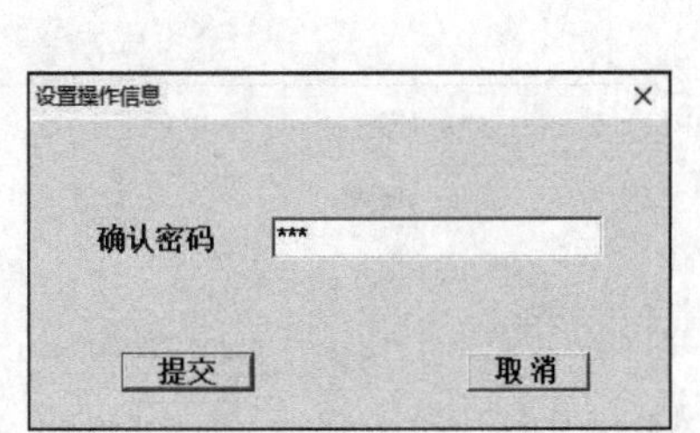

图 4.6.1-4

4.6.2　暴力破解 MD5

MD5（Message Digest Algorithm，消息摘要算法第 5 版）为计算机安全领域广泛使用的一种散列函数，用以提供消息的完整性保护。其作用是让大容量信息在用数字签名软件签署私人密钥前被“压缩”成一种保密的格式。暴力破解 MD5 加密的具体操作步骤如下。

（1）本地破解 MD5

现在破解 MD5 加密文件的软件有很多，下面介绍一款名叫 PKmd5 的工具。这个工具非常简单，黑客初学者经常使用。

使用 PKmd5 可以很方便地将一组字符用 MD5 方式完成加密。具体的操作方法如下。先打开 PKmd5，如图 4.6.2-1 所示。单击“MD5 加密”按钮进入 MD5 加密功能，在“MD5 加密”下方的文本框中输入要转换的字符，单击“一键加密”按钮，加密后的密文将显示在“加密效果”文本框中，如图 4.6.2-2 所示。

图 4.6.2-1

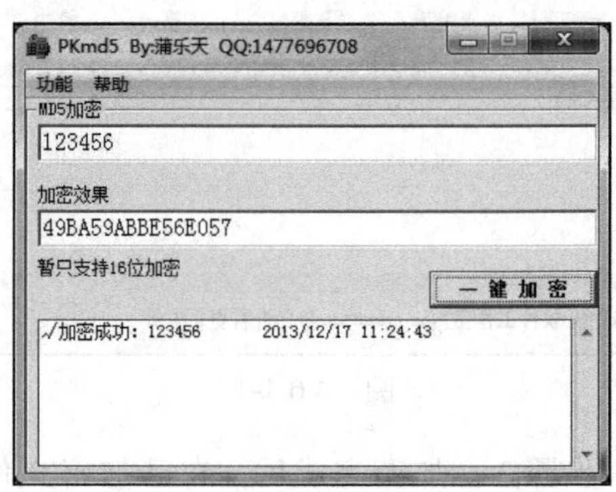

图 4.6.2-2

使用 PKmd5 进行 MD5 密码破解的具体操作步骤如下。

步骤 1：双击 PKmd5.exe，即可打开“PKmd5”主窗口，如图 4.6.2-3 所示。

步骤 2：单击“MD5 解密”按钮，即可打开 MD5 解密功能。在 MD5 解密文本框中输入要破解的 MD5 密码（如“49BA59ABBE56E057”），并选择“极速破解”单选按钮，如图 4.6.2-4 所示。

图 4.6.2-3

图 4.6.2-4

步骤 3：在设置完毕后单击“一键解密”按钮，即可开始破解 MD5 密码。稍等片刻即可显示出破解结果，如图 4.6.2-5 所示。

（2）在线破解 MD5

相对于本地密码破解，网上在线破解就容易得多了。现在也有很多能够在线破解 MD5

的网站（如“http://www.xmd5.org/”就是个MD5在线破解网站）。

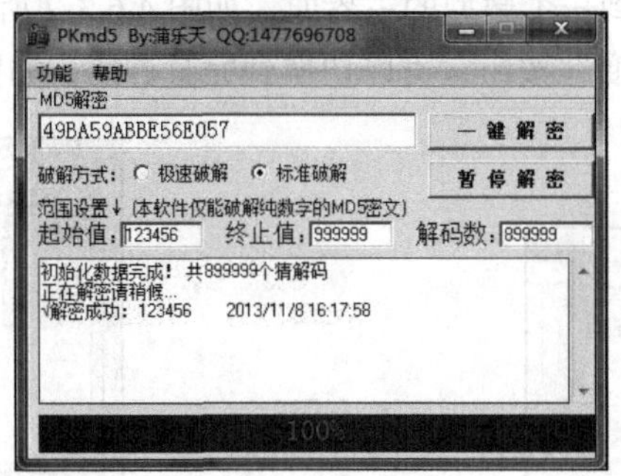

图 4.6.2-5

步骤1：打开“Internet Explorer”浏览器，在地址栏中输入“http://www.xmd5.org/”，按“Enter”键后，即可打开“XMD5”网站。将要破解的MD5密文（如“407de5e0d85a21d317de8def45fa331b”）输入输入框中，如图4.6.2-6所示。

步骤2：单击“MD5解密”按钮，即可开始破解密码。等待破解完成后，即可查看破解的结果，如图4.6.2-7所示。

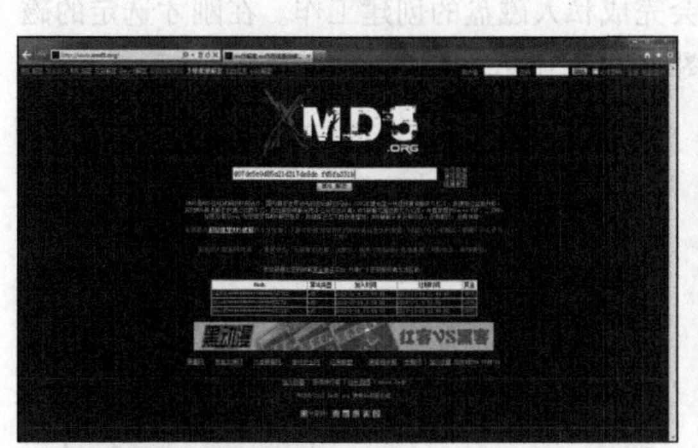

图 4.6.2-6

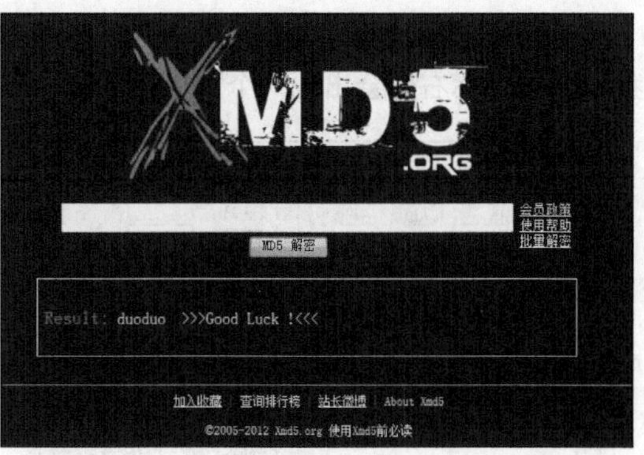

图 4.6.2-7

4.6.3 用“私人磁盘”隐藏文件

“私人磁盘”软件是一款极好的文件和文件夹加密保护工具，能够在各个硬盘分区中创建加密区域，并将加密区虚拟成一个磁盘分区供用户使用。该虚拟的磁盘分区和实际的磁盘分区完全一样。用户可以在其中存放文件资料，也可以将软件、游戏等安装在里面。

（1）“私人磁盘”的创建

“私人磁盘”为绿色软件，下载并解压后，直接双击即可进入主操作界面执行相应的操作，包括创建、删除、打开、修改、关闭私人磁盘等操作。

创建“私人磁盘”的具体操作步骤如下。

步骤1：先运行私人磁盘程序，因为初始密码为空，所以无须输入密码，直接单击“确定”按钮即可进入，如图4.6.3-1所示。如果已经设置了密码则需要输入相应的密码，不然会出现出错提示，无法进入该系统。

步骤 2：进入后可以看到一个微型的主界面，如图 4.6.3-2 所示。在其中列出了现有的磁盘分区。单击标题栏中的“变”按钮，可以切换到完整界面，如图 4.6.3-3 所示。

图 4.6.3-1

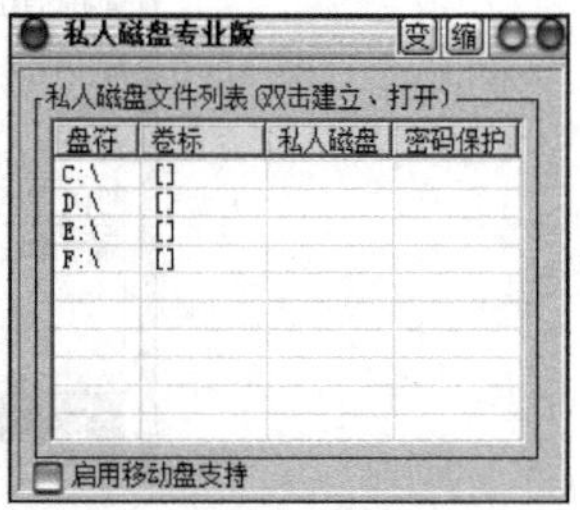

图 4.6.3-2

步骤 3：与微型界面相比，完整界面多了“修改用户密码”和“操作选择”两大栏目。如果用户想修改用户密码，可以在“修改用户密码”栏目中完成操作。

步骤 4：创建私人磁盘。先在“私人磁盘文件列表”框中单击选择准备在哪个分区上创建私人磁盘（一个分区上只能创建一个，如果创建多个会出现出错提示），单击“操作选择”栏中的“创建私人磁盘”按钮。

步骤 5：在很短的时间内，该软件系统就会完成私人磁盘的创建工作。在刚才选定的磁盘分区的卷标右侧会出现一个“☆”标志，如图 4.6.3-4 所示。

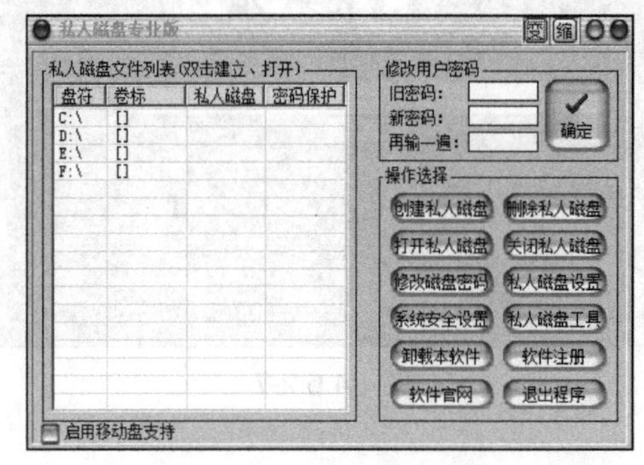

图 4.6.3-3

图 4.6.3-4

注意

由于私人磁盘空间是从各个磁盘分区中的剩余空间中分离出来的，所以私人磁盘的个数和大小受实际分区和所剩空间的限制。

步骤 6：选中要打开的私人磁盘，单击“操作选择”栏中的“打开私人磁盘”按钮或打开“我的电脑”，就会发现多出了一个磁盘分区，该磁盘分区的卷标和源磁盘分区的卷标一致。

步骤 7：私人磁盘创建完成后，如果需要使用它，可在“我的电脑”中像普通磁盘一样打开它。也可以先在“私人磁盘文件列表”中对应的位置单击，再单击“打开私人磁盘”按键；或双击相应盘符，程序就会打开对应的私人磁盘文件，并虚拟一个磁盘分区供用户使用。其文件操作与普通磁盘相同，只是不能进行格式化操作。

步骤 8：为了让该私人磁盘更符合需要，可对它进行配置。单击“私人磁盘设置”按钮，即可弹出“私人磁盘设置”对话框，如图 4.6.3-5 所示。

步骤 9：在“盘符设置”部分可将私人磁盘的盘符设置为使用某个固定盘符，如：“U”；选择该项则每次打开不同分区的私人磁盘文件时都使用指定盘符，即同一时刻只能打开一个私人磁盘。如果要在私人磁盘中安装软件或游戏，则可使用固定盘符。也可由系统自动分配盘符，以便同时打开多个私人磁盘文件。打开时将由程序自动分配私人磁盘盘符。

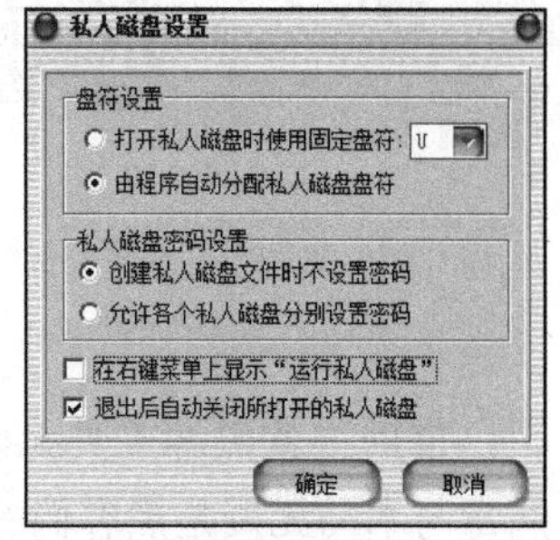

图　4.6.3-5

步骤 10：如果将“私人磁盘密码设置”设置为“允许各个私人磁盘分别设置密码”单选项，则在创建私人磁盘时会提示输入密码。如果输入密码为空或选择取消，则视为不使用密码保护。设置了密码保护的私人磁盘在打开和删除时也都会提示输入密码。

这样，在登录私人磁盘软件的时候提示输入用户密码，而具体使用文件又需要用到磁盘密码，这样该私人资料就有双重防护了，并且可以随时使用“修改磁盘密码”来修改选定的私人磁盘文件的密码。同样，如果所设置的新密码为空，则视为取消密码保护。

（2）“私人磁盘”的删除

删除创建的私人磁盘的方法和创建正好相反。具体的操作步骤如下。

步骤 1：在主界面中选择将要删除的私人磁盘，单击“操作选择”部分的“删除私人磁盘”按钮，即可弹出“确认”提示框，提示是否删除。

步骤 2：如果确定要删除则单击“是”按钮。这个操作会删除所有存在私人磁盘里的文件，所以一定要谨慎。将私人磁盘删除后打开“我的电脑”时，即可看到所创建的私人磁盘已经消失。

步骤 3：在私人磁盘中的所有操作都与普通分区中的操作相同。删除私人磁盘中的文件同样要收入“回收站”中。

第5章 病毒攻防常用工具

借助一款黑客工具无疑可以使其“攻城略地”变得事半功倍，其实在众多黑客工具中，病毒与木马无疑是黑客们的“至爱”。

5.1 病毒知识入门

目前计算机病毒在形式上越来越难以辨别，造成的危害也日益严重，所以要求网络防毒产品在技术上更先进，功能上更全面。

5.1.1 计算机病毒的特点

计算机病毒虽是一个小程序，一般计算机病毒具有如下几个共同的特点。

1）程序性（可执行性）：计算机病毒与其他合法程序一样，是一段可执行程序，但它不是一个完整的程序，而是寄生在其他可执行程序上，所以它具有该程序所能得到的权力。

2）传染性：传染性是病毒的基本特征，计算机病毒会通过各种渠道从已被感染的计算机扩散到未被感染的计算机。病毒程序代码一旦进入计算机并被执行，就会自动搜寻其他符合其传染条件的程序或存储介质，确定目标后再将自身代码插入其中，实现自我繁殖。

3）潜伏性：一个编制精巧的计算机病毒程序，进入系统之后一般不会马上发作，可以在一段很长时间内隐藏在合法文件中，对其他系统进行传染，而不被人发现。

4）可触发性：因某个事件或数值的出现，触发病毒实施感染或进行攻击。

5）破坏性：系统被病毒感染后，病毒一般不会立刻发作，而是潜藏在系统中，等条件成熟后，便会发作，给系统带来严重的破坏。

6）主动性：病毒对系统的攻击是主动的，计算机系统无论采取多么严密的保护措施，都不可能彻底地排除病毒对系统的攻击，而保护措施只是一种预防的手段。

7）针对性：计算机病毒是针对特定的计算机和特定的操作系统的。

5.1.2　病毒的 3 个功能模块

计算机病毒本身的特点是由其结构决定的，所以计算机病毒在结构上有其共性。计算机病毒一般包括引导模块、传染模块和表现（破坏）模块 3 个功能模块，但不是任何病毒都包含这 3 个模块。传染模块的作用是负责病毒的传染和扩散，而表现（破坏）模块则负责病毒的破坏工作，这两个模块各包含一段触发条件检查代码，当各段代码分别检查出传染和表现或破坏触发条件时，病毒就会进行传染和表现或破坏。触发条件一般由日期、时间、某个特定程序、传染次数等多种形式组成。

寄生在磁盘引导扇区的病毒，其引导程序占有了原系统引导程序的位置，并把原系统引导程序搬移到一个特定的地方。系统一启动，病毒引导模块就会自动地载入内存并获得执行权，该引导程序负责将病毒程序的传染模块和表现模块装入内存的适当位置，并采取常驻内存技术保证这两个模块不会被覆盖，再对这两个模块设定某种激活方式，使之在适当时候获得执行权。处理完这些工作后，病毒引导模块将系统引导模块装入内存，使系统在带病毒的状态下运行。

寄生在可执行文件中的病毒，其程序一般通过修改原有可执行文件，使该文件在执行时先转入病毒程序引导模块，该引导模块也可完成把病毒程序的其他两个模块驻留内存及初始化的工作，把执行权交给执行文件，使系统及执行文件在带病毒的状态下运行。

病毒的被动传染是随着拷贝磁盘或文件工作的进行而进行传染的。而计算机病毒的主动传染过程是：在系统运行时，病毒通过病毒载体即系统的外存储器进入系统的内存储器、常驻内存，并在系统内存中监视系统的运行。

在病毒引导模块将病毒传染模块驻留内存的过程中，通常还要修改系统中断向量入口地址（例如 INT 13H 或 INT 21H），使该中断向量指向病毒程序传染模块。这样，一旦系统执行磁盘读写操作或系统功能调用，病毒传染模块就被激活，传染模块在判断传染条件满足的条件下，利用系统 INT 13H 读写磁盘中断把病毒自身传染给被读写的磁盘或被加载的程序，也就是实施病毒的传染，再转移到原中断服务程序执行原有的操作。

计算机病毒的破坏行为体现了病毒的杀伤力。病毒破坏行为的激烈程度，取决于病毒制作者的主观愿望和其所具有的技术水平。

数以万计、不断发展扩张的病毒，其破坏行为千奇百怪，不可能穷举，且难以做全面的描述。病毒破坏目标和攻击部位主要有系统数据区、文件、内存、系统运行、运行速度、磁盘、屏幕显示、键盘、喇叭、打印机、CMOS、主板等。

5.1.3　病毒的工作流程

计算机系统的内存是一个非常重要的资源，所有的操作都需要在内存中运行。病毒一般都是通过各种方式把自己植入内存，获取系统最高控制权，感染在内存中运行的程序。

计算机病毒的完整工作过程应包括如下几个环节。

1）传染源：病毒总是依附于某些存储介质，如软盘、硬盘等构成传染源。

2）传染媒介：病毒传染的媒介由其工作的环境来决定的，可能是计算机网络，也可能是可移动的存储介质，如U盘等。

3）病毒激活：是指将病毒装入内存，并设置触发条件。一旦触发条件成熟，病毒就开始自我复制到传染对象中，进行各种破坏活动。

4）病毒触发：计算机病毒一旦被激活，立刻就会发生作用。触发的条件是多样化的，可以是内部时钟、系统的日期、用户标识符，也可能是系统的一次通信等。

5）病毒表现：表现是病毒的主要目的之一，有时在屏幕上显示出来，有时则表现为破坏系统数据。凡是软件技术能够触发到的地方，都在其表现范围内。

6）传染：病毒的传染是病毒性能的一个重要标志。在传染环节中，病毒复制一个自身副本到传染对象中去。计算机病毒的传染是以计算机系统的运行及读写磁盘为基础的。没有这样的条件，计算机病毒是不会传染的。只要计算机运行就会有磁盘读写动作，病毒传染的两个先决条件就很容易得到满足。系统运行为病毒驻留内存创造了条件，病毒传染的第一步是驻留内存；一旦进入内存之后，就会寻找传染机会，寻找可攻击的对象，并判断条件是否满足，决定是否可传染；当条件满足时则进行传染，将病毒写入磁盘系统。

5.2 简单的病毒制作过程曝光

病毒的编写是一种高深技术，真正的病毒一般都具有传染性、隐藏性、破坏性。本节介绍两种简单病毒（Restart病毒和U盘病毒）的制作过程。

5.2.1 Restart 病毒制作过程曝光

Restart病毒是一种能够让计算机重新启动的病毒，该病毒主要通过DOS命令shutdown/r命令来实现。下面来详细介绍Restart病毒的制作步骤。

步骤1：在桌面空白处单击鼠标右键，在弹出的列表中依次选择“新建”→“文本文档”选项，如图5.2.1-1所示。

步骤2：打开新建的记事本，输入“shutdown /r”命令，即自动重启本地计算机，如图5.2.1-2所示。

步骤3：依次单击“文件”→“保存”命令，如图5.2.1-3所示。

步骤4：重命名文本文档为“腾讯QQ.bat”，如图5.2.1-4所示。

步骤5：右键单击“腾讯QQ.bat”图标，在弹出的菜单中单击“创建快捷方式”命令，如图5.2.1-5所示。

步骤6：右键单击“腾讯QQ.bat-快捷方式”图标，在弹出的菜单中单击“属性”命令，如图5.2.1-6所示。

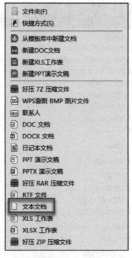

图 5.2.1-1

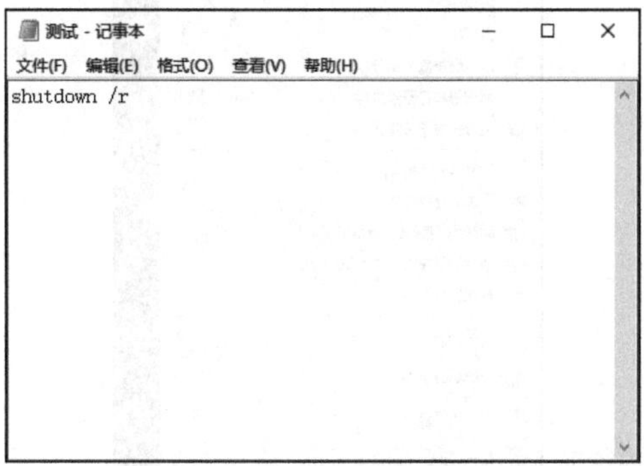

图 5.2.1-2

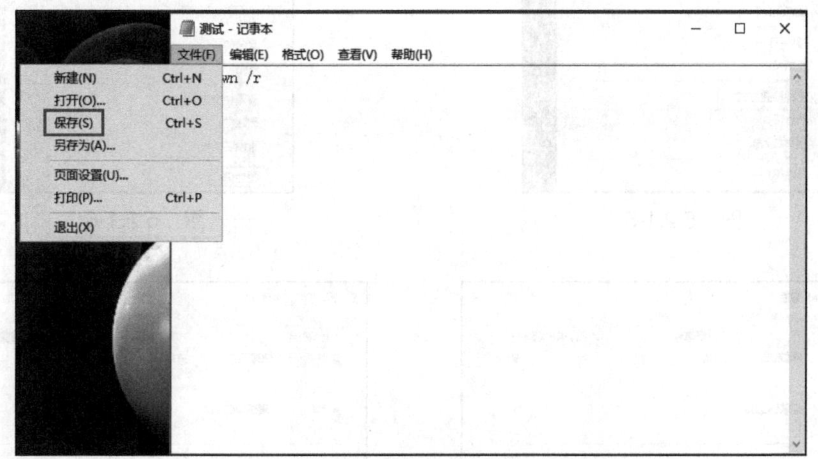

图 5.2.1-3

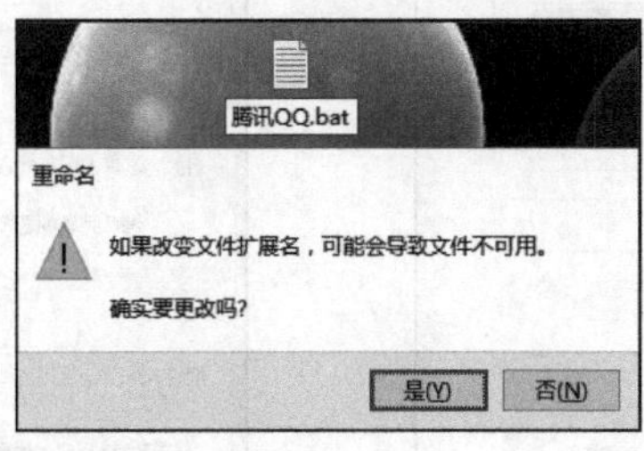

图 5.2.1-4

步骤 7：切换至“快捷方式”选项卡，单击“更改图标”按钮，如图 5.2.1-7 所示。

步骤 8：查看提示信息，单击“确定”按钮，如图 5.2.1-8 所示。

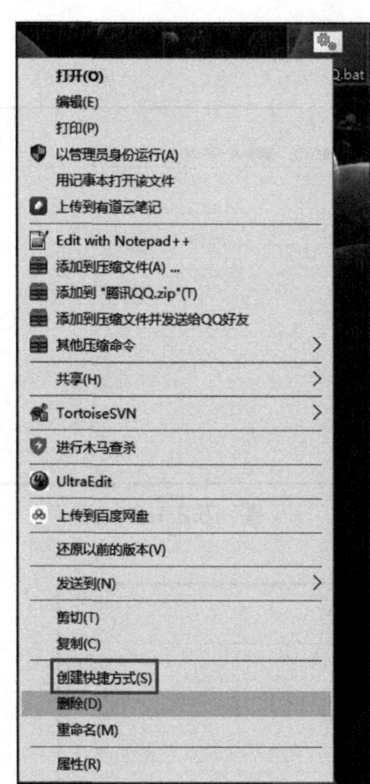

图 5.2.1-5

图 5.2.1-6

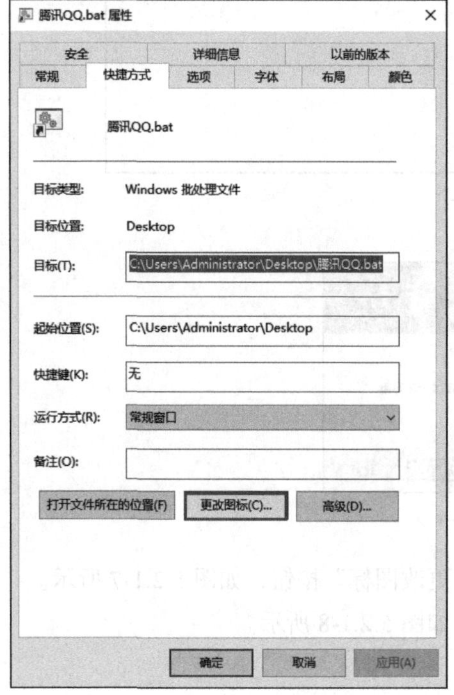

图 5.2.1-7

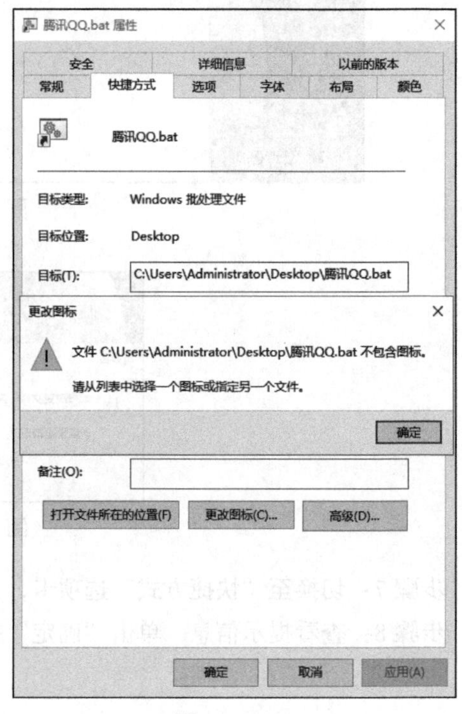

图 5.2.1-8

步骤 9：在列表中选择程序图标，如果没有合适的就单击“浏览”按钮，如图 5.2.1-9 所示。

步骤 10：打开图标保存位置，单击“打开”按钮，如图 5.2.1-10 所示。

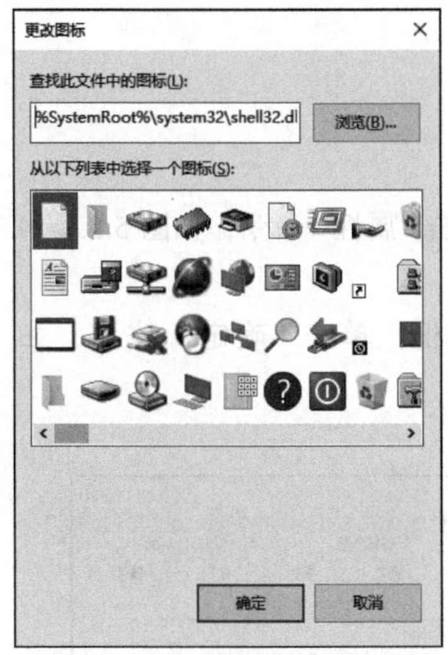

图　5.2.1-9

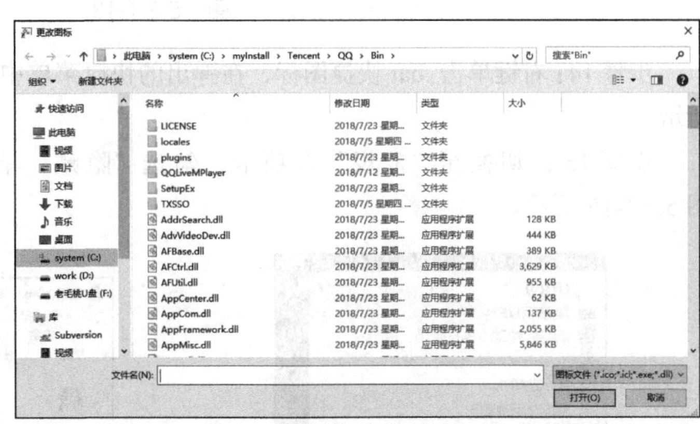

图　5.2.1-10

步骤 11：查看已选的图标，单击“确定”按钮，如图 5.2.1-11 所示。

步骤 12：查看生成的“腾讯 QQ.bat”图标，单击“确定”按钮，如图 5.2.1-12 所示。

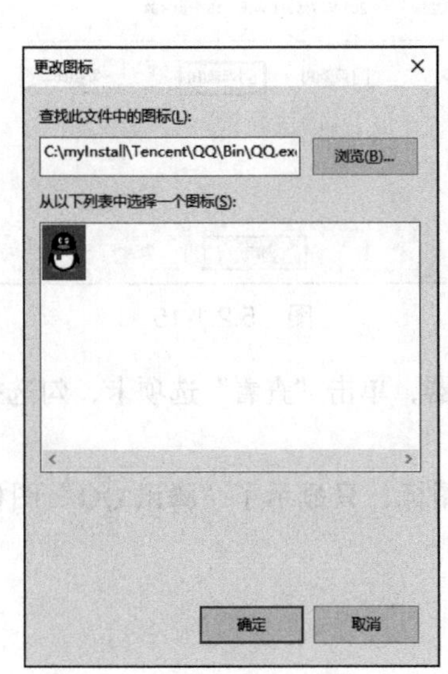

图　5.2.1-11

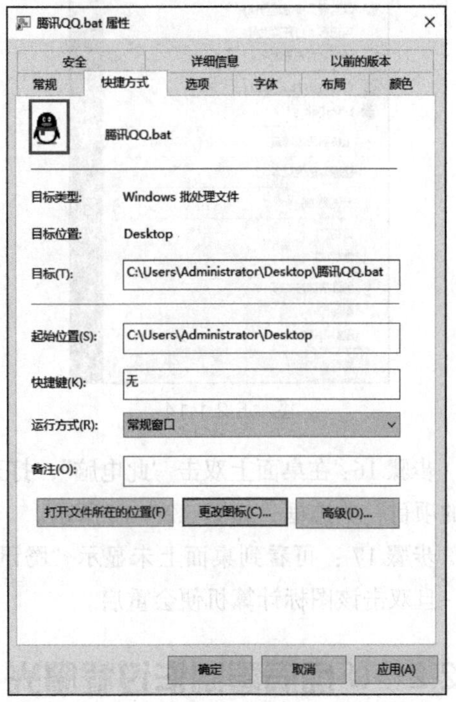

图　5.2.1-12

步骤 13：在桌面上查看修改图标后快捷图标，将其名称改为“腾讯 QQ”，如图 5.2.1-13 所示。

图 5.2.1-13

步骤 14：右键单击 .bat 快捷图标，在弹出的快捷菜单中单击“属性”命令，如图 5.2.1-14 所示。

步骤 15：切换至“常规”选项卡，勾选“隐藏”单选框，单击“确定”按钮，如图 5.2.1-15 所示。

图 5.2.1-14

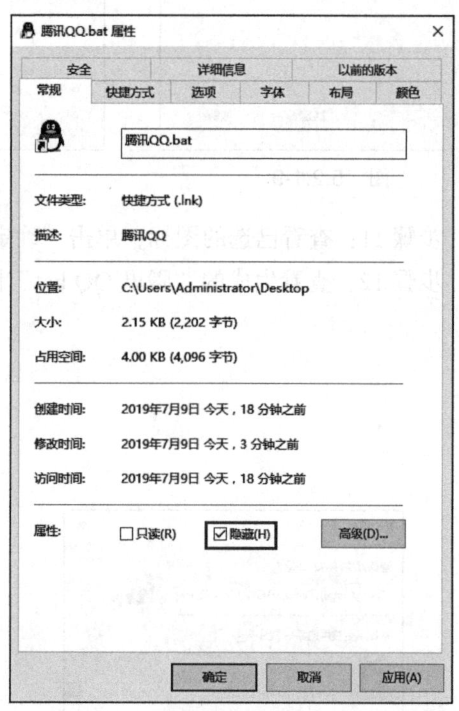

图 5.2.1-15

步骤 16：在桌面上双击“此电脑”，打开资源管理器，单击“查看”选项卡，勾选掉“隐藏的项目”单选框，如图 5.2.1-16 所示。

步骤 17：可看到桌面上未显示“腾讯 QQ.bat”图标，只显示了“腾讯 QQ”图标，用户一旦双击该图标计算机便会重启。

5.2.2 U 盘病毒制作过程曝光

U 盘病毒，又称 Autorun 病毒，就是通过 U 盘产生 AutoRun.inf 进行传播的病毒。随着

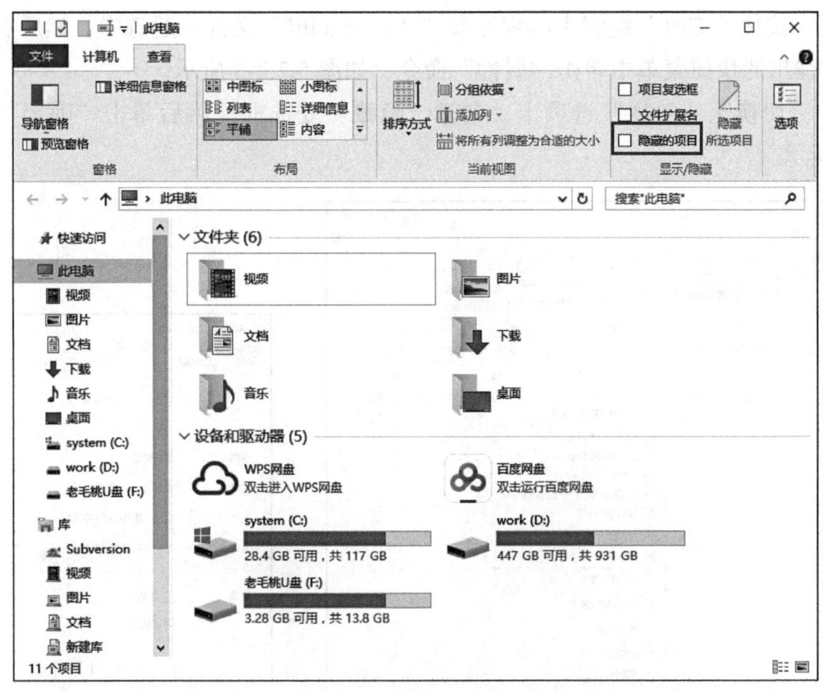

图 5.2.1-16

U 盘、移动硬盘、存储卡等移动存储设备的普及，U 盘病毒已经成为现在比较流行的计算机病毒之一。U 盘病毒并不是只存在于 U 盘上，中毒的计算机每个分区下面同样有 U 盘病毒，在计算机和 U 盘之间交叉传播。下面来介绍制作简单的 U 盘病毒的操作步骤。

步骤 1：将病毒或木马复制到 U 盘中。

步骤 2：在 U 盘中新建文本文档，将新建的文本文档重命名为“Autorun.inf”，如图 5.2.2-1 所示。

步骤 3：双击“Autorun.inf”文件，打开记事本窗口，编辑文件代码，使得双击 U 盘图标后运行指定木马程序，如图 5.2.2-2 所示。

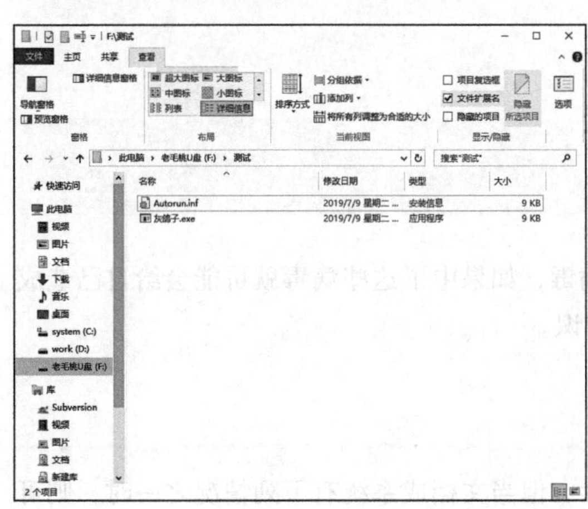

图 5.2.2-1

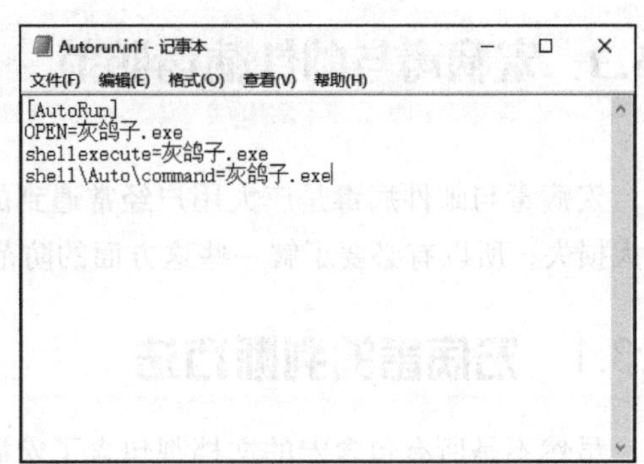

图 5.2.2-2

步骤 4：按住“Ctrl”键将木马程序和“Autorun.inf”文件一起选中，然后右键单击任一文件，在弹出的快捷菜单中单击“属性”命令，如图 5.2.2-3 所示。

步骤 5：切换至“常规”选项卡，勾选“隐藏”复选框，然后单击“确定”按钮，如图 5.2.2-4 所示。

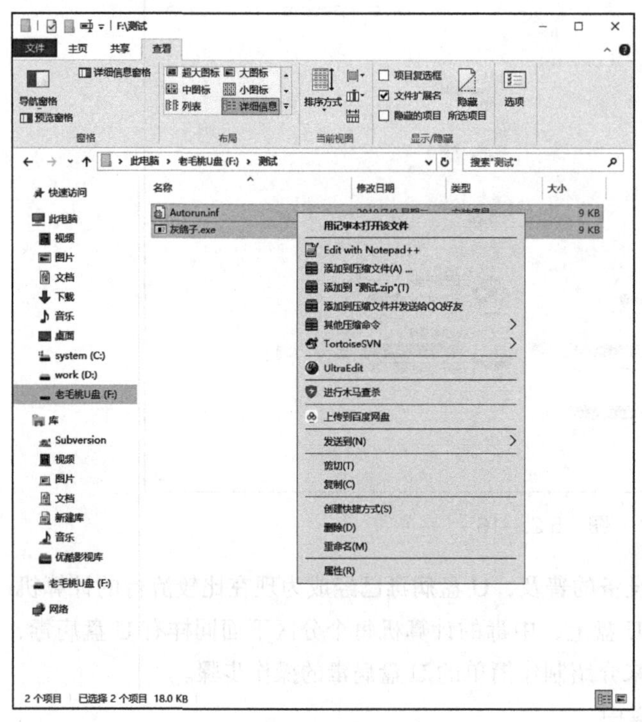

图 5.2.2-3

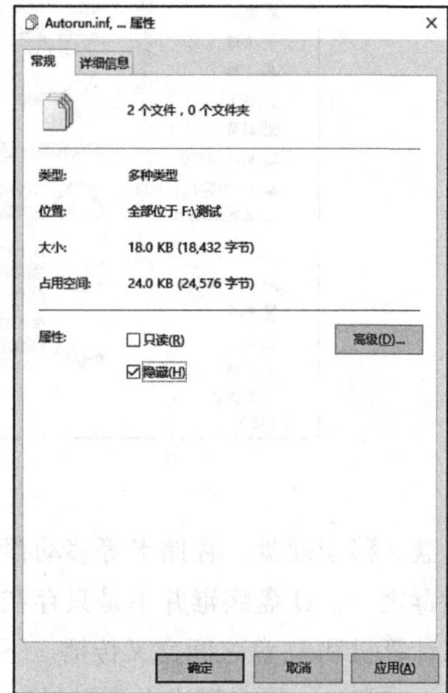

图 5.2.2-4

步骤 6：在桌面上双击“此电脑”，打开资源管理器，单击“查看”选项卡，勾选掉“隐藏的项目”单选框，如图 5.2.2-5 所示。

步骤 7：将 U 盘接入计算机中，右击 U 盘对应的图标，在快捷菜单中回到 Auto 命令，表示设置成功。

5.3 宏病毒与邮件病毒防范

宏病毒与邮件病毒是广大用户经常遇到的病毒，如果中了这些病毒就可能会给自己造成重大损失，所以有必要了解一些这方面的防范知识。

5.3.1 宏病毒的判断方法

虽然不是所有包含宏的文档都包含了宏病毒，但当文档或系统有下列情况之一时，则可以百分之百地断定该 Office 文档或 Office 系统中有宏病毒。

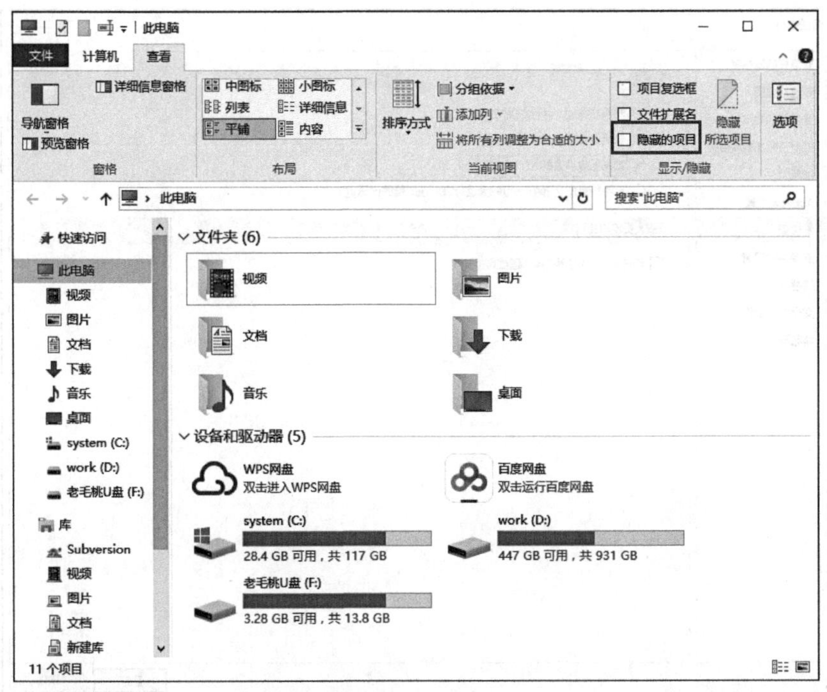

图　5.2.2-5

1）在打开“宏病毒防护功能”的情况下，当打开一个自己编辑的文档时，系统会弹出相应的警告框。而自己清楚自己并没有在其中使用宏或并不知道宏到底怎么用，那么就可以完全肯定该文档已经感染了宏病毒。

2）在打开“宏病毒防护功能”的情况下，自己的 Office 文档中一系列的文件都在打开时给出宏警告。由于在一般情况下用户很少使用到宏，所以当看到成串的文档有宏警告时，可以肯定这些文档中有宏病毒。

3）如果软件中关于宏病毒防护选项启用后，不能在下次开机时依然保存。Word 中提供了对宏病毒的防护功能，依次打开“文件”→“选项”→“信任中心”→“宏设置”，选择“禁用无数字签署的所有宏”选项，如图 5.3.1-1 所示。

但有些宏病毒为了对付 Office 中提供的宏警告功能，它在感染系统（这通常只有在用户关闭了宏病毒防护选项或者出现宏警告后不留神选了“启用宏”选项才有可能）后，会在用户每次退出 Office 时自动屏蔽宏病毒防护选项。因此，用户一旦发现自己设置的宏病毒防护功能选项无法在两次启动 Word 之间保持有效，则应意识到自己的系统已经感染了宏病毒，也就是说一系列 Word 模板、特别是 normal.dot 文件已经被感染。

提示

鉴于绝大多数人都不需要或者不会使用宏功能，所以可以得出一个相当重要的结论：如果 Office 文档在打开时，系统给出一个宏病毒警告框，就应该对这个文档保持高度警惕，它被感染的可能性极大。

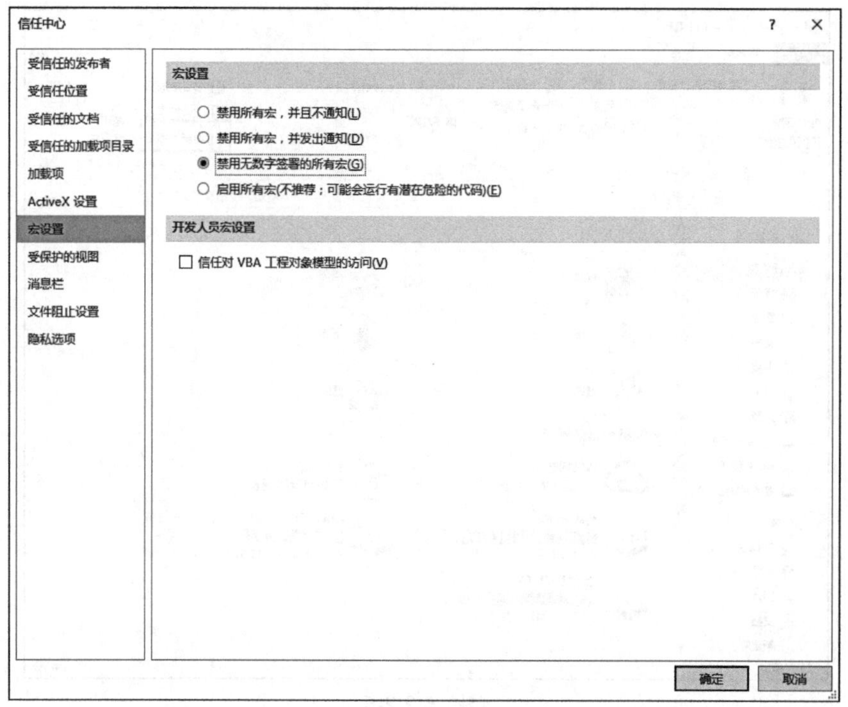

图 5.3.1-1

5.3.2 防范与清除宏病毒

针对宏病毒的防范和清除操作方法有很多。下面就首选方法和应急处理两种方式进行介绍。

（1）首选方法

反病毒软件能高效、安全、方便地清除病毒，是一般计算机用户杀毒的首选方法。但宏病毒并不像某些厂商或麻痹大意的人那样有所谓“广谱”的查杀软件，这方面突出例子就是 ETHAN 宏病毒。ETHAN 宏病毒相当隐蔽，比如用户使用反病毒软件（应该算比较新的版本了）都无法查出它。此外，这个宏病毒能够悄悄取消 Word 中宏病毒防护选项，并且某些情况下会把被感染的文档置为只读属性，从而更好地保存了自己。

因此，对付宏病毒应该和对付其他种类的病毒一样，也要尽量使用最新版的查杀病毒软件。无论用户使用的是何种反病毒软件，及时升级是非常重要的。

（2）应急处理方法

应急处理方法是用写字板或 Word 文档作为清除宏病毒的桥梁。如果用户的 Word 系统没有感染宏病毒，但需要打开某个外来的、已查出感染有宏病毒的文档，而手头现有的反病毒软件又无法查杀它们，就可以用此方法来查杀文档中的宏病毒：打开感染了宏病毒的文档（当然是启用 Word 中的“宏病毒防护”功能并在宏警告出现时选择“取消宏”），依次选择“文件”→“另存为”菜单项，将此文档改存成写字板（RTF）格式或 Word 格式。

在上述方法中，存成写字板格式是利用 RTF 文档格式没有宏，存成 Word 格式则是利用了 Word 文档在转换格式时会失去宏的特点。写字板所用的 RTF 格式适用于文档中的内容限于文字和图片的情况下，如果文档内容中除了文字、图片外还有图形或表格，则按 Word 格式保存一般不会失去这些内容。存盘后应该检查一下文档的完整性，如果文档内容没有任何丢失，并且在重新打开此文档时不再出现宏警告，则大功告成。

5.3.3 全面防御邮件病毒

邮件病毒是通过电子邮件方式进行传播的病毒的总称。电子邮件传播病毒通常是把自己作为附件发送给被攻击者，如果接收该邮件的用户不小心打开了病毒附件，病毒就会感染本地计算机。另外，由于电子邮件客户端程序的一些 Bug，也可能被攻击者用来传播电子邮件病毒。

在了解了邮件病毒的传染方式后，用户就可以根据其特性制定出相应的防御措施。

1）安装防病毒程序。防御病毒感染的最佳方法就是安装防病毒扫描程序并及时更新。防病毒程序可以扫描传入的电子邮件中的已知病毒，并帮助防止这些病毒感染计算机。新病毒几乎每天都会出现，因此需要确保及时更新防病毒程序。多数防病毒程序都可以设置为定期自动更新，以具备需要与最新病毒进行斗争的信息。

2）打开电子邮件附件时要非常小心。电子邮件附件是主要的病毒感染源。例如，用户可能会收到一封带有附件的电子邮件（甚至发送者是自己认识的人），该附件被伪装为文档、照片或程序，但实际上是病毒。如果打开该文件，病毒就会感染计算机。如果收到意外的电子邮件附件，最好在打开附件之前先答复发件人，问清是否确实发送了这些附件。

3）使用防病毒程序检查压缩文件内容。病毒编写者用于将恶意文件潜入计算机中的一种方法是使用压缩文件格式（如 .zip 或 .rar 格式）将文件作为附件发送。多数防病毒程序会在接收到附件时进行扫描，但为了安全起见，应该将压缩的附件保存到计算机的一个文件夹中，在打开其中所包含的任何文件之前，最好先使用防病毒程序进行扫描。

4）单击邮件中的链接时需谨慎。电子邮件中的欺骗性链接通常作为仿冒和间谍软件骗局的一部分使用，但也会用来传播病毒。单击欺骗性链接会打开一个网页，该网页将试图向计算机中下载恶意软件。在决定是否单击邮件中的链接时要小心，尤其是邮件正文看上去含糊不清，如邮件上写着“查看我们的假期图片”，但却没有标识用户或发件人的个人信息。

5.4 全面防范网络蠕虫

与传统的病毒不同，蠕虫病毒以计算机为载体，以网络为攻击对象。网络蠕虫病毒可分为利用系统级别漏洞（主动传播）和利用社会工程学（欺骗传播）两种。在宽带网络迅速普及的今天，蠕虫病毒在技术上已经能够成熟地利用各种网络资源进行传播。

5.4.1 网络蠕虫病毒的实例分析

目前，产生严重影响的蠕虫病毒有很多，如“莫里斯蠕虫”“美丽杀手”“爱虫病毒”“红色代码”“尼姆亚”“求职信”和“蠕虫王”等，这些都给人们留下了深刻的印象。

（1）“Guapim”蠕虫病毒

“Guapim”（Worm.Guapim）蠕虫病毒特征为：通过即时聊天工具和文件共享网络传播。发作症状：病毒在系统目录下释放病毒文件 System32%\pkguar d32.exe，并在注册表中添加特定键值以实现自启动。该病毒会给 MSN、QQ 等聊天工具的好友发送诱惑性消息，如“Hehe.takea look at this funny game http://****//Monkye.exe”，同时假借 HowtoHack.exe、HalfLife2FULL.exe、WindowsXP.exe、VisualStudio2005.exe 等文件名复制自身到文件共享网络，并试图在 Internet 网络上下载并执行另一个蠕虫病毒，直接降低系统安全设置，给用户正常操作带来极大的隐患。

（2）“安莱普”蠕虫病毒

“安莱普”（Worm.Anap.b）蠕虫病毒通过电子邮件传播，利用用户对知名品牌的信任心理，伪装成某些知名 IT 厂商（如微软、IBM 等）给用户狂发带毒邮件，诱骗用户打开附件以致中毒。病毒运行后会弹出一个窗口，内容提示为“这是一个蠕虫病毒”。同时，该病毒会在系统临时文件和个人文件夹中收集邮件地址，并循环发送邮件。

注意

针对这种典型的邮件传播病毒，大家在查看自己的电子邮件时，一定要确定发件人是自己熟悉的之后再打开。

提示

虽然利用邮件进行传播一直是病毒传播的主要途径，但随着网络威胁种类的增多，以及病毒传播途径的多样化，某些蠕虫病毒往往还携带着“间谍软件”和“网络钓鱼”等不安全因素。因此，一定要注意及时升级自己的杀毒软件到最新版本，注意打开邮件监控程序，让自己的上网环境更安全。

5.4.2 网络蠕虫病毒的全面防范

在对网络蠕虫病毒有了一定的了解之后，应该知道如何以企业和个人的两种角度做好全面安全防范。

（1）企业用户对网络蠕虫的防范

企业在充分利用网络进行业务处理时，不得不考虑对于病毒防范的问题，以保证关系企业命运的业务数据完整而不被破坏。企业防治蠕虫病毒时需要考虑几个问题：病毒的查杀能力，病毒的监控能力，新病毒的反应能力。

推荐的企业防范蠕虫病毒的策略如下。

1）加强安全管理，提高安全意识。由于蠕虫病毒是利用 Windows 系统漏洞进行攻击的，因此，就要求网络管理员尽力在第一时间保持系统和应用软件的安全性，及时更新各种操作系统和应用软件。随着 Windows 系统各种漏洞的不断出现，要想一劳永逸地获得一个安全的系统环境已几乎不可能。而作为系统负载重要数据的企业用户，其所面临攻击的危险也将越来越大，这就要求企业的管理水平和安全意识也必须越来越高。

2）建立病毒检测系统，能够在第一时间内检测到网络异常和病毒攻击。

3）建立应急响应系统，尽量降低风险。由于蠕虫病毒爆发的突然性，可能在被发现时已蔓延到了整个网络，建立一个紧急响应系统就显得非常必要，以便在病毒爆发的第一时间提供解决方案。

4）建立灾难备份系统。对于数据库和数据系统，必须采用定期备份、多机备份措施，防止意外灾难下的数据丢失。

5）对于局域网而言，可安装防火墙式防杀计算机病毒产品，将病毒隔离在局域网之外；对邮件服务器实施监控，切断带毒邮件的传播途径；对局域网管理员和用户进行安全培训；建立局域网内部的升级系统，包括各种操作系统的补丁升级，各种常用的应用软件升级，各种杀毒软件病毒库的升级等。

（2）个人用户对网络蠕虫的防范

对于个人用户而言，威胁大的蠕虫病毒采取的传播方式一般为电子邮件（Email）及恶意网页等。下面介绍一下个人应该如何防范网络蠕虫病毒。

1）安装合适的杀毒软件。网络蠕虫病毒的发展已经使传统的杀毒软件的“文件级实时监控系统”落伍，杀毒软件必须向内存实时监控和邮件实时监控发展；网页病毒也使用户对杀毒软件的要求越来越高。

2）经常升级病毒库。杀毒软件对病毒的查杀是以病毒的特征码为依据的，而病毒层出不穷，尤其是在网络时代，蠕虫病毒的传播速度快，变种多，所以必须随时更新病毒库，以便能够查杀最新的病毒。

3）提高防杀毒意识。不要轻易点击陌生的站点，有可能里面就含有恶意代码。当运行 IE 时，在“Internet 区域的安全级别”选项中把安全级别由“中”改为“高”，因为有一类网页主要是含有恶意代码的 ActiveX 或 Applet、Javascript 的网页文件，在 IE 设置中将 ActiveX 插件和控件、Java 脚本等全部禁止，可以大大减少被网页恶意代码感染的概率。不过这样做了以后，在浏览网页过程中，有可能会使一些正常应用 ActiveX 的网站无法浏览。

设置安全级别的步骤如下。

步骤 1：打开“控制面板”窗口中的“Internet 选项”图标项，打开“Internet 属性”对话框，单击“自定义级别”按钮，如图 5.4.2-1 所示。

步骤 2：打开“安全设置”对话框，在“重置为”下拉列表中选择“高”选项，然后把“Activex 控件及插件”中的一切选项都设为“禁用”，单击“确定”按钮，如图 5.4.2-2 所示。

4）不随意查看陌生邮件。一定不要打开扩展名为 VBS、SHS 或 PIF 的邮件附件，这些扩展名从未在正常附件中使用过，但它们经常被病毒和蠕虫使用。

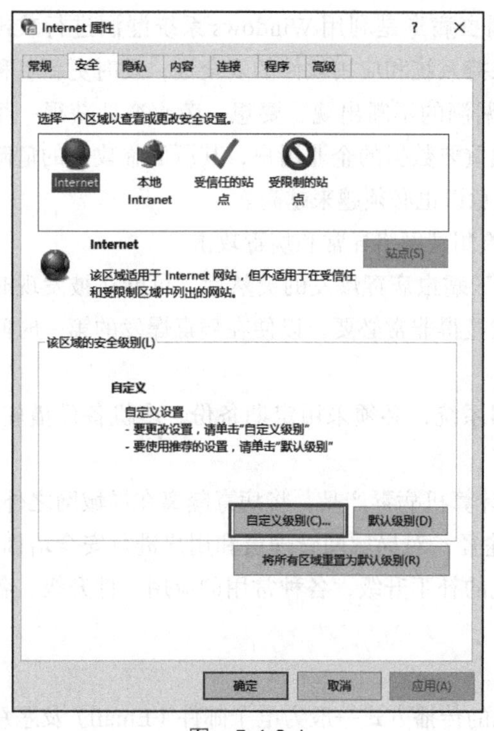

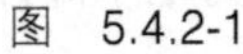
图 5.4.2-1

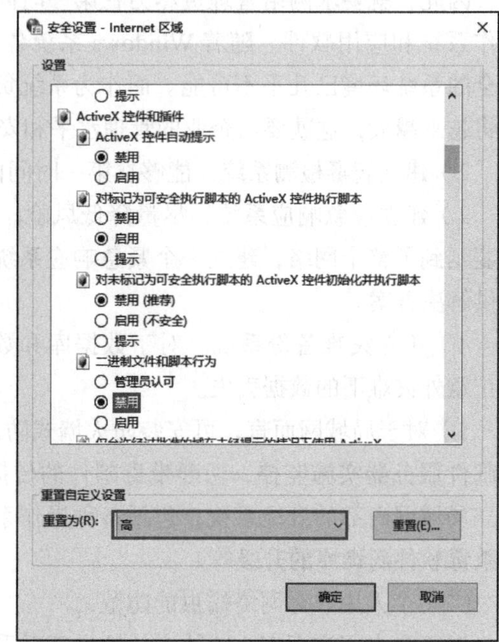

图 5.4.2-2

5.5 预防和查杀病毒

随着时间的推移，Internet 中的病毒有增无减，并且种类越来越多，功能越来越强大，因此用户需要做好计算机病毒的预防措施，并且还需要在计算机中安装杀毒软件，不定期扫描并查杀计算机中潜藏的病毒。

5.5.1 掌握防范病毒的常用措施

虽然计算机病毒越来越猖獗，但是用户只要掌握了防范病毒入侵的常用措施，就能够将绝大部分的病毒拒之于门外。防范病毒常见的措施主要包括安装杀毒软件、不轻易打开网页中的广告、注意利用 QQ 传送的文件和发送的消息以及警惕陌生人发来的电子邮件。

（1）安装杀毒软件

杀毒软件，又称反病毒软件或防毒软件，主要用于查杀计算机中的病毒。杀毒软件通常集成了监控识别的功能，一旦计算机启动，杀毒软件就会随之启动，并且在计算机运行的时间内监控系统中是否有潜在的病毒，一旦发现便会通知用户进行对应的操作（包括隔离感染文件、清除病毒及不执行任何操作 3 种）。因此当用户在计算机中安装杀毒软件后，一定要将其设为开机启动项，这样才能保证计算机的安全。目前国内常用的免费杀毒软件是 360 杀毒软件。

（2）不轻易打开网页中的广告

Internet 中提供了不少的资源下载网站（例如天空软件站、华军软件园、多特软件站等），但是这些网站的安全系数并不高。虽然这些网站提供的资源绝大部分都没有携带病毒，但是在资源下载网页中有不少的广告信息，这些信息就可能是一个病毒陷阱，一旦用户因为好奇而查看了这些广告信息，这些信息携带的病毒就会入侵本地计算机。因此切勿轻易查看网页中的广告。

（3）注意利用 QQ 传送的文件和发送的消息

腾讯 QQ 是国内使用最广泛的即时通信工具之一，黑客通常会利用它来向对方发送文件或者消息，如果用户稍不小心就会让自己的计算机遭受病毒的入侵。当对方向自己传送文件时，如果所发送的文件携带了病毒，一旦接收并打开，就会使计算机中毒；如果对方发送含有病毒的网址链接，一旦单击该链接，也会使计算机中毒。

（4）注意陌生人发来的电子邮件

电子邮箱是 Internet 中使用频率较高的通信工具之一，利用它用户可以用非常低廉的价格，以非常快速的方式向 Internet 中的任何一位用户发送邮件。

正因为其通信范围广的特点，使得许多黑客开始利用电子邮件来传播病毒，例如将携带病毒的文件添加为附件，发送给 Internet 中的其他用户，一旦下载并运行该附件，计算机就会中毒。另外，一些黑客将携带病毒的广告邮件发送给其他用户，一旦浏览这些邮件中的链接，就有可能使计算机中毒。

因此建议用户不要轻易打开陌生人发来的广告邮件和附件，如果需要查看附件，则应先将其下载到本地计算机中后使用杀毒软件扫描一下，确保安全后再将其打开。

5.5.2 使用杀毒软件查杀病毒

如果用户对计算机的使用不是很熟练的话，就需要借助于杀毒软件来保护计算机的安全，杀毒软件不仅具有防止外界病毒入侵计算机的功能，而且还能够查杀计算机中潜伏的计算机病毒。这里以 360 杀毒软件为例进行介绍。

360 杀毒软件是由 360 安全中心推出的一款云安全杀毒软件，该软件具有查杀率高、资源占用少、升级迅速的优点。同时该杀毒软件可以与其他杀毒软件共存。使用 360 杀毒软件首先需要升级病毒库，然后再进行查杀操作。

步骤 1：安装 360 杀毒软件并启动后，如图 5.5.2-1 所示。

步骤 2：单击底部的“检查更新”链接，将当前的病毒库更新为最新，如图 5.5.2-2 所示。

步骤 3：在主界面中单击“快速扫描”按钮，开始快速扫描病毒，如图 5.5.2-3 所示。

步骤 4：如扫描出危险，可单击窗口右上角的“立即处理”按钮进行处理即可。如果确认为安全，也可以选择单击项目右侧的“信任”链接，信任该危险并不进行处理，如图 5.5.2-4 所示。

图 5.5.2-1

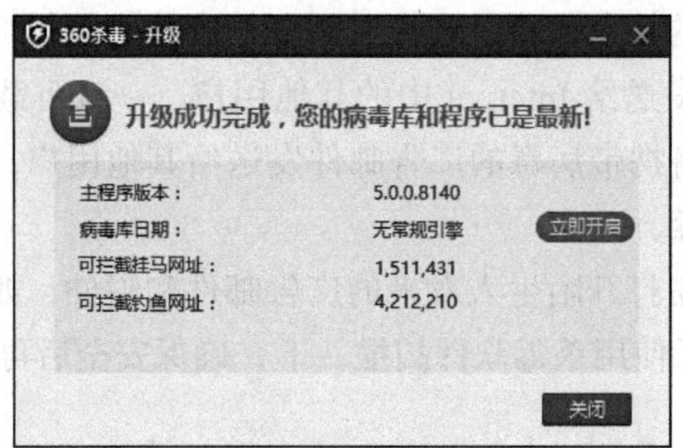

图 5.5.2-2

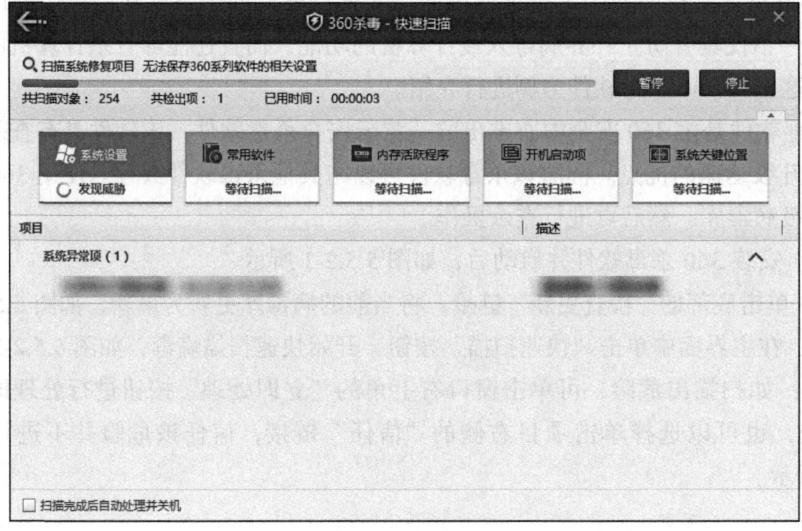

图 5.5.2-3

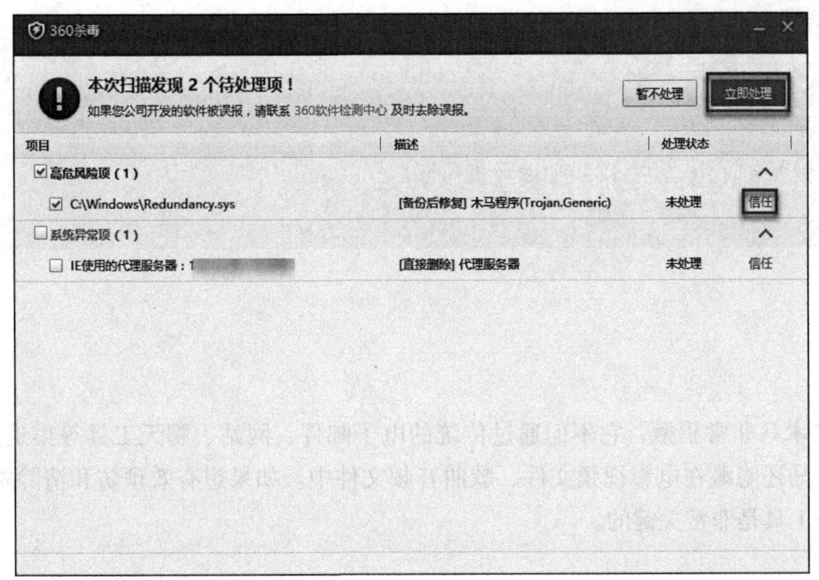
360杀毒
本次扫描发现 2 个待处理项！
如果您公司开发的软件被误报，请联系 360软件检测中心 及时去除误报。
暂不处理
立即处理
项目
描述
处理状态
高危风险项（1）
C:\Windows\Redundancy.sys
[备份后修复] 木马程序(Trojan.Generic)
未处理
信任
系统异常项（1）
IE使用的代理服务器：1
[直接删除] 代理服务器
未处理
信任

图　5.5.2-4

第6章 木马攻防常用工具

近年来木马非常猖獗，它不但通过传统的电子邮件、网站、聊天工具等渠道进行传播，甚至有些木马还隐藏在电影视频文件、歌曲音频文件中。如果想有效预防和清除木马，使用的木马专杀工具是非常关键的。

6.1 认识木马

木马与计算机网络中常常要用到的远程控制软件有些相似，它也是通过一段特定的程序（木马程序）来控制另一台计算机，从而窃取用户资料，破坏用户的计算机系统等。

6.1.1 木马的发展历程

木马（Trojan）一词来源于古希腊传说荷马史诗中“木马计”的故事。木马程序技术发展可谓非常迅速，主要是有些年轻人出于好奇，或是急于显示自己实力，不断改进木马程序的编写。至今木马程序已经经历了六代的改进。

- 第一代：最原始的木马程序。主要是简单的密码窃取、通过电子邮件发送信息等方式，仅具备木马最基本的功能。
- 第二代：在技术上有了很大的进步，“冰河”是中国木马的典型代表之一。
- 第三代：主要改进在数据传递技术方面，出现了 ICMP 等类型的木马，利用畸形报文传递数据，增加了杀毒软件查杀识别的难度。
- 第四代：在进程隐藏方面有了很大改动，采用了内核插入式的嵌入方式，利用远程插入线程技术，嵌入 DLL 线程。或者挂接 PSAPI，实现木马程序的隐藏，甚至在 Windows NT/2000 下都能达到良好的隐藏效果。“灰鸽子”和“蜜蜂大盗”是比较出名的 DLL 木马。
- 第五代：驱动级木马。驱动级木马多数使用大量的 Rootkit 技术来达到深度隐藏的效果。它深入到内核空间，感染后针对杀毒软件和网络防火墙进行攻击，可将系统 SSDT 初始化，导致杀毒防火墙失去功能。有的驱动级木马可驻留 BIOS，并且很难查杀。

- 第六代：随着身份认证 UsbKey 和杀毒软件主动防御的兴起，黏虫技术类型和特殊反显技术类型木马逐渐开始系统化。前者主要以盗取和篡改用户敏感信息为主，后者以动态口令和硬证书攻击为主。PassCopy 和“暗黑蜘蛛侠”是这类木马的代表。

6.1.2 木马的组成

一个完整的木马由 3 部分组成：硬件部分、软件部分和具体连接部分。这 3 部分分别有着不同的功能。

（1）硬件部分

硬件部分是指建立木马连接必需的硬件实体，包括控制端、服务端和 Internet 三部分。

- 控制端：对服务端进行远程控制的一端。
- 服务端：被控制端远程控制的一端。
- Internet：是数据传输的网络载体，控制端通过 Internet 远程控制服务端。

（2）软件部分

软件部分是指实现远程控制所必需的软件程序，主要包括控制端程序、服务端程序、木马配置程序 3 部分。

- 控制端程序：控制端用于远程控制服务端的程序。
- 服务端程序：又称为木马程序。它潜藏在服务端内部，向指定地点发送数据，如网络游戏的密码、即时通信软件密码和用户上网密码等。
- 木马配置程序：用户设置木马程序的端口号、触发条件、木马名称等属性，使得服务端程序在目标计算机中潜藏得更加隐蔽。

（3）具体连接部分

具体连接部分是指通过 Internet 在服务端和控制端之间建立一条木马通道所必需的元素，包括控制端 / 服务端 IP 和控制端 / 服务端端口两部分。

- 控制端 / 服务端 IP：木马控制端和服务端的网络地址，是木马传输数据的目的地。
- 控制端 / 服务端端口：木马控制端和服务端的数据入口，通过这个入口，数据可以直达控制端程序或服务端程序。

6.1.3 木马的分类

随着计算机技术的发展，木马程序技术也迅速发展。现在的木马已经不仅具有单一的功能，而是集多种功能于一身。根据木马功能的不同将其划分为破坏型木马、远程访问型木马、密码发送型木马、键盘记录木马、DOS 攻击木马等几种。

（1）破坏型木马

这种木马的唯一功能就是破坏并且删除计算机中的文件，非常危险，一旦被它感染就会严重威胁到计算机的安全。不过像这种恶意破坏的木马，黑客也不会随意传播。

（2）远程访问木马

这是一种使用很广泛并且危害很大的木马程序。它可以远程访问并且直接控制被入侵的计算机，从而任意访问该计算机中的文件，获取计算机用户的私人信息，例如银行账号、密码等。

（3）密码发送型木马

这是一种专门盗取目标计算机中密码的木马文件。有些用户为了方便起见，使用 Windows 的密码记忆功能进行登录，从而不必每次都输入密码；有些用户喜欢将一些密码信息以文本文件的形式存放于计算机中。这些做法确实为用户带来了一定方便，但是却正好为密码发送型木马带来了可乘之机，它会在用户未曾发觉的情况下，搜集密码并发送到指定的邮箱，从而达到盗取密码的目的。

（4）键盘记录木马

这种木马非常简单，通常只做一件事，就是记录目标计算机键盘敲击的按键信息，并且在 LOG 文件中查找密码。该木马可以随着 Windows 的启动而启动，并且有在线记录和离线记录两个选项，从而记录用户在在线和离线状态下敲击键盘的按键情况，从中提取密码等有效信息。当然这种木马也有邮件发送功能，会将信息发送到指定的邮箱中。

（5）DOS 攻击木马

随着 DOS 攻击的广泛使用，DOS 攻击木马使用得也越来越多。黑客入侵一台计算机后，在该计算机上种上 DOS 攻击木马，那么以后这台计算机也会成为黑客攻击的帮手。黑客通过扩充控制“肉鸡”的数量来提高 DOS 攻击的成功率。所以这种木马不是致力于感染一台计算机，而是通过它攻击一台又一台计算机，从而造成很大的网络伤害，并且带来经济损失。

6.2 木马的伪装与生成过程曝光

黑客往往会使用多种方法来伪装木马，降低用户的警惕性，从而欺骗用户。为让用户执行木马程序，黑客需通过各种方式对木马进行伪装，如伪装成网页、图片、电子书等。

6.2.1 木马的伪装手段

随着越来越多的人对木马的了解和防范意识的加强，对木马传播起到了一定的抑制作用。因此，木马设计者就开发了多种功能来伪装木马，以达到降低用户警觉、欺骗用户的目的。下面就来详细介绍木马的常用伪装方法。

（1）修改图标

有的木马可以将木马服务端程序的图标改成 HTML、TXT、ZIP 等各种文件的图标，这就具备了相当大的迷惑性。不过，目前提供这种功能的木马还很少见，并且这种伪装也极易被识破，所以完全不必担心。

（2）冒充图片文件

这是许多黑客常用来骗别人执行木马的方法，就是将木马说成是图像文件，比如说是照片等，应该说这样是最不合逻辑的，但却使最多人中招。只要入侵者扮成美女，并更改服务端程序的文件名为类似图像文件的名称，再假装传送照片给受害者，受害者就会立刻执行它。

（3）文件捆绑

恶意捆绑文件伪装手段是将木马捆绑到一个安装程序上，当安装程序运行时，木马在用户毫无察觉的情况下，偷偷地进入了系统。被捆绑的文件一般是可执行文件（即 EXE、COM 之类的文件）。这样做对一般人的迷惑性很大，而且即使用户以后重装系统了，如果其系统中还保存了那个“游戏”，就有可能再次中招。

（4）出错信息显示

众所周知，当打开一个文件时如果没有任何反应，很可能那就是个木马程序。为规避这一缺陷，已有设计者为木马提供了一个出错显示功能。该功能允许在服务端用户打开木马程序时弹出一个假的出错信息提示框（内容可自由定义），多是一些诸如“文件已破坏，无法打开！”之类的信息。当服务端用户信以为真时，木马已经悄悄侵入了系统。

（5）把木马伪装成文件夹

把木马文件伪装成文件夹图标后，放在一个文件夹中，然后在外面再套三四个空文件夹，很多人出于连续点击的习惯，点到那个伪装成文件夹木马时，也会收不住鼠标点下去，这样木马就成功地被运行了。防范方法是，不要隐藏系统中已知文件类型的扩展名称。

（6）给木马服务端程序更名

木马服务端程序的命名有很大的学问。如果不做任何修改，就使用原来的名字，谁不知道这是个木马程序呢？所以木马的命名也是千奇百怪的。不过大多是改为与系统文件名差不多的名字，如果用户对系统文件不够了解，可就危险了。例如，有的木马把名字改为 window.exe，还有的就是更改一些后缀名，比如把 dll 改为 d11（注意看，是数字“11”而非英文字母“ll”）。

6.2.2 使用文件捆绑器

黑客可以使用木马捆绑技术将一个正常的可执行文件跟木马捆绑在一起。一旦用户运行这个包含有木马的可执行文件，就可以通过木马控制或攻击用户的计算机。下面主要以 EXE 捆绑机来介绍如何将木马伪装成可执行文件。

“EXE 捆绑机”可以将两个可执行文件（EXE 文件）捆绑成一个文件，运行捆绑后的文件等于同时运行了两个文件。它会自动更改图标，使捆绑后的文件与捆绑前的文件图标一样。具体的步骤如下。

步骤 1：下载并解压“EXE 文件捆绑机”，主界面如图 6.2.2-1 所示。打开相应文件夹后双击 ExeBinder.exe 文件。

步骤 2：单击“点击这里 指定第一个可执行文件”按钮，在弹出窗口中选择“请指定第一个可执行文件”对话框后，选择需要执行的文件，单击“打开”按钮，返回主界面，如图 6.2.2-2 所示。

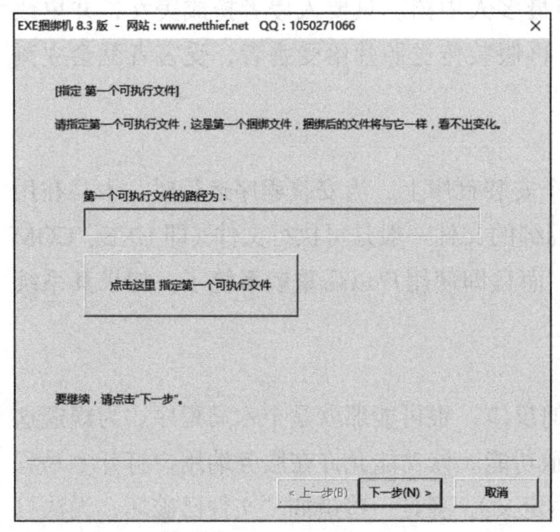

图 6.2.2-1

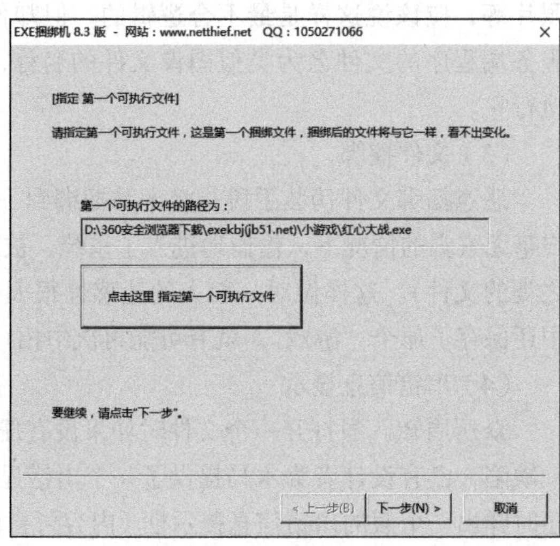

图 6.2.2-2

步骤 3：单击“下一步”按钮，在新界面中单击“点击这里 指定第二个可执行文件”按钮，选择木马文件，单击“下一步”按钮，如图 6.2.2-3 所示。

步骤 4：单击“下一步”按钮，如图 6.2.2-4 所示。

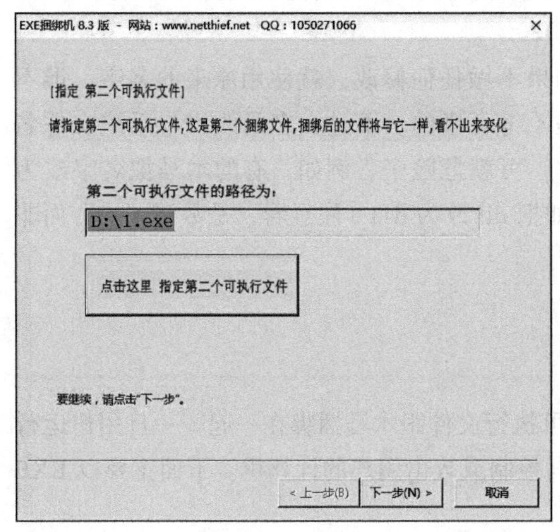

图 6.2.2-3

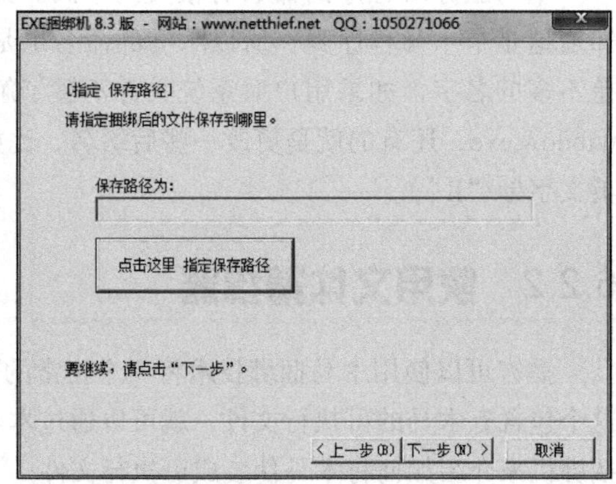

图 6.2.2-4

步骤 5：单击“点击这里 指定保存路径”按钮，如图 6.2.2-5 所示。在弹出窗口中文件名后的文本框中输入文件名，单击“保存”按钮。

步骤 6：单击“下一步”按钮，出现“选择版本”界面，如图 6.2.2-6 所示。

步骤 7：单击下拉菜单，选择普通版或个人版，单击“下一步”按钮，出现“捆绑文件”界面，如图 6.2.2-7 所示。

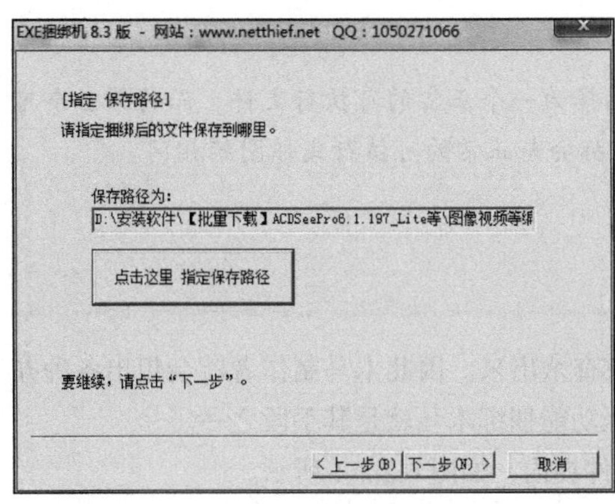

图　6.2.2-5

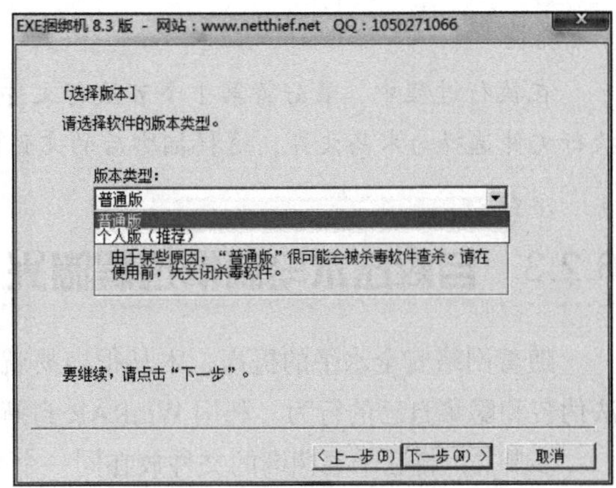

图　6.2.2-6

步骤 8：单击"点击这里 开始捆绑文件"按钮，弹出提示窗口，如图 6.2.2-8 所示。

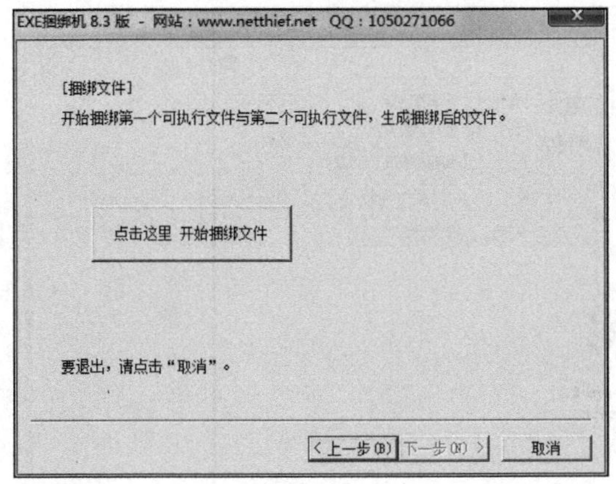

图　6.2.2-7

图　6.2.2-8

步骤 9：单击"确定"按钮，出现"捆绑文件成功"提示框，如图 6.2.2-9 所示。

步骤 10：单击"确定"按钮。查看捆绑成功的文件，如图 6.2.2-10 所示。

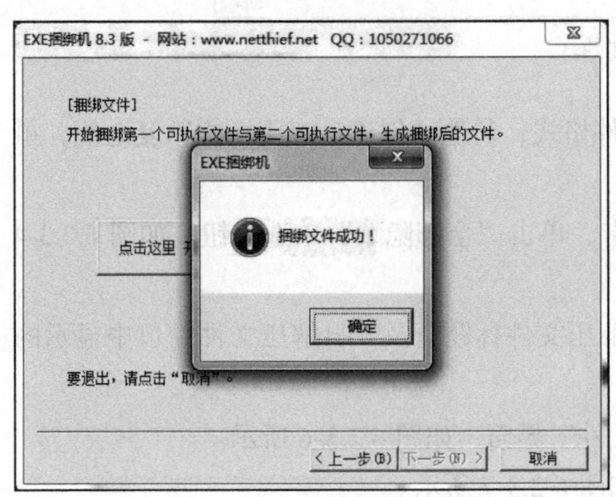

图　6.2.2-9

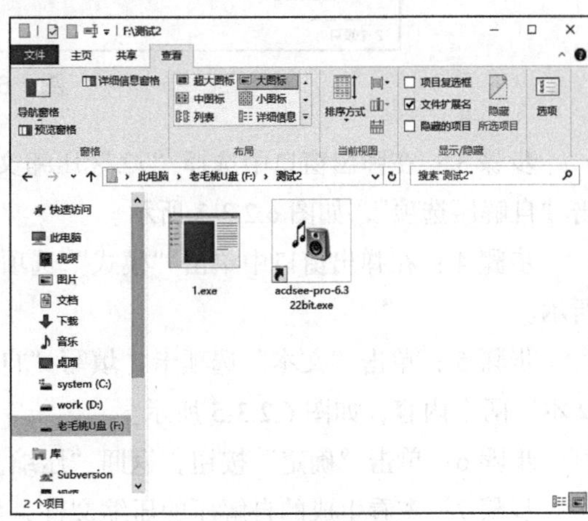

图　6.2.2-10

说明

在执行过程中，最好将第 1 个可执行文件选择为一个正常的可执行文件，而将第 2 个可执行文件选择为木马文件，这样捆绑后的文件图标会与正常的可执行文件图标相同。

6.2.3 自解压木马制作过程曝光

随着网络安全水平的提高，木马很容易就被查杀出来。因此木马制作者就会想出各种办法伪装和隐藏自己的行为，利用 WinRAR 自解压功能捆绑木马就是其手段之一。

步骤 1：将几个要捆绑的文件放在同一个文件夹内，如图 6.2.3-1 所示。

步骤 2：选定需要捆绑的文件后右击，在弹出的快捷菜单中单击“添加到压缩文件”命令，如图 6.2.3-2 所示。

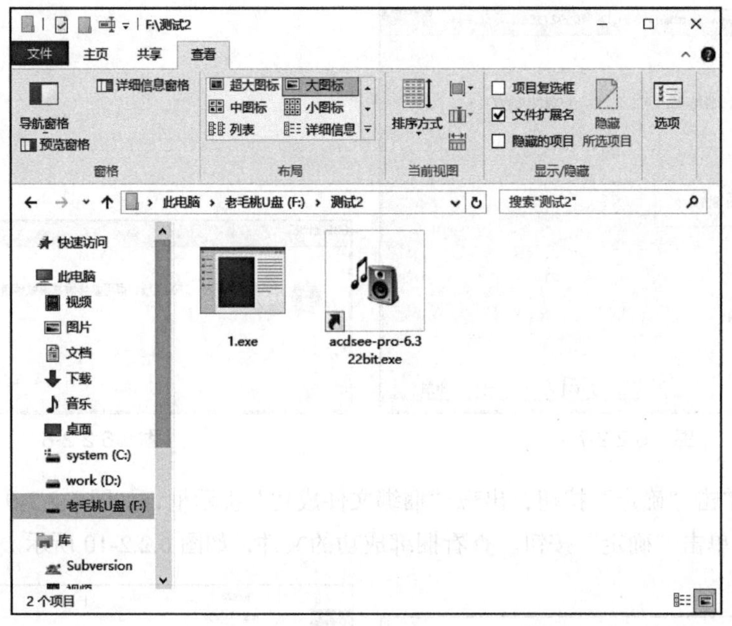

图 6.2.3-1

步骤 3：在弹出窗口中选择“7Z”压缩文件格式，勾选“创建自解压格式”复选框，单击“自解压选项”，如图 6.2.3-3 所示。

步骤 4：在弹出窗口中单击“模式”选项卡，单击“全部隐藏”单选按钮，如图 6.2.3-4 所示。

步骤 5：单击“文本”选项卡，填写“自解压文件标题”及“自解压文件窗口中显示的文本”两个内容，如图 6.2.3-5 所示。

步骤 6：单击“确定”按钮，返回“压缩文件”界面，如图 6.2.3-6 所示。

步骤 7：查看生成的自解压的压缩文件，如图 6.2.3-7 所示。

图　6.2.3-2

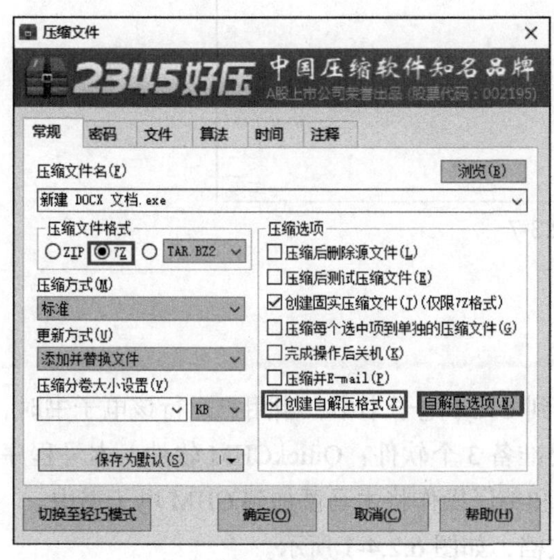

图　6.2.3-3

图　6.2.3-4

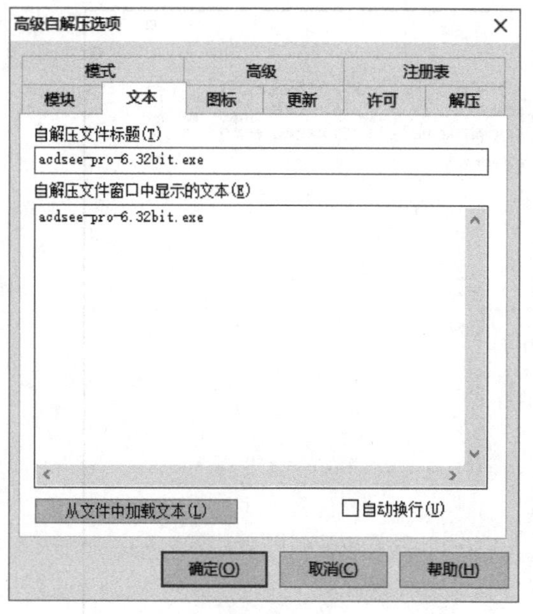

图 6.2.3-5

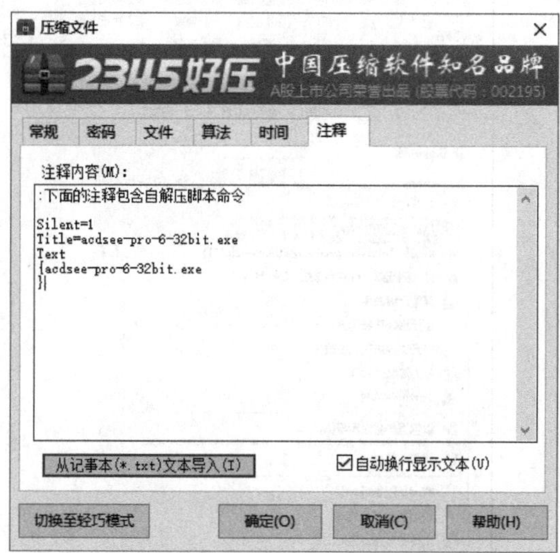

图 6.2.3-6

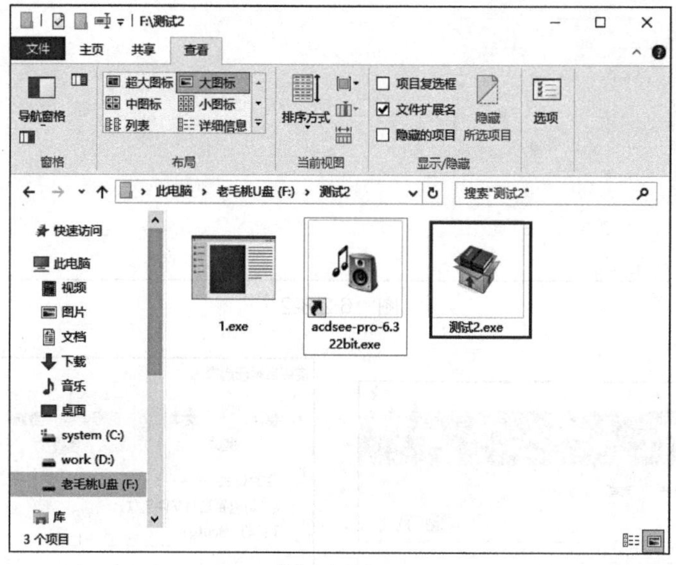

图 6.2.3-7

6.2.4 CHM 木马制作过程曝光

CHM 木马的制作就是将一个网页木马添加到 CHM 电子书中，当用户运行该电子书时，木马也会随之运行。在制作 CHM 木马前，需要准备 3 个软件：QuickCHM 软件、木马程序及 CHM 电子书。准备好之后，便可通过反编译和编译操作将木马添加到 CHM 电子书中。

步骤 1：准备好 3 个必备软件，双击 chm 文档，如图 6.2.4-1 所示。

步骤 2：打开 CHM 电子书，右击界面中任意位置，在弹出的快捷菜单中单击“属性”命令，如图 6.2.4-2 所示。

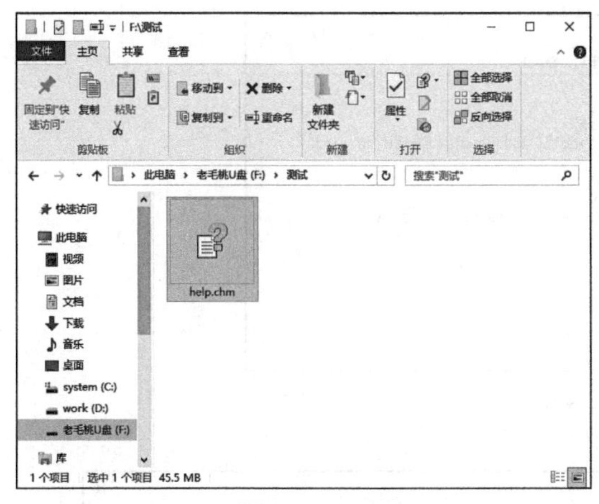

图　6.2.4-1

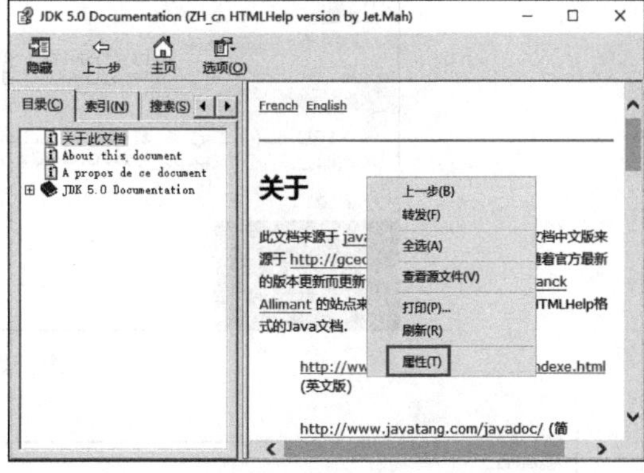

图　6.2.4-2

步骤 3：记录当前页面的默认地址，单击“确定”按钮，如图 6.2.4-3 所示。

步骤 4：在记事本中编写网页代码，并将步骤 3 中记录下来的地址和木马程序名称添加到代码中，如图 6.2.4-4 所示。

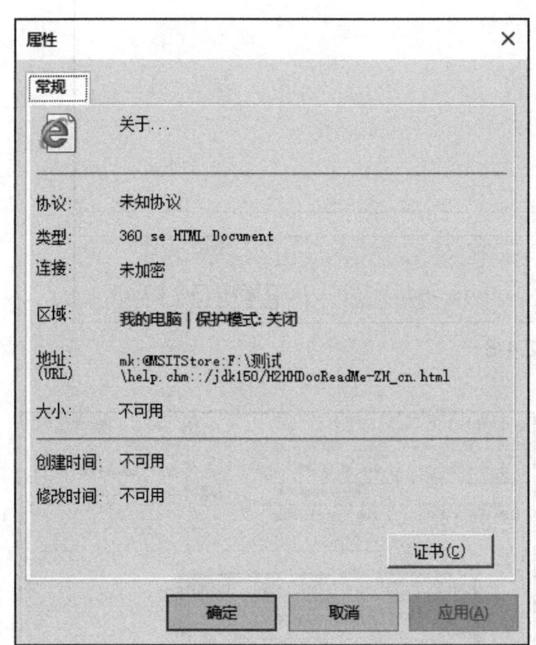

图　6.2.4-3

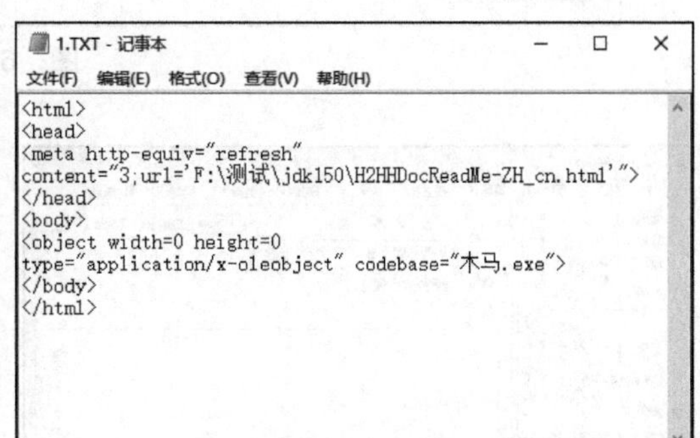

图　6.2.4-4

步骤 5：保存网页代码，依次单击“文件”→“另存为”命令，如图 6.2.4-5 所示。

步骤 6：选择保存位置，填写文件名，注意后缀为 .html，如图 6.2.4-6 所示。

步骤 7：启动 QuickCHM 软件，依次单击“文件”→“反编译”命令，如图 6.2.4-7 所示。

步骤 8：对文件进行反编译，选择电子书路径及反编译后的文件存储路径，单击“确定”按钮，如图 6.2.4-8 所示。

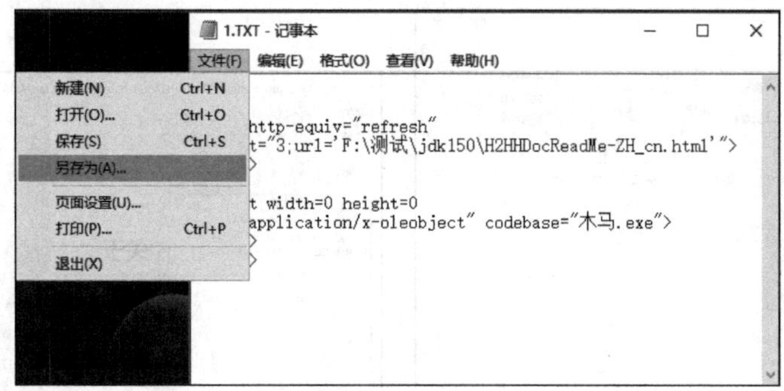

图 6.2.4-5

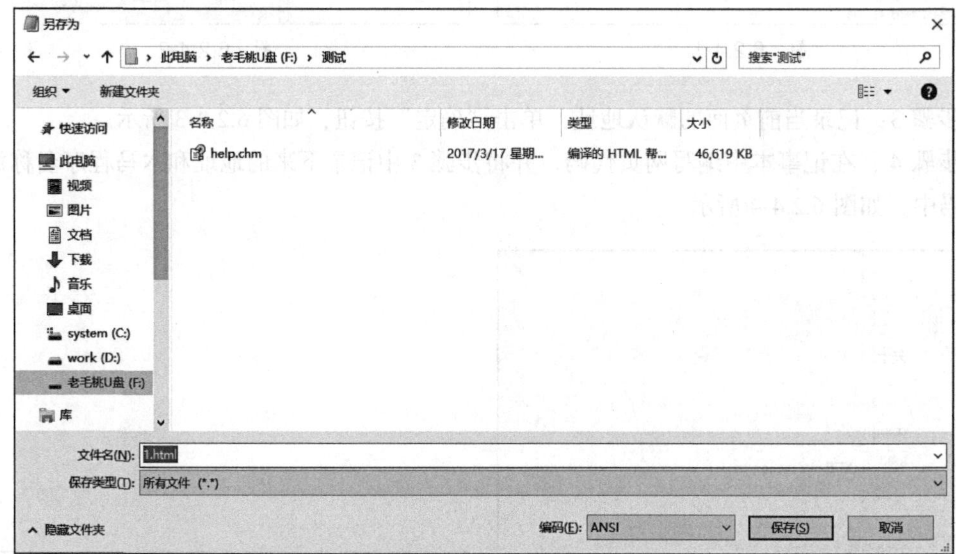

图 6.2.4-6

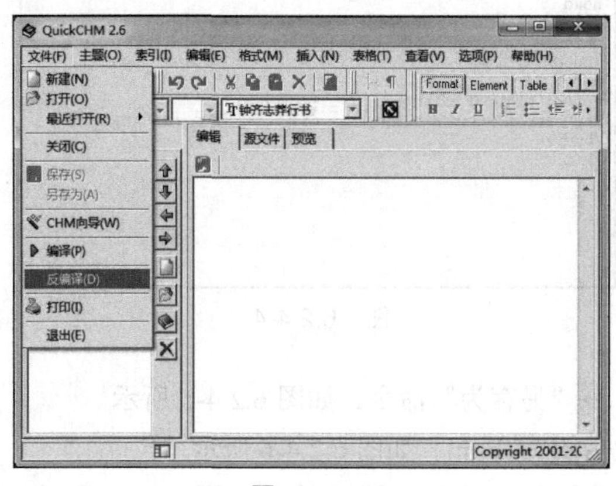

图 6.2.4-7

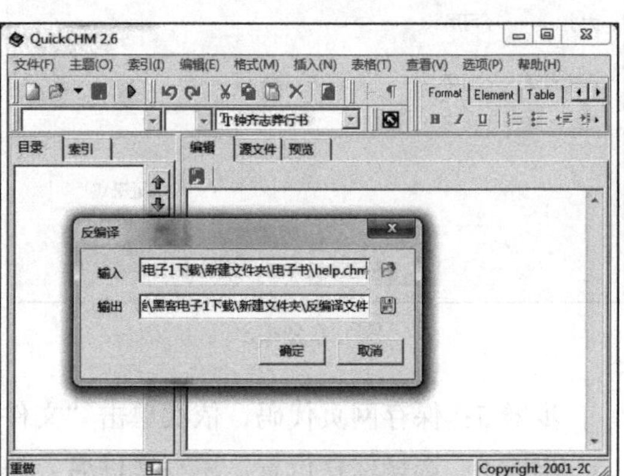

图 6.2.4-8

步骤 9：查看反编译后的文件，在所有文件中找到后缀名为 .hhp 的文件，如图 6.2.4-9 所示。

步骤 10：用记事本打开 .hhp 文件，查看 .hhp 文件对应的代码，如图 6.2.4-10 所示。

图　6.2.4-9

help.hhp - 记事本

文件(F)　编辑(E)　格式(O)　查看(V)　帮助(H)

```
[OPTIONS]
Compatibility=1.1
Compatibility=1.1 Or later
Default Window=Main
Contents file=help.hhc
Index file=help.hhk
Default font=微软雅黑,9.1
Language=0x804 中文(简体，中国)

[WINDOWS]
Main="help","help.hhc","help.hhk",,,,,,,0x20,150,0x104E
,[400,1,800,451],0x0,0x0,,,,,0

[FILES]
```

图　6.2.4-10

步骤 11：修改 .hhp 文件代码，在代码中添加之前编写的网页文件名以及木马文件名，如图 6.2.4-11 所示。

步骤 12：改变网页文件及木马文件位置，将前面编写的网页文件（1.html）和木马文件（木马 .exe）复制到反编译后的文件夹中。

步骤 13：重新运行 QuickCHM 软件，依次单击“文件”→“打开”命令，如图 6.2.4-12 所示。

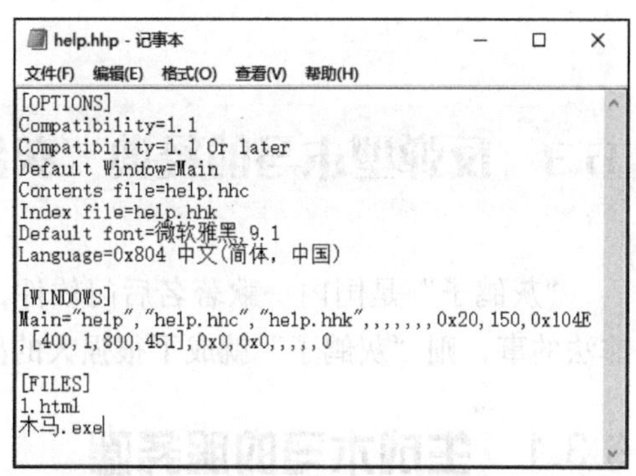

图　6.2.4-11

步骤 14：选择要打开的文件，选定刚才修改过的 help.hhp 文件，并单击“打开”按钮，如图 6.2.4-13 所示。

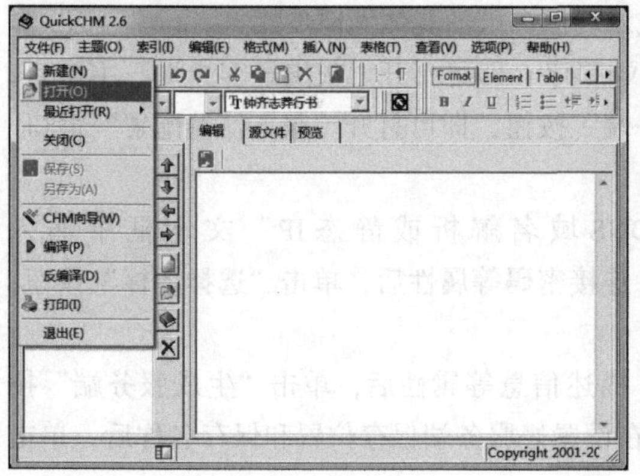

图　6.2.4-12

图　6.2.4-13

步骤 15：返回 QuickCHM 软件主界面，依次单击“文件”→“编译”命令，如图 6.2.4-14 所示。

步骤 16：编译完成，单击提示框中的“否”按钮，如图 6.2.4-15 所示。此时 CHM 电子书木马已经制作完成，生成的电子书保存在反编译文件夹内。

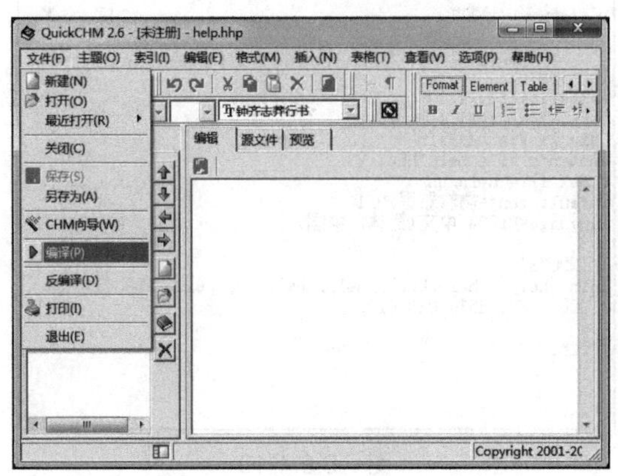

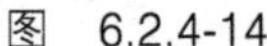

图 6.2.4-14

图 6.2.4-15

6.3 反弹型木马的经典“灰鸽子”

“灰鸽子”是国内一款著名后门软件，是一款优秀的远程控制软件。但如果拿它做一些非法的事，则“灰鸽子”就成了很强大的黑客工具。

6.3.1 生成木马的服务端

“灰鸽子”的客户端和服务端都采用 Delphi 编写。黑客利用客户端程序配置出服务端程序，配置出来的服务端文件文件名为 G_Server.exe，黑客便利用一切办法诱骗用户运行 G_Server.exe 程序。下面介绍利用“灰鸽子”生成木马服务端的具体操作步骤。

步骤 1：下载并运行“灰鸽子”木马客户端程序，即可打开“灰鸽子客户端”主窗口，如图 6.3.1-1 所示。单击工具栏中的“配置服务端”按钮，即可打开“服务器端配置”窗口，如图 6.3.1-2 所示。

步骤 2：在“IP 通知 http 访问地址、DNS 域名解析或静态 IP”文本框中输入“127.0.0.1:8000”；设置安装路径、安装名称、连接密码等属性后，单击“选择图标”按钮，选择显示的图标，如图 6.3.1-3 所示。

步骤 3：在设置完显示名称、服务名称、描述信息等属性后，单击“生成服务端”按钮，即可打开“服务端程序保存到”对话框。在设置好服务端保存位置和保存名称后，单击“保存”按钮，即可成功生成服务端。

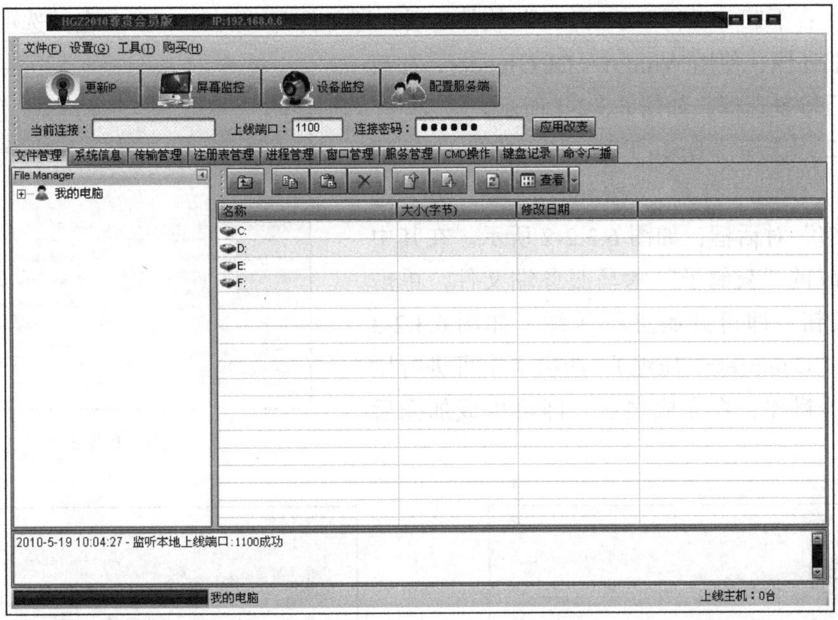

图　6.3.1-1

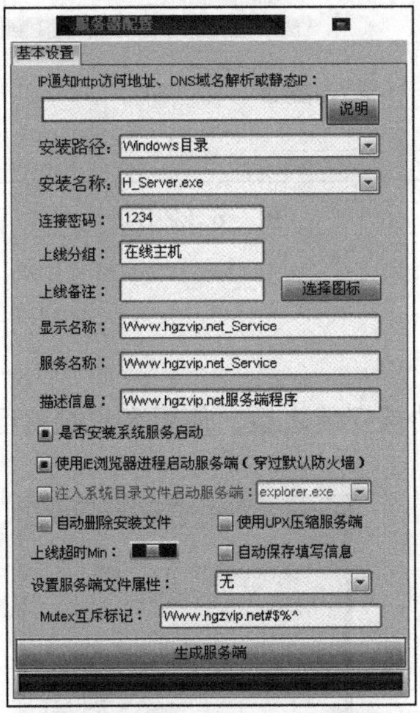

图　6.3.1-2

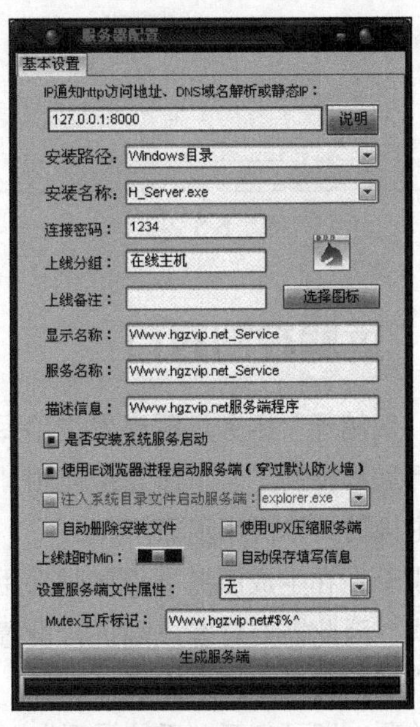

图　6.3.1-3

6.3.2 “灰鸽子”服务端的加壳保护

ASPack 是专门对 Win32 可执行程序进行压缩的工具，压缩后程序能正常运行，丝毫不会受到影响。而且即使已经将 ASPack 从系统中删除，曾经压缩过的文件仍可正常使用。

利用 ASPack 对“灰鸽子”服务端进行加壳的具体操作步骤如下。

步骤 1：下载并运行“ASPack”软件之后，即可打开“ASPack”。在“选项”选项卡中勾选压缩还原、使用 Windows DLL loader、加载后立即执行等复选框，如图 6.3.2-1 所示。

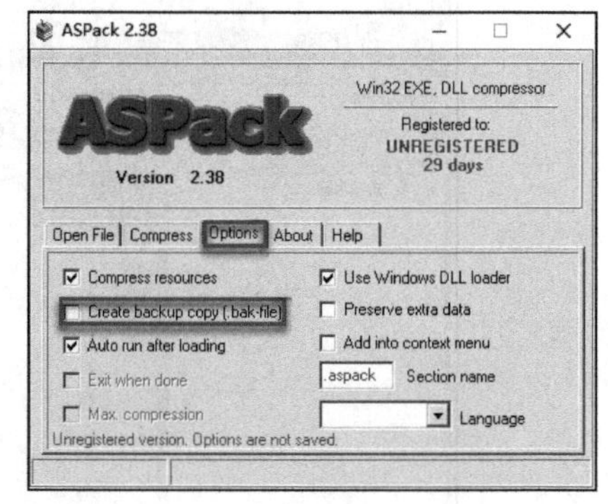

图 6.3.2-1

步骤 2：选择“Open File（打开文件）”选项卡，单击“Open（打开）”按钮，即可打开“选择文件压缩”对话框，如图 6.3.2-2 所示。在其中选择刚生成的“灰鸽子”木马服务端文件，单击“打开”按钮，即可开始进行压缩，如图 6.3.2-3 所示。在“Compress（压缩）”选项卡中可进行压缩、测试等操作，在完成之后，即可生成加壳后的文件。

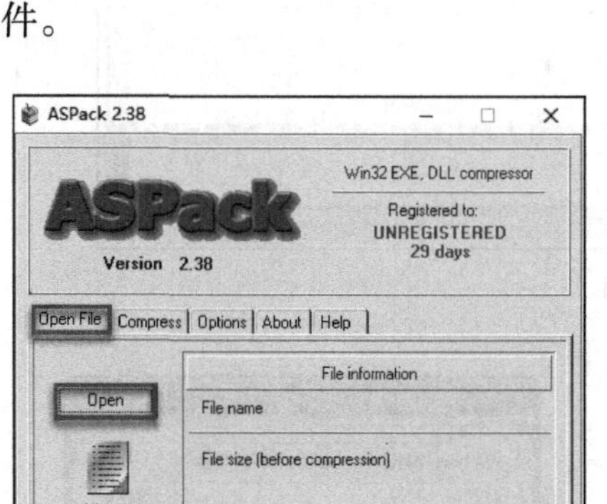

图 6.3.2-2

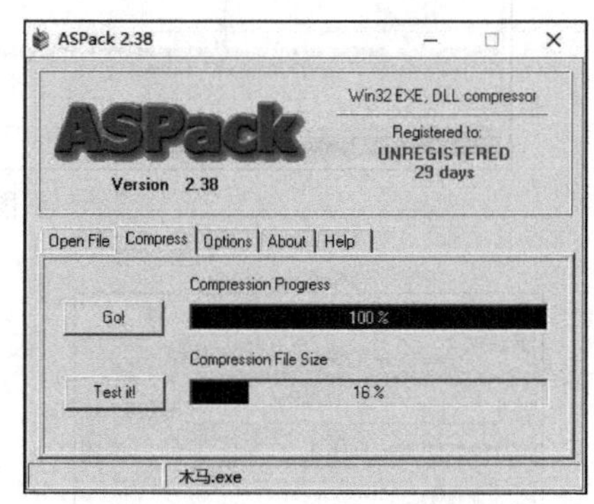

图 6.3.2-3

6.3.3 远程控制对方

将“灰鸽子”服务端程序发送给目标计算机并成功被安装之后，使用客户端就可以对该主机进行远程控制了。下面介绍使用“灰鸽子”控制远程主机的具体操作步骤。

步骤 1：在生成服务端程序时采用了“自动上线”模式，因此需要对客户端进行设置。在“灰鸽子”客户端主窗口中依次选择“设置”→“系统设置”菜单项，即可打开“系统设置”对话框，如图 6.3.3-1 所示。在设置自动上线端口、是否打开语音提示功能等属性后，单击“应用改变”按钮，即可完成设置。

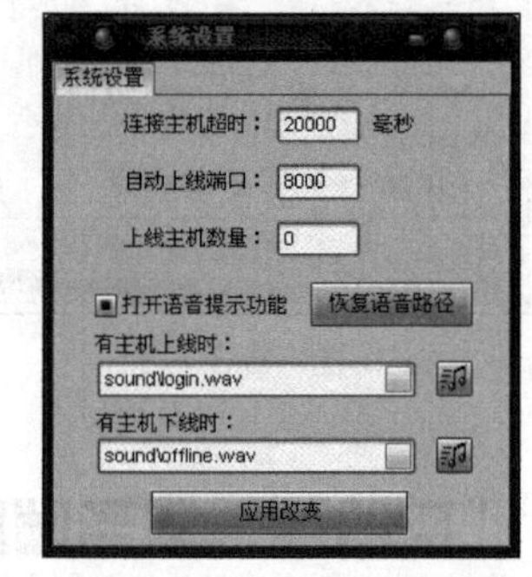

图 6.3.3-1

步骤 2：在“灰鸽子”客户端主窗口中的“当前连接”文本框中输入目标主机的 IP 地址，在“上线端口”文本框中输入“8000”，在“连接密码”文本框中输入相应的密码，如图 6.3.3-2 所示。

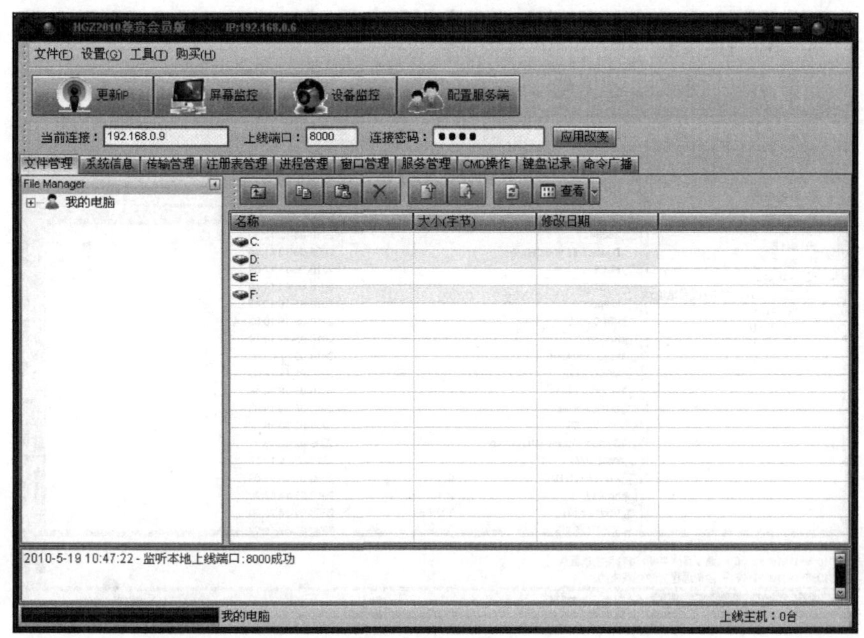

图　6.3.3-2

步骤 3：单击“应用改变”按钮，即可使服务端通过 Web 方式得到自己的 IP 来实现自动上线，此时自动上线的主机会直接添加到“灰鸽子”客户端主窗口左侧的“在线主机”列表中，如图 6.3.3-3 所示。双击该主机的 IP 地址，即可读取其驱动器列表，可以对其中的文件进行复制、下载等操作，如图 6.3.3-4 所示。

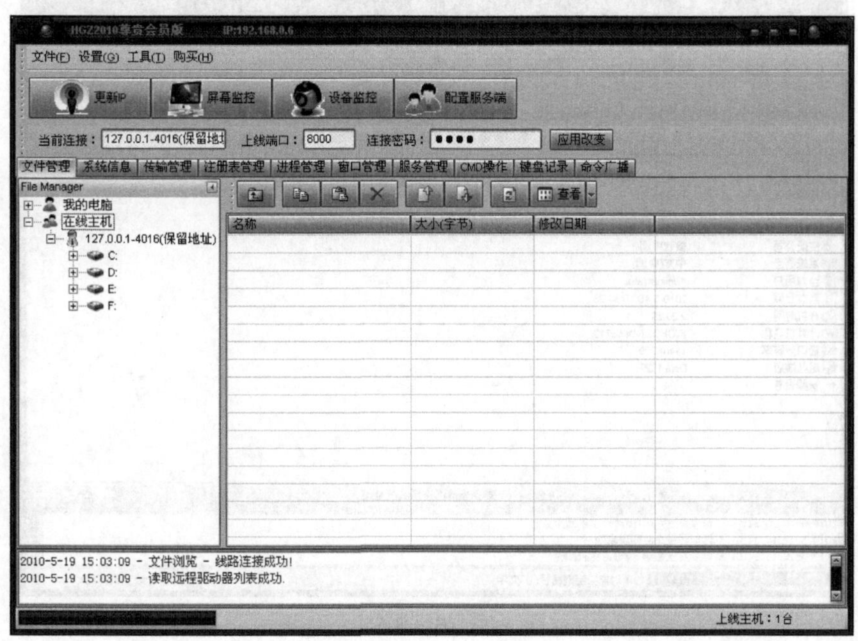

图　6.3.3-3

图 6.3.3-4

步骤 4：在“系统信息”选项卡中单击“查询当前连接系统信息”按钮，即可将当前连接主机的各种系统信息显示出来，如图 6.3.3-5 所示。

步骤 5：在“注册表管理”选项卡中可看到当前连接主机中的注册表，在其中可对远程计算机的注册表信息进行查看、修改等操作，如图 6.3.3-6 所示。

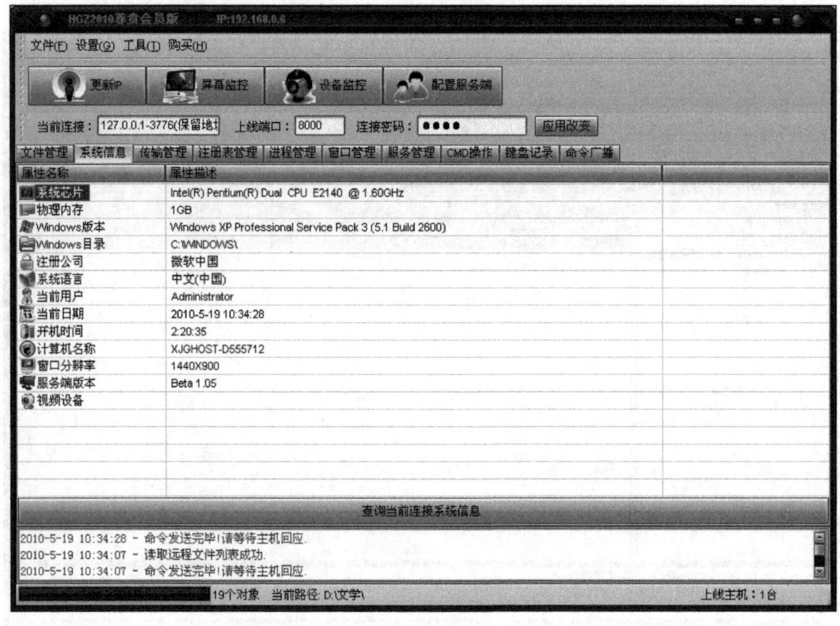

图 6.3.3-5

图　6.3.3-6

步骤 6：在“进程管理”选项卡中单击“查看进程”按钮，即可显示出当前连接主机中正在运行的进程，如图 6.3.3-7 所示。在选中某个进程后，单击“终止进程”按钮，即可停止该进程。在“窗口管理”选项卡中单击“查看窗口”按钮，即可看到当前连接主机中所有打开的窗口，如图 6.3.3-8 所示。

图　6.3.3-7

图 6.3.3-8

步骤 7：在“服务管理”选项卡中单击“查看服务”按钮，即可看到当前连接主机中的所有服务，在其中可进行开启、停止服务操作，如图 6.3.3-9 所示。

步骤 8：如果想开启远程主机中的某个服务，则需先选中该服务，单击“启动服务”按钮，即可在远程主机中开启该服务，如图 6.3.3-10 所示。

图 6.3.3-9

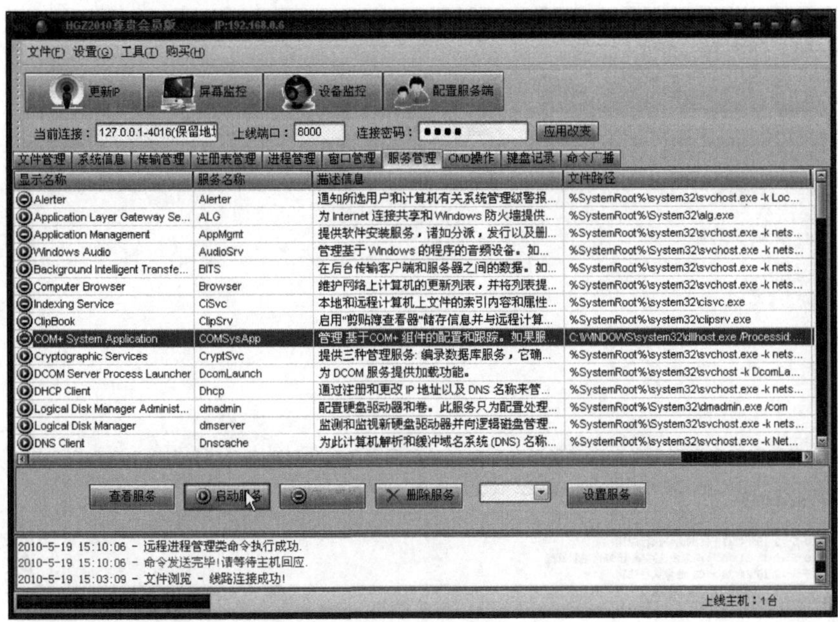

图 6.3.3-10

步骤 9：在“CMD 操作”选项卡中可通过输入命令对远程主机进行控制。在“CMD 命令”文本框中输入相应的命令，这里运行查看目标主机 IP 地址的“Ipconfig”命令（如图 6.3.3-11 所示），即可执行“Ipconfig”命令，此时在上方可看到目标主机的 IP 地址、网关等信息，如图 6.3.3-12 所示。

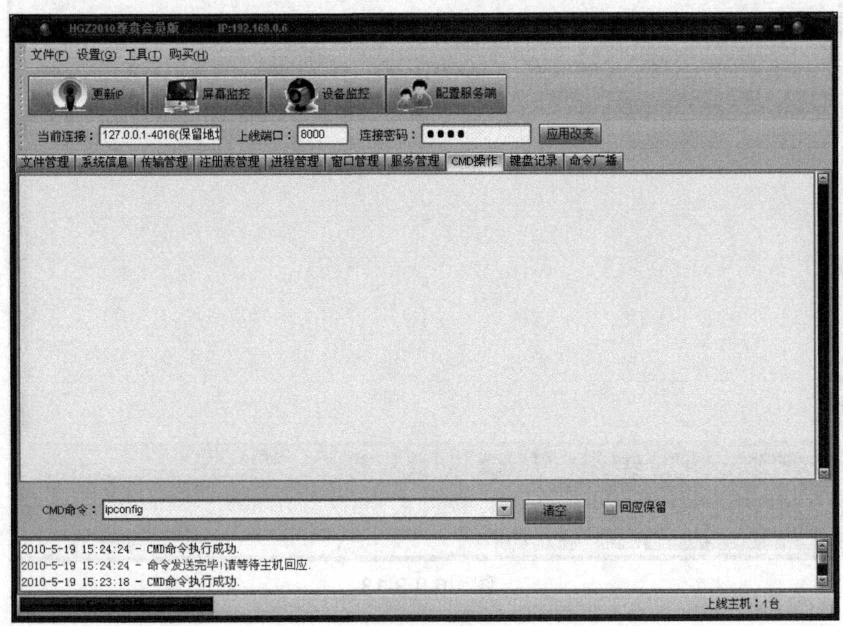

图 6.3.3-11

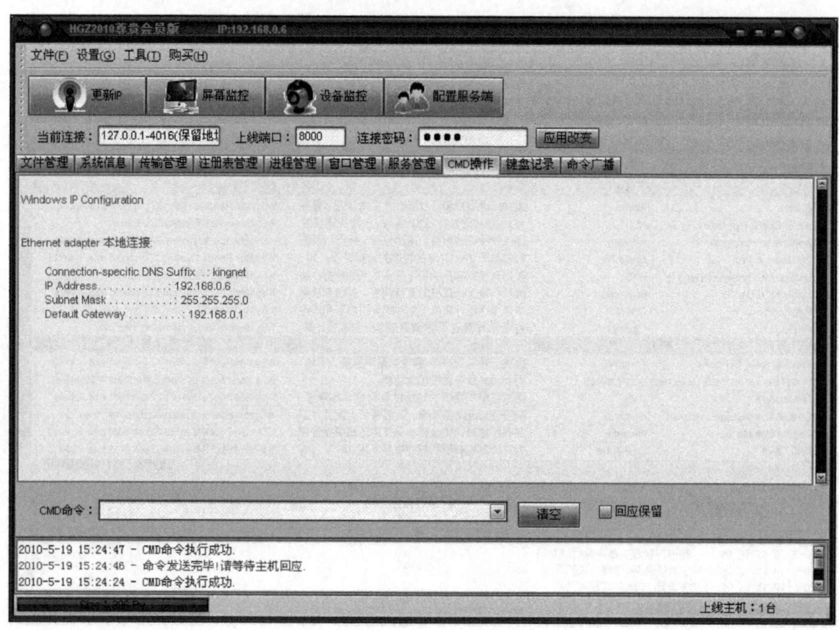

图 6.3.3-12

步骤 10：在“键盘记录”选项卡中单击“启动键盘记录”按钮，即可开始记录目标主机的键盘操作，如图 6.3.3-13 所示。单击“查看记录内容”按钮，即可在上方看到目标主机键盘的操作记录，如图 6.3.3-14 所示。

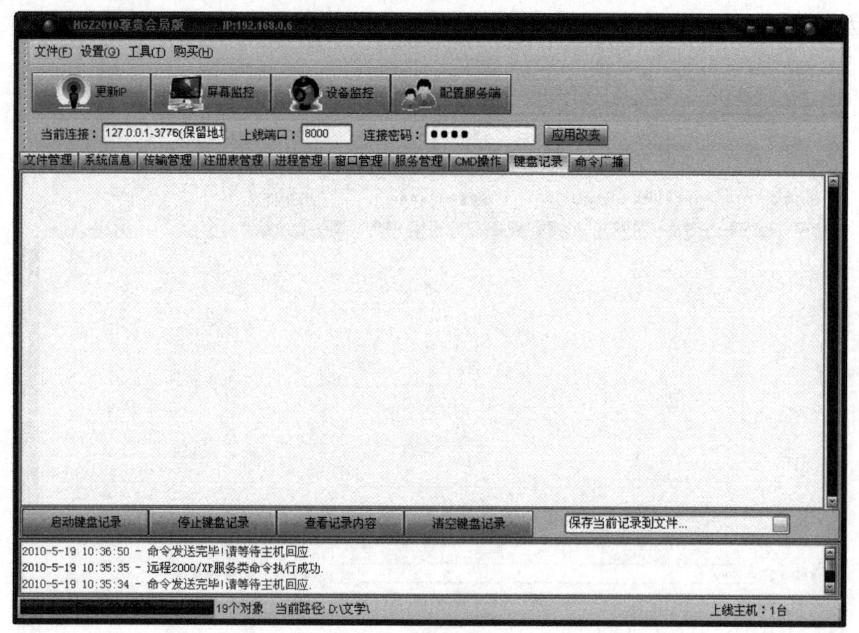

图 6.3.3-13

步骤 11：在“命令广播”选项卡中 可以实现卸载远程计算机中的“灰鸽子”服务端程序、重启或关闭远程计算机、开启 3389，以及通过远程计算机打开网页或从远程计算机上下载文件等操作，如图 6.3.3-15 所示。如果想开启 3389 服务，则单击左下角“开启 3389”按钮，即可打开“确定要开启 3389 终端服务”提示框。

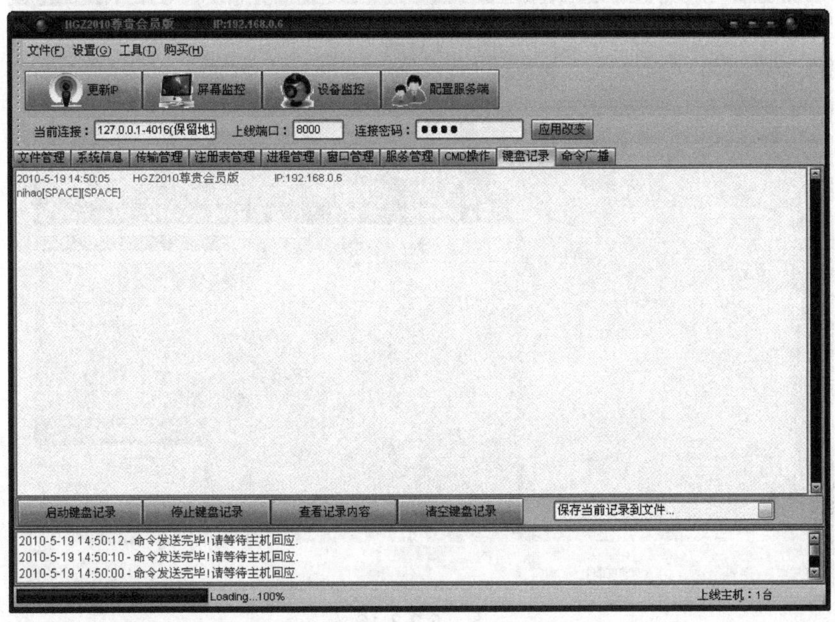

图　6.3.3-14

图　6.3.3-15

步骤 12：在“灰鸽子”客户端主窗口中单击“屏幕监控”按钮，即可打开“屏幕监控”窗口，在其中可看到远程主机的计算机屏幕，如图 6.3.3-16 所示。单击“保存”按钮，即可将当前远程计算机屏幕保存下来。

图 6.3.3-16

步骤 13：通过视频语音功能，可以与远程计算机进行语音交流，并将远程计算机摄像头数据记录成 MPEG 文件，或将远程计算机发送过来的语音记录成 WAV 文件。在“灰鸽子”客户端主窗口中单击“设备监控”按钮，即可打开“设备监控”窗口，在其中可进行读取视频和语音监听等操作，如图 6.3.3-17 所示。

图 6.3.3-17

6.3.4 “灰鸽子”的手工清除

由于“灰鸽子”软件分为客户端和服务端两个部分，所以黑客可以在客户端配置生成一个服务端程序，再通过多种渠道来传播这个服务端，从而实现远程控制。

（1）手工检测

由于“灰鸽子”拦截了 API 调用，在正常模式下服务端程序文件和其注册的服务项均被隐藏，所以，即使用户设置显示所有隐藏文件也无法看到它们。此外，“灰鸽子”服务端的文件名也是可以自定义的，这都给手工检测带来了一定困难。但“灰鸽子”一般都会在系统目录下生成一个以“ _hook.dll”结尾的文件，通过这一点，即可手工检测出“灰鸽子”的服务端。由于在正常模式下“灰鸽子”会隐藏自身，因此检测“灰鸽子”的操作需要在安全模式下进行。具体的操作步骤如下。

步骤 1：在 Windows 系统启动过程中，按 F8 键，在出现的启动选项菜单中选择“安全模式”启动项，即可在安全模式下启动计算机。

步骤 2：由于“灰鸽子”文件本身具有隐藏属性，因此要设置 Windows 显示所有文件。在“此电脑”窗口中依次选择“查看”→“选项”项，即可打开“文件夹选项”对话框，如图 6.3.4-1 所示。

步骤 3：在“查看”选项卡中取消勾选“隐藏受保护的操作系统文件”复选框，单击“确定”按钮，即可完成设置。选择“开始”菜单项，在“搜索程序和文件”文本框中输入“*_hook.dll”后，即可进行搜索，如图 6.3.4.-2 所示。如果发现“灰鸽子”的木马程序文件，如 Huigezi_Hook.dll 文件，将这些程序删除即可。

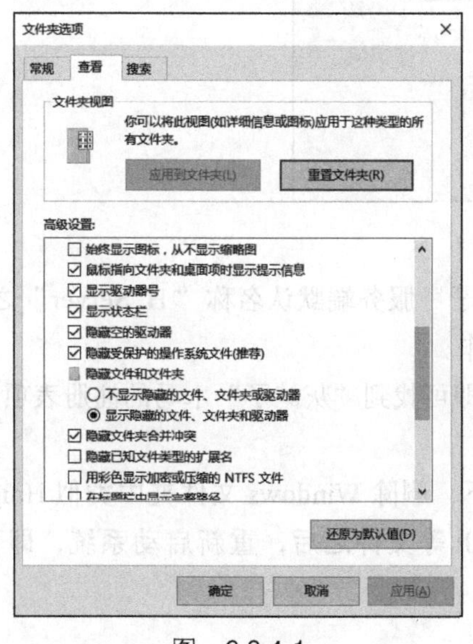

图 6.3.4-1

图 6.3.4-2

（2）手工清除

除了在安全模式下清除“灰鸽子”程序外，还需要在“注册表编辑”中清除“灰鸽子”服务。清除“灰鸽子”服务的具体操作步骤如下。

步骤 1：在“注册表编辑器”窗口中展开 HKEY_LOCAL_MACHINE\SYSTEM\CurrentControlSet\Services 分支，如图 6.3.4-3 所示。

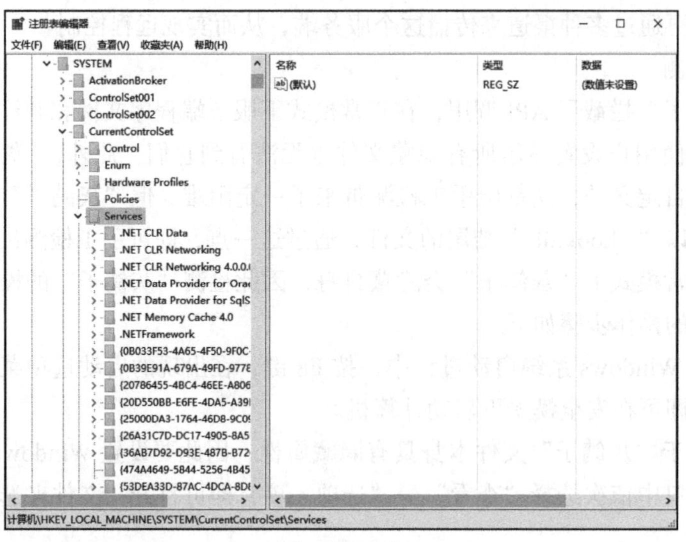

图 6.3.4-3

步骤 2：依次选择“编辑”→“查找”菜单项，即可打开“查找”对话框，如图 6.3.4-4 所示。

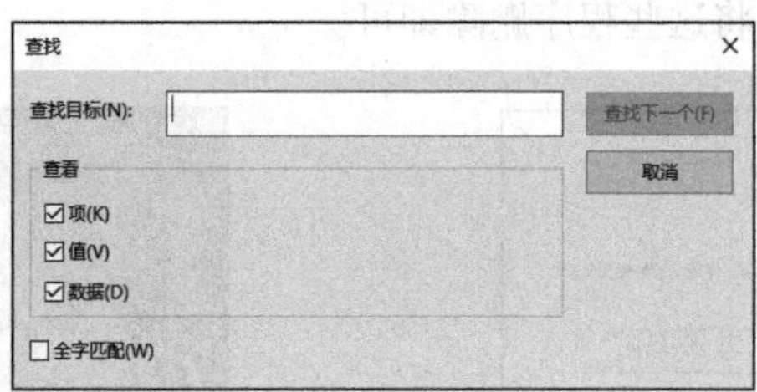

图 6.3.4-4

步骤 3：在“查找目标”文本框中输入“灰鸽子”服务端默认名称“H_Server”之后，单击“查找下一个”按钮，即可进行注册表搜索操作。

步骤 4：待搜索结束后，单击“确定”按钮，即可找到“灰鸽子”木马的注册表项，将其所关联的整个注册表项删除即可。

而删除“灰鸽子”程序文件只需在安全模式下，删除 Windows 文件夹中类似 Huigezi.exe、Huigezi.dll、Huigezi_Hook.dll 及 HuigeziKey.dll 等文件之后，重新启动系统，即可彻底清除“灰鸽子”服务端程序。

6.4 木马的加壳与脱壳

木马加壳就是将一个可执行程序中的各种资源，包括 exe.dll 等文件进行压缩。压缩后的可执行文件依然可以正确运行，运行前先在内存中将各种资源解压缩，再调入资源执行程序。加壳后的文件就变小了，而且文件的运行代码已经发生变化，从而可以避免被木马查杀软件扫描出来并查杀。加壳后的木马可通过专业软件查看是否加壳成功。而木马脱壳正好与加壳相反，指脱掉加在木马外面的壳。脱壳后的木马很易被杀毒软件扫描出来并查杀。

6.4.1 使用 ASPack 进行加壳

ASPack 是一款非常好的 32Bit PE 格式可执行文件压缩软件，操作非常便捷。以往的压缩工具通常是将计算机中的资料或文档进行压缩，用来缩小储存空间，但是压缩后就不能再运行了，如果想运行必须解压缩。而 ASPack 是专门对 Win32 可执行程序进行压缩的工具，压缩后程序仍能正常运行，丝毫不会受到任何影响。而且即使已经将 ASPack 从系统中删除，曾经压缩过的文件仍可正常使用。

利用 ASPack 对木马加壳的具体操作步骤如下。

步骤 1：运行 ASPack，切换至“Option（选项）”选项卡，取消勾选“创建备份”复选框，如图 6.4.1-1 所示。

步骤 2：切换至“Open File（打开文件）”选项卡，单击“打开”按钮，如图 6.4.1-2 所示。

图 6.4.1-1

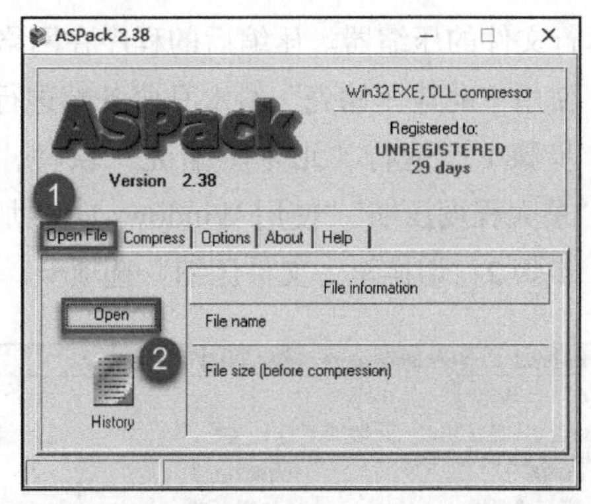

图 6.4.1-2

步骤 3：在选择要压缩的文件对话框中选择要加壳的木马程序后，单击“打开”按钮，如图 6.4.1-3 所示。

步骤 4：返回 ASPack 界面，单击“Go”按钮开始进行压缩，如图 6.4.1-4 所示。

步骤 5：完成加壳后，切换至“Open File（打开文件）”选项卡，可以看到木马程序压缩前和压缩后的文件大小，如图 6.4.1-5 所示。

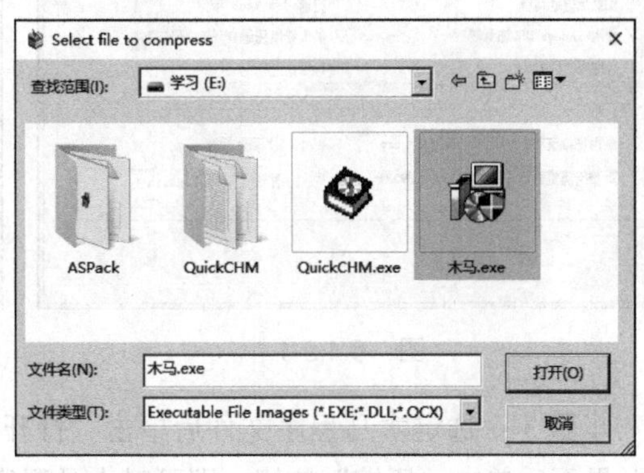

图 6.4.1-3

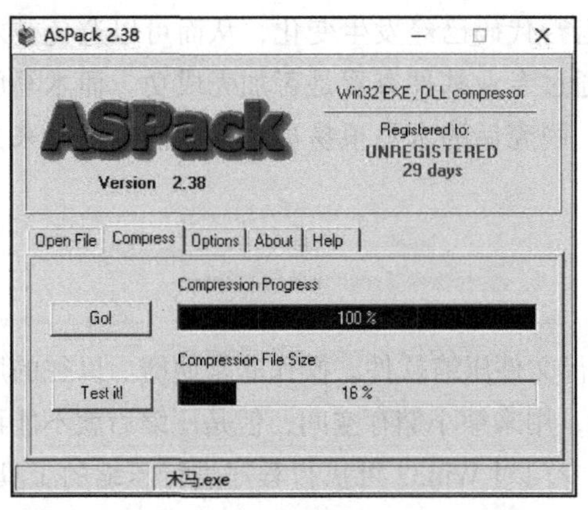

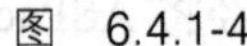
图 6.4.1-4

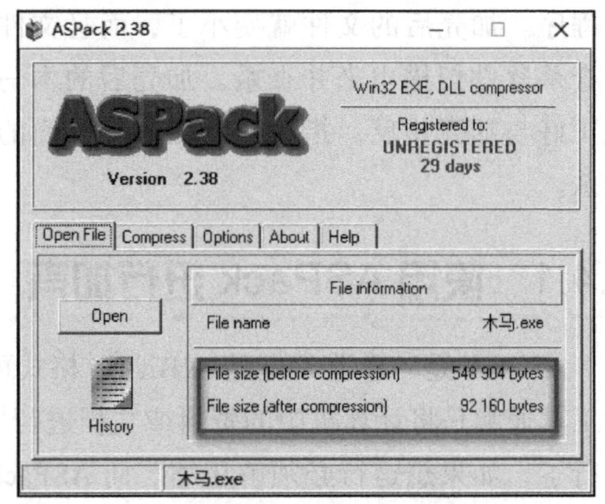

图 6.4.1-5

6.4.2 使用“北斗压缩壳”对木马服务端进行多次加壳

虽然木马加过壳之后，可以躲过杀毒软件，但还会有一些特别强的杀毒软件仍然可以查杀出只加过一次壳的木马，所以只有进行多次加壳才能保证不被杀毒软件查杀。“北斗压缩壳”（Nspack）是一款拥有自主知识产权的压缩软件，是一个 exe/dll/ocx/scr 等 32 位、64 位可运行文件的压缩器。压缩后的程序在网络上可减少程序的加载和下载时间。

使用“北斗压缩壳”给木马服务端进行多次加壳的具体操作步骤如下。

步骤 1：运行“北斗压缩壳”软件，切换至“配置选项”选项卡，勾选“处理共享节”“最大程度压缩”“使用 Windows DLL 加载器”等重要参数，如图 6.4.2-1 所示。

步骤 2：切换至“文件压缩”选项卡，单击“打开”按钮，如图 6.4.2-2 所示。

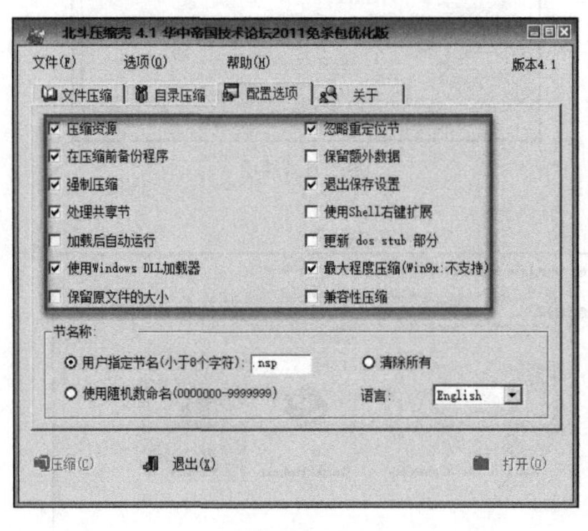

图 6.4.2-1

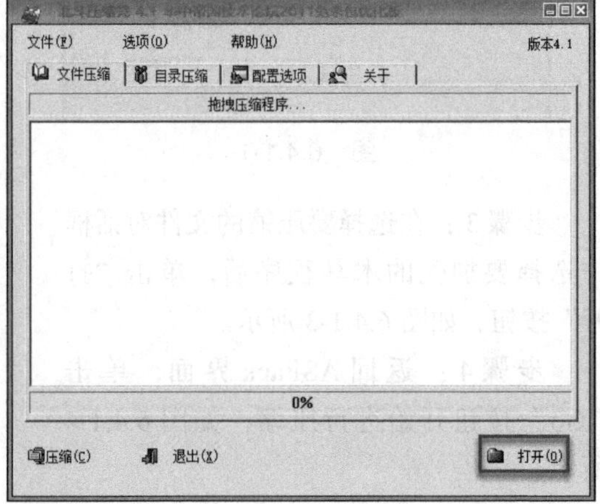

图 6.4.2-2

步骤 3：选定木马程序文件后单击“打开”按钮，如图 6.4.2-3 所示。返回“北斗压缩壳”界面后单击“压缩”按钮，即可对木马程序进行压缩，如图 6.4.2-4 所示。

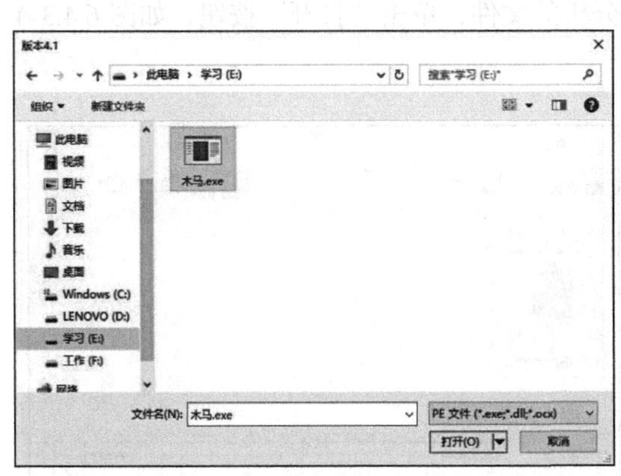

图　6.4.2-3

图　6.4.2-4

提示

1）当有大量的木马程序需要进行压缩加壳时，可以使用“北斗压缩壳”的“目录压缩”功能，进行批量压缩加壳。

2）经过“北斗压缩壳”加壳后的木马程序，可以使用 ASPack 等加壳工具进行再次加壳，这样就有了两层壳的掩护。

6.4.3　使用 PE-Scan 检测木马是否加过壳

PE-Scan 是一个类似 FileInfo 和 PE iDentifier 的工具，可以检测出木马加壳时使用了哪种技术，给脱壳、汉化、破解带来了极大的便利。PE-Scan 还可检测出一些壳的入口点（OEP），方便手动脱壳，对加壳软件的识别能力超过 FileInfo 和 PE iDentifier，能识别出绝大多数壳的类型。另外，它还具有高级扫描器，具备重建脱壳后文件的资源表功能。

具体的使用步骤如下。

步骤 1：运行 PE-Scan，在 PE-Scan 主界面单击“选项”按钮，如图 6.4.3-1 所示。

步骤 2：在打开的“选项”对话框中勾选相应复选框，然后单击“关闭”按钮，如图 6.4.3-2 所示。

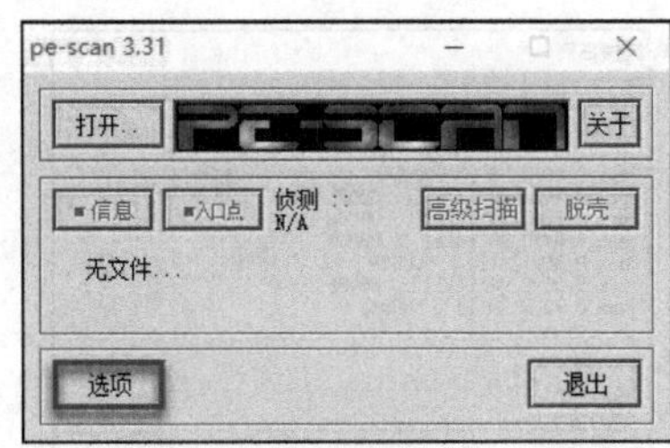

图　6.4.3-1

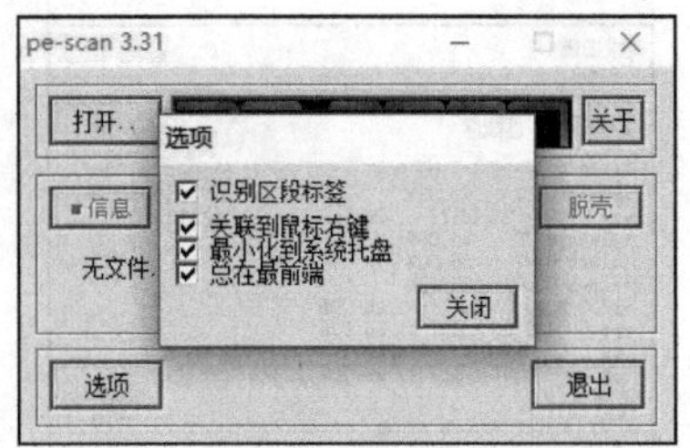

图　6.4.3-2

步骤 3：返回主界面，单击“打开”按钮，如图 6.4.3-3 所示。

步骤 4：打开“分析文件”对话框，选中要分析的文件，单击“打开”按钮，如图 6.4.3-4 所示。

图 6.4.3-3

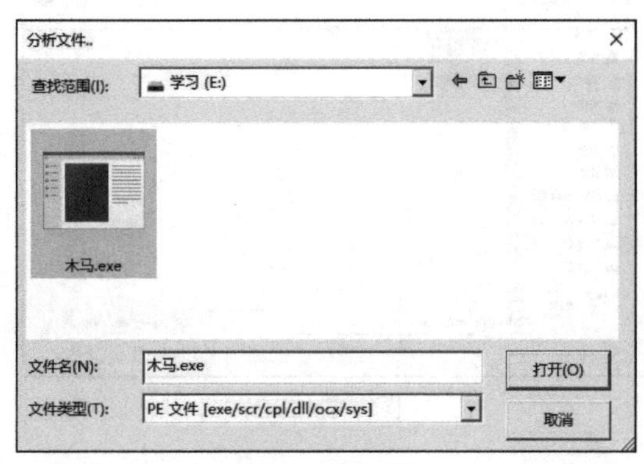

图 6.4.3-4

步骤 5：此时在主界面即可查看到文件加壳信息，显示该文件经过“upx”加壳，如图 6.4.3-5 所示。

步骤 6：单击“入口点”按钮，可查看入口点、偏移量等信息。然后单击“高级扫描”按钮，如图 6.4.3-6 所示。

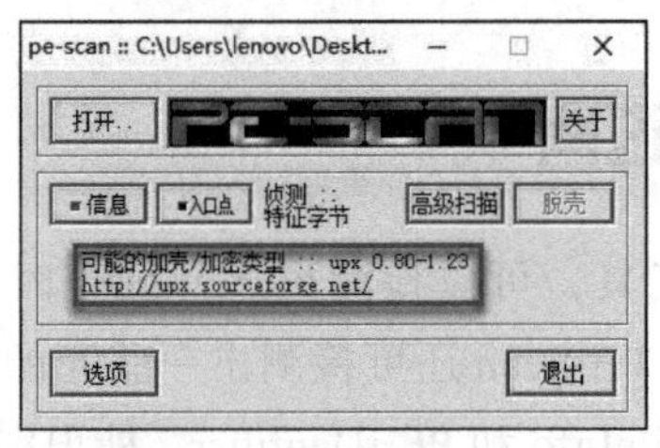

图 6.4.3-5

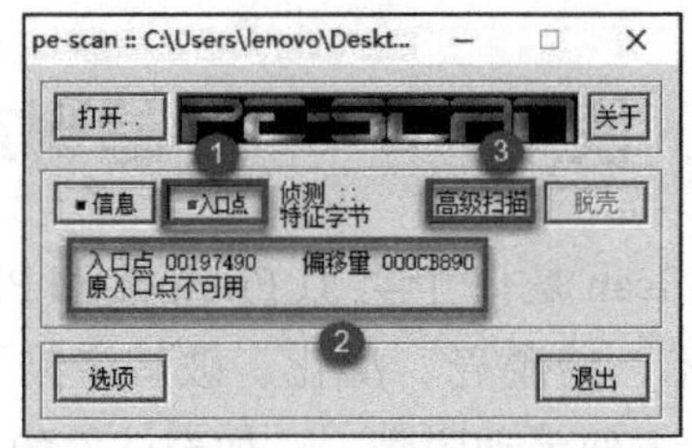

图 6.4.3-6

步骤 7：打开“高级扫描”对话框，单击“启发特征”栏目下的“入口点”按钮，查看“最接近的匹配”信息，如图 6.4.3-7 所示。

步骤 8：单击“链特征”栏目下的“入口点”按钮，查看“最长的链”等信息，如图 6.4.3-8 所示。

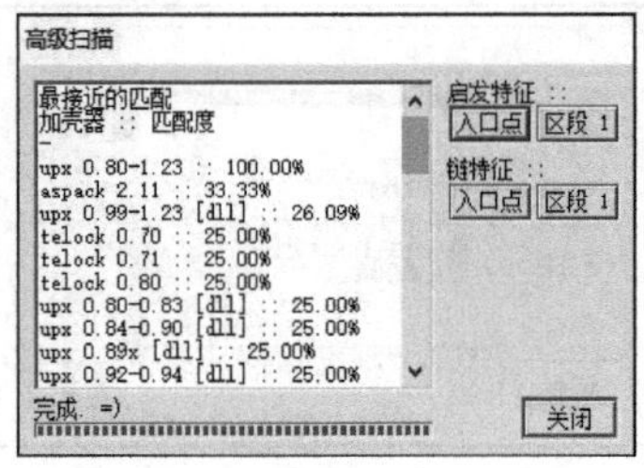

图 6.4.3-7

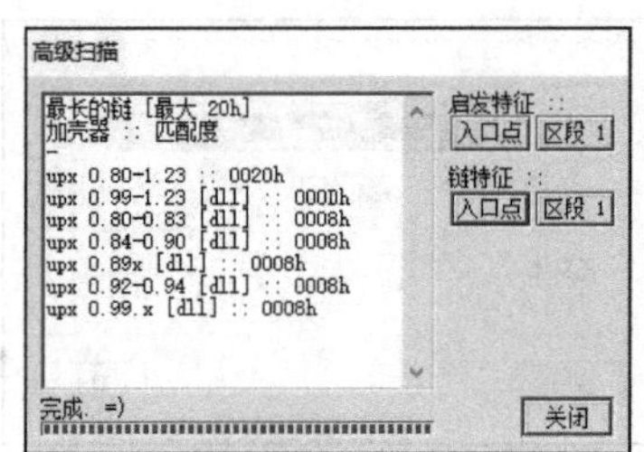

图 6.4.3-8

6.4.4　使用 UnAspack 进行脱壳

在查出木马的加壳程序之后，就需要找到原加壳程序进行脱壳。上述木马使用 ASPack 进行加壳，所以需要使用 ASPack 的脱壳工具 UnAspack 进行脱壳。具体的操作步骤如下。

步骤 1：下载 UnAspack 并解压到本地计算机，双击 UnAspack 快捷图标启动 UnAspack。

步骤 2：打开 UnAspack 界面后单击□按钮，选择要脱壳的文件，如图 6.4.4-1 所示。

步骤 3：在“打开”对话框中选中要脱壳的文件后单击“打开”按钮，如图 6.4.4-2 所示。

步骤 4：在 UnAspack 界面查看生成的文件路径，然后单击“脱壳”按钮即可成功脱壳，如图 6.4.4-3 所示。

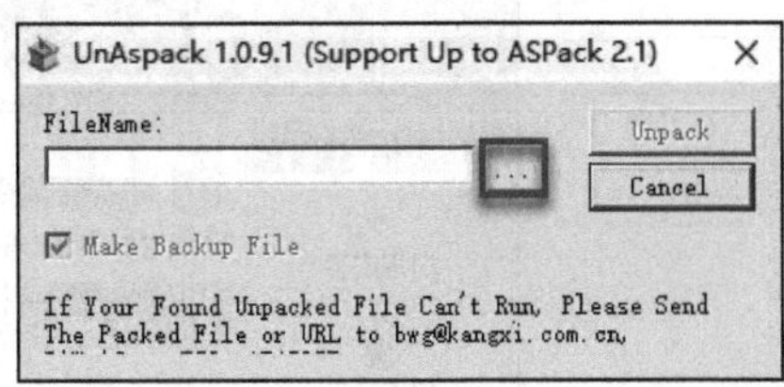

图　6.4.4-1

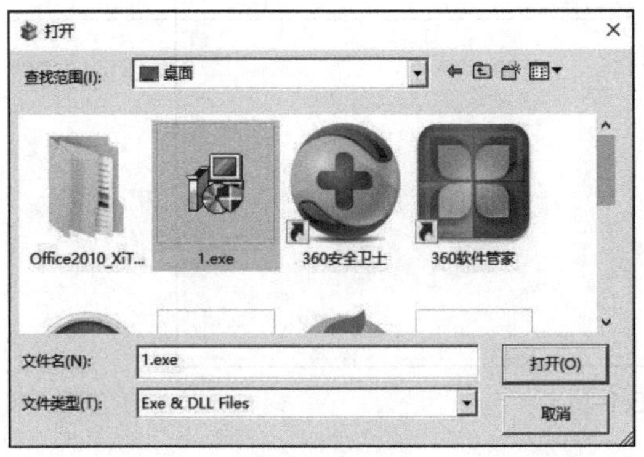

图　6.4.4-2

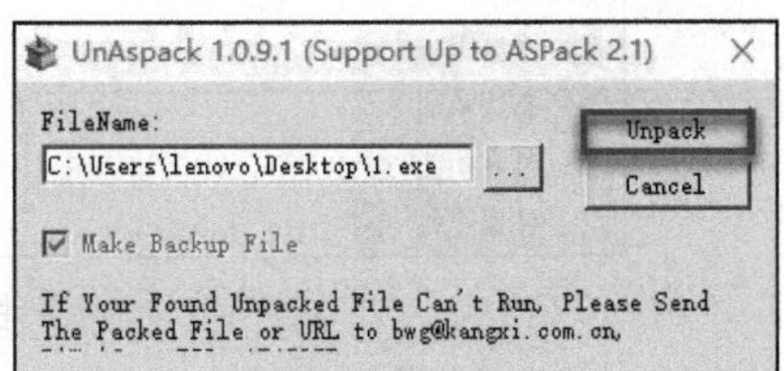

图　6.4.4-3

提示

使用 UnAspack 进行脱壳时要注意，UnAspack 的版本要与加壳时的 ASPack 一致，才能够成功为木马脱壳。

6.5　木马清除软件的使用

如果不了解所发现的木马病毒，要想确定木马的名称、入侵端口、隐藏位置和清除方法等就非常困难，这时就需要使用木马清除软件来清除木马。

6.5.1　用木马清除专家清除木马

“木马清除专家 2016”是一款专业查杀木马软件，可以彻底查杀各种流行 QQ 盗号木马、网游盗号木马、黑客后门等上万种木马程序。具体的操作步骤如下。

步骤 1：启动“木马清除专家 2016”，打开主界面，单击左侧的“系统监控”选项栏，单击其中的“扫描内存”按钮，如图 6.5.1-1 所示。

步骤 2：扫描过程如图 6.5.1-2 所示。

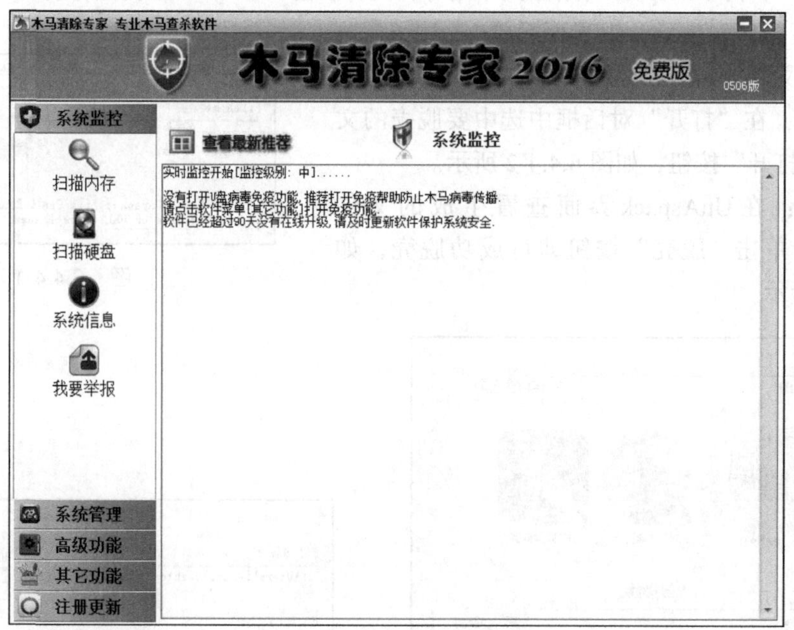

图 6.5.1-1

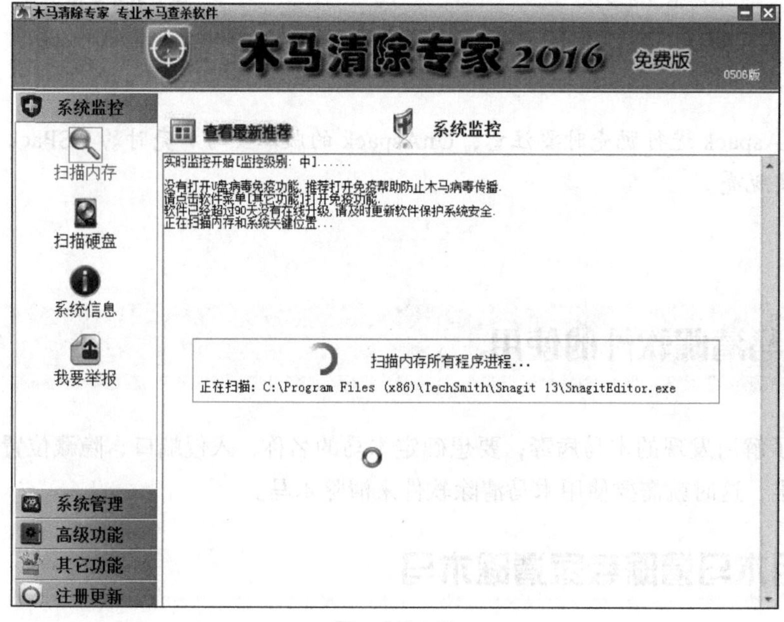

图 6.5.1-2

步骤3：单击“扫描硬盘”按钮，有快速扫描、全面扫描、自定义扫描3种扫描方式，根据需要单击其中一个选项，如图6.5.1-3所示。

步骤4：单击“系统信息”按钮，可查看CPU占用率及内存使用情况等信息。单击“优化内存”按钮可优化系统内存，如图6.5.1-4所示。

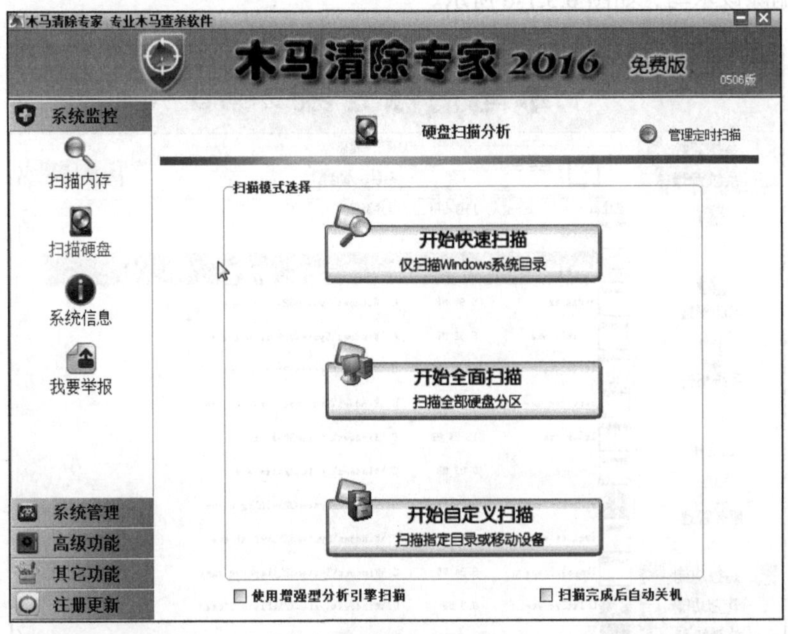

图 6.5.1-3

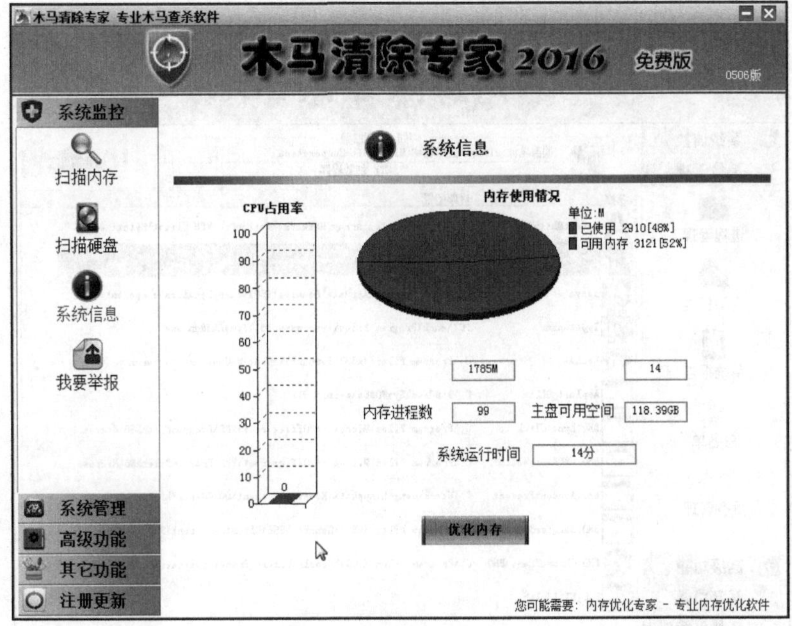

图 6.5.1-4

步骤 5：依次单击“系统管理”→“进程管理”按钮，单击任一进程，在“进程识别信息”文本框中可查看该进程的信息，遇到可疑进程即可单击“中止进程”按钮，如图 6.5.1-5 所示。

步骤 6：单击“启动管理”按钮，查看启动项目识别信息，若发现木马可以单击“删除项目”按钮删除该木马，如图 6.5.1-6 所示。

图 6.5.1-5

图 6.5.1-6

步骤 7：单击“高级功能”中的“修复系统”按钮，根据提示信息单击页面中的修复链接，可对系统进行修复，如图 6.5.1-7 所示。

步骤 8：单击“ARP 绑定”按钮，在“网关 IP”及“网关 MAC”文本框中输入 IP 地址和 MAC 地址，并勾选“开启 ARP 单项绑定功能”复选框，如图 6.5.1-8 所示。

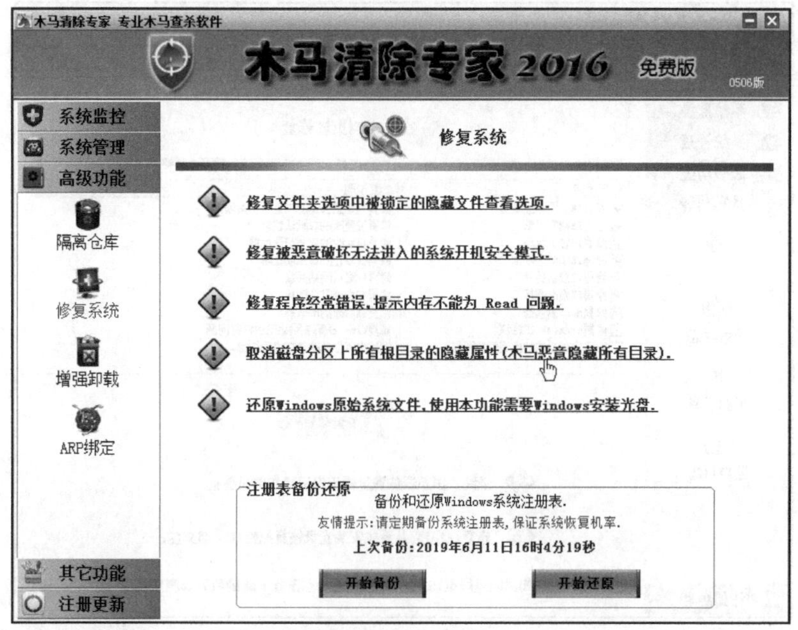

图　6.5.1-7

图　6.5.1-8

步骤 9：单击“其他功能”中的“修复 IE”按钮，勾选需要修复的选项，并单击“开始修复”按钮即可修复，如图 6.5.1-9 所示。

步骤 10：单击“网络状态”按钮，可查看进程、端口、远程地址、状态等信息，如图 6.5.1-10 所示。

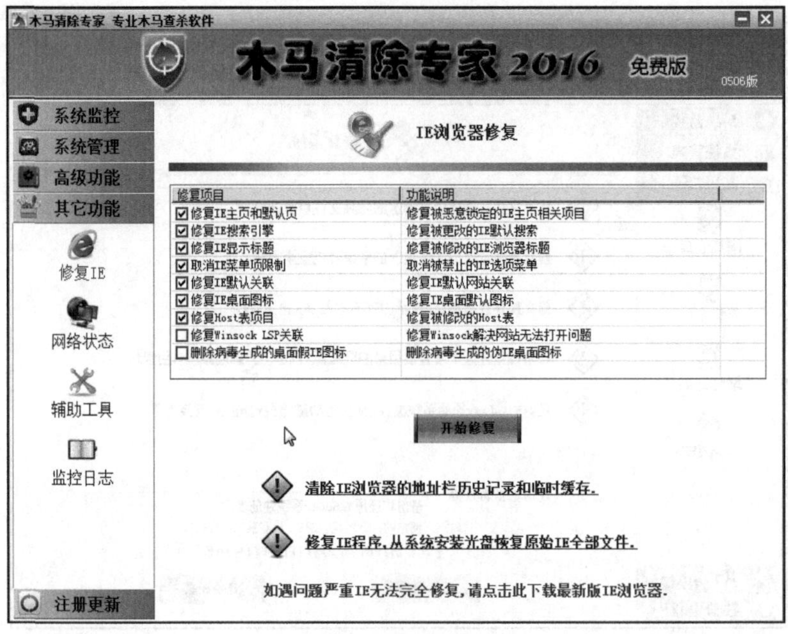

图 6.5.1-9

图 6.5.1-10

步骤 11：单击“辅助工具”按钮，单击“浏览添加文件”按钮可添加文件。单击“开始粉碎”按钮，可以删除无法删除的顽固木马，如图 6.5.1-11 所示。

步骤 12：单击“其他辅助工具”按钮，可根据功能有针对性地使用各种工具，如图 6.5.1-12 所示。

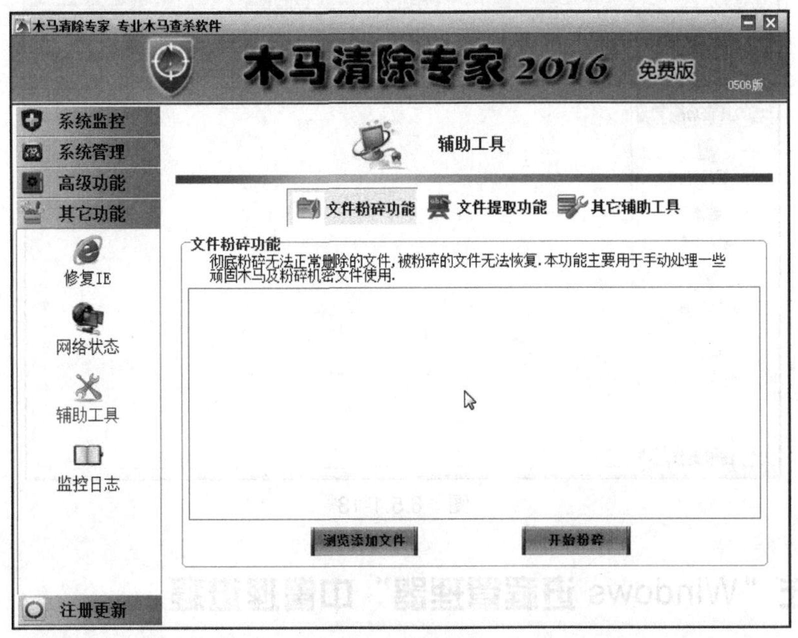

图　6.5.1-11

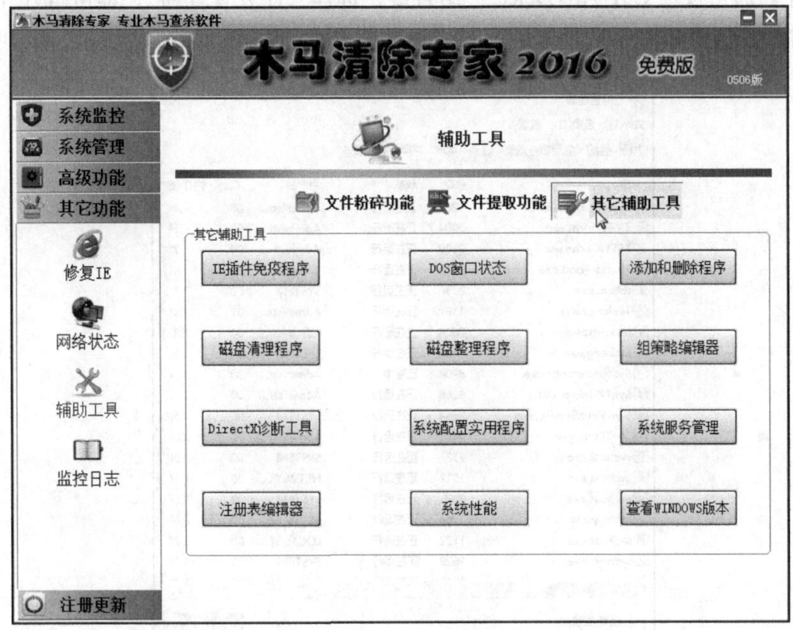

图　6.5.1-12

步骤 13：单击“监控日志”按钮，可查看监控日志，查找黑客入侵的痕迹，如图 6.5.1-13 所示。

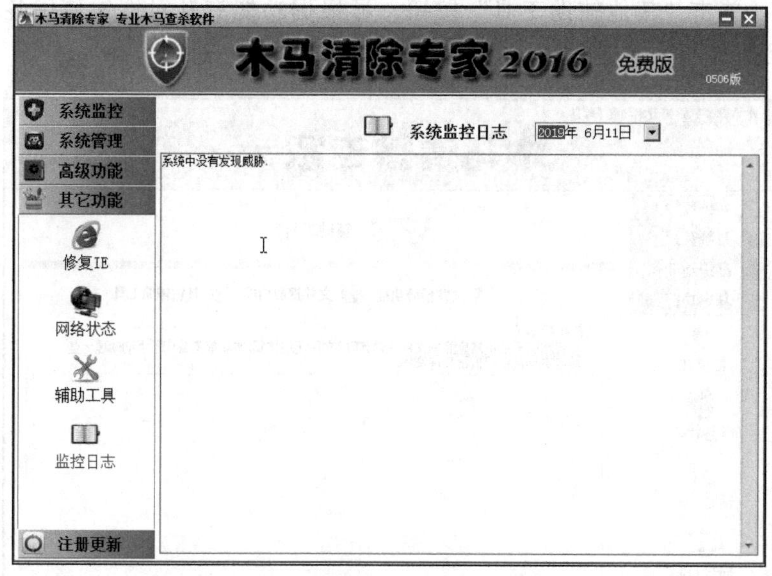

图 6.5.1-13

6.5.2 在“Windows 进程管理器”中管理进程

所谓进程是指系统中应用程序的运行实例，是应用程序的一次动态执行，是操作系统当前运行的执行程序。通常按“Ctrl+Alt+Delete”组合键，选择“任务管理器”，即可打开 Windows“任务管理器”窗口，在“进程”选项卡中可对进程进行查看和管理，如图 6.5.2-1 所示。

任务管理器
文件(F) 选项(O) 查看(V)
进程 性能 应用历史记录 启动 用户 详细信息 服务

名称	PID	状态	用户名	C...
TypeAndRun.exe	12012	正在运行	Administr...	00
TXPlatform.exe	5904	正在运行	Administr...	00
TSVNCache.exe	9520	正在运行	Administr...	00
Thunderbolt.exe	8612	正在运行	Administr...	00
tbtsvc.exe	2156	正在运行	SYSTEM	00
Taskmgr.exe	11892	正在运行	Administr...	01
taskhostw.exe	7624	正在运行	Administr...	00
taskeng.exe	12080	正在运行	SYSTEM	00
SystemSettings.exe	8904	已暂停	Administr...	00
SynTPHelper.exe	8268	正在运行	Administr...	00
SynTPEnhService.exe	2664	正在运行	SYSTEM	00
SynTPEnh.exe	1468	正在运行	Administr...	00
svchost.exe	952	正在运行	SYSTEM	00
svchost.exe	1012	正在运行	NETWOR...	00
svchost.exe	992	正在运行	SYSTEM	00
svchost.exe	1064	正在运行	LOCAL SE...	00
svchost.exe	1132	正在运行	LOCAL SE...	00
svchost.exe	1628	正在运行	SYSTEM	00

简略信息(D)　结束任务(E)

图 6.5.2-1

要想更好、更全面地对进程进行管理，还需要借助于“Windows 进程管理器”软件的功能才能实现。具体的操作步骤如下。

步骤 1：解压缩下载的“Windows 进程管理器”软件，双击“PrcMgr.exe”启动程序图标，即可打开“Windows 进程管理器”窗口，查看系统当前正在运行的所有进程，如图 6.5.2-2 所示。

步骤 2：选择进程列表中的一个进程之后，单击“描述”按钮，即可查看其相关信息，如图 6.5.2-3 所示。

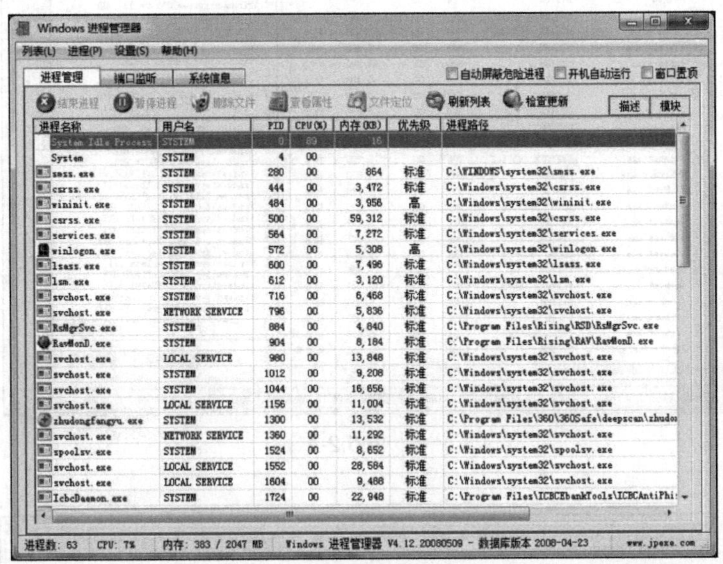

图　6.5.2-2

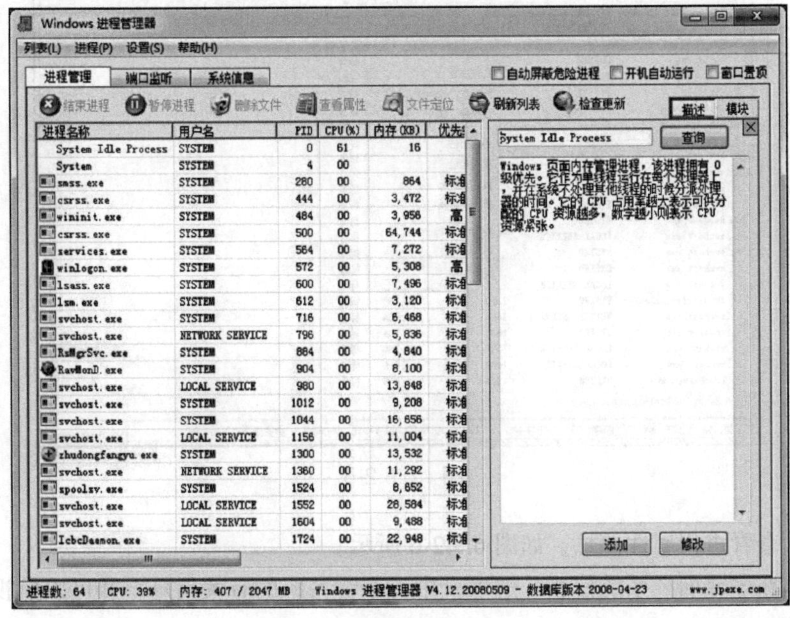

图　6.5.2-3

步骤 3：单击“模块”按钮，即可查看该进程所包含的模块，如图 6.5.2-4 所示。

步骤 4：在某一进程选项上右击，从快捷菜单中可以对进程进行一系列操作，如单击“查看属性”命令，如图 6.5.2-5 所示。

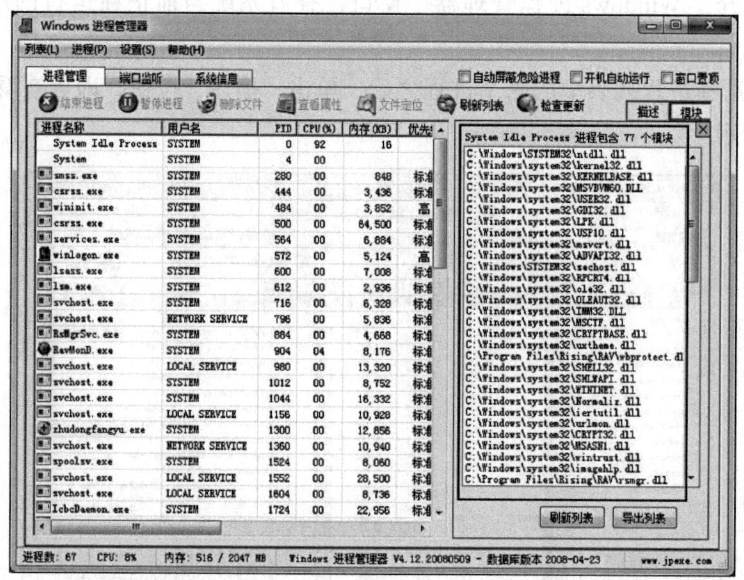

图 6.5.2-4

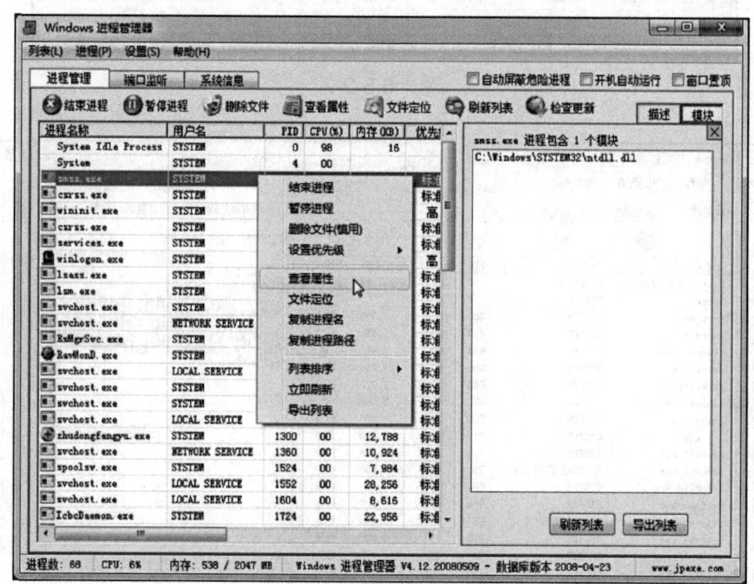

图 6.5.2-5

步骤 5：查看进程属性信息，如图 6.5.2-6 所示。

步骤 6：在主界面“系统信息”选项卡中可查看系统的有关信息，并可以监视 CPU 和内存的使用情况，如图 6.5.2-7 所示。

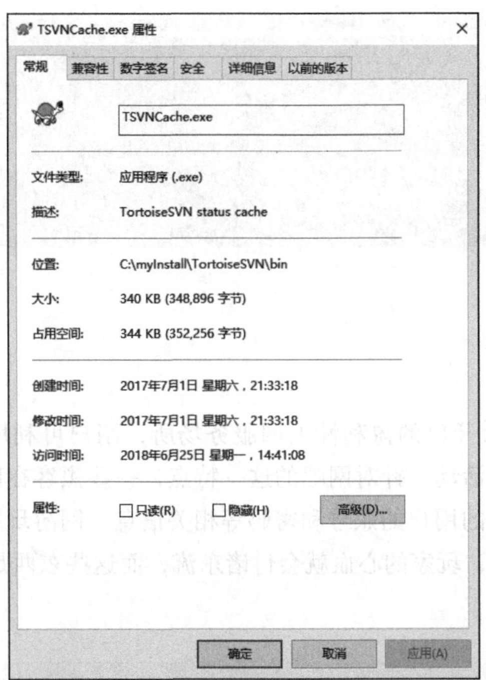
TSVNCache.exe 属性
常规
兼容性
数字签名
安全
详细信息
以前的版本
TSVNCache.exe
文件类型:
应用程序 (.exe)
描述:
TortoiseSVN status cache
位置:
C:\myInstall\TortoiseSVN\bin
大小:
340 KB (348,896 字节)
占用空间:
344 KB (352,256 字节)
创建时间:
2017年7月1日 星期六，21:33:18
修改时间:
2017年7月1日 星期六，21:33:18
访问时间:
2018年6月25日 星期一，14:41:08
属性:
只读(R)
隐藏(H)
高级(D)...
确定
取消
应用(A)

图　6.5.2-6

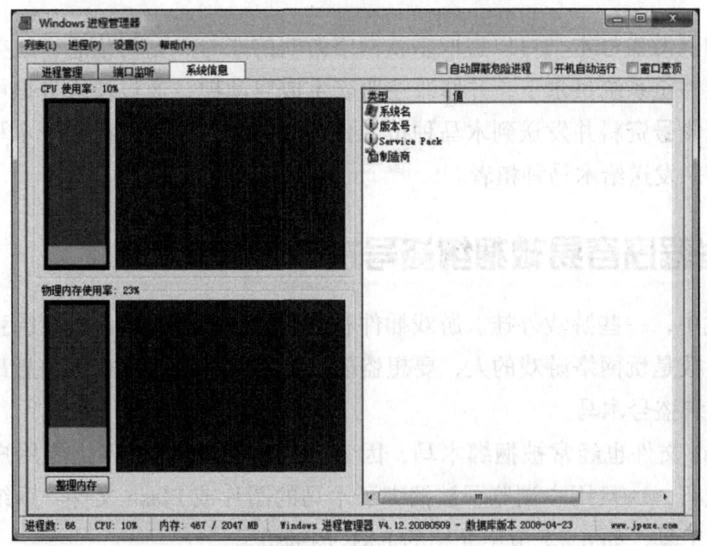
Windows 进程管理器
列表(L)
进程(P)
设置(S)
帮助(H)
进程管理
端口监听
系统信息
自动屏蔽危险进程
开机自动运行
窗口置顶
CPU 使用率: 10%
物理内存使用率: 23%
整理内存
类型
值
系统名
版本号
Service Pack
制造商
进程数: 66
CPU: 10%
内存: 467 / 2047 MB
Windows 进程管理器 V4.12.20080509 - 数据库版本 2008-04-23
www.jpexe.com

图　6.5.2-7

第7章 网游与网吧攻防工具

网吧是面向社会公众开放的盈利性上网服务场所，用户可利用网吧进行网页浏览、网游、聊天、听音乐或其他活动。针对网吧的这一特点，一些黑客在网吧中植入木马，以等待窃取下一位使用该计算机的用户的账号和密码等相关信息。网游玩家辛辛苦苦地升级，但是一旦网游密码、账号被盗，玩家的心血就会付诸东流，而这些东西是金钱买不到的。

7.1 网游盗号木马

功能强大的网游盗号木马可以盗取多款网络游戏的账号、密码信息。这类病毒文件运行后会衍生相关文件至系统目录下，并修改注册表生成启动项，通过注入进程可以设置消息监视，截获用户的账号资料并发送到木马种植者指定的位置，还有一些盗号木马会把游戏账号里的装备记录下来发送给木马种植者。

7.1.1 哪些程序容易被捆绑盗号木马

在网络游戏中，一些游戏外挂、游戏插件和游戏客户端软件容易被捆绑盗号木马。使用这些程序的人多数是玩网络游戏的人，要想盗取网络游戏的账号和密码信息最好的途径就是在这些程序中捆绑盗号木马。

图片和 Flash 文件也经常被捆绑木马，因为图片和 Flash 文件不需要用户另外执行，只要打开就可以运行，一旦用户浏览了被捆绑了木马的图片或 Flash 文件，系统就会中毒。网络上有很多捆绑工具，如 6.2.2 节中介绍的 EXE 捆绑机。

7.1.2 哪些网游账号容易被盗

目前网络游戏已经成为很多人生活的另外一个世界，网络游戏中的很多装备甚至级别高的账号本身也成为玩家的财产，在现实世界中可以用现金来进行交易。于是，一些不法之徒开始盯上了网络游戏，通过盗取网络游戏玩家的账号来牟取不当之财。

以下几种网络游戏最容易被盗：

- 有价值的账号。账号的等级越高，或网络游戏中人物的装备越好，其价值就越高。反之，一个新申请的账号就没什么价值，就是账号被盗玩家也不会在意。
- 在网吧或公共场合玩网络游戏的账号。由于这种场合中的计算机谁都能用，这就为盗号者提供了方便。
- 公用网游账号。很多人玩网游的人喜欢几个人玩一个号，升级比较快，但是这样一来就增加了账号被盗的可能性。只要这些人中有一个人的机器中了盗号木马，则游戏账号就很有可能被盗。

目前常见的网游盗号木马有如下几种：

（1）NRD 系列网游窃贼

这是一款典型的网游盗号木马，它通过各种木马下载器进入用户计算机，利用键盘钩子等技术盗取“地下城与勇士”“魔兽世界”“传奇世界”等多款热门网游玩家的账号和密码，还可对受害用户的计算机屏幕截图、窃取用户存储在计算机中的图片文档和文本文档，以此破解游戏密保卡，并将这些敏感信息发送到指定邮箱中。

（2）魔兽密保克星

该盗号木马是将自己伪装为游戏，主要针对热门网游“魔兽世界”游戏。该游戏会把文件 wow.exe 改名后设置为隐藏文件，而木马却以 wow.exe 名称出现在玩家面前。如果玩家不小心运行了木马，即使账号绑定了密码保护卡，游戏账号也会被盗取。

（3）密保卡盗窃器

这是一款针对网游密保卡的盗号木马。它会尝试搜寻并盗取用户存放于计算机中的网游密保卡，一旦成功，将导致玩家游戏账号被盗。

（4）下载狗变种

这是一个木马下载器。利用该工具可以下载一些网游盗号木马和广告程序，从而给用户造成虚拟财产的损失，并遭到频繁的弹窗骚扰。

7.2 解读游戏网站充值欺骗术

在玩网络游戏过程中，有的玩家需要用金钱来买更精良的装备，就需要在相应充值功能区使用现实金钱换取游戏中的点数。针对这种情况，一些黑客就模拟游戏厂商界面或在游戏界面中添加一些具有诱惑性的广告信息，以诱惑用户前往充值，从而骗取钱财。

7.2.1 欺骗原理

游戏网站充值欺骗术的原理和骗取网上银行账号、密码信息的原理比较相似，使用的都是钓鱼网站、虚假广告等欺骗手段。前段时间出现用于欺骗广大用户的非法网站 http://www.pay163.com 和真实的网易点数卡充值查询中心的网址 http://pay.163.com 非常相似，不细心的玩家就很容易上当受骗。

还有一些黑客伪造网游的官方网站，且各个链接也都能链接到正确的网页中，但是，会在主页的页面中添加一些虚假的有奖信息，提示玩家已经中了大奖，让玩家通过登录网址了解相关的具体细节及领取方式。待玩家打开相应网址后，会提示输入账号、密码、角色等级等信息，一旦输入这些资料，玩家的账号信息就会被黑客盗取，然后直接登录该账号，并转移此账号中的贵重财产。

7.2.2 常见的欺骗方式

网络骗术层出不穷，让人防不胜防，尤其是在网络游戏中，一不小心就会栽入盗号者布下的陷阱中。所以不要随意轻信任何非官方网站的表单提交程序，一定要通过正确的方式进入网游公司的正式页面，才能确保账号安全。黑客常用的欺骗方式有如下几种。

（1）冒充“系统管理员”或“网易工作人员”骗取账号密码

这种方法比较常见，盗号者一般是申请“网易发奖员”“点卡验证员”等名称，然后发送一些虚假的中奖信息。针对这种情况，可以采取如下几种防范措施：

1）一般在游戏中只有一个名字叫“游戏管理员”，其他任何的管理员都是假冒的，而且“游戏管理员”在游戏中一般是不会向用户索取账号和密码的。

2）“游戏管理员”如果有必要索取用户的账号、密码查询时，也只会让用户通过客服专区或邮件的形式提交。

3）游戏官方只会在主页上以公告的形式向用户公布任何与中奖有关的信息，而不会在游戏中公布。

4）如果在游戏进行的过程中发现有人发送类似骗取账号、密码的信息，可以马上向在线的“游戏管理员”报告，或者通过客服专区提交举报。

（2）利用账号买卖等形式骗取账号和密码

这种方法是利用虚假的交易账号来骗取玩家的账号。盗号者通常以卖号为名，把号卖给用户，但是在得到钱几天过后就通过安全码把号找回去；或假装想购买用户的账号，以先看号为名骗取账号。其防范方法如下：

1）拒绝虚拟财产交易，尤其是拒绝账号交易。

2）不要将自己的账号、安全码或密码轻易告诉不信任的玩家。

（3）发送虚假修改安全码信息

盗号者通常会通过游戏频道向他人发送类似“告诉大家一个好消息，网易账号系统已经被破解了，可以通过登录 http://xy2on**.****.com 页面修改安全码！”的通知。用户一旦登录该页面并输入自己的账号、密码等信息，该用户的这些信息就会被盗号者窃取。该种欺骗方式的防范方法如下：

1）不要轻信这些骗人的信息。

2）如果要修改安全码，则一定要到游戏开发公司的官方网站上修改。

（4）冒充朋友在游戏中索要用户账号、点卡等信息该种盗号方式的特点是：盗号者自称是游戏中用户的朋友或某朋友的小号，然后便称想要看用户的极品装备，或帮用户练级、充值点卡等，从而向其索要账号、密码。而当用户将账号、密码发给对方后，其账号就会立刻被下线，当再次尝试登录时将会提示密码错误。其防范方法是不要轻易将自己的游戏账号和密码告诉他人。

7.2.3 提高防范意识

网络游戏玩家提高安全防范意识是保证账号、密码不被盗取的关键因素。除上述介绍的防范措施外，游戏玩家还要注意防范本机中的网络安全，防范木马病毒的攻击。

主要有如下几个措施。

1）在 IE 浏览器页面中依次选择“工具”→“Internet 选项”菜单项，即可打开“Internet 属性”对话框，如图 7.2.3-1 所示。在“安全”选项卡中单击“自定义级别”按钮，在“安全设置”对话框中的“重置为”下拉列表中选择“高”选项，如图 7.2.3-2 所示。单击“确定”按钮，即可将 Internet 的安全级别设置为高。再将 IE 浏览器的“Internet 选项”的“高级”设置为默认设置。

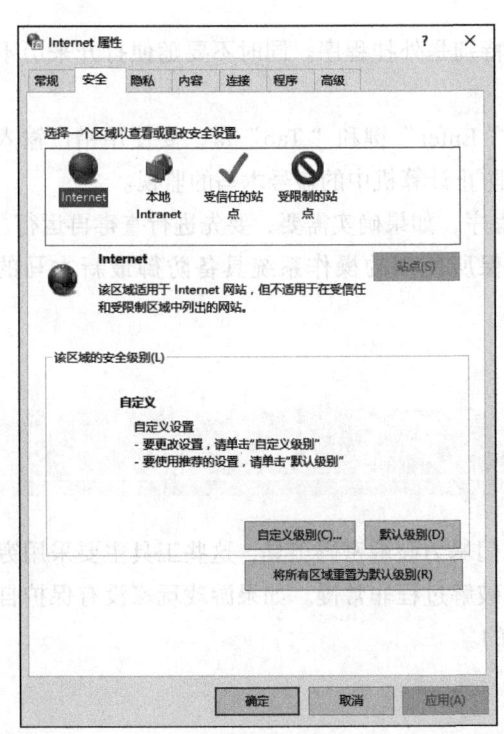

图 7.2.3-1

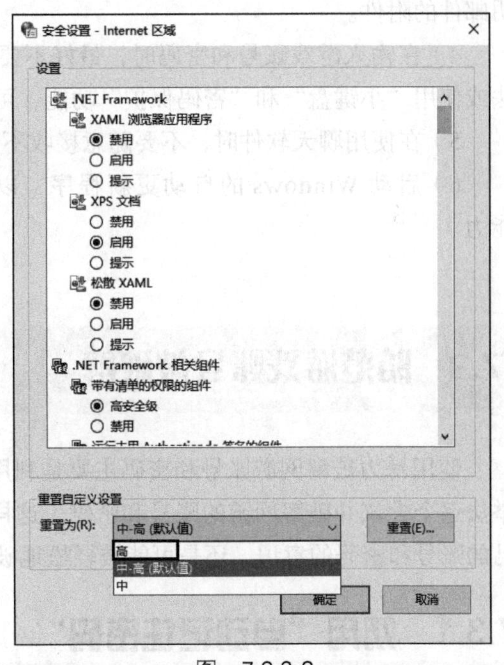

图 7.2.3-2

2）如果在网吧中登录自己的游戏账号，一定小心网吧的计算机上是否安装有记录键盘操作的软件或木马。在使用网吧计算机时，打开“Windows 任务管理器”窗口，在其中查看是否有来历不明的程序正在运行，如图 7.2.3-3 所示。如有则立即结束该程序运行。最好在上机前先使用木马检查工具扫描一下机器，看是否存在木马程序，并且重启计算机。

图 7.2.3-3

3）不要安装和下载一些来历不明的软件，特别是外挂程序。同时不要随便打开来历不明邮件的附件。

4）在输入游戏账号和密码时，最好不要用“Enter”键和“Tab”键，要使用错位输入法或使用“小键盘”和“密码保护”功能，可以防止计算机中的盗号木马的监视。

5）在使用聊天软件时，不要随意接收不明程序，如果确实需要，要先进行查毒再运行。

6）启动 Windows 的自动更新程序，以确保所使用的操作系统具备防御最新木马的能力。

7.3 防范游戏账号被破解

使用暴力破解网游账号和密码主要是利用专门暴力破解密码工具，这些工具主要采用穷举法逐个尝试并破解网游的账号和密码，这样做破解过程非常慢。如果游戏玩家没有保护自己的账号和密码的意识，还是可能被轻松地破解的。

7.3.1 勿用“自动记住密码”

一般的游戏登录界面都会为用户提供“自动记住密码”功能，该功能为用户以后的登录提供了方便，但同时也方便了黑客破解账号和密码。如果用户登录网络游戏时使用该功能，计算机就会自动将其账号和密码保存在一个文件中，这样就可以使用暴力破解工具瞬间盗取其账号和密码。目前这类破解工具很多，如 Cain & Abel 工具。

Cain & Abel 是一个可以破解屏保、PWL 密码、共享密码、缓存口令、远程共享口令、SMB 口令等的综合工具。利用该工具可以查看使用“自动记住密码”功能登录的本地账户及密码。下面通过 Cain & Abel 软件来具体介绍使用“自动记住密码”功能给用户带来的危害性。具体的操作步骤如下。

步骤 1：安装 Cain & Abel 工具并根据提示安装 Winpcap4.1，双击桌面上的“Cain”快捷图标，即可打开“Cain”主窗口，如图 7.3.1-1 所示。

步骤 2：单击菜单栏中的“配置”按钮，即可打开“配置对话框”对话框，如图 7.3.1-2 所示。

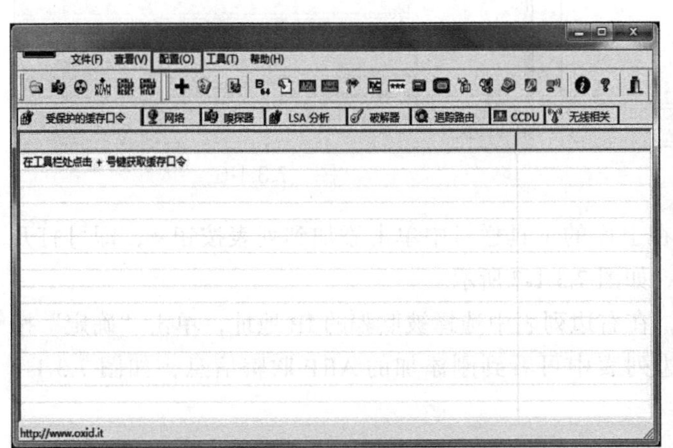

图　7.3.1-1

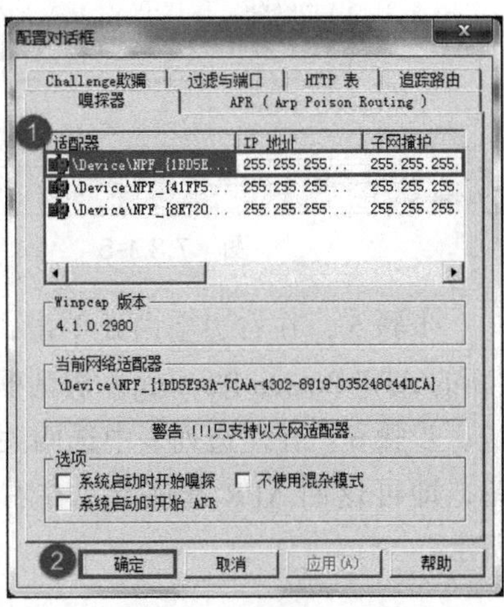

图　7.3.1-2

步骤 3：在选择好本机的 IP 地址和适配器后，单击“确定”按钮，即可返回“Cain”主窗口中。选择“嗅探器”选项卡，可在其中看到本地网络中的主机，如图 7.3.1-3 所示。在窗口下方的列表中右击，从弹出菜单中选择“扫描 MAC 地址”菜单项，即可打开“MAC 地址扫描”对话框，如图 7.3.1-4 所示。

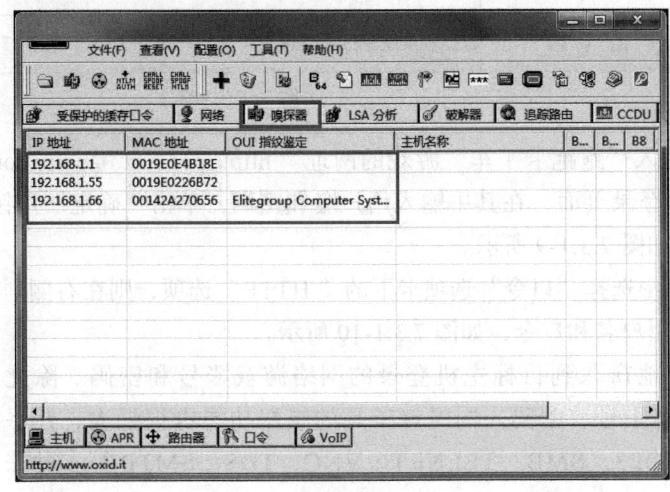

图　7.3.1-3

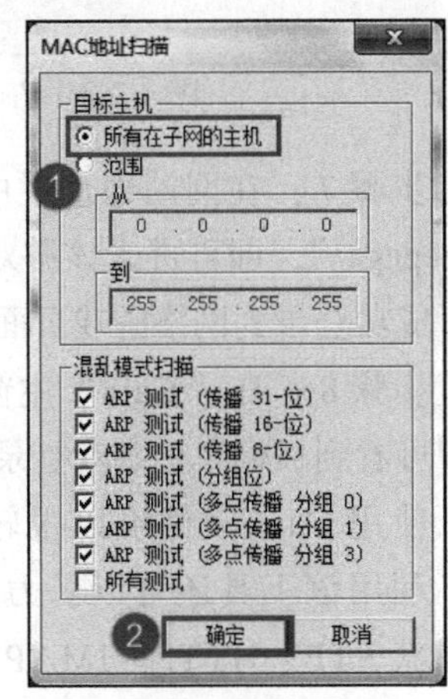

图　7.3.1-4

步骤 4：选择扫描的目标主机，这里选择“所有在子网中的主机”单选项，单击“确定”按钮，即可开始扫描。待扫描完成后，在“嗅探器”选项卡中可看到整个局域网内的所有主机的信息，如图 7.3.1-5 所示。在“Cain”主窗口中选择 APR 选项卡，在其列表中可看到已经存在的 ARP 欺骗，如图 7.3.1-6 所示。

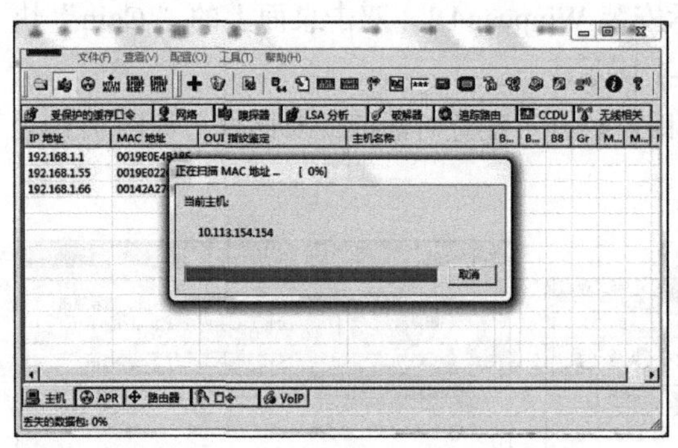

图 7.3.1-5

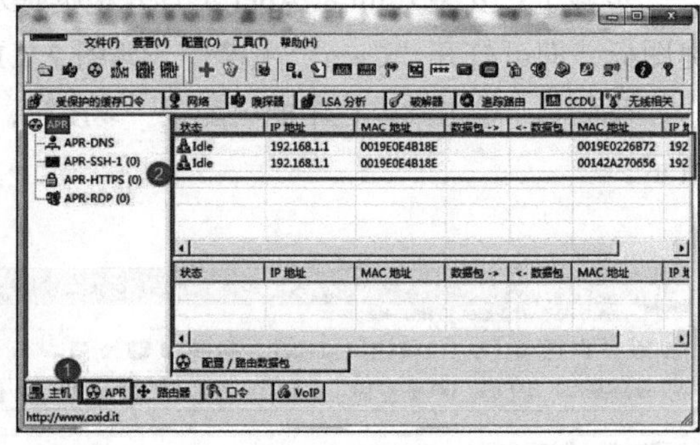

图 7.3.1-6

步骤 5：在右边空白处单击，在上面的工具栏目中单击添加到列表按钮，即可打开“新的 ARP Posion Routing”对话框，如图 7.3.1-7 所示。

步骤 6：在左边列表中选网关，在右边列表中选择被欺骗的 IP 地址，单击“确定”按钮，即可返回 APR 选项卡，在右边列表中可看到刚添加的 ARP 欺骗信息，如图 7.3.1-8 所示。

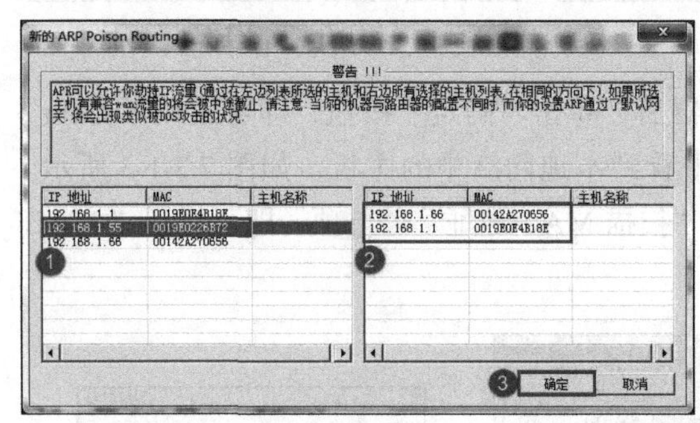

图 7.3.1-7

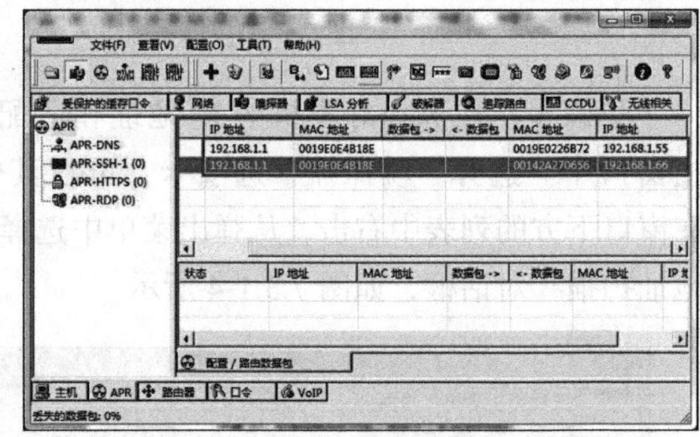

图 7.3.1-8

步骤 7：在网站地址栏中输入“跑跑卡丁车”游戏的网址“http://popkart.tiancity.com/homepage/”，即可进入该游戏的登录页面，在其中输入用户名和密码，单击“确定”按钮，即可成功登录到网络游戏页面，如图 7.3.1-9 所示。

步骤 8：在“Cain”主窗口中选择“口令”选项卡下的“HTTP”选项，则在右侧列表中即可看到目标主机游戏登录的用户名和口令，如图 7.3.1-10 所示。

使用 Cain 软件可以很轻松地窃取到目标主机登录的网络游戏账号和密码。除此之外，利用该工具还可以暴力破解账号、密码。同时该工具的嗅探功能也很强大，几乎可以捕获 FTP、HTTP、IMAP、POP3、SMB、TELNET、VNC、TDS、SMTP 等多种账号的口令。

图　7.3.1-9

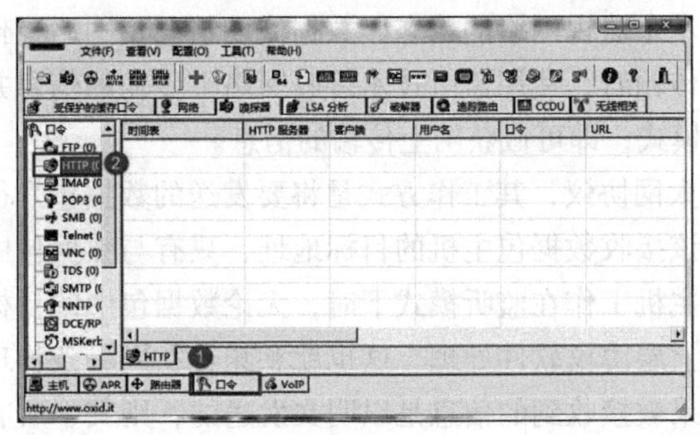

图　7.3.1-10

7.3.2　防范方法

为防止自己登录的游戏账号与密码被黑客暴力破解，一般需采取如下几种防范方法：

1）尽量不要将自己的游戏账号和密码暴露在公共场合和其他网站，更不要使用“自动记住密码”功能登录游戏。

2）尽可能将密码设计得复杂一些，位数最少在 8 位以上，且需要将数字、字母和其他字符混合使用。

3）不要使用关于自己的信息，如生日、身份证号码、电话号码、居住的街道名称、门牌号码等作为游戏的密码。

4）由于再复杂的密码也可被黑客破解，只有经常更换密码，才可提高密码安全系数。

5）要申请密码保护，即设置安全码，而且安全码不要与密码相同。由于安全码也不能保证密码不被破解，所以用户在设置好安全码后，还要尽可能地保护好自己的密码。

6）完善用户登录权限和软件安装权限，并尽可能地使用一些锁定软件在短暂离开时锁定计算机，避免其他人非法使用自己的计算机。

7.4 警惕局域网监听

目前，局域网中多数采用的是广播方式，在广播域中可以监听到所有的信息包。这样在局域网中进行网络游戏时，黑客就可以通过对信息包进行分析，来窃取局域网上传输的一些游戏账号和密码信息。同时，现在很多黑客都会把局域网扫描与监听作为入侵之前的准备工作。凭借这种方式，黑客可以获得用户名、密码等重要的信息，还可以监听别人发送的邮件内容、即时聊天信息、访问网页的内容等。因此，如果被黑客进行监听的话，将会给用户带来巨大的损失，所以要警惕局域网的监听。

7.4.1 了解监听的原理

网络监听是一种管理计算机网络安全方面的技术，其主要的使用对象是网络安全管理人员。他们可以用该项技术来监视网络的状态、数据流动情况及网络上传输的信息等。当信息以明文的形式在网络上传输时，使用监听技术接收网络上传输的信息并不是一件难事，只要将网络接口设置成监听模式，即可截获网上传输的信息。

现在普遍使用的以太网协议，其工作方式是将要发送的数据包发往连接在一起的所有主机，且数据包中包含应该接收数据包主机的目标地址，只有与数据包中目标地址一致的那台主机才能接收数据。当主机工作在监听模式下时，无论数据包中的目标地址是什么，主机都能接收，并一律上交给上层协议软件处理。这也就意味着在同一条物理信道上传输的所有信息都可以被接收到。如果被接收到的信息是以明文发送的，则其中所有的信息都将展现在接收者面前，而且现在网络上的信息大多是以明文发送的。如果用户的账户名和口令等信息也以明文的方式在网上传输，就会被黑客或网络攻击者监听到并截获。这就是目前网上交易的账号、密码丢失、QQ 号丢失的原因所在。

目前对网络游戏进行监听的工具主要有“联众密码监听器”和“边锋密码监听器”，这两个工具专门用来监视局域网内部联众和边锋网络游戏登录，同时它们还记录整个局域网内部的联众网页登录、边锋网页登录等包括账户和密码在内的所有敏感信息。可以记录登录到游戏大厅的用户账号和密码，而它们登录到游戏网页中，则可以记录用户在网页中输入的所有以 POST 方式提交的表单中的全部内容，所以只要有一个客户端运行了此类工具，整个网吧或局域网就都在其监控之下。

7.4.2 防范方法

对于黑客来说，可以利用网络监听技术很容易地获得用户账号和密码等关键信息；而对于入侵检测和追踪者来说，网络监听技术又能够在与黑客的斗争中发挥重要的作用。因此，目前在局域网中还没有很好的方法来防御此类监听，但也并不是对恶意的网络监听攻击无任何防范方法。下面介绍几种防范网络监听的方法。

（1）使用专门的密码防盗工具

在网吧里，为了保护计算机的基本设置，一般都限制“Ctrl+Alt+Del”等组合键，使得用户根本无法知道是否有网络监听工具在运行。不过用户可以去下载专门的密码保护软件，来保护自己的游戏账号和密码等隐私信息。常用的工具有“传奇密码防盗专家”“网吧密码防盗专家”等。使用“网吧密码防盗专家”来保护网络游戏账号信息的具体操作步骤如下。

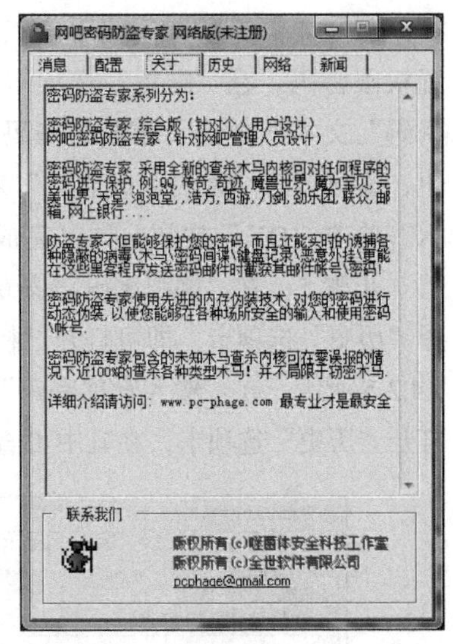

图　7.4.2-1

步骤 1：下载并安装“网吧密码防盗专家”软件后，双击桌面上的快捷图标，即可打开“网吧密码防盗专家网络版”主窗口，如图 7.4.2-1 所示。

步骤 2：在“关于”选项卡中可看到该软件的相关信息，例如使用先进的内存伪装技术，可对密码进行动态伪装等。切换至“消息”选项卡，单击“启动”按钮，则程序即可自动对账号进行密码保护，并实时捕获各种隐藏的病毒、木马、密码间谍、键盘记录、恶意外挂等，还能在黑客发送密码邮件时截获其邮件地址和密码，如图 7.4.2-2 所示。

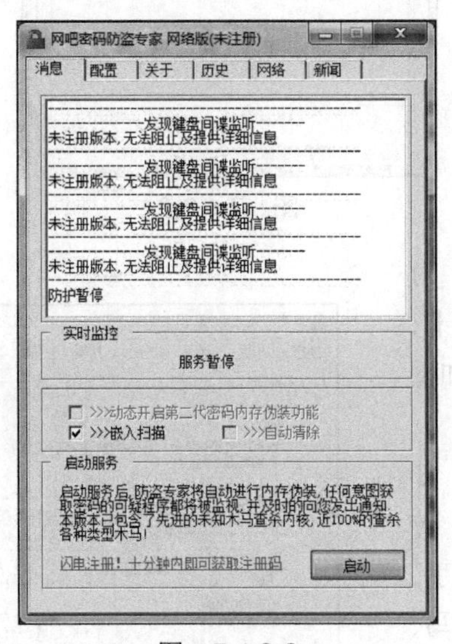

图　7.4.2-2

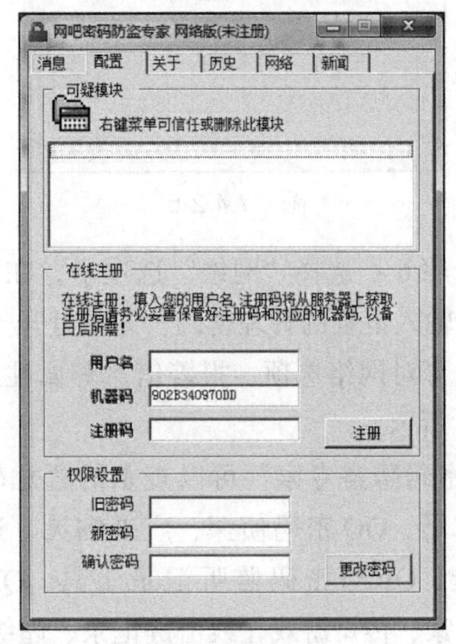

图　7.4.2-3

步骤 3：选择“配置”选项卡，即可在其中配置可疑模块、在线注册等，如图 7.4.2-3 所示。

注意

“网吧密码防盗专家”系列分为：“网吧密码防盗专家 综合版”，主要针对个人用户设计；“网吧密码防盗专家 网络版”，主要针对网吧管理人员设计。这里使用的是“网吧密码

防盗专家 网络版"，如果是普通用户，则使用"网吧密码防盗专家 综合版"即可。

步骤 4：为了方便使用该工具，还需要给该软件设置权限密码。在"配置"选项卡的"新密码"和"确认密码"文本框中输入相同的密码，单击"更改密码"按钮，即可打开"密码更改成功"对话框，如图 7.4.2-4 所示。单击"OK"按钮，即可完成权限设置操作。

图 7.4.2-4

步骤 5：在"网吧密码防盗专家网络版"主窗口中选择"历史"选项卡，即可打开"权限管理"对话框，如图 7.4.2-5 所示。在"输入管理密码"文本框中输入设置的管理密码，并单击"OK"按钮，即可打开"历史"选项卡，在其中可查看已处理的模块，还可以进行还原操作，如图 7.4.2-6 所示。

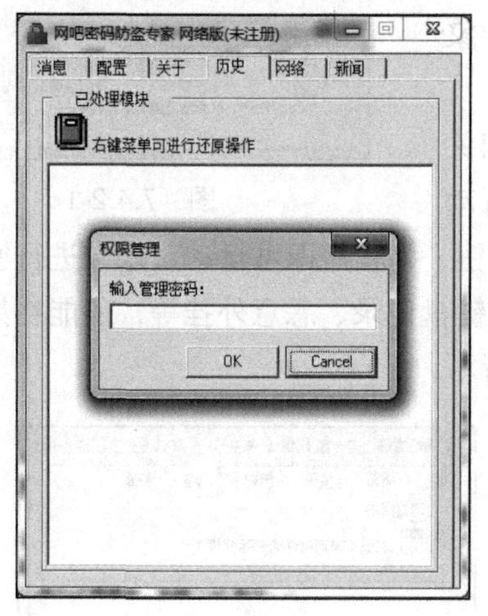

图 7.4.2-5

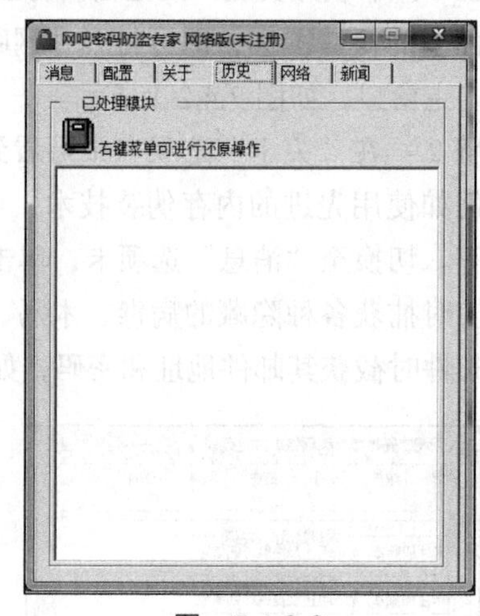

图 7.4.2-6

步骤 6：选择"网络"选项卡，在"权限管理"对话框中输入设置的管理密码，即可打开"网络"选项卡，在其中可对网络选项、报警信息等属性进行设置，如图 7.4.2-7 所示。

"密码防盗专家"可以查杀的恶意软件有很多，如冰河木马、QQ 密码侦探、广外幽灵、边锋盗号机、传奇击键、OICQ 密码监听记录工具、QEyes 潜伏猎手、密码专家、传奇游戏在线击键记录、超级密码记录木马、联众木马监听器、按键记录器等。

（2）使用加密技术

如果局域网中的数据包经过加密后再传输，通过监听得到的信息就会是乱码，可以保护账号和密码。但是使用加密技术影响数据传输速度，用户要谨慎使用该种防范方法。

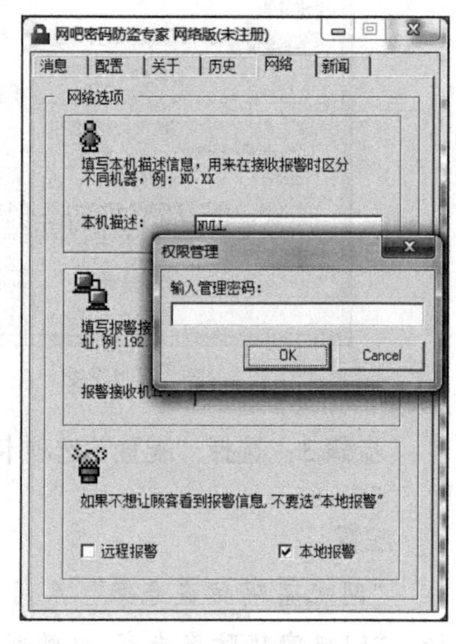

图 7.4.2-7

（3）网络分段

网络分段是将一个物理网络划分为多个逻辑子网的技术。网络分段的作用是将非法用户与敏感的网络资源相互隔离，从而防止可能的非法监听。一个子网段是一个小的局域网，监听的计算机只能在自己的小网段内监听，而不会监听到别的子网段。还可以使用专门的反监听工具进行防范，如 AntiSniffer。

（4）使用划分 VLAN 技术

虚拟局域网（VLAN）是根据需要灵活地加入不同的逻辑子网中的一种网络技术。建立了虚拟局域网后，各个虚拟网之间不能直接进行通信，而必须通过路由器转发，这就为高级的安全控制提供了可能，大大增强了网络的安全性，可以防范大部分基于网络监听的入侵。

7.5 美萍网管大师

“美萍网管大师”软件具有实时计时、计费、计账功能，是一款网吧管理员必备的工具。该工具既可单独作为网吧的计费管理机，也可配合安全卫士远程控制整个网络内的所有计算机，还可以可对任意机器进行开通、停止、限时、关机、热启动等操作，并且具有会员管理、网吧商品管理、每日费用统计等众多功能。

使用“美萍网管大师”软件管理网吧中计算机的具体操作步骤如下。

步骤 1：下载并安装“美萍网管大师”工具，双击桌面上的快捷图标，即可打开“美萍网管大师”窗口，如图 7.5-1 所示。

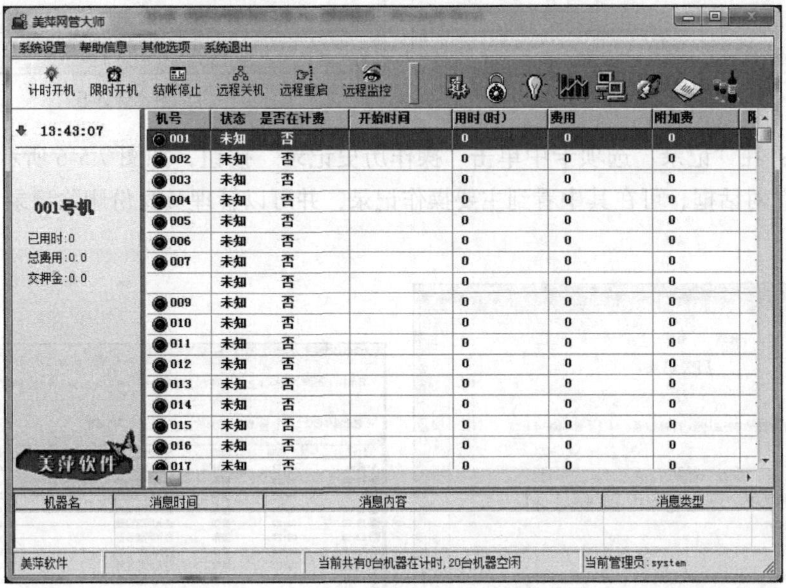

图　7.5-1

步骤 2：例如选择 1 号计算机后，单击工具栏中“远程关机”按钮，即可打开“提示信息”对话框，如图 7.5-2 所示。单击“确定”按钮，即可远程关闭 1 号计算机。

步骤 3：在“美萍网管大师”窗口中单击系统设置按钮，即可打开“信息”提示框，如图 7.5-3 所示。

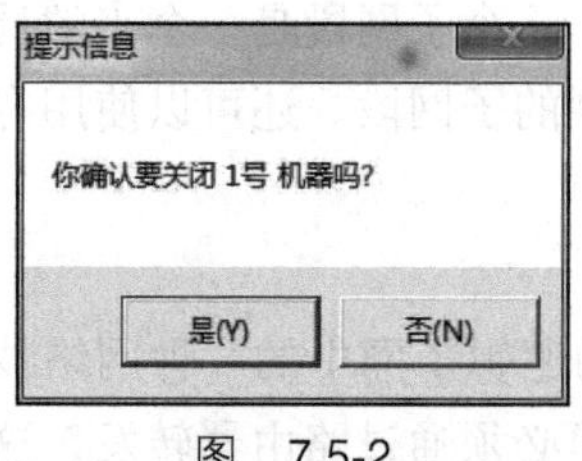

图 7.5-2

图 7.5-3

步骤 4：在其中输入系统密码，并单击“确定”按钮，即可打开“美萍软件设置”对话框，如图 7.5-4 所示。在“计费”选项卡中可对“计费标准”“分时段计费”“上网程序设置”“会员计费”等属性进行设置。选择“设置”选项卡，可对“密码设置”和“系统设置”的各个属性进行设置，如图 7.5-5 所示。

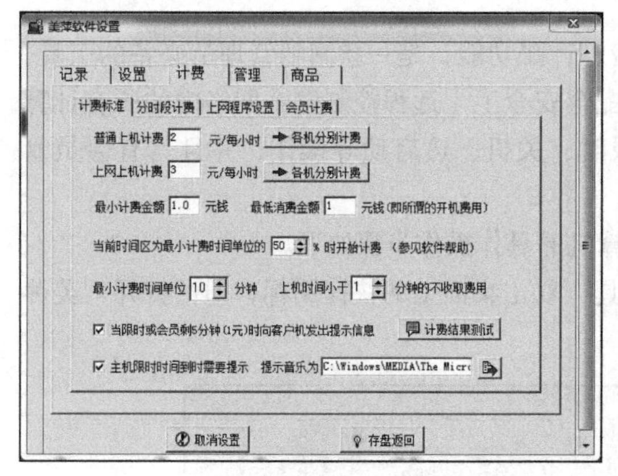

图 7.5-4

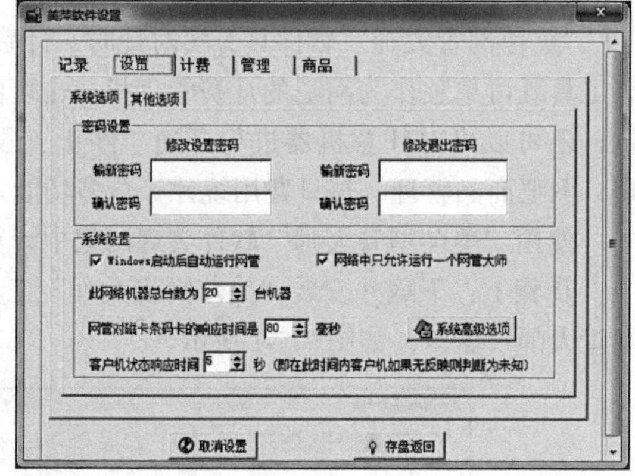

图 7.5-5

步骤 5：在“记录”选项卡中单击“操作历史记录”按钮，如图 7.5-6 所示。打开“历史操作记录”对话框，可在其中看到主要操作记录，并可以管理员身份删除记录，如图 7.5-7 所示。

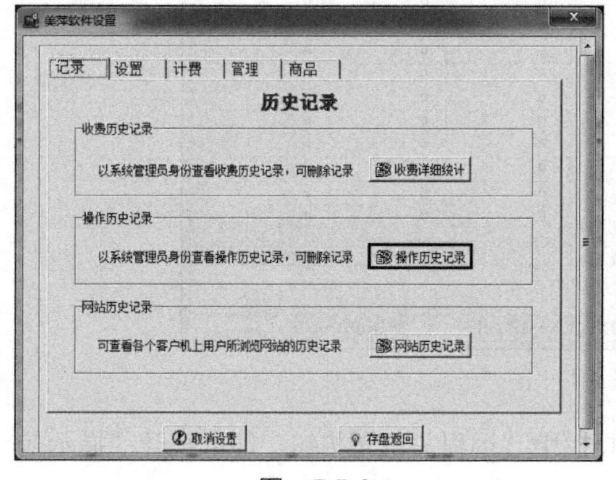

图 7.5-6

图 7.5-7

步骤 6：在“记录”选项卡中单击“网站历史记录”按钮，如图 7.5-8 所示。打开“客户机网站历史记录统计”对话框，如图 7.5-9 所示。可在其中查看某台客户机浏览的网站，从中可以判断用户是否进行下载操作。

步骤 7：在“美萍网管大师”窗口中单击“会员管理”按钮，即可打开“信息”提示框，在其中输入设置的系统密码，如图 7.5-10 所示。

步骤 8：单击“确定”按钮，即可打开“会员制管理”对话框，可在其中对本网吧的会员进行会员充值、新增会员、资料修改、资料备份、会员统计等各种管理，如图 7.5-11 所示。

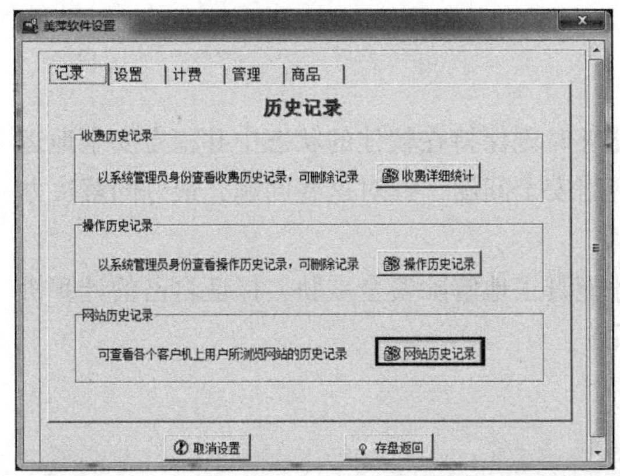

图　7.5-8

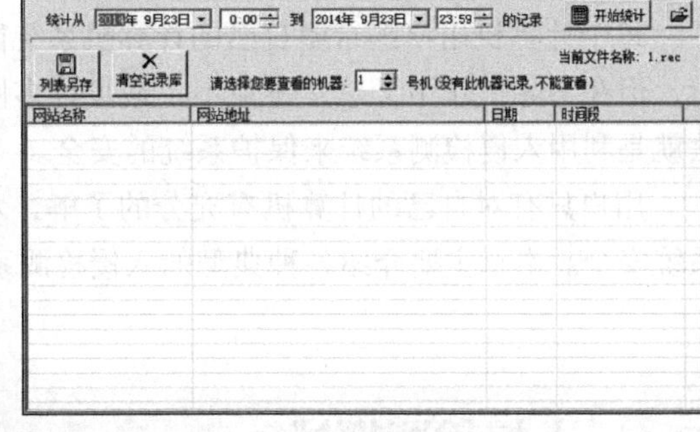

图　7.5-9

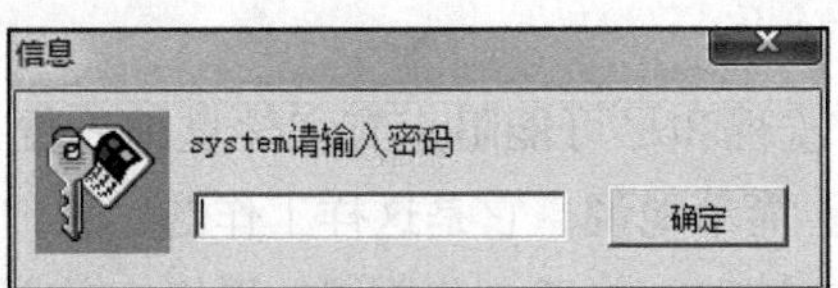

图　7.5-10

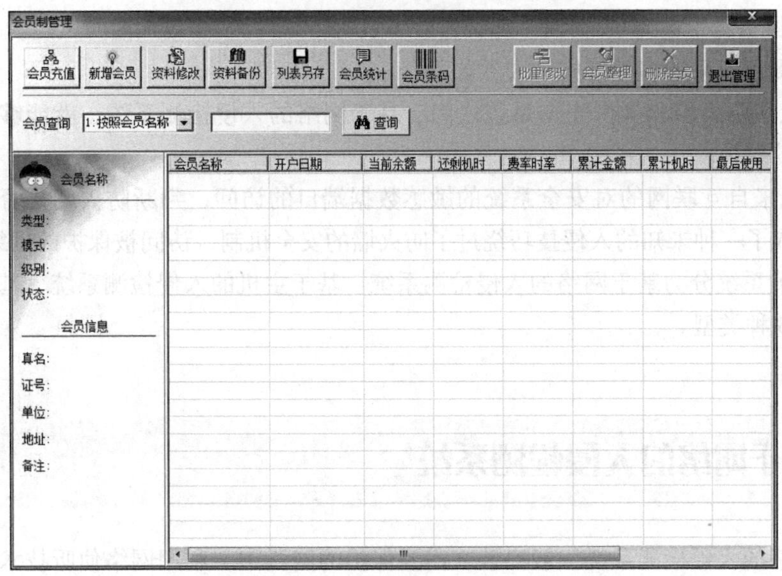

图　7.5-11

第8章 黑客入侵检测工具

每个计算机用户都希望自己的计算机系统能够时刻保持在较佳的状态中并稳定安全地运行，但在实际工作中又总是避免不了遇见许多网络安全问题，针对这些问题，最好的解决办法就是利用入侵检测系统来保护系统的安全。

用户只有对自己的计算机有充分的了解，才能真正地解除安全威胁，保证自己的计算机系统安全。本章主要介绍各种典型的入侵检测系统。

8.1 入侵检测概述

所谓入侵检测是指试图监视和尽可能阻止有害信息的入侵，或其他能够对用户的系统和网络资源产生危害的行为。简单地说，它是这样工作的：用户有一个计算机系统，它与网络连接着，也许也同互联网连接着，出于一些原因，网络上的授权用户可访问该计算机，比如，一个连接着互联网的 Web 服务器，允许自己的客户、员工和一些潜在的客户，访问存放在该 Web 服务器上的 Web 页面，那么这台 Web 服务器就存在被入侵的风险。

入侵检测可以采取多种措施，大致如下：

1）放置在防火墙和一个安全系统之间、基于网络的入侵检测系统，就能够给该安全系统提供额外的保护。

2）监视来自互联网的对安全系统的敏感数据端口的访问，判断防火墙是否被攻破，或是否有人采取了一种未知的入侵技巧绕过了防火墙的安全机制，访问被保护的网络。

入侵检测系统分为基于网络的入侵检测系统、基于主机的入侵检测系统、基于漏洞的入侵检测系统 3 种类型。

8.2 基于网络的入侵检测系统

基于网络的入侵检测系统一般安装在需要保护的网段中，利用网络侦听技术实时监视该网段中传输的各种数据包，并对这些数据包的内容、源地址、目的地址等进行分析和检测。

如果发现入侵行为或可疑事件，入侵检测系统就会发出警报，甚至切断网络连接。其整个入侵检测结构如图 8.2-1 所示。

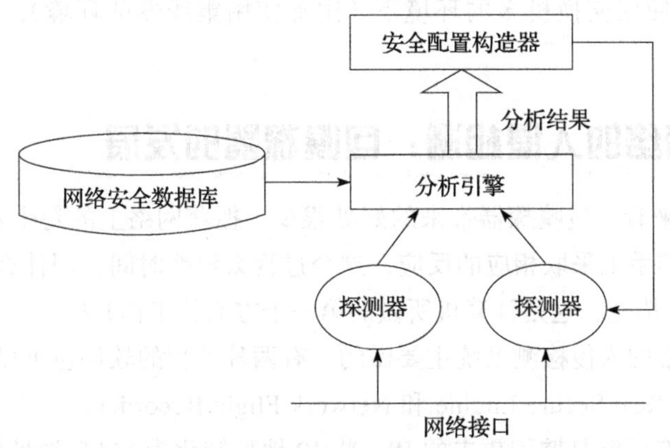

图 8.2-1 基于网络的入侵检测结构

网络接口卡（NIC）可以在如下两种模式下工作：

1）正常模式。需要发送给计算机（通过包的以太网或 MAC 地址进行判断）的数据包，通过该主机系统进行中继转发。

2）混杂模式。此时以太网上所能见到的数据包都向该主机系统中继。

一块网卡可以从正常模式向混杂模式转换，通过使用操作系统的底层功能就能直接告诉网卡进行模式转换。通常，基于网络的入侵检测系统要求网卡处于混杂模式下。

8.2.1 包嗅探器和网络监视器

包嗅探器和网络监视器的最初设计目的是帮助监视以太网络的通信。最早有两种产品：Novell LANalyser 和 [M$] Network Monitor。这些产品可以抓获网络上所有能够看到的包，而一旦抓获了这些数据包，就可以进行如下的工作：

1）对包进行统计。统计通过的数据包，并统计该时段内通过的数据包的总大小（包括总的开销，例如包的报头），从而可很好地知道网络的负载状况。LANalyser 和 [M$] Network Monitor 都提供了网络相关负载的图形化或图表表现形式。

2）仔细地检查包。如可抓获一系列到达 Web 服务器的数据包来诊断服务器的问题。

近年来，包嗅探产品已经发展成了独立的产品。这些产品（例如 Ethereal 和 Network Monitor 的最新版本）可以对被扫描目录下各种类型的包进行扫描，从而知道包内部发生了什么类型的通信。而另一方面，这些工具也能被用来进行破坏活动。

8.2.2 包嗅探器和混杂模式

所有的包嗅探器都要求网络接口运行在混杂模式下，只有这样，包嗅探器才能接收通过网络接口卡的每个包。在安装了包嗅探器的机器上运行包嗅探器通常需要有管理员的权限，这样，网卡的硬件才能被设置为混杂模式。

另外需要考虑的一点是：在交换机上使用。在一个网络中，包嗅探器比集线器使用得更多。注意，在交换机的一个接口上收到的数据包不总是被送向交换机的其他接口。出于这种原因，在使用交换机多的环境下（比都使用集线器的环境），包嗅探器通常会失去使用。

8.2.3 基于网络的入侵检测：包嗅探器的发展

从安全的观点来看，包嗅探器带来的好处很少。抓获网络上的每个数据包，拆分该包，然后再根据包的内容手工采取相应的反应，这个过程太浪费时间，用什么软件可以自动为我们执行这些程序呢（毕竟，这是计算机所做的第一个方面的工作）？

这就是基于网络的入侵检测系统主要做的。有两种类型的软件包可以用来进行这类入侵检测，那就是：ISS Real Secure Engine 和 Network Flight Recorder。

识别各种各样有可能是欺骗攻击的 IP。将 IP 地址转化为 MAC 地址的 ARP 协议通常就是一个攻击目标。如果在一个以太网上发送伪造的 ARP 数据包，一个已经获得系统访问权限的入侵者就可以假装是一个不同的系统在进行操作。这将会导致各种各样的拒绝服务攻击，也叫系统劫持。入侵者可以使用欺骗攻击将数据包重定向到自己的系统中，同时在一个安全的网络上进行中间类型的攻击来进行欺骗。

通过对 ARP 数据包的记录，基于网络的入侵检测系统就能识别出受害的源以太网地址，并判断是否是一个破坏者。当检测到一个不希望看到的活动时，基于网络的入侵检测系统将会采取行动，包括干涉从入侵者处发来的通信，或重新配置附近的防火墙策略，以封锁从入侵者的计算机或网络发来的所有通信。

8.3 基于主机的入侵检测系统

基于主机的入侵检测系统运行在需要监视的系统上，监视并判断系统上的活动是否可接受。如果一个网络数据包已经到达它要试图进入的主机，要想准确地把它检测出来并进行阻止，除了需要防火墙和网络监视器外，还可用第三道防线来阻止，即“基于主机的入侵检测”，其入侵检测结构如图 8.3-1 所示。

两种基于主机的入侵检测类型是：

1）网络监视器。它监视进入主机的网络连接，并试图判断这些连接是否是一个威胁，可检查出网络连接表达的一些试图进行的入侵类型。记住，这与基于网络的入侵检测不同，因为它只监视它所运行的主机上的网络通信，而不是通过网络的所有通信。基于此种原因，它不需要网络接口处于混杂模式。

2）主机监视器。它监视文件、文件系统、日志或主机其他部分，查找特定类型的活动，进而判断它们是否是一个入侵企图（或一个成功的入侵），若是，则通知系统管理员。

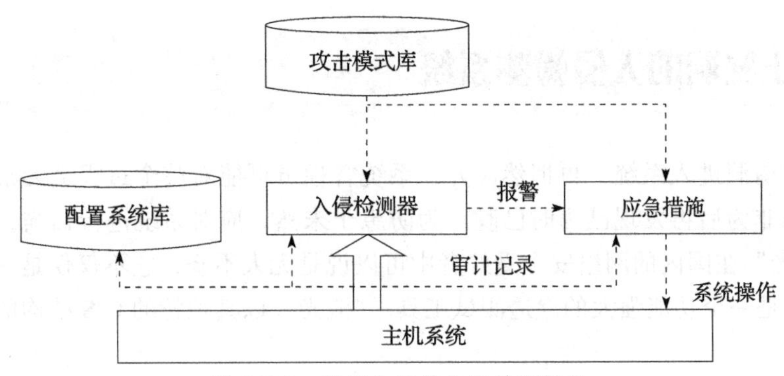

图 8.3-1　基于主机的入侵检测结构

（1）监视进入的连接

在数据包进入主机系统的网络层之前，可以检查试图访问主机的数据包。这种机制试图在到达的数据包能够对主机造成破坏之前，截获该数据包而保护主机。

可以采取的活动主要有：

1）检测试图与未授权的 TCP 或 UDP 端口进行的连接。如果试图连接没有服务的端口，这通常表明入侵者在搜索漏洞。

2）检测进来的端口扫描。这是一定要应对的问题，给防火墙发警告或修改本地的 IP 配置，以拒绝来自可能的入侵者主机的访问。

可以执行这种监视的两种软件产品分别是 ISS 公司的 Real Secure 和 Port Sentry。

（2）监视登录活动

尽管管理员已经尽了最大努力，配置并不断检查入侵检测软件，但某些入侵者仍然有可能采取目前谁都不知道的入侵攻击方法来进入系统。一个攻击者可以通过各种方法（包嗅探器）获得一个网络密码，从而有可能进入该系统。

可执行这种监视类型的软件有 Host Sentry 等。它可以监视监视器、尝试登录或退出等动作，从而给系统管理员发送警告。

（3）监视 root 的活动

获得要进行破坏的系统的超级用户（Root）或管理员的访问权限，是所有入侵者的目标。除了在特定的时间内对系统进行定期维护外，对 Web 服务器或数据库服务器进行良好的维护和在可靠的系统上对超级用户进行维护，这通常是系统管理员几乎不进行或很少进行的活动。但入侵者不信任系统维护，他们很少在定期的维护时间的工作，而经常是在系统上进行很长时间的活动。他们在该系统上执行很多不一般的操作，有时候比系统管理员做的都多。

（4）监视文件系统

一旦一个入侵者侵入了一个系统（虽然已尽最大努力使得入侵检测系统发挥最佳效果，但也不能完全排除入侵者侵入系统的可能性），就要改变系统的文件。如：一个成功的入侵者可能想要安装一个包嗅探器或者端口扫描检测器，或修改一些系统文件或程序，使得系统不能检测出他们进行的入侵活动。在一个系统上安装软件通常包括修改系统的某些部分，如修改系统上的文件或库。

8.4 基于漏洞的入侵检测系统

黑客利用漏洞进入系统，再悄然离开，系统管理员可能对整个过程毫无察觉，等黑客在系统内胡作非为后再发现已为时已晚。为防患于未然，应对系统进行扫描，发现漏洞及时补救。“流光”在国内的网络安全爱好者中可以说是无人不晓，它不仅仅是一个安全漏洞扫描工具，更是一个功能强大的渗透测试工具。“流光”以其独特的 C/S 结构的扫描设计颇受好评。

8.4.1 运用“流光”进行批量主机扫描

“流光”因功能较多，所以它的使用对初学者来说显得稍微有点儿烦琐。下面将详细讲述用流光扫描主机漏洞的方法。具体操作步骤如下。

步骤 1：运行“流光”软件，在“流光”主界面依次选择“文件”→“高级扫描向导”菜单项，或按“Ctrl+W”组合键，如图 8.4.1-1 所示。

步骤 2：打开“设置”对话框后，在文本框中输入起始地址和结束地址，并将“目录系统”设置为“Windows NT/2000”，然后单击“下一步”按钮，如图 8.4.1-2 所示。

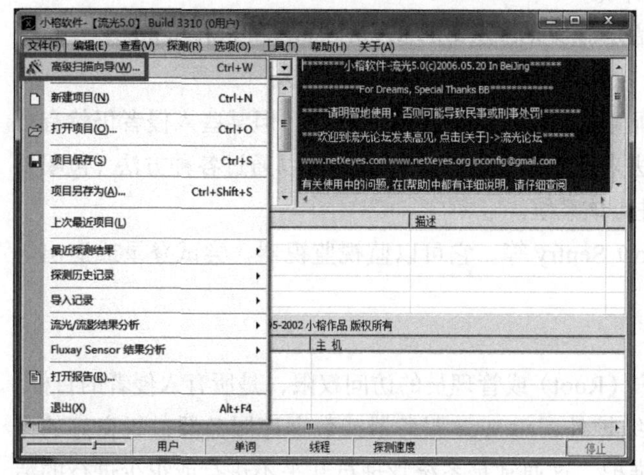

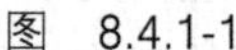
图 8.4.1-1

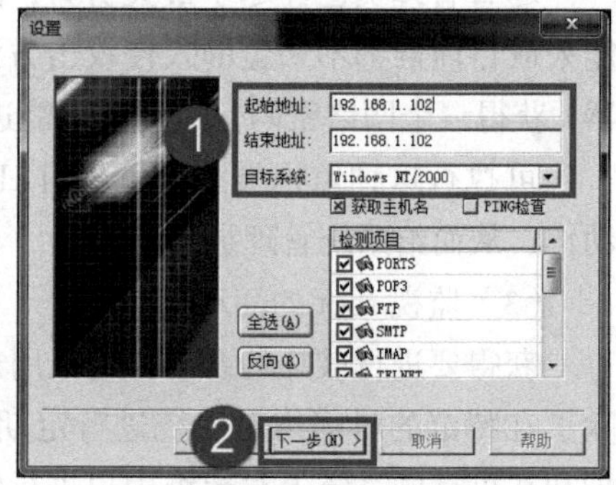

图 8.4.1-2

步骤 3：打开“PORTS”对话框后，在文本框中输入端口扫描范围，然后单击“下一步”按钮，如图 8.4.1-3 所示。

步骤 4：依次打开“POP3”“FTP”“SMTP”“IMAP”对话框，直接在默认状态下单击“下一步”按钮，如图 8.4.1-4 所示。

步骤 5：打开“TELNET”对话框后，清空“SunOS Login 远程溢出”选项，然后单击“下一步”按钮，如图 8.4.1-5 所示。

步骤 6：打开“CGI Rules”对话框后，在操作系统类型列表中选择“Windows

NT/2000”项，根据需要选中或清空下方扫描列表的具体选项，然后单击“下一步”按钮，如图 8.4.1-6 所示。

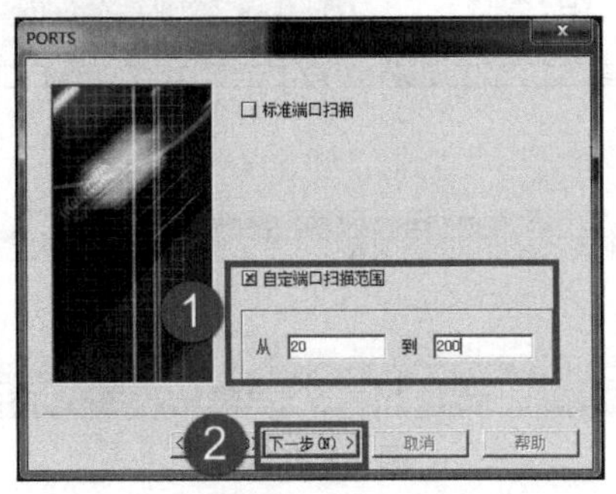

图 8.4.1-3

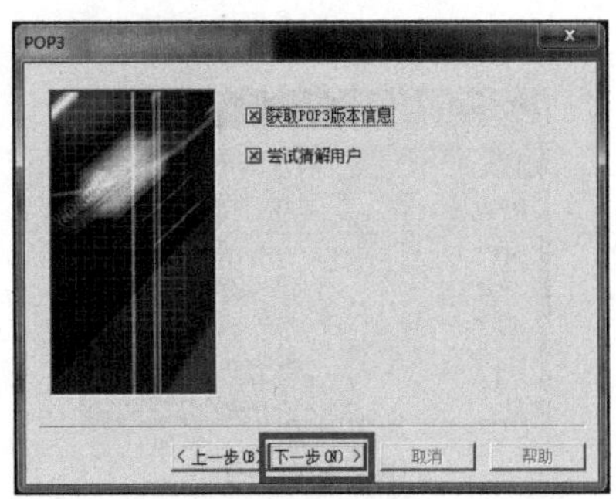

图 8.4.1-4

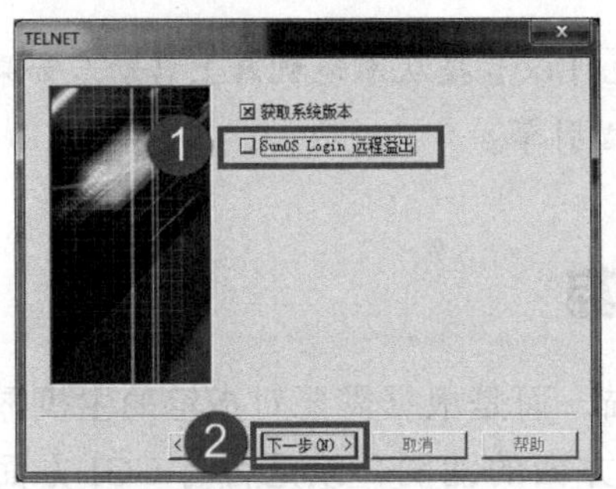

图 8.4.1-5

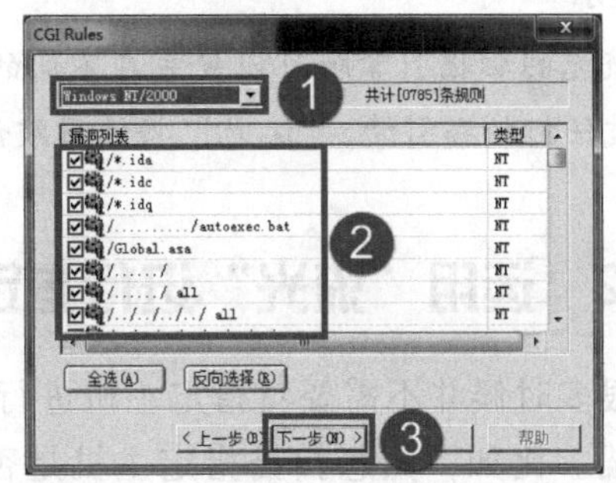

图 8.4.1-6

步骤 7：依次打开“SQL”“IPC”“IIS”“MISC”对话框，在默认状态下直接单击“下一步”按钮，如图 8.4.1-7 所示。

步骤 8：打开“选项”对话框后，单击“完成”按钮，如图 8.4.1-8 所示。

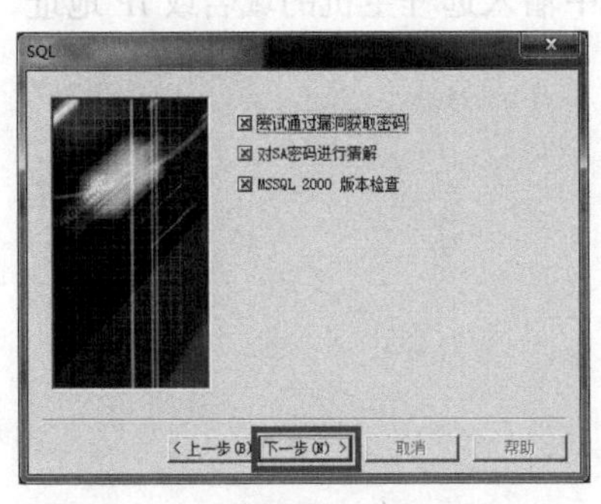

图 8.4.1-7

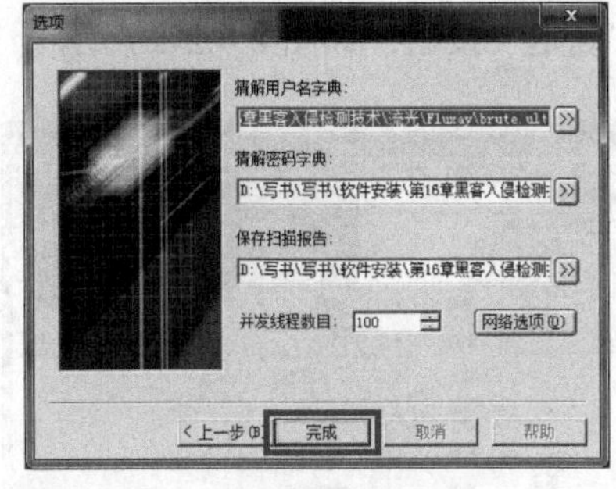

图 8.4.1-8

步骤 9：打开“选择流光主机”对话框，单击“开始”按钮，如图 8.4.1-9 所示。此时可在“流光”主界面看到正在扫描的内容，如图 8.4.1-10 所示。

步骤 10：当扫描到安全漏洞时，“流光”会弹出一个“探测结果”窗口，在其中可以看到能够连接成功的主机和其扫描到的安全漏洞信息。

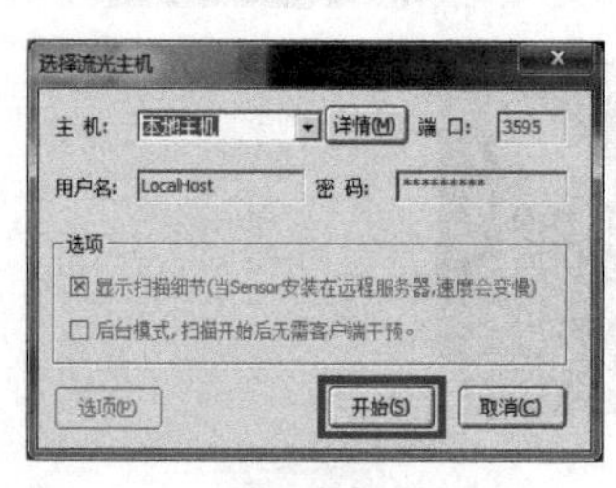

图 8.4.1-9

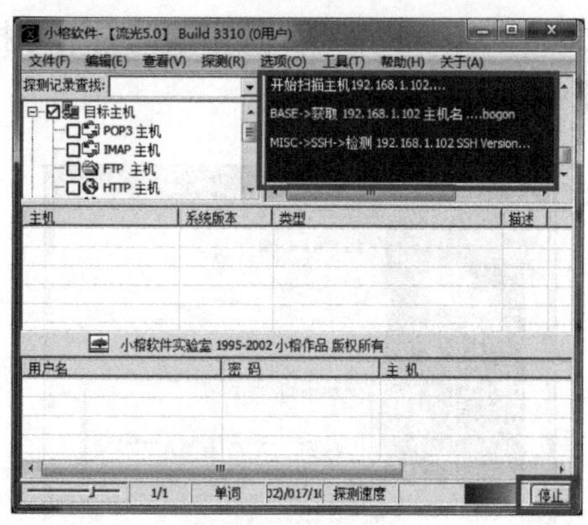

图 8.4.1-10

提示

流光的扫描引擎既可以安装在不同的主机上，也可以直接从本地机器上启动。如果没有安装过任何扫描引擎，“流光”将使用默认的本地扫描引擎。

8.4.2 运用“流光”进行指定漏洞扫描

很多时候并不需要对指定主机进行全面的扫描，而是根据需要对指定的主机漏洞进行扫描。比如，只想扫描指定主机是否具有 FTP 方面的漏洞，或是否有 CGI 方面的漏洞等。

具体的操作步骤如下。

步骤 1：在“流光”主窗口右击“FTP 主机”，在快捷菜单中依次选择“编辑”→“添加”菜单项，如图 8.4.2-1 所示。

步骤 2：打开“添加主机”对话框后，在文本框中输入远程主机的域名或 IP 地址，然后单击“确定”按钮，如图 8.4.2-2 所示。

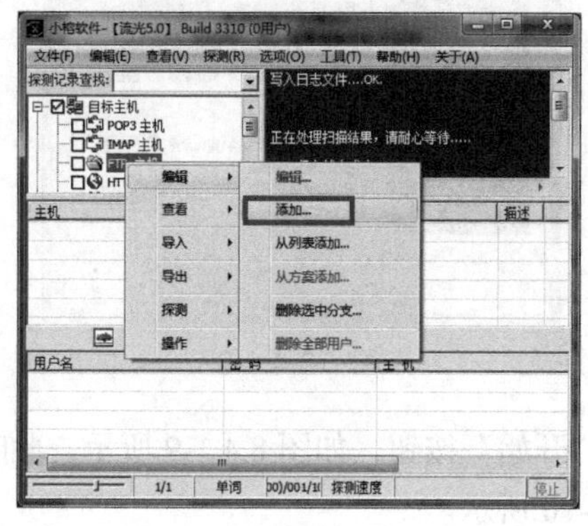

图 8.4.2-1

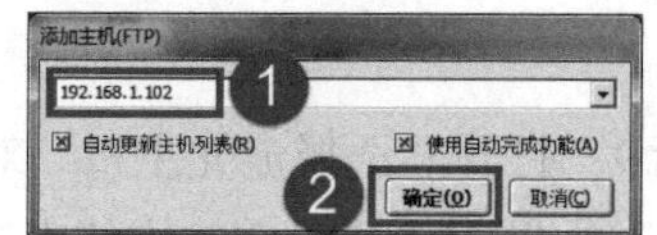

图 8.4.2-2

步骤 3：添加完主机后，返回主界面，右击添加的主机“192.168.1.102”，在快捷菜单中依次选择“编辑”→“从列表添加”菜单项，如图 8.4.2-3 所示。

步骤 4：打开“打开”对话框后，选择“流光”安装目录中含有用户名列表的 Name 文件，单击“打开”按钮。

步骤 5：返回主界面，双击“显示所有项目”项，“显示所有项目”项将切换成“隐藏所有项目”项，而用户列表中的所有用户都将显示出来，如图 8.4.2-4 所示。在所有用户名中通过勾选 / 清除复选框来决定用户名的选用与否，如图 8.4.2-5 所示。

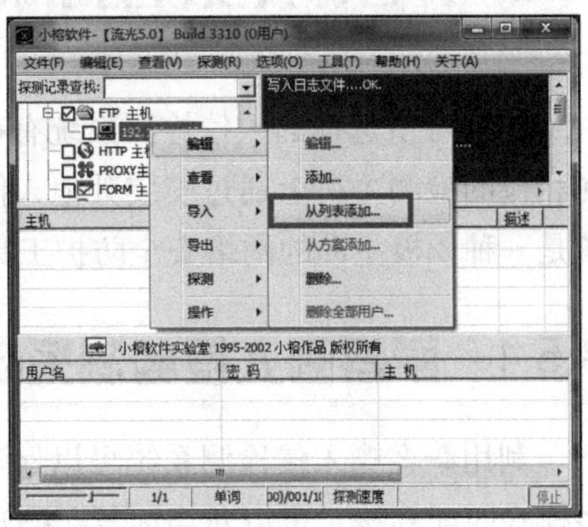

图　8.4.2-3

步骤 6：按“Ctrl+F7”快捷按钮，即可令“流光”开始 FTP 的弱口令探测。当流光探测到弱口令后，在主窗口下方将会出现探测出的用户名、密码和 FTP 地址，如图 8.4.2-6 所示。

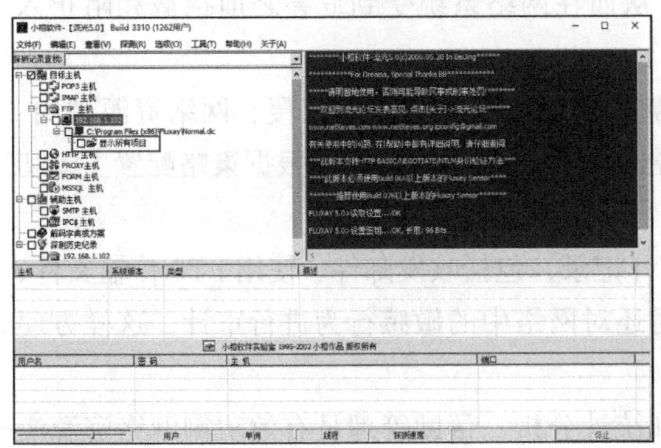

图　8.4.2-4

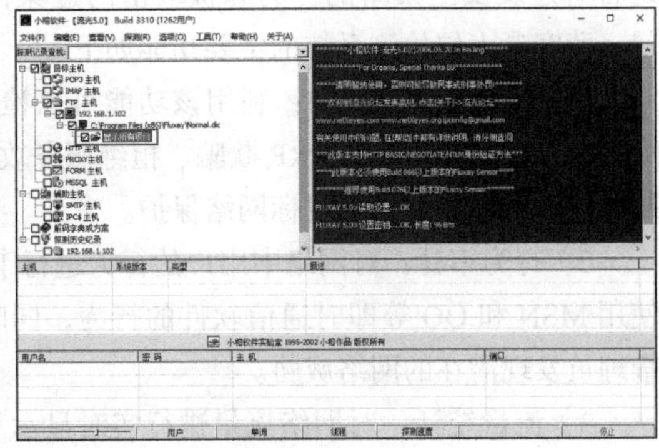

图　8.4.2-5

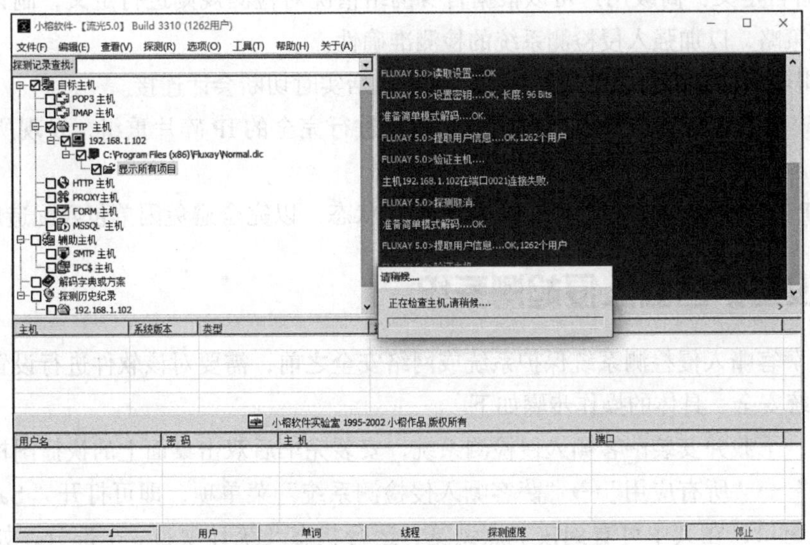

图　8.4.2-6

8.5 萨客嘶入侵检测系统

目前可供选择的入侵检测系统有很多，除了入侵检测设备自带的管理系统以外，还可以在相应的检测主机上通过安装其他入侵检测工具来实现安全检测的目的。萨客嘶入侵检测系统是一种积极主动的网络安全防护工具，它提供了对内部和外部攻击的实时保护。

8.5.1 萨客嘶入侵检测系统简介

利用萨客嘶入侵检测系统可以保障网络安全，该软件是基于协议分析的，采用了快速的多模式匹配算法，可以对当前复杂高速的网络进行快速精确的分析。同时它在网络安全和网络性能方面提供全面和深入的数据依据，是网络安全立体纵深、多层次防御的重要产品。萨客嘶入侵检测系统还可以对网络中传输的数据进行智能分析和检测，从中发现网络或系统中是否有违反安全策略的行为和被攻击的迹象，从而在网络系统受到危害之前拦截和阻止入侵。萨客嘶入侵检测系统的主要功能如下。

1）入侵检测及防御：利用该功能可以检测出网络中存在的黑客入侵、网络资源滥用、蠕虫攻击、后门木马、ARP 欺骗、拒绝服务攻击等各种威胁，同时可以根据策略配置主动切断危险行为，从而实现目标网络保护。

2）行为审计：对网络中用户的行为进行审计记录，包括收发邮件、使用 FTP 传输文件、使用 MSN 和 QQ 等即时通信软件的行为，同时还对网络中的敏感行为进行审计，这样方便管理员发现潜在的网络威胁。

3）流量统计：对网络流量进行实时显示和统计分析，帮助管理员有效防御网络资源滥用、蠕虫、拒绝服务攻击，以确保用户网络正常使用。

4）策略自定义：高级用户可以根据自身网络情况对检测规则进行定义，制订针对用户网络的高效策略，以加强入侵检测系统的检测准确性。

5）警报响应：对警报事件进行及时响应，包括实时切断会话连接。

6）IP 碎片重组：萨客嘶入侵检测系统能够进行完全的 IP 碎片重组，发现所有基于 IP 碎片的攻击。

7）TCP 状态跟踪及流重组：跟踪 TCP 协议状态，以完全避免因单包匹配造成的误报。

8.5.2 设置萨客嘶入侵检测系统

在使用萨客嘶入侵检测系统保护系统或网络安全之前，需要对该软件进行设置，以便更好地保护系统安全。具体的操作步骤如下。

步骤 1：下载并安装萨客嘶入侵检测系统，安装完毕后双击桌面上的快捷图标，或依次选择“开始”→“所有应用”→“萨客嘶入侵检测系统”菜单项，即可打开“ SaxII 入侵检测系统”主窗口，在其中可看到按节点浏览、运行状态及统计项目 3 个部分，如图 8.5.2-1 所示。

步骤 2：依次选择“监控”→“常规设置”菜单项，即可打开“设置”对话框，如图 8.5.2-2 所示。在“常规设置”选项卡中可对数据包缓冲区的大小和从驱动程序读取数据包的最大间隔时间进行设置。

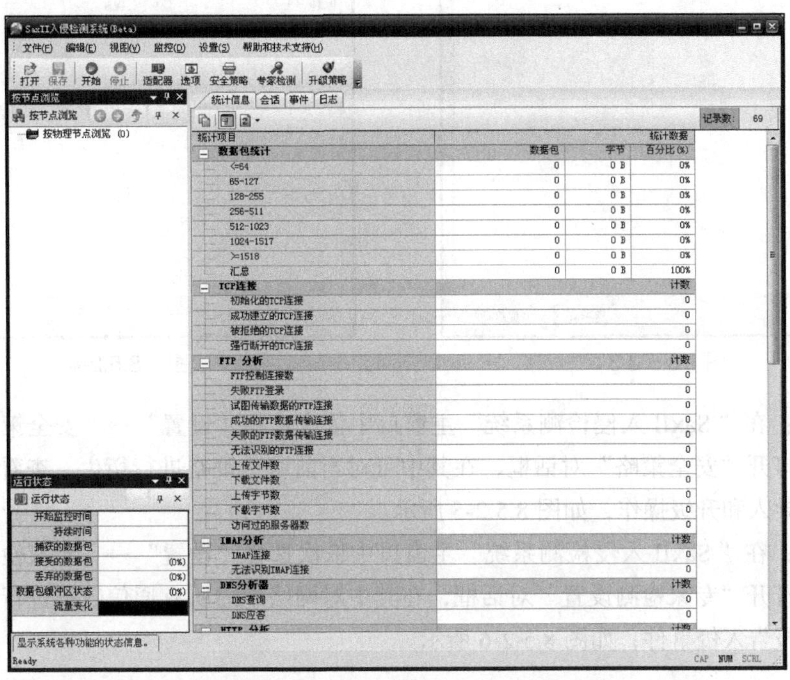

图　8.5.2-1

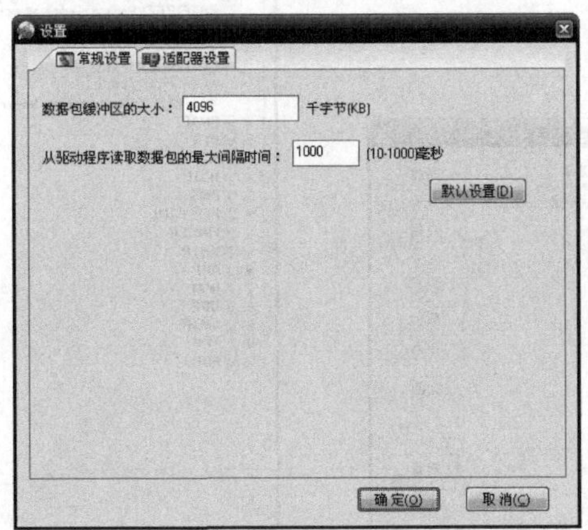

图　8.5.2-2

步骤 3：在“适配器设置”选项卡中可看到可供选择的网卡，如图 8.5.2-3 所示。由于该检测系统是通过适配器来捕捉网络中正在传输的数据并对其进行分析的，所以正确选择网卡是能够捕捉到入侵的关键一步。

步骤 4：在“SaxII 入侵检测系统”主窗口中依次选择“设置”→“别名设置”菜单项，即可打开“别名设置”对话框，在其中可对物理地址、IP 地址、端口进行各种操作，如增加、编辑、删除、导出等，如图 8.5.2-4 所示。

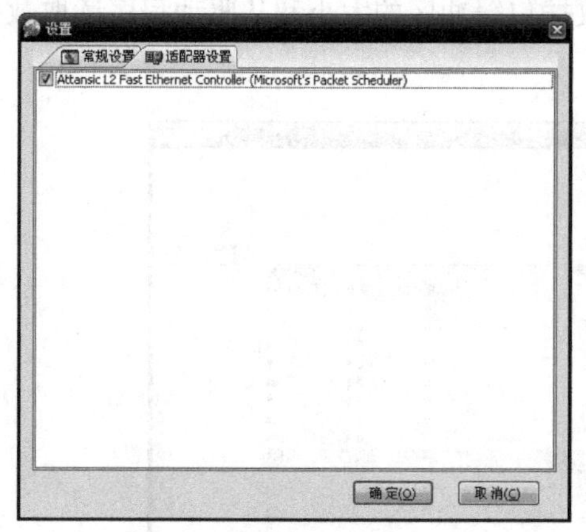

图 8.5.2-3

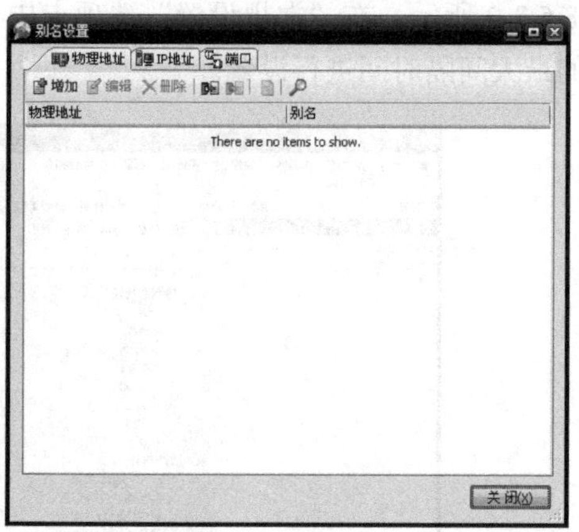

图 8.5.2-4

步骤 5：在“SaxII 入侵检测系统”主窗口中依次选择“设置”→“安全策略设置”菜单项，即可打开“安全策略”对话框，在其中可对当前所选策略进行衍生、查看、启用、删除、导出、导入和升级操作，如图 8.5.2-5 所示。

步骤 6：在“SaxII 入侵检测系统”主窗口中依次选择“设置”→“专家检测设置”菜单项，即可打开“专家检测设置”对话框，在其中对网络中的所有通信数据进行专家级智能化分析，并报告入侵事件，如图 8.5.2-6 所示。

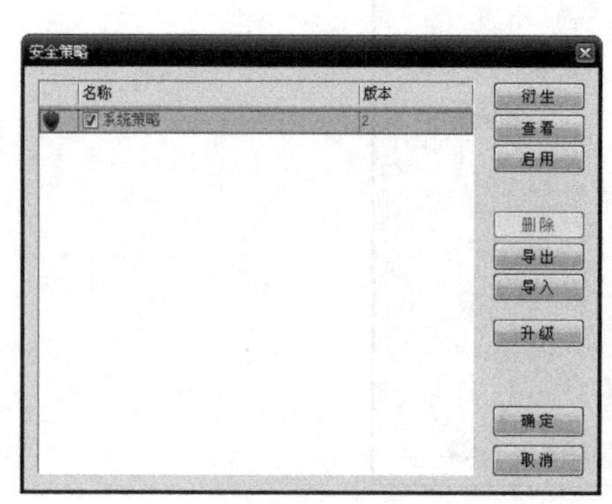

图 8.5.2-5

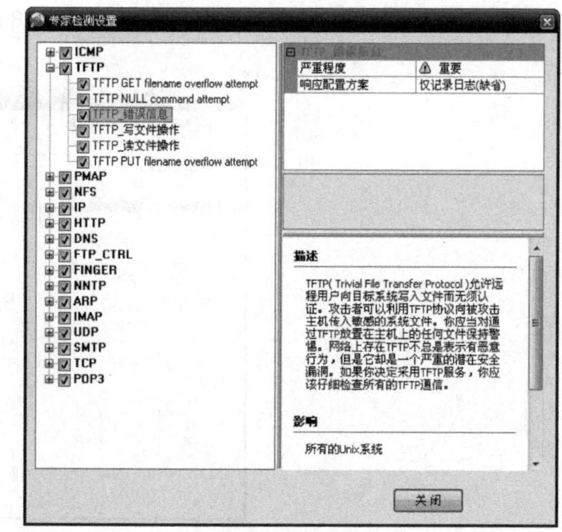

图 8.5.2-6

步骤 7：选择“设置”→“选项”菜单项，即可打开“选项”对话框，如图 8.5.2-7 所示。在左边列表中选择“显示”功能项，设置是否显示物理地址、IP 地址和端口别名属性。

步骤 8：在“选项”对话框左边列表中选择“响应方案管理”功能项，即可打开“响应方案管理”窗格，如图 8.5.2-8 所示。可在其中对响应方案进行增加、修改或删除操作。系统提供了“仅记录日志”“阻断并记录日志”和“干扰并记录日志”3 种缺省的响应方案，它们是不能被删除的，但可以修改。

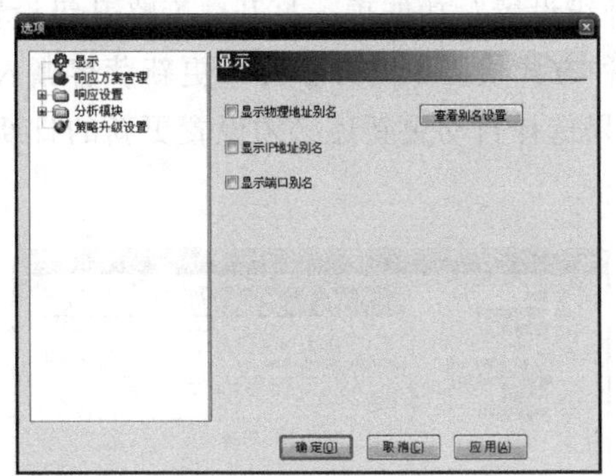

图 8.5.2-7

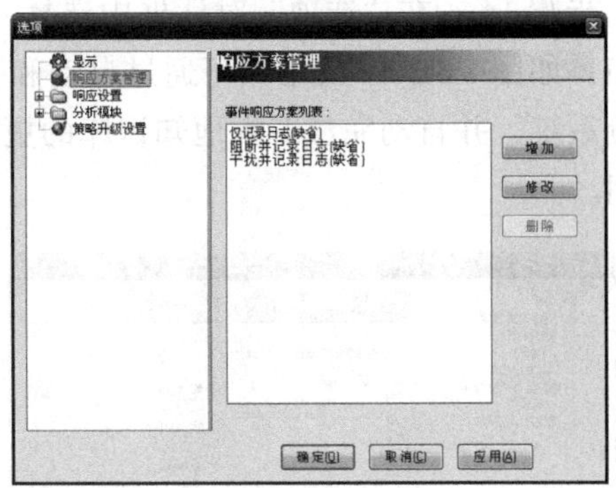

图 8.5.2-8

步骤 9：单击“增加”或“修改”按钮，即可打开“定义响应方案”对话框，在其中可对名称、响应动作和阻断会话方式（只有选择了“阻断会话”才可以设置阻断会话方式）等属性进行设置，如图 8.5.2-9 所示。

步骤 10：在“选项”对话框左边列表中依次选择“响应设置”→“邮件”功能项，打开“邮件”窗格，在其中对发送邮件所使用的服务器、账号、密码、接收地址（多个地址用分号隔开）和邮件正文进行设置，如图 8.5.2-10 所示。

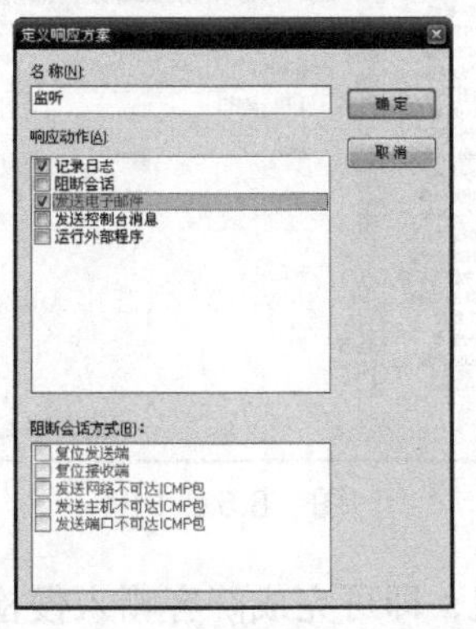

图 8.5.2-9

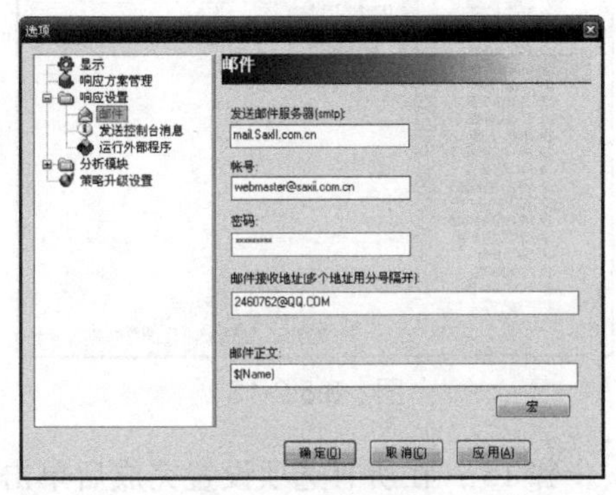

图 8.5.2-10

步骤 11：在“选项”对话框左边列表中依次选择“响应设置”→“发送控制台消息”功能项，打开“发送控制台信息”窗格，可在其中设置接收消息的 IP 地址和消息正文（发送主机和接收主机必须安装“Messenger”服务）等属性，如图 8.5.2-11 所示。

步骤 12：在“选项”对话框左边列表中依次选择“响应设置”→“运行外部程序”功能项，打开“运行外部程序”窗格，可在其中对外部程序的完整路径和参数进行设置，如图 8.5.2-12 所示。

步骤 13：在“选项”对话框中，选择“分析模块”功能项，即可展开“分析模块”列表，选中其中一个即可在右侧窗格中对该模块的参数进行个性化的设置，例如在入侵分析器中，可以对是否启用该分析模块、检测的端口、日志缓冲区的大小、是否保存日志等进行设置，如图 8.5.2-13 所示。

步骤 14：在“选项”对话框中选择“策略升级设置”功能项，打开“策略升级设置”窗格，如图 8.5.2-14 所示。可通过自动和手工两种方式检测策略知识库，更新萨客嘶入侵检测系统，并自动完成对本地知识库的更新。如果选择自动更新还必须设置更新的日期和时间。

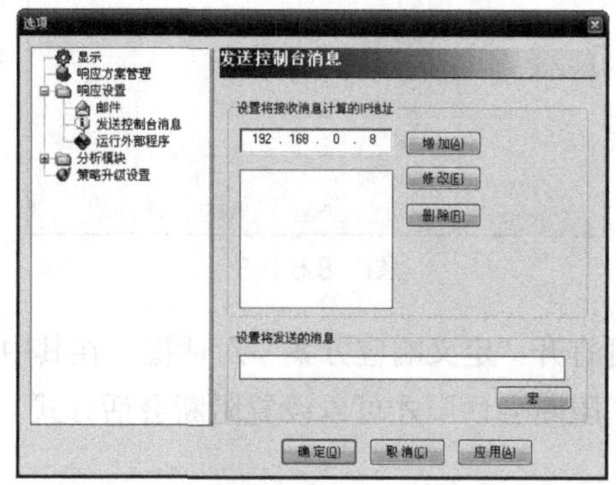

图 8.5.2-11

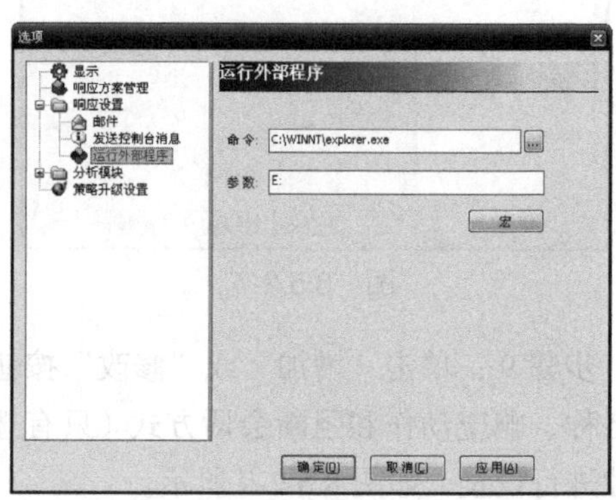

图 8.5.2-12

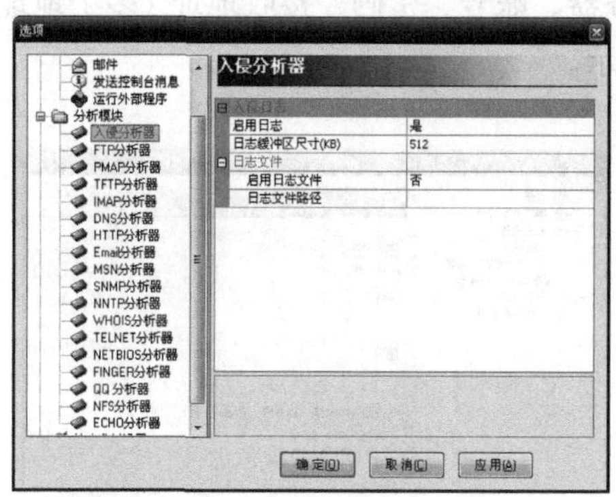

图 8.5.2-13

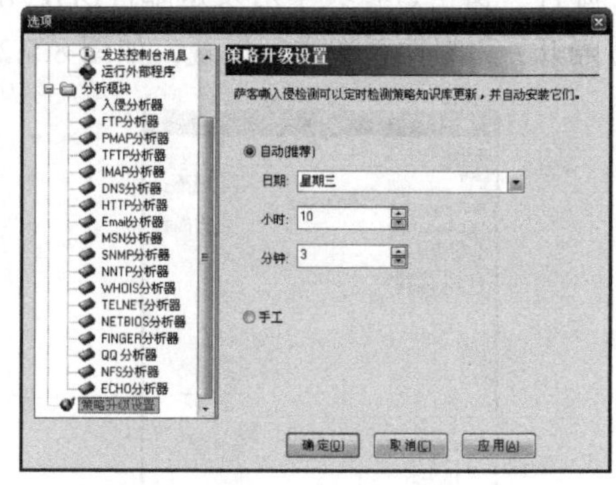

图 8.5.2-14

步骤 15：在所有选项设置完成后单击“确定”按钮，即可完成萨客嘶入侵检测系统的设置。

8.5.3 使用萨客嘶入侵检测系统

在完成对萨客嘶入侵检测系统的相关设置后，就可以使用该软件来保护网络或本地计算机的安全。具体的操作步骤如下。

步骤 1：在“萨客嘶入侵检测系统”主窗口中单击“开始”按钮，或依次选择“监控”→“开始”菜单项，即可对本机所在的局域网中的所有主机进行监控，如图 8.5.3-1 所示。在扫描结果中可以看到检测到的主机的 IP 地址、对应的 MAC 地址、本机的运行状态，以及数据包统计、TCP 连接情况、FTP 分析等信息。

步骤 2：在“会话”选项卡中可以看到进行会话的源 IP 地址、源端口、目标 IP 地址、目标端口、使用到的协议类型、状态、事件、数据包、字节等信息，如图 8.5.3-2 所示。

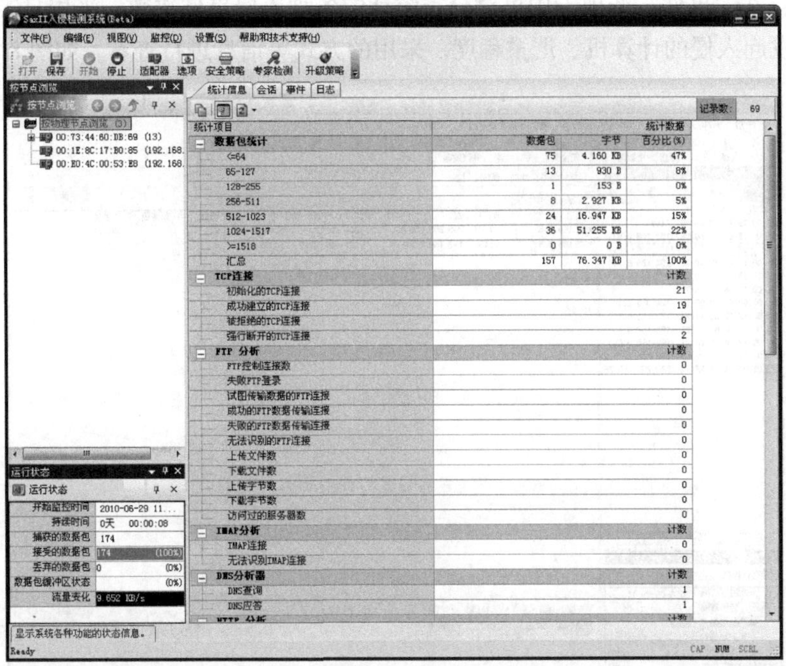

图　8.5.3-1

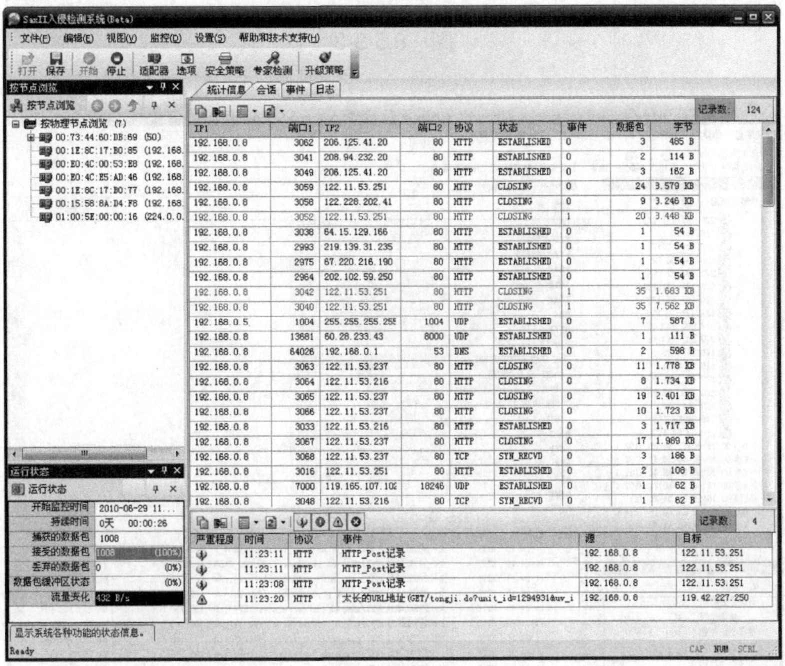

图　8.5.3-2

步骤 3：如果想分类查看会话信息，则在“会话”列表中右击某条信息，在弹出的快捷菜单中选择“按目标节点进行过滤”选项，即可按照某个目标 IP 地址来显示会话信息，如

图 8.5.3-3 所示。

步骤 4：在“事件”选项卡中可对分类统计的各种入侵事件次数、采用日志详细记录的入侵时间、发起入侵的计算机、严重程度、采用的方式等信息进行查看，如图 8.5.3-4 所示。

图 8.5.3-3

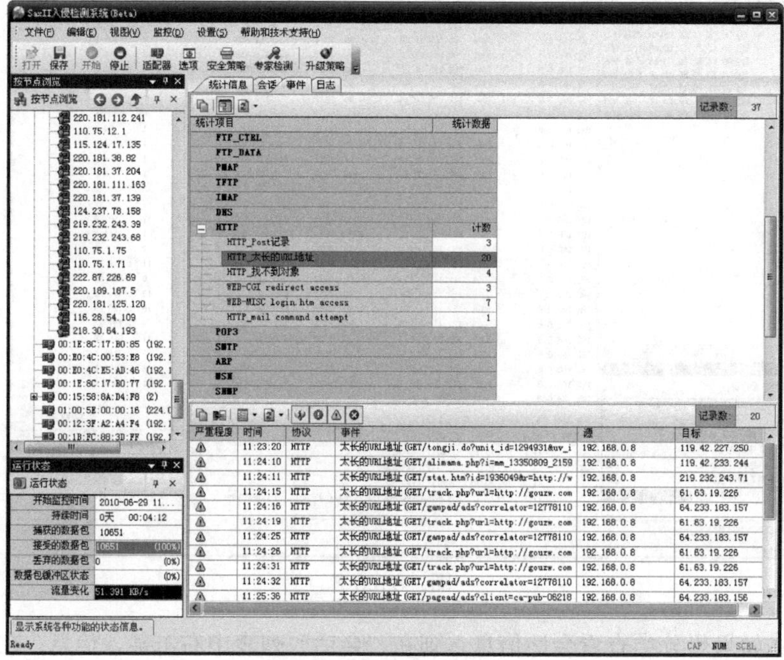

图 8.5.3-4

步骤 5：在“日志”选项卡中可查看 HTTP 请求、收发邮件信息、FTP 传输、MSN 和 QQ 通信等信息。除了可以对这些信息进行查看外，还可将其保存为日志文件，如图 8.5.3-5 所示。

步骤 6：在“日志”选项卡中可自行定义日志的显示格式，选中某个信息后右击，在弹出的菜单中选择“自定义列”选项，由在弹出的菜单中取消勾选相应的复选框，如图 8.5.3-6 所示。

图　8.5.3-5

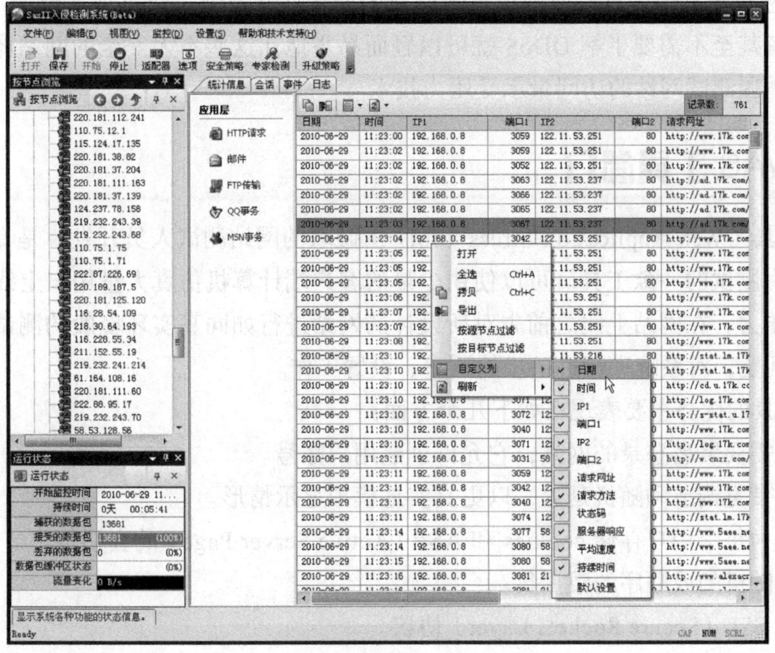

图　8.5.3-6

步骤 7：在左边节点列表中右击某个物理地址，在弹出的菜单中选择“增加别名”选项，即可打开“增加别名”对话框，如图 8.5.3-7 所示。

步骤 8：在“别名”文本框中输入别名，单击“确定”按钮，即可使该物理地址显示刚自定义的名称，如图 8.5.3-8 所示。

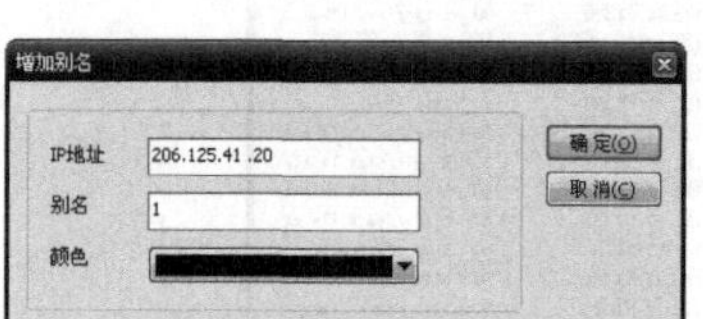

图 8.5.3-7

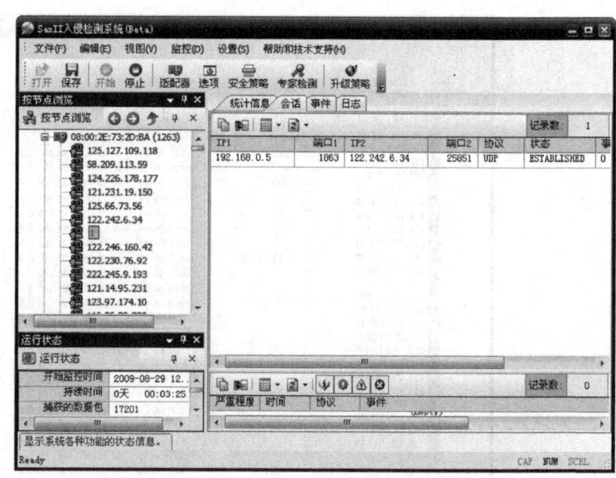

图 8.5.3-8

8.6 用 WAS 检测网站

基于资金和技术等多方面原因，很多网站的安全性并不强。面对越来越傻瓜化的 DDoS 工具，攻击者甚至不需要了解 DDoS 就可以轻而易举地让这些不太安全的网站瘫痪。针对这种情况，应掌握测试网站的访问量承受压力技术。

8.6.1 WAS 工具简介

WAS 工具（Web Application Stress Tool）由微软的网站测试人员开发，是专门用来进行实际网站压力测试的一款工具。可以使用少量的客户端计算机仿真大量用户上线对网站服务可能造成的压力，在网站上线之前先对所设计的网站进行如同真实环境般的测试，从而找出系统潜在的问题，对系统进行进一步的调整、设置工作。

WAS 工具的优势主要表现在如下几个方面：

1）对于需要署名登录的网站，它允许创建用户账号。

2）支持带宽调节和随机延迟，以更真实地模拟显示情形。

3）允许为每个用户存储 cookies 和 ASP（Active Server Page）的会话信息。

4）支持随机的或顺序的数据集。

5）支持 SSL（Secure Sockets Layer）协议。

6）提供一个对象模型，可以通过微软 VBScript（Visual Basic Scripting Edition），或者

定制编程来达到开启、结束和配置测试脚本的效果。

7）允许 URL 分组和对每组的点击率进行说明。

与其他测试工具不同的是，WAS 工具可以使用任何数量的客户端运行测试脚本，且全部由一个中央主客户端来控制。

8.6.2　检测网站的承受压力

在开始录制一个脚本前，需要准备好浏览器，清除浏览器中的临时文件。否则，WAS 也许不能记录所需的浏览器活动，浏览器可能从缓冲区而不是从所请求的服务器中取得请求页面。

具体的操作步骤如下。

步骤 1：在 IE 浏览器窗口中依次选择“工具”→“Internet 选项”菜单项，即可弹出“Internet 属性”对话框。单击“常规”选项卡中的“删除”按钮，即可成功删除 Internet 临时文件，如图 8.6.2-1 所示。

步骤 2：下载并安装 WAS 工具，双击“WAS”应用程序图标，启动 WAS 主程序。由于是第一次运行 WAS 程序，所以会弹出“Create new script”对话框，询问以什么样的方式创建一个新的测试脚本，如图 8.6.2-2 所示。

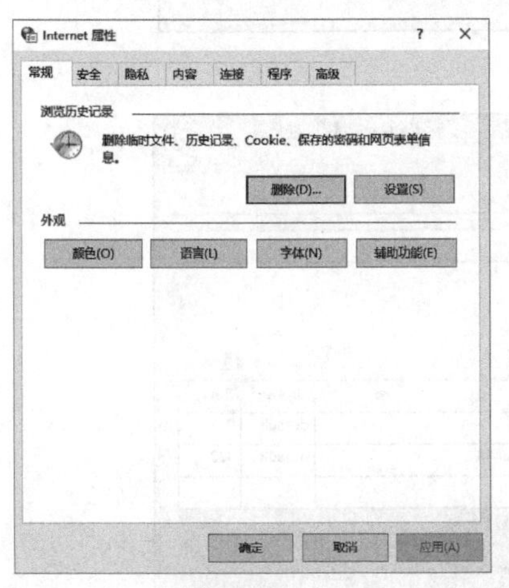

图　8.6.2-1

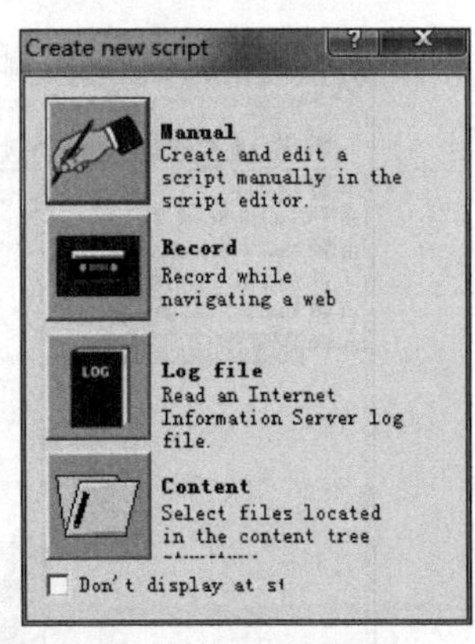

图　8.6.2-2

步骤 3：根据需要单击“Record”按钮，将会弹出“Browser Recorder-Step 1 of 2”对话框，可以在其中指定一些记录设置，如图 8.6.2-3 所示。在清除所有的复选框后，单击“Next”按钮，将会弹出“Browser Recorder-Step 2 of 2”对话框，如图 8.6.2-4 所示。

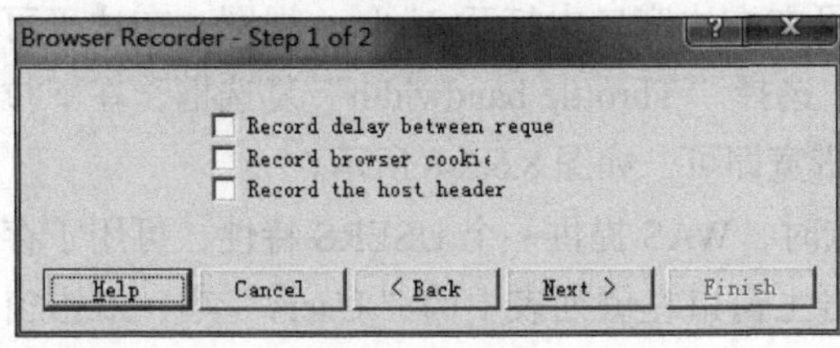

图　8.6.2-3

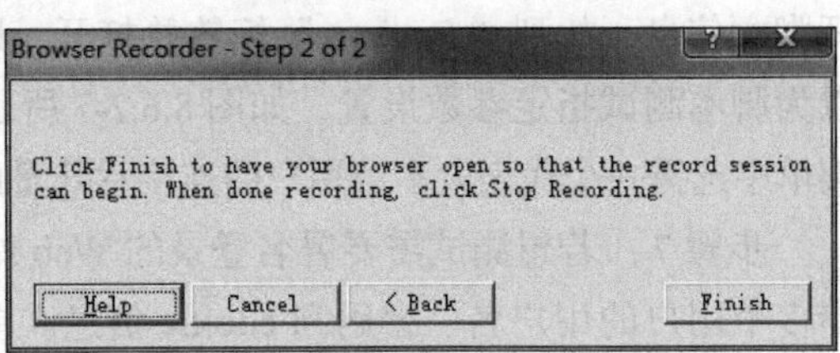

图　8.6.2-4

步骤 4：单击“Finish”按钮，WAS 将启动一个浏览器窗口，以便记录浏览器的活动情况，同时 WAS 会被置于记录模式。在浏览器地址栏中输入要测试的网站地址，就可在“WAS”窗口中看到 HTTP 信息跟随浏览活动而进行实时更新，如图 8.6.2-5 所示。

步骤 5：当完成了站点浏览后，返回到“WAS”主窗口。WAS 还处于记录状态，单击“Stop Recording”按钮，将终止记录并产生一个新的测试脚本，如图 8.6.2-6 所示。

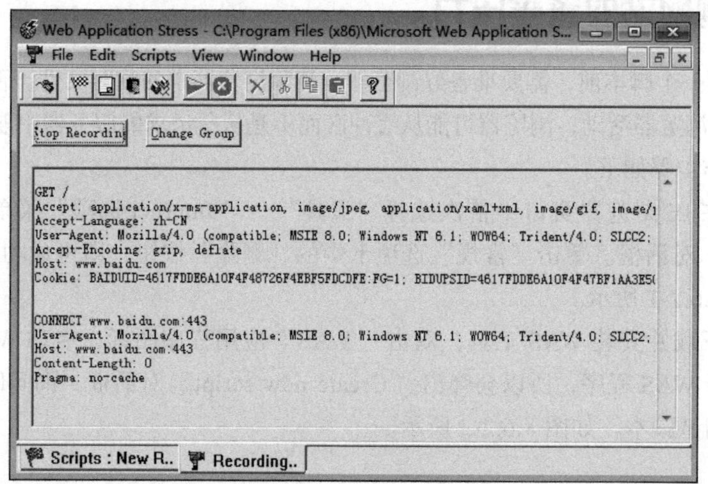

图 8.6.2-5

图 8.6.2-6

步骤 6：为了能更好地运行性能测试，还需要修改测试脚本的设置。单击左边的脚本名展开脚本信息，找到“Settings”标签并打开，即可在右边窗口中打开 Settings 视图，在这里可以为脚本测试指定参数设置，如图 8.6.2-7 所示。选择“Throttle bandwidth”复选框，在下拉菜单中选择一个代表大多数用户的连接吞吐量的带宽即可，如图 8.6.2-8 所示。

步骤 7：若想测试需要署名登录的 Web 站点时，WAS 提供一个 USERS 特性，可用于存储多个用户的用户名、密码和 cookie 信息。单击主窗口左侧列表中的“Users”项，双击窗口右侧列表中的“Default”选项，即可打开“用户”视图（默认已创建 1 个用户）。可在其中修改用户名和密码，也可自己建立用户，如图 8.6.2-9 所示。

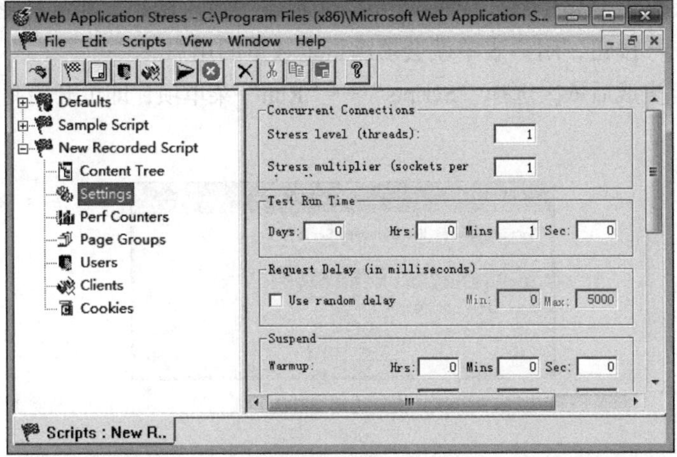

图　8.6.2-7

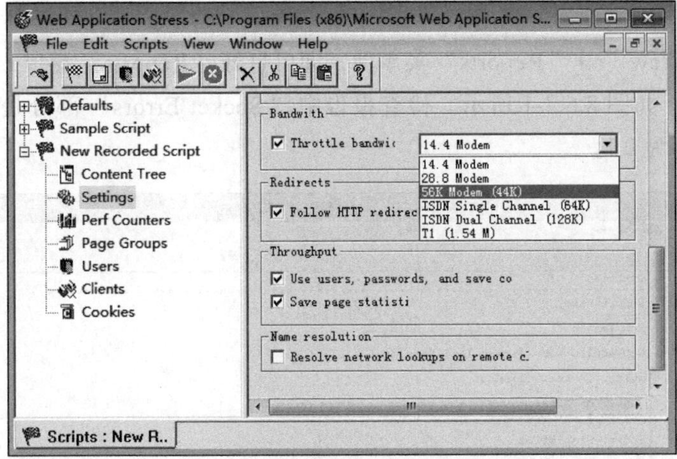

图　8.6.2-8

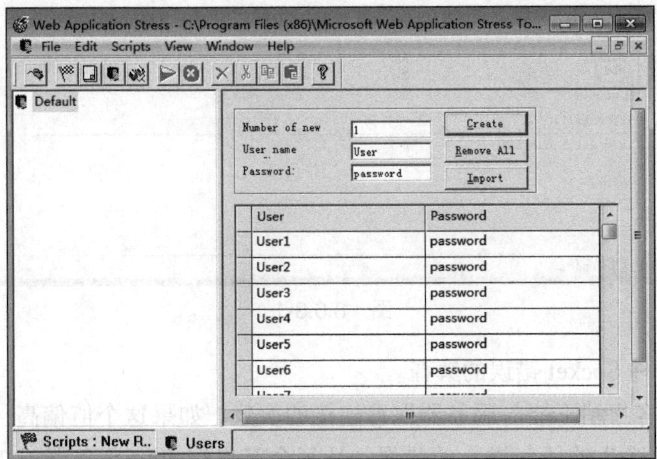

图　8.6.2-9

步骤 8：单击“Remove All”按钮，可清除所有记录。在“Number of new users”文本框中输入创建的新用户数量，在“Password”文本框中输入密码，相同的密码会赋给所有用户。单击“Create”按钮，用户表单就会填满指定数量的用户。

步骤 9：设置完成后依次选择“Scripts”→“Run”菜单项，即可开始测试，如图 8.6.2-10 所示。

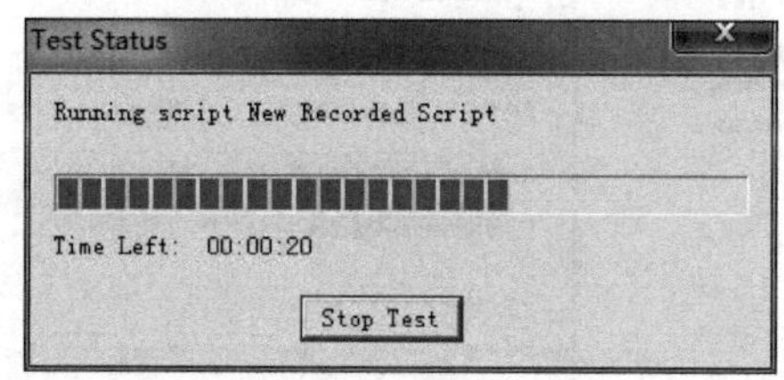

图 8.6.2-10

8.6.3 进行数据分析

依次选择“View”→“Reports”菜单项，即可打开“Reports”窗口，在左侧列表中将展开相应的报告，如图 8.6.3-1 所示。检查报告中“Socket Errors”部分是否有任何 Socket 相关错误（即值不为 0）。

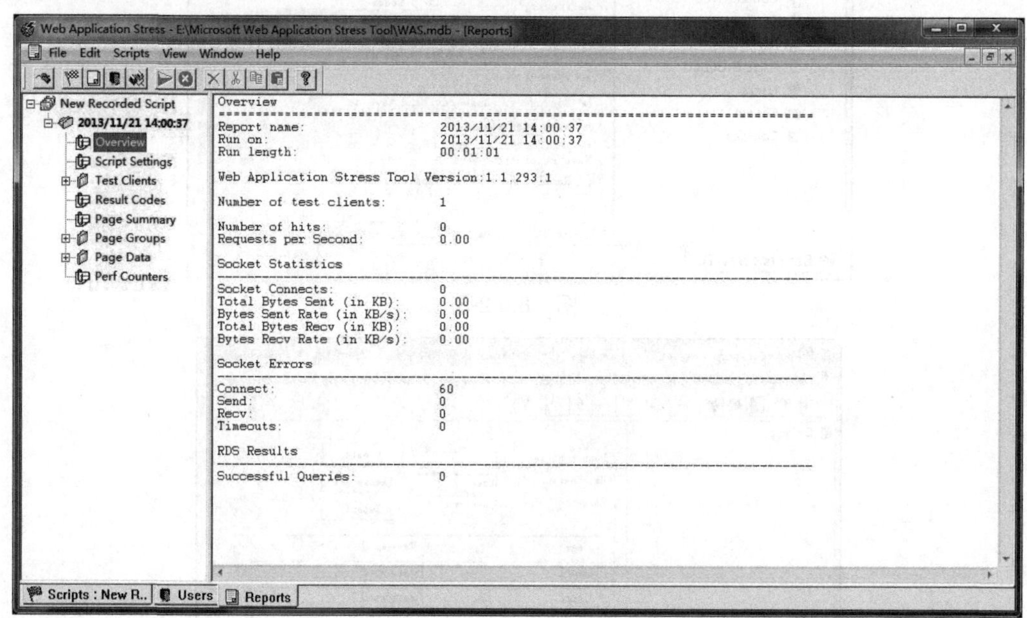

图 8.6.3-1

这里列出对每种 Socket 错误的解释。

- Connect：客户端不能与服务器取得连接的次数。如果这个值偏高，检查在客户端与服务器之间产生的任何潜在的错误。从每个客户端 ping 服务器或 Telnet 服务器的端口 80，可验证你得到正确的回应。

- Send：客户端不能正确发送数据到服务器的次数。如果这个值偏高，检查服务器是否正确工作。在客户端打开一个浏览器，然后手工单击站点页面，验证站点是否正确地工作。
- Recv：客户端不能正确从服务器接收数据的次数。如果这个值偏高，执行与 Send 错误相同的操作。还要检查一下，如果你减低负载系数，错误是否跟着减少。
- Timeouts：超时的线程的数目。如果这个值偏高，在客户端打开一个浏览器，然后手工单击站点页面，验证是否即使只有一个用户你的程序也会很慢。再做一个不同负载系数的压力测试，看看程序的潜在特征。

如果 Socket 错误很低或为 0，在图 8.6.3-1 左侧的报告列表中找到“Result Codes”部分，检查一下所有结果代码是否都是 200，200 表示所有的请求都被服务器成功地返回。如果找到大于或等于 400 的结果，单击报告左侧列表中的“Page Data”节点，展开所有项目，查看每个脚本项在右边窗格中的数据报告，找出出现错误的项目，如图 8.6.3-2 所示。

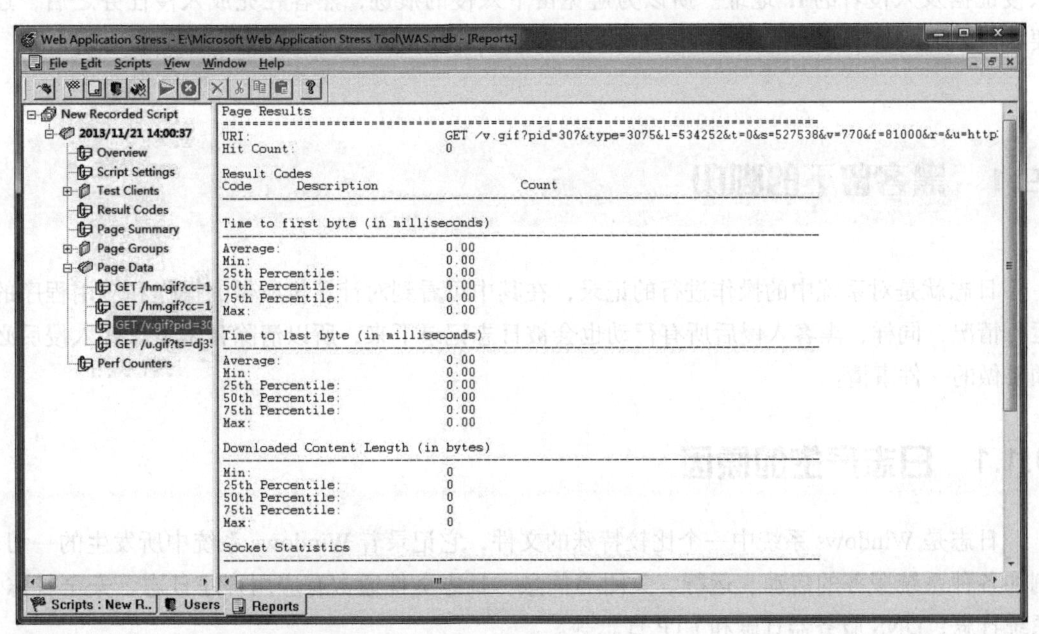

图　8.6.3-2

通过不断地增减用户数量和改变其他参数测试，可以最大限度地了解网站程序和服务器的承受能力，以便在开始提供服务之前限制访问量及其他参数，保证网站可以正常运行。

第9章 清理入侵痕迹工具

一旦入侵者与远程主机或服务器建立起连接，系统就开始把入侵者的 IP 地址及相应操作事件记录在日志中，系统管理员可以通过这些日志文件找到入侵者的入侵痕迹，从而获得入侵证据及入侵者的 IP 地址。所以为避免留下入侵的痕迹，黑客在完成入侵任务之后，还要尽可能地把自己的入侵日志清除干净，以免被管理员发现。

9.1 黑客留下的脚印

日志就是对系统中的操作进行的记录，在其中可看到对计算机所做的操作和应用程序的运行情况，同样，黑客入侵后所有行动也会被日志记录下来，所以清除日志是黑客入侵后必须要做的一件事情。

9.1.1 日志产生的原因

日志是 Windows 系统中一个比较特殊的文件，它记录着 Windows 系统中所发生的一切，例如各种系统服务的启动、运行、关闭等信息。日志文件通常有应用程序日志、安全日志、系统日志、DNS 服务器日志和 FTP 日志等。

（1）使用“事件查看器”查看各种日志

利用 Windows 系统中的“事件查看器”可以查看存在的安全问题及已经植入系统的“间谍软件”。右键任务栏开始图标，在弹出窗口中依次选择“控制面板”→“管理工具”→“事件查看器”菜单项，即可打开“事件查看器”窗口，如图 9.1.1-1 所示。显示的事件的类型有：错误、警告、信息、成功审核、失败审核等。

“事件查看器”用来查看“应用程序”“安全性”“系统”这 3 个方面的日志。每一方面的日志的作用如下：

- 应用程序日志包含由应用程序或系统程序记录的事件，例如，数据库程序可在应用日志中记录文件错误。程序开发员决定记录哪一个事件。应用程序日志文件的默认存放位置是 C:\Windows\System32\winevt\Logs\Application.evtx，如图 9.1.1-2 所示。

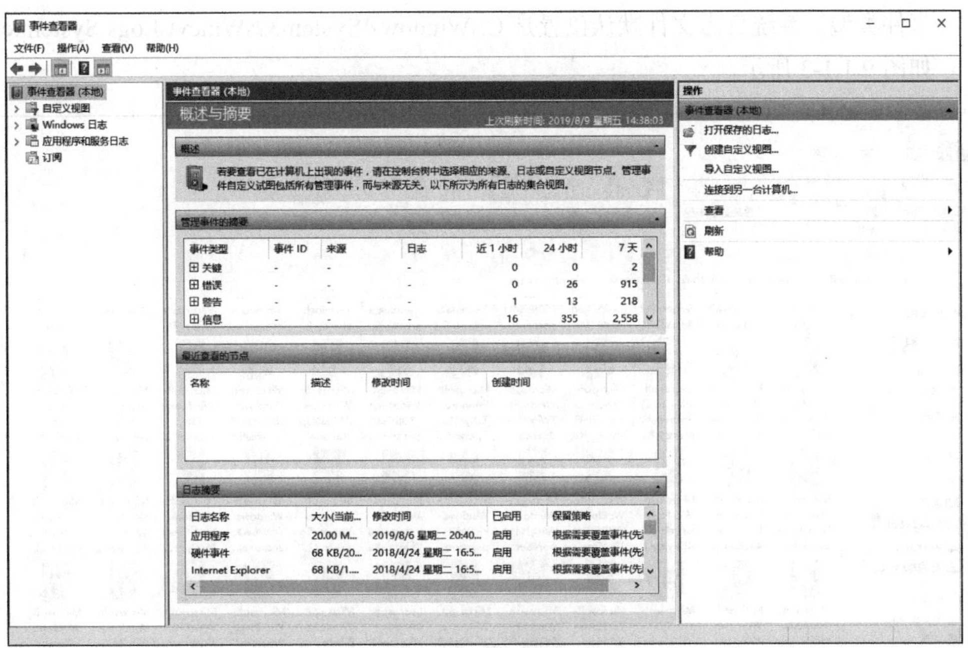

图　9.1.1-1

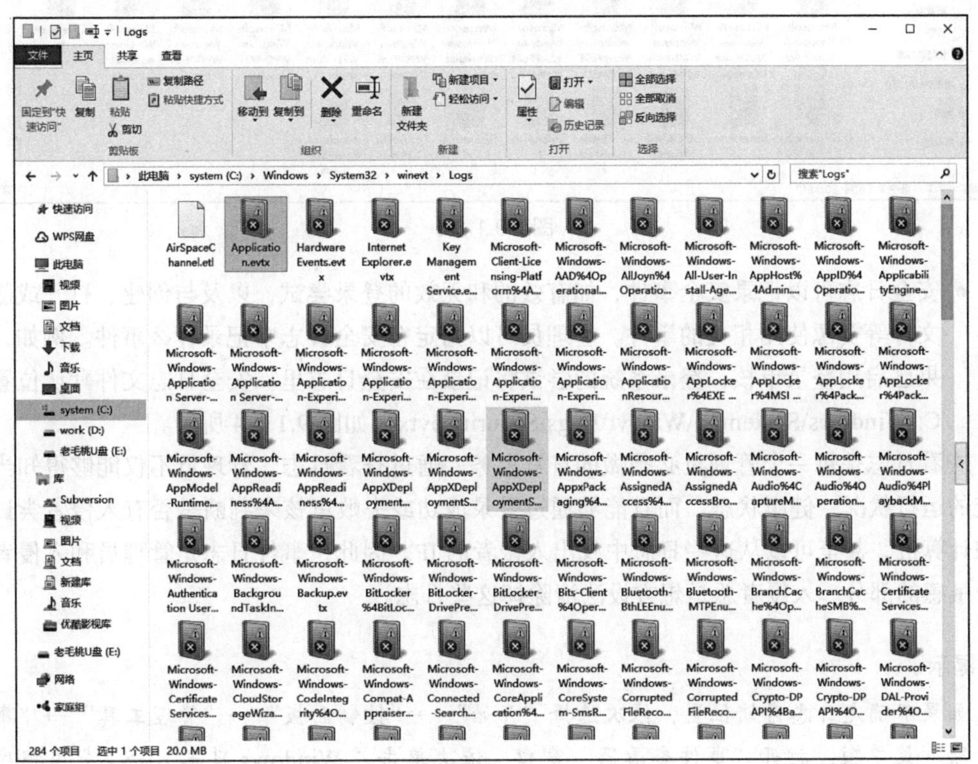

图　9.1.1-2

- 系统日志包含 Windows 的系统组件记录的事件。如在启动过程将加载的驱动程序或其他系统组件的失败事件记录在系统日志中。Windows 预先确定由系统组件记录的事件类型。系统日志文件默认位置是 C:\Windows\System32\Winevt\Logs\System.evtx，如图 9.1.1-3 所示。

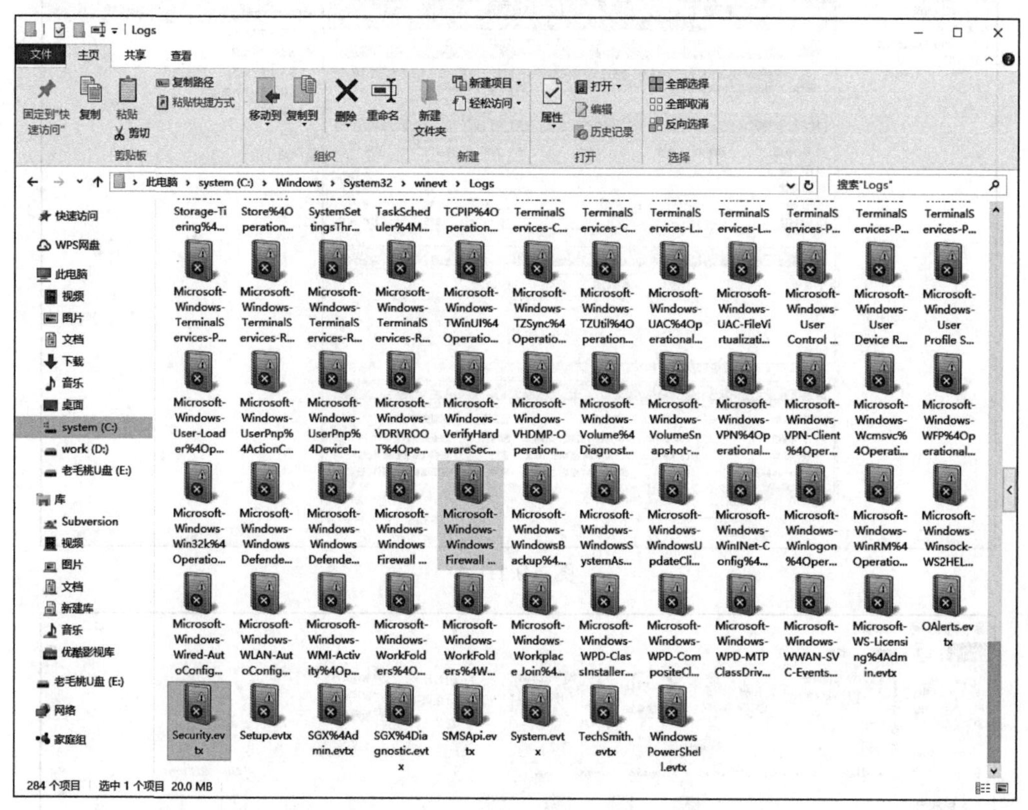

图 9.1.1-3

- 安全日志可以记录安全事件，如有效的和无效的登录尝试，以及与创建、打开或删除文件等资源使用相关的事件。管理员可以指定在安全日志中记录什么事件。例如，如果已启用登录审核，登录系统的尝试将记录在安全日志里。安全日志文件默认位置是 C:\Windows\System32\Winevt\Logs\Security.evtx，如图 9.1.1-4 所示。

查看日志是每一个管理员必须做的日常事务。通过查看日志，管理员不仅能够得知当前系统的运行状况、健康状态，而且能够通过登录成功或失败审核来判断是否有入侵者尝试登录该计算机，甚至可以从这些日志中找出入侵者的 IP。因此，事件日志是管理员和入侵者都十分敏感的部分。入侵者总是想方设法清除掉这些日志。

提示

如果不确定日志存储位置，依次选择"开始"→"控制面板"→"管理工具"→"事件查看器"菜单项，打开"事件查看器"窗口，依次单击"Windows 日志"→"应用程序"，在"应用程序"页面右侧"操作"栏单击"属性"，可弹出"日志属性 – 应用程序"对话框，在该对话框中可查看日志路径及应用程序日志名称，如图 9.1.1-5 所示。系统日志和安全日志路径查看方法类似。

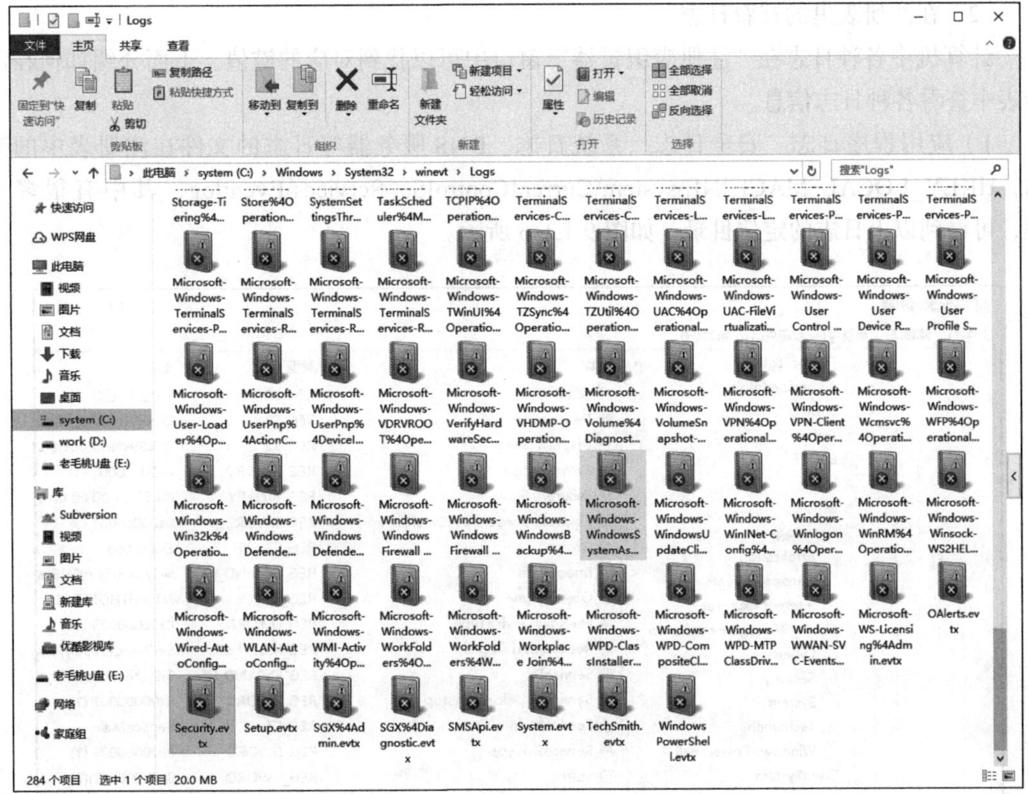
Logs
文件
主页
共享
查看
固定到"快速访问"
复制
粘贴
复制路径
粘贴快捷方式
剪切
剪贴板
移动到
复制到
删除
重命名
组织
新建项目
轻松访问
新建文件夹
新建
属性
打开
编辑
历史记录
打开
全部选择
全部取消
反向选择
选择
此电脑 › system (C:) › Windows › System32 › winevt › Logs
搜索"Logs"
快速访问
WPS网盘
此电脑
视频
图片
文档
下载
音乐
桌面
system (C:)
work (D:)
老毛桃U盘 (E:)
库
Subversion
视频
图片
文档
新建库
音乐
优酷影视库
老毛桃U盘 (E:)
网络
家庭组
Security.evtx
Setup.evtx
SGX%4Admin.evtx
SGX%4Diagnostic.evtx
SMSApi.evtx
System.evtx
TechSmith.evtx
Windows PowerShell.evtx
OAlerts.evtx
284 个项目　选中 1 个项目 20.0 MB

图　9.1.1-4

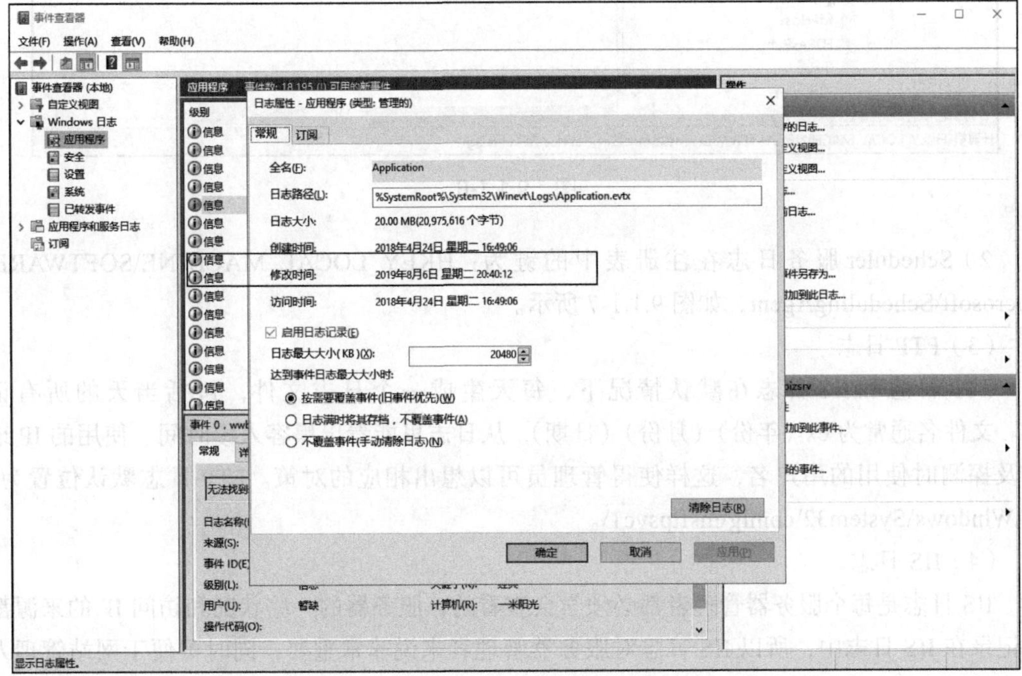
事件查看器
文件(F)　操作(A)　查看(V)　帮助(H)
事件查看器 (本地)
自定义视图
Windows 日志
应用程序
安全
设置
系统
已转发事件
应用程序和服务日志
订阅
日志属性 - 应用程序 (类型: 管理的)
常规　订阅
全名(F):　Application
日志路径(L):　%SystemRoot%\System32\Winevt\Logs\Application.evtx
日志大小:　20.00 MB(20,975,616 个字节)
创建时间:　2018年4月24日 星期二 16:49:06
修改时间:　2019年8月6日 星期二 20:40:12
访问时间:　2018年4月24日 星期二 16:49:06
启用日志记录(E)
日志最大大小(KB)(X):　20480
达到事件日志最大大小时:
按需要覆盖事件(旧事件优先)(W)
日志满时将其存档，不覆盖事件(A)
不覆盖事件(手动清除日志)(N)
清除日志(R)
确定　取消　应用(P)
显示日志属性。

图　9.1.1-5

（2）在注册表里的查看日志

计算机中各种日志在“注册表编辑器”窗口中可以找到对应的键值。下面介绍如何在注册表中查看各种日志信息。

1）应用程序日志、安全日志、系统日志、DNS 服务器等日志的文件在注册表中的键为：HKEY_LOCAL_MACHINE\system\CurrentControlSet\Services\Eventlog，其中有很多子表，可看到以上日志的定位目录，如图 9.1.1-6 所示。

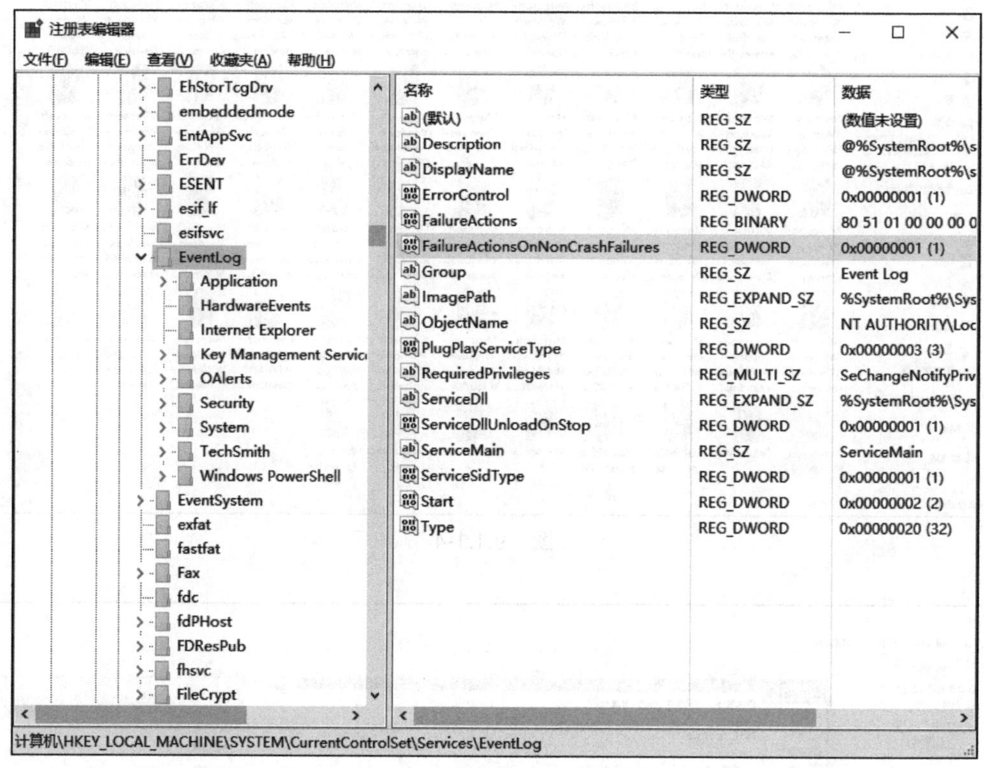

图 9.1.1-6

2）Scheduler 服务日志在注册表中的键为：HKEY_LOCAL_MACHINE\SOFTWARE\Microsoft\SchedulingAgent，如图 9.1.1-7 所示。

（3）FTP 日志

FTP 日志和 IIS 日志在默认情况下，每天生成一个日志文件，包括当天的所有记录。文件名通常为 ex（年份）（月份）（日期），从日志里能看出黑客入侵时间、使用的 IP 地址及探测时使用的用户名，这样使得管理员可以想出相应的对策。FTP 日志默认位置为：C:\Windows\System32\config\msftpsvc1\。

（4）IIS 日志

IIS 日志是每个服务器管理者都必须学会查看的，服务器的一些状况和访问 IP 的来源都会记录在 IIS 日志中，所以 IIS 日志对服务器管理者来说非常重要，同时可便于网站管理人员查看网站的运营情况。IIS 日志默认位置为：C:\Windows\System32\logfiles\w3svc1\。

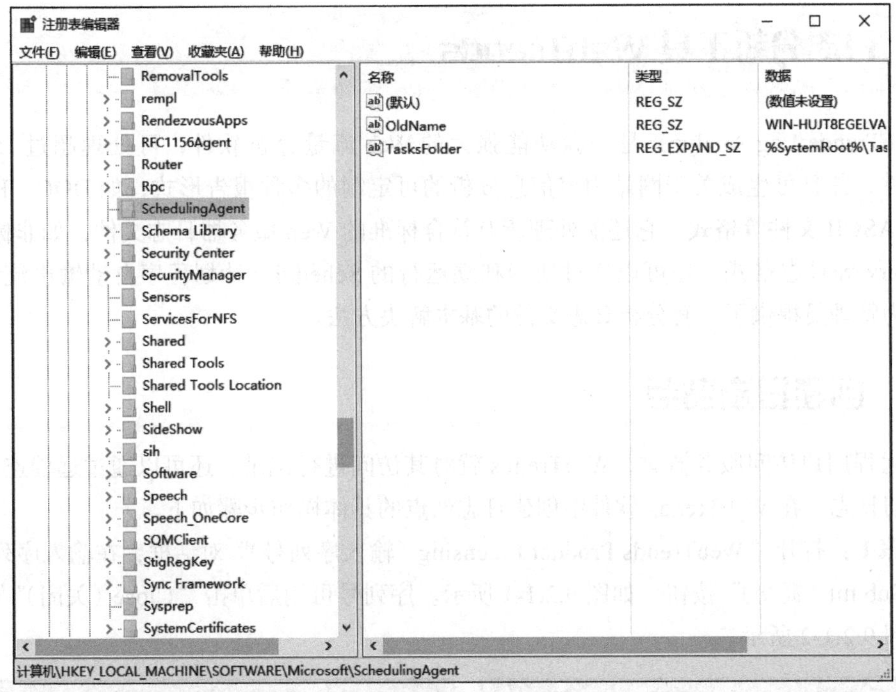

图　9.1.1-7

（5）Scheduler 服务日志

利用 Scheduler 服务，可以将任何脚本、程序或文档安排在某个最方便的时间运行。

Scheduler 服务日志默认位置为：C:\Windows\schedlgu.tx。

9.1.2　为什么要清理日志

Windows 网络操作系统中包含各种各样的日志文件，例如应用程序日志、安全日志、系统日志、Scheduler 服务日志、FTP 日志、WWW 日志、DNS 服务器日志等，其扩展名为 log.txt。这些日志由于开启系统服务的不同而有所不同。当在系统上进行一些操作时，这些日志文件通常会记录下用户操作的一些相关内容，这些内容对系统安全工作人员相当有用。比如对系统进行了 IPC 探测，系统就会在安全日志里迅速地记下探测时所用的 IP 地址、时间、用户名等信息；而用 FTP 探测，则会在 FTP 日志中记下 IP 地址、时间、探测所用的用户名等信息。

黑客们在获得管理员权限后就可以随意破坏计算机上的文件，包括日志文件，但是其操作必然会被系统日志记录下来，所以黑客要想隐藏自己的入侵踪迹，就必须对日志进行清理。黑客一般采用清理日志的方法来防止系统管理员发现自己的踪迹。网络上有很多专门进行此类功能的程序，例如 Zap、Wipe 等。

日志文件是微软 Windows 系列操作系统中的一个特殊文件，在安全方面起着不可替代的作用。它记录着系统的一举一动，利用日志文件可以使网络管理员快速地对潜在的系统入侵做出记录和预测。所以为了防止管理员发现计算机被黑客入侵后，通过日志文件查到入侵的踪迹，黑客一般都会在断开与入侵自己的主机连接前清理入侵时产生的日志。

9.2 日志分析工具 WebTrends

WebTrends Log Analyzer 是一款功能强大的 Web 流量分析软件，可处理超过 15GB 的日志文件，并且可生成关于网站内容信息分析的可定制的多种报告形式，如 DOC、HTML、XLS 和 ASCII 文件等格式。它还能处理所有符合标准的 Web 服务器日志文件，如非标准的、proprietary 等日志格式。还可以通过使用独立运行的 Scheduler 计划程序自动输出流量分析报告，为管理员提供了一套分析日志文件的基本解决方法。

9.2.1 创建日志站点

当远程用户访问服务器时，WebTrends 就对其访问进行记录。还可以通过远程连接的方式来访问日志。在 WebTrends 软件中创建日志站点的具体操作步骤如下。

步骤 1：打开“WebTrends Product Licensing（输入序列号）”对话框，在输入序列号后，单击“Submit（提交）”按钮，如图 9.2.1-1 所示。序列号可用后单击“Close（关闭）”按钮即可，如图 9.2.1-2 所示。

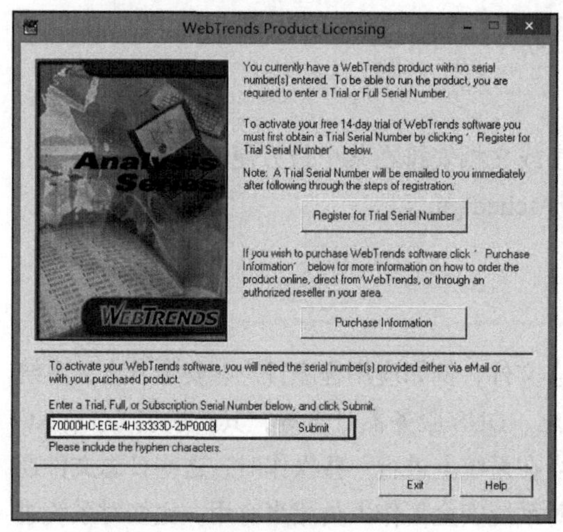

图 9.2.1-1

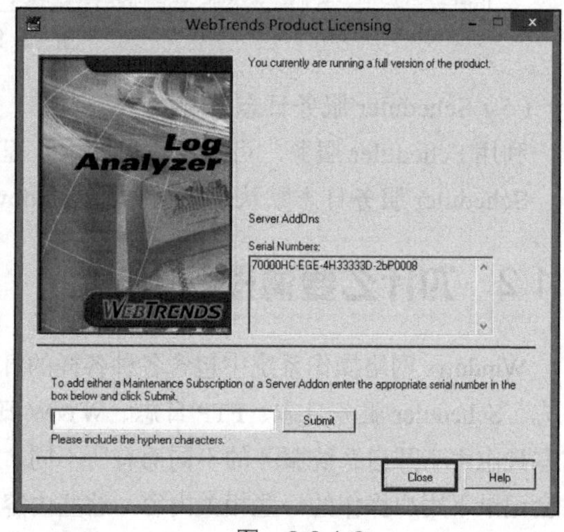

图 9.2.1-2

步骤 2：打开 Web Trends 提示窗口，单击“Start Using the Product（开始使用产品）”按钮，如图 9.2.1-3 所示。打开 Registration 窗口，单击“ Register Later（以后注册）”按钮，如图 9.2.1-4 所示。

步骤 3：打开“ WebTrends Analysis Series”窗口，单击“ New Profile（新建文件）”按钮，如图 9.2.1-5 所示。

步骤 4：在添加站点日志 -- 标题窗口中，在“ Description（描述）”文本框中输入准备访问日志的服务器类型名称；在“ Log File Format（日志文件格式）”下拉列表中可以看到 WebTrends 支持多种日志格式，这里选择“ Auto-detect log file type（自动监听日志文件类型）”选项，如图 9.2.1-6 所示。

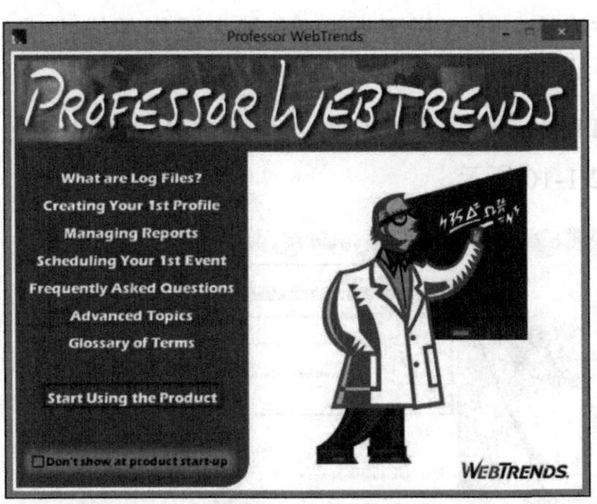

图 9.2.1-3

图 9.2.1-4

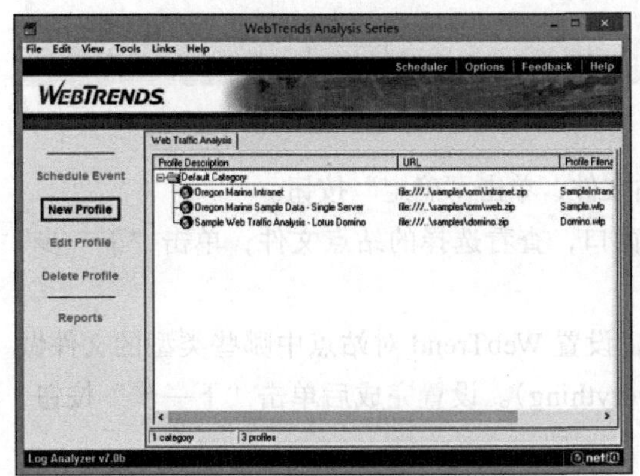

图 9.2.1-5

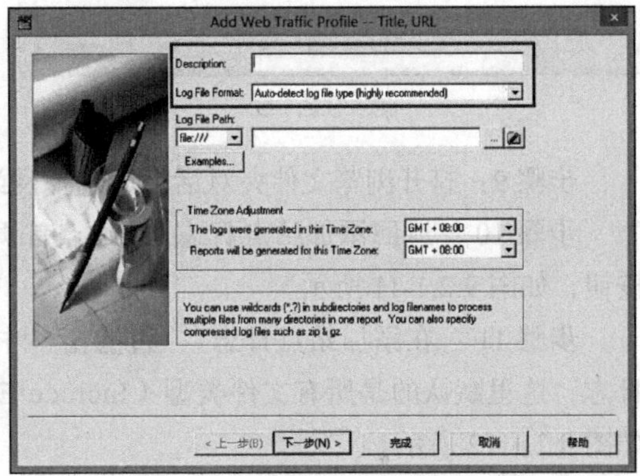

图 9.2.1-6

步骤 5：在“Log File Path（日志文件路径）”下拉列表中选择“file://”选项后，单击按钮，如图 9.2.1-7 所示。在浏览窗口中选择日志文件后，单击“Select（选择）”按钮。

步骤 6：返回添加站点日志 -- 标题窗口，查看选择的日志文件，单击“下一步”按钮，如图 9.2.1-8 所示。

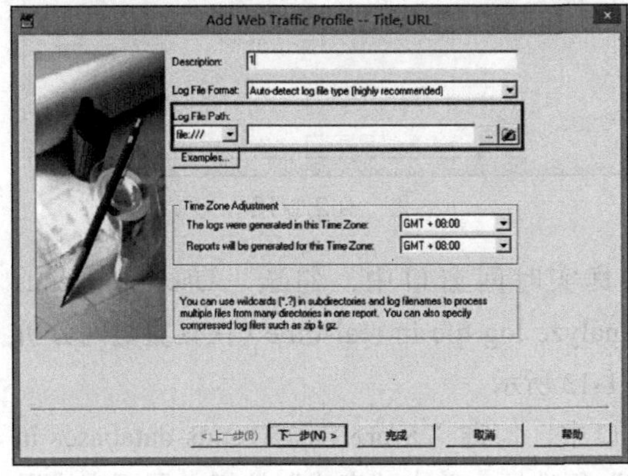

图 9.2.1-7

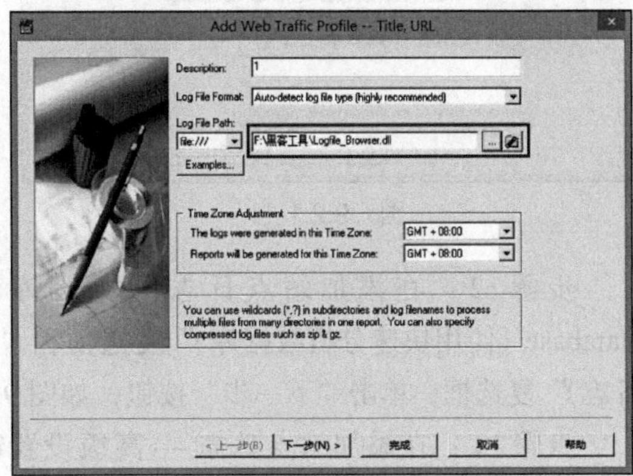

图 9.2.1-8

步骤 7：在添加站点日志 --Internet 解决方案窗口中，设置 Internet 域名采用的模式后，单击“下一步”按钮，如图 9.2.1-9 所示。

步骤 8：在添加站点日志 -- 站点首页窗口中。设置站点首页名称，并在“Web Site URL”下拉列表中选择“file://”选项，如图 9.2.1-10 所示。

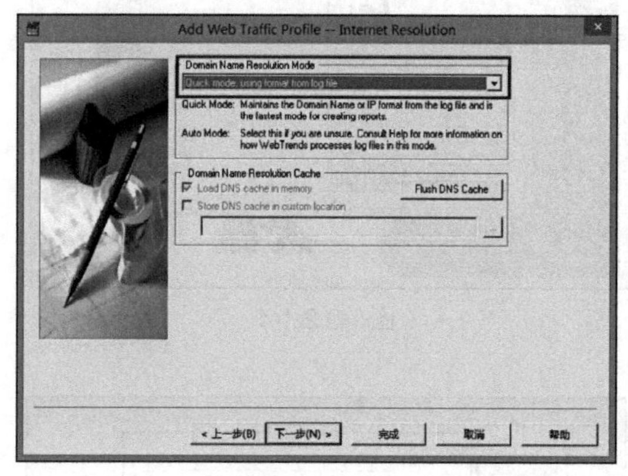

图 9.2.1-9

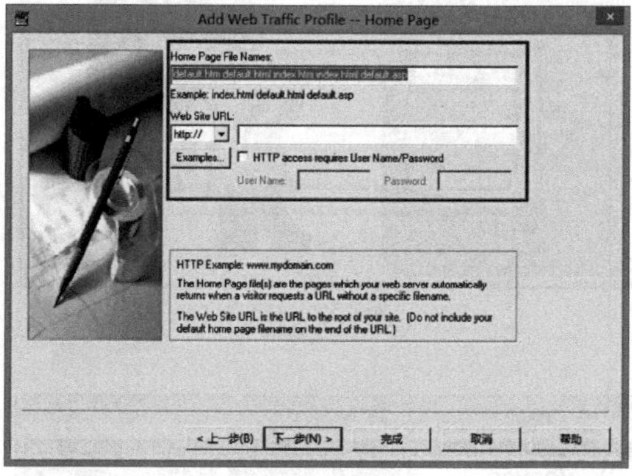

图 9.2.1-10

步骤 9：打开浏览文件夹对话框，选择网站文件，单击“确定”按钮。

步骤 10：返回添加站点日志 -- 站点首页窗口，查看选择的站点文件，单击“下一步”按钮，如图 9.2.1-11 所示。

步骤 11：在添加站点日志 -- 过滤窗口中，设置 WebTrend 对站点中哪些类型的文件做日志，这里默认的是所有文件类型（Include Everything）。设置完成后单击“下一步”按钮，如图 9.2.1-12 所示。

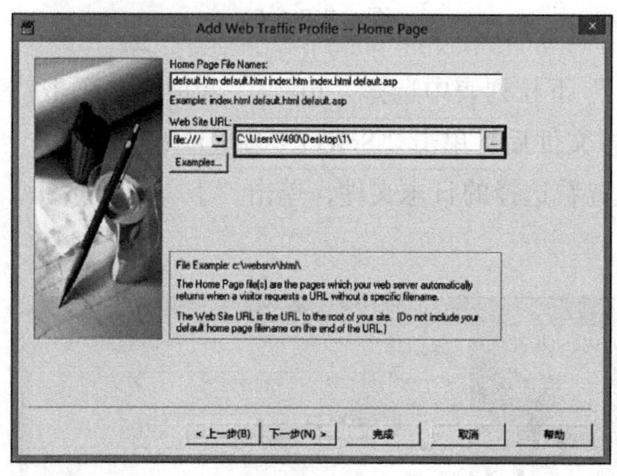

图 9.2.1-11

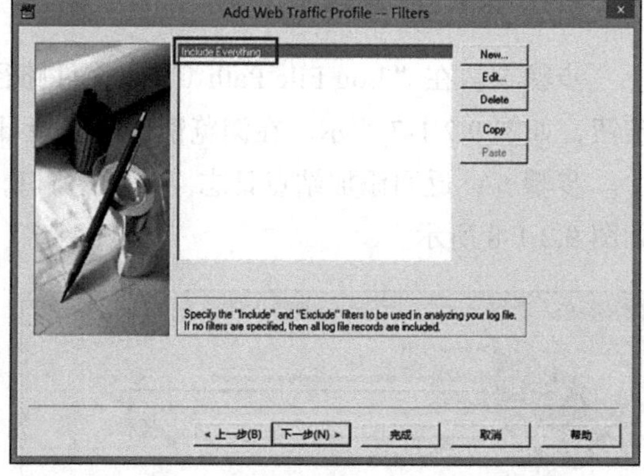

图 9.2.1-12

步骤 12：在添加站点日志 -- 数据库和真实时间窗口中，勾选“Use FastTrends Database（使用快速分析数据库）”复选框和“Analyze log file in real-time（在真实时间分析日志）”复选框，单击“下一步”按钮，如图 9.2.1-13 所示。

步骤 13：在添加站点日志 -- 高级设置窗口中，勾选“Store Fast Trends databases in default location（在本地保存快速生成的数据库）”复选框，单击“完成”按钮，即可完成添加日志站点，如图 9.2.1-14 所示。

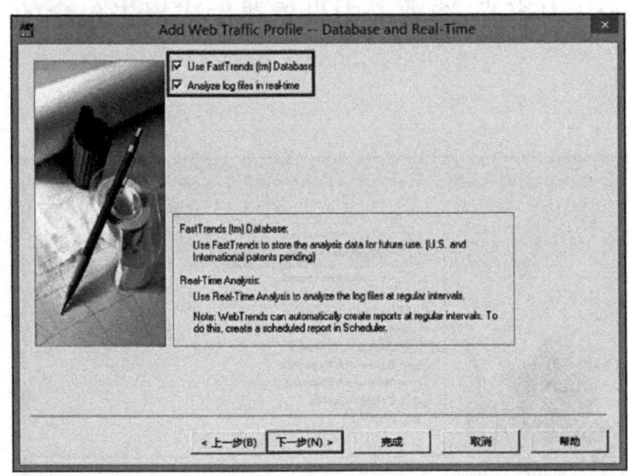

图　9.2.1-13

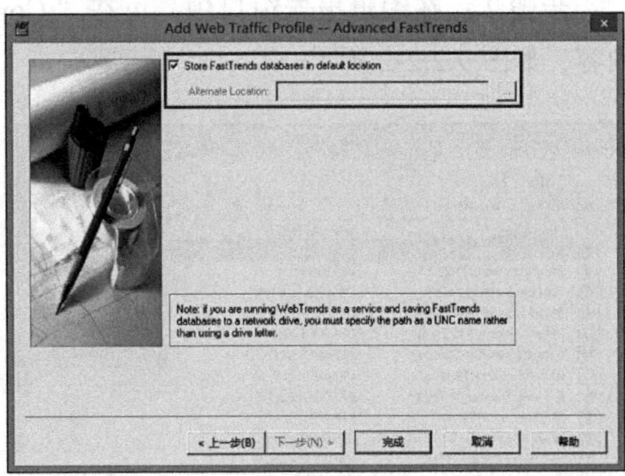

图 9.2.1-14

步骤 14：返回“WebTrends Analysis Series”主窗口。在日志列表中即可看到新创建的日志站点。单击“Schedule Event（调度事件）”按钮，可查看发生的所有事件，如图 9.2.1-15 所示。

步骤 15：切换至“Schedule Log（调度日志）”选项卡，可查看所有事件的名称、类型、时间等属性，如图 9.2.1-16 所示。

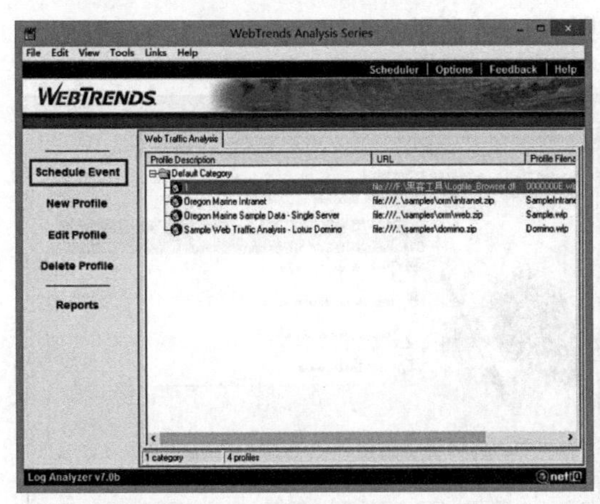

图　9.2.1-15

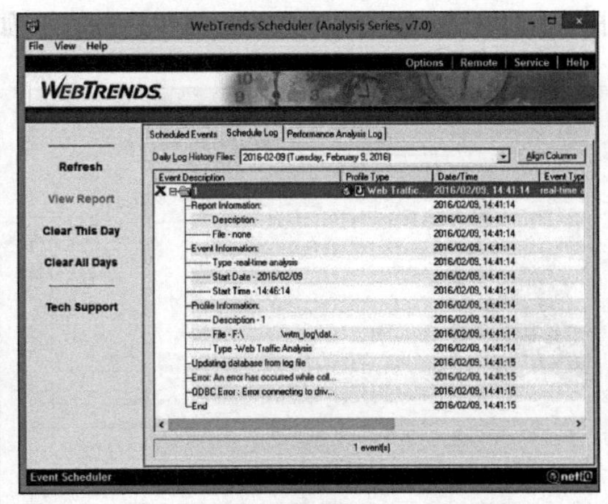

图　9.2.1-16

在创建完日志站点后，还需要等待一定的访问量后才能对指定的网站进行日志分析。

9.2.2 生成日志报表

当创建的站点有一定的访问量后，就可以利用 Trends 生成日志报表，从而进行日志分析。生成日志报表的具体操作步骤如下。

步骤 1：打开“WebTrends Log Analysis Series”主窗口，在左边列表中单击“Reports（报告）”按钮，可查看各种可用的报告模板。选择“Default Summary（HTML）”选项，单击

“Edit（编辑）”按钮，如图 9.2.2-1 所示。

步骤 2：在编辑报告窗口中，可在“ Content（内容）”选项卡中设置要生成报告包含的内容，如图 9.2.2-2 所示。

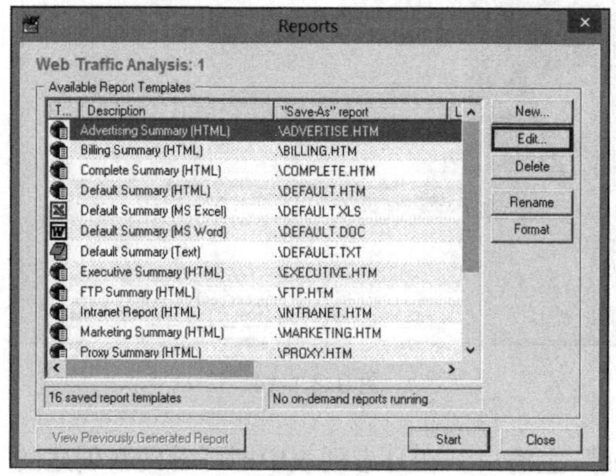

图 9.2.2-1

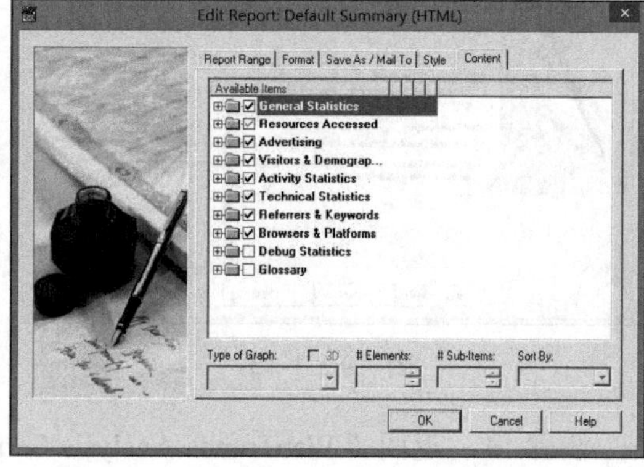

图 9.2.2-2

步骤 3：切换至“ Report Range（报告范围）”选项卡，可设置报告时间范围。这里选择“All of log”选项，如图 9.2.2-3 所示。

步骤 4：切换至“ Format（格式）”选项卡，在“ Report Format（报告格式）”列表中选择“HTML Document（HTML 文件）”选项，如图 9.2.2-4 所示。

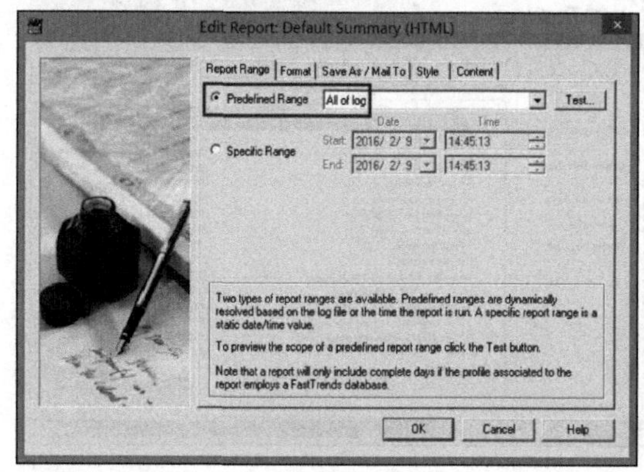

图 9.2.2-3

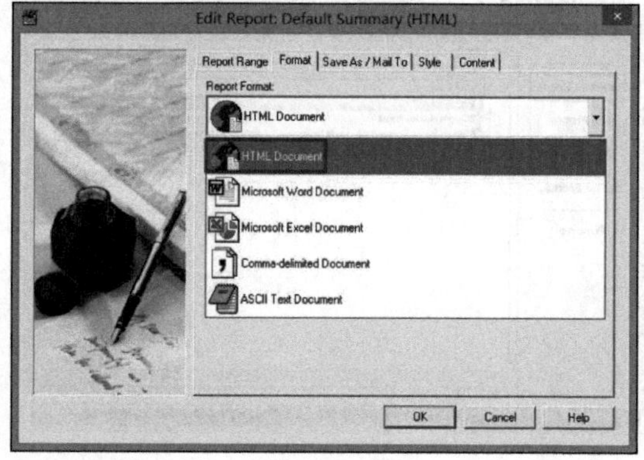

图 9.2.2-4

步骤 5：切换至“ Save As/Mail To（另存为 / 邮件）”选项卡，设置生成报告的保存格式，如图 9.2.2-5 所示。

步骤 6：切换至在“Style（样式）”选项卡，设置报告的标题、语言、样式等属性，设置完成后单击“OK”按钮，如图 9.2.2-6 所示。

步骤 7：返回“报告”对话框，单击“Start（开始）”按钮，开始分析日志，如图 9.2.2-7 所示。分析完成后会生成报告。

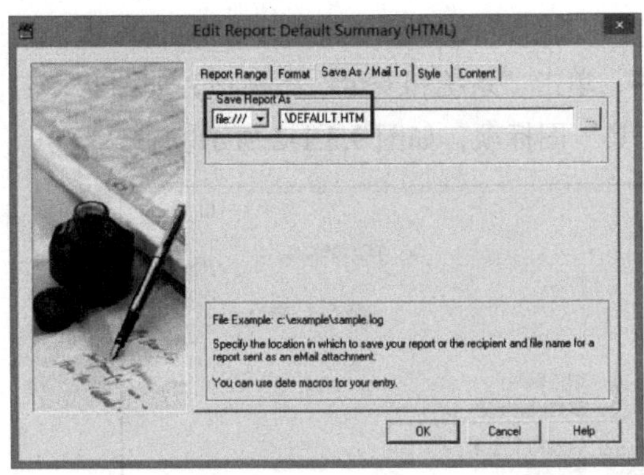

图　9.2.2-5

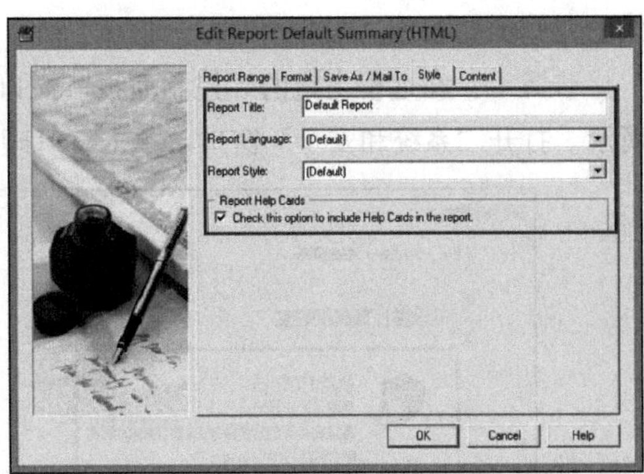

图　9.2.2-6

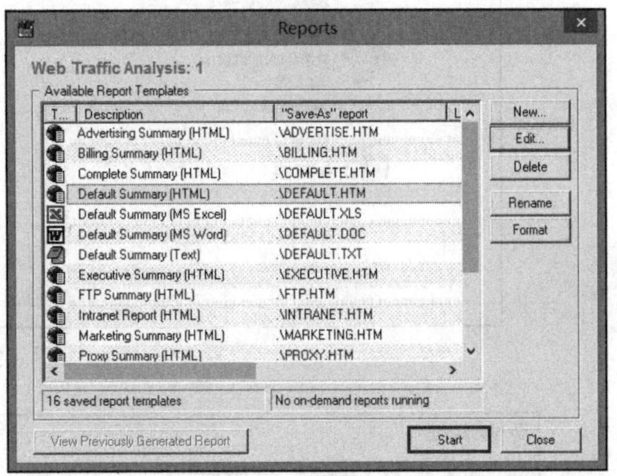

图　9.2.2-7

由于 WebTrends 与 Office 的兼容性很好，所以如果想保存生成的日志文件的话，最好选择以电子表格的形式存档，以供日后分析。通过查看日志可以得到很多有用的信息，如某个网站的某个网页访问量很大，就表示该网页相关方面的内容应该增加，否则可以取消一些网页内容。从安全方面来看，通过仔细查看日志，可以了解到谁对哪些站点进行过扫描，以及扫描时间等。这是因为当黑客扫描网站时，也相当于对网站进行访问。该访问会被 WebTrends 全部记录下来，网络管理员可以根据日志来防御黑客入侵攻击，所以要养成查看日志的习惯。

9.3　删除服务器日志

日志的增多，往往会加重服务器的负荷，所以要及时删除服务器的日志。删除服务器日志常用的方法有手工删除和通过批处理文件删除两种方式。

9.3.1　手工删除服务器日志

在入侵过程中，远程主机的 Windows 系统会对入侵者的登录、注销、连接、甚至拷贝文件等操作进行记录，并把这些记录保留在日志中。在日志文件中记录着入侵者登录时所用的账号及入侵者的 IP 地址等信息。入侵者通过多种途径来删除留下的痕迹，往往是在远程被控主机的“控制面板”窗口中打开事件记录窗口，在其中对服务器日志进行手工删除。具体的操作步骤如下。

步骤 1：在远程主机的“控制面板”窗口中，单击“系统和安全”图标项，如图 9.3.1-1 所示。打开“系统和安全”窗口，单击“管理工具”图标项，如图 9.3.1-2 所示。

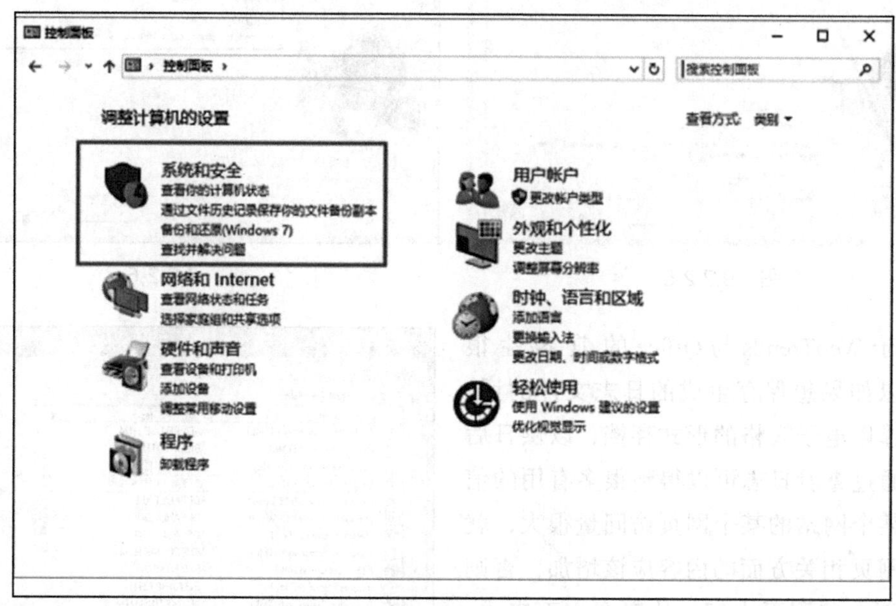

图 9.3.1-1

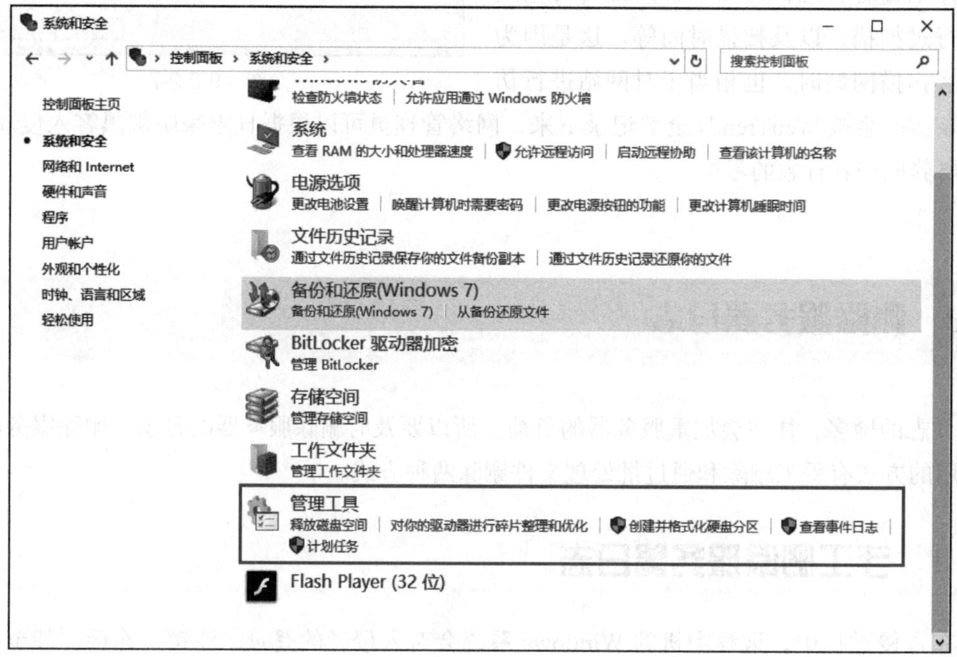

图 9.3.1-2

步骤 2：在“管理工具”窗口中，双击“计算机管理”图标项，如图 9.3.1-3 所示。依次单击“计算机管理（本地）”→“系统工具”→“事件查看器”选项，如图 9.3.1-4 所示。

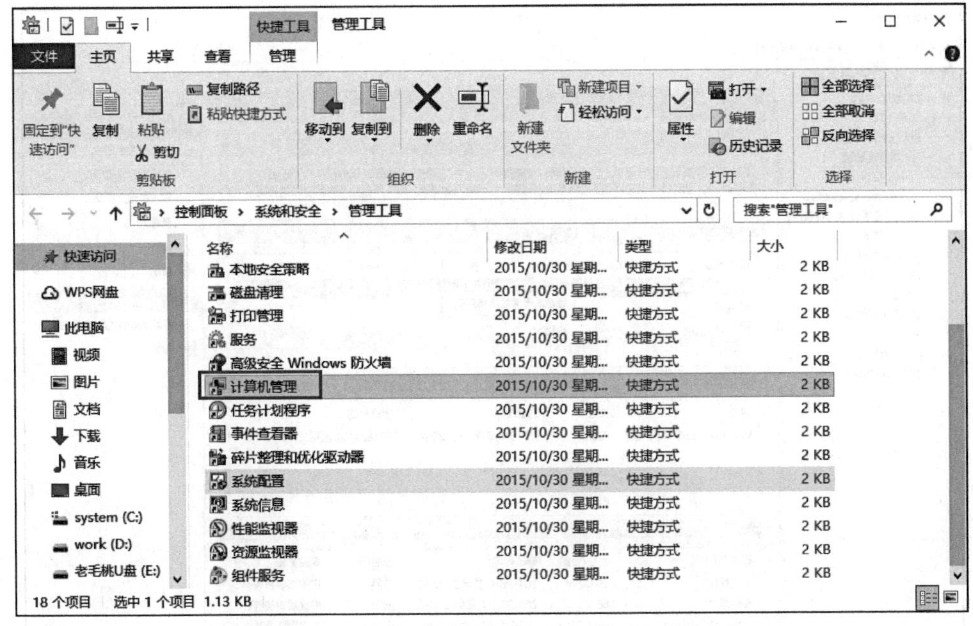

图　9.3.1-3

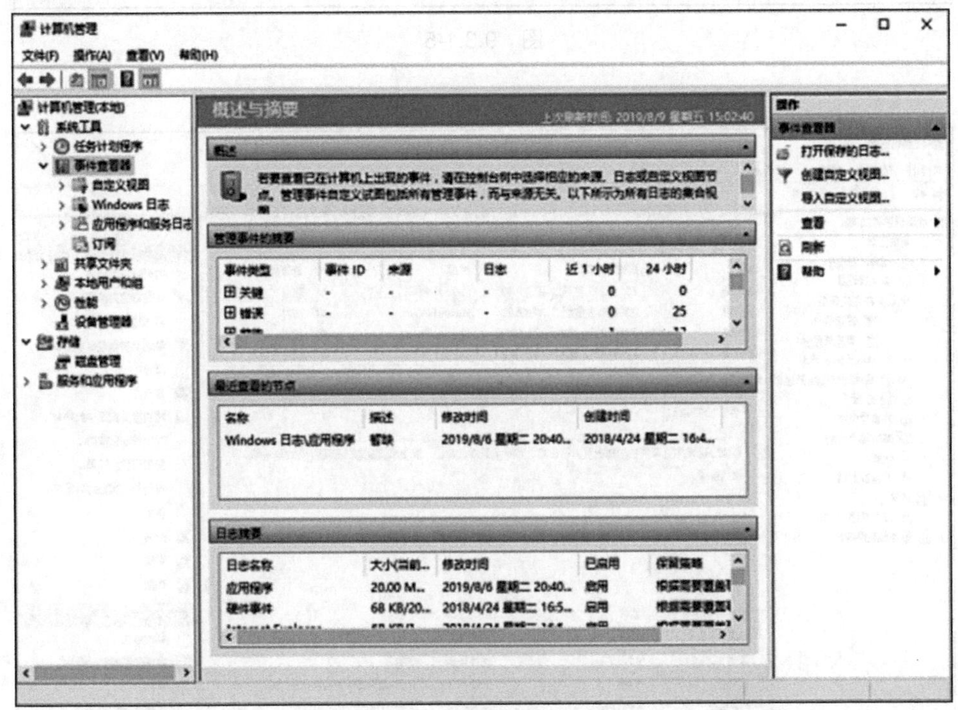

图　9.3.1-4

步骤 3：打开事件记录窗格，查看其中的 6 种事件类型。选定某一类型的日志，在其中选择具体事件后右击，选择“查看此事件的所有实例”选项，如图 9.3.1-5 所示。可以查看该事件出现的次数及相关信息，如图 9.3.1-6 所示。

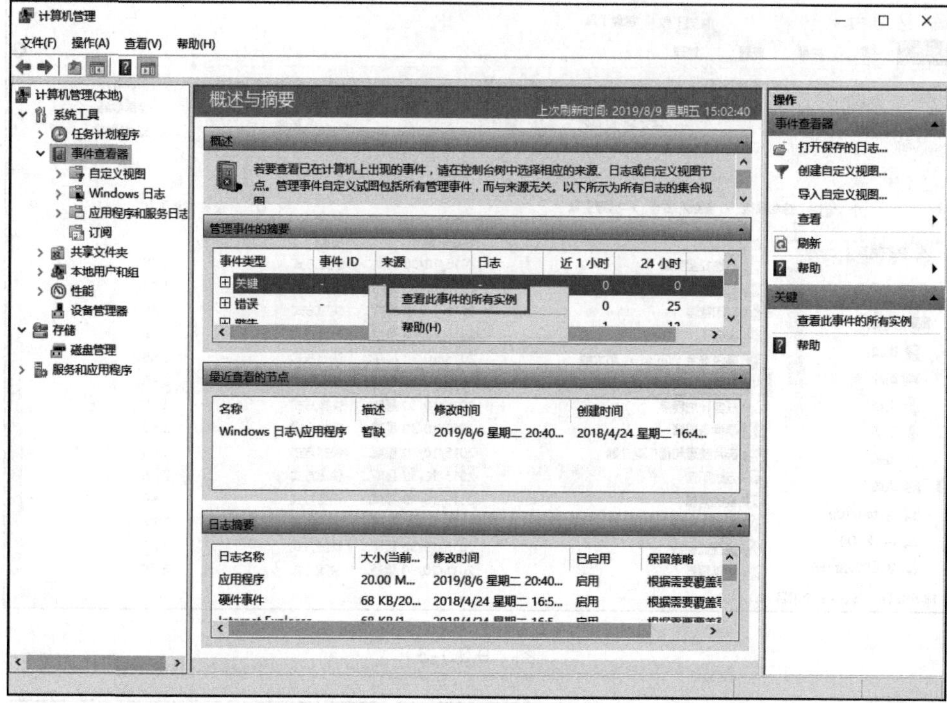
计算机管理
文件(F) 操作(A) 查看(V) 帮助(H)
计算机管理(本地)
系统工具
任务计划程序
事件查看器
自定义视图
Windows 日志
应用程序和服务日志
订阅
共享文件夹
本地用户和组
性能
设备管理器
存储
磁盘管理
服务和应用程序
概述与摘要
上次刷新时间: 2019/8/9 星期五 15:02:40
概述
若要查看已在计算机上出现的事件，请在控制台树中选择相应的来源、日志或自定义视图节点。管理事件自定义试图包括所有管理事件，而与来源无关。以下所示为所有日志的集合视
管理事件的摘要
事件类型
事件 ID
来源
日志
近 1 小时
24 小时
关键
错误
查看此事件的所有实例
帮助(H)
最近查看的节点
名称
描述
修改时间
创建时间
Windows 日志\应用程序
暂缺
2019/8/6 星期二 20:40...
2018/4/24 星期二 16:4...
日志摘要
日志名称
大小(当前...
修改时间
已启用
保留策略
应用程序
20.00 M...
2019/8/6 星期二 20:40...
启用
根据需要覆盖
硬件事件
68 KB/20...
2018/4/24 星期二 16:5...
启用
根据需要覆盖
操作
事件查看器
打开保存的日志...
创建自定义视图...
导入自定义视图...
查看
刷新
帮助
关键
查看此事件的所有实例
帮助

图 9.3.1-5

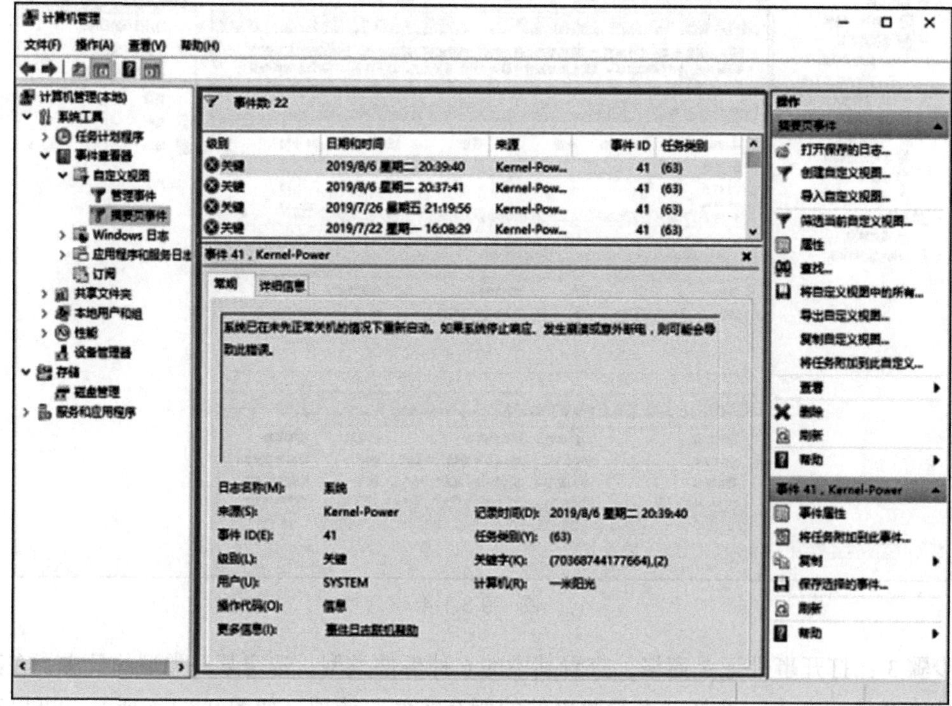
计算机管理
文件(F) 操作(A) 查看(V) 帮助(H)
计算机管理(本地)
系统工具
任务计划程序
事件查看器
自定义视图
管理事件
摘要页事件
Windows 日志
应用程序和服务日志
订阅
共享文件夹
本地用户和组
性能
设备管理器
存储
磁盘管理
服务和应用程序
事件数: 22
级别
日期和时间
来源
事件 ID
任务类别
关键
2019/8/6 星期二 20:39:40
Kernel-Pow...
41
(63)
关键
2019/8/6 星期二 20:37:41
Kernel-Pow...
41
(63)
关键
2019/7/26 星期五 21:19:56
Kernel-Pow...
41
(63)
关键
2019/7/22 星期一 16:08:29
Kernel-Pow...
41
(63)
事件 41，Kernel-Power
常规
详细信息
系统已在未先正常关机的情况下重新启动。如果系统停止响应、发生崩溃或意外断电，则可能会导致此错误。
日志名称(M): 系统
来源(S): Kernel-Power
记录时间(D): 2019/8/6 星期二 20:39:40
事件 ID(E): 41
任务类别(Y): (63)
级别(L): 关键
关键字(K): (70368744177664),(2)
用户(U): SYSTEM
计算机(R): 一米阳光
操作代码(O): 信息
更多信息(I): 事件日志联机帮助
操作
摘要页事件
打开保存的日志...
创建自定义视图...
导入自定义视图...
筛选当前自定义视图...
属性
查找...
将自定义视图中的所有...
导出自定义视图...
复制自定义视图...
将任务附加到此自定义...
查看
删除
刷新
帮助
事件 41，Kernel-Power
事件属性
将任务附加到此事件...
复制
保存选择的事件...
刷新
帮助

图 9.3.1-6

步骤 4：在右侧操作栏中单击“删除”按钮，在弹出的“事件查看器”提示框中单击“是”按钮，即可删除此事件，如图 9.3.1-7 所示。

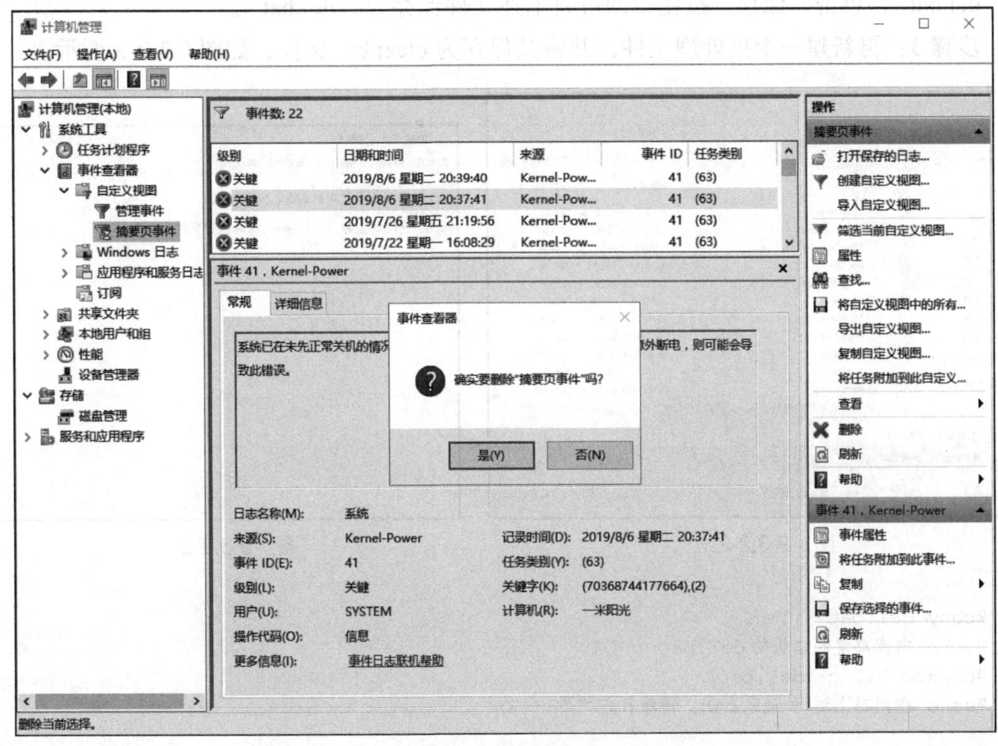

图　9.3.1-7

9.3.2 使用批处理删除远程主机日志

一般情况下，日志会忠实记录它接收到的任何请求，用户可通过查看日志来发现入侵的企图，从而保护自己的系统。所以黑客在入侵系统成功后做的第一件事便是删除该计算机中的日志，擦去自己的痕迹。还可以通过创建批处理文件来删除日志。具体的操作步骤如下。

步骤 1：在记事本中编写一个可以删除日志的批处理文件，如图 9.3.2-1 所示。

```
@del C:\Windows\system32\logfiles\*.*
@del C:\Windows \system32\config\*.evt
@del C:\Windows \system32\dtclog\*.*
@del C:\Windows \system32\*.log
@del C:\Windows \system32\*.txt
@del C:\Windows \*.txt
@del C:\Windows t\*.log
@del c:\del.bat
```

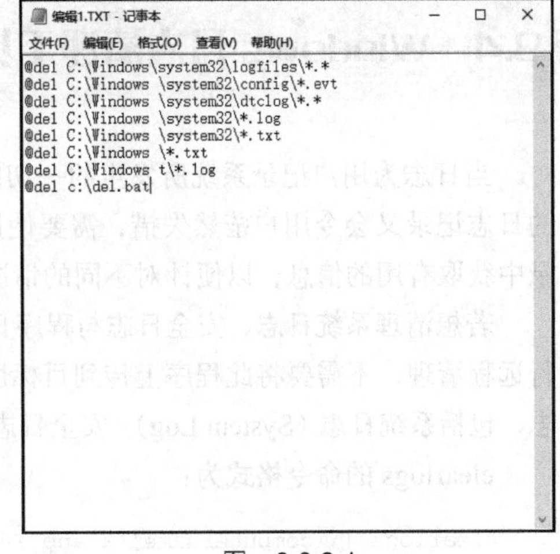

图　9.3.2-1

步骤 2：依次选择“文件”→“另存为”菜单项，即可打开“另存为”对话框，如图 9.3.2-2 所示。在“保存类型”下拉列表中选择“所有文件”选项，在“文件名”文本框中输入“del.bat”，单击“保存”按钮，即可将上述文件保存为“del.bat”。

步骤 3：再新建一个批处理文件，并将其保存为 clear.bat 文件，如图 9.3.2-3 所示。

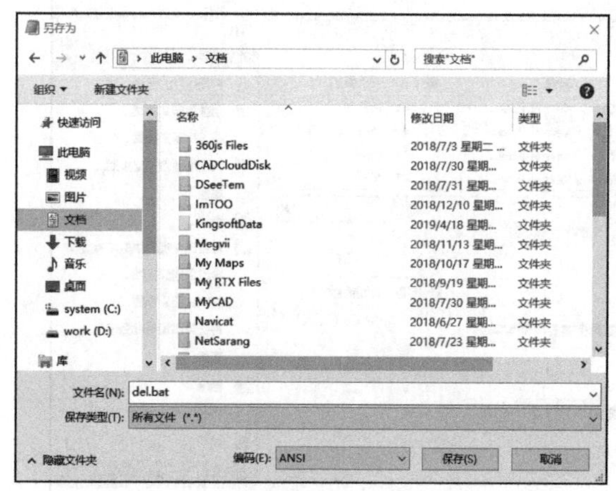

图 9.3.2-2

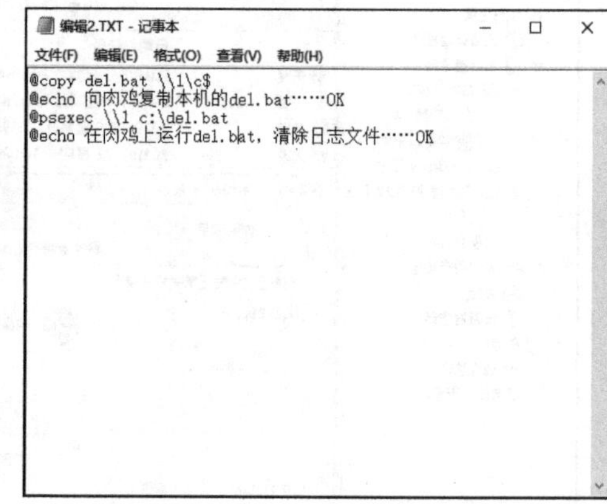

图 9.3.2-3

```
@copy del.bat \\1\c$
@echo 向肉鸡复制本机的 del.bat……OK
@psexec \\1 c:\del.bat
@echo 在肉鸡上运行 del.bat，清除日志文件……OK
```

其中 echo 是 DOS 下的回显命令，在它的前面加上“@”前缀字符，表示执行时本行在命令行或 DOS 里不显示，它是删除文件命令。

步骤 4：假设与 IP 地址为 192.168.0.6 的主机进行了 IPC 连接之后，在“命令提示符”窗口中输入“clear.bat 192.168.0.6”命令，即可批处理删除该主机上的日志文件。

9.4 Windows 日志清理工具：ClearLogs

当日志为用户记录系统所发生的一切的时候，用户同样也需要规范管理日志。但是庞大的日志记录又会令用户茫然失措，需要使用专门的工具对日志进行分析、汇总，并从日志记录中获取有用的信息，以便针对不同的情况采取必要的措施。

若想清理系统日志、安全日志与程序日志，可利用 ClearLogs 工具。由于该程序可直接进行远程清理，不需要将此程序上传到目标服务器中运行。利用它可以清理 Windows 的一般日志，包括系统日志（System Log）、安全日志（Security Log）与程序日志（Applications Log）。

clearlogs 的命令格式为：

```
clearlogs [\\computername] <-app /-sec /-sys>
```

```
 -app = 程序日志
-sec = 安全日志
 -sys = 系统日志
```

下面以清理 192.168.0.16 机器上的事件日志为例进行介绍。具体的操作步骤如下。

步骤 1：用 IPC$ 连接把 ClearLogs 上传到远程计算机。在 MS-DOS 命令提示符窗口中输入命令：

```
net use \\192.168.0.16\ipc$ ""/Susan
```

步骤 2：清理远程主机上的日志。再通过“net time”命令查看远程计算机的系统时间，再用 AT 命令建立一个计划任务来执行 clearlogs.exe 文件：

```
AT 时间 c:\clear.bat
clearlogs \\192.168.0.16 -app          清理远程计算机的程序日志
clearlogs \\192.168.0.16 -sec          清理远程计算机的安全日志
clearlogs \\192.168.0.16-sys           清理远程计算机的系统日志
```

或者为了更安全一点，也可以建立一个批处理文件 clear.bat。

```
@echo off
clearlogs -app
clearlogs -sec
clearlogs -sys
del clearlogs.exe
del c.bat
exit
```

步骤 3：断开 IPC$ 连接。使用命令“net use \\192.168.0.16\ipc$/del”。经过上述操作之后，远程主机中的日志记录就可以被清理了。

通过执行上述命令，黑客即可轻松地将自己入侵的日志清理干净，不必一个个去辛苦查找各项日志文件的存放位置后再清除。这两个小工具会自动完成这些烦琐的事情。但此工具只能删除默认文件夹中的日志文件，如果目标服务器的网管将日志文件位置改到其他文件夹中，这个工具就不能清理了。

9.5 清除历史痕迹

在使用计算机的过程中，系统会将用户在计算机上的所有操作都记录下来，用户可以方便地查阅以前的操作。这些记录也会被黑客利用，为了保护计算机的安全，需要定期清除系统中保存的各种历史痕迹。

9.5.1 清除网络历史记录

在默认情况下，IE 浏览器具有自动记录的功能，利用该功能可以将用户输入的一些表单信息和浏览网页等信息记录下来，这样可以提高用户重复浏览网页和进行重复性输入的效率。但是，这也给黑客入侵提供了方便。下面介绍如何清除 IE 浏览器中各种历史记录。

（1）清除 Cookie、历史记录

用户在访问网站时，IE 浏览器会自动将用户访问过的网页保存到系统的 History 文件夹中，这样用户就可以通过该文件来了解某段时间内的所有浏览网页记录。为了避免上网隐私的泄露，有必要将访问网页的历史记录清除。下面介绍清除网页历史记录的操作步骤。

步骤 1：在 IE 浏览器中依次选择“工具”→“Internet 选项”菜单项，即可打开“Internet 属性”对话框，如图 9.5.1-1 所示。在“Internet 选项”对话框的“常规”选项卡下，单击“浏览历史记录”选项区域中的“删除”按钮。

步骤 2：打开“删除浏览历史记录”对话框，如图 9.5.1-2 所示。勾选 Cookie 和网站数据、历史记录等选项，单击“删除”按钮，即可清除保存在网页中的 Cookie、历史记录等。

图 9.5.1-1

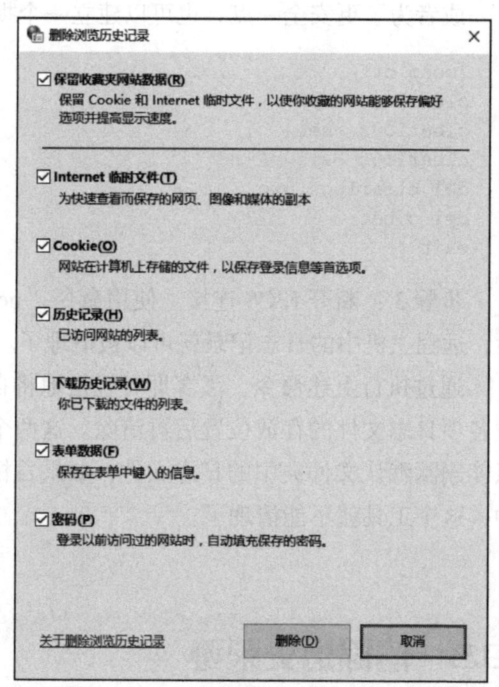

图 9.5.1-2

（2）清除表单和密码记录

在默认的情况下，IE 浏览器总是启用“自动完成”功能的，该功能极大地方便用户快速输入相同的内容，但黑客也会利用保存的用户名和密码信息来窃取用户的数据。从安全角度出发，需要清除表单并取消自动记录表单的功能。清除 IE 浏览器中表单的具体操作步骤如下。

步骤 1：在 IE 浏览器中依次选择“工具”→“Internet 选项”菜单项，即可打开“Internet 属性”对话框，如图 9.5.1-3 所示。

步骤 2：在“内容”选项卡中的“自动完成”选项区域中单击“设置”按钮，即可打开

“自动完成设置”对话框。在其中取消勾选所有的复选框，如图 9.5.1-4 所示。单击“确定”按钮，即可取消保存表单、表单上的用户名和密码等内容。

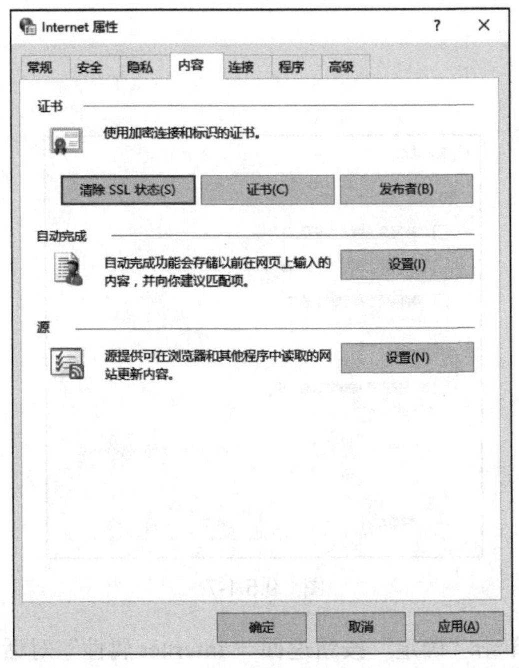

图 9.5.1-3

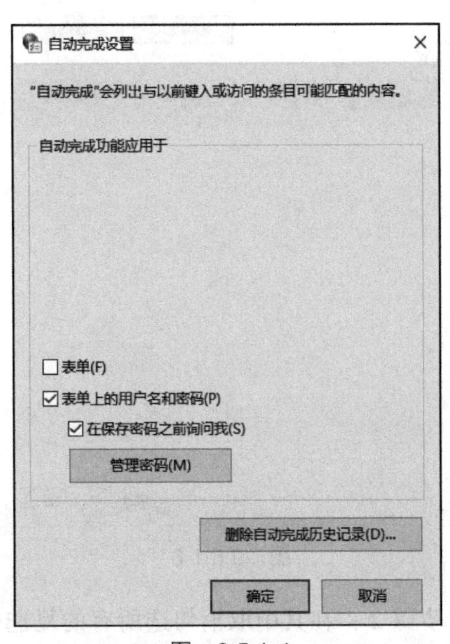

图 9.5.1-4

步骤 3：若要清除以前的表单和密码记录，单击“删除自动完成历史记录”按钮，此时打开“删除浏览历史记录”对话框，如图 9.5.1-5 所示。单击“删除”按钮，即可删除以前保存的表单和密码记录。

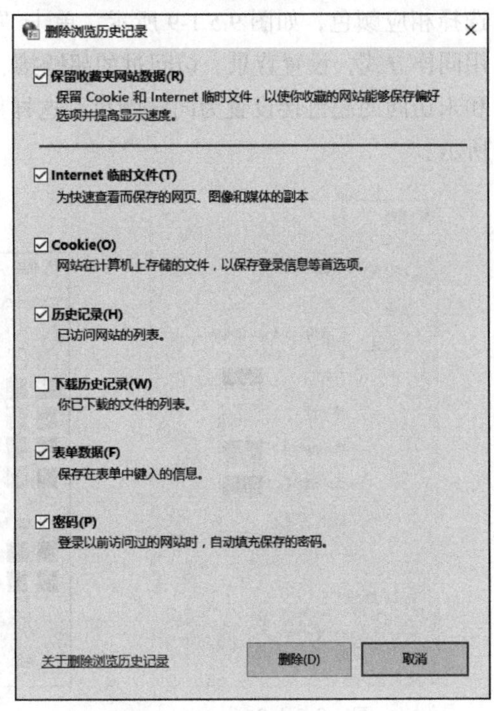

图 9.5.1-5

（3）清除已访问链接颜色

当在网页上单击一个链接后，该链接就会变成另外一种颜色，以标识该链接被访问过，这样可以避免重复访问已经访问过的链接。但不同颜色的链接也会导致用户隐私泄露，因为它很明显地标识出用户访问过的网页。清除网页中已访问链接颜色的具体操作步骤如下。

步骤 1：在 IE 浏览器中依次选择“工具”→“Internet 选项”菜单项，即可打开“Internet 属性”对话框，如图 9.5.1-6 所示。在“常规”选项卡中单击“辅助功能”按钮，即可打开“辅助功能”对话框，如图 9.5.1-7 所示。

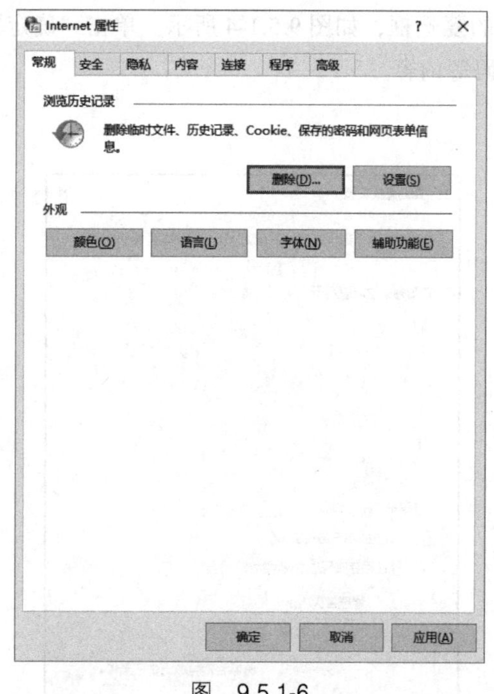

图 9.5.1-6

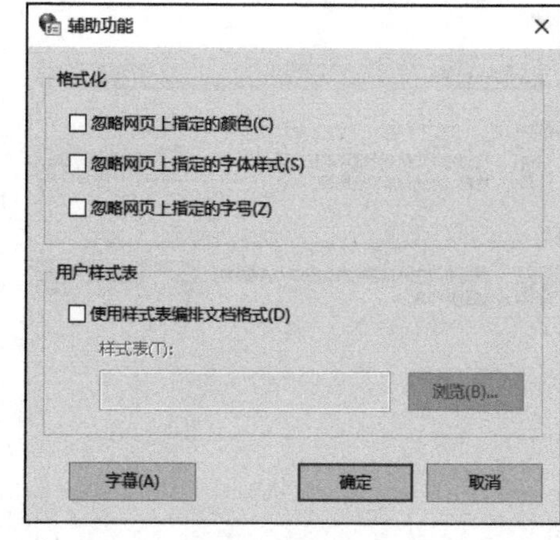

图 9.5.1-7

步骤 2：在其中取消勾选所有的复选框，单击“确定”按钮返回“Internet 属性”对话框。单击“颜色”按钮，即可打开“颜色”对话框，如图 9.5.1-8 所示。

步骤 3：单击“访问过的”文本框中的颜色块，即可打开“选择颜色”对话框，在其中选择相应颜色，如图 9.5.1-9 所示。单击“确定”按钮，即可将文字设置成指定的颜色。采用同样方式，设置背景、访问过的超链接、未访问的超链接的颜色。注意将访问过的超链接和未访问的超链接设置为同样颜色，这样用户访问过的链接就不会被看出了，如图 9.5.1-10 所示。

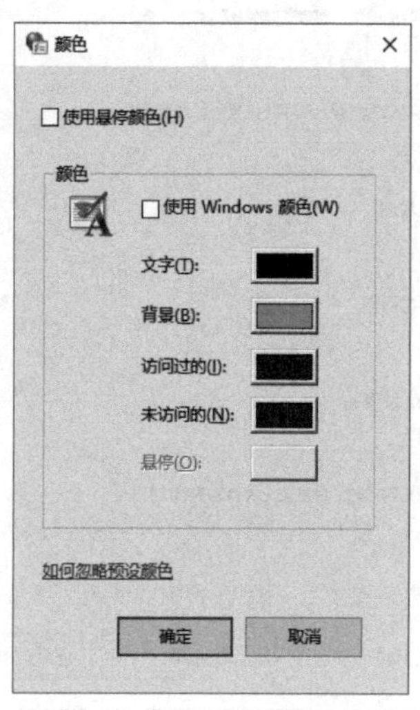

图 9.5.1-8

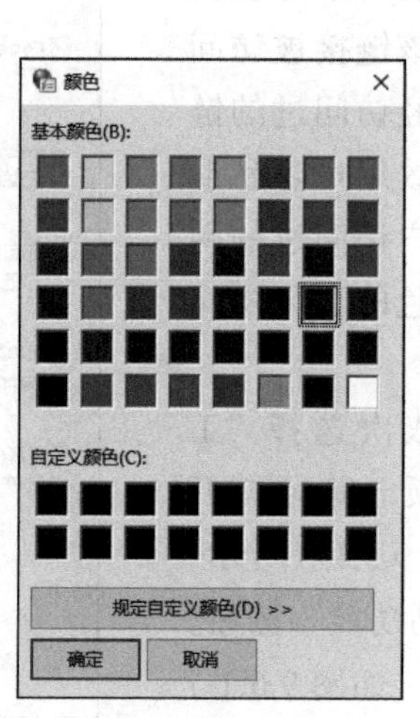

图 9.5.1-9

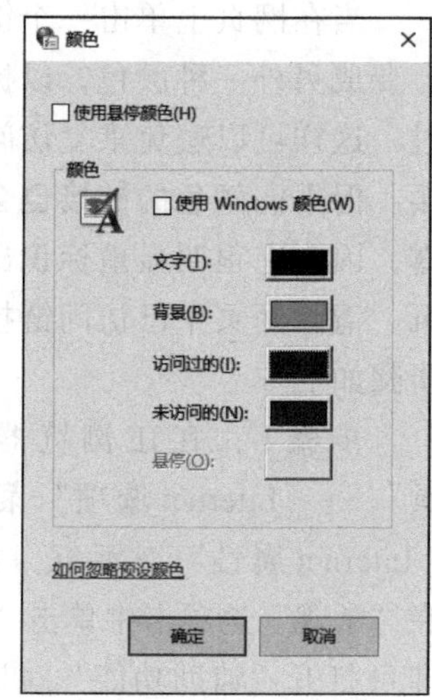

图 9.5.1-10

9.5.2　使用“Windows 优化大师”进行清理

使用“Windows 优化大师”可有效地帮助用户了解自己的计算机软硬件信息，还可以清理系统运行时产生的垃圾、修复系统故障及安全漏洞，从而维护系统的正常运转。

使用“Windows 优化大师”删除各种历史记录的具体操作步骤如下。

步骤 1：下载并安装“Windows 优化大师”后，双击桌面上的快捷图标，即可打开“Windows 优化大师”主窗口，如图 9.5.2-1 所示。

步骤 2：在左边列表中的“系统清理”栏目下单击“历史痕迹清理”按钮，即可打开“历史痕迹清理”窗口，如图 9.5.2-2 所示。

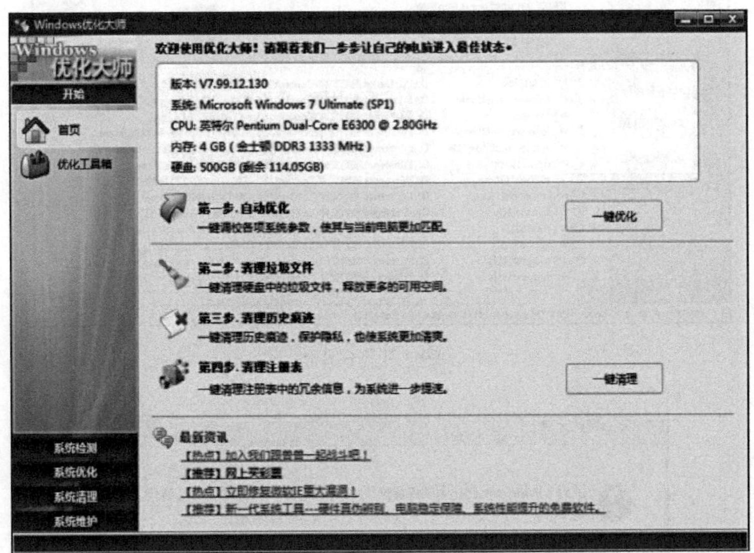

图　9.5.2-1

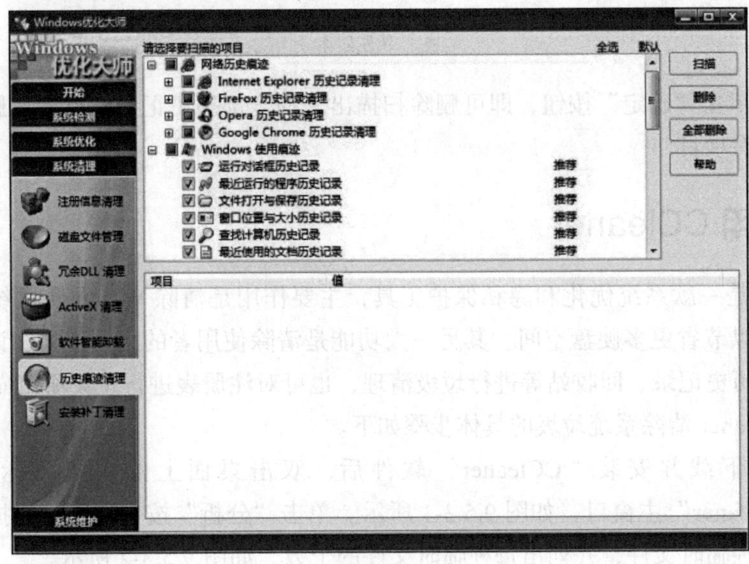

图　9.5.2-2

步骤 3：选择需要扫描的项目（也可以单击“全选”超链接按钮选择全部的选项）后，单击“扫描”按钮，即可进行扫描。在扫描的过程会将扫描的各种历史痕迹显示在列表中，如图 9.5.2-3 所示。待扫描结束后，单击“全部删除”按钮，即可打开“删除所有扫描到的历史记录痕迹”提示框，如图 9.5.2-4 所示。

图　9.5.2-3

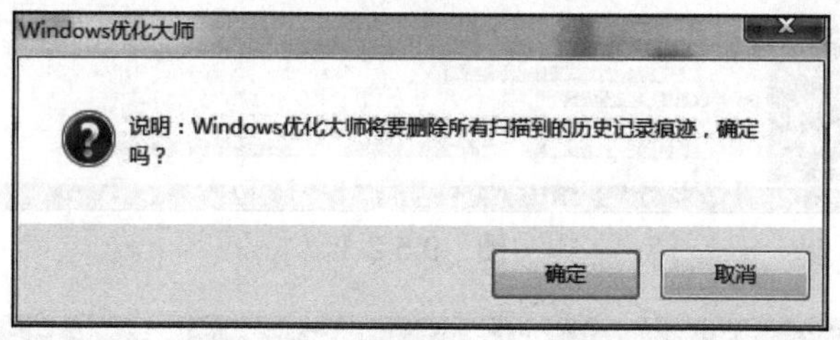

图　9.5.2-4

步骤 4：单击“确定”按钮，即可删除扫描出来的全部历史记录。待全部删除后，下面的窗口中将没有项目。

9.5.3　使用 CCleaner

CCleaner 是一款系统优化和隐私保护工具，主要作用是清除 Windows 系统中不再使用的垃圾文件，以节省更多硬盘空间。其另一大功能是清除使用者的上网记录。该工具可以对临时文件夹、历史记录、回收站等进行垃圾清理，也可对注册表进行垃圾项扫描、清理。

使用 CCleaner 清除系统垃圾的具体步骤如下。

步骤 1：下载并安装“CCleaner”软件后，双击桌面上的快捷图标，即可打开“Piriform CCleaner”主窗口，如图 9.5.3-1 所示。单击“分析”按钮，即可扫描出本地计算机中存储的各种临时文件，并列出每种临时文件的个数，如图 9.5.3-2 所示。

图　9.5.3-1

图　9.5.3-2

步骤 2：单击“清理所有”按钮，即可开始删除扫描出来的临时文件，如图 9.5.3-3 所示。

图 9.5.3-3

步骤 3：在 CCleaner 中不仅可以清除系统中的临时文件，还可以清除应用程序中的历史记录。在“应用程序”选项卡中勾选相应的复选框，选择需要扫描的应用程序，如图 9.5.3-4 所示。

图 9.5.3-4

步骤 4：单击“分析”按钮，即可分析出所选的应用程序中存在的各种历史文件，如图 9.5.3-5 所示。单击“运行清理”按钮，在“所选文件将从您的电脑中删除”提示框中单击“继续”按钮，即可删除扫描出来的临时文件，如图 9.5.3-6 所示。

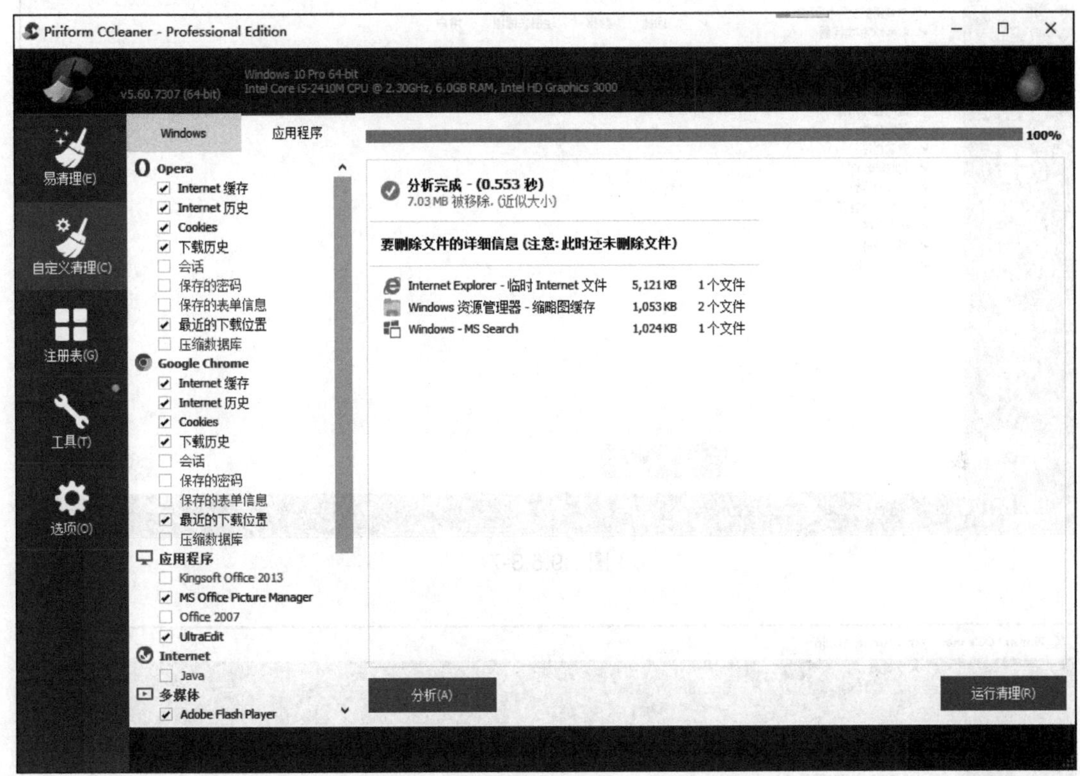

图　9.5.3-5

所选文件将从您的电脑中删除.
您希望继续吗?
继续
取消
不再显示此信息(D)

图　9.5.3-6

步骤 5：在“CCleaner”主窗口中单击“注册表”按钮，即可打开“注册表管理”窗口，如图 9.5.3-7 所示。

步骤 6：单击“扫描问题”按钮，即可扫描注册表，并将存在的问题、数据、注册表键值等属性都显示出来，如图 9.5.3-8 所示。待扫描完毕后，选中需要修复的问题，并单击“修复所选的问题”按钮，即可打开是否备份注册表对话框，如图 9.5.3-9 所示。

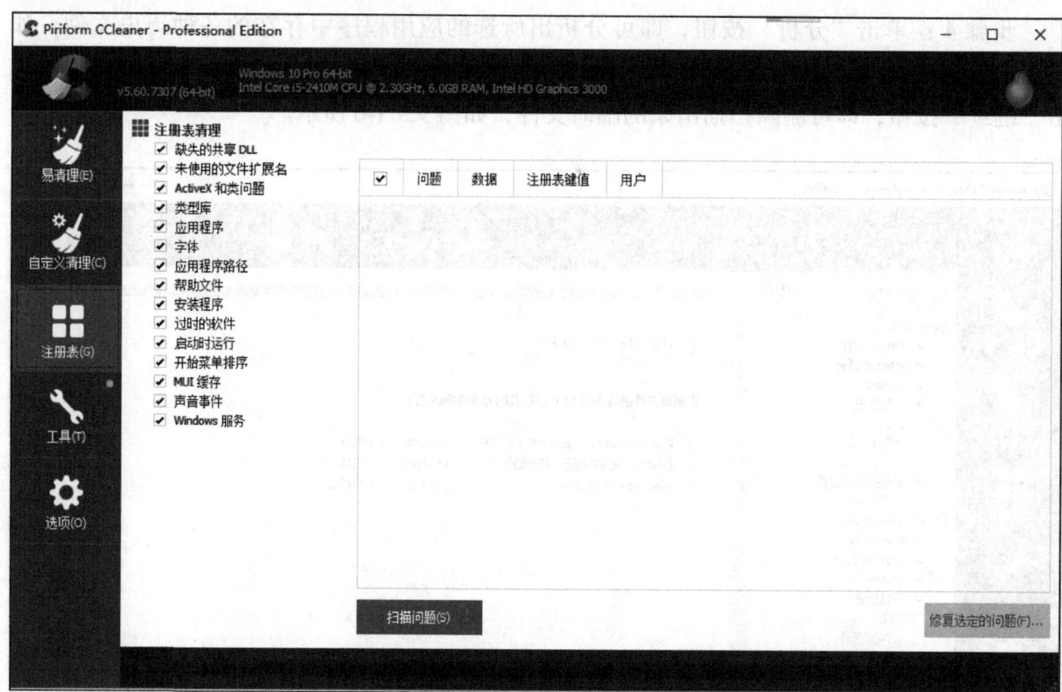

图 9.5.3-7

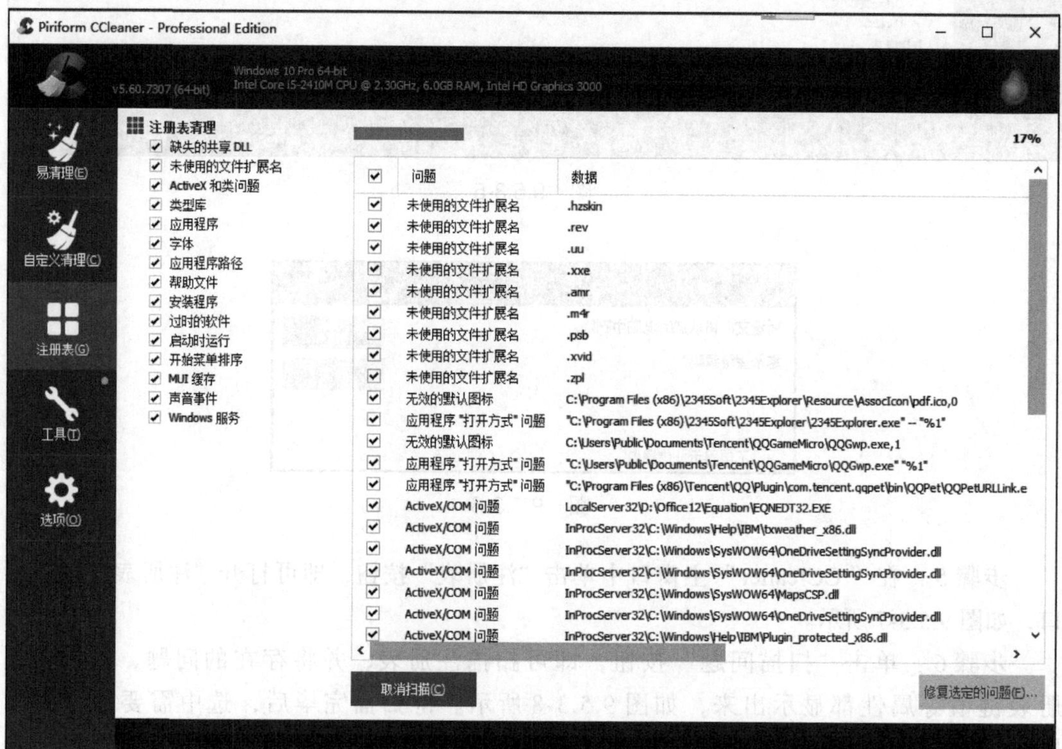

图 9.5.3-8

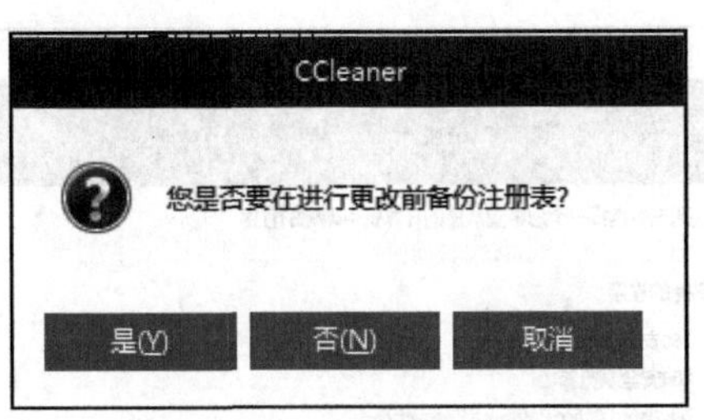

图　9.5.3-9

步骤 7：单击“是”按钮，即可打开“另存为”对话框，如图 9.5.3-10 所示。在设置保存名称和位置后，单击“保存”按钮，即可打开“未使用的文件扩展名”提示框，如图 9.5.3-11 所示。这是扫描出来第一个注册表错误的详细信息，在其中可看到具体的解决办法。

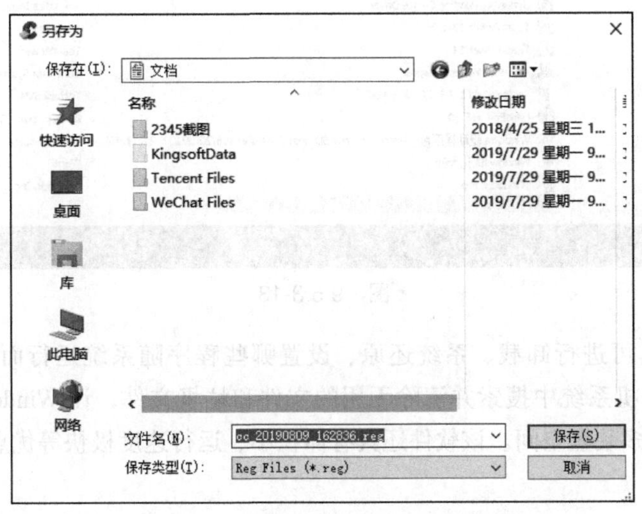

图　9.5.3-10

步骤 8：单击“修复所有选定的问题”按钮，即可修复所有选定问题。待修复结束后，即可看到“问题已修复”提示信息，如图 9.5.3-12 所示。

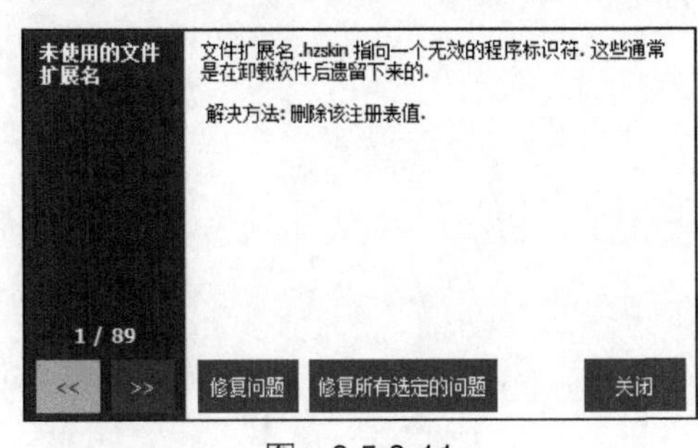

图　9.5.3-11

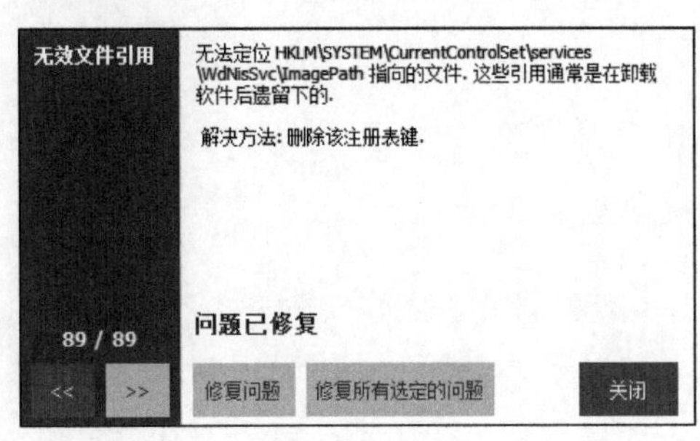

图　9.5.3-12

步骤 9：单击“关闭”按钮，即可完成修复注册操作。在“ CCleaner”主窗口中单击“工具”按钮，即可打开工具窗口，如图 9.5.3-13 所示。

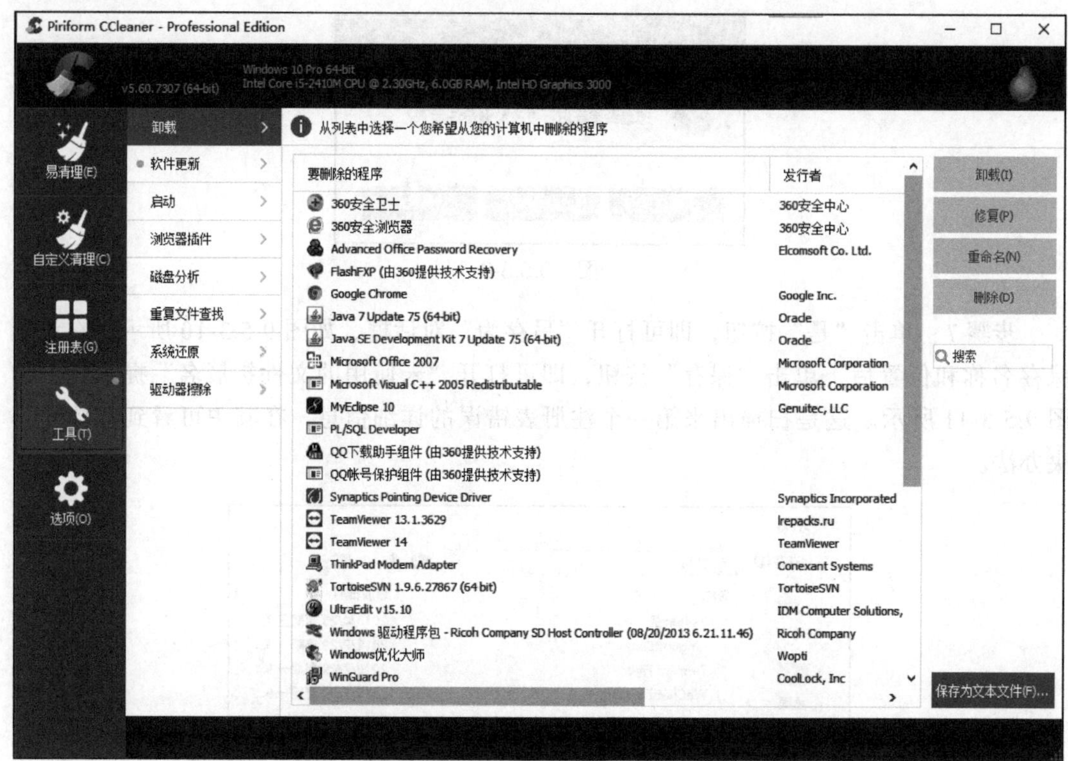

图 9.5.3-13

利用这些工具可进行卸载、系统还原、设置哪些程序随系统运行而自动运行等操作。CCleaner 可从计算机系统中搜索并清除无用的文件和垃圾文件，让 Windows 运行更快、更有效率，释放出更多硬盘空间。该软件还具有体积小、运行速度极快等优点。

第10章 网络代理与追踪工具

为了更好地隐藏自己，黑客在攻击前往往会先找到一些水平不高的管理员管理的网络主机作为代理服务器，再通过这些主机去攻击目标计算机。正是有了这些代理服务器，黑客行踪才不容易被发现，这样黑客就可以肆无忌惮地进行攻击了。

10.1 网络代理工具

代理工具可以破除很多人为的限制，还可以提高上网速度，访问一些原本访问不了或访问速度极慢的网站，同时可以隐藏自己的真实地址。如果这类软件到了黑客的手中，会为其攻击提供极大便利。

10.1.1 利用“代理猎手”寻找代理

“代理猎手”是一款集搜索与验证于一体的软件，可以快速查找网络上的免费代理。其主要特点为：支持多网址段、多端口自动查询；支持自动验证并给出速度评价；支持后续的时间预测；支持用户设置最大连接数（可以做到不影响其他网络程序），并能够自动查找最新版本。其最大的特点是搜索速度快，最快可以在十几分钟搜完全部的 65 536 个 B 类地址。

可以通过百度、雅虎、新浪等搜索引擎找到“代理猎手”下载链接进行下载。

（1）添加搜索任务

在“代理猎手”安装完毕后，还需要添加相应的搜索任务。具体的操作步骤如下。

步骤 1：启动“代理猎手”，依次单击“搜索任务”→“添加任务”选项，如图 10.1.1-1 所示。

步骤 2：在“添加搜索任务”窗口中选择任务类型，单击“下一步”按钮，如图 10.1.1-2 所示。

步骤 3：设置地址范围，单击“添加”按钮，如图 10.1.1-3 所示。此为第 1 种添加 IP 范围的方法。

步骤 4：在“添加搜索 IP 范围”对话框中输入起止地址，单击“确定”按钮，如图 10.1.1-4 所示。

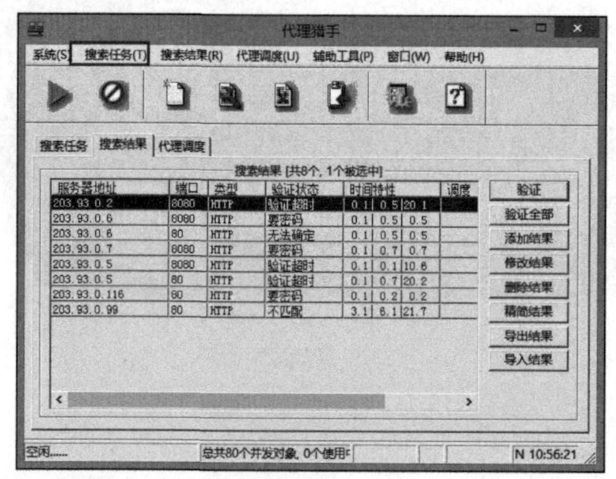

图 10.1.1-1

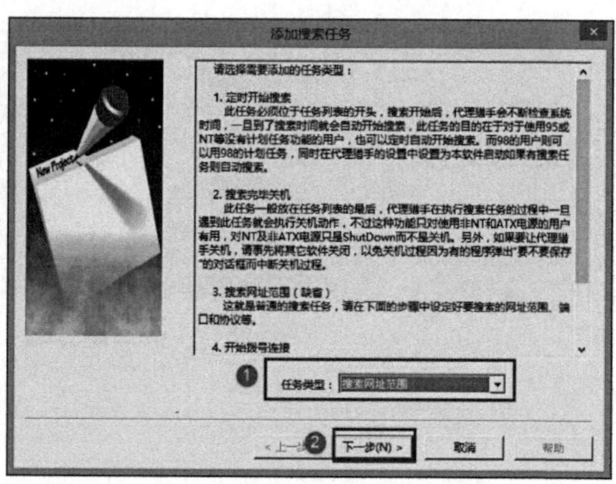

图 10.1.1-2

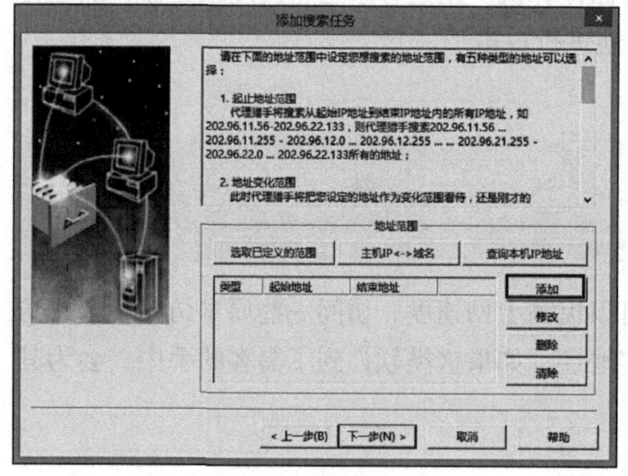

图 10.1.1-3

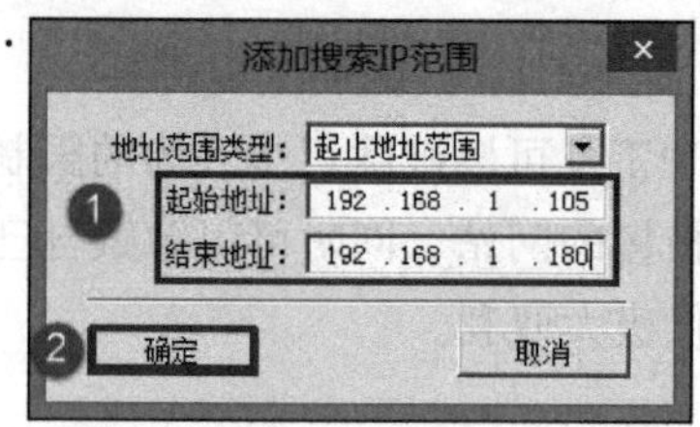

图 10.1.1-4

步骤 5：IP 地址范围添加成功后，可查看已添加的 IP 地址范围。单击“选取已定义的范围”按钮，如图 10.1.1-5 所示。

步骤 6：进入“预定义的 IP 地址范围”对话框，单击“添加”按钮，如图 10.1.1-6 所示。此为第 2 种添加 IP 地址范围的方法。

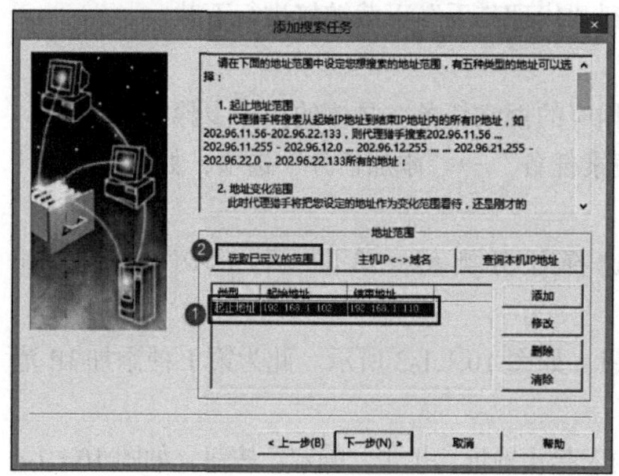

图 10.1.1-5

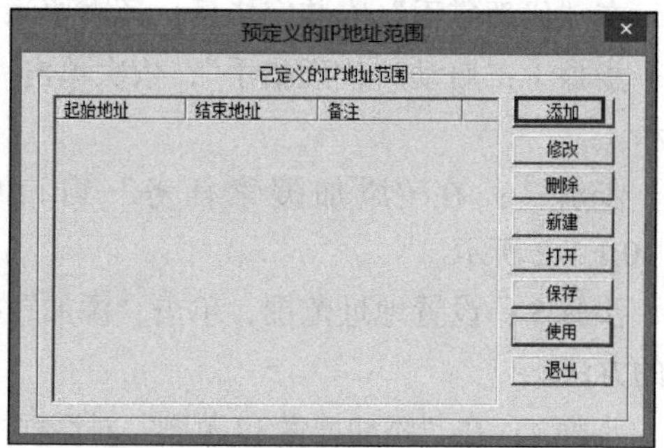

图 10.1.1-6

步骤 7：在“添加搜索 IP 范围”对话框中，根据实际情况设置 IP 地址范围，并输入相应的地址范围类型说明，单击“确定”按钮，如图 10.1.1-7 所示。

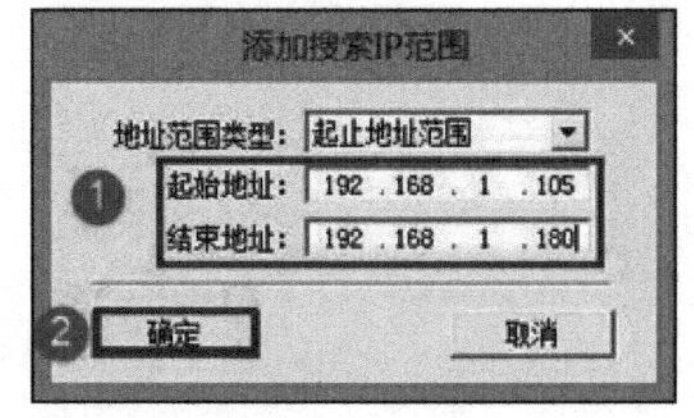

图 10.1.1-7

步骤 8：在“预定义的 IP 地址范围”对话框中查看已添加的 IP 地址范围。单击“打开”按钮，如图 10.1.1-8 所示。

步骤 9：读入地址范围，选定已预设 IP 地址范围的文件，单击“打开”按钮。返回“已定义的 IP 地址范围”对话框，单击“使用”按钮，即可将预设的 IP 地址范围添加到搜索 IP 地址范围中，如图 10.1.1-9 所示。

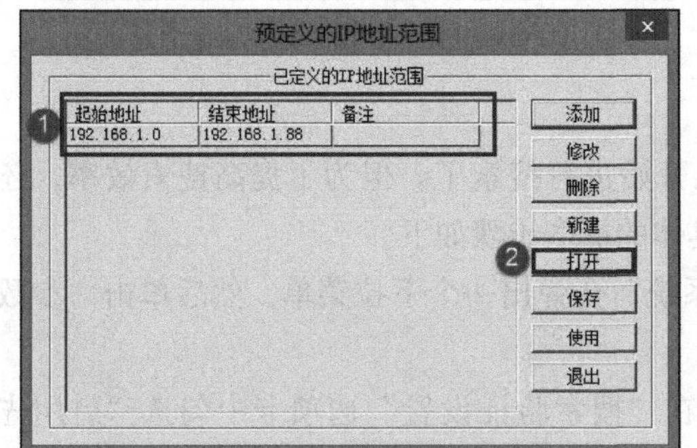

图 10.1.1-8

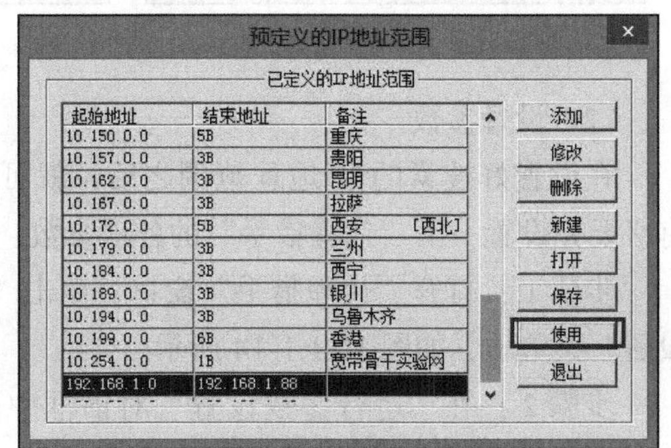

图 10.1.1-9

步骤 10：返回“地址范围”对话框，单击“下一步”按钮，如图 10.1.1-10 所示。

步骤 11：打开“端口和协议”对话框，单击“添加”按钮，如图 10.1.1-11 所示。

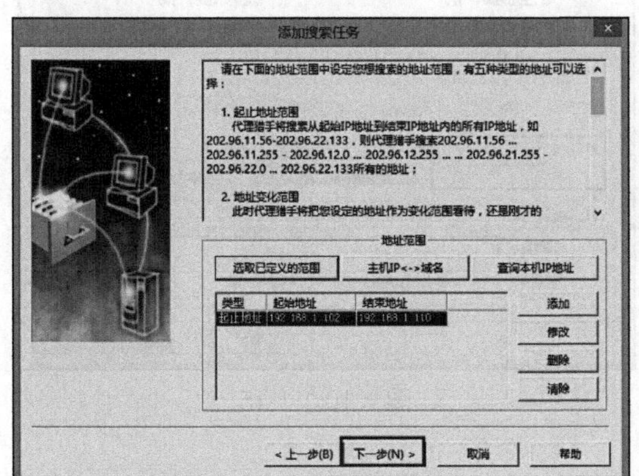

图 10.1.1-10

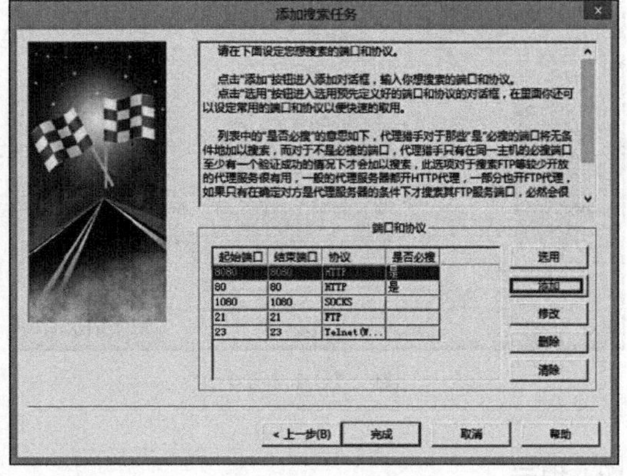

图 10.1.1-11

步骤 12：在“添加端口和协议”对话框中，根据实际情况选择端口，单击“确定”按钮，如图 10.1.1-12 所示。

步骤 13：返回“端口和协议”对话框，单击“完成”按钮，即可完成搜索任务的设置，如图 10.1.1-13 所示。

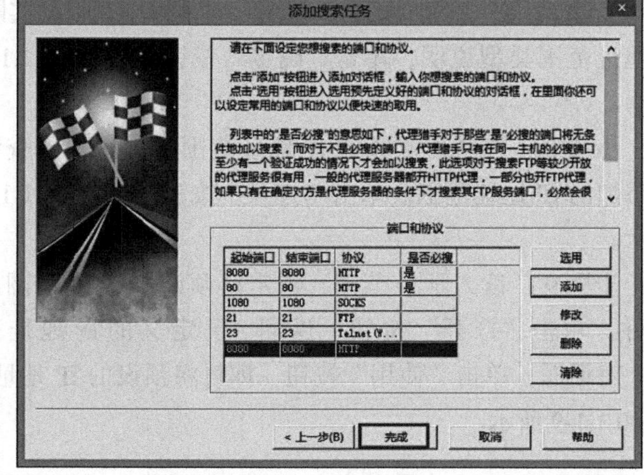

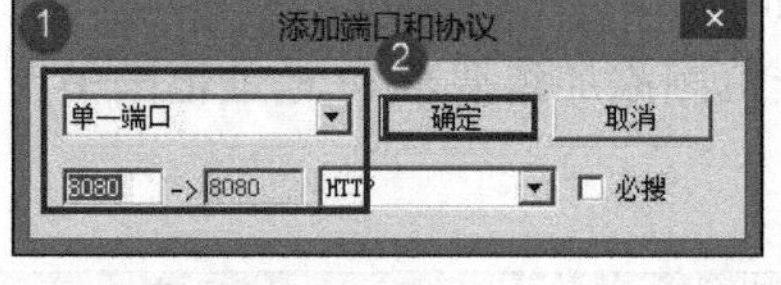

图 10.1.1-12

图 10.1.1-13

（2）设置参数

在设置好搜索的 IP 地址范围之后，就可以开始进行搜索了。但为了提高搜索效率，还有必要先设置一下“代理猎手”的各项参数。具体的操作步骤如下。

步骤 1：打开“代理猎手”窗口，单击“系统”会弹出一个下拉菜单，然后单击“参数设置”菜单项，如图 10.1.1-14 所示。

步骤 2：在“运行参数设置”对话框中，在“搜索验证设置”选项卡中勾选“启用先 Ping 后连的机制”复选框，以提高搜索效率，如图 10.1.1-15 所示。

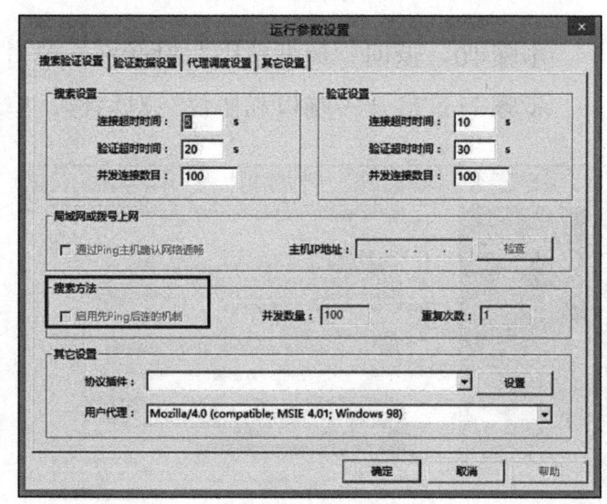

图 10.1.1-14

图 10.1.1-15

提示

代理猎手默认的搜索、验证和 Ping 的并发数量分别为 50、80 和 100。如果用户的带宽无法达到，最好相应地减少各个并发数量，以减轻网络的负担。

步骤 3：单击“验证数据设置”选项卡，可添加、修改和删除验证资源地址及其参数，如图 10.1.1-16 所示。

步骤 4：单击“代理调度设置”选项卡，可设置代理调度参数及代理调度范围等选项，如图 10.1.1-17 所示。

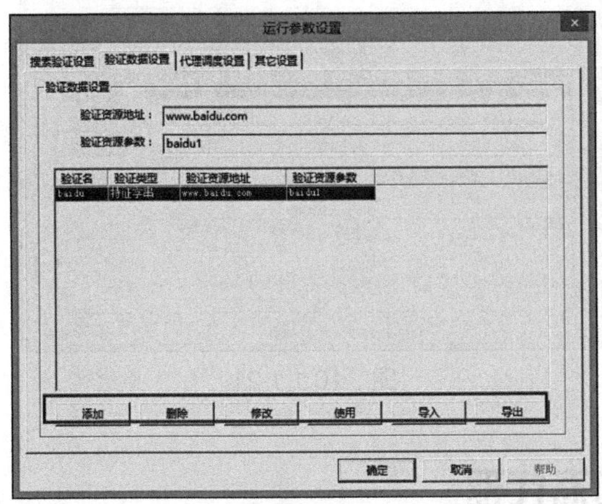

图　10.1.1-16

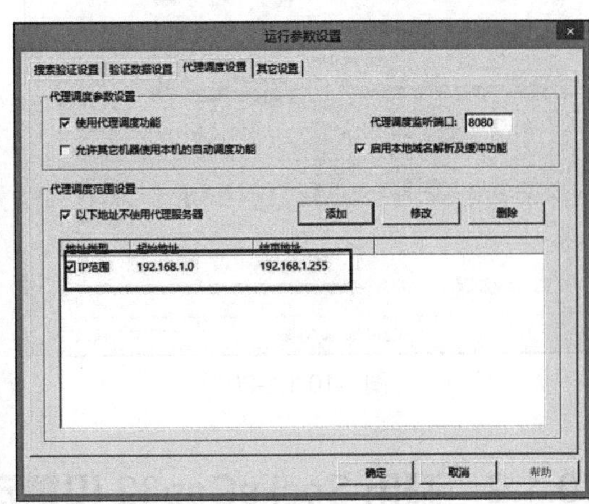

图　10.1.1-17

步骤 5：单击“其他设置”选项卡，设置拨号、搜索验证历史、运行参数等选项。设置完成后单击“确定”按钮，如图 10.1.1-18 所示。

步骤 6：返回主界面，单击“搜索任务”选项，然后会弹出一个下拉菜单，单击“开始搜索”菜单项，即可开始搜索设置的 IP 地址范围，如图 10.1.1-19 所示。

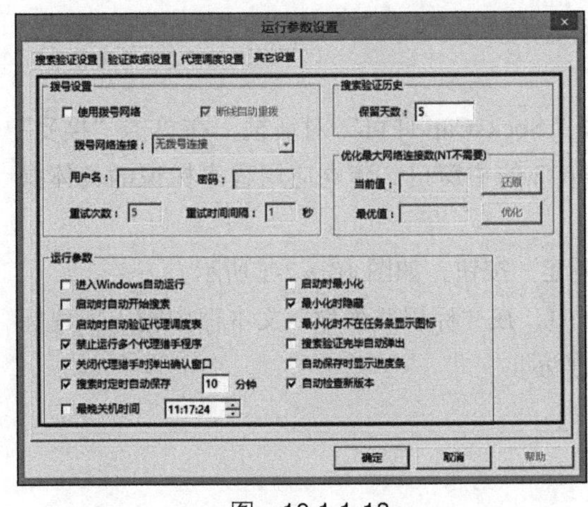

图　10.1.1-18

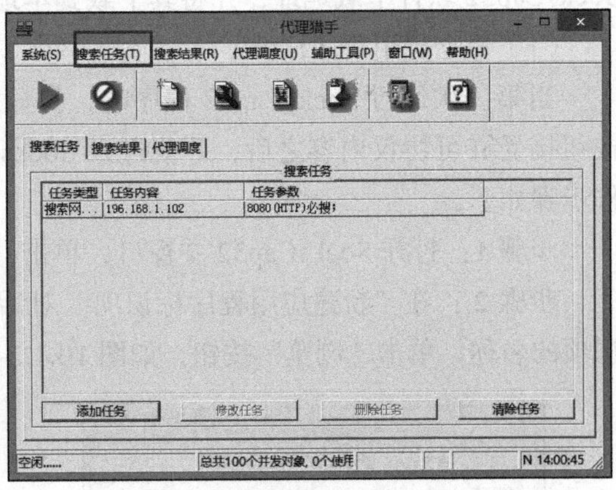

图　10.1.1-19

步骤 7：搜索完成后可查看搜索结果，如图 10.1.1-20 所示。其中“验证状态”为 Free 的代理，即为可以使用的代理服务器。

步骤 8：查看代理调度，将找到的可用代理服务器复制过来，“代理猎手”就可以自动为服务器进行调度了。多增加几个代理服务器可以提高网络速度，如图 10.1.1-21 所示。

一般情况下，验证状态为 Free 的代理服务器很少，但只要验证状态为“ Good”就可以使用了。也可以将搜索到的可用代理服务器 IP 地址和端口输入网页浏览器的代理服务器设置选项中，这样，就可以通过该代理服务器访问网站了。

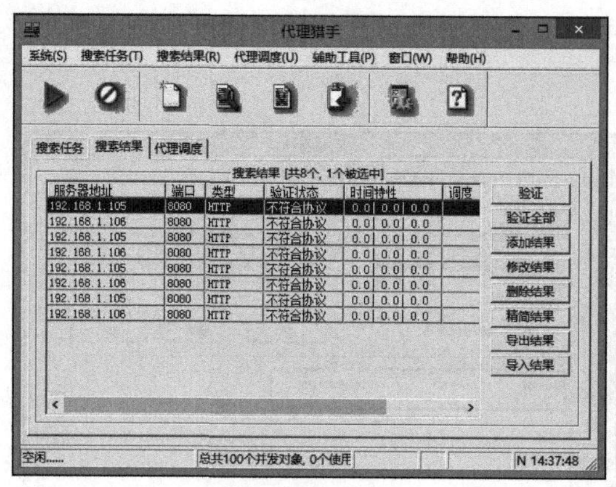

图　10.1.1-20

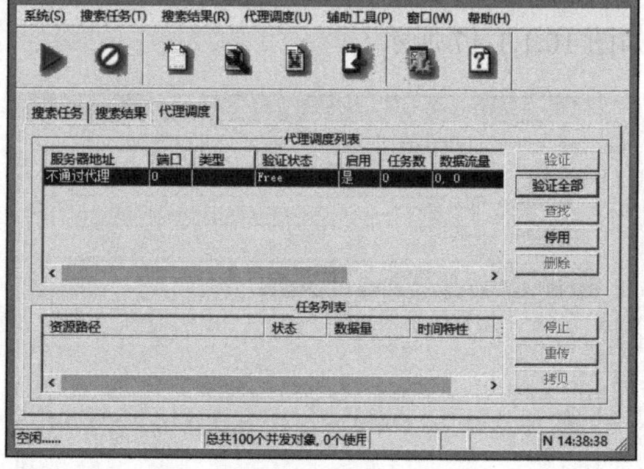

图　10.1.1-21

10.1.2　利用 SocksCap32 设置动态代理

SocksCap32 代理软件是一款基于 Socks 协议的网络代理客户端软件，它能将指定软件的任何 Winsock 调用转换成 Socks 协议的请求，并发送给指定的 Socks 代理服务器。可使基于 HTTP、FTP、Telnet 等协议的软件，通过 Socks 代理服务器连接到目的地。

使用 SocksCap32 软件前，需要先有一个 Socks 的代理服务器（不管是用“代理猎手”找出来的还是从各个代理网站中得到的，必须有一个）。目前，可以通过搜索引擎找到 SocksCap32 软件下载地址，并将其下载到本地磁盘中。

（1）建立应用程序标识

当第一次运行 SocksCap32 程序时，将显示“ SocksCap 许可”对话框。在单击“接受”按钮接受许可协议内容之后，才能进入 SocksCap32 的主窗口。建立应用程序标识的具体操作步骤如下。

步骤 1：打开 SocksCap32 主窗口，单击“新建”按钮，如图 10.1.2-1 所示。

步骤 2：在“新建应用程序标识项”对话框中，在“标识项名称”文本框中输入新建标识项的名称，单击“浏览”按钮，如图 10.1.2-2 所示。

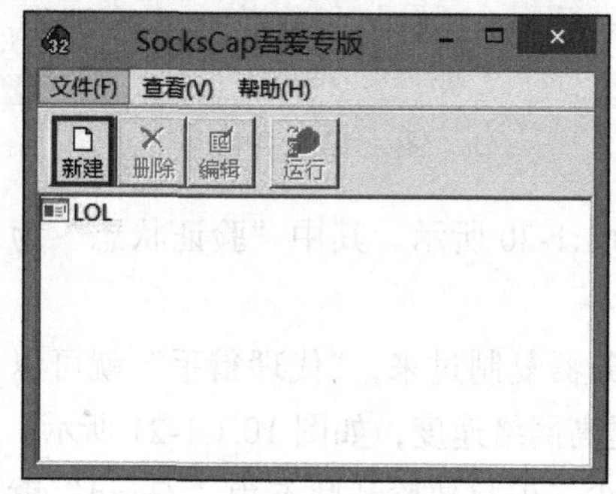

图　10.1.2-1

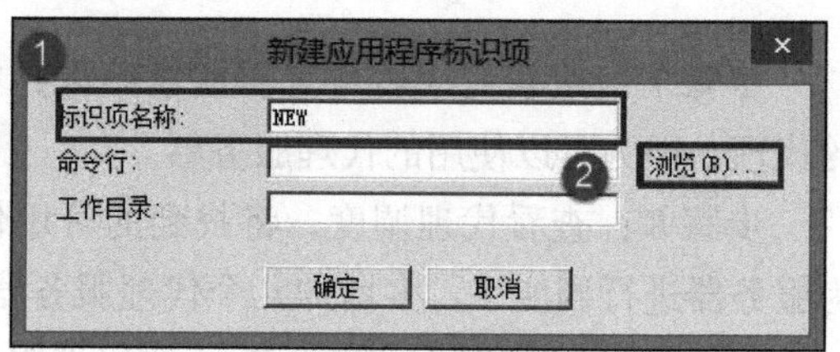

图　10.1.2-2

步骤 3：选择需要代理的应用程序。

步骤 4：返回主窗口，查看新添加的应用程序，如图 10.1.2-3 所示。

添加的应用程序可以是 E-mail 工具、FTP 工具、Telnet 工具，以及当今最热门的网络游戏软件等。

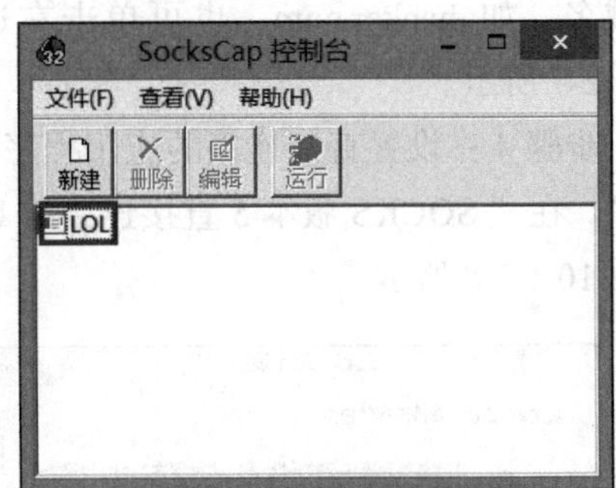

图　10.1.2-3

（2）设置选项

设置 SocksCap32 选项的具体操作步骤如下。

步骤 1：打开 SocksCap32 的主窗口，单击“文件”后会弹出一个下拉菜单。然后单击“设置”菜单项，如图 10.1.2-4 所示。

步骤 2：在“SocksCap 设置”对话框中，在“SOCKS 设置”选项卡中对服务器及协议进行设置，如图 10.1.2-5 所示。

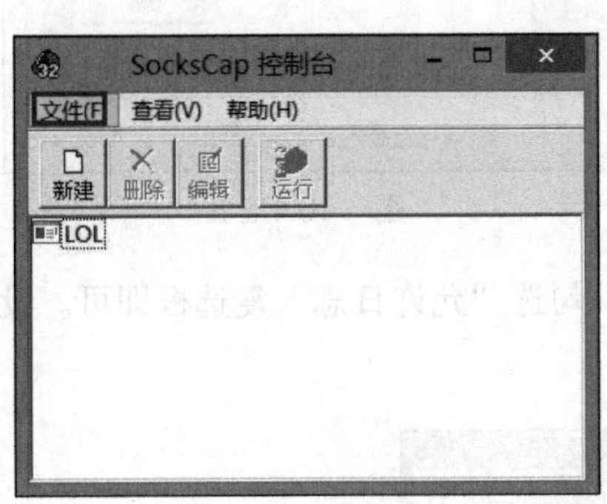

图　10.1.2-4

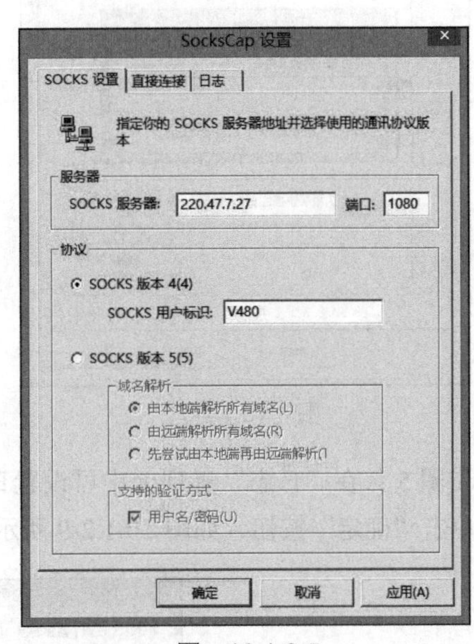

图　10.1.2-5

提示

如果用户查找的代理服务器需要用户名和密码，且已获得该用户名和密码，则可勾选“用户名 / 密码”复选框。若勾选“用户名 / 密码”复选框，则在单击“确定”按钮之后，需要在“用户名 / 密码验证”对话框中填入用户名和密码，如图 10.1.2-6 所示。

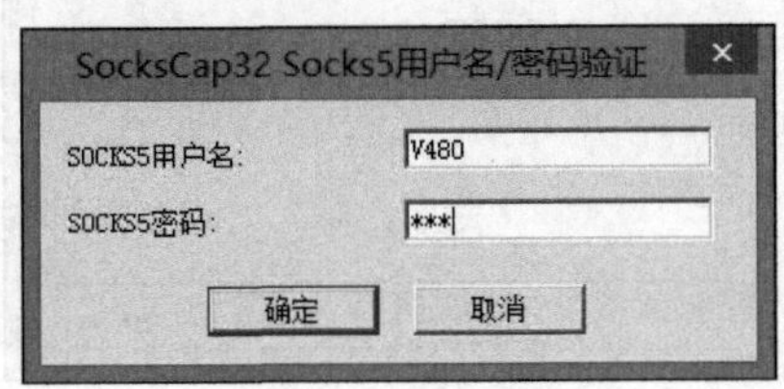

图　10.1.2-6

步骤 3：在“直接连接”对话框中，添加直接连接的 IP 地址，如 192.168.1.2。也可输入域名，如 .hacker.com。也可单击右边的“添加”按钮，通过 IP 地址文件来添加，如图 10.1.2-7 所示。

步骤 4：设置直接连接的应用程序，单击右边的“添加”按钮添加需要直接连接的应用程序。在“SOCKS 版本 5 直接连接的 UDP 端口”选项区中可设置直接连接的 UDP 端口号，如图 10.1.2-8 所示。

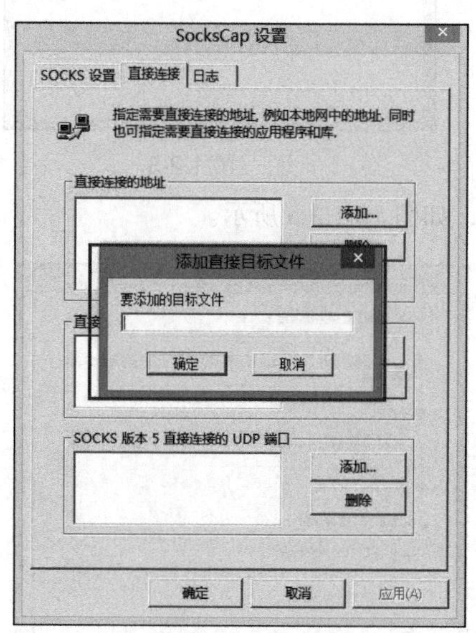

图 10.1.2-7

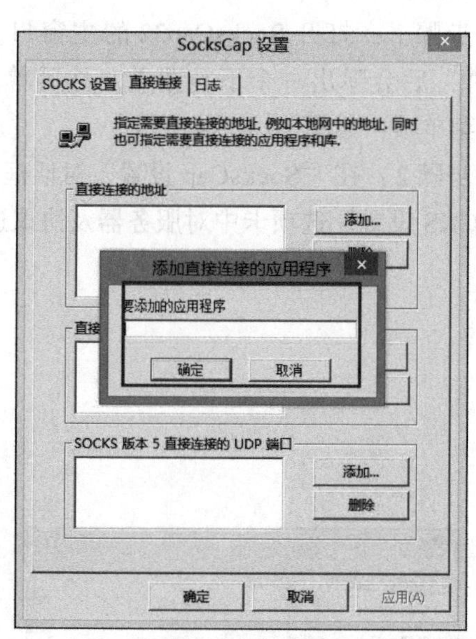

图 10.1.2-8

步骤 5：在“日志”选项卡中可设置日志信息，勾选“允许日志”复选框即可。设置完成后单击“确定”按钮，如图 10.1.2-9 所示。

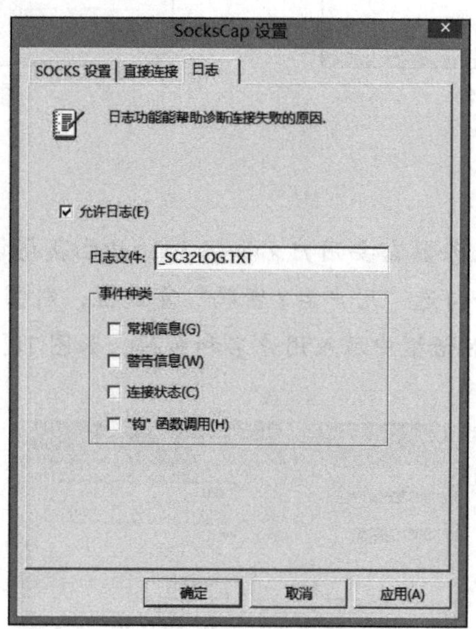

图 10.1.2-9

10.2 常见的黑客追踪工具

随着网络应用技术的发展，目前黑客常常利用专门的追踪工具来追踪和攻击远程计算机。本节介绍几款常见的黑客追踪工具。

10.2.1 IP 追踪技术实战

因特网是全世界范围内的计算机连为一体而构成的通信网络的总称。连在某个网络上的两台计算机之间在相互通信时，在它们所传送的数据包里都会含有某些附加信息，这些附加信息其实就是发送数据的计算机的地址和接收数据的计算机的地址。人们为了通信的方便，给每一台计算机都事先分配一个类似我们日常生活中的电话号码一样的标识地址，该标识地址就是 IP 地址。

在网络管理中常常需要查找黑客或者是其他不怀好意的网民的行踪。如何才能实现精确地定位某个 IP 地址的所在地呢？实际上，使用一些简单的命令和方法就可以完成黑客追踪。要实现网络定位，最简单的方法就是在 IP 地址查询网站上进行查询。下面随便选择一个网站，介绍其具体的操作步骤。

步骤 1：在搜索框中输入关键字“ IP 地址查询”，单击“搜一下”按钮，如图 10.2.1-1 所示。

图 10.2.1-1

步骤 2：双击搜到的网站链接进入网站，如图 10.2.1-2 所示。

步骤 3：在文本框中输入 IP 地址，单击“查询”按钮，如图 10.2.1-3 所示。

步骤 4：查看搜到的 IP 地址的所在地，如图 10.2.1-4 所示。

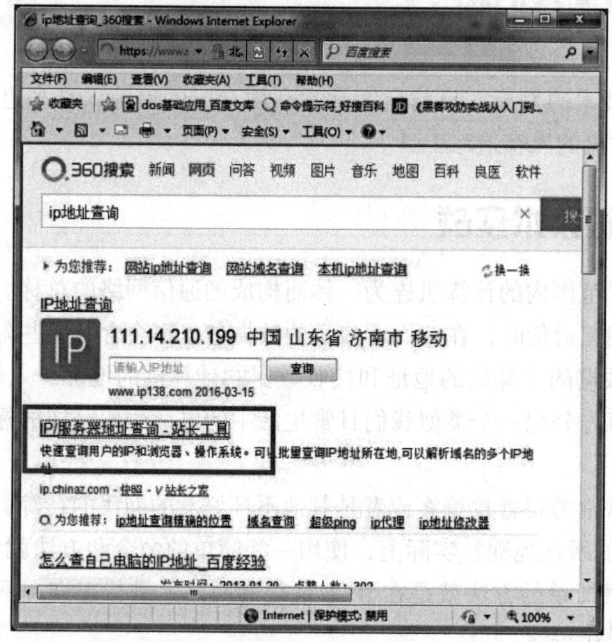

图 10.2.1-2

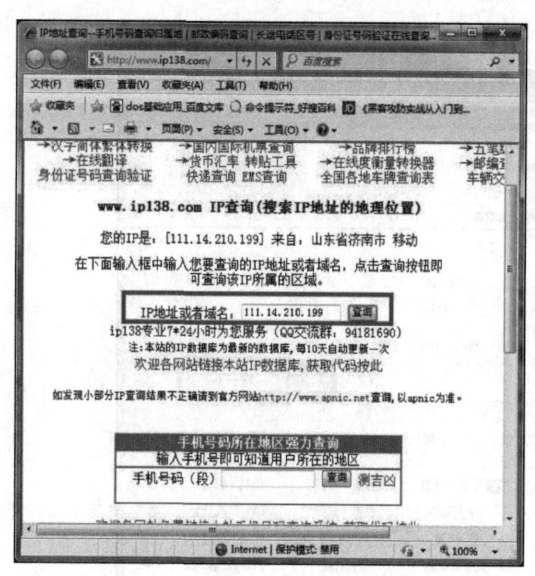

图 10.2.1-3

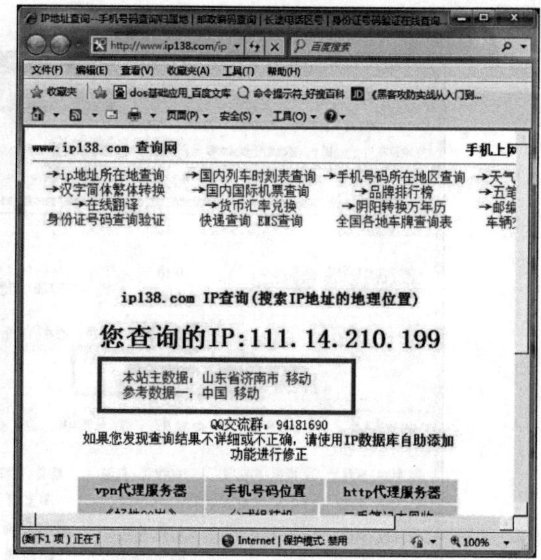

图 10.2.1-4

10.2.2 NeoTrace Pro 追踪工具的使用

NeoTrace Pro v3.25（网络追踪器）是一款网络路由追踪软件，用户只需输入远程计算机的 E-mail、IP 位置，或超链接 URL 位置等，该软件就会自动帮助用户显示介于本机计算机与远端机器之间的所有节点与相关的登记信息。

安装和使用 NeroTrace Pro 追踪工具的具体操作步骤如下。

步骤 1：下载并安装 NeoTracePro，双击桌面上的 NeoTracePro 图标，即可打开“NeoTrace”主窗口，如图 10.2.2-1 所示。

图　10.2.2-1

步骤 2：在“Target”文本框中输入想要追踪的网址（如 www.Baidu.com），单击右侧的“Go”按钮，开始进入追踪状态。扫描完毕后，可在“NeoTrace”主窗口中查看该网站的节点和摘要信息，如图 10.2.2-2 所示。

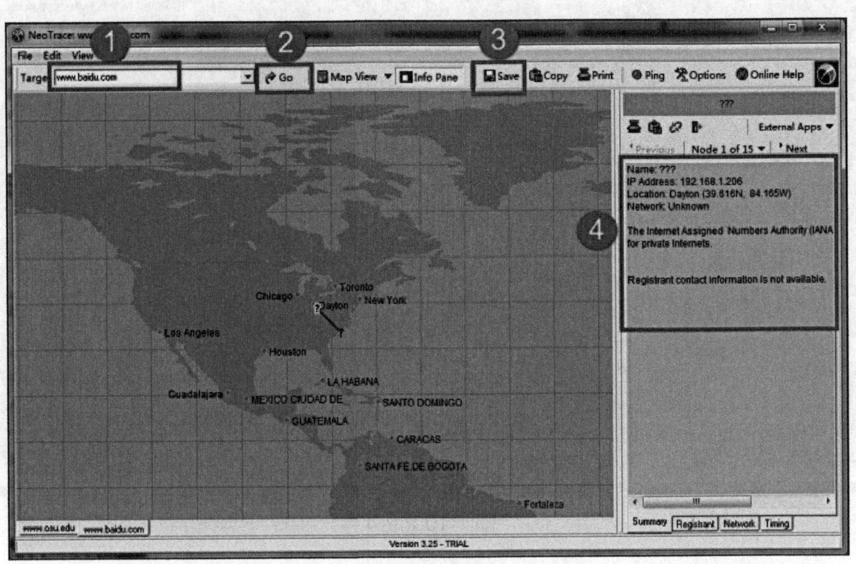

图　10.2.2-2

步骤 3：单击"Save"按钮，在保存界面中输入文件名并单击"保存"按钮，即可将当前追踪到的信息以文本文档的形式保存。

步骤 4：双击已存储的文本文档，可查看追踪的详细列表，如图 10.2.2-3 所示。

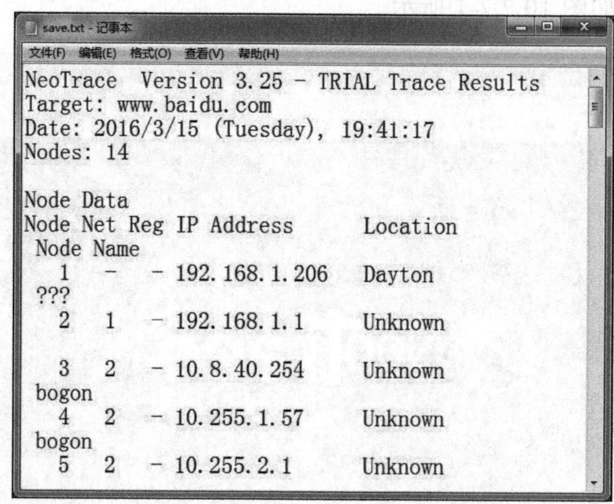
save.txt - 记事本
文件(F) 编辑(E) 格式(O) 查看(V) 帮助(H)

```
NeoTrace  Version 3.25 - TRIAL Trace Results
Target: www.baidu.com
Date: 2016/3/15 (Tuesday), 19:41:17
Nodes: 14

Node Data
Node Net Reg IP Address      Location
 Node Name
   1   -   - 192.168.1.206   Dayton
 ???
   2   1   - 192.168.1.1     Unknown

   3   2   - 10.8.40.254     Unknown
 bogon
   4   2   - 10.255.1.57     Unknown
 bogon
   5   2   - 10.255.2.1      Unknown
```

图　10.2.2-3

步骤 5：返回"NeoTrace"主窗口，在右侧的网站摘要栏中单击"Network"按钮，可查看该网站的网络信息，如图 10.2.2-4 所示。

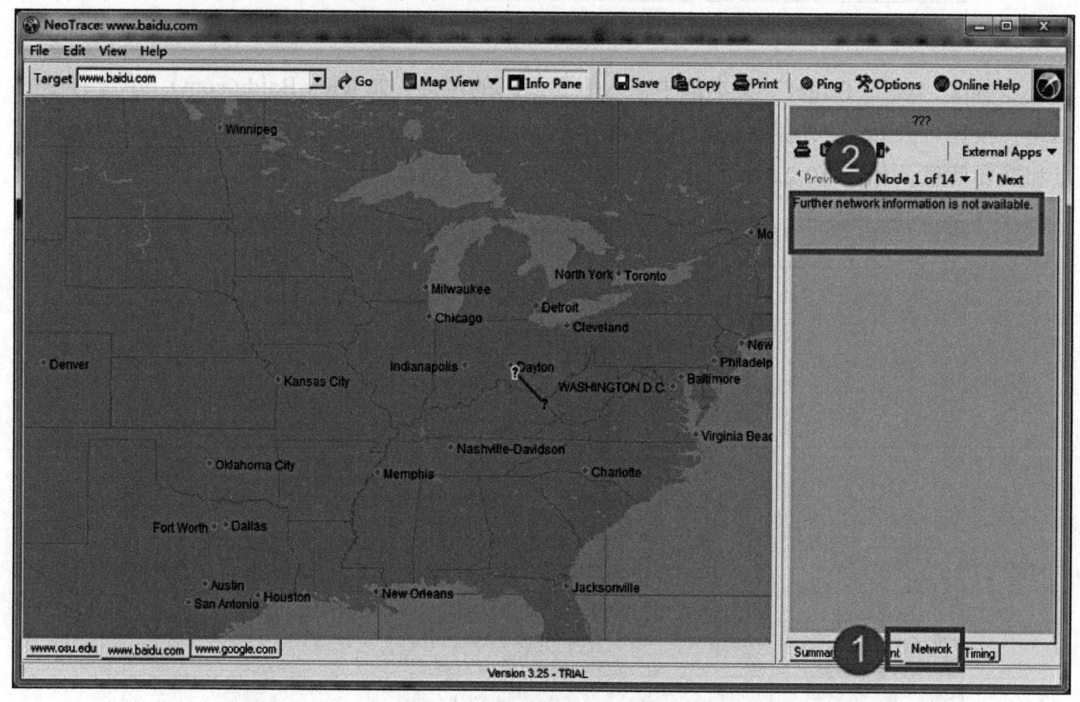

图　10.2.2-4

步骤 6：单击"Timing"按钮，可查看该网站的各种响应时间，以及发送与丢失的数据包等信息，如图 10.2.2-5 所示。

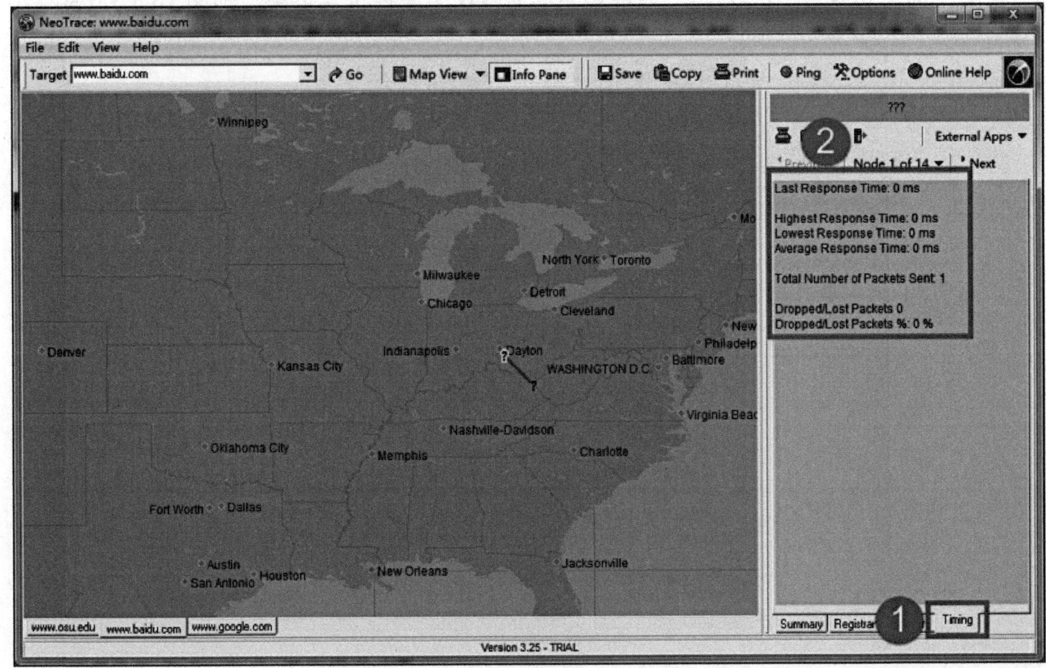

图　10.2.2-5

步骤 7：单击上面的“Map View”下拉按钮，在弹出菜单中选择“Node View”选项，可查看 Google 网站对应的各个节点，如图 10.2.2-6 所示。

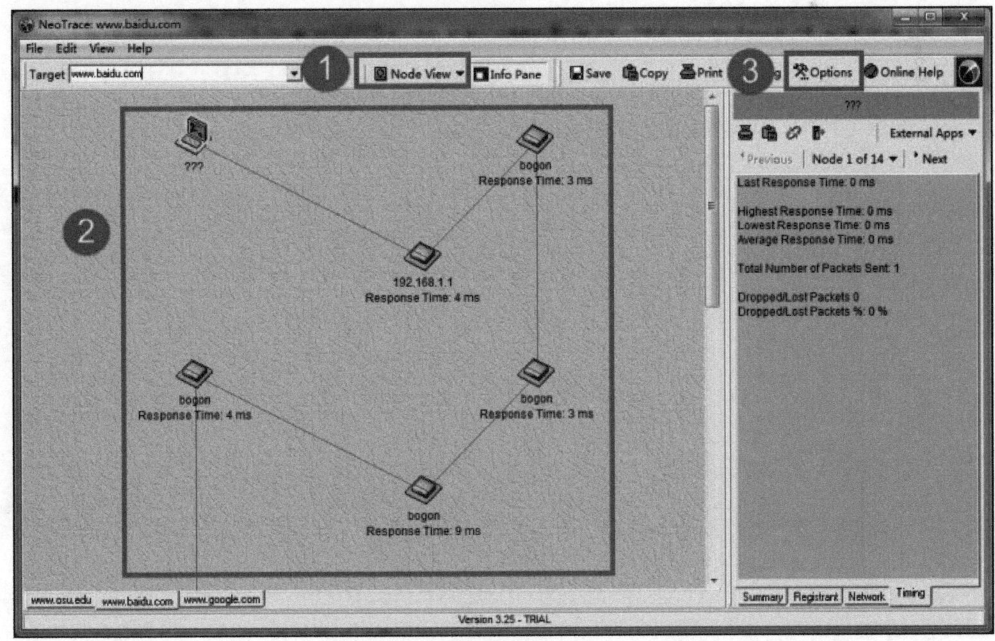

图　10.2.2-6

步骤 8：单击“Options”按钮，打开“Options”对话框，可对工作区、地理位置、缓冲、地图、列表和节点、Pinging、速度指示器及字体等属性进行设置，如图 10.2.2-7 所示。

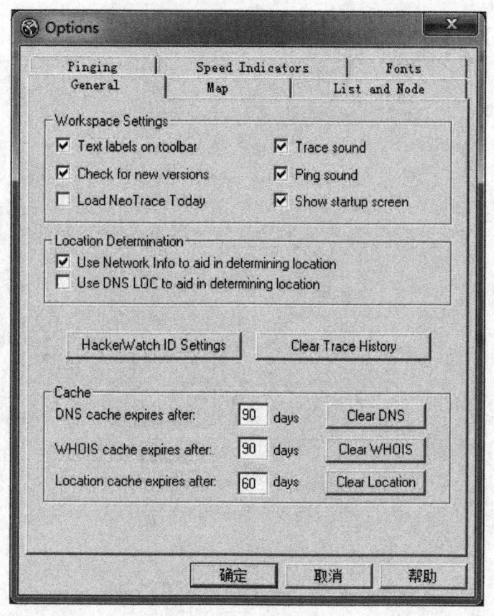

图 10.2.2-7

第11章 局域网黑客工具

目前，一些黑客利用各种专门攻击局域网的工具对局域网进行攻击，本章介绍黑客最常用的一些局域网工具，包括常用的局域网查看工具、局域网攻击工具等。读者可以详细了解这些工具的具体使用方法，还可以学习局域网安全的相关知识。

11.1 局域网安全介绍

目前，越来越多的企业建立了自己的局域网，以实现企业信息资源共享，或者在局域网上运行各类业务系统。随着企业局域网应用范围的扩大，保存和传输的关键数据增多，局域网的安全性问题显得日益突出。

11.1.1 局域网基础知识

局域网（Local Area Network，LAN）是指在某一区域内由多台计算机互联成的计算机组，一般是方圆几公里。局域网把个人计算机、工作站和服务器连在一起，以进行管理文件、共享应用软件、共享打印机、安排工作组内的日程、发送电子邮件和传真通信等操作。局域网是封闭型的，既可以由办公室内的两台计算机组成，也可以由一个公司内的数百台计算机组成。由于距离较近，传输速率从10Mbps到1000Mbps不等。局域网常见的分类方法有以下几种：

1）按采用技术可分为不同种类，如Ether Net（以太网）、FDDI、Token Ring（令牌环）等。

2）按联网的主机间的关系，又可分为对等网和C/S（客户/服务器）网。

3）按使用的操作系统不同又可分为许多种，如Windows网和Novell网。

4）按使用的传输介质又可分为细缆（同轴）网、双绞线网和光纤网等。

局域网最主要的特点是：网络为一个单位所拥有，地理范围和站点数目均有限。局域网的主要优点如下：

1）网内主机主要为个人计算机，是专门适于微机的网络系统。

2）覆盖范围较小，一般在方圆几公里之内，适于单位内部联网。

3）传输速率高，误码率低，可采用较低廉的传输介质。

4）系统扩展和使用方便，可共享昂贵的外部设备和软件、数据。

5）可靠性较高，适于数据处理和办公自动化。

局域网联网非常灵活，两台计算机就可以连成一个局域网。局域网的安全是内部网络安全的关键，如何保证局域网的安全性成为网络安全研究的一个重点。

11.1.2 局域网安全隐患

网络使用户能以最快的速度获取信息，但是非公开性信息被盗和被破坏，是目前局域网面临的主要问题。

（1）局域网病毒

在局域网中，网络病毒除了具有可传播性、可执行性、破坏性、隐蔽性等计算机病毒的共同特点外，还具有如下几个新特点：

1）传染速度快。在局域网中，是通过服务器连接每一台计算机的，这给病毒传播提供了有效的通道，使得病毒传播速度很快。在正常情况下，只要网络中有一台计算机存在病毒，在很短的时间内，将会导致局域网内的计算机相互感染。

2）对网络破坏程度大。如果局域网感染病毒，将直接影响整个网络系统的工作，轻则降低速度，重则破坏服务器中的重要数据信息，甚至导致整个网络系统崩溃。

3）病毒不易清除。清除局域网中的计算机病毒要比清除单机中的病毒复杂得多。局域网中只要有一台计算机未被完全消除病毒，就可能使整个网络重新被病毒感染。即使刚刚完成清除工作的计算机，也很有可能立即被局域网中的另一台带病毒的计算机感染。

（2）ARP 攻击

ARP 攻击主要存在于局域网中，对网络安全危害极大。ARP 攻击就是通过伪造的 IP 地址和 MAC 地址实现 ARP 欺骗，可在网络中产生大量的 ARP 通信数据，使网络系统传输发生阻塞。如果攻击者持续不断地发出伪造的 ARP 响应包，就能更改目标主机 ARP 缓存中的 IP-MAC 地址，使网络遭受攻击或中断。

（3）ping 洪水攻击

Windows 提供一个 ping 程序，使用它可以测试网络是否连通。ping 洪水攻击也被称为 ICMP 入侵，它是利用 Windows 系统的漏洞来入侵的。计算机运行如下命令：“ping -l 65500 -t 192.168.0.1”，192.168.0.1 是局域网服务器的 IP 地址，这样就会不断地向服务器发送大量的数据请求。如果局域网内的计算机很多，且同时都运行了命令“ping -l 65500 -t 192.168.0.1”，服务器将会因 CPU 使用率居高不下而崩溃。这种攻击方式也称 DoS 攻击（拒绝服务攻击），即在一个时段内连续向服务器发出大量请求，服务器因来不及回应而死机。

（4）嗅探

局域网是黑客进行监听嗅探的主要场所。黑客在局域网内的一个主机、网关上安装监听程序，就可以监听整个局域网的网络状态、数据流动、传输数据等信息。因为一般情况下，用户的所有信息，例如账号和密码，都是以明文的形式在网络上传输的，所以很可能被嗅探到。目前，可以在局域网中进行嗅探的工具有很多，如 Sniffer 等。

11.2 局域网监控工具

可以利用专门的局域网监控工具来查看局域网中各个主机的信息。本节介绍两款实用的局域网查看工具。

11.2.1 LanSee 工具

针对机房中的用户经常误设工作组，随意更改计算机名、IP 地址，或共享文件夹等情况，可以使用“局域网查看工具 LanSee”轻松监控，从而既可以迅速排除故障，又可以解决一些潜在的安全隐患。

LanSee 是一款主要用于对局域网（在 Internet 中也适用）中的各种信息进行查看的工具，它采用多线程技术，将局域网中比较实用的功能完美地融合在了一起，功能十分强大。

使用 LanSee 工具搜索计算机的具体操作步骤如下。

步骤 1：打开“局域网查看工具”主窗口，依次单击“设置”→“工具选项”，如图 11.2.1-1 所示。

步骤 2：在“搜索计算机”选项卡中选择在局域网内搜索计算机的 IP 范围，如图 11.2.1-2 所示。

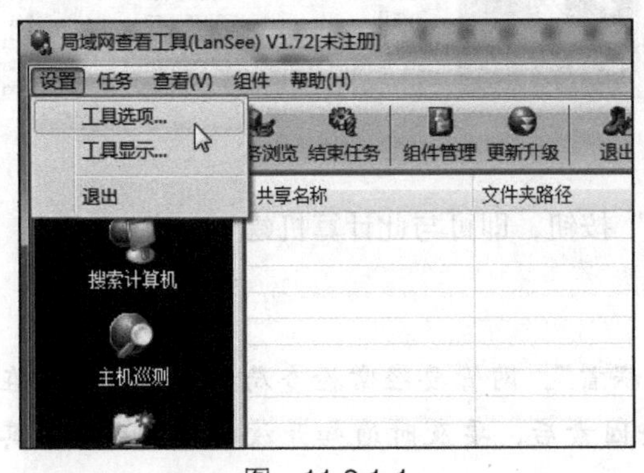

图 11.2.1-1

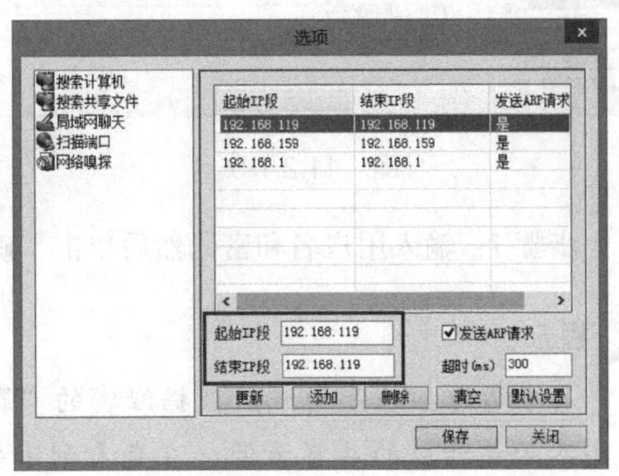

图 11.2.1-2

步骤 3：切换至“搜索共享文件”选项卡，输入文件类型后单击“添加”按钮，添加新的文件格式，如图 11.2.1-3 所示。

步骤 4：切换至“扫描端口”选项卡，添加所要扫描的端口，添加完成后单击“保存”按钮，如图 11.2.1-4 所示。

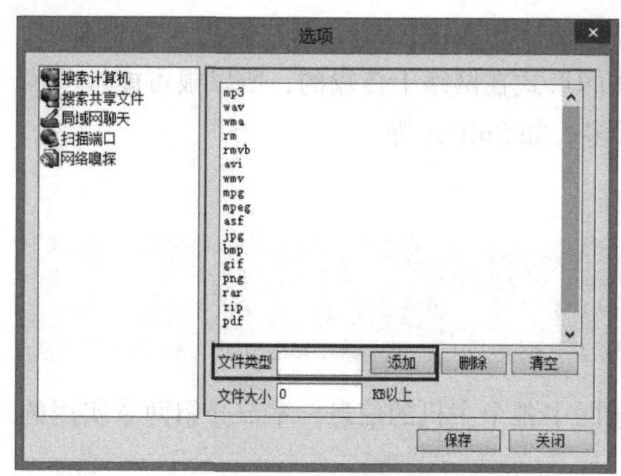

图 11.2.1-3

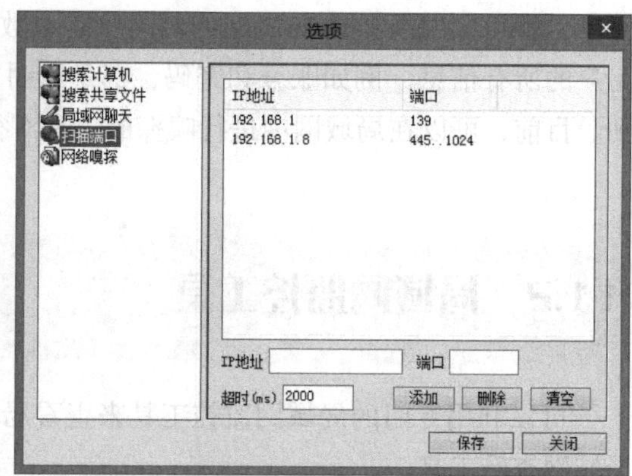

图 11.2.1-4

步骤 5：返回“局域网查看工具”主窗口，单击“开始”按钮，即可开始搜索，如图 11.2.1-5 所示。

步骤 6：打开搜索的计算机并与其进行连接，在选定的 IP 地址上右键单击，选择“打开计算机”，如图 11.2.1-6 所示。

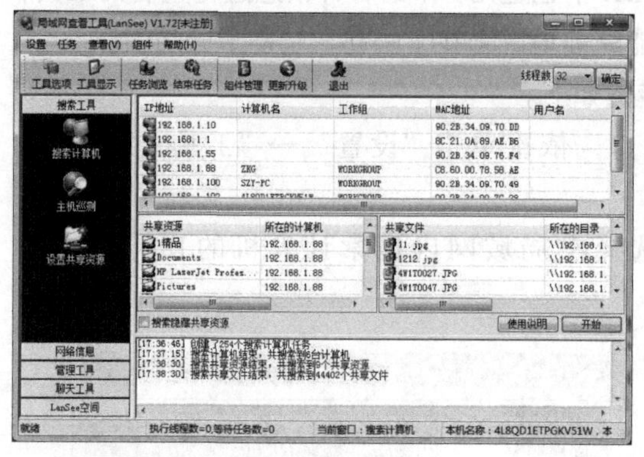

图 11.2.1-5

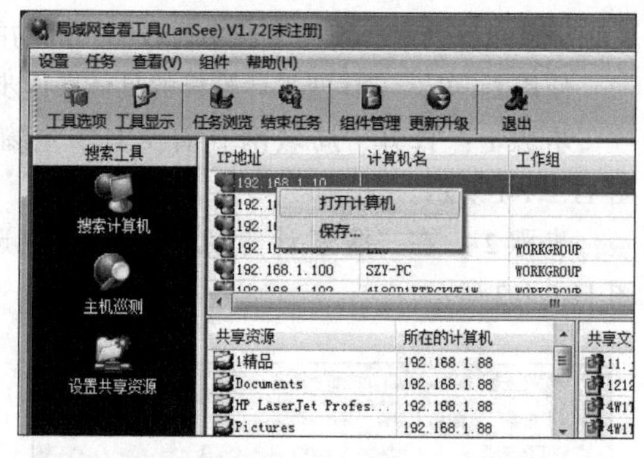

图 11.2.1-6

步骤 7：输入用户名和密码然后单击“确定”按钮，即可与此计算机建立连接。

提示

共享资源往往是局域网数据泄密的“罪魁祸首”，网管要经常检查局域网中是否存在一些不必要开放的共享资源，在查看到不安全因素后，要及时通知开放共享的用户将其关闭。

步骤 8：在 LanSee 主窗口中单击“开始”按钮，搜索出 IP 地址后，紧接着会搜索共享资源，在“共享资源”列表框中可以看到每台计算机开放的共享资源，如图 11.2.1-7 所示。

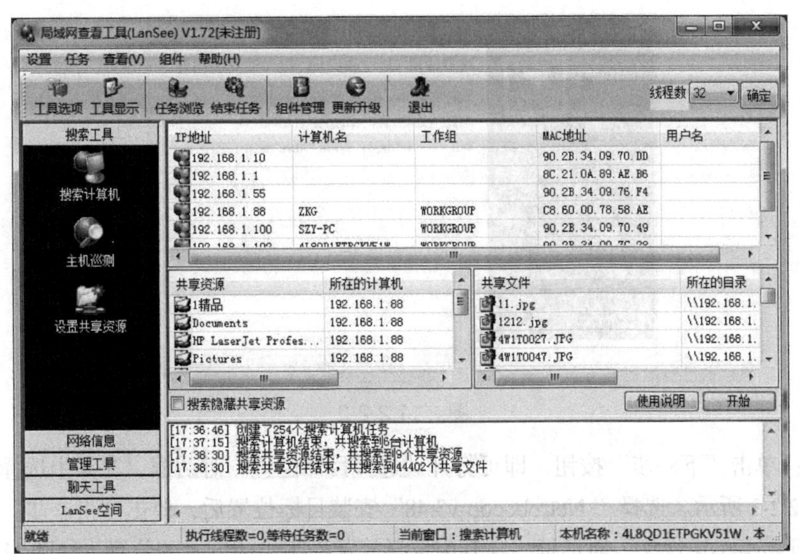

图 11.2.1-7

11.2.2 长角牛网络监控机

“长角牛网络监控机”（又称“网络执法官”）只需在一台机器上运行，即可穿透防火墙，实时监控、记录整个局域网内用户上线情况。它可限制各用户上线时所用的 IP、时段，并可将非法用户踢出局域网。本软件适用范围为局域网内部，不能对网关或路由器外的机器进行监视或管理，适合局域网管理员使用。

（1）“长角牛网络监控机”的功能

“长角牛网络监控机”的主要功能是依据管理员为各主机指定的权限，实时监控整个局域网，并自动对非法用户进行管理，可将非法用户与网络中某些主机或整个网络隔离，而且无论局域网中的主机运行何种防火墙，都不能逃避监控，也不会引发防火墙警告。使用它可提高网络安全性。

在使用“长角牛网络监控机”进行网络监控前应对其进行安装。具体的操作步骤如下。

步骤 1：下载并解压“长角牛网络监控机”文件夹，双击“长角牛网络监控机”安装程序图标，即可弹出“选择安装语言”对话框，在其中选择需要使用的语言，如图 11.2.2-1 所示。

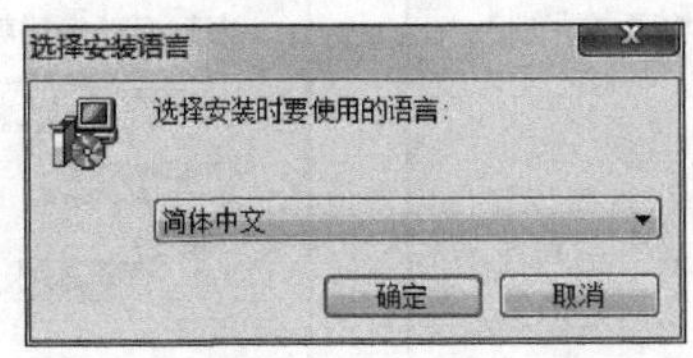

图 11.2.2-1

步骤 2：在选择好安装时要使用的语言后，单击“确定”按钮，即可打开“欢迎使用 Netrobocop v3.48 安装向导”对话框，如图 11.2.2-2 所示。

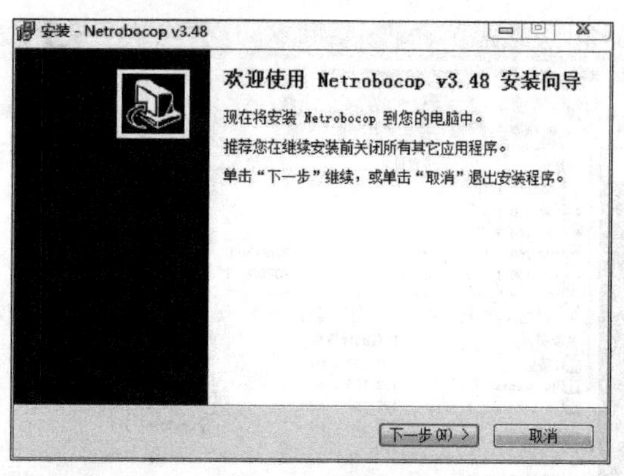

图 11.2.2-2

步骤 3：单击“下一步”按钮，即可打开“选择目标位置”对话框，在其中选择程序安装位置，如图 11.2.2-3 所示。选择“Netrobocop v3.48”安装目标位置后，单击“下一步”按钮，即可打开“选择开始菜单文件夹”对话框，在其中选择放置程序快捷方式的位置，如图 11.2.2-4 所示。

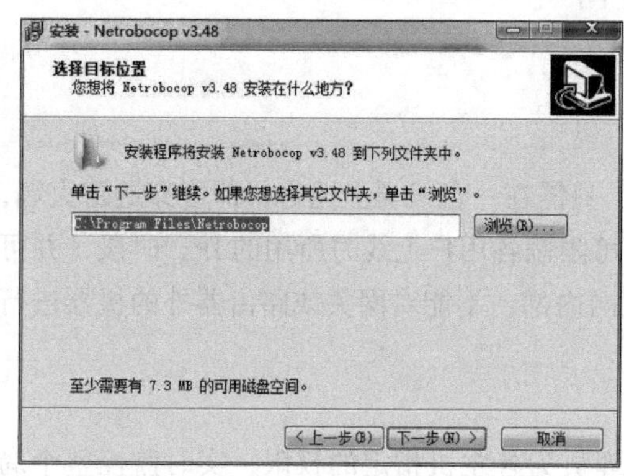

图 11.2.2-3

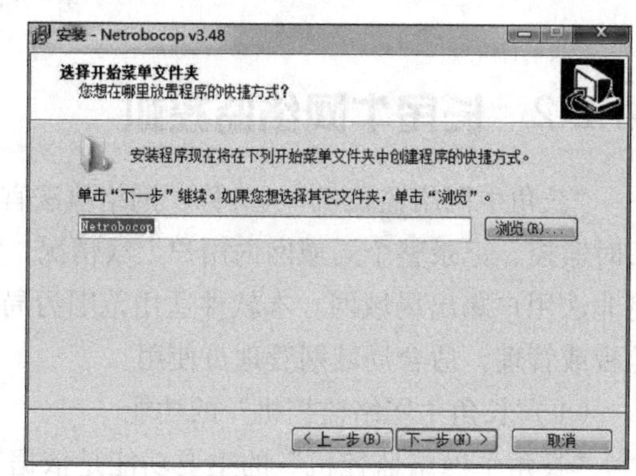

图 11.2.2-4

步骤 4：单击“下一步”按钮，即可打开“选择附加任务”对话框，选择安装“Netrobocop v3.48”时要执行的附加任务，如图 11.2.2-5 所示。

步骤 5：单击“下一步”按钮，即可进入“准备安装”提示框，如图 11.2.2-6 所示。单击“安装”按钮，即可开始安装并显示安装进度。

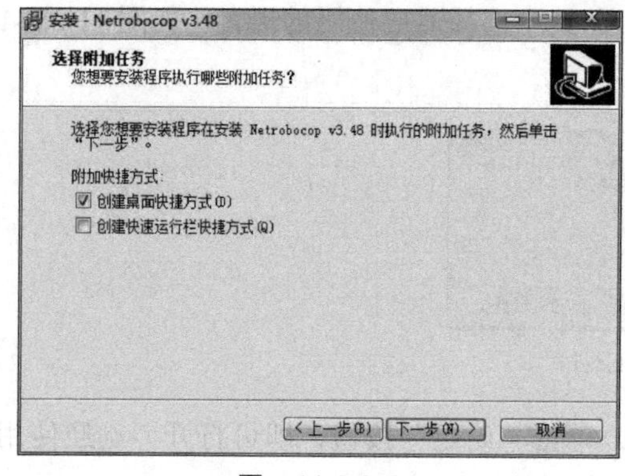

图 11.2.2-5

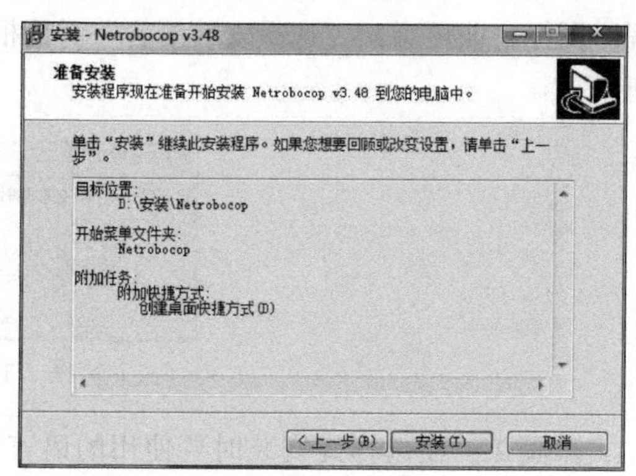

图 11.2.2-6

步骤 6：单击“下一步”按钮，即可弹出“ Netrobocop v3.48 安装向导完成”提示框。单击“完成”按钮，即可完成安装，如图 11.2.2-7 所示。

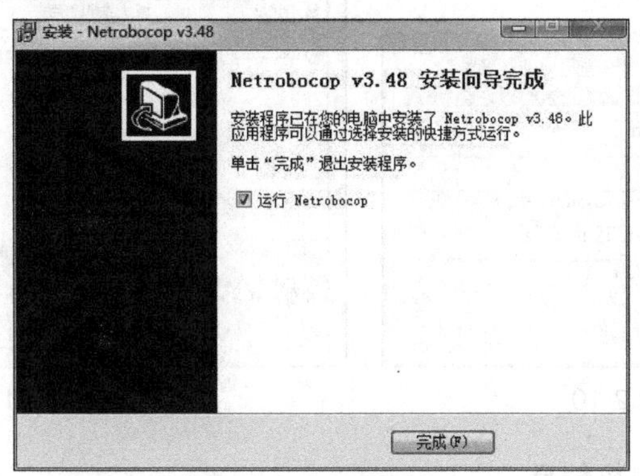

图　11.2.2-7

步骤 7：在安装完成后，“长角牛网络监控机”会在桌面上自动生成快捷方式。双击“ Netrobocop”快捷方式图标，即可弹出“设置扫描范围”对话框，可在其中指定监测的硬件对象和网段范围，如图 11.2.2-8 所示。

步骤 8：在设置好要扫描的范围之后，单击“添加 / 修改”按钮，再单击“确定”按钮，即可进入“长角牛网络监控机”操作窗口，其中显示了在同一个局域网下的所有用户，可查看其 IP 地址、是否锁定、上线时间、下线时间、网卡注释等信息，如图 11.2.2-9 所示。

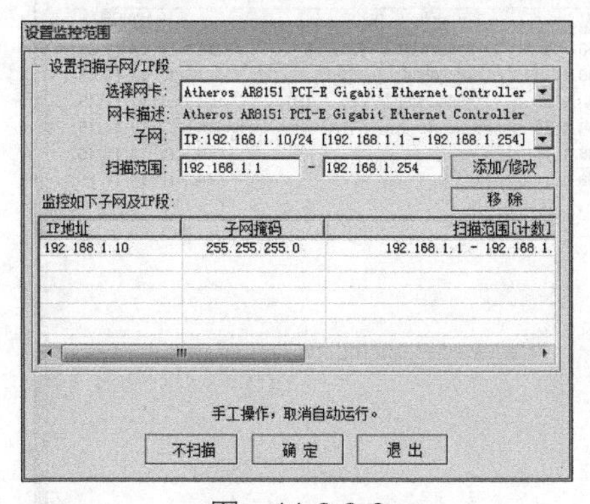

图　11.2.2-8

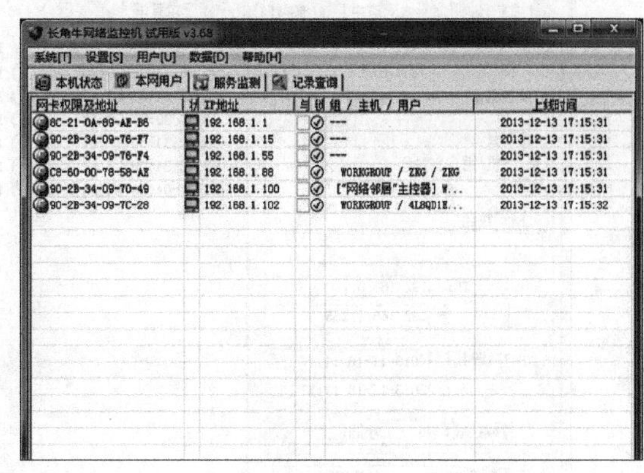

图　11.2.2-9

（2）查看目标计算机属性

使用“长角牛网络监控机”可搜集处于同一局域网内的所有主机的相关网络信息。

具体的操作步骤如下。

步骤 1：在“长角牛网络监控机”操作窗口双击“用户列表”中需要查看的对象，即可打开“用户属性”窗口，可在其中查看用户的网卡地址、IP 地址、上线情况等，如图 11.2.2-10 所示。

步骤 2：单击“历史记录”按钮，即可打开“在线记录”窗口，在其中查看该计算机上线的情况，如图 11.2.2-11 所示。

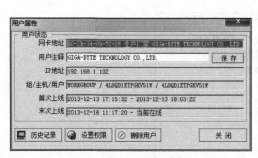

图 11.2.2-10

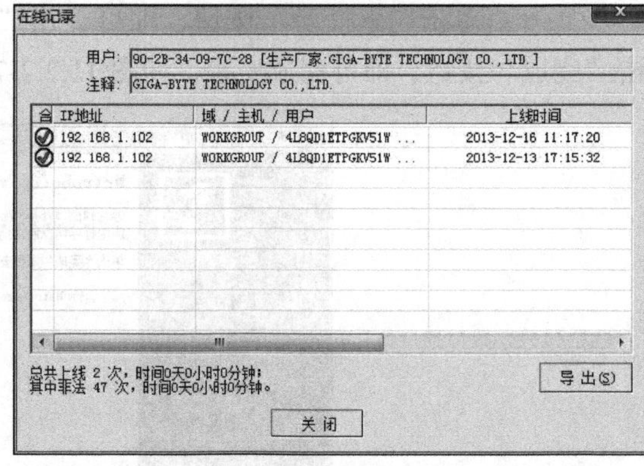

图 11.2.2-11

（3）批量保存目标主机信息

除收集局域网内各个计算机的信息之外，“长角牛网络监控机”还可以对局域网中的主机信息进行批量保存。具体的操作步骤如下。

步骤 1：在“长角牛网络监控机”操作窗口中选择“记录查询”选项卡，在左侧 IP 地址段中输入起始 IP 地址和结束 IP 地址，单击“查找”按钮，即可开始收集局域网内该地地段中计算机的信息，如图 11.2.2-12 所示。

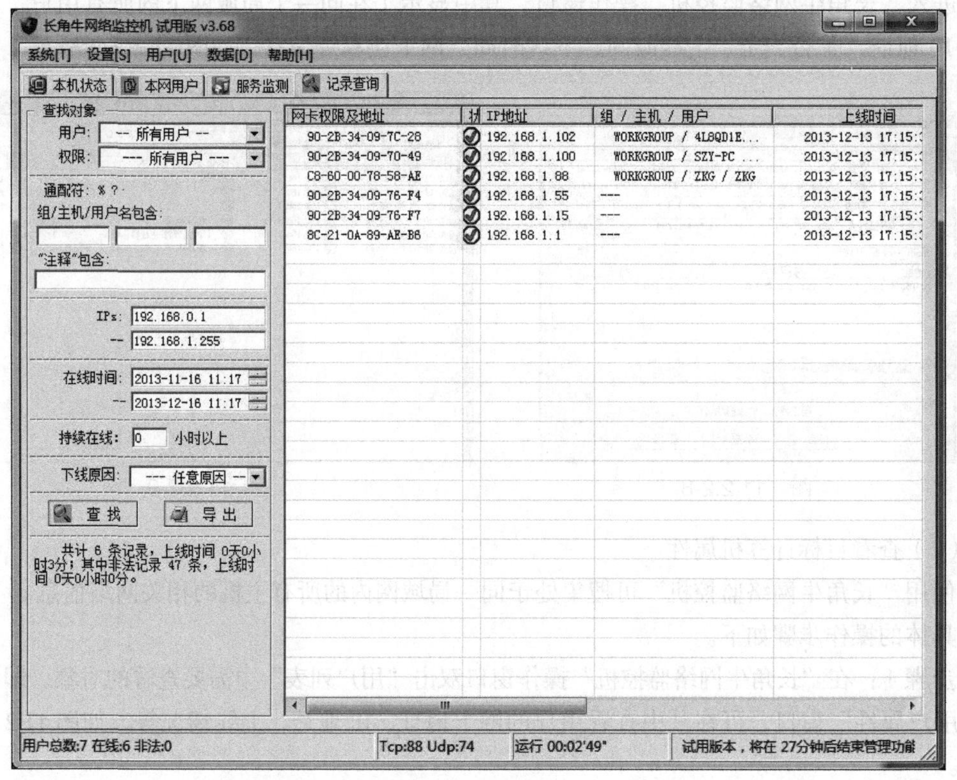

图 11.2.2-12

步骤 2：单击“导出”按钮，可将所有信息导出为文本文件，如图 11.2.2-13 所示。

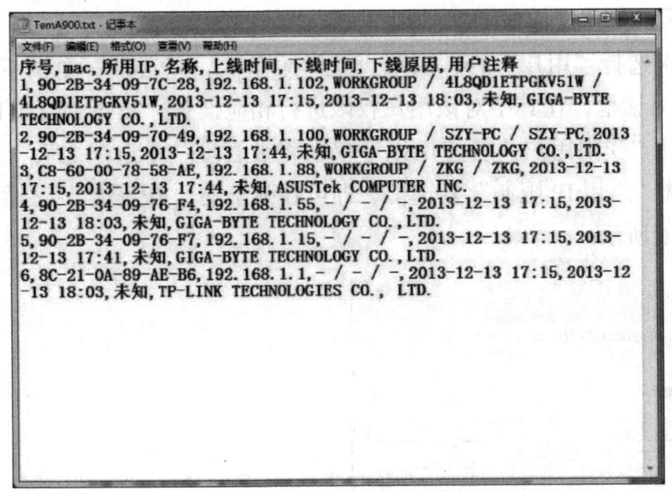

图　11.2.2-13

（4）设置关键主机

“关键主机”是由管理员指定的 IP 地址，可以是网关、其他计算机或服务器等。管理员将指定的 IP 存入“关键主机”之后，即可令非法用户仅断开与“关键主机”的连接，但不断开与其他计算机的连接。

设置“关键主机组”的具体操作方法如下。

步骤 1：依次选择“设置”→“关键主机组”菜单项，或在“锁定 / 解锁”对话框中单击“设置”按钮，均可打开“关键主机组设置”对话框，如图 11.2.2-14 所示。

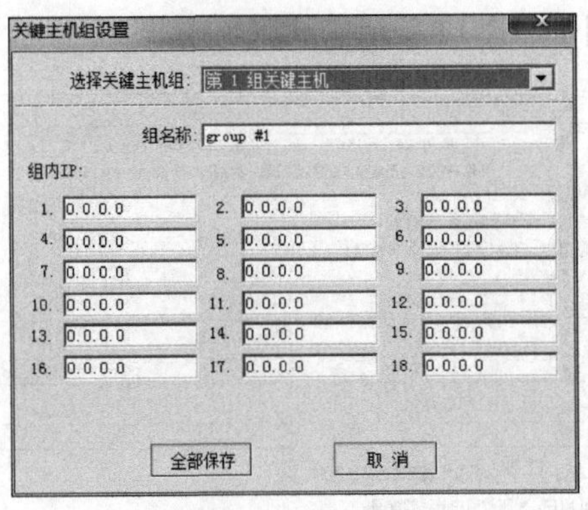

图　11.2.2-14

步骤 2：在“选择关键主机组”下拉列表中选择关键主机组的名称。

步骤 3：在设定“组内 IP”之后，单击“全部保存”按钮，令关键主机的修改即时生效并进行保存。

（5）设置默认权限

“长角牛网络监控机”还可以对局域网中的计算机进行网络权限管理。它并不被要求安装在服务器上，而是可以安装在局域网内的任一台计算机上，从而可对整个局域网内的计算机进行权限管理。

设置用户权限的具体操作如下。

步骤 1：依次选择“用户”→“权限设置”菜单项，并选择一个网卡权限，单击打开“用户权限设置”对话框，在其中对该用户权限进行相应设置，如图 11.2.2-15 所示。

步骤 2：选择“受限用户，若违反以下权限将被管理”单选项之后，如果需要对 IP 进行限制，则可勾选“启用 IP 限制”复选框，即可在弹出的“ IP 限制”对话框中对 IP 进行设置，如图 11.2.2-16 所示。

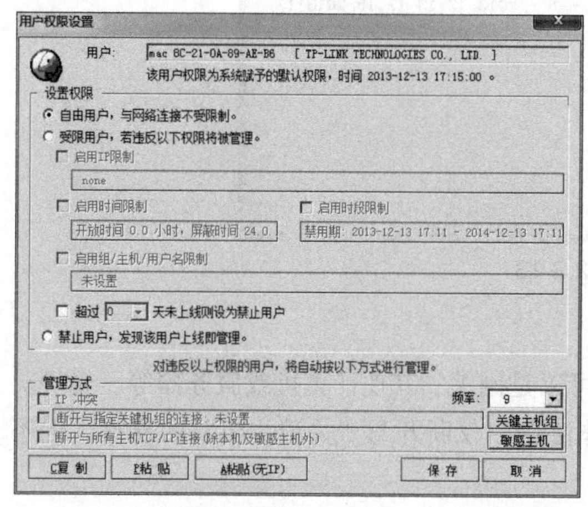

图 11.2.2-15

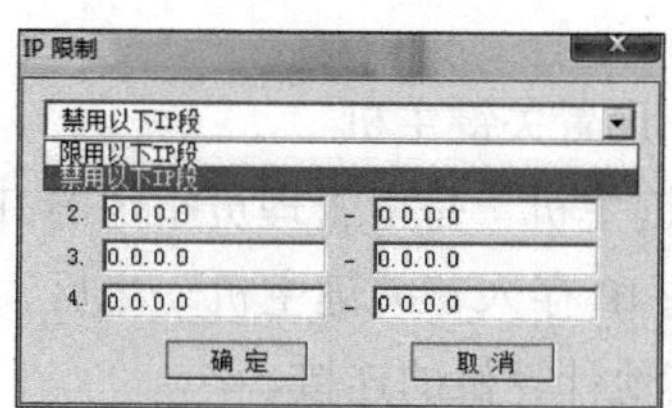

图 11.2.2-16

步骤 3：选择“禁止用户，发现该用户上线即管理”单选项，即可在“管理方式”复选项中设置管理方式。当目标计算机连入局域网时，“长角牛网络监控机”将按照设定的方式对该计算机进行管理，如图 11.2.2-17 所示。

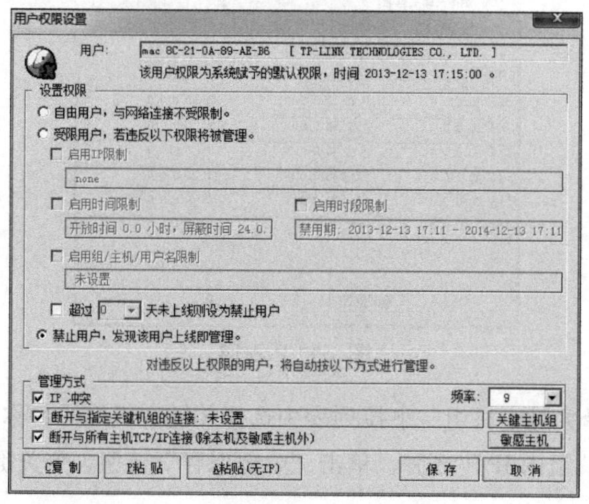

图 11.2.2-17

（6）禁止目标计算机访问网络

禁止目标计算机访问网络是“长角牛网络监控机”的重要功能。具体的操作步骤如下。

步骤 1：在“长角牛网络监控机”操作窗口中，右击“用户列表”中的任意一个对象，在弹出的快捷菜单中选择“锁定 / 解锁”选项，即可弹出“锁定 / 解锁”对话框，如图 11.2.2-18 所示。

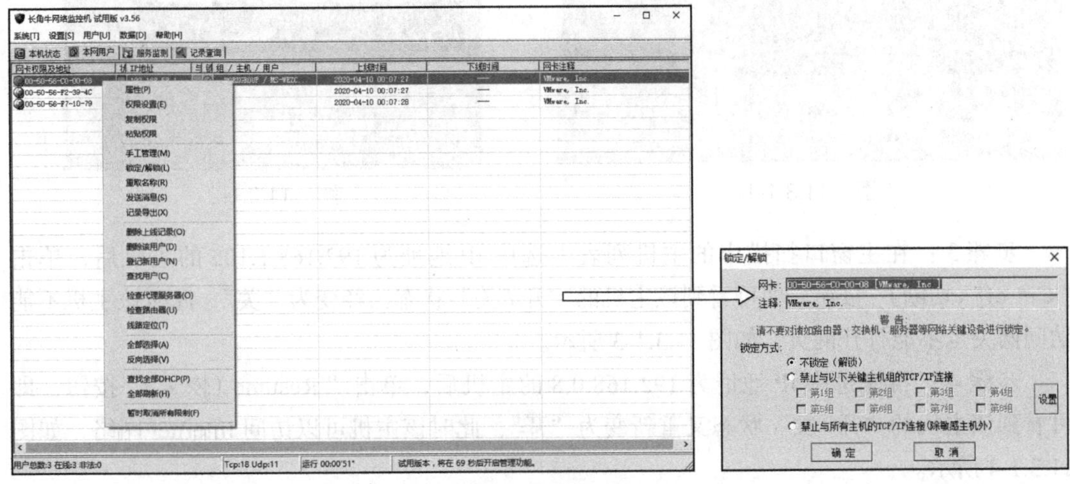

图　11.2.2-18

步骤 2：选中锁定方式为“禁止与所有主机的 TCP/IP 连接（除敏感主机外）”单选项，单击“确定”按钮，即可实现禁止目标计算机访问网络这项功能。

11.3 局域网攻击工具

黑客可以利用专门的工具来攻击整个局域网，例如使局域网中两台计算机的 IP 地址发生冲突，从而导致其中一台计算机无法上网。

11.3.1 网络剪刀手 Netcut

网络剪切手 Netcut 工具可以切断局域网里任何主机与网络的连接。利用 ARP 协议，也同时可以看到局域网内所有主机的 IP 地址。它还可控制本网段内任意主机对外网的访问，随意开启或关闭其互联网访问权限，而访问内部局域网的其他机器不存在任何问题。

该工具的具体使用步骤如下。

步骤 1：打开“Netcut”主窗口，自动搜索当前网段内的所有主机的 IP 地址、计算机名及各自对应的 MAC 地址。单击“Choice NetCard（选择网卡）”按钮，如图 11.3.1-1 所示。

步骤 2：在选择网卡界面中选择要搜索的计算机及发送数据包所使用的网卡，单击“OK”按钮，如图 11.3.1-2 所示。

图 11.3.1-1

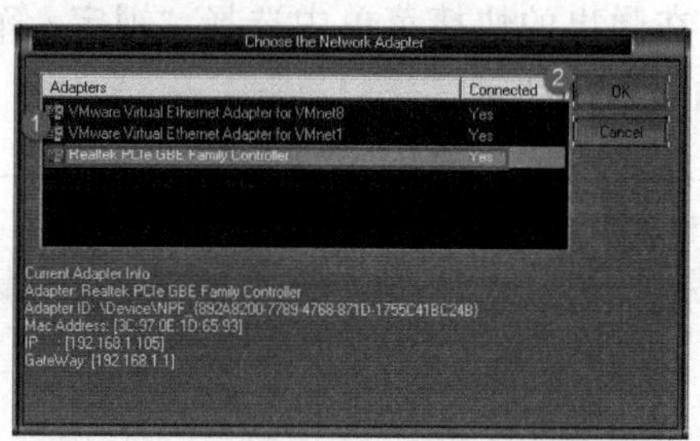

图 11.3.1-2

步骤 3：在主窗口扫描出的主机列表中选中 IP 地址为 192.168.1.105 的主机后，单击“ Cut off（切断）”按钮，即可看到该主机的“开 / 关”状态已经变为“关”，此时该主机不能访问网关也不能打开网页，如图 11.3.1-3 所示。

步骤 4：再次选中 IP 地址为 192.168.0.8 的主机后，单击“ Resume（恢复）”按钮，即可看到该主机的“开 / 关”状态又重新变为“开”，此时该主机可以访问 Internet 网络，如图 11.3.1-4 所示。

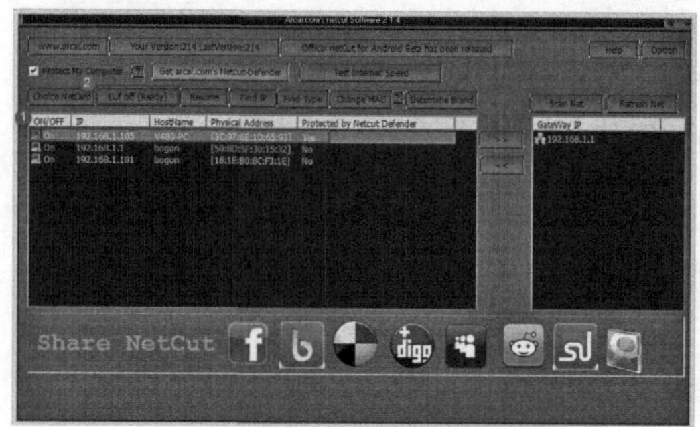

图 11.3.1-3

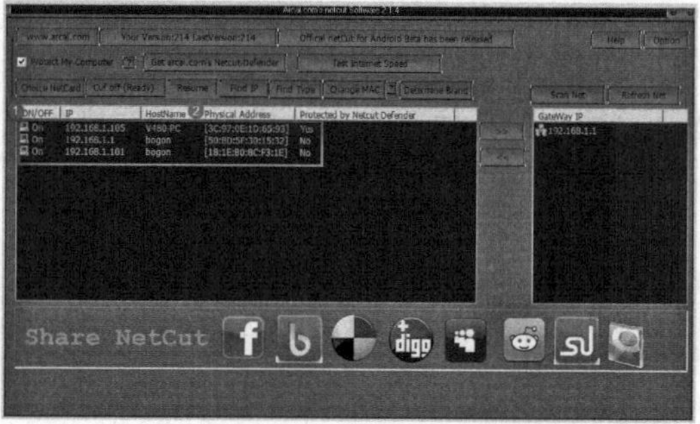

图 11.3.1-4

步骤 5：在“Netcut”主窗口中单击“Find IP（查找）”按钮，使用查找功能快速查看主机信息，如图 11.3.1-5 所示。

步骤 6：在查找对话框中的文本框中输入要查找主机的某个信息，这里输入 IP 地址，单击“Find This（查找）”按钮，如图 11.3.1-6 所示。

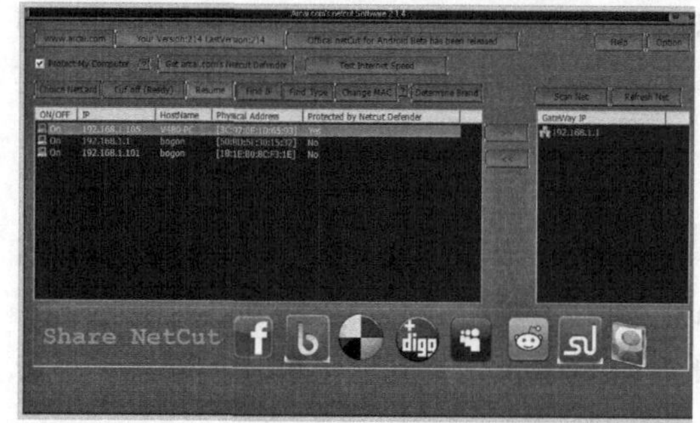

图 11.3.1-5

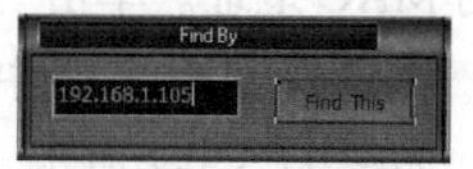

图 11.3.1-6

步骤 7：返回主窗口，可查看查找到的 IP 地址为 192.168.0.8 的主机信息。单击“Determine Brand”按钮，如图 11.3.1-7 所示。

步骤 8：在“地址表”窗口中可以查看局域网中所有主机的信息，如 MAC 地址、IP 地址、用户名等，如图 11.3.1-8 所示。

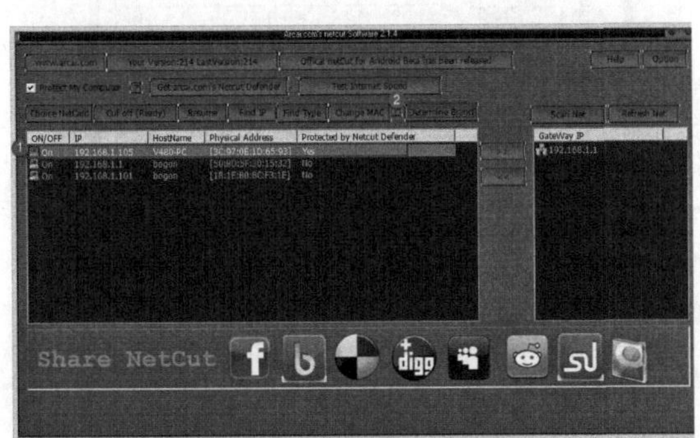

图　11.3.1-7

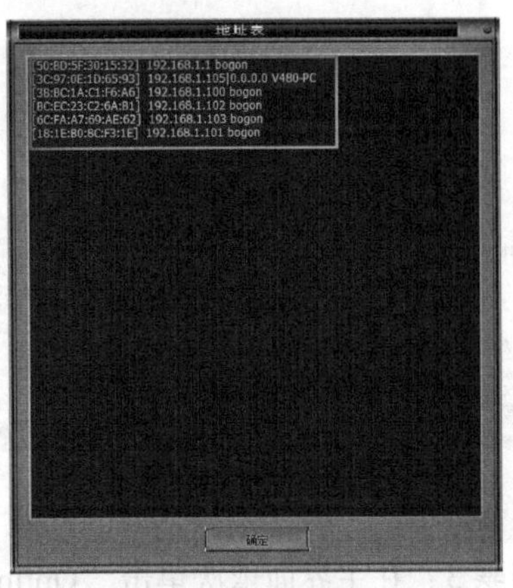

图　11.3.1-8

步骤 9：返回主界面，选择某台主机后，单击右双箭头 >> 按钮，即可将该 IP 地址添加到“网关 IP”列表中，即可成功将该主机的 IP 地址设置成网关 IP 地址，如图 11.3.1-9 所示。

图　11.3.1-9

11.3.2　局域网 ARP 攻击工具 WinArpAttacker

WinArpAttacker 是一款在网络中进行 ARP 欺骗攻击的工具，可使被攻击的主机无法正常与网络进行连接。此外，它还是一款网络嗅探（监听）工具，可嗅探网络中的主机、网关等对象，也可进行反监听，扫描局域网中是否存在监听。具体的操作步骤如下。

步骤 1：安装并运行“WinArpAttacker”，单击工具栏上的“Scan”按钮，可扫描出局域网中的所有主机。依次单击“Scan”→“Advanced”选项，如图 11.3.2-1 所示。

步骤 2：打开“扫描”对话框，设置扫描范围并勾选要扫描的 IP 地址，单击“扫描”按钮，如图 11.3.2-2 所示。

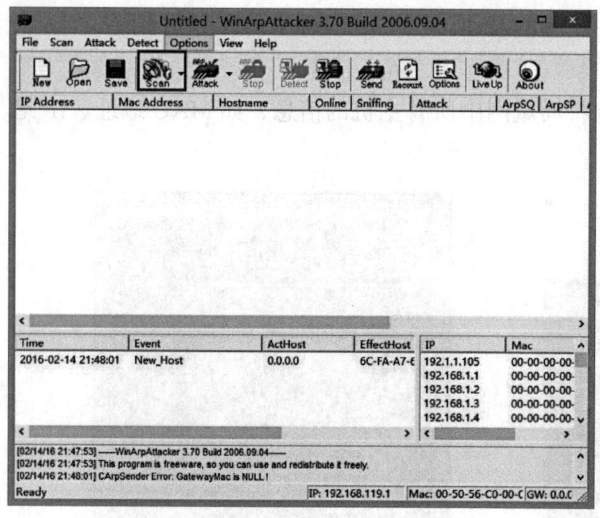

图 11.3.2-1

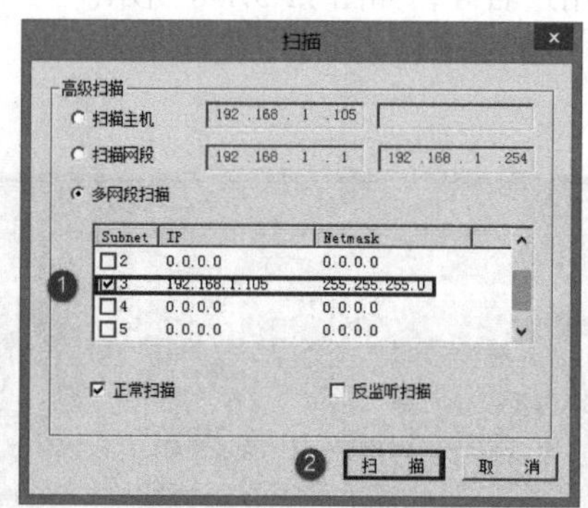

图 11.3.2-2

步骤 3：在主界面依次单击“Options”→“Adapter”按钮，在“Options”窗口中选择绑定的网卡和 IP 地址。如果本地主机安装有多块网卡，则可在“适配器”标签卡中选择绑定的网卡和 IP 地址，如图 11.3.2-3 所示。

步骤 4：设置网络攻击时的各种选项，除“连续 IP 冲突”是次数外，其他都是持续时间，如果是 0，则不停止，如图 11.3.2-4 所示。

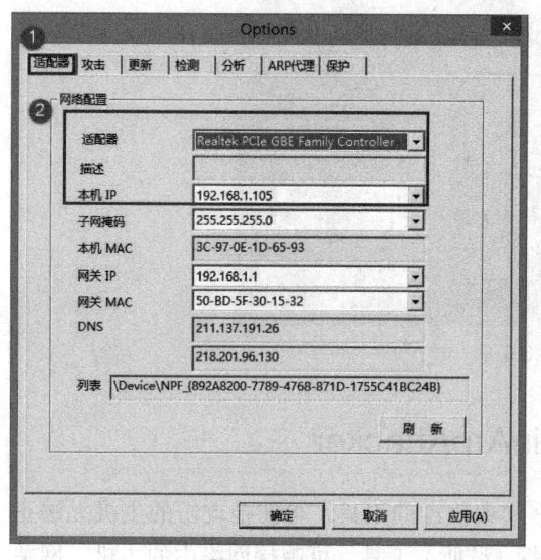

图 11.3.2-3

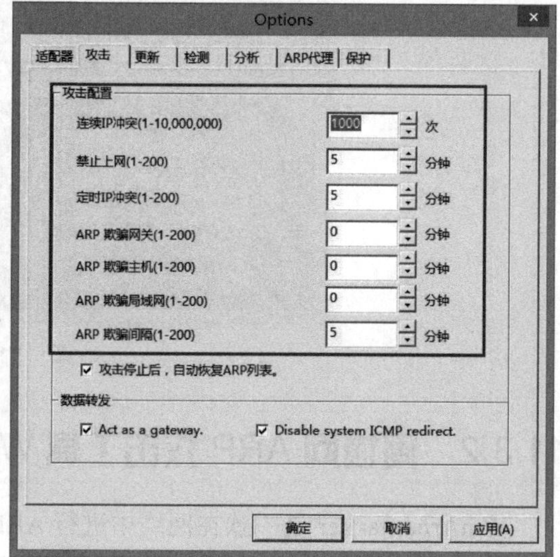

图 11.3.2-4

步骤 5：切换至“更新”标签卡，设置自动扫描的时间间隔等，单击“确定”按钮，如图 11.3.2-5 所示。

步骤 6：切换至“检测”标签卡，设置检测的时间间隔等。设置完成后单击“确定”按钮，如图 11.3.2-6 所示。

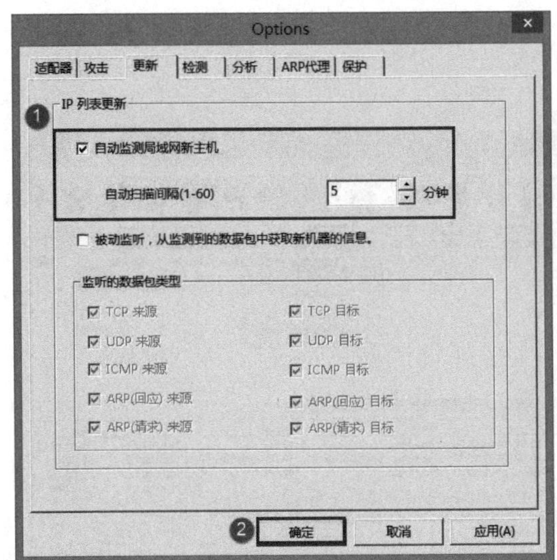

图　11.3.2-5

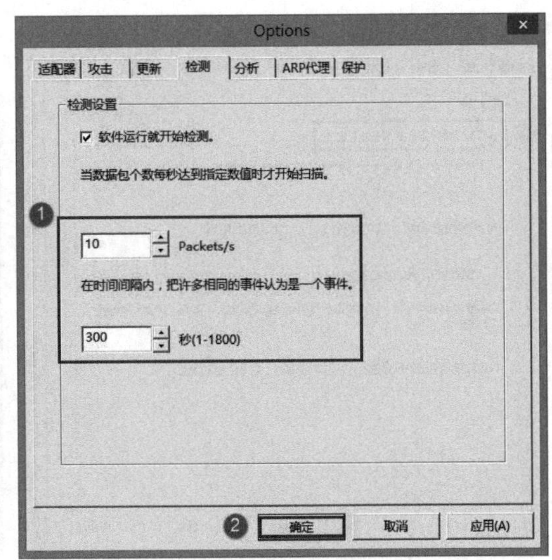

图　11.3.2-6

步骤 7：切换至“分析”标签卡，指定保存 ARP 数据包文件的名称与路径，然后单击“确定”按钮，如图 11.3.2-7 所示。

步骤 8：切换至“ ARP 代理”标签卡，单击“启用代理功能”复选框，然后单击“确定”按钮，如图 11.3.2-8 所示。

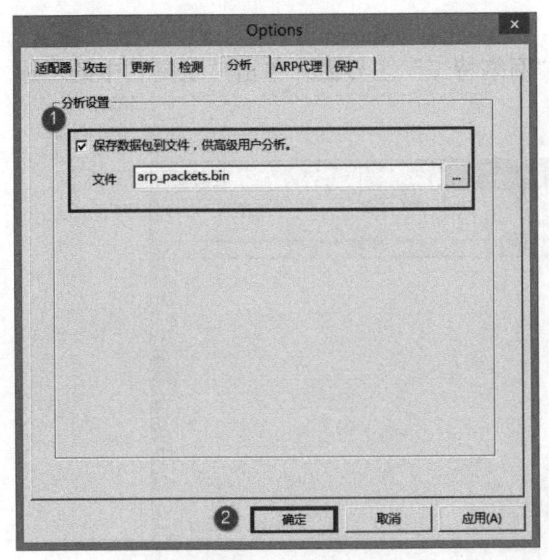

图　11.3.2-7

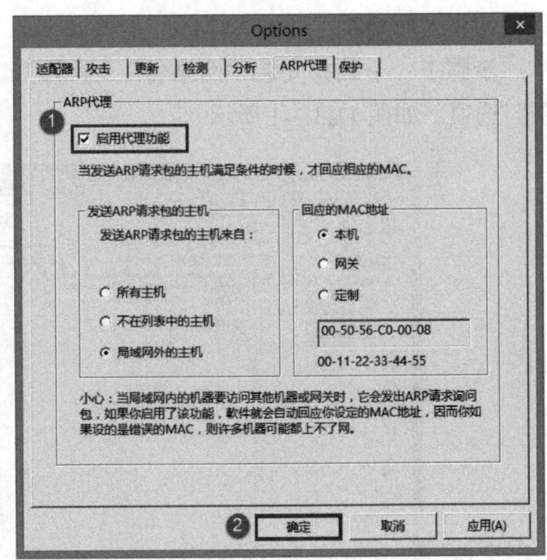

图　11.3.2-8

步骤 9：切换至“保护”标签卡，启用本地和远程防欺骗保护功能，避免自己的主机受到 ARP 欺骗攻击。单击“确定”按钮，如图 11.3.2-9 所示。

步骤 10：返回主界面，选取需要攻击的主机后，单击“攻击”按钮右侧的下拉按钮，从下拉菜单中选择攻击方式。受到攻击的主机将不能正常地与 Internet 网络进行连接，单击“停止”按钮，则被攻击的主机恢复正常连接状态，如图 11.3.2-10 所示。

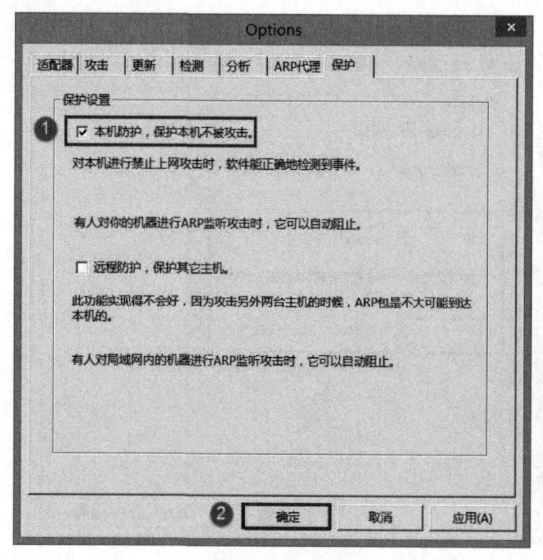

图 11.3.2-9

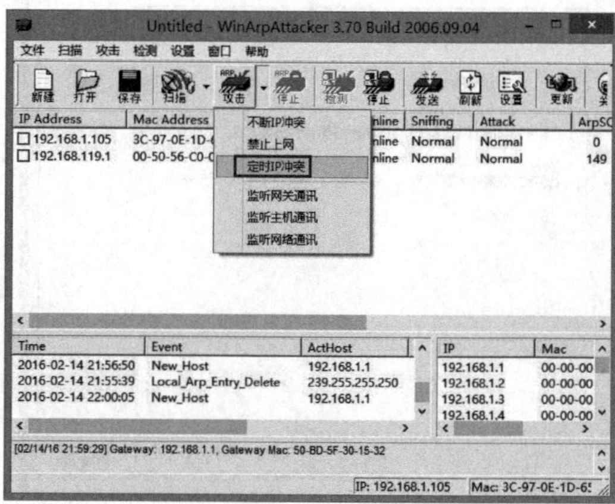

图 11.3.2-10

11.3.3 网络特工

“网络特工”可以监视与主机相连的 HUB 上所有计算机发的数据包，还可以监视所有局域网内的机器上网情况，对非法用户进行管理，并使其登录指定的 IP 网址。

使用“网络特工”的具体操作步骤如下。

步骤 1：下载并安装“网络特工”。打开“网络特工”主界面，单击“工具”中的“选项”选项，如图 11.3.3-1 所示。

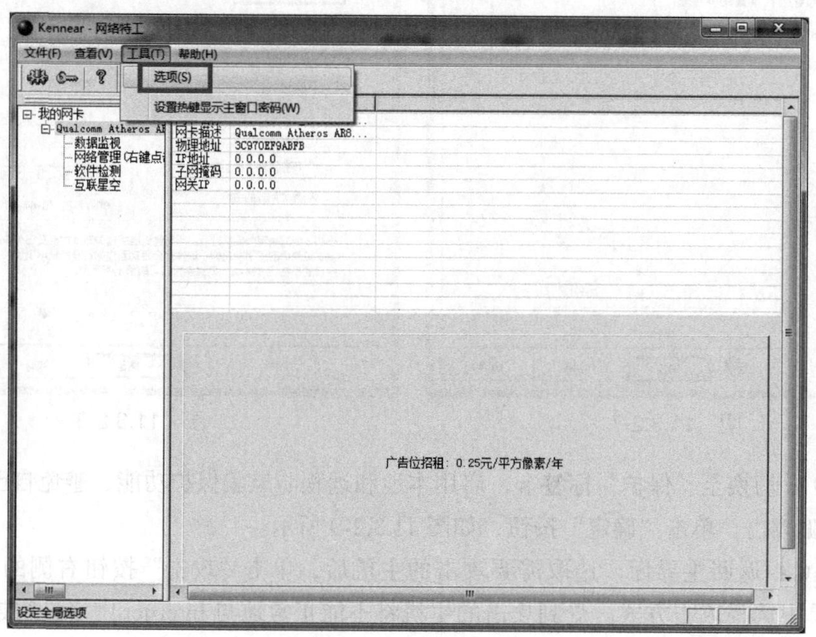

图 11.3.3-1

步骤 2：打开“选项”对话框，设置“启动”“全局热键”等属性，然后单击“OK”按钮，如图 11.3.3-2 所示。

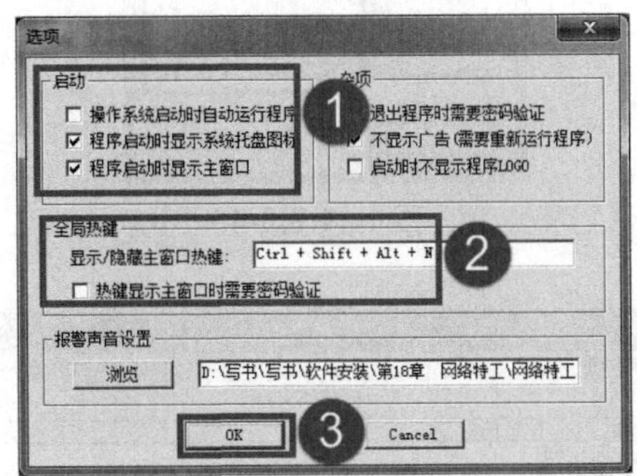

图 11.3.3-2

步骤 3：返回“网络特工”主窗口，在左侧列表中单击“数据监视”选项，打开“数据监视”窗口。设置要监视的内容，单击“开始监视”按钮，即可进行监视，如图 11.3.3-3 所示。

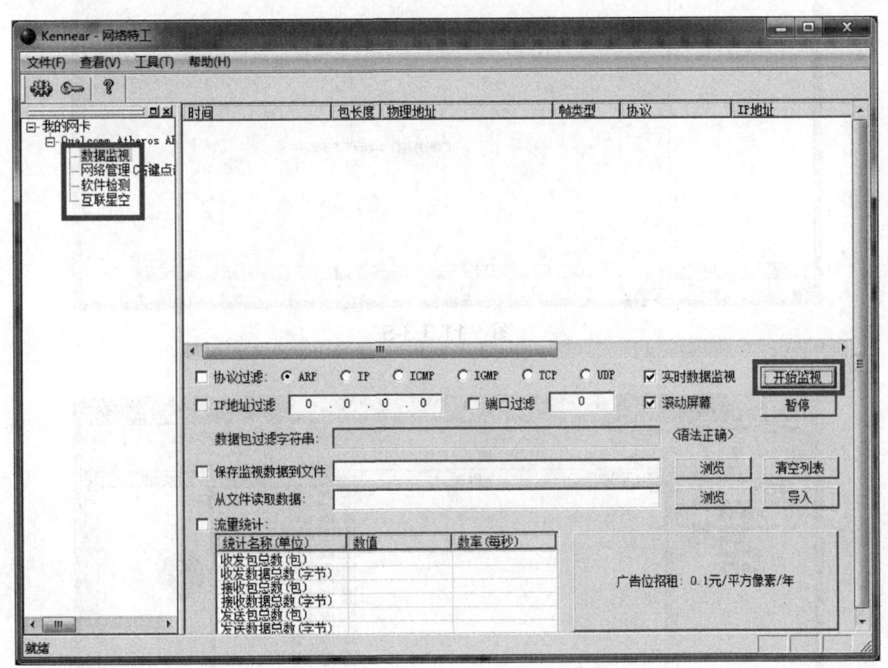

图 11.3.3-3

步骤 4：在左侧列表中右击“网络管理”，在弹出的快捷菜单中选择“添加新网段”选项。在“添加新网段”窗口中设置网段的开始 IP 地址、结束 IP 地址、子网掩码、网关 IP 地址之后，单击“OK”按钮，如图 11.3.3-4 所示。

步骤 5：返回“网络特工”主窗口，可查看新添加的网段并双击该网段，如图 11.3.3-5 所示。

步骤 6：查看设置网段的所有信息，单击“管理参数设置”按钮，如图 11.3.3-6 所示。

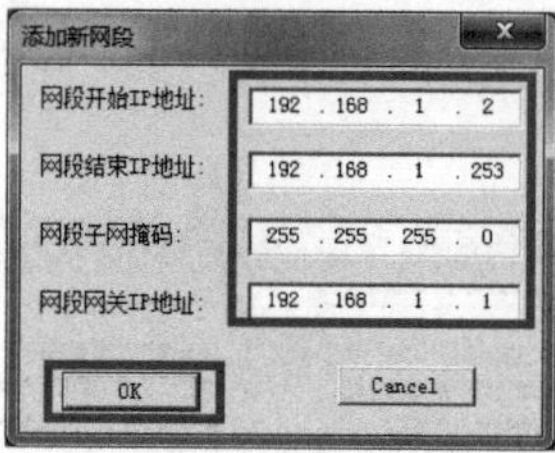

图　11.3.3-4

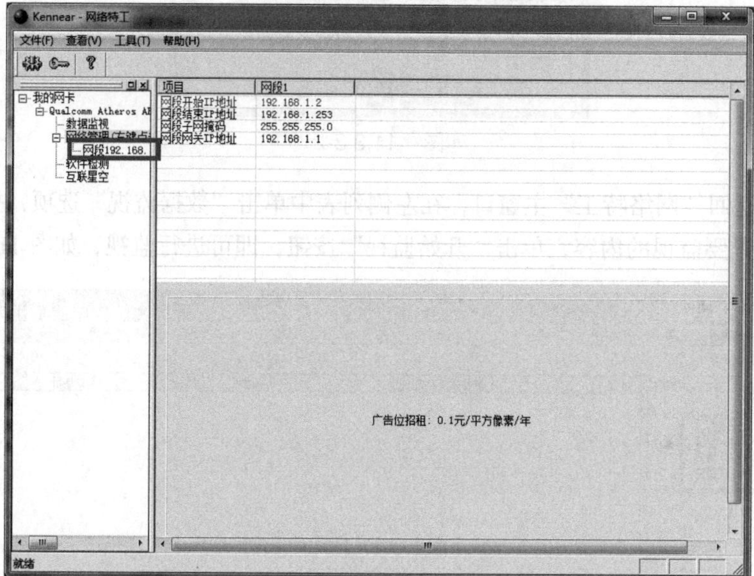

图　11.3.3-5

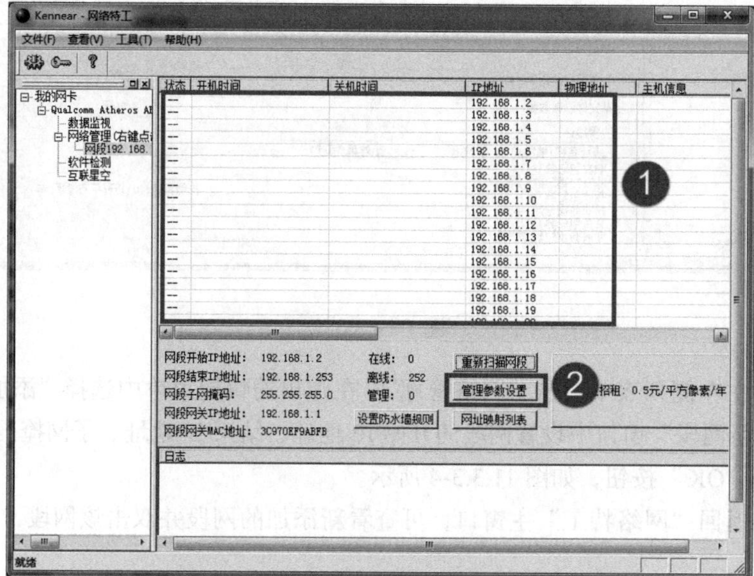

图　11.3.3-6

步骤 7：打开“网络参数设置”对话框，对各个网络参数进行设置。设置完成后单击“OK”按钮，如图 11.3.3-7 所示。

步骤 8：返回“网络特工”主窗口，单击“网址映射列表”按钮，如图 11.3.3-8 所示。

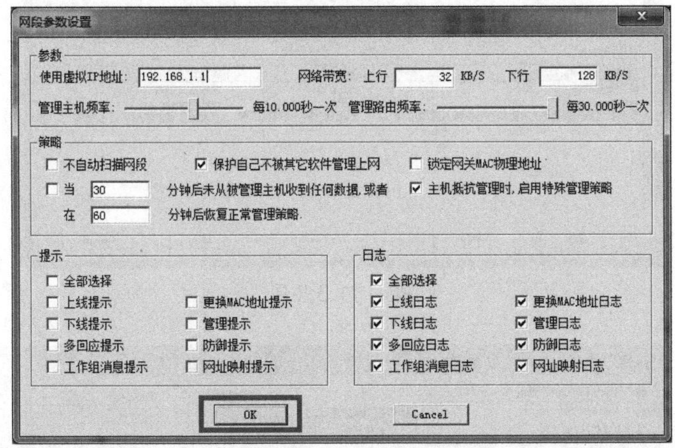

图　11.3.3-7

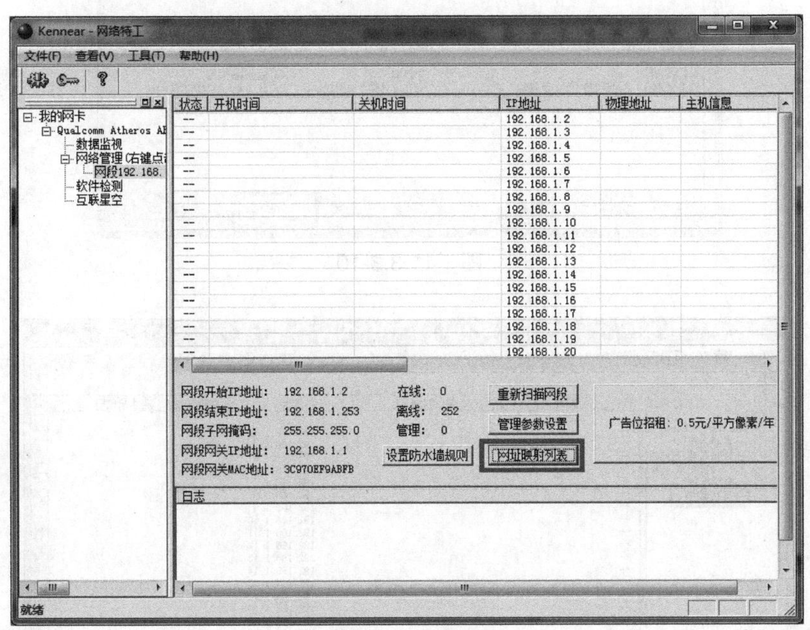

图　11.3.3-8

步骤 9：打开“网址映射列表”对话框，在“DNS 服务器 IP”文本区域中选中要解析的 DNS 服务器。单击“开始解析”按钮，如图 11.3.3-9 所示。

步骤 10：待解析完毕后，可看到该域名对应的主机地址等属性。然后单击“OK”按钮，如图 11.3.3-10 所示。

步骤 11：返回“网络特工”主窗口，在左侧列表中单击“互联星空”选项，如图 11.3.3-11 所示。

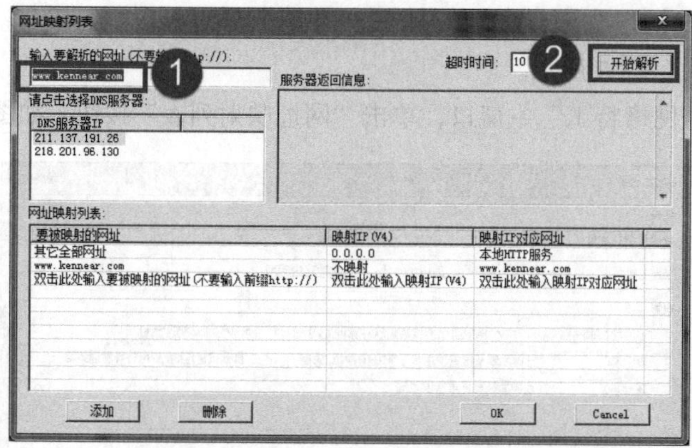

图 11.3.3-9

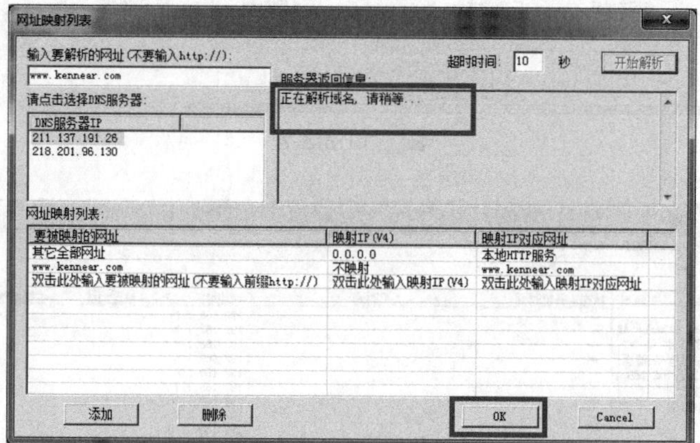

图 11.3.3-10

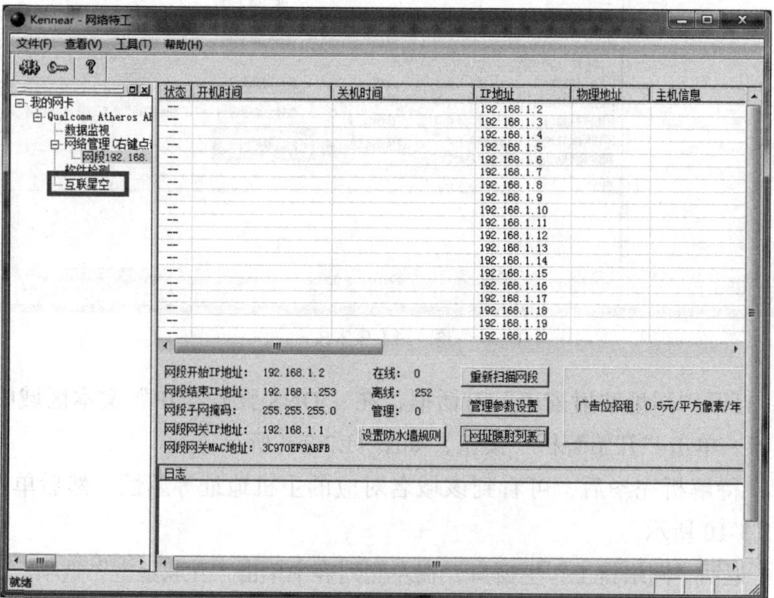

图 11.3.3-11

步骤 12：打开互联情况窗口，可选择端口扫描和 DHCP 服务扫描。在列表中选择“端口扫描”选项，单击“开始”按钮，如图 11.3.3-12 所示。

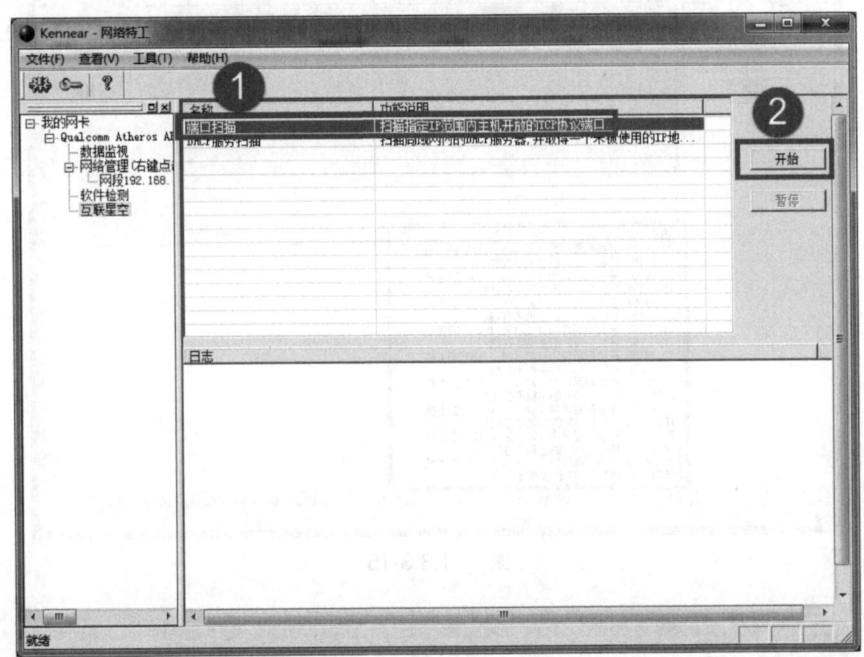

图　11.3.3-12

步骤 13：在“端口扫描参数设置”对话框中设置起始 IP 和结束 IP，单击“常用端口”按钮，如图 11.3.3-13 所示。

步骤 14：此时常用的端口显示在“端口列表”文本区域内。然后单击“OK”按钮，如图 11.3.3-14 所示。

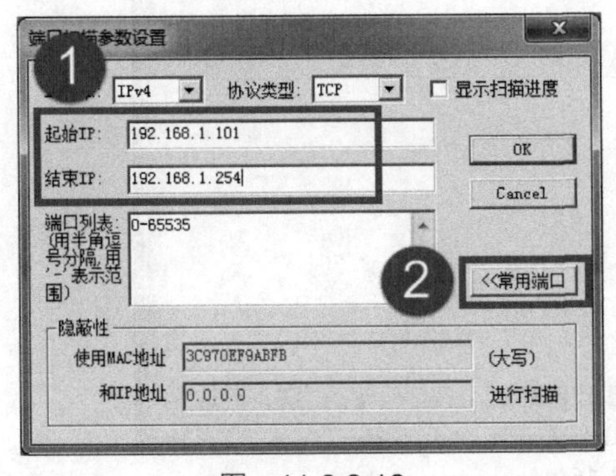

图　11.3.3-13

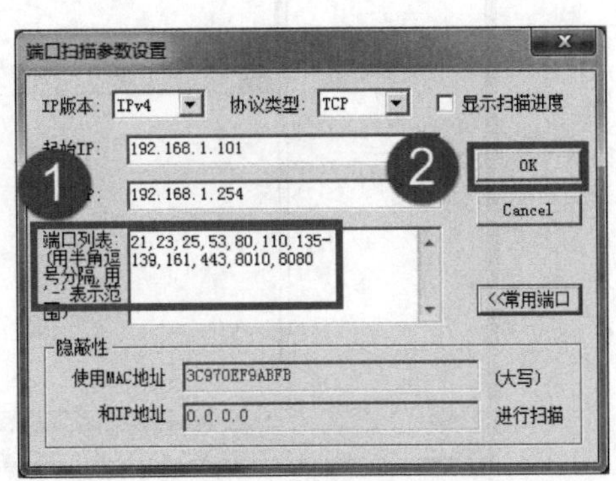

图　11.3.3-14

步骤 15：开始扫描端口，在扫描的同时，扫描结果显示在“日志”列表中，在其中可看到各个主机开启的端口，如图 11.3.3-15 所示。

步骤 16：在“互联星空”窗口右侧列表中选择“DHCP 服务扫描”选项后，单击“开始”按钮，即可进行 DHCP 服务扫描操作，如图 11.3.3-16 所示。

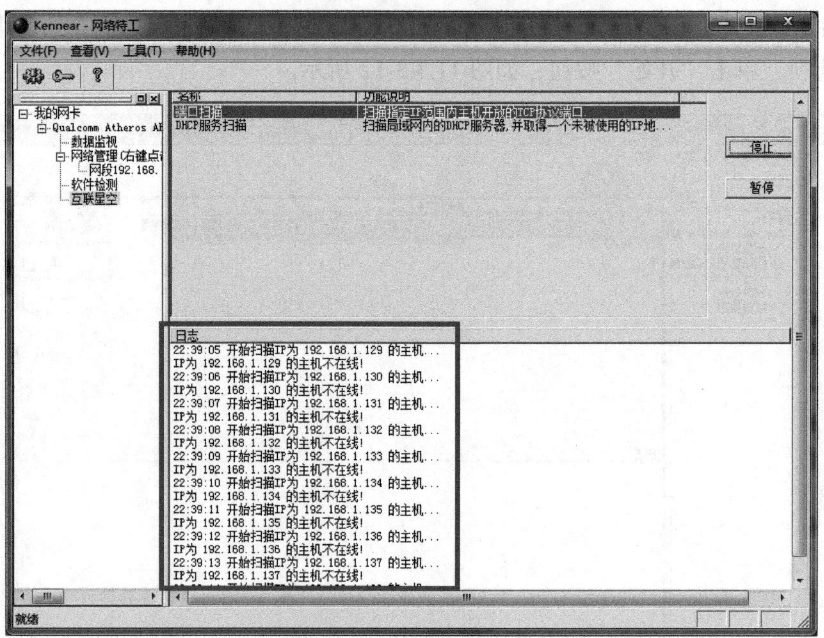

图 11.3.3-15

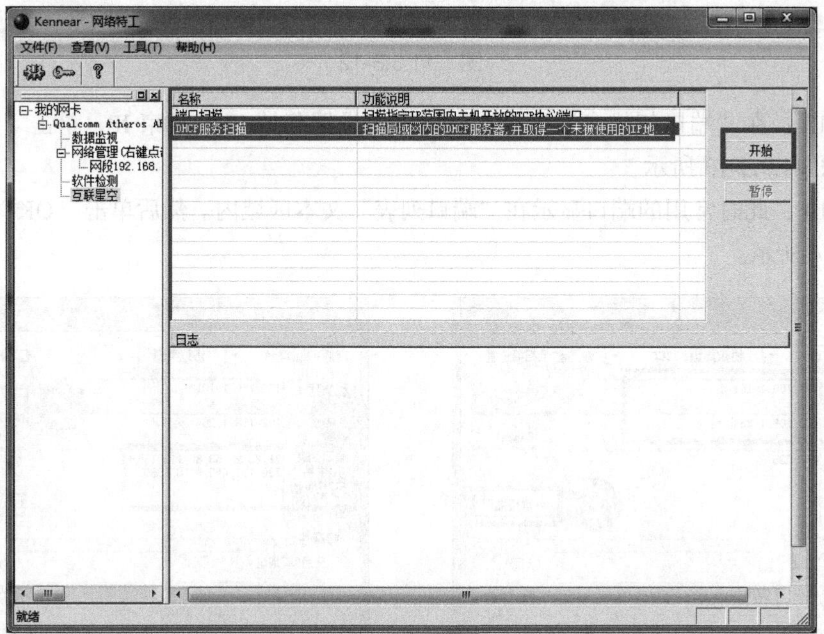

图 11.3.3-16

第12章 远程控制工具

远程控制是在网络上由一台计算机远距离控制另一台计算机的技术。当使用控制端计算机控制被控端计算机时，就如同直接使用远程被控端计算机一样，可以完全操作该计算机。远程控制是微软公司为适应网络时代而提供的，该功能可以从最大限度上满足网络管理员对网络中的计算机进行管理的要求。

在黑客攻击过程中，远程控制也是非常关键的黑客技术。本章主要介绍几款经典的远程工具，包括 PcAnywhere、QuickIP、WinShell、远程控制任我行。

12.1 Windows 自带的远程桌面

远程桌面连接组件是微软公司从 Windows2000 Server 开始提供的，远程桌面采用了一种类似 Telnet 的技术，用户只需通过简单设置即可开启 Windows 系统下的远程桌面连接功能。

当某台计算机开启了远程桌面连接功能后，其他用户就可以在网络的另一端控制这台计算机了，可以在该计算机中安装软件、运行程序，所有的一切都好像直接在该计算机上操作一样。通过该功能网络管理员可以在家中安全地控制单位的服务器，而且由于该功能是系统内置的，所以比其他第三方远程控制工具使用更方便、灵活。

12.1.1 Windows 系统的远程桌面连接

远程桌面可让用户可靠地使用远程计算机上的所有应用程序、文件和网络资源，就如同用户本人就坐在远程计算机的面前一样。不仅如此，本地（办公室）运行的任何应用程序在用户使用远程桌面远程（如在家、会议室、途中）连接后仍会运行。

在 Windows 系统中保留了远程桌面连接功能，实现请专家远程控制，帮助用户解决计算机的问题。如果需要实现远程桌面连接功能，可按如下操作进行设置。

步骤 1：在任务栏右键单击开始图标，在弹出菜单中选择“控制面板”菜单项，即可打开“控制面板”窗口，如图 12.1.1-1 所示。

步骤 2：单击“系统”图标，即可打开“系统”界面，如图 12.1.1-2 所示。

图 12.1.1-1

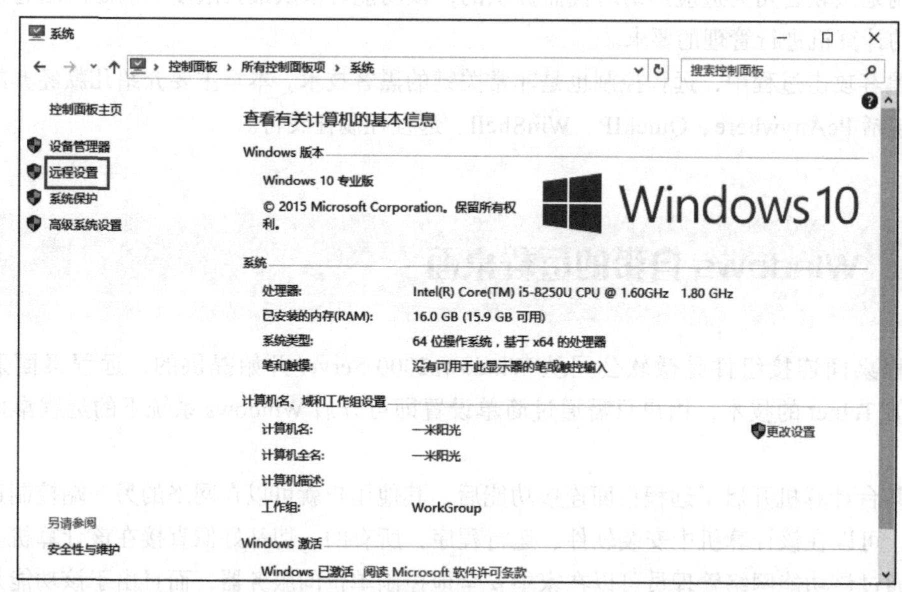

图 12.1.1-2

步骤 3：在界面左侧单击“远程设置”选项，即可打开“系统属性”对话框，如图 12.1.1-3 所示。在“远程”选项卡中勾选“允许远程协助连接这台计算机”复选框（若想成功建立远程控制连接，则被连接的对方也应勾选此复选框）。单击“选择用户”按钮，即可添加需要进行远程连接但还不在本地管理员安全组内的任何用户，如图 12.1.1-4 所示。

步骤 4：依次选择“开始”→“所有程序”→“附件”→“远程桌面连接”菜单项，即可打开“远程桌面连接”对话框，如图 12.1.1-5 所示。

步骤 5：单击“显示选项”按钮，即可将有关选项设置项展开。选择“常规”选项卡，在“登录设置”选项组的“计算机”文本框中输入要进行远程桌面连接的计算机名称；在“用户名”文本框中输入登录使用的用户名；若用户要保存凭证，可勾选“允许我保存凭证”复选框，如图 12.1.1-6 所示。

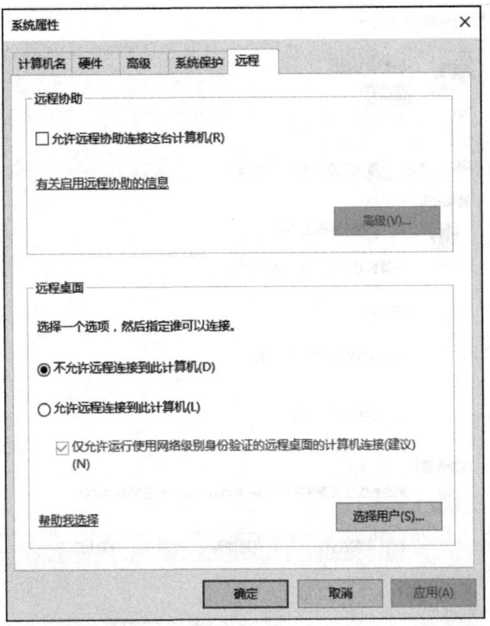

图　12.1.1-3

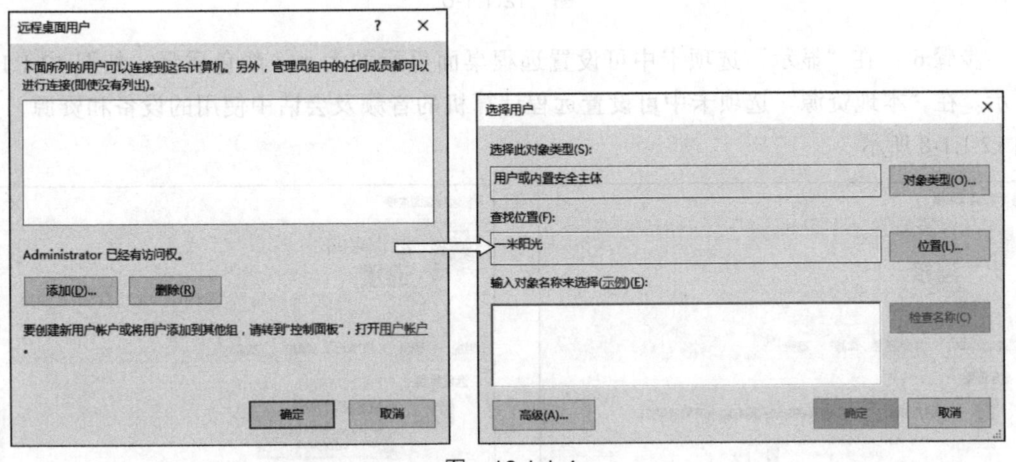

图　12.1.1-4

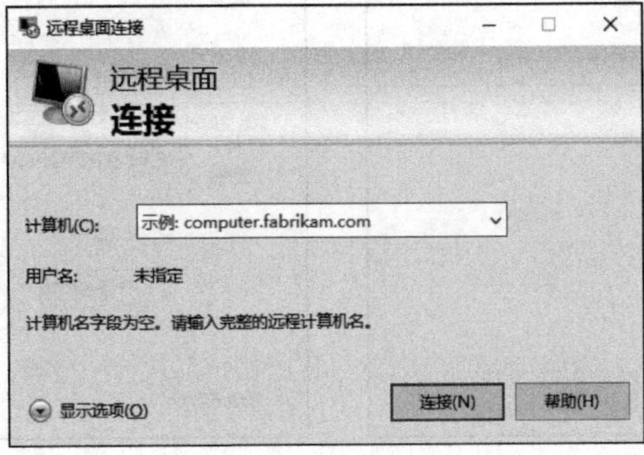

图　12.1.1-5

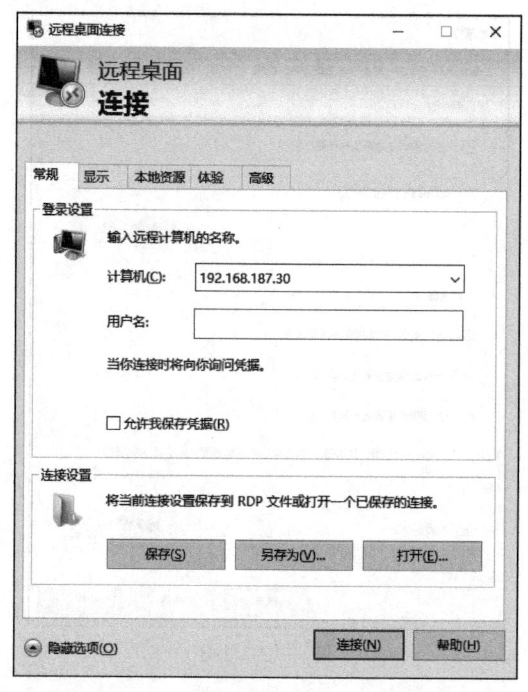

图　12.1.1-6

步骤 6：在“显示”选项卡中可设置远程桌面显示的大小、颜色质量，如图 12.1.1-7 所示。在“本地资源”选项卡中可设置远程计算机的音频及会话中使用的设备和资源，如图 12.1.1-8 所示。

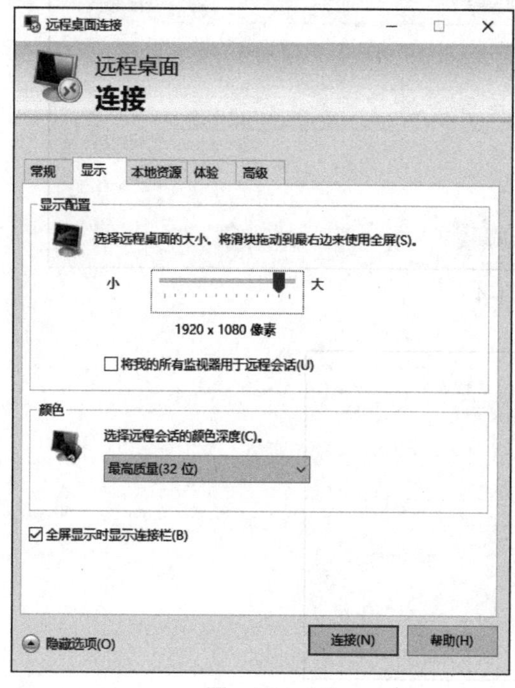

图　12.1.1-7

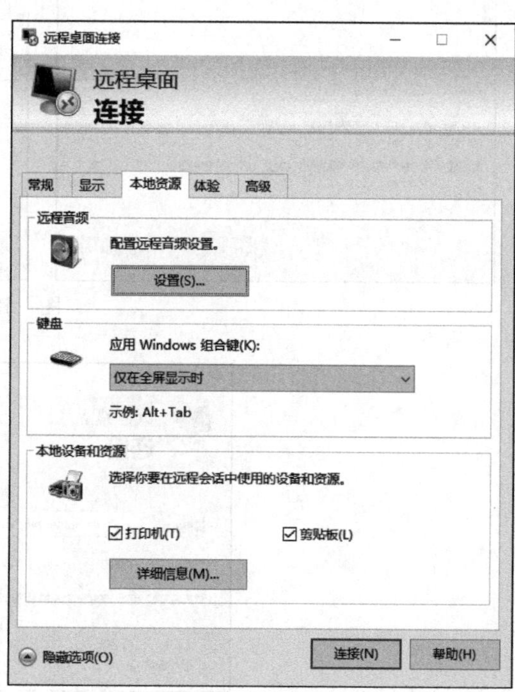

图　12.1.1-8

步骤 7：在“体验”选项卡中可选择远程连接的速度（建议选择局域网（10mbps 或更高)），如图 12.1.1-9 所示。单击“连接”按钮，即可进行远程桌面连接。

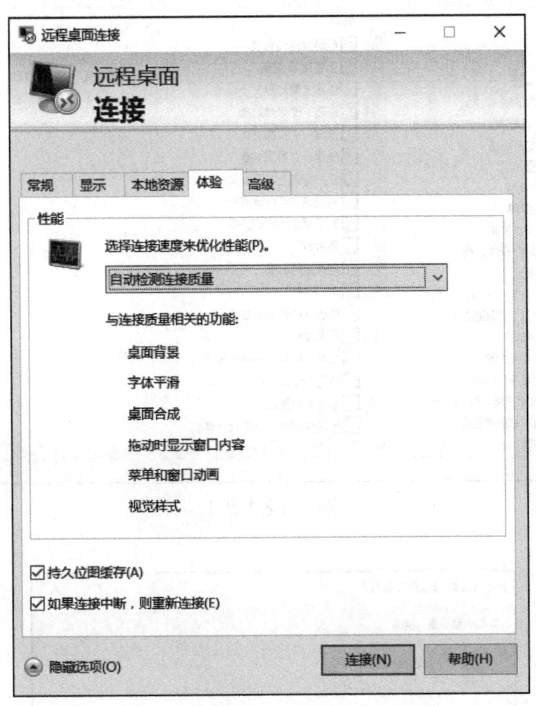

图　12.1.1-9

注意

登录远程计算机的用户必须设置密码，否则将不能正常使用远程桌面连接功能。另外，进行远程桌面连接时，远程计算机用户将不能登录，若登录则会断开远程桌面连接。

12.1.2　Windows 系统远程关机

一般情况下，访问其他计算机时只有 guest 用户权限，此时要执行远程关闭计算机操作，就会出现拒绝访问的提示。为此，用户需要修改被远程关闭计算机中的 guest 用户操作权限。

具体的操作方法如下。

步骤 1：在“运行”对话框中运行“gpedit.msc”命令，即可打开“本地组策略编辑器”窗口。依次展开“计算机配置”→“ Windows 设置”→“安全设置”→“本地策略”→“用户权利分配”节点，如图 12.1.2-1 所示。

步骤 2：双击右侧窗口中的“从远程系统强制关机”选项，在弹出的属性对话框中将 guest 用户添加到用户或组列表框中，如图 12.1.2-2 所示。

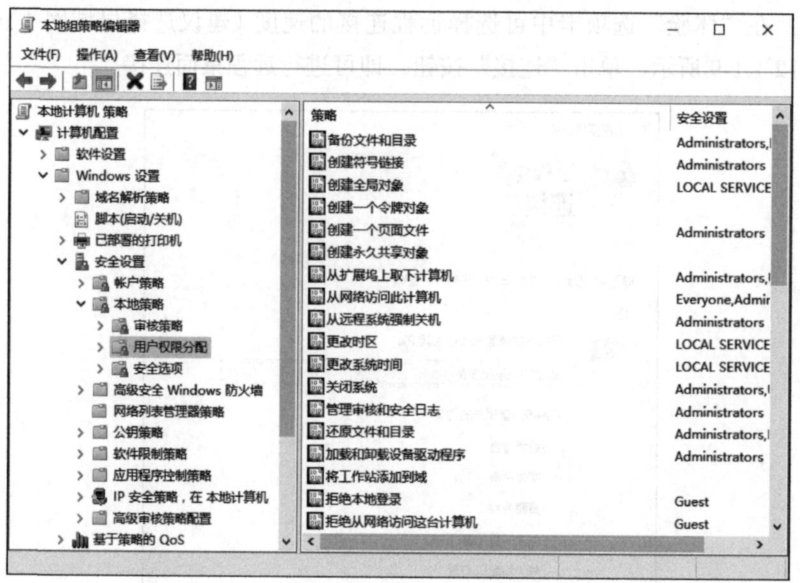

图 12.1.2-1

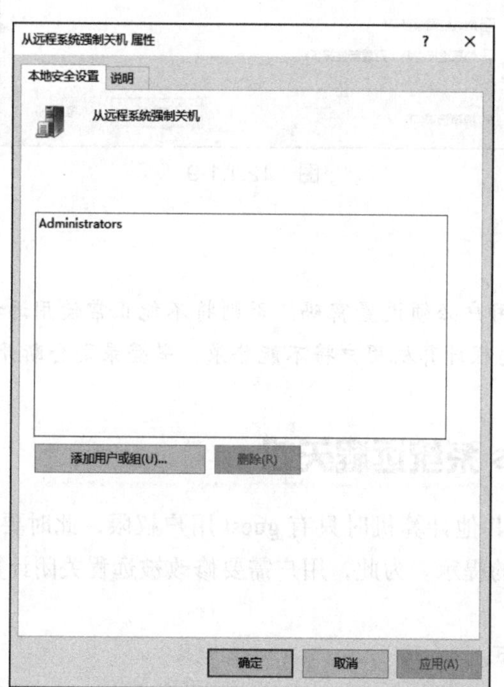

图 12.1.2-2

步骤 3：在本地计算机中打开命令提示符窗口，在其中输入“shutdown -s –m \\ 远程计算机名 -t 30”命令，其中 30 为关机延迟时间。

步骤 4：被关闭的计算机屏幕上将显示“系统关机”对话框，被关闭计算机操作员可输入“shutdown –a”命令中止关机任务。

12.2 使用 WinShell 定制远程服务器

WinShell 是一个运行在 Windows 平台上的 Telnet 服务器软件，主程序是一个仅仅 6K 大小的 exe 文件，可完全独立执行而不依赖于任何系统动链接库。虽然它体积很小，却功能强大，可支持定制端口、密码保护、多用户登录、NT 服务方式、远程文件下载、信息自定义，并具有独特的反 DDoS 等功能。

12.2.1 配置 WinShell

默认状态下，定制 WinShell 的主程序会生成一个压缩过的体积很小的 WinShell 服务端，当然也可以不选择，而使用其他压缩或保护程序对生成的 WinShell 服务端进行处理。具体操作步骤如下。

步骤 1：安装并运行“WinShell”，如图 12.2.1-1 所示。

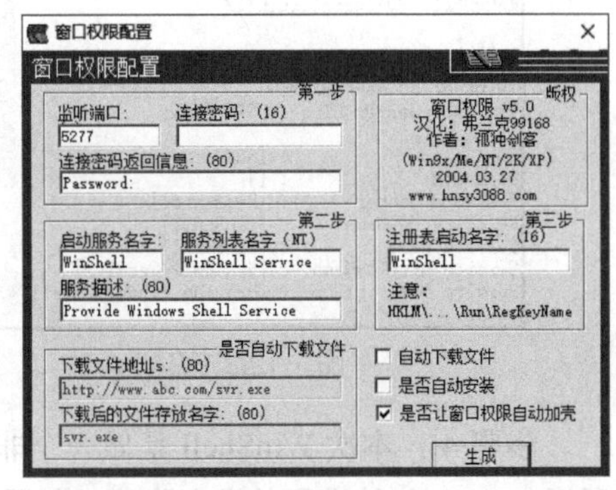

图　12.2.1-1

第 1 步：在“监听端口”文本框中设置即将生成的服务器端运行后的端口号，默认为 5277。再设置登录服务器端时需要的密码，默认为无密码。

注意

“连接密码返回信息”项意为登录 WinShell 时要求输入密码的提示信息，默认为“Password:”，可设置为空，即无提示信息。

第 2 步：在“服务列表名字”文本框中选择默认值“ WinShell Service”，下方的“服务描述”项是指显示在 NT 服务列表中说明服务具体功能的字符串，默认为“ Provide Windows Shell Service”。

第 3 步：设置服务器端在系统中以服务方式启动时的服务名字，默认为 WinShell。

提示

“注册表启动名字”项是指在安装 WinShell 时，为了在系统启动后能自动运行，WinShell 写在注册表路径 HKEY_LOCAL_MACHINE\SOFTWARE\Microsoft\Windows\CurrentVersion\Run 处的字符串名，默认为 WinShell，其值也为字符串类型，如“C：\windows\winshell.exe”。

第 4 步：勾选“是否自动安装”复选框后，单击“生成”按钮。

步骤 2：可在记事本中查看生成的服务器端的配置信息，如图 12.2.1-2 所示。

步骤 3：在属性窗口查看生成的 WinShell 服务端信息，如图 12.2.1-3 所示。

server.exe.txt - 记事本

文件(F) 编辑(E) 格式(O) 查看(V) 帮助(H)

```
WinShell Configuration File

WinShell Server Path : D:\360安全浏览器下载
\WinShell50\server.exe
WinShell Server Size : 5920 Bytes

Port                   : [5277]
Password               : []
Password Banner        : [Password:]
Registry KeyName       : [WinShell]
Service Name           : [WinShell]
Service DisplayName    : [WinShell Service]
Service Description    : [Provide Windows Shell
```

图 12.2.1-2

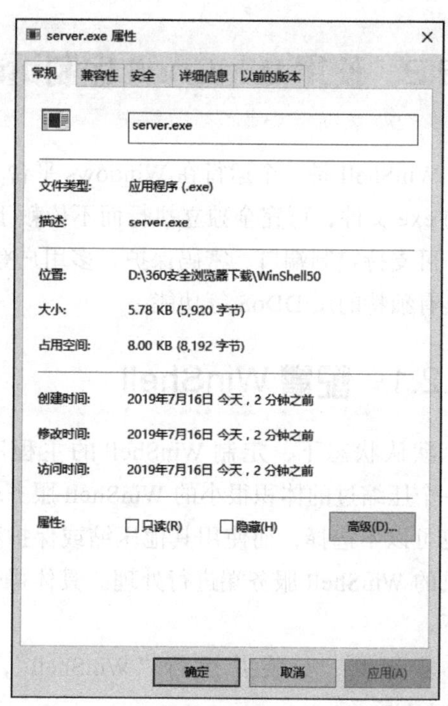

图 12.2.1-3

步骤 4：本次 WinShell 是做一个非常小巧方便的 Telnet 服务器软件，而不是木马程序，所以 WinShell 的进程并没有隐藏，如图 12.2.1-4 所示。

任务管理器

文件(F) 选项(O) 查看(V)

进程 性能 应用历史记录 启动 用户 详细信息 服务

名称	PID	状态	用户名	CPU	内存(专用...	描述
PCKiiService.exe	2136	正在运行	SYSTEM	00	1,976 K	PCKii S...
RuntimeBroker.exe	3760	正在运行	Administr...	00	2,368 K	Runtim...
SearchIndexer.exe	3996	正在运行	SYSTEM	01	11,672 K	Micros...
SearchUI.exe	4340	已暂停	Administr...	00	30,040 K	Search...
sedsvc.exe	860	正在运行	SYSTEM	00	1,596 K	sedsvc
server.exe	3320	正在运行	Administr...	00	876 K	server....
services.exe	652	正在运行	SYSTEM	00	2,412 K	服务和...
SetPoint.exe	5396	正在运行	Administr...	01	15,476 K	Logite...
setuphost.exe	5876	正在运行	SYSTEM	02	255,204 K	Moder...
ShellExperienceHo...	3584	已暂停	Administr...	00	16,672 K	Windo...
sihost.exe	3480	正在运行	Administr...	00	2,128 K	Shell I...
smss.exe	380	正在运行	SYSTEM	00	216 K	Windo...
Snagit32.exe	5920	正在运行	Administr...	00	36,548 K	Snagit
SnagitEditor.exe	5008	正在运行	Administr...	02	89,104 K	Snagit ...
SnagPriv.exe	6568	正在运行	Administr...	00	788 K	Snagit ...
SogouCloud.exe	5932	正在运行	Administr...	03	5,288 K	搜狗输...
SogouImeBroker.e...	4588	正在运行	Administr...	00	3,172 K	搜狗输...

简略信息(D) 结束任务(E)

图 12.2.1-4

步骤 5：在配置完了服务器端程序并在指定计算机中运行之后，就可以使用 Telnet 命令与远程计算机进行连接，执行“telnet xxx.xxx.xxx.xxx 5277”并输入正确的密码（如果需要的话）后即可登录成功，命令格式为“telnet 服务器 IP 5277”。

显然，服务器端的制作是十分方便的，而对系统资源的占用却是很小的，而且操作命令并不复杂，因此，需要进行远程管理的用户可尝试使用 WinShell 来完成任务。

12.2.2　实现远程控制

当配置好 WinShell 服务器并在被控端计算机中运行后，用户可在主控端计算机中利用命令提示符窗口输入有关 Telnet 命令与远程计算机建立连接，并进行控制。

具体的操作方法如下。

步骤 1：将已配置好的 WinShell 服务器端复制到远程计算机中并运行。在主控端计算机命令提示符窗口中执行“telnet 服务器 IP 5277”命令，即可成功连接，连接成功后界面如图 12.2.2-1 所示。

步骤 2：执行“?”命令，即可查看 WinShell 的所有命令参数，如图 12.2.2-2 所示。

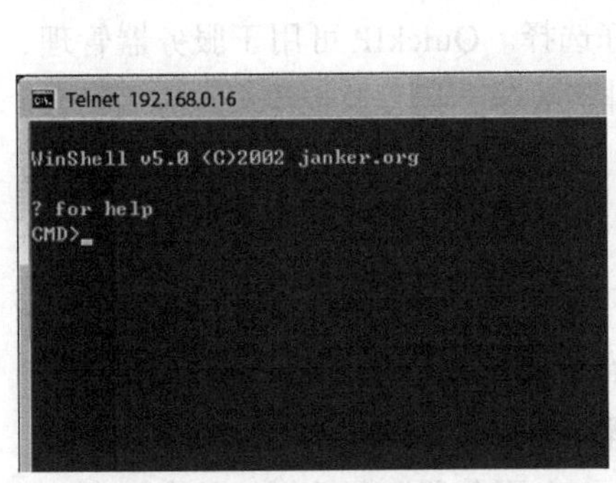

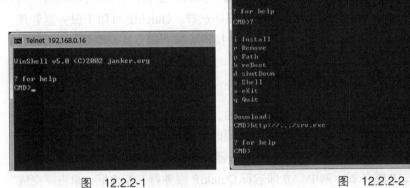

图　12.2.2-1

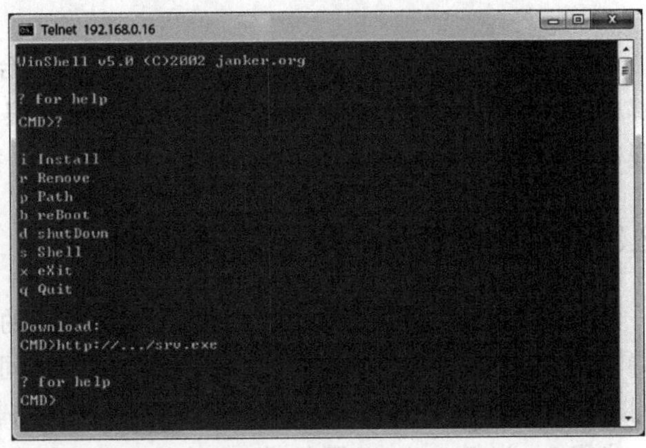

图　12.2.2-2

步骤 3：执行“s”命令，将显示远程计算机的盘符信息，如图 12.2.2-3 所示。此时主控端就可以控制远程计算机了。

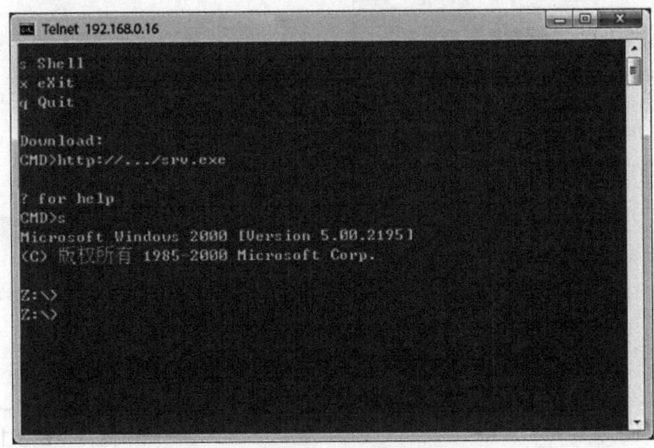

图　12.2.2-3

WinShell 命令参数及其功能如下。

- i Install：远程安装功能。
- r Remove：远程反安装功能，此命令并不中止 WinShell 的运行。
- p Path：查看 WinShell 主程序的路径信息。
- b reBoot：重新启动远程计算机。
- d shutdown：关闭远程计算机。
- s Shell：WinShell 提供的 Telnet 服务功能。
- x exit：退出本次登录会话。但此命令不中止 WinShell 的运行。
- q quit：终止 WinShell 的运行。此命令不反安装 WinShell。

12.3 QuickIP 多点控制利器

如果想尝试一下“一台计算机同时管理和控制多台计算机、多台计算机也同时管理一台计算机”这样的“多点”控制，QuickIP 无疑是一个很好选择。QuickIP 可用于服务器管理、远程资源共享、网吧机器管理、远程办公、远程教育、排除故障、远程监控等多种应用场合。

12.3.1 设置 QuickIP 服务器端

由于 QuickIP 是将服务器端与客户端合并在一起的，所以无论在哪台计算机中都是服务器端和客户端一同安装，这也是实现一台服务器可以同时被多个客户机控制、一个客户机可以同时控制多个服务器的前提条件。配置 QuickIP 服务器端的具体操作步骤如下。

步骤 1：运行 QuickIP 服务器，选中“立即运行 QuickIP 服务器”复选框，单击“完成”按钮继续，如图 12.3.1-1 所示。

步骤 2：在设置访问密码提示框中，单击“确定”按钮，如图 12.3.1-2 所示。

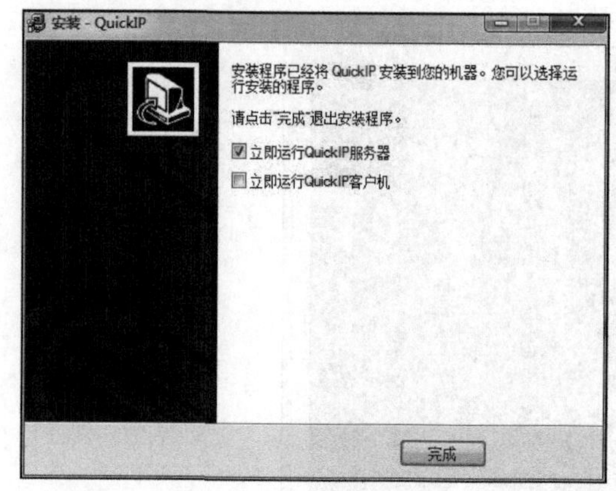

图 12.3.1-1

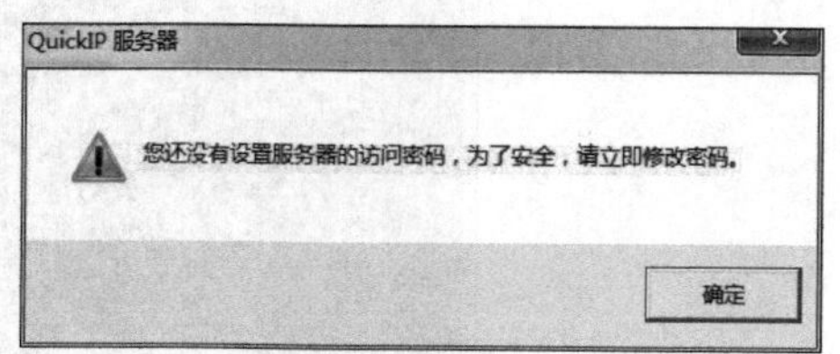

图 12.3.1-2

步骤 3：修改密码，根据提示输入密码并单击“确定”按钮，如图 12.3.1-3 所示。

步骤 4：密码修改成功，单击“确定”按钮，如图 12.3.1-4 所示。

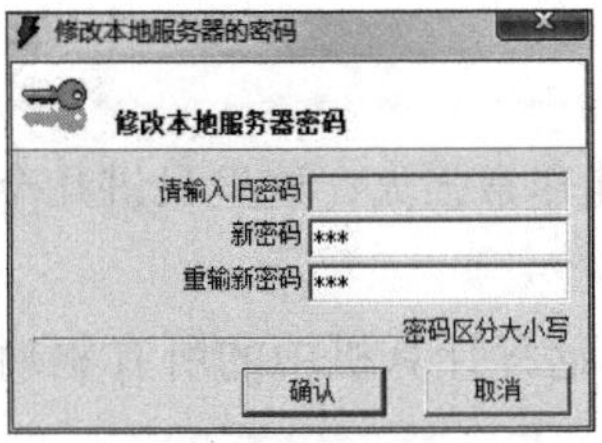

图　12.3.1-3

图　12.3.1-4

步骤 5：从右侧提示信息中可以看到“服务器启动成功”提示，如图 12.3.1-5 所示。

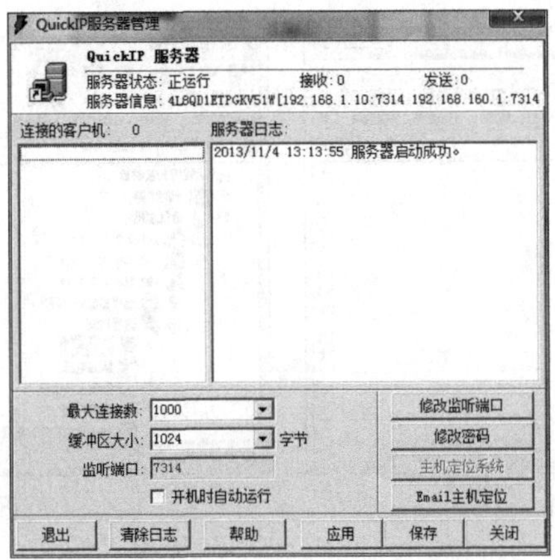

图　12.3.1-5

12.3.2 设置 QuickIP 客户端

客户端的设置就相对简单了，主要是添加服务器端的操作。具体的操作步骤如下。

步骤 1：在主窗口中单击工具栏中的“添加主机”按钮，准备添加服务器，在弹出的“添加远程主机”对话框中输入远程计算机的 IP 地址，以及在服务器端设置的端口、密码，然后单击“确认”按钮，如图 12.3.2-1 所示。

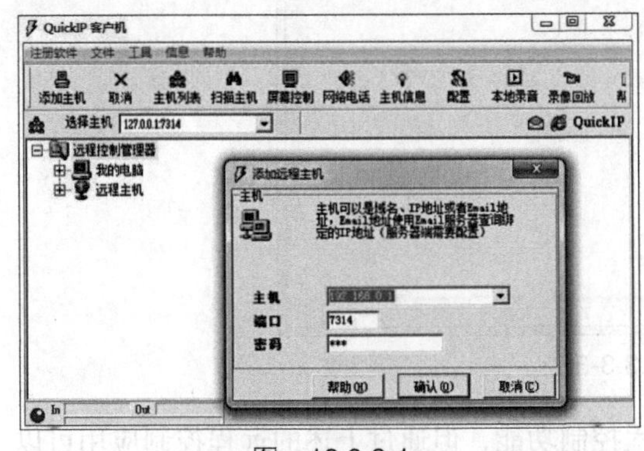

图　12.3.2-1

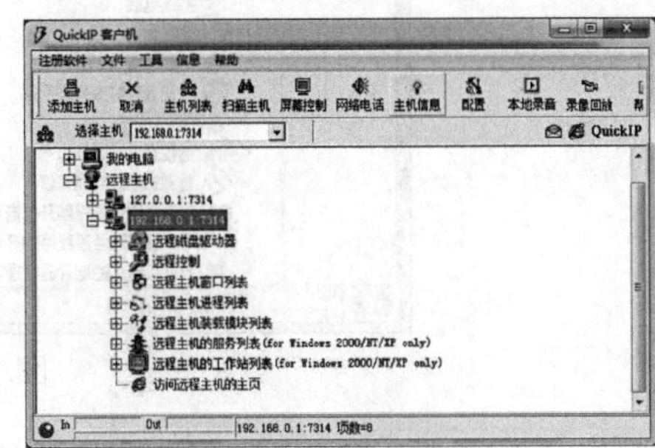

图　12.3.2-2

步骤 2：返回主窗口查看已添加的 IP 地址，单击该 IP 地址后，从展开的控制功能列表中可看到远程控制功能十分丰富，这表示客户端与服务器端的连接已经成功了，如图 12.3.2-2 所示。

12.3.3 实现远程控制

下面来看看如何进行远程控制（鉴于 QuickIP 的功能非常强大，这里只讲几个比较常用的控制操作）。具体操作步骤如下。

步骤 1：单击“远程磁盘驱动器”选项，即可看到远程计算机中的所有驱动器，如图 12.3.3-1 所示。

步骤 2：单击“远程控制”项下的“屏幕控制”项，可在稍后弹出的窗口中看到远程计算机桌面，并且可通过鼠标和键盘完成对远程计算机的控制，如图 12.3.3-2 所示。

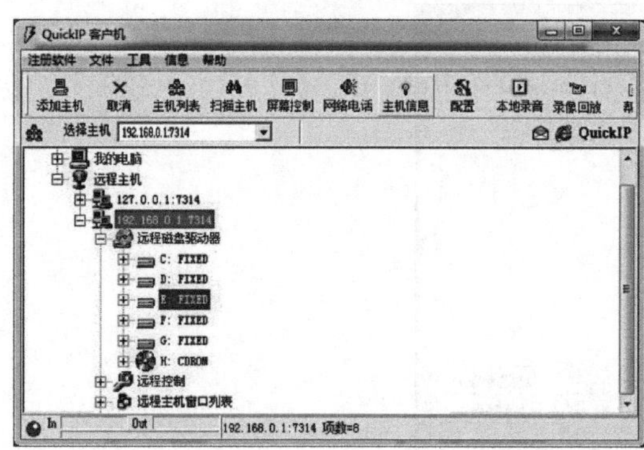

图 12.3.3-1

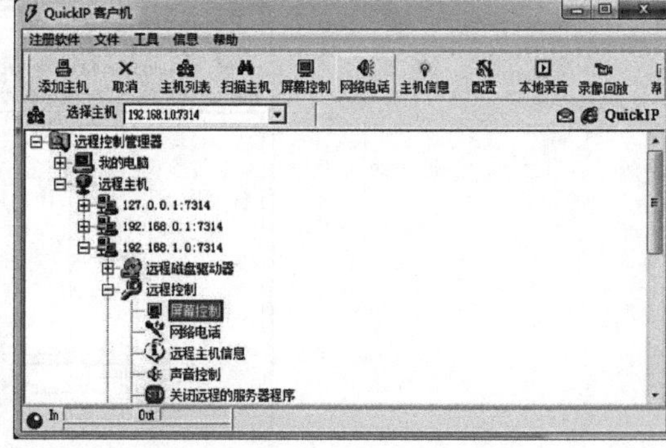

图 12.3.3-2

步骤 3：如果远程计算机出现速度忽然变慢等情况，则可以通过单击“远程主机进程列表”选项，查看远程计算机进程，来快速诊断远程计算机的问题所在。

步骤 4：单击“远程控制”项下的“远程关机”项，会弹出对话窗口询问是否关闭，选择“是”即可关闭远程计算机，如图 12.3.3-3 所示。

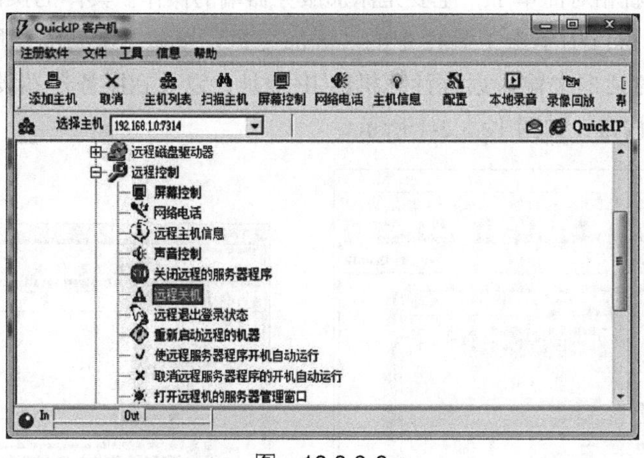

图 12.3.3-3

限于篇幅，本书无法详细讲述该软件的远程控制功能，但通过上述的远程控制应用可以看出，QuickIP 远程控制功能十分强大，是网管和有远程控制需求的用户的好帮手。

12.4 使用“远程控制任我行”实现远程控制

“远程控制任我行”是一款免费、绿色、小巧，且拥有“正向连接”和“反向连接”功能的远程控制软件，能够让用户得心应手地控制远程计算机，就像控制自己的计算机一样。该软件主要有远程屏幕监控、远程语音视频、远程文件管理、远程注册表操作、远程键盘记录、主机上线通知、远程命令控制和远程信息发送等功能。

12.4.1 配置服务端

远程控制软件一般分客户端程序（Client）和服务器端程序（Server）两部分，通常将客户端程序安装到主控端的计算机上，将服务器端程序安装到被控端的计算机上。使用时，客户端程序向被控端计算机中的服务器端程序发出信号，建立一个特殊的远程服务，通过这个远程服务，使用各种远程控制功能发送远程控制命令，从而控制被控端计算机中的各种应用程序运行。配置服务端的具体操作步骤如下。

步骤 1：下载并安装“远程控制软件任我行”软件，安装完成后，双击快捷图标，在控制界面上方单击“配置服务端”按钮，如图 12.4.1-1 所示。

步骤 2：在“选择配置类型”窗口中单击“正向连接型”按钮，如图 12.4.1-2 所示。

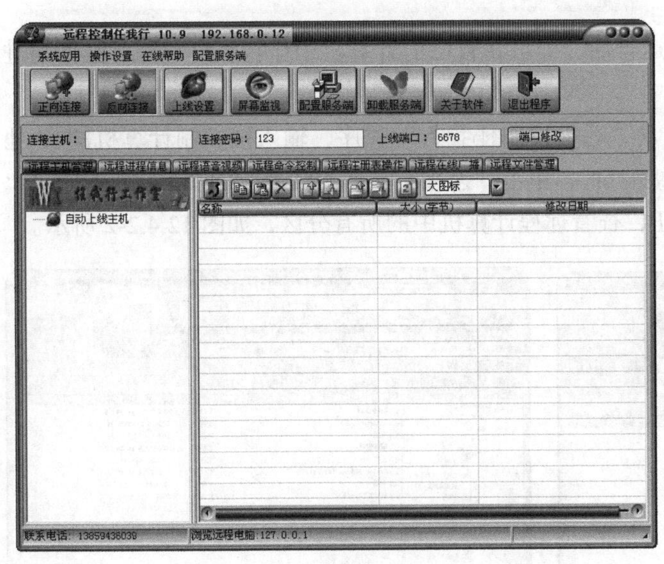

图 12.4.1-1

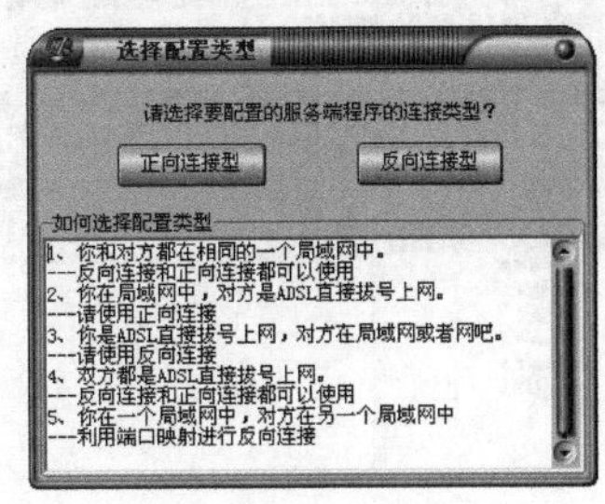

图 12.4.1-2

提示

如果在局域网中控制 ADSL 用户，需要选择正向连接方式；如果在 ADSL 连接中控制局域网用户，则需要选择反向连接方式。

步骤 3：在“正向连接”窗口中对服务端程序的图标、邮件设置、安装信息、启动选项等信息进行修改，如图 12.4.1-3 所示。

步骤 4：设置服务端的安装路径、安装名称及显示状态等信息，单击“生成服务端”按钮，在程序根目录下生成一个“服务器端程序 .exe”程序，如图 12.4.1-4 所示。

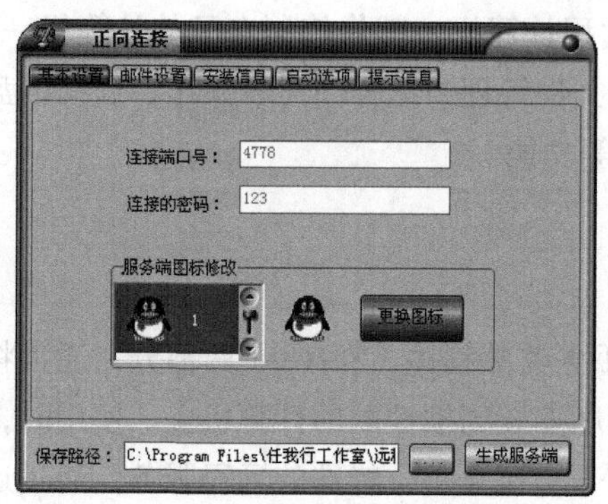

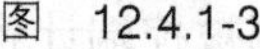
图 12.4.1-3

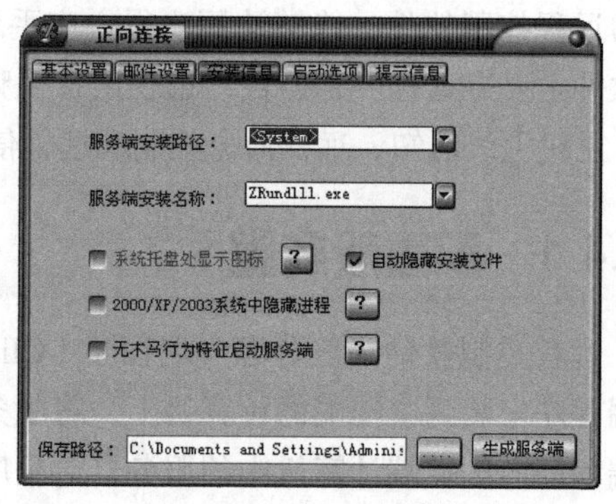

图 12.4.1-4

将生成的服务端程序植入被控制的计算机中并运行，植入后“服务器端程序 .exe”会自动删除，只在系统中保留“ZRundlll. exe”这个进程，并在每次开机时自动启动。

12.4.2 通过服务端程序进行远程控制

服务端被植入他人计算机中并运行后，即可在自己的计算机中运行客户端并对服务端进行控制了。具体的操作步骤如下。

步骤 1：在客户端计算机上启动“远程控制任我行”程序，输入被控制计算机的 IP 地址，正确填写“连接密码”和“连接端口”，单击“连接”按钮，如图 12.4.2-1 所示。

步骤 2：单击“屏幕监视”按钮，查看远程计算机中的所有分区，如图 12.4.2-2 所示。

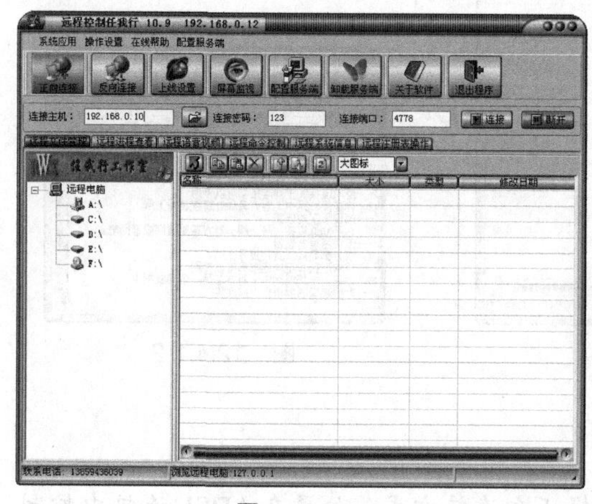

图 12.4.2-1

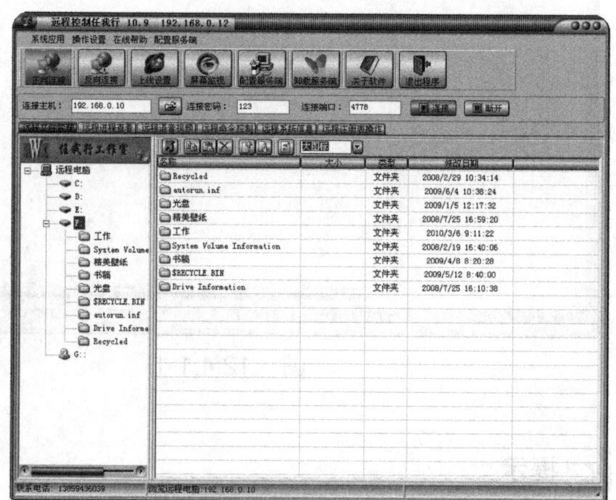

图 12.4.2-2

步骤 3：单击“连接”按钮，受控计算机的屏幕便显示在该窗口中。单击“键盘”“鼠标”按钮，可以使用键盘和鼠标来对受控计算机上的程序进行操作，如图 12.4.2-3 所示。

步骤 4：浏览受控计算机中的相应文件夹，找到下载的文件后，右键单击该文件并在弹出的列表中选择“文件下载”菜单项，可下载受控计算机中的文件。通过“文件上传”菜单项也可将客户端计算机上的文件上传到受控的计算机中，如图 12.4.2-4 所示。

图 12.4.2-3

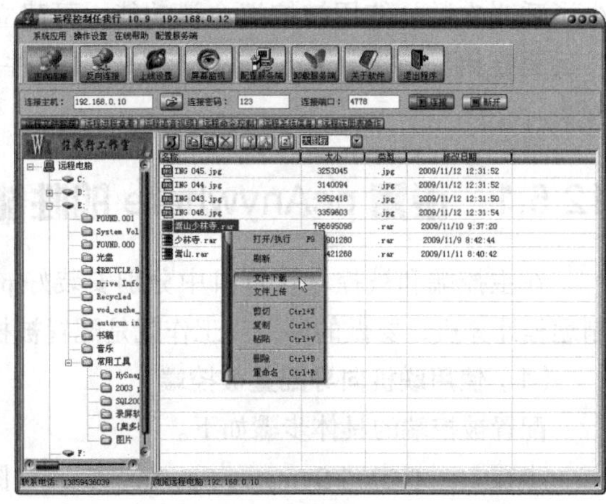

图　12.4.2-4

步骤 5：可在“远程桌面”栏中勾选各项功能，也可在“远程关机”“远程声音”栏中单击各个按钮进行操作，如图 12.4.2-5 所示。

步骤 6：单击“远程进程查看”选项卡，显示远程主机的所有进程，包括该进程的线程数、优先级等，如图 12.4.2-6 所示。

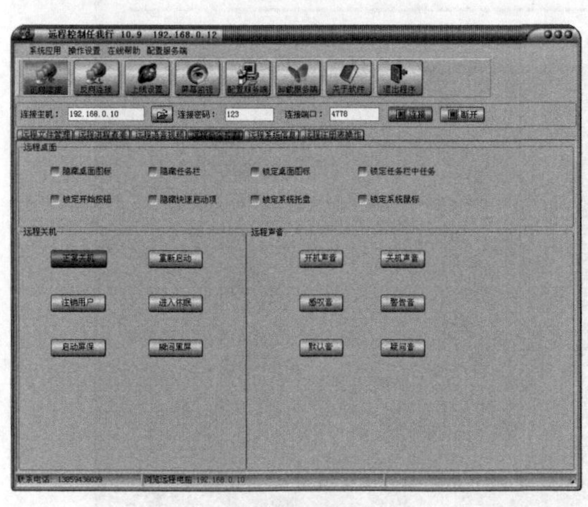

图　12.4.2-5

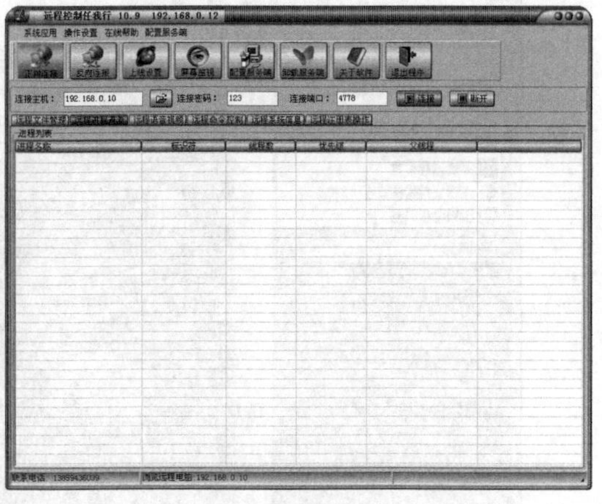

图　12.4.2-6

提示

如果对当前运行的某个进程有所怀疑，可以选中该进程后在右键弹出菜单中选择“结束进程”菜单项结束该进程。

12.5 远程控制的好助手：pcAnywhere

Symantec pcAnywhere 是一款非常经典的远程控制工具，可以提高技术支持效率并减少了呼叫次数。使用被控端会议功能，可建立一个 Symantec pcAnywhere 被控端的多个并发远程连接。使用 pcAnywhere 远程控制软件，需要同时在主控端和被控端计算机上进行安装。

12.5.1 设置 pcAnywhere 的性能

在主控端和被控端计算机中分别安装好 pcAnywhere 之后，要想真正让 pcAnywhere 控制远程计算机，要做的第一步工作就是配置被控端计算机。

（1）使用联机向导配置被控端

配置被控端的具体步骤如下。

步骤 1：双击“Symantec pcAnywhere”图标，即可进入“pcAnywhere”窗口，如图 12.5.1-1 所示。单击“主机”选项，即可打开“连接向导 - 连接方法”对话框，如图 12.5.1-2 所示。

图 12.5.1-1

步骤 2：在选择好连接方法之后，单击“下一步”按钮，即可打开“连接向导 - 连接模式”对话框，在其中选择“等待有人呼叫我”单选项，如图 12.5.1-3 所示。

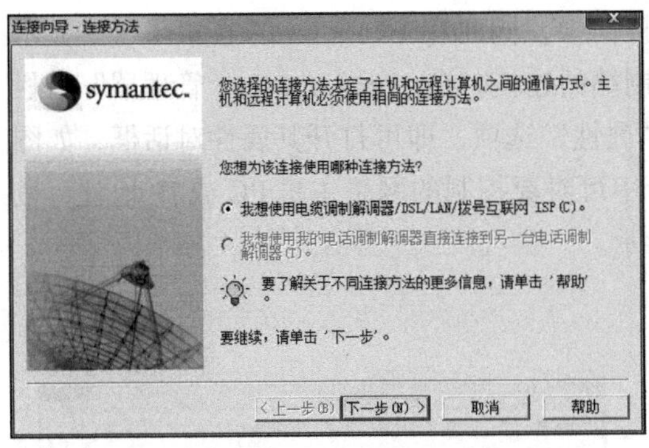

图　12.5.1-2

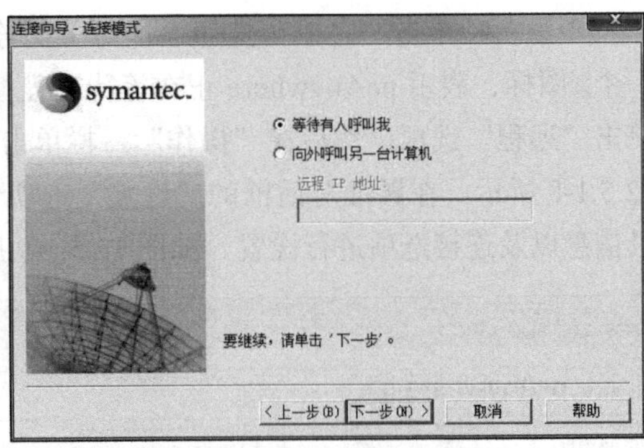

图 12.5.1-3

步骤 3：在选择好连接模式后，单击"下一步"按钮，即可打开"连接向导 - 验证类型"对话框，在其中选择使用的验证类型，如选取"我想使用一个现有的 Windows 账户"单选项，如图 12.5.1-4 所示。

步骤 4：单击"下一步"按钮，即可打开"连接向导 - 选择账户"对话框，在其中选择远程登录用户所使用的本地账户，如图 12.5.1-5 所示。

图　12.5.1-4

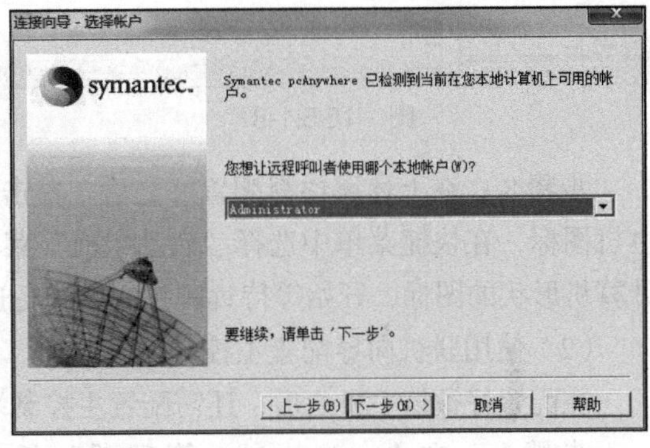

图　12.5.1-5

步骤 5：单击"下一步"按钮"，即可打开"连接向导 - 连接名称"对话框，在文本框中输入连接的名称，如图 12.5.1-6 所示。

步骤 6：单击"下一步"按钮，即可打开"连接向导 - 摘要"对话框，在其中可选择是否在连接向导完成后等待来自远程计算机的连接，如图 12.5.1-7 所示。

图　12.5.1-6

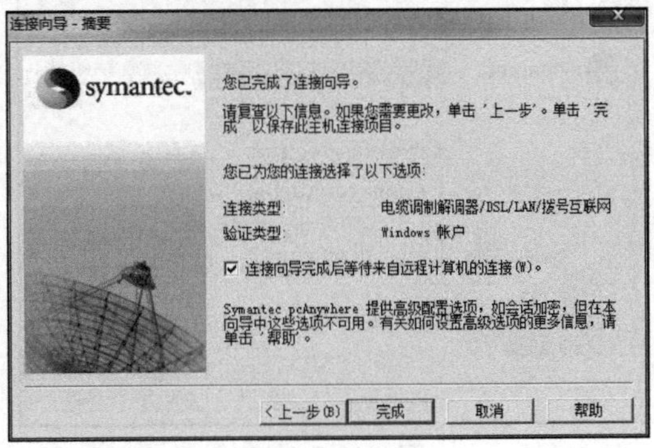

图　12.5.1-7

步骤 7：单击“完成”按钮，即可关闭连接向导，同时在 Windows 的通知区域中显示一个图标，表示 pcAnywhere 正在等待远程控制端的连接。在“pcAnywhere 管理器”一栏单击“远程”选项，然后在“操作”一栏单击“属性”选项，即可打开其属性对话框，如图 12.5.1-8 所示。在属性对话框的“设置”选项卡中可对要控制的网络主机 PC 或 IP 地址、登录信息以及连接选项进行设置，如图 12.5.1-9 所示。

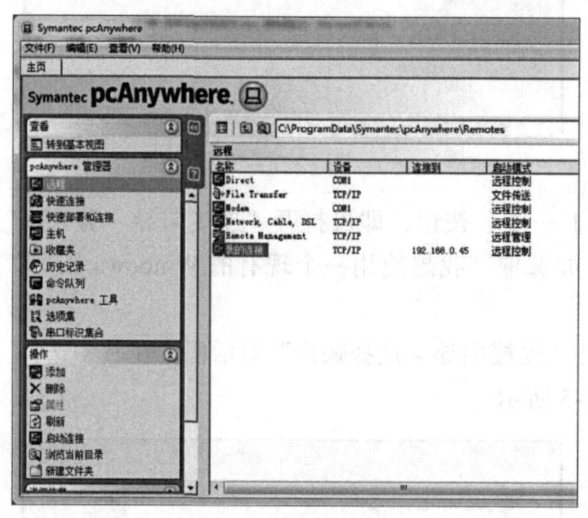

图 12.5.1-8

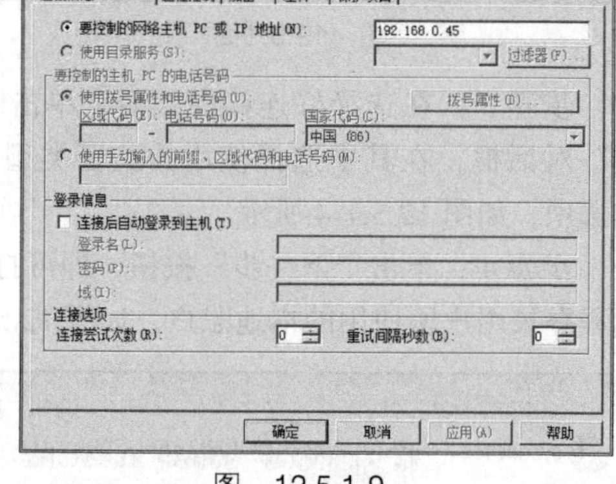

图 12.5.1-9

步骤 8：在上述属性都配置好之后，单击“确定”按钮，即可完成被控端的配置。右击主机图标，在快捷菜单中选择“启动主机”菜单项，主机将启动并在系统任务栏上显示一个计算机形状的图标，开始等待远程控制端进行连接。当有用户远程连接时，图标将改变颜色。

（2）使用联机向导配置主控端

在配置好被控主机之后，还需配置主控制端计算机。配置主控制端的具体操作步骤如下。

步骤 1：在“pcAnywhere 管理器”任务栏中选择“远程”选项，依次选择“文件”→“新建项目”→“连接向导”菜单项，即可打开“连接向导 – 连接方法”对话框，如图 12.5.1-10 所示。

步骤 2：在选择好连接方法之后，单击“下一步”按钮，即可进入“连接向导 – 目标地址”对话框，在其中输入远程计算机的 IP 地址，如图 12.5.1-11 所示。

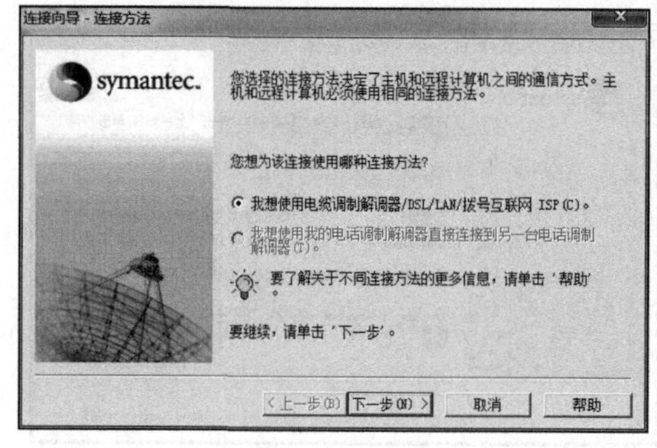

图 12.5.1-10

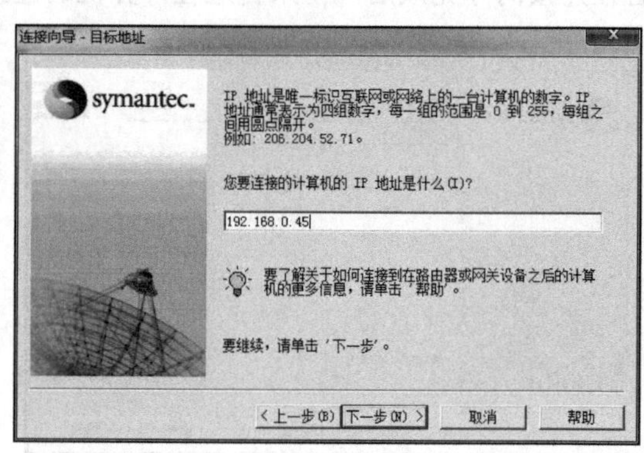

图 12.5.1-11

步骤 3：单击“下一步”按钮，即可打开“连接向导 – 连接名称”对话框，在其中输入需要连接的名称，如图 12.5.1-12 所示。

步骤 4：单击“下一步”按钮，即可打开“连接向导 – 摘要”对话框，勾选“连接向导完成后连接到主机计算机”复选框，再查看自己的配置是否正确。若无误则单击“完成”按钮，即可关闭连接向导，如图 12.5.1-13 所示。

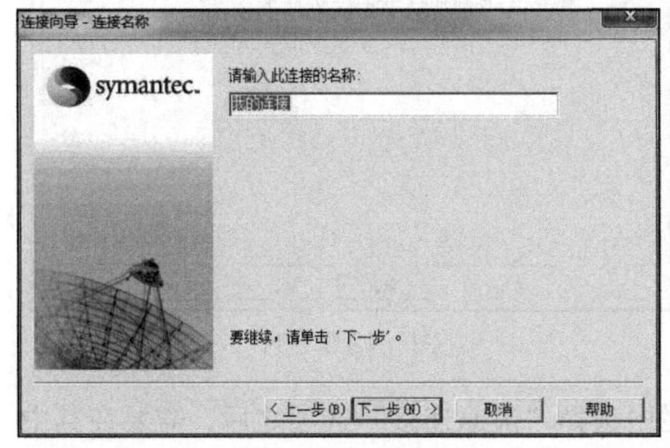

图 12.5.1-12

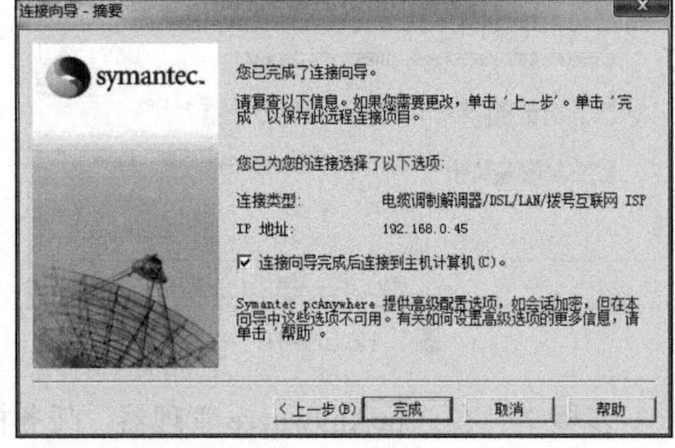

图 12.5.1-13

步骤 5：在“ pcAnywhere 管理器”一栏单击“主机”选项，然后在“操作”一栏单击“属性”选项，即可打开其属性对话框，如图 12.5.1-14 所示。在“安全选项”选项卡中可设置连接选项、登录选项、会话选项等，如图 12.5.1-15 所示。

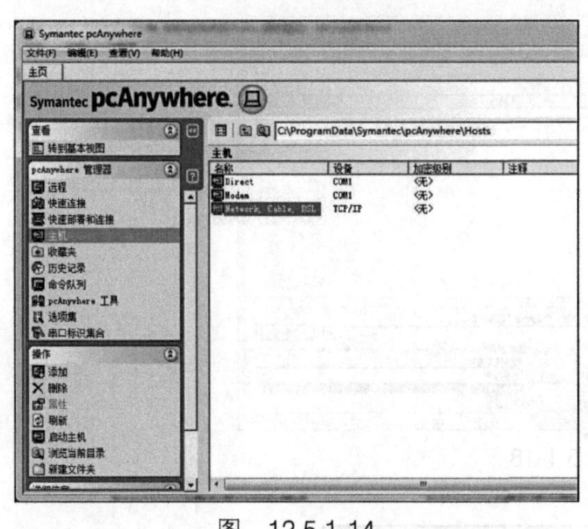

图 12.5.1-14

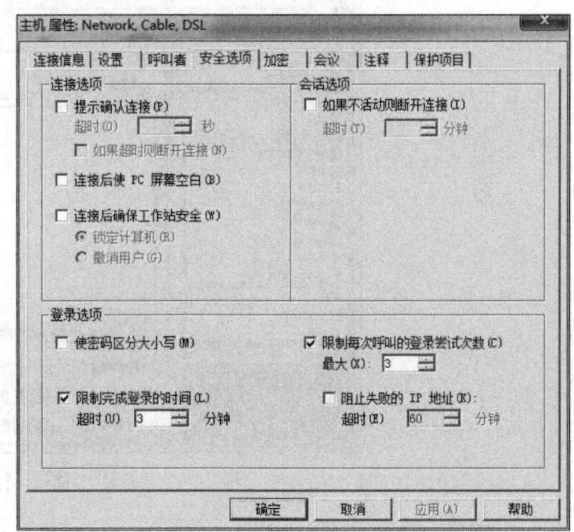

图 12.5.1-15

步骤 6：在“加密”选项卡中可设置该主控端在远程控制过程中使用的加密级别，默认不加密。可按照需要选择使用对称密钥、公钥或 pcAnywhere 编码，其中 pcAnywhere 编码将前面的两种加密技术结合在一起，具有速度和安全性两方面优点，如图 12.5.1-16 所示。在“会议”选项卡中可启用电话会议。主机电话会议需要有多点传送地址，且此地址必须为 255.1.1.1 ～ 239.254.254.254，如图 12.5.1-17 所示。

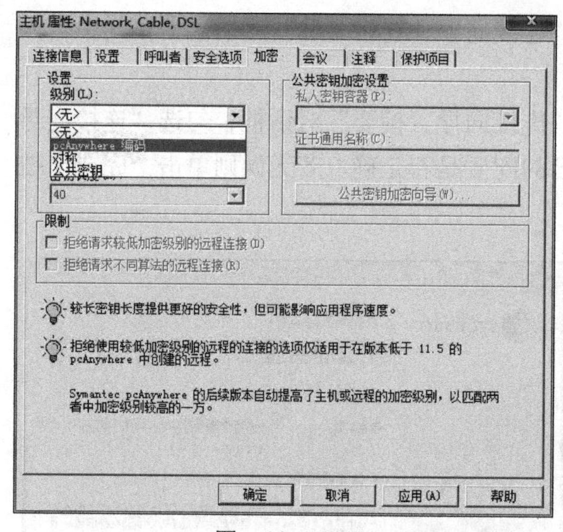
图 12.5.1-16

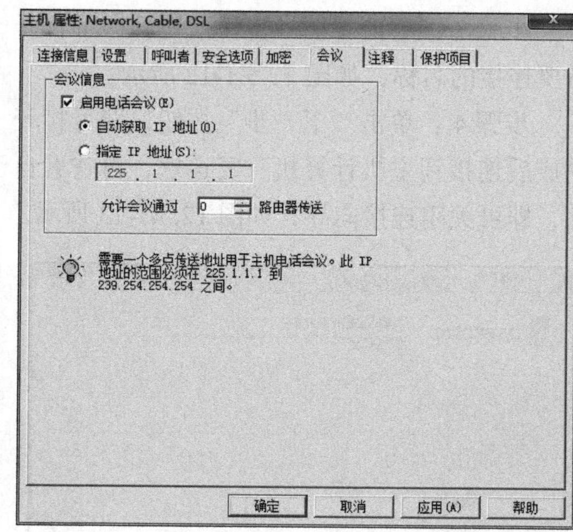
图 12.5.1-17

步骤 7：在“pcAnywhere 管理器”任务栏中选择“快速连接”选项之后，需要在其中输入被控主机的 IP 地址、计算机名称。在“启动模式”下拉列表中可选择“远程控制”“远程管理”“文件传送”等选项，如图 12.5.1-18 所示。单击“连接”按钮，即可与被控主机建立连接，如图 12.5.1-19 所示。

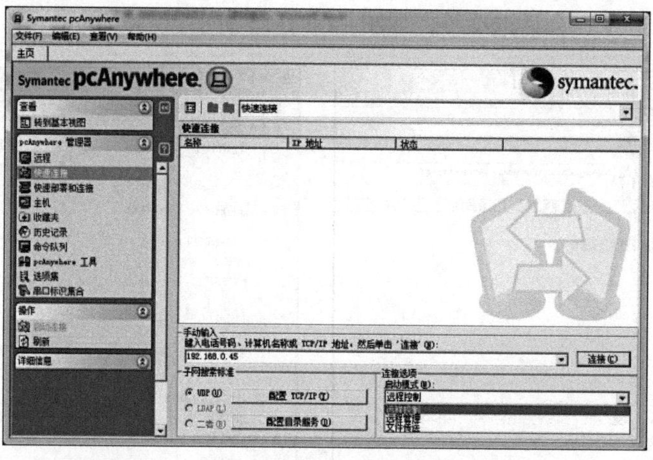
图 12.5.1-18

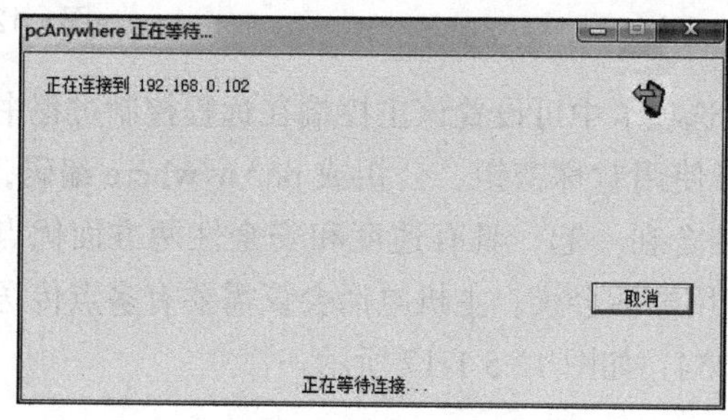

图 12.5.1-19

（3）快速部署与连接

快速部署与连接的具体操作步骤如下。

在“pcAnywhere 管理器”任务栏中选择“快速部署与连接”选项，即可看到已经连接的计算机名称，如图 12.5.1-20 所示。双击需要连接的被控主机的计算机名称，即可显示“连接到：CY”对话框，在其中输入登录用户名和密码之后，单击“确定”按钮，即可与被控主机建立连接，如图 12.5.1-21 所示。

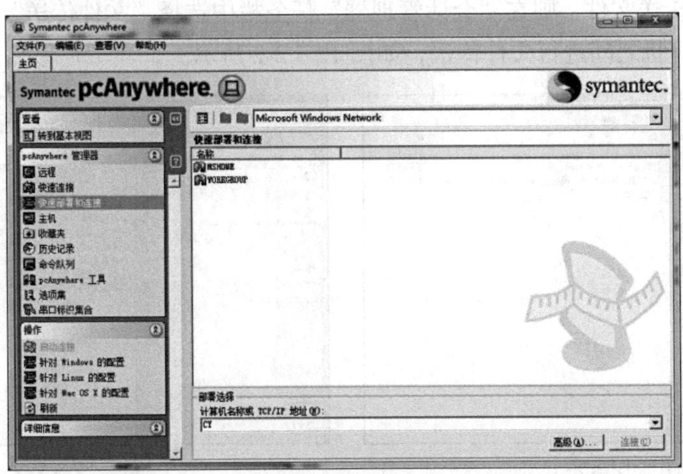

图　12.5.1-20

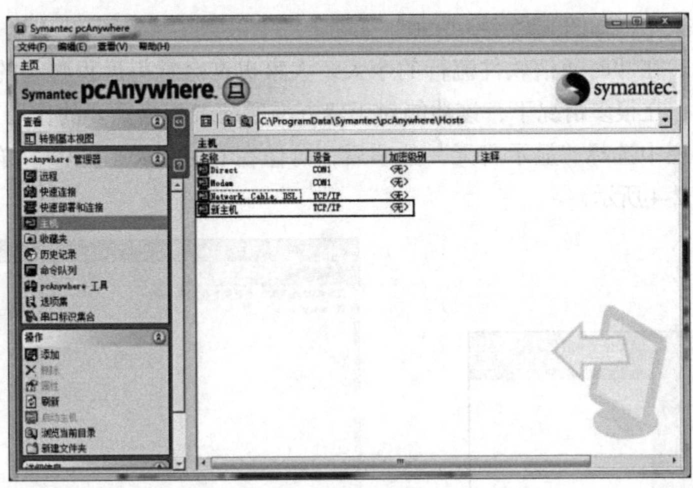

图　12.5.1-21

12.5.2　用 pcAnywhere 进行远程控制

与被控主机连接并成功登录，就可以对被控主机进行远程控制。

- **远程控制**。在“会话管理器”任务栏中选择“远程控制”选项，即可对被控主机的桌面进行远程控制，如打开或关闭远程窗口、通过被控主机进行网页浏览等。

- **远程管理**。在“会话管理器”任务栏中选择“远程管理”选项，即可对被控端计算机运行的应用程序及其进程进行管理，如图 12.5.2-1 所示。
- **文件传送**。远程用户在远程传输文件时可暂时中止远程操作功能，使文件传输线路更加稳定。此外，pcAnywhere 还提供同步文件夹的文件传送方式，允许用户通过自动化任务，让软件按用户设置在指定时间连接远程计算机，进行指定的文件传输操作或同步指定文件夹。

如果要远程传送文件，则在“会话管理器”任务栏中选择“文件传送”选项，即可在被控端与主控端计算机之间进行文件传送，如图 12.5.2-2 所示。

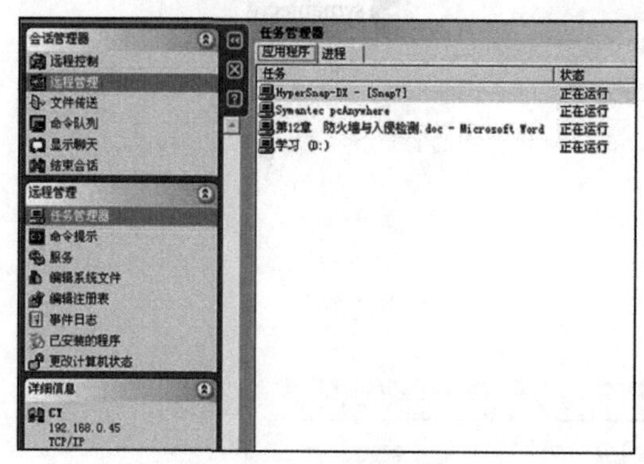

图 12.5.2-1

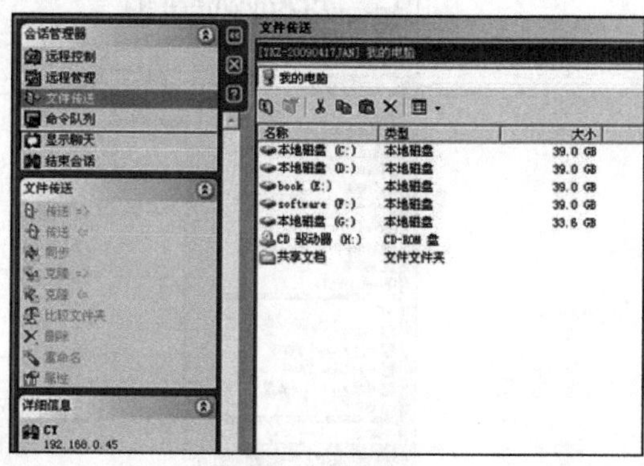

图 12.5.2-2

- **命令队列**。在“会话管理器”任务栏中选择“命令队列”选项，即可通过手动键入命令来进行操作，如图 12.5.2-3 所示。
- **显示聊天**。在即时通信软件流行的今天，大家也许会觉得远程聊天的功能有些多余。恰恰相反，在很多情况下，该功能对于双方沟通起着相当重要的作用。在“会话管理器”任务栏中选择“显示聊天”选项后，可像在 QQ 聊天工具中一样进行实时交流，如图 12.5.2-4 所示。

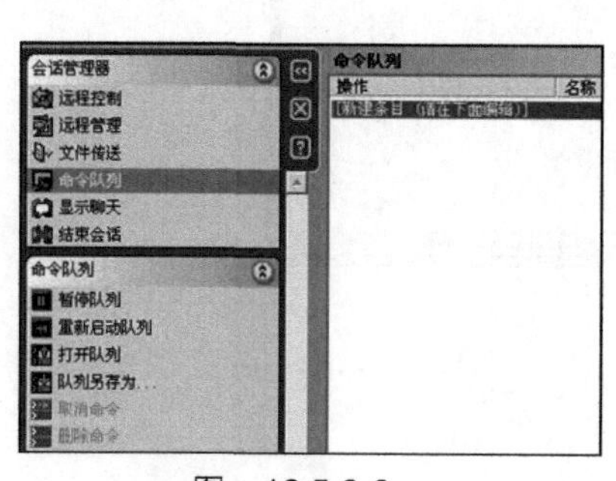

图 12.5.2-3

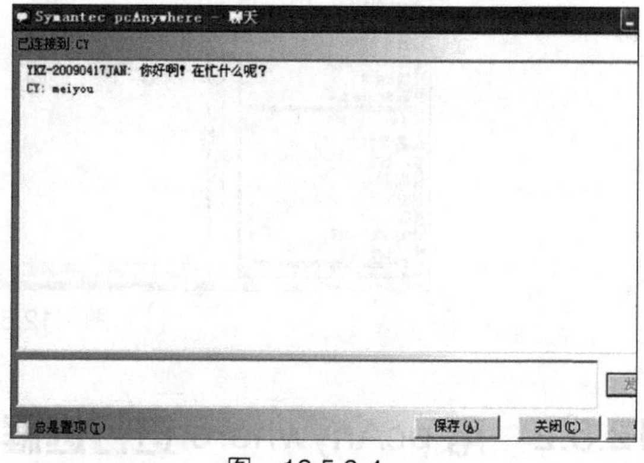

图 12.5.2-4

- **结束会话**。在“会话管理器”任务栏中选择“结束会话”选项，在显示的对话框中单击“是”按钮，即可结束主控端与被控端之间的会话。如果用户在联机过程中保存会话记录，则可以在会话结束之后，双击该记录文件，浏览以前的会话内容。

第 13 章

系统和数据的备份与恢复工具

当用户日常浏览网页、下载工具时，有时会有一些病毒、木马夹带在其中，对系统造成破坏而无法正常使用。如果提前对系统和数据做好备份，在这时就可以及时地进行恢复操作，从而避免不必要的损失。

13.1 备份与还原操作系统

13.1.1 使用还原点备份与还原系统

Windows 系统内置了一个系统备份和还原模块，这个模块就叫作还原点。当系统出现问题时，可先通过还原点尝试修复系统。

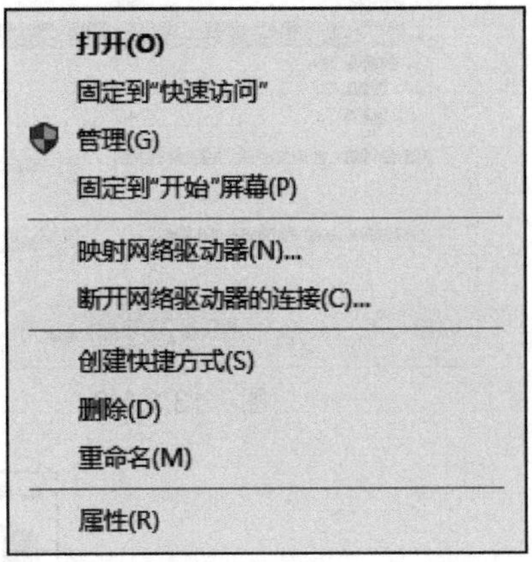

打开(O)
固定到"快速访问"
管理(G)
固定到"开始"屏幕(P)
映射网络驱动器(N)...
断开网络驱动器的连接(C)...
创建快捷方式(S)
删除(D)
重命名(M)
属性(R)

图 13.1.1-1

（1）创建还原点

在 Windows 系统中还原点是为保护系统而存在的。由于每个被创建的还原点中都包含了该系统的系统设置和文件数据，所以用户完全可以使用还原点来进行备份和还原操作系统的操作。现在就详细介绍一下创建还原点的具体操作步骤。

步骤 1：右击桌面上的“此电脑”图标，在弹出的列表中单击“属性”命令，如图 13.1.1-1 所示。

步骤 2：打开的“系统”窗口，单击左侧的“高级系统设置”链接，如图 13.1.1-2 所示。

步骤 3：打开“系统属性”对话框，切换至“系统保护”选项卡，单击“创建”按钮，如图 13.1.1-3 所示。

步骤 4：创建还原点。输入还原点描述，然后单击“创建”按钮，如图 13.1.1-4 所示。

步骤 5：成功创建还原点后，查看提示信息并单击“关闭”按钮，如图 13.1.1-5 所示。

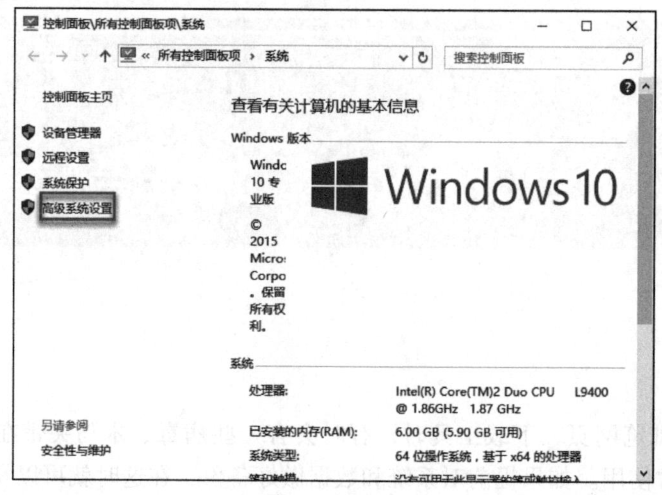

图 13.1.1-2

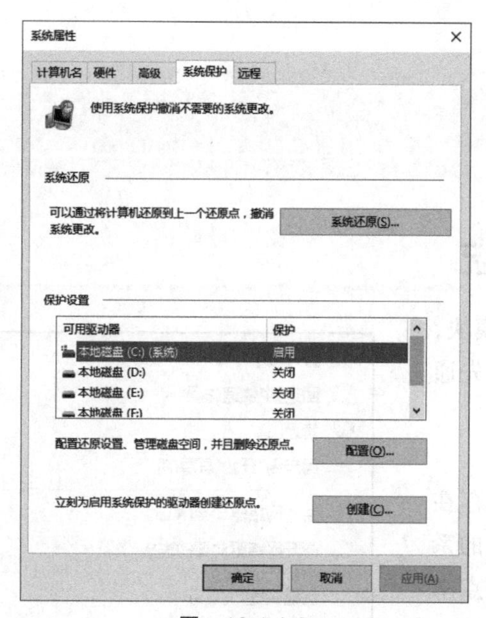

图 13.1.1-3

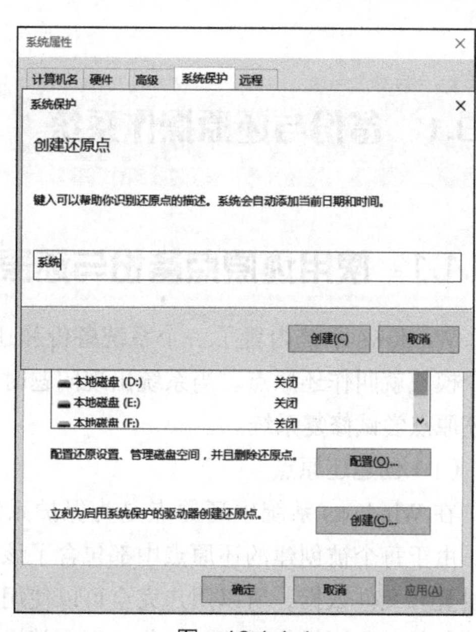

图 13.1.1-4

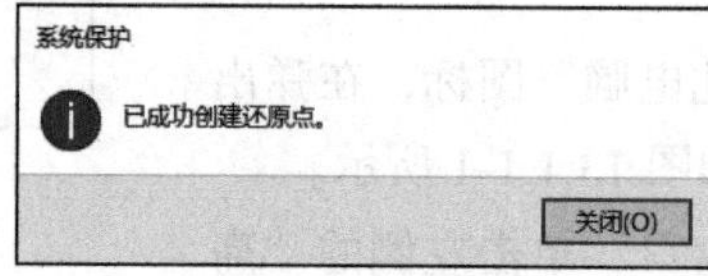

图 13.1.1-5

提示

在 Windows 系统中，还原点虽然默认只备份系统安装所在盘的数据，但用户也可通过设置来备份非系统盘中的数据。只是由于非系统盘中的数据太过繁多，使用还原点备份时要保证计算机中有足够的磁盘空间。

（2）使用还原点

成功创建还原点后，系统遇到问题时就可通过还原点来还原系统，从而对系统进行修复。现在就详细介绍一下使用还原点的具体步骤。

步骤 1：打开“系统属性”对话框，切换至“系统保护”选项卡，单击“系统还原”按钮，如图 13.1.1-6 所示。

步骤 2：在“还原系统文件和设置”界面中，单击“下一步”按钮，如图 13.1.1-7 所示。

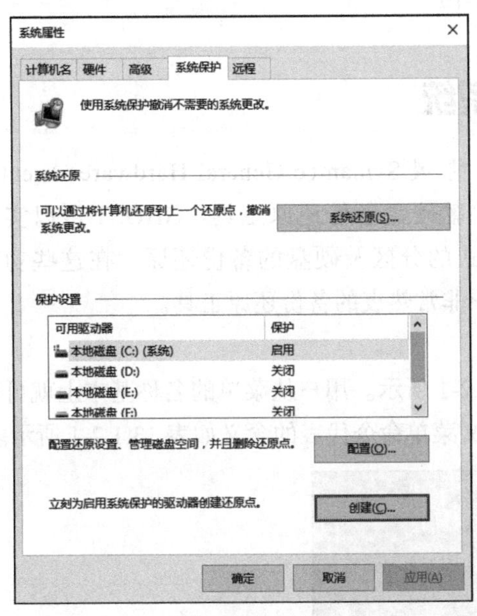

图　13.1.1-6

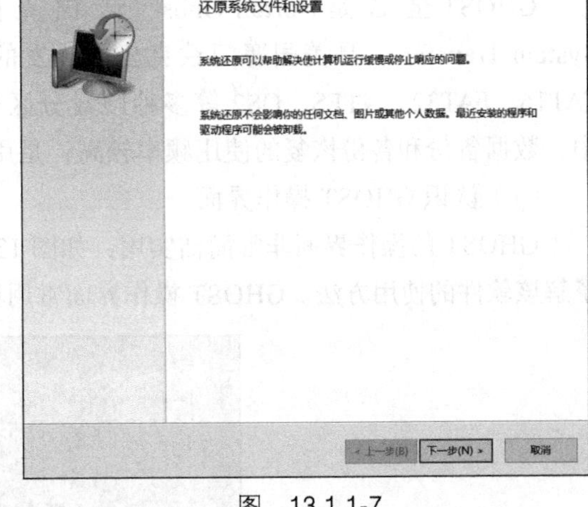

图　13.1.1-7

步骤 3：根据日期和时间选取还原点。选中一个还原点后，单击“下一步”按钮，如图 13.1.1-8 所示。

步骤 4：确认还原点信息，单击“完成”按钮，如图 13.1.1-9 所示。

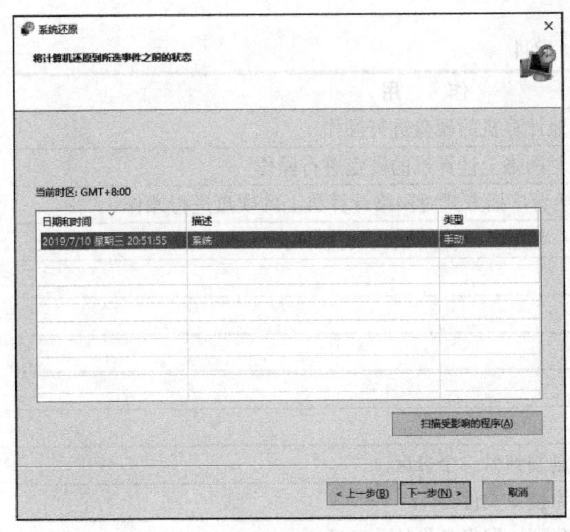

图　13.1.1-8

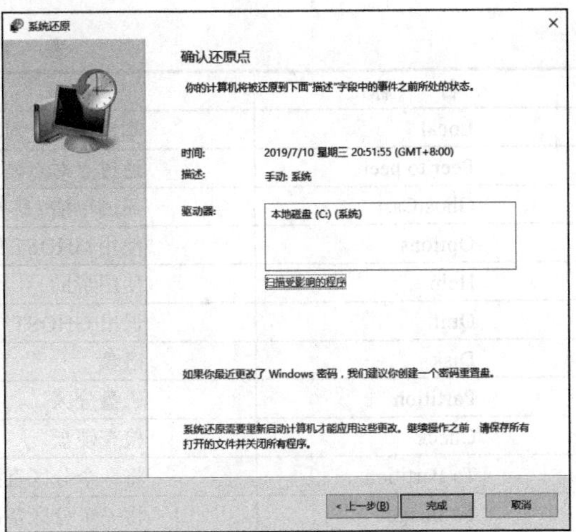

图　13.1.1-9

步骤 5：在提示框中单击“是”按钮，等待计算机还原系统即可，如图 13.1.1-10 所示。

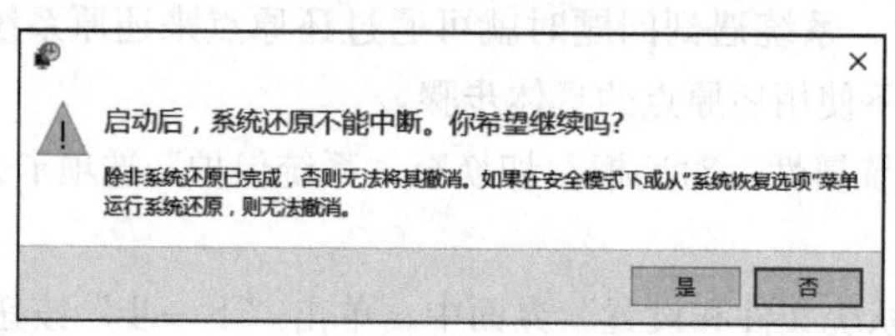

图 13.1.1-10

13.1.2 使用 GHOST 备份与还原系统

GHOST 全名是 Norton Ghost（诺顿克隆精灵 Symantec General Hardware Oriented System Transfer），是美国赛门铁克公司开发的一款硬盘备份还原工具。GHOST 可以实现 FAT16、FAT32、NTFS、OS2 等多种硬盘分区格式的分区及硬盘的备份还原。在这些功能中，数据备份和备份恢复的使用频率较高，是用户非常热衷的备份还原工具。

（1）认识 GHOST 操作界面

GHOST 的操作界面非常简洁实用，如图 13.1.2-1 所示。用户从菜单的名称基本上就可以了解该软件的使用方法。GHOST 操作界面常用英文菜单命令代表的含义如表 13.1.2-1 所示。

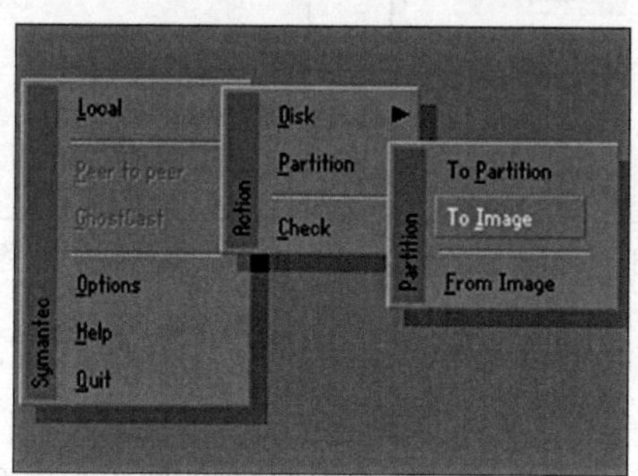

图 13.1.2-1

表 13.1.2-1

名　称	作　用
Local	本地操作，对本地计算机的硬盘进行操作
Peer to peer	通过点对点模式对网络上计算机的硬盘进行操作
GhostCast	通过单播 / 多播或者广播方式对网络计算机上的硬盘进行操作
Options	使用 GHOST 的一些选项，使用默认设置即可
Help	使用帮助
Quit	退出 GHOST
Disk	磁盘
Partition	磁盘分区
Check	检查硬盘
To Partition	将一个分区直接复制到另一个分区
To Image	将一个分区备份为镜像文件
From Image	从镜像文件恢复分区，即将备份的分区还原

（2）使用 GHOST 备份系统

使用 GHOST 备份系统是指将操作系统所在的分区制作成一个 GHO 镜像文件。备份时必须在 DOS 环境下进行。一般来说，目前的 GHOST 都会自动安装启动菜单，因此就不需要再在启动时插入光盘来引导了。现在就详细介绍一下使用 GHOST 备份系统的具体步骤。

步骤 1：安装 GHOST 后重启计算机，进入开机启动菜单后在键盘上按“↓”键选择“一键 GHOST”，然后按“Enter”键，如图 13.1.2-2 所示。

步骤 2：进入“一键 GHOST 主菜单”界面，通过键盘上的上下左右方向键选择“一键备份系统”选项，然后按下“Enter”键，如图 13.1.2-3 所示。

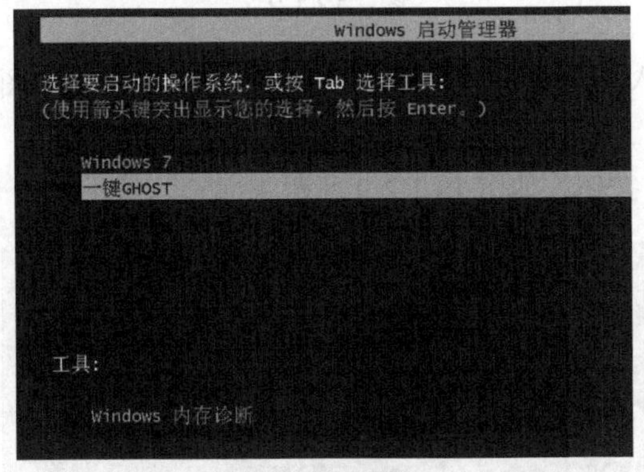

图　13.1.2-2

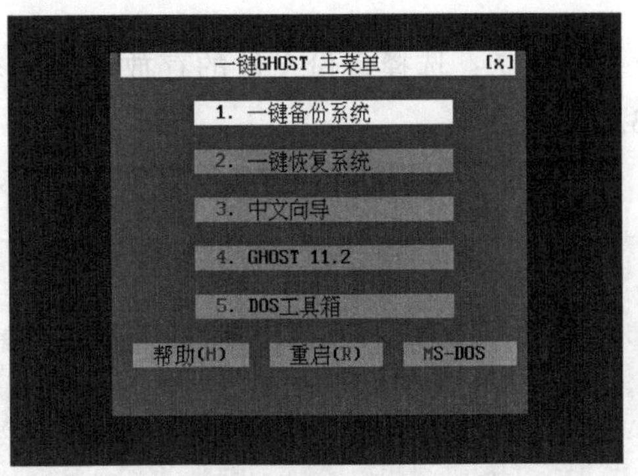

图　13.1.2-3

步骤 3：成功运行 GHOST，弹出一个启动界面，单击“OK”按钮即可继续操作，如图 13.1.2-4 所示。

步骤 4：进入 GHOST 主界面，依次单击“Local”→“Partition”→“TO Image”命令，如图 13.1.2-5 所示。

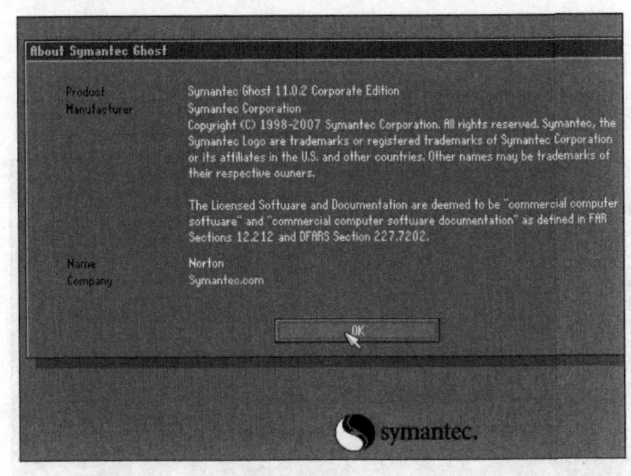

图　13.1.2-4

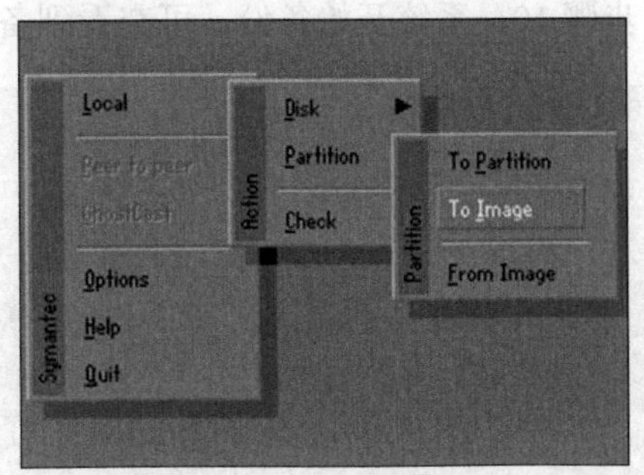

图　13.1.2-5

步骤 5：选择硬盘，保持默认的硬盘，然后单击“OK”按钮，如图 13.1.2-6 所示。

步骤 6：选择分区，利用键盘上的方向键选择操作系统所在的分区，此处选择分区 1，单击“OK”按钮，如图 13.1.2-7 所示。

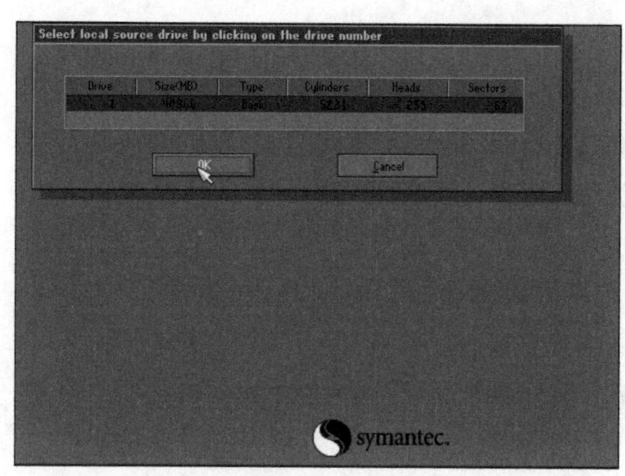

图　13.1.2-6

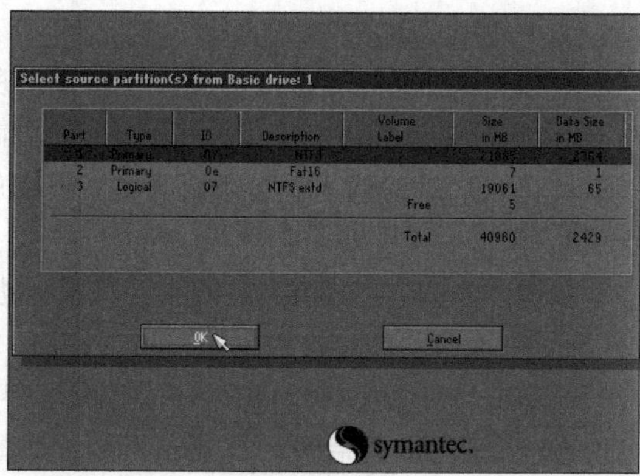

图　13.1.2-7

步骤 7：选择备份文件的存放路径并输入文件名称，然后单击“Save”按钮，如图 13.1.2-8 所示。

步骤 8：如果需要快速备份则单击“Fast”按钮，如图 13.1.2-9 所示。

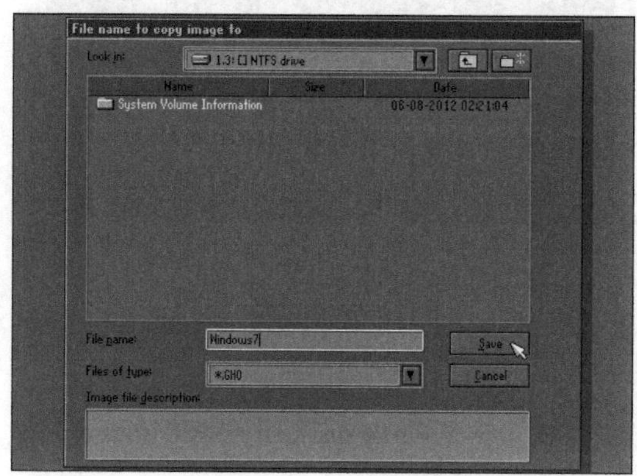

图　13.1.2-8

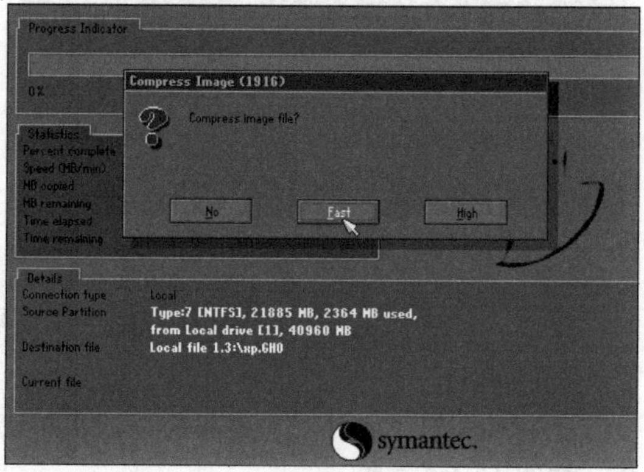

图　13.1.2-9

步骤 9：单击“Yes”按钮，确定是否备份，如图 13.1.2-10 所示。

步骤 10：系统开始备份，可查看到备份进度条，耐心等待即可，如图 13.1.2-11 所示。

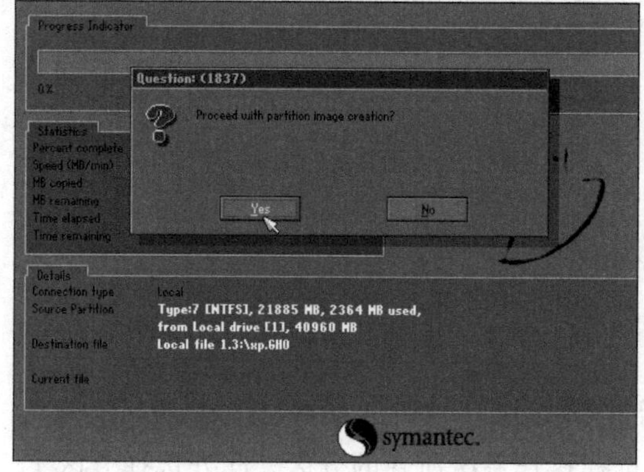

图　13.1.2-10

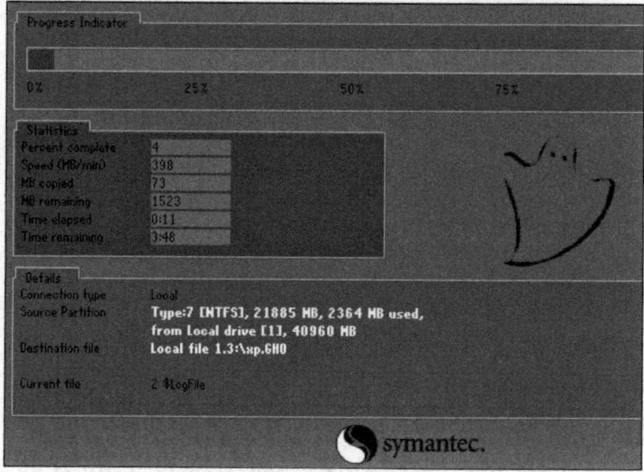

图　13.1.2-11

步骤 11：备份完成，查看提示信息。单击“Continue”按钮后重新启动计算机即可，如图 13.1.2-12 所示。

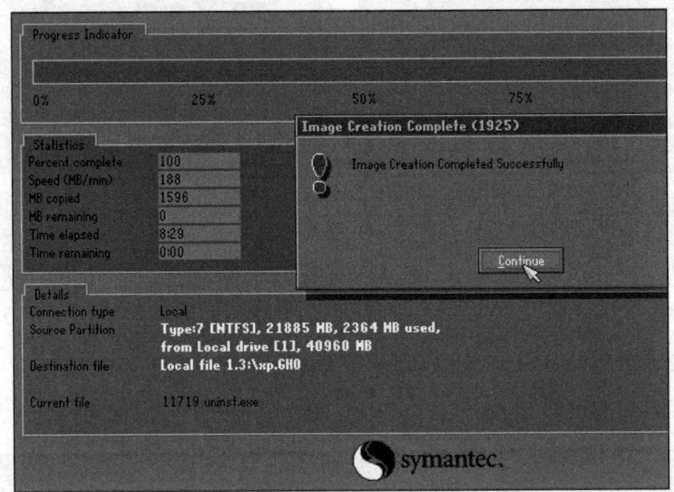

图　13.1.2-12

（3）使用 GHOST 还原系统

使用 GHOST 备份操作系统以后，当遇到分区数据被破坏或数据丢失等情况时，就可以通过 GHOST 和镜像文件快速地还原分区。现在就详细介绍一下使用 GHOST 还原系统的具体步骤：

步骤 1：进入 GHOST 主界面，依次单击“Local”→“Partition”→“From Image”命令，如图 13.1.2-13 所示。

步骤 2：选择要还原的 GHOST 镜像文件，然后单击“Open”按钮，如图 13.1.2-14 所示。

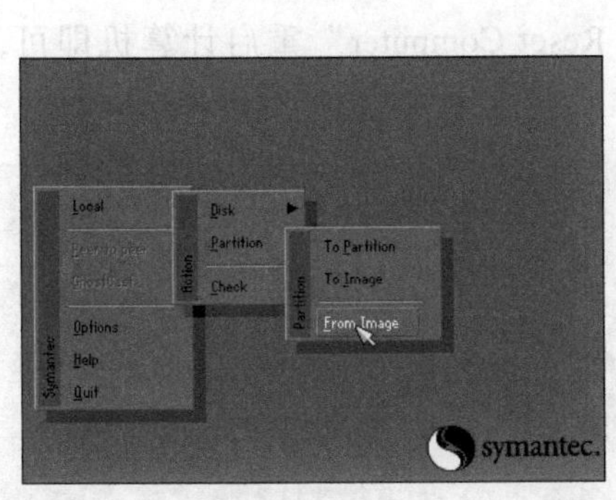

图　13.1.2-13

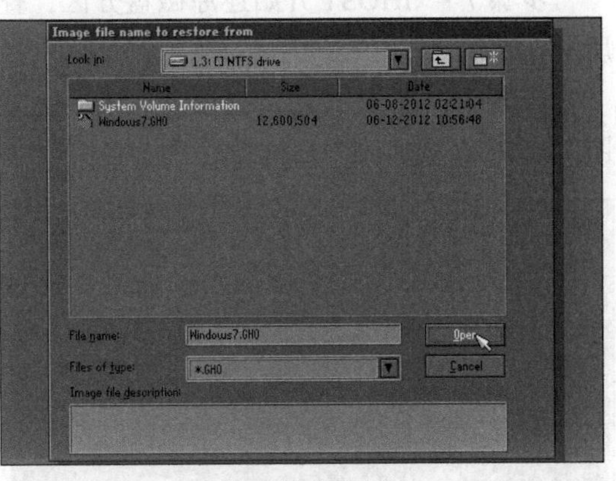

图　13.1.2-14

步骤 3：确认备份文件中的分区信息，单击“OK”按钮，如图 13.1.2-15 所示。

步骤 4：由于计算机只接入了一个硬盘，保存默认设置即可。然后单击“OK”按钮，如图 13.1.2-16 所示。

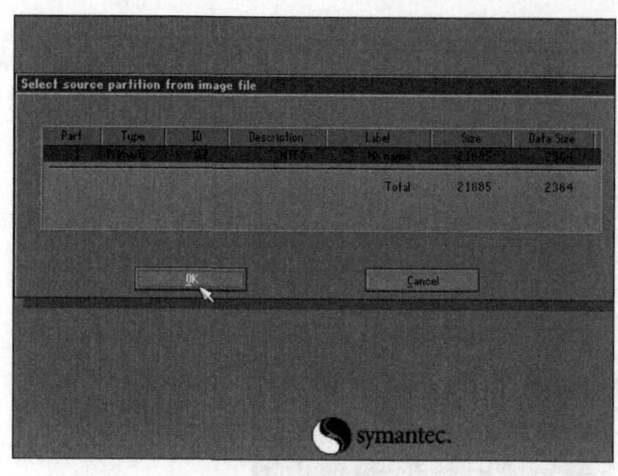

图　13.1.2-15

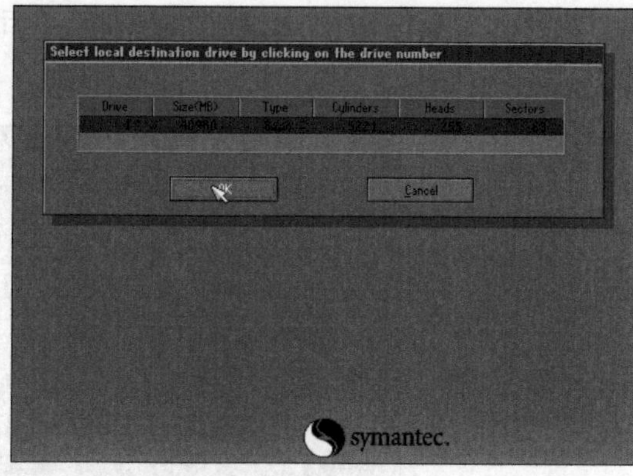

图　13.1.2-16

步骤 5：选择要还原的分区，单击“OK”按钮，如图 13.1.2-17 所示。

步骤 6：确认选择的硬盘以及分区，单击“OK”按钮，如图 13.1.2-18 所示。

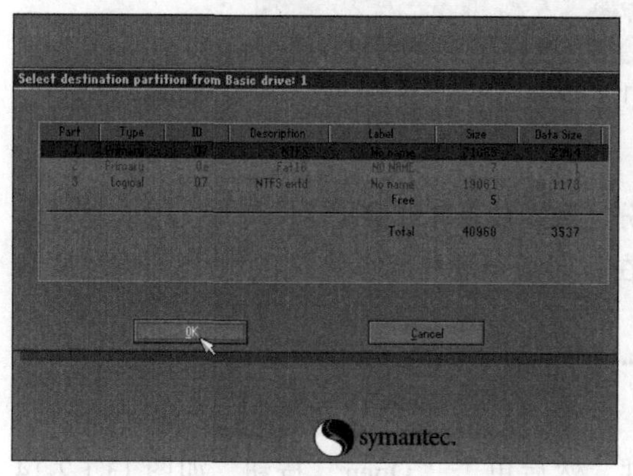

图　13.1.2-17

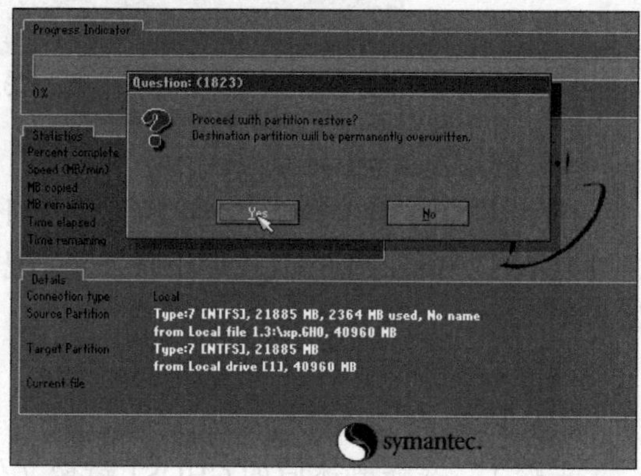

图　13.1.2-18

步骤 7：GHOST 开始还原磁盘分区，查看还原进度条，耐心等待即可，如图 13.1.2-19 所示。

步骤 8：还原成功，查看提示信息，单击“Reset Computer”重启计算机即可，如图 13.1.2-20 所示。

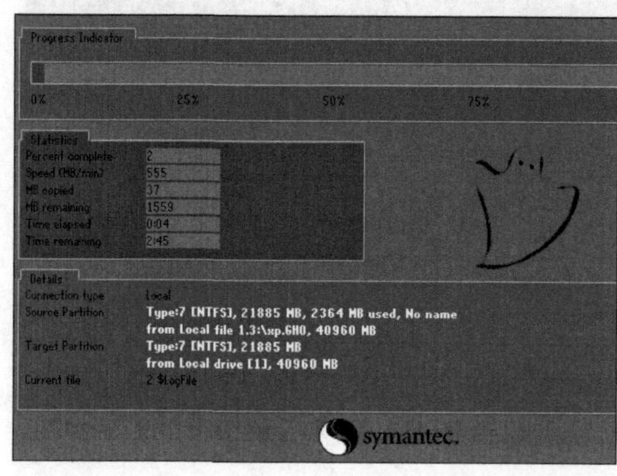

图　13.1.2-19

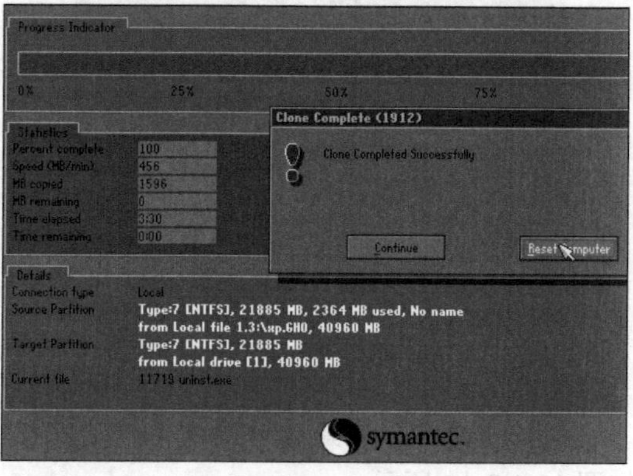

图　13.1.2-20

13.2 使用恢复工具来恢复误删除的数据

13.2.1 使用 Recuva 来恢复数据

Recuva 是一个由 Piriform 开发的可以恢复被误删除的任意格式文件的恢复工具。Recuva 能直接恢复硬盘、闪盘、存储卡（如 SD 卡、MMC 卡等）中的文件，只要没有被重复写入数据，无论是被格式化还是被删除均可直接恢复。

（1）通过向导恢复数据

Recuva 向导可直接选定要恢复的文件类型，从而进行有针对性的文件恢复。此处以恢复音乐文件为例，详细介绍一下通过 Recuva 向导恢复数据的具体操作步骤。

步骤 1：启动 Recuva 数据恢复软件，在“欢迎来到 Recuva 向导”界面中单击“下一步”按钮，如图 13.2.1-1 所示。

步骤 2：选中“音乐”单选项，单击“下一步”按钮，如图 13.2.1-2 所示。

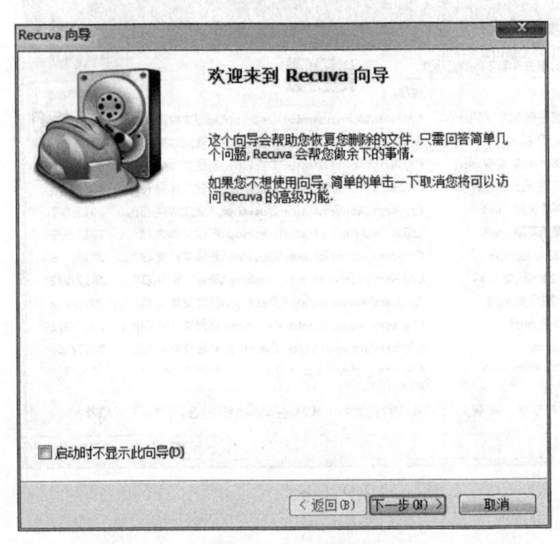

图　13.2.1-1

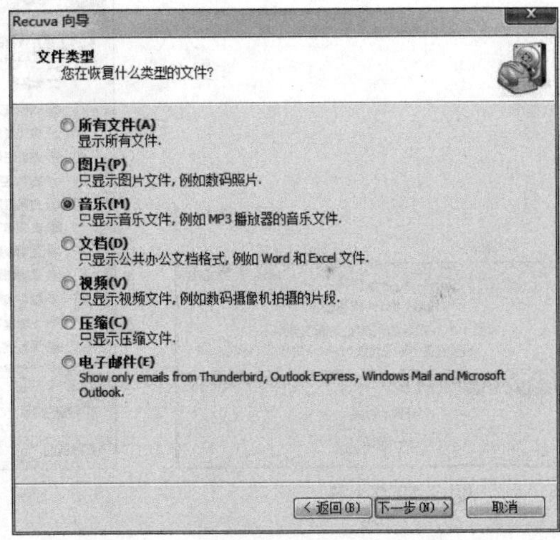

图　13.2.1-2

步骤 3：选择文件位置，无法确定存放位置时选中“无法确定”单选项，单击“下一步”按钮，如图 13.2.1-3 所示。

步骤 4：准备查找文件，单击“开始”按钮，如图 13.2.1-4 所示。

步骤 5：扫描已删除的文件，显示扫描进度条，如图 13.2.1-5 所示。

步骤 6：勾选需要恢复的音乐文件复选框，单击“恢复”按钮，如图 13.2.1-6 所示。

步骤 7：选定存储位置后单击“确定”按钮。

步骤 8：完成整个恢复文件操作，单击“确定”按钮即可，如图 13.2.1-7 所示。

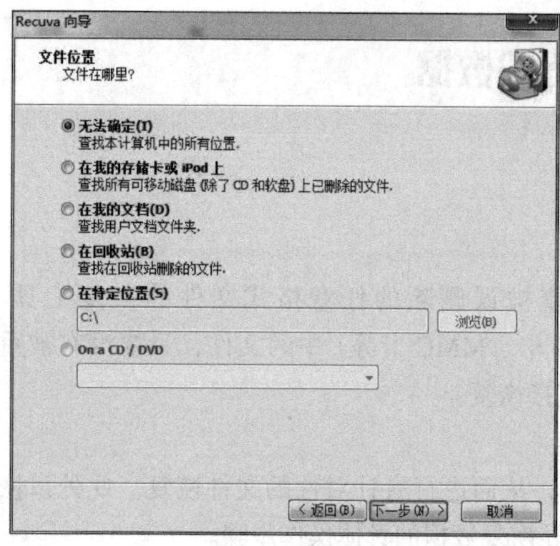

图 13.2.1-3

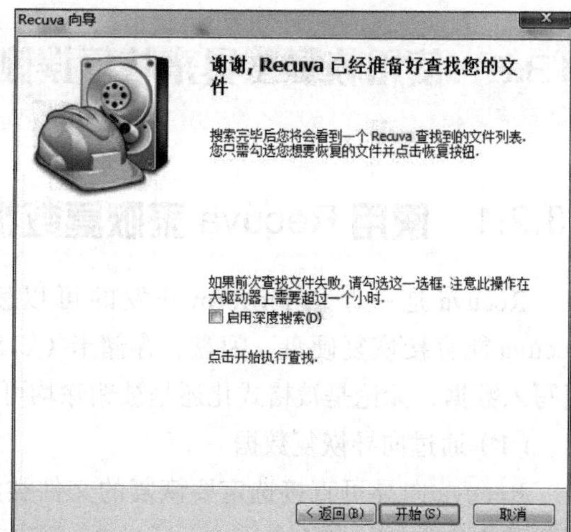

图 13.2.1-4

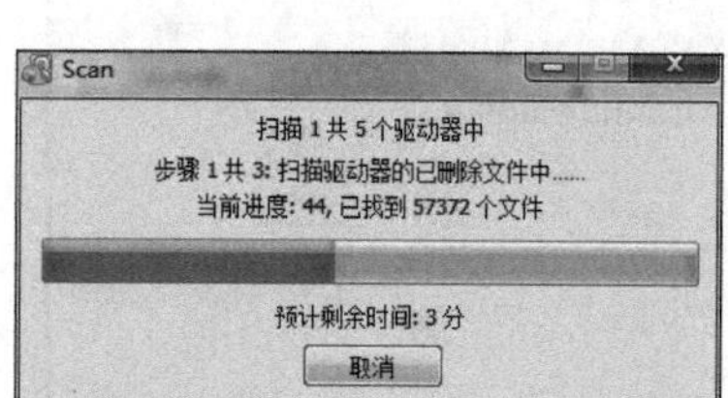

图 13.2.1-5

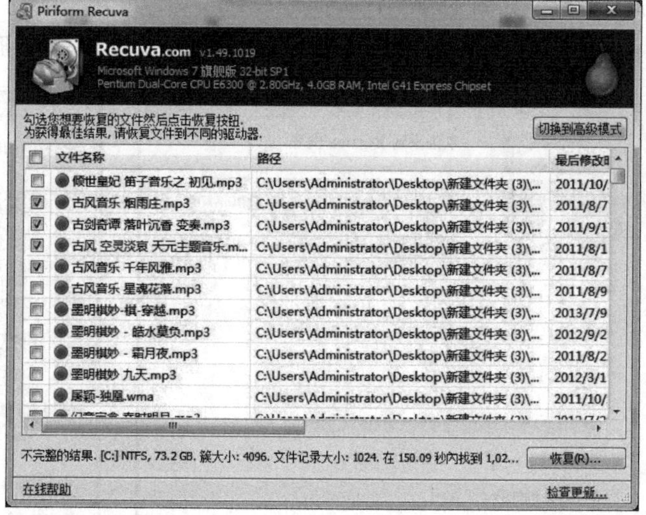

图 13.2.1-6

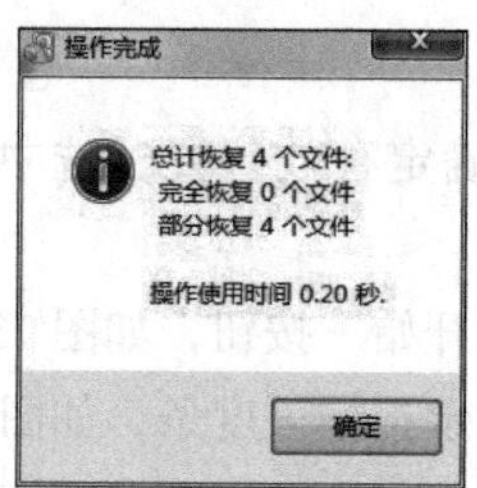

图 13.2.1-7

 提示

在直接搜索文件失败时，可选择“启用深度搜索”功能，该功能能够提高文件的搜索和扫描效果，但是会花费更多的扫描时间。

（2）通过扫描特定磁盘位置恢复数据

Recuva 数据恢复软件还可以直接扫描特定的磁盘位置来恢复文件，这样可以大大节省扫描时间，提高文件恢复效率。

步骤 1：启动 Recuva 数据恢复软件，在“文件类型”对话框中选中“所有文件”选项，单击“下一步”按钮，如图 13.2.1-8 所示。

步骤 2：选中“在特定位置”选项后单击“浏览”按钮，如图 13.2.1-9 所示。

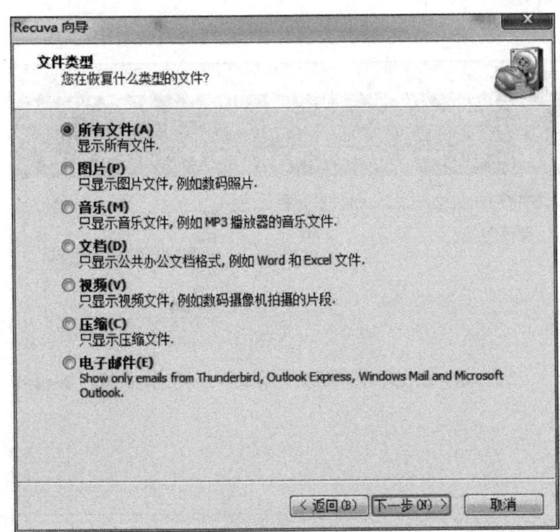

图　13.2.1-8

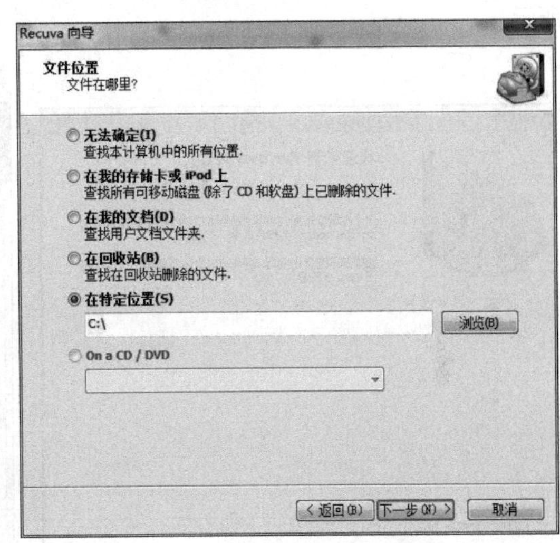

图　13.2.1-9

步骤 3：选中要恢复的文件夹，单击“确定”按钮。

步骤 4：查看已选择的文件位置，单击“下一步”按钮，如图 13.2.1-10 所示。

步骤 5：单击“开始”按钮，即可开始扫描。接下来的步骤与“通过向导恢复”中的步骤 5～步骤 8 相同，如图 13.2.1-11 所示。

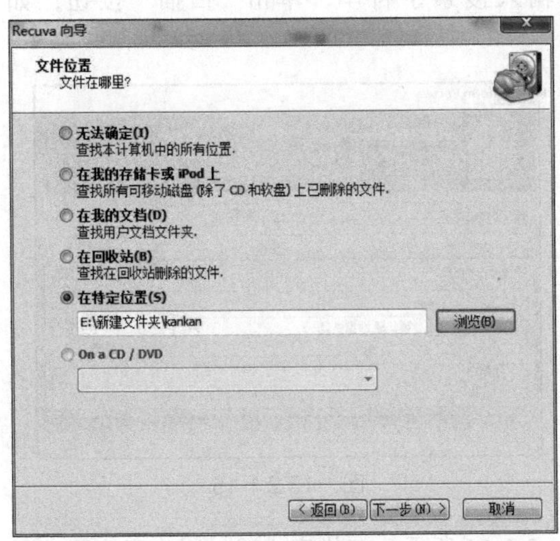

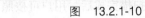

图　13.2.1-10

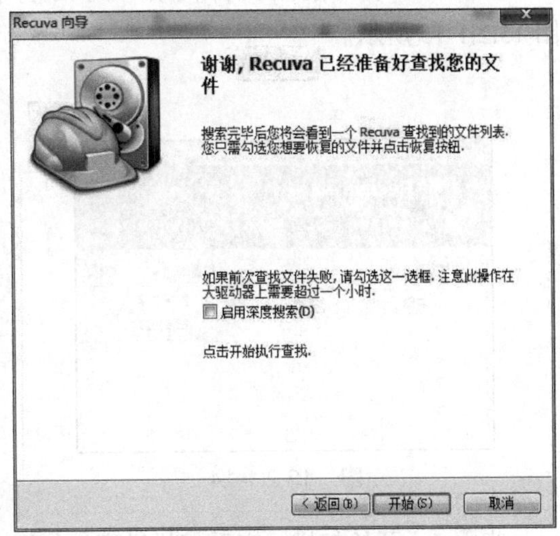

图　13.2.1-11

（3）通过扫描内容恢复数据

当某个具体文件出现问题时，用户可选择通过扫描内容的方式来恢复文件数据。现在就详细介绍一下使用 Recuva 数据恢复软件通过扫描内容恢复数据的具体操作步骤。

步骤 1：启动 Recuva 数据恢复软件，在“欢迎来到 Recuva 向导”对话框中单击“取消”按钮，如图 13.2.1-12 所示。

步骤 2：打开 Recuva 数据恢复软件主界面，选择要扫描的磁盘及文件类型，如图 13.2.1-13 所示。

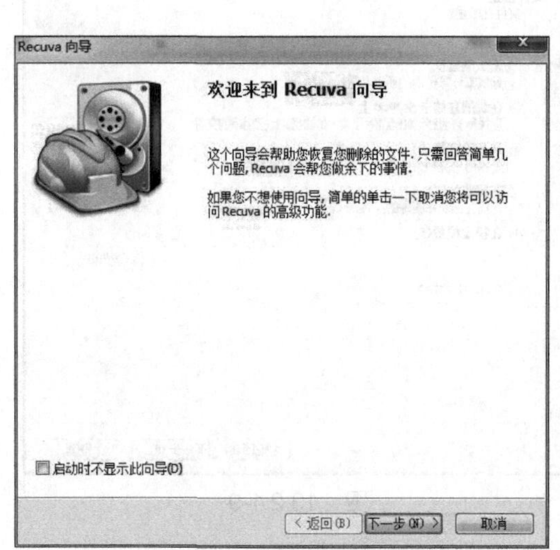

图 13.2.1-12

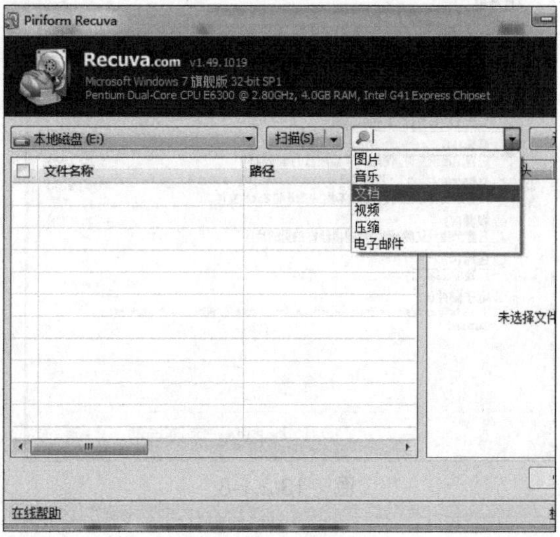

Piriform Recuva 界面（本地磁盘 (E:)、扫描(S)、图片、音乐、文档、视频、压缩、电子邮件）

图 13.2.1-13

步骤 3：选择完成后单击“扫描”按钮右侧的下三角图标，在展开的列表中单击“扫描内容”命令，如图 13.2.1-14 所示。

步骤 4：在“搜索文件内容”对话框中输入搜索字符串，单击“扫描”按钮，如图 13.2.1-15 所示。

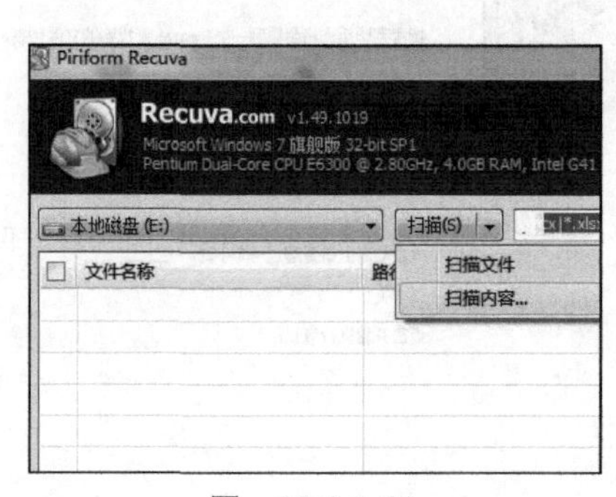

图 13.2.1-14

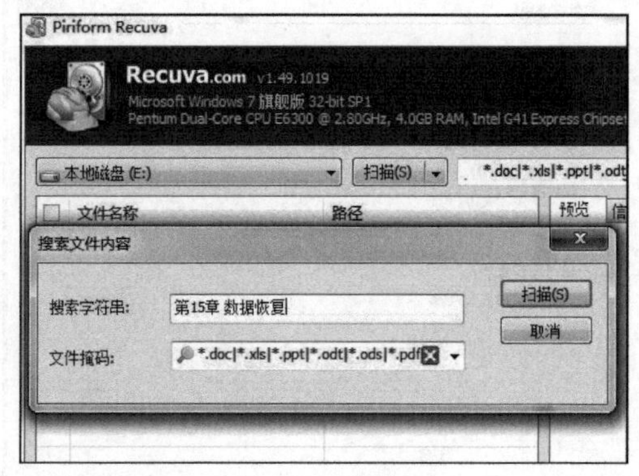

图 13.2.1-15

步骤 5：开始扫描，查看扫描进度，如图 13.2.1-16 所示。扫描完成后，用户可按照“通过向导恢复数据”的步骤 6 至步骤 8 进行操作。

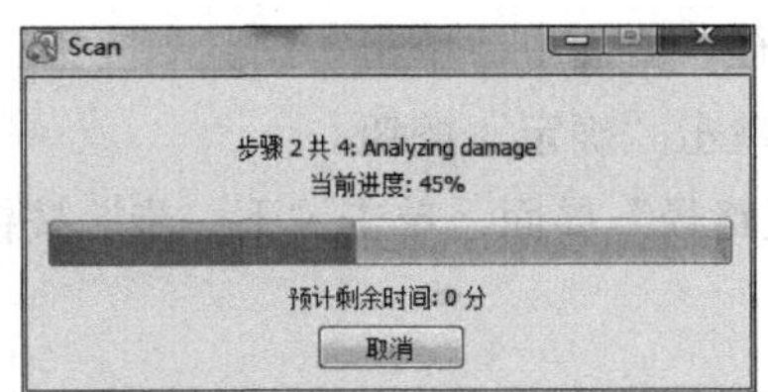

图　13.2.1-16

13.2.2　使用 FinalData 来恢复数据

FinalData 具有强大的数据恢复功能，并且使用非常简单。它可以轻松恢复误删数据、误格式化硬盘文件，甚至可以恢复 U 盘、手机卡、相机卡等移动存储设备中的误删文件。

（1）使用 FinalData 恢复误删文件

当用户在计算机中误删了一个重要的文件时，可立即停止操作，并通过 FinalData 来恢复该误删文件。接下来就详细介绍一下使用 FinalData 恢复误删文件的具体操作步骤。

步骤 1：运行 FinalData，单击主界面上的“误删除文件”图标，如图 13.2.2-1 所示。

步骤 2：选择要恢复的文件和目录所在的位置，单击“下一步”按钮，如图 13.2.2-2 所示。

图　13.2.2-1

图　13.2.2-2

步骤 3：查找已删除的文件，可查看到正在扫描文件进度条，如图 13.2.2-3 所示。

步骤 4：勾选需要恢复的文件夹，单击“下一步”按钮，如图 13.2.2-4 所示。

图　13.2.2-3

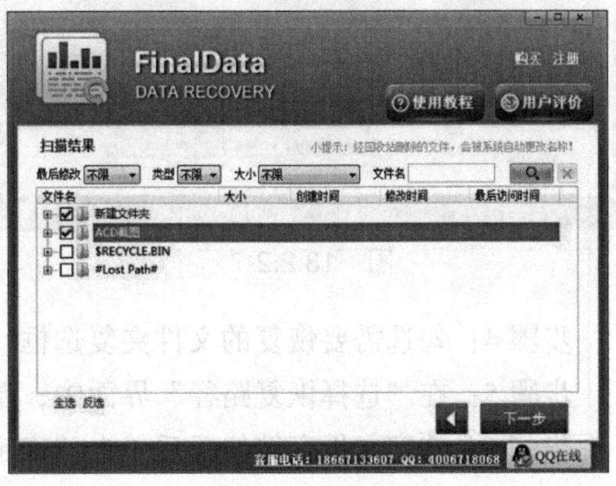

图　13.2.2-4

步骤 5：在“选择恢复路径”界面中，单击“浏览”按钮，如图 13.2.2-5 所示。

步骤 6：选定存储位置后单击“确定”按钮。

步骤 7：返回“选择恢复路径”界面，单击“下一步”按钮，即可对文件进行恢复，如图 13.2.2-6 所示。

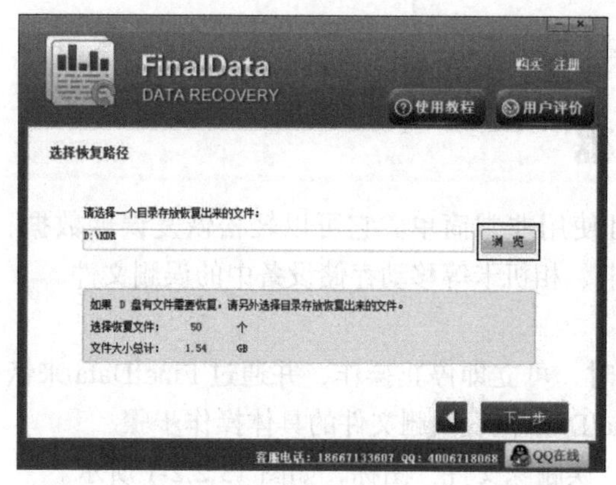

图 13.2.2-5

图 13.2.2-6

（2）使用 FinalData 恢复误格式化硬盘文件

当用户不小心将硬盘格式化后忽然发现硬盘中还有重要文件时，不用惊慌，此时完全可以使用 FinalData 来恢复误格式化硬盘文件。接下来就详细介绍一下使用 FinalData 恢复误格式化硬盘文件的具体操作步骤。

步骤 1：打开“FinalData”主界面，单击“误格式化硬盘”图标，如图 13.2.2-7 所示。

步骤 2：选中要恢复的分区，单击“下一步”按钮。

步骤 3：查找分区格式化前的文件，查看扫描进度条，如图 13.2.2-8 所示。

图 13.2.2-7

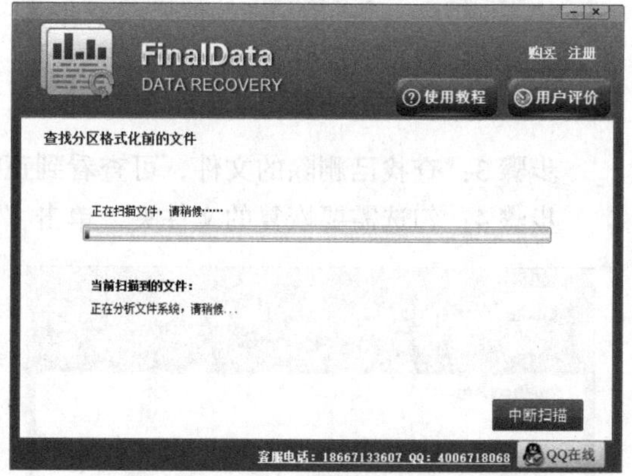

图 13.2.2-8

步骤 4：勾选需要恢复的文件夹复选框，单击“下一步”按钮，如图 13.2.2-9 所示。

步骤 5：在“选择恢复路径”界面中，单击“浏览”按钮，如图 13.2.2-10 所示。

步骤 6：选定文件存储位置后单击“确定”按钮。

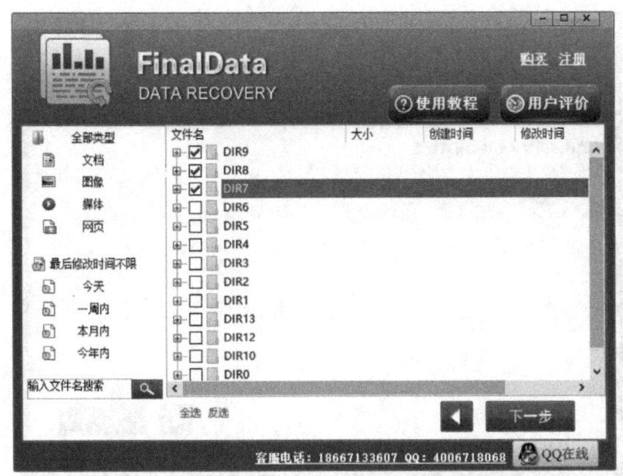

图　13.2.2-9

图　13.2.2-10

步骤 7：返回“选择恢复路径”界面，单击“下一步”按钮，即可对文件进行恢复，如图 13.2.2-11 所示。

图　13.2.2-11

（3）使用 FinalData 恢复 U 盘、手机卡、相机卡误删除的文件

U 盘、手机卡、相机卡是一种与普通硬盘的存储介质完全不同的数据存储设备，使用此类存储设备，数据被删除后并不会被转移到回收站中，而是直接被彻底删除。但是通过 FinalData 却可以恢复这些设备中误删除的文件。接下来就详细介绍一下使用 FinalData 恢复 U 盘、手机卡、相机卡误删除的文件的具体操作步骤。

步骤 1：打开 FinalData 主界面，单击“U 盘手机卡相机卡恢复”图标，如图 13.2.2-12 所示。

步骤 2：选中要恢复的移动存储设备，单击“下一步”按钮，如图 13.2.2-13 所示。

步骤 3：搜索移动存储设备中的丢失文件，查看搜索进度，如图 13.2.2-14 所示。

步骤 4：勾选需要恢复的文件前的复选框，单击“下一步”按钮，如图 13.2.2-15 所示。

图　13.2.2-12

图　13.2.2-13

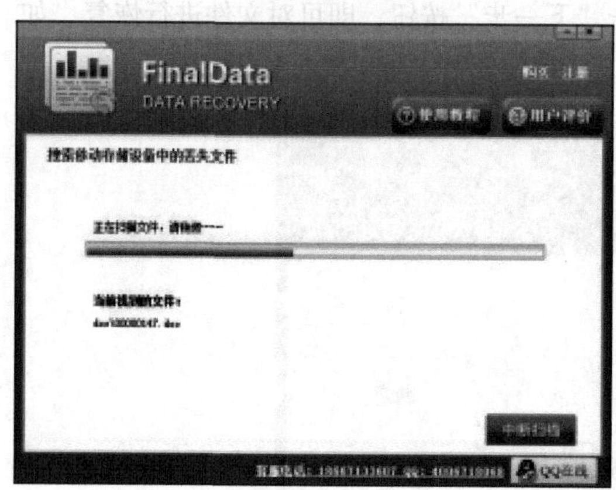

图　13.2.2-14

图　13.2.2-15

步骤 5：在“选择恢复路径”界面中，选择文件恢复路径，如图 13.2.2-16 所示。

步骤 6：选择文件存储位置后单击“确定”按钮。

步骤 7：返回“选择恢复路径”界面，单击“下一步”按钮，即可对文件进行恢复，如图 13.2.2-17 所示。

图　13.2.2-16

图　13.2.2-17

13.2.3　使用 FinalRecovery 来恢复数据

FinalRecovery 是一款功能强大而且非常容易使用的数据恢复工具，它可以帮助用户快速找回被误删除的文件或者文件夹，支持硬盘、软盘、数码相机存储卡、记忆棒等存储介质的数据恢复，可以恢复在命令行模式、资源管理器或其他应用程序中被删除或者格式化的数据，即使已清空了回收站，它也可以帮用户安全并完整地将数据找回来。

（1）标准恢复

在“标准恢复”模式下，FinalRecovery 可对所选磁盘进行快速扫描，并回复该磁盘下的大部分文件。标准恢复是从逻辑驱动器中恢复已删除的文件。接下来就用户详细介绍一下使用 FinalRecovery 进行标准恢复的具体操作方法和步骤。

步骤 1：启动 FinalRecovery 数据恢复工具，在 FinalRecovery 主界面中单击“标准恢复”图标，如图 13.2.3-1 所示。

步骤 2：单击要扫描的磁盘后会直接开始扫描，如图 13.2.3-2 所示。

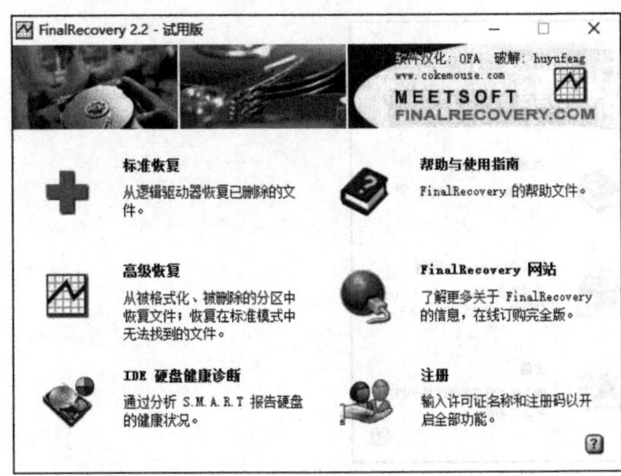

图　13.2.3-1

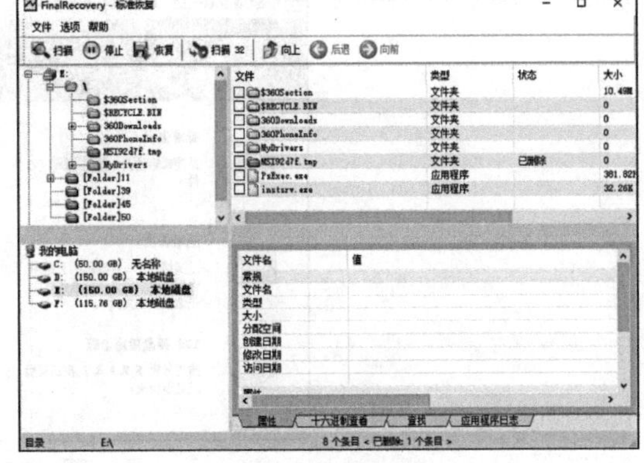

图　13.2.3-2

步骤 3：根据磁盘大小扫描时间会有所不同，扫描完成后即可显示扫描结果，如图 13.2.3-3 所示。

步骤 4：勾选需要恢复的文件夹前的复选框，单击“恢复”按钮，如图 13.2.3-4 所示。

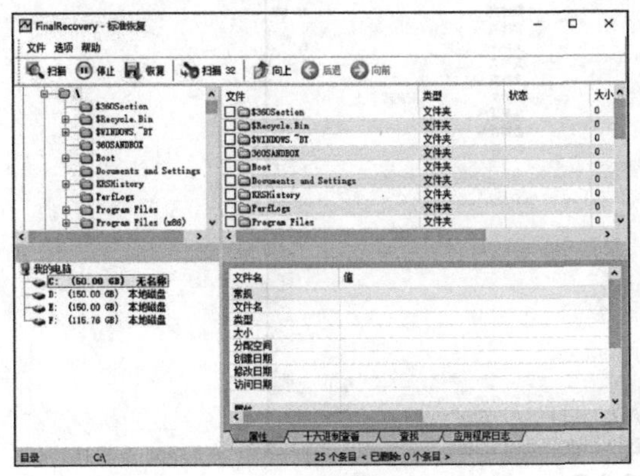

图　13.2.3-3

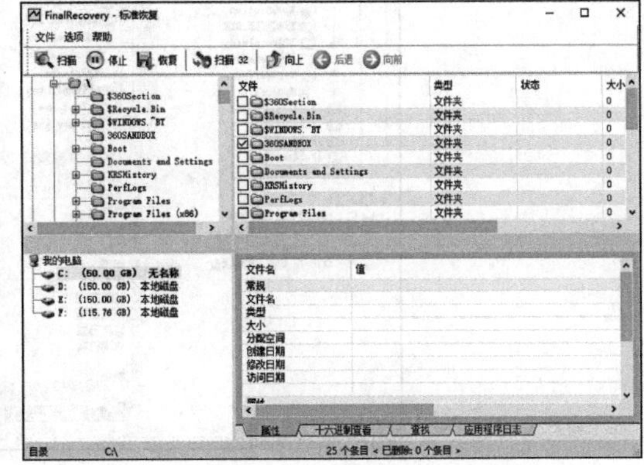

图　13.2.3-4

步骤 5：在“选择目录”对话框中单击“浏览”按钮，选择恢复文件存储位置，单击“确定”按钮，如图 13.2.3-5 所示。

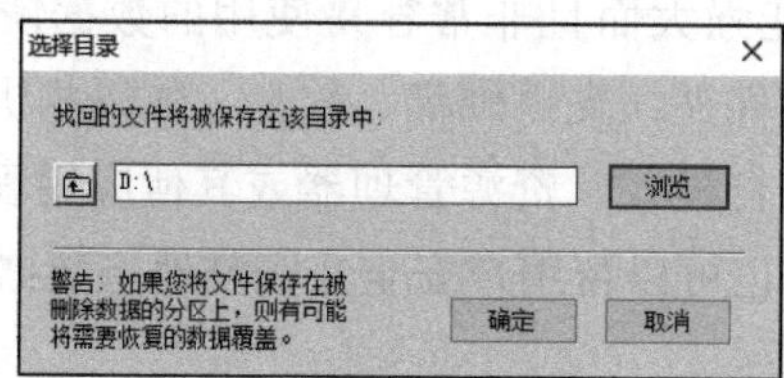

图　13.2.3-5

步骤 6：恢复完成后可在所选存储位置查看到已经恢复的文件。

（2）高级恢复

高级恢复是从被格式化、被删除的分区中恢复文件，可以恢复在标准恢复中无法找到的文件。接下来就详细介绍一下使用 FinalRecovery 进行高级恢复的具体操作步骤。

步骤 1：打开 FinalRecovery 主界面，单击“高级恢复”图标，如图 13.2.3-6 所示。

图　13.2.3-6

步骤 2：单击要扫描的磁盘后会直接开始扫描，如图 13.2.3-7 所示。

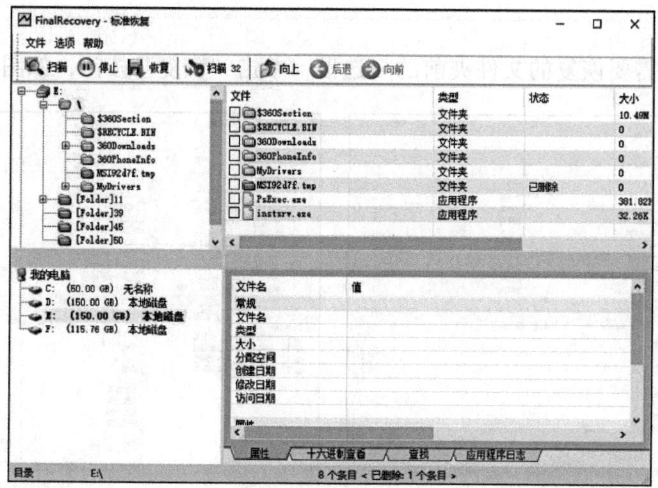

图　13.2.3-7

步骤 3：根据磁盘大小扫描时间会有所不同，扫描完整后即可显示扫描结果，如图 13.2.3-8 所示。

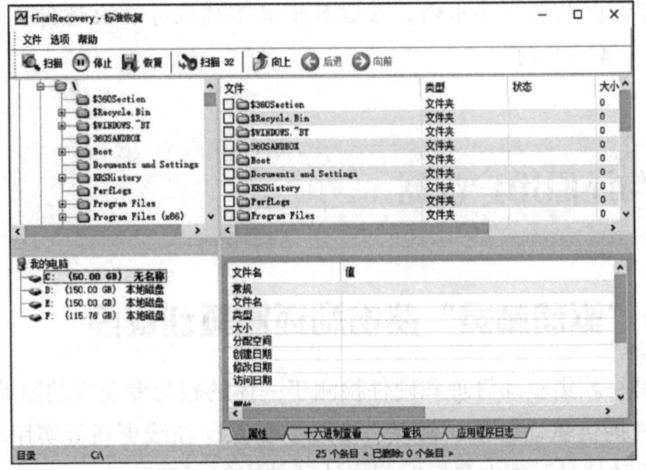

图　13.2.3-8

步骤 4：勾选需要恢复的文件夹复选框，单击恢复按钮，如图 13.2.3-9 所示。

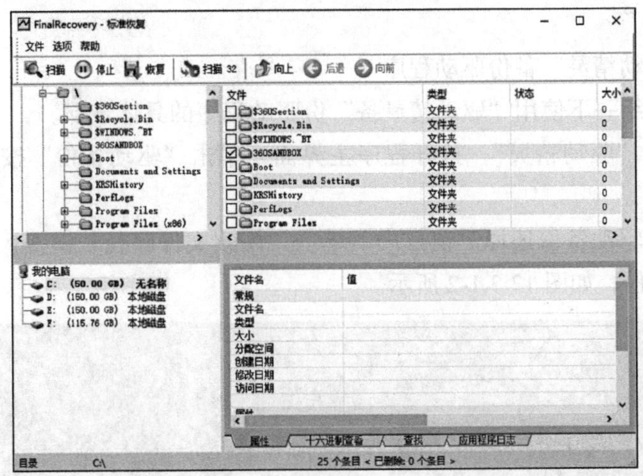

图　13.2.3-9

步骤 5：单击“浏览”按钮选定恢复文件存储位置，单击“确定”按钮即可对所选文件夹的文件进行恢复，如图 13.2.3-10 所示。

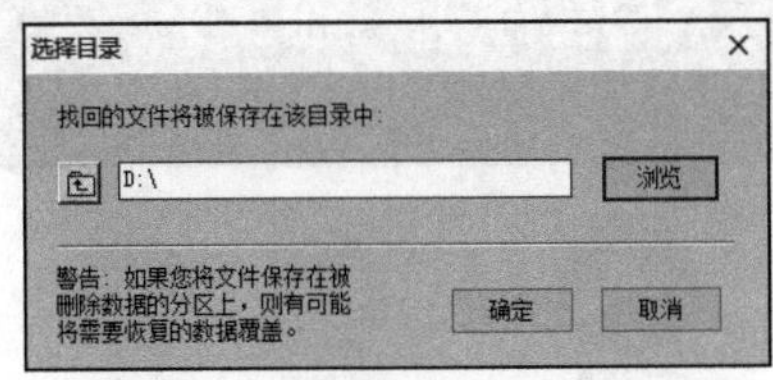

图　13.2.3-10

步骤 6：在所选存储位置即可看到已经恢复的文件。

提示

使用 FinalRecovery 恢复文件时，切勿一次性恢复大于 512MB 的文件，否则可能导致 FinalRecovery 自动退出或者内存出错。在这种情况下建议分多次进行恢复，一般恢复一个 60G 的硬盘需要 3 ~ 4 天时间。

13.3 备份与还原用户数据

13.3.1 使用“驱动精灵”备份和还原驱动程序

“驱动精灵”是一款集驱动管理和硬件检测于一体的较为专业级的驱动管理和维护工具。“驱动精灵”为用户提供驱动备份、恢复、安装、删除、在线更新等实用功能，一旦计算机出现异常情况，“驱动精灵”能在最短时间内让硬件恢复正常运行。

在计算机重装前，将目前计算机中的最新版本驱动程序通通备份下来，待重装完成时，再使用驱动程序的还原功能安装。这样，便可以节省许多驱动程序安装的时间，并且再也不怕找不到驱动程序了。

（1）使用“驱动精灵”备份驱动程序

现在就详细介绍一下使用“驱动精灵备”份驱动程序的具体步骤。

步骤 1：启动“驱动精灵”，打开程序主界面，单击“驱动备份”按钮，如图 13.3.1-1 所示。

步骤 2：在“驱动备份还原”窗口中，单击“修改文件路径”链接，单击“一键备份”按钮，进行驱动备份，如图 13.3.1-2 所示。

图 13.3.1-1

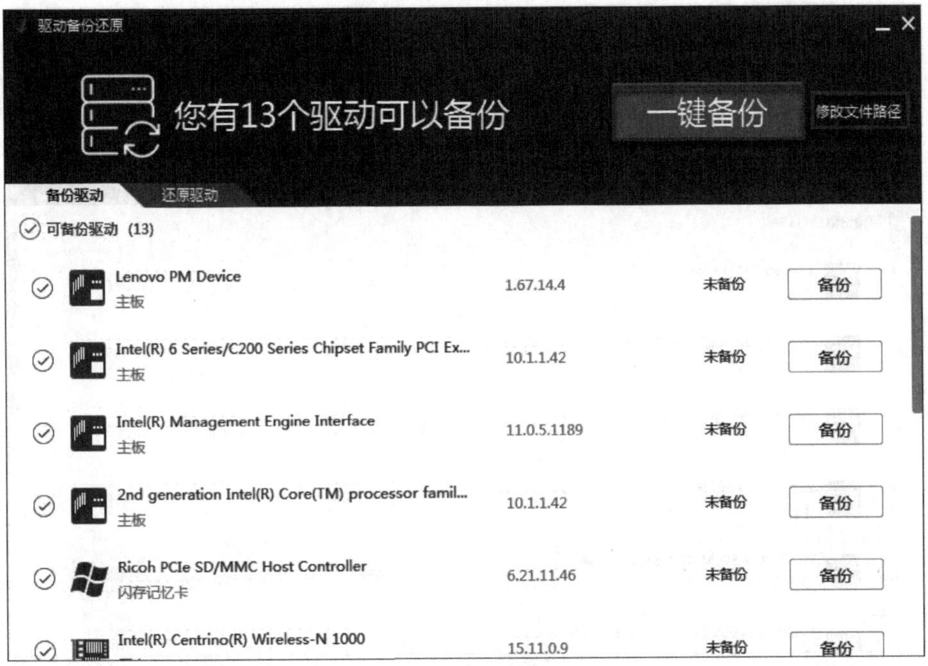

图　13.3.1-2

步骤 3：备份过程如图 13.3.1-3 所示。

步骤 4：备份完成，如图 13.3.1-4 所示。

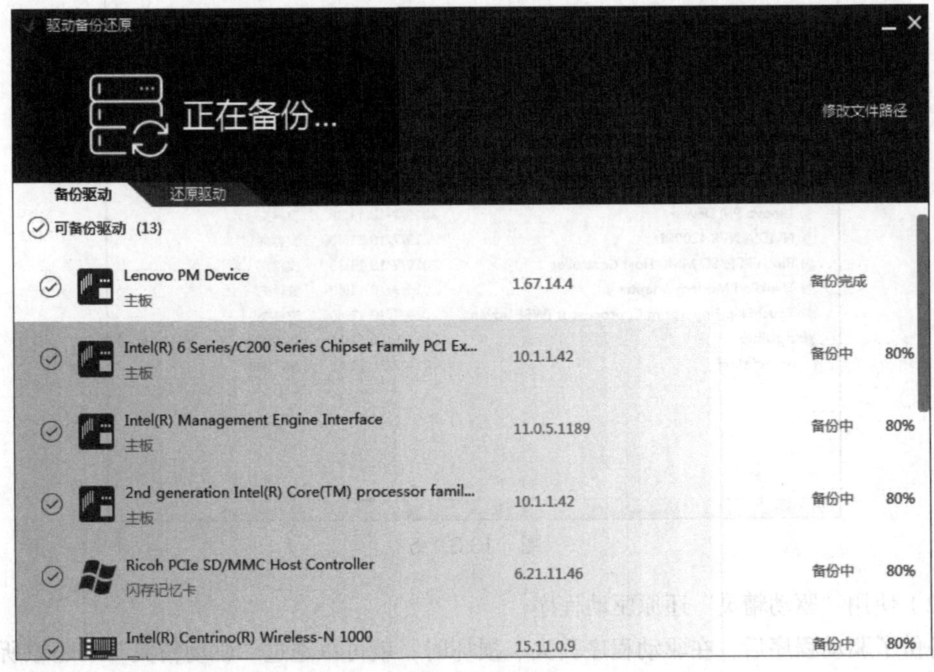

图　13.3.1-3

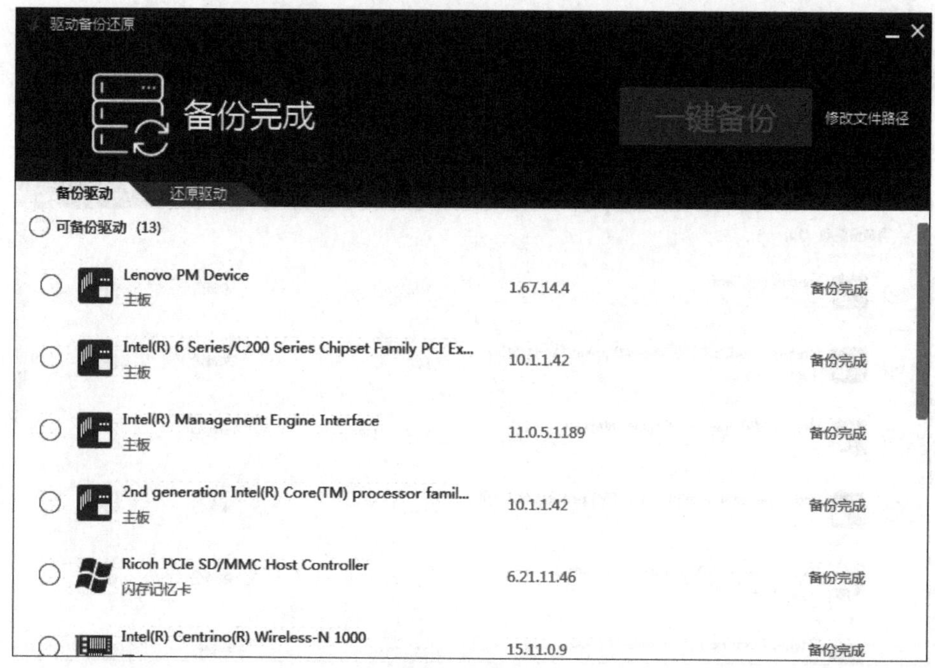

图 13.3.1-4

步骤 5：此时查看备份路径，可以看到备份的驱动程序，如图 13.3.1-5 所示。

名称	修改日期	类型	大小
2nd generation Intel(R) Core(TM) processor fam...	2019/7/10 11:39	文件夹	
Conexant 20672 SmartAudio HD	2019/7/10 11:39	文件夹	
Intel(R) 6 Series C200 Series Chipset Family PCI ...	2019/7/10 11:39	文件夹	
Intel(R) 6 Series C200 Series Chipset Family USB ...	2019/7/10 11:40	文件夹	
Intel(R) 82579LM Gigabit Network Connection	2019/7/10 11:39	文件夹	
Intel(R) Centrino(R) Wireless-N 1000	2019/7/10 11:39	文件夹	
Intel(R) HD Graphics 3000	2019/7/10 11:39	文件夹	
Intel(R) Management Engine Interface	2019/7/10 11:39	文件夹	
Lenovo PM Device	2019/7/10 11:39	文件夹	
NVIDIA NVS 4200M	2019/7/10 11:40	文件夹	
Ricoh PCIe SD MMC Host Controller	2019/7/10 11:39	文件夹	
ThinkPad Modem Adapter	2019/7/10 11:40	文件夹	
TouchChip Fingerprint Coprocessor (WBF advan...	2019/7/10 11:40	文件夹	
dgsetup	2019/6/10 17:12	应用程序	130,897
driverlist.mf	2019/7/10 11:40	MF 文件	6

图 13.3.1-5

（2）使用“驱动精灵”还原驱动程序

备份了驱动程序后，在驱动程序丢失、损坏时，就可以通过“驱动精灵”来还原所有驱动程序，从而使计算机重新正常使用。

接下来就详细介绍一下使用“驱动精灵”还原驱动程序的具体操作步骤。

步骤 1：启动“驱动精灵”，打开程序主界面，单击“驱动备份”按钮，如图 13.3.1-6 所示。

步骤 2：在“驱动备份还原”窗口中单击“还原驱动”标签页，如图 13.3.1-7 所示。

图　13.3.1-6

图　13.3.1-7

步骤 3：单击“可还原驱动”按钮，可以一次性全部选择已备份的驱动。单击“一键还原”按钮，可以进行驱动还原，如图 13.3.1-8 所示。

步骤 4：也可以单独选择某个需要还原的驱动，然后单击其右侧的“还原”按钮，可以进行单独驱动还原，如图 13.3.1-9 所示。

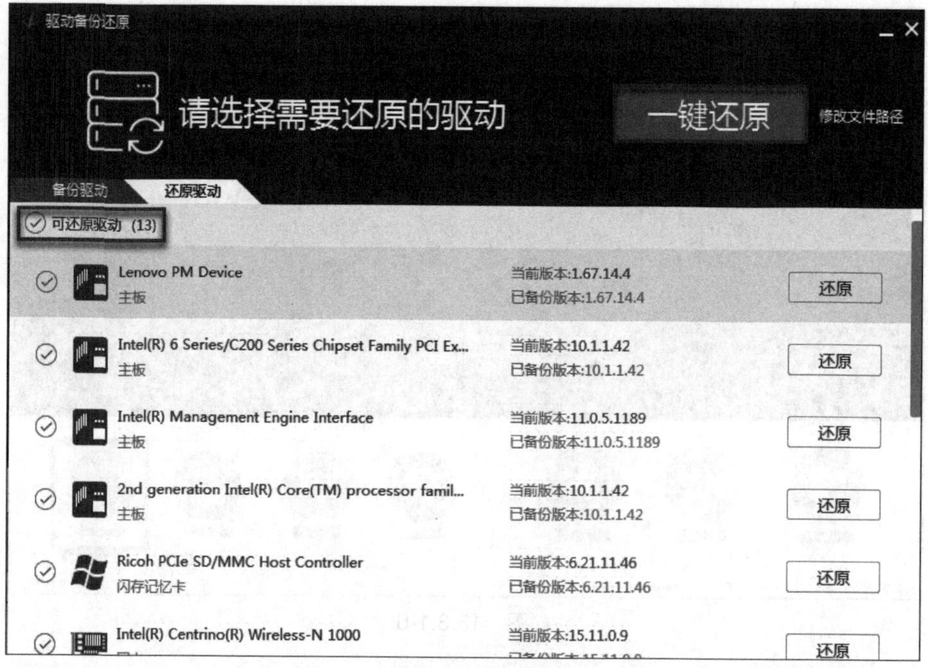

图 13.3.1-8

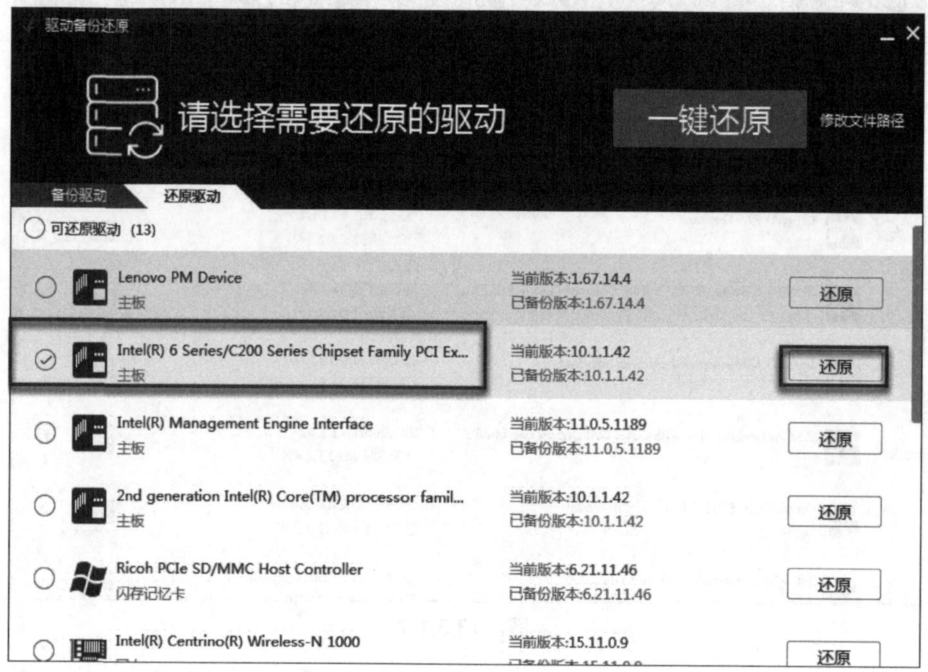

图 13.3.1-9

13.3.2　备份和还原 IE 浏览器的收藏夹

IE 浏览器的收藏夹是用户常用的一项功能，将自己喜欢或者常用的网站加入收藏夹中，在再次使用时不用再次手动输入网址进行搜索，直接在收藏夹中单击相应网址选项即可打开该网站。但是由于 IE 浏览器是 Windows 操作系统中自带的一款浏览器，重装操作系统后，IE 浏览器也会重装，从而之前收藏的网址都会被清除。所以要避免这点，就要对 IE 浏览器的收藏夹进行备份，以便在需要时将其还原到系统中。

（1）备份 IE 浏览器的收藏夹

接下来就详细介绍一下备份 IE 浏览器的收藏夹的具体操作步骤。

步骤 1：打开 IE 浏览器，单击地址栏右上角的☆图标，在弹出的下拉列表中单击“添加到收藏夹”右侧下拉按钮，如图 13.3.2-1 所示。

步骤 2：在弹出菜单中单击“导入和导出”选项，如图 13.3.2-2 所示。

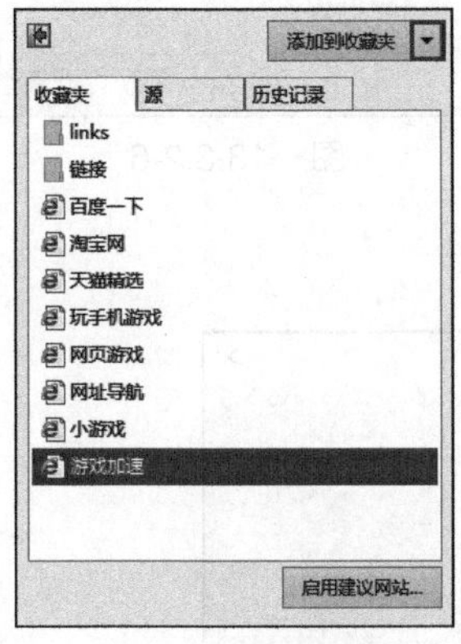

图　13.3.2-1

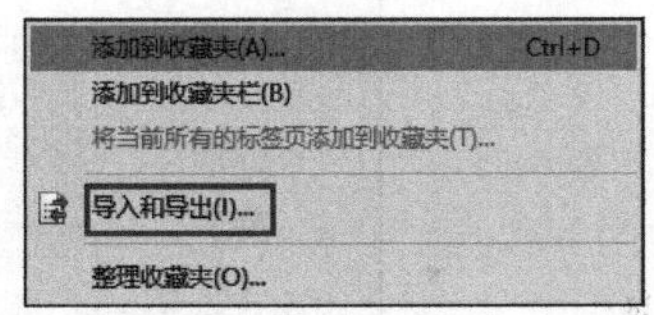

图　13.3.2-2

步骤 3：在“导入 / 导出设置”窗口中，单击“导出到文件”单选按钮，单击“下一步”按钮，如图 13.3.2-3 所示。

步骤 4：勾选需要导出的内容，这里选“收藏夹”，单击“下一步”按钮，如图 13.3.2-4 所示。

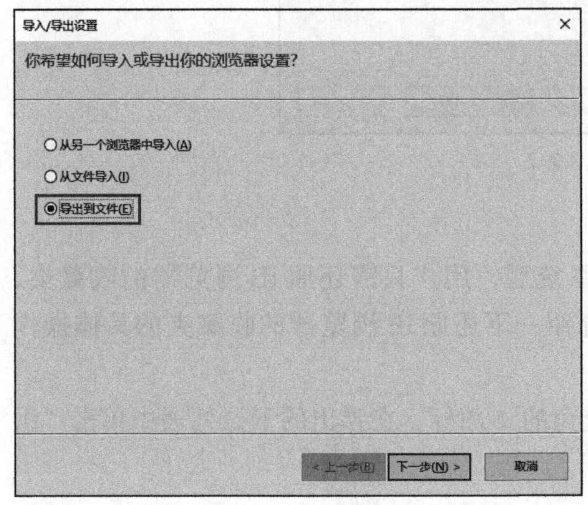

图　13.3.2-3

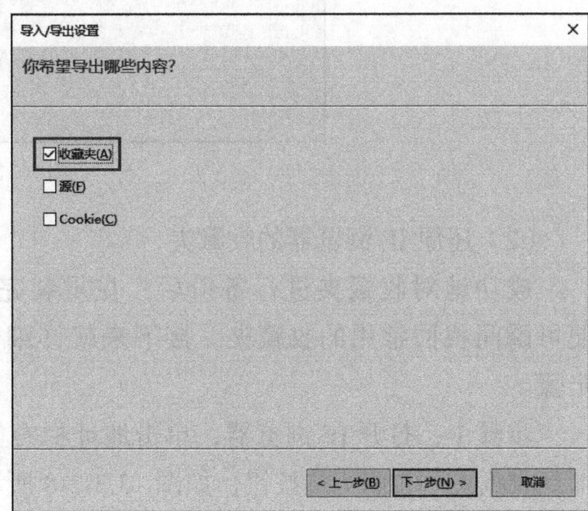

图　13.3.2-4

步骤 5：选择需要从哪个文件夹导出数据，单击“下一步”按钮，如图 13.3.2-5 所示。

步骤 6：单击“浏览”按钮，选择保存文件的路径和名称，然后单击“导出”按钮，如图 13.3.2-6 所示。

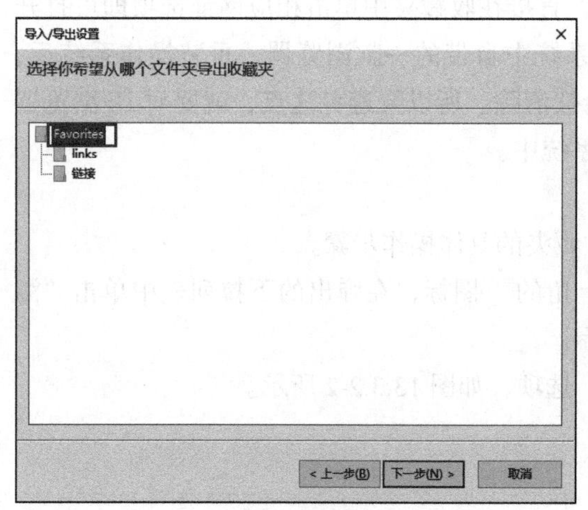

图 13.3.2-5

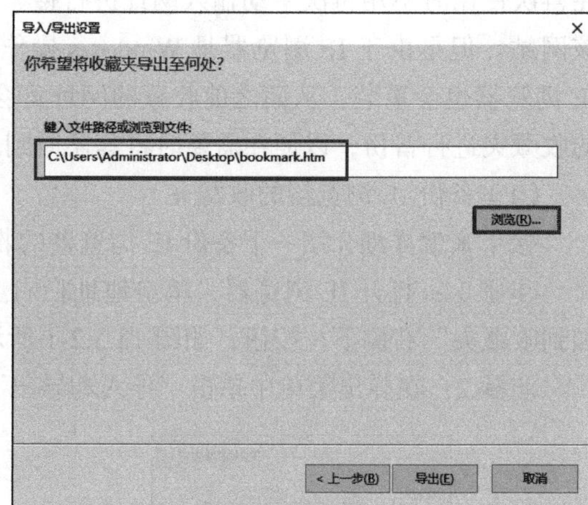

图 13.3.2-6

步骤 7：导出完成，如图 13.3.2-7 所示。

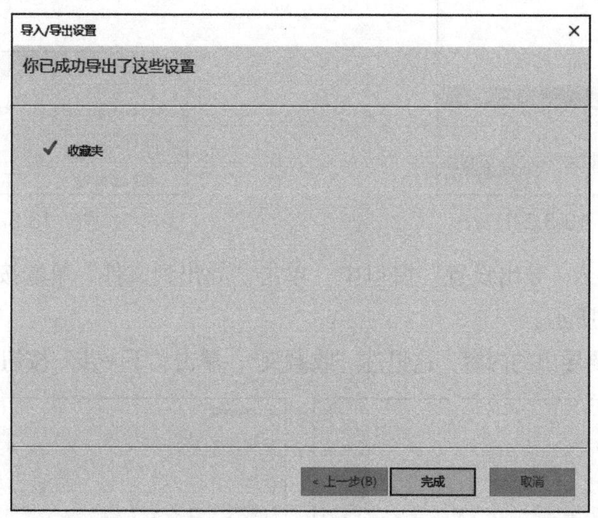

图 13.3.2-7

（2）还原 IE 浏览器的收藏夹

成功地对收藏夹进行备份后，在重装完系统后，用户只需还原 IE 浏览器的收藏夹，便可瞬间找回常用的收藏夹。接下来就详细介绍一下还原 IE 浏览器的收藏夹的具体操作步骤。

步骤 1：打开 IE 浏览器，单击地址栏右上角的☆图标，在弹出的下拉列表中单击“添加到收藏夹”右侧下拉按钮，如图 13.3.2-8 所示。

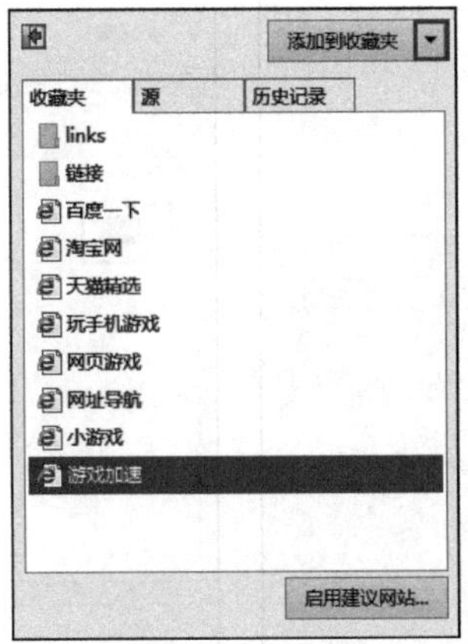

图　13.3.2-8

步骤 2：在弹出菜单中单击“导入和导出”选项，如图 13.3.2-9 所示。

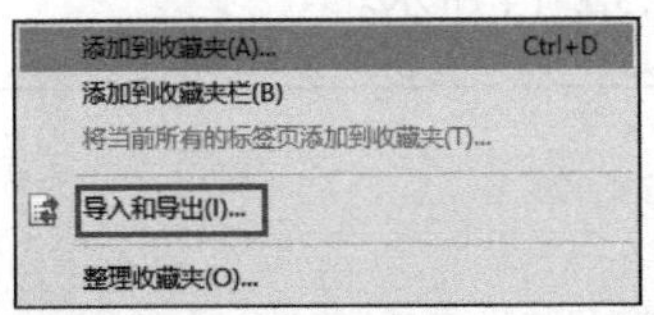

图　13.3.2-9

步骤 3：在“导入 / 导出设置”窗口中，单击“从文件导入”单选按钮，单击“下一步”按钮，如图 13.3.2-10 所示。

步骤 4：勾选需要导入的内容，这里选“收藏夹”，单击“下一步”按钮，如图 13.3.2-11 所示。

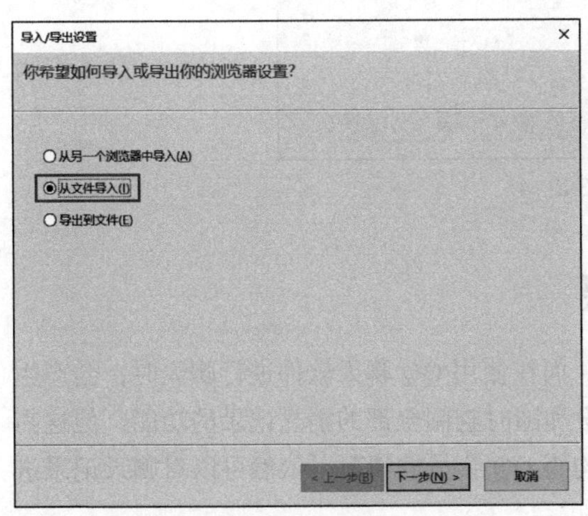

图　13.3.2-10

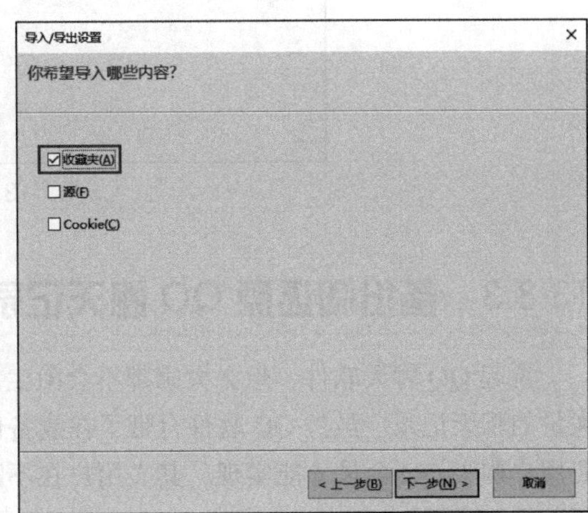

图　13.3.2-11

步骤 5：单击“浏览”按钮，选择需要导入的源文件，单击“下一步”按钮，如图 13.3.2-12 所示。

步骤 6：单击导入的目标文件夹，单击“导入”按钮，如图 13.3.2-13 所示。

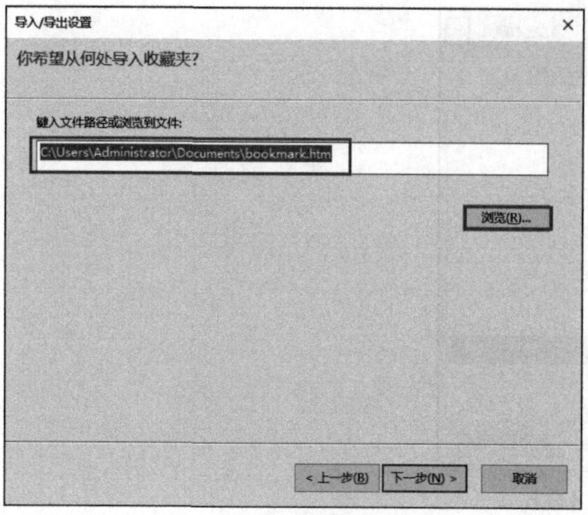

图 13.3.2-12

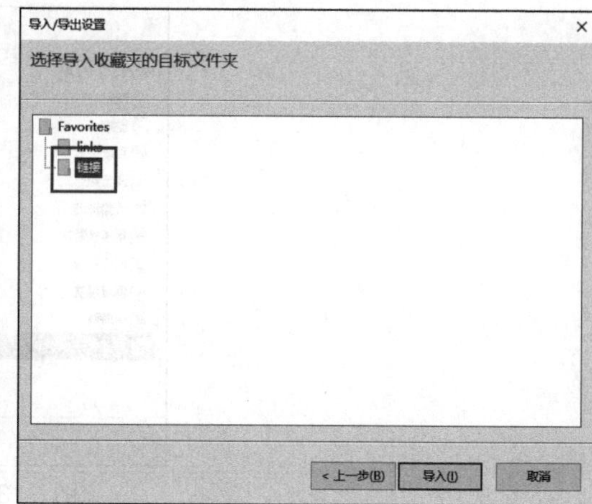

图 13.3.2-13

步骤 7：导入成功，如图 13.3.2-14 所示。

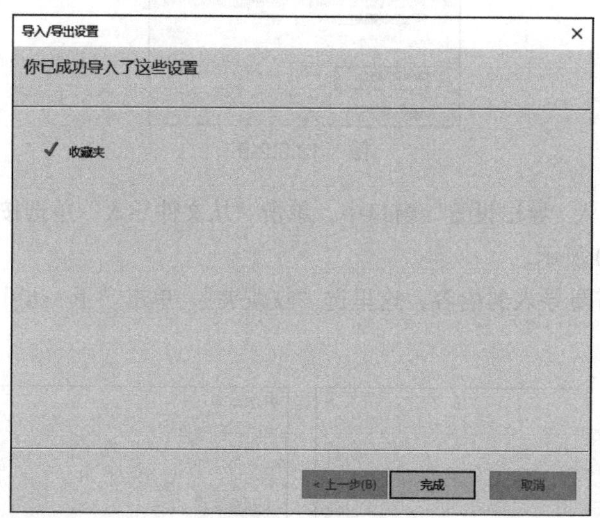

图 13.3.2-14

13.3.3 备份和还原 QQ 聊天记录

说起 QQ 聊天软件，想必大家都不会陌生。而在使用 QQ 聊天软件进行聊天时，会产生大量的聊天记录。虽然 QQ 软件自带了在线备份和随时查阅全部的消息记录的功能，但这需要用户购买 QQ 会员才能实现。其实用户在不购买 QQ 会员的情况下依然可以对聊天记录进行备份与还原。

（1）备份 QQ 聊天记录

接下来就详细介绍一下备份 QQ 聊天记录的具体操作步骤。

步骤 1：打开 QQ 并登录，单击窗口左下角的☰图标，在弹出的菜单列表中单击“消息管理”选项，如图 13.3.3-1 所示。

步骤 2：在弹出的“消息管理器”窗口中，单击右上角的▾图标，选择“导出全部消息记录”选项，如图 13.3.3-2 所示。

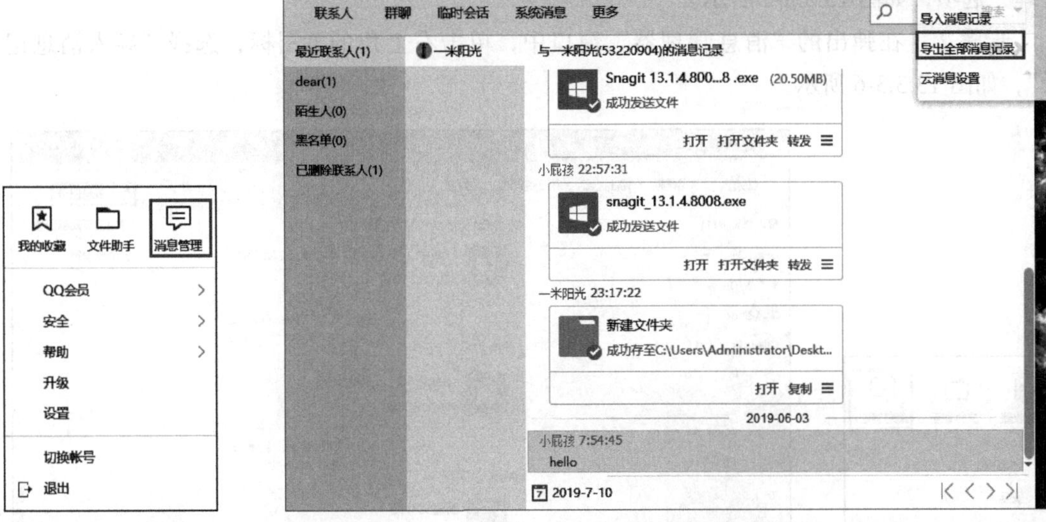

图　13.3.3-1　　　　图　13.3.3-2

步骤 3：在弹出的“另存为”窗口中选择文件保存路径，并输入保存文件名称，单击“保存”按钮，完成消息备份，如图 13.3.3-3 所示。

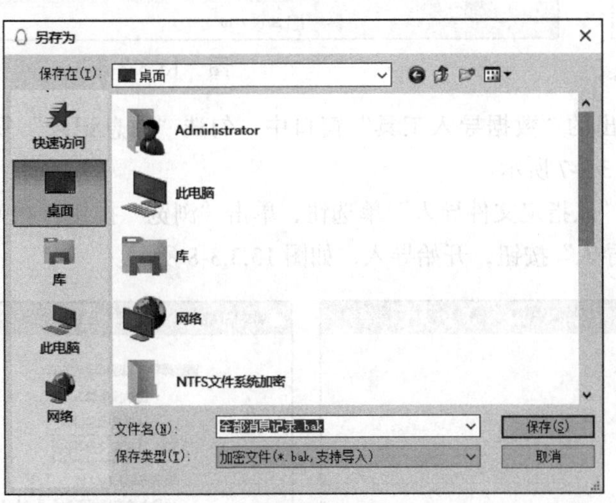

图　13.3.3-3

步骤 4：查看文件保存路径，可以看到刚刚导出的备份文件，如图 13.3.3-4 所示。

图　13.3.3-4

（2）还原 QQ 聊天记录

接下来就详细介绍一下还原 QQ 聊天记录的具体操作步骤。

步骤 1：打开 QQ 并登录，单击窗口左下角的☰图标，在弹出的菜单列表中单击“消息管理”选项，如图 13.3.3-5 所示。

步骤 2：在弹出的“消息管理器”窗口中，单击右上角的▾图标，选择“导入消息记录”，如图 13.3.3-6 所示。

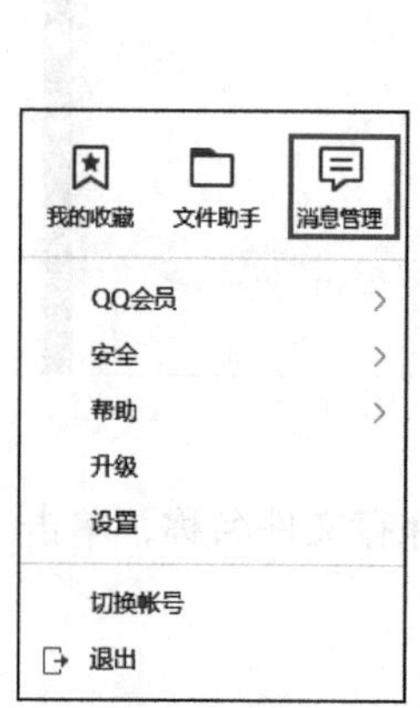

图 13.3.3-5

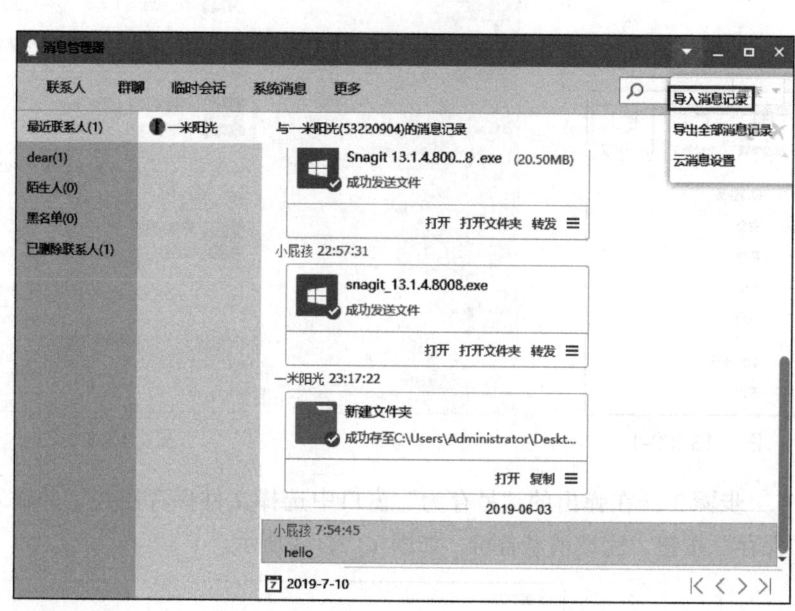

图 13.3.3-6

步骤 3：在弹出的“数据导入工具”窗口中，勾选“消息记录”复选框，单击“下一步”按钮，如图 13.3.3-7 所示。

步骤 4：单击“从指定文件导入”单选钮，单击“浏览”按钮，在弹出窗口中选择消息备份文件，单击“导入”按钮，开始导入，如图 13.3.3-8 所示。

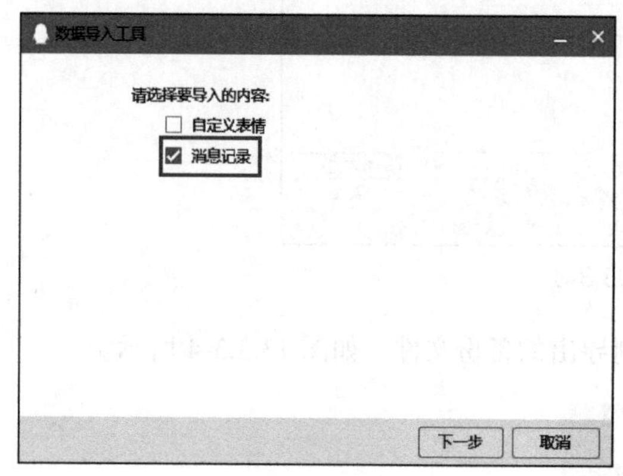

图 13.3.3-7

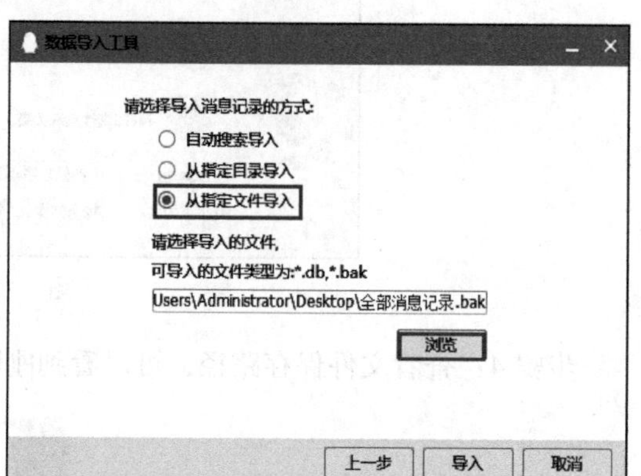

图 13.3.3-8

步骤 5：导入成功，单击“完成”按钮，如图 13.3.3-9 所示。

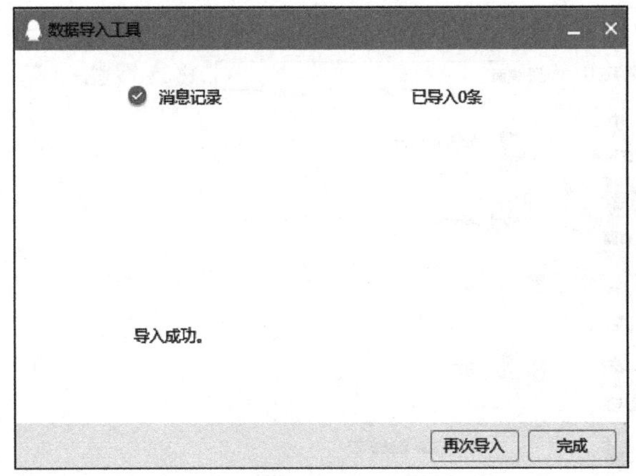

图　13.3.3-9

13.3.4　备份和还原 QQ 自定义表情

QQ 表情在与好友聊天时使用得非常频繁，有时候一个表情能够比一段文字更有表达力，更容易体现出聊天者的心情、看法等。QQ 在安装时往往会自带一些表情，但是这些表情比较单一，有时难以满足用户的需求。这时用户就可以手动添加一些自己喜欢的表情到个人 QQ 账号中。为了保证自己添加的表情不致丢失，可将其备份，在必要时再进行还原。

（1）备份 QQ 自定义表情

接下来就详细介绍一下备份 QQ 自定义表情的具体操作步骤。

步骤 1：登录 QQ，打开任意一个好友聊天窗口，单击☺图标，如图 13.3.4-1 所示。

步骤 2：在弹出窗口中，单击右上角的⊙图标，在弹出的下拉列表中单击“导入导出表情包”选项。在弹出的下级菜单列表中，选择“导出全部表情包”选项，如图 13.3.4-2 所示。

图　13.3.4-1

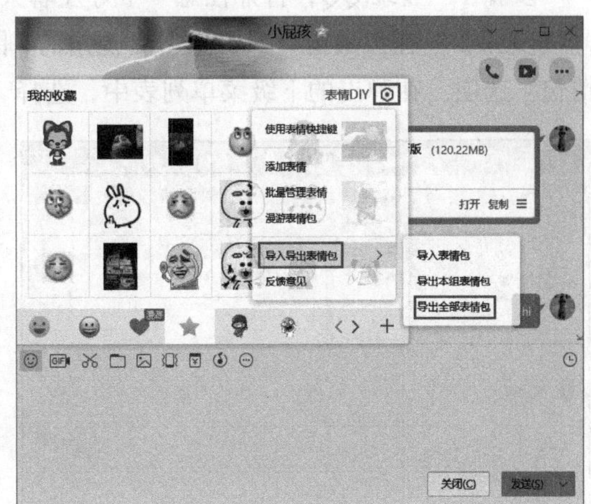

图　13.3.4-2

步骤 3：在弹出的“另存为”窗口中，选择备份文件保存路径和名称，单击“保存”按钮，如图 13.3.4-3 所示。

图 13.3.4-3

步骤 4：导出完成，弹出提示窗口，单击“确定”按钮即可，如图 13.3.4-4 所示。

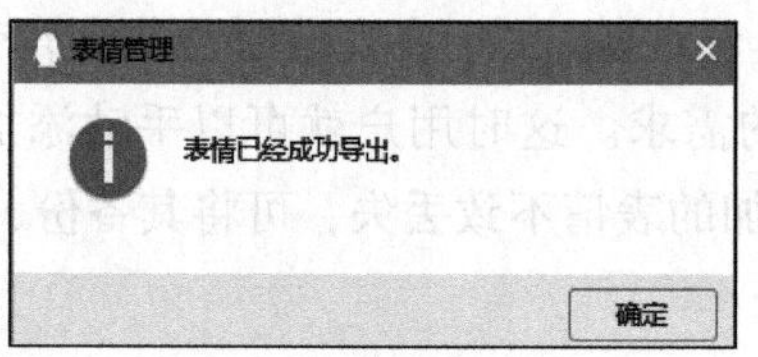

图 13.3.4-4

（2）还原 QQ 自定义表情

接下来就详细介绍一下还原 QQ 自定义表情的具体操作步骤。

步骤 1：登录 QQ，打开任意一个好友聊天窗口，单击☺图标，如图 13.3.4-5 所示。

步骤 2：在弹出窗口中，单击右上角的⚙图标，在弹出的下拉列表中单击“导入导出表情包”选项。在弹出的下级菜单列表中，选择“导入表情包”选项，如图 13.3.4-6 所示。

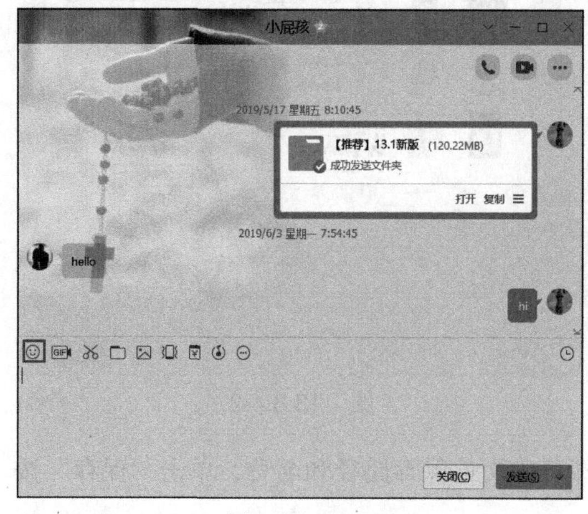

图 13.3.4-5

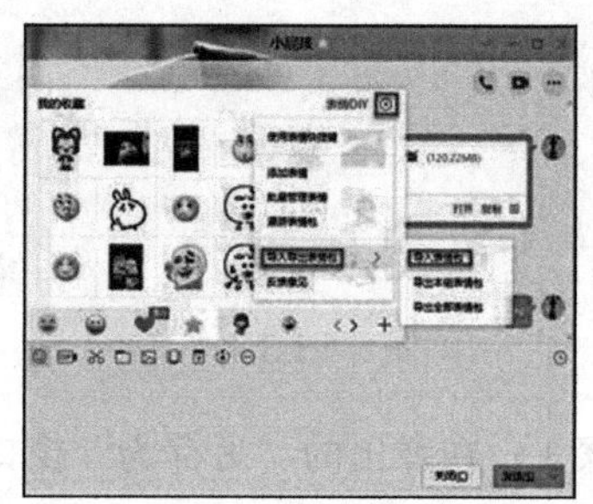

图 13.3.4-6

步骤 3：在弹出的“打开”窗口中，选择备份表情包路径和备份表情包文件，单击“打开”按钮，如图 13.3.4-7 所示。

步骤 4：导入完成，在弹出的提示窗口中单击“确定”按钮即可，如图 13.3.4-8 所示。

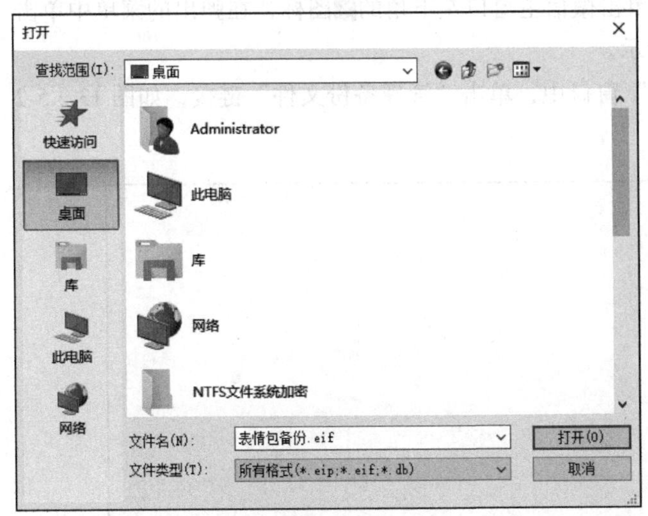

图　13.3.4-7

图　13.3.4-8

步骤 5：此时查看表情包，可以看到自定义表情已经导入表情包里面，如图 13.3.4-9 所示。

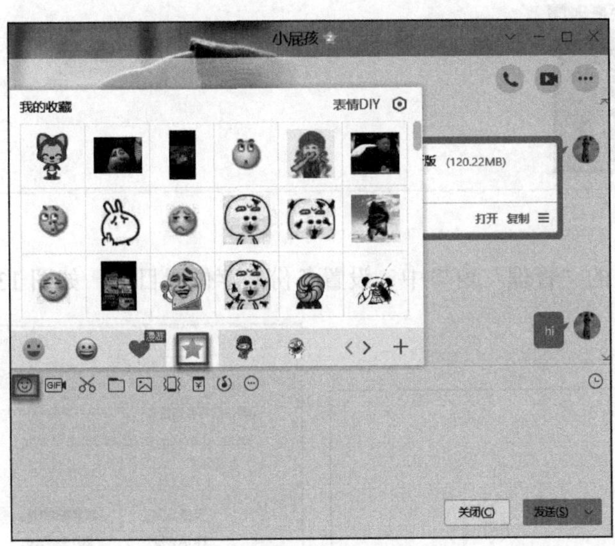

图　13.3.4-9

13.3.5　备份和还原微信聊天记录

微信作为当下最为流行的社交工具，已经成为我们日常生活中不可或缺的一部分。随着微信使用时间的增加，微信中的各类聊天记录越来越多，此时就有必要进行聊天记录的备份，以备后续使用。

（1）备份微信聊天记录

这里以微信 PC 版为例，详细介绍一下备份微信聊天记录的具体操作步骤。

步骤 1：在计算机上登录微信，单击微信主窗口左下角的■图标，在弹出的菜单中单击“备份与恢复”选项，如图 13.3.5-1 所示。

步骤 2：在弹出的“备份与恢复”窗口中，单击“管理备份文件”链接，如图 13.3.5-2 所示。

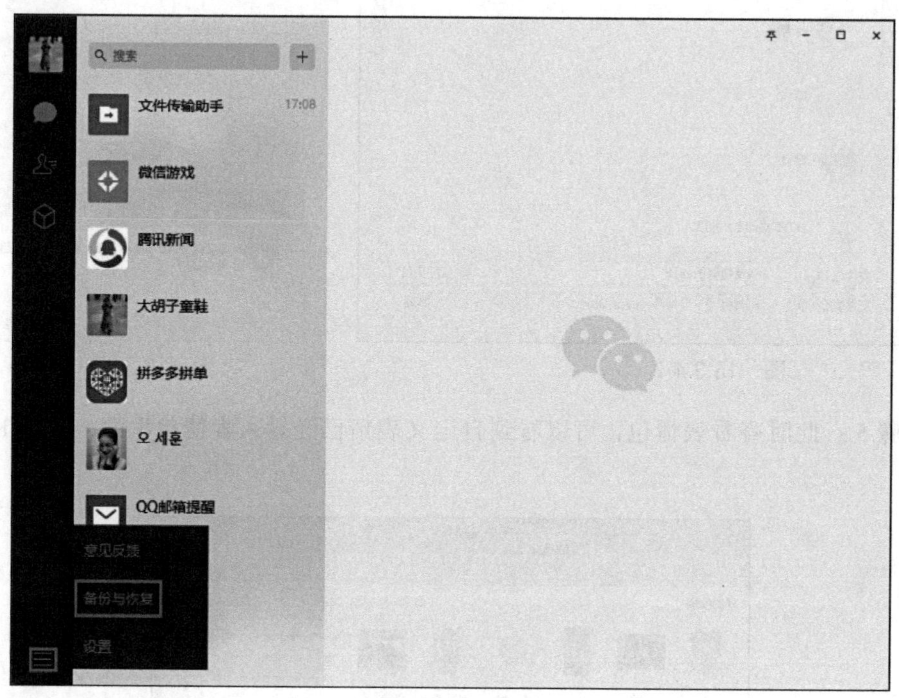

图 13.3.5-1

步骤 3：在弹出的“管理”窗口中，设置备份储存位置目录，如图 13.3.5-3 所示。

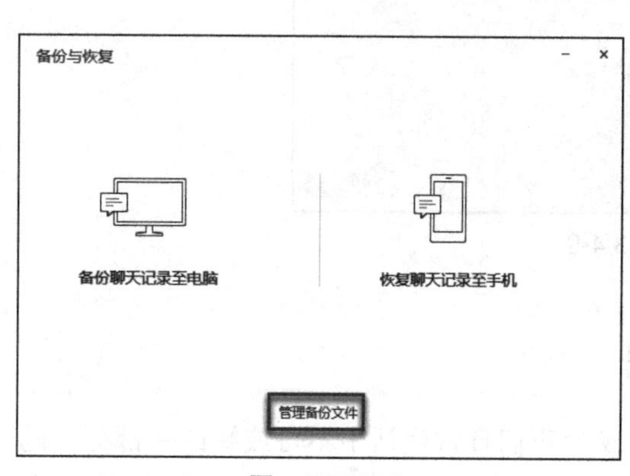

图 13.3.5-2

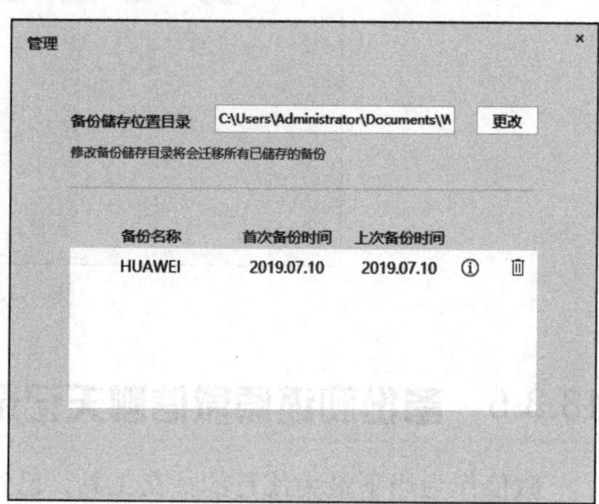

图 13.3.5-3

步骤 4：单击窗口右上角的☒按钮，返回“备份与恢复”窗口。单击“备份聊天记录至电脑”选项，如图 13.3.5-4 所示。

步骤 5：此时弹出“请在手机上确认，以开始备份”提示窗口，如图 13.3.5-5 所示。

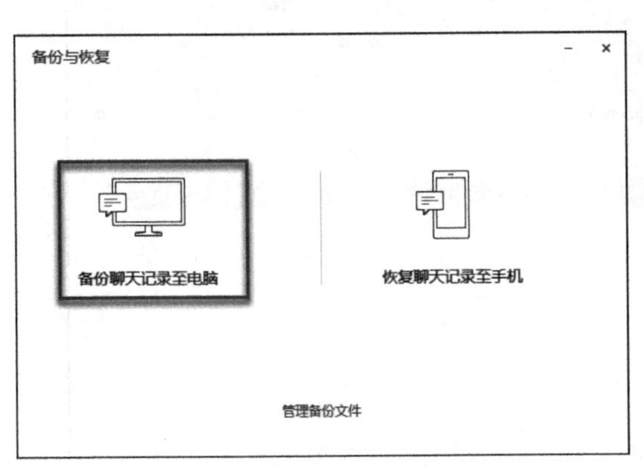

图 13.3.5-4

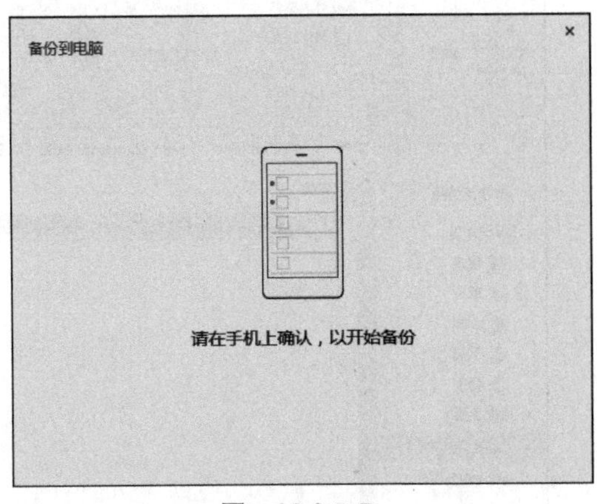

图 13.3.5-5

步骤 6：打开手机微信，会弹出“备份全部聊天记录”界面，如图 13.3.5-6 所示。

步骤 7：备份完成，在“备份到电脑”界面单击“确定”按钮即可，如图 13.3.5-7 所示。

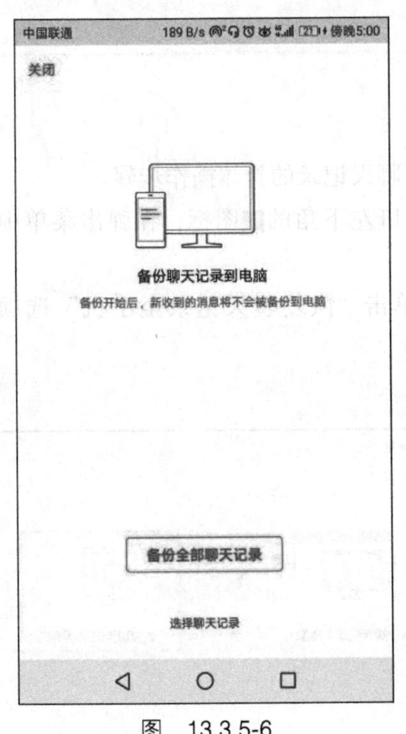

图 13.3.5-6

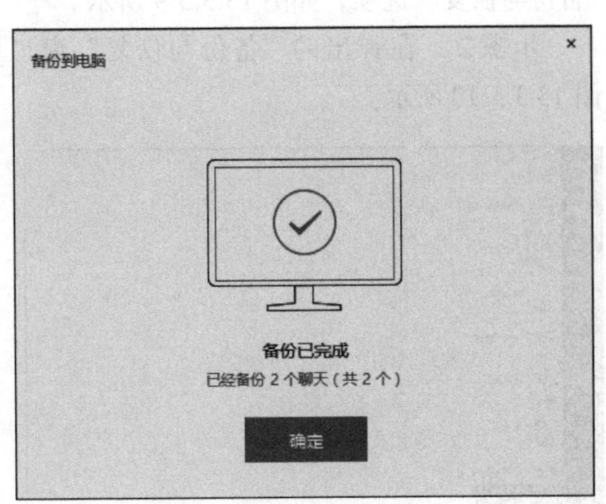

图 13.3.5-7

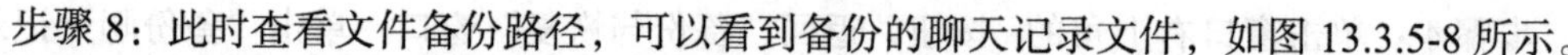

步骤 8：此时查看文件备份路径，可以看到备份的聊天记录文件，如图 13.3.5-8 所示。

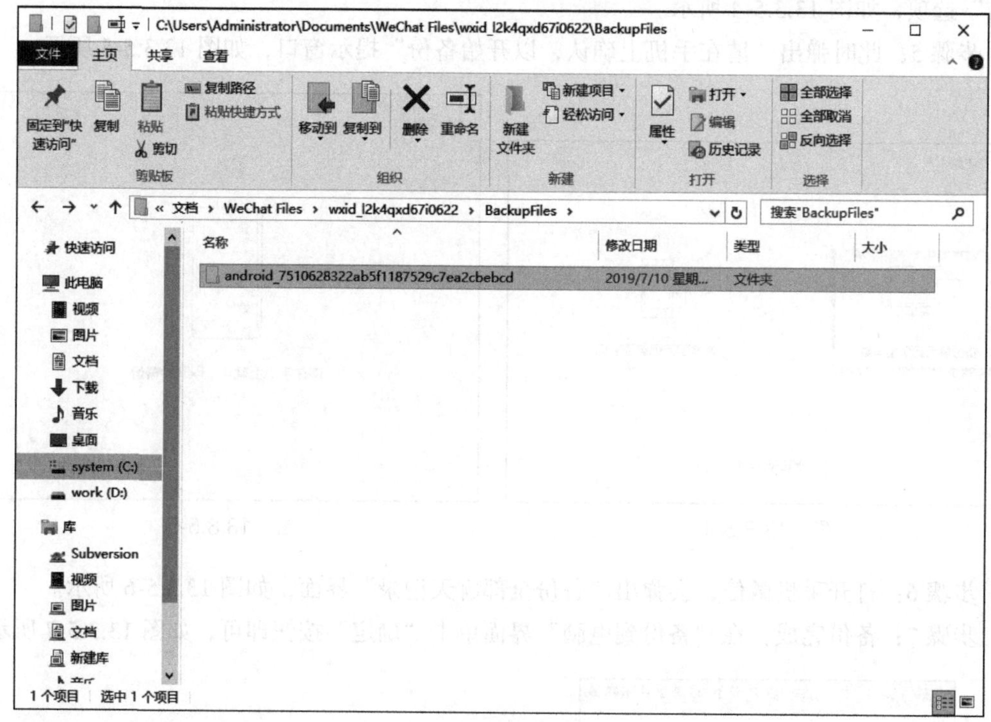

图　13.3.5-8

（2）还原微信聊天记录

这里以微信 PC 版为例，详细介绍一下还原微信聊天记录的具体操作步骤。

步骤 1：在计算机上登录微信，单击微信主窗口左下角的■图标，在弹出菜单中单击“备份与恢复”选项，如图 13.3.5-9 所示。

步骤 2：在弹出的“备份与恢复”窗口中，单击“恢复聊天记录至手机”选项，如图 13.3.5-10 所示。

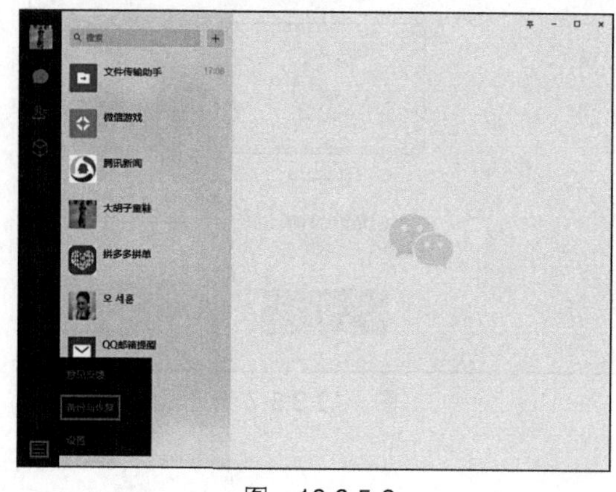

图　13.3.5-9

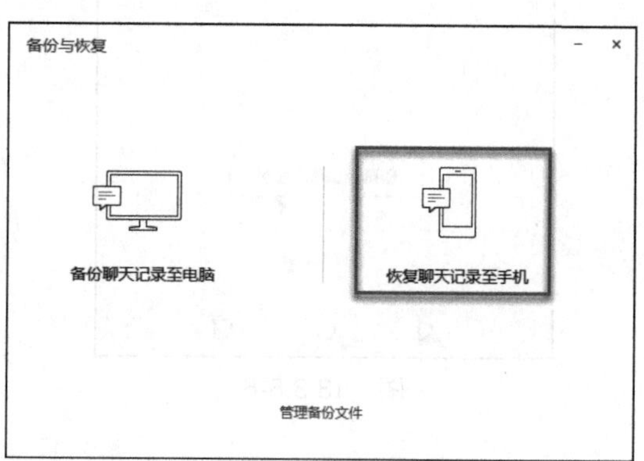

图　13.3.5-10

步骤 3：在弹出窗口中，选择需要恢复聊天记录的会话，展开“更多选项”，单击“仅恢复文字消息”单选钮，单击“确定”按钮，如图 13.3.5-11 所示。

步骤 4：恢复完成，单击“确定”按钮即可，如图 13.3.5-12 所示。

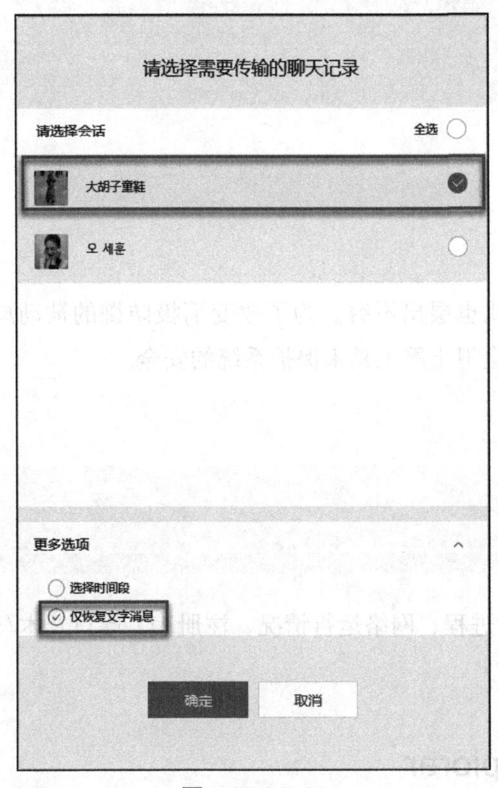

图　13.3.5-11

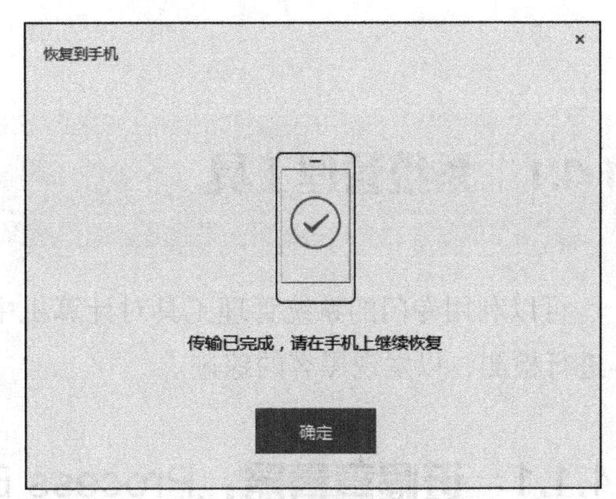

图　13.3.5-12

第14章 系统安全防护工具

目前，计算机病毒不仅种类众多且攻击方式也层出不穷。为了改变消极防御的被动局面，可以使用系统管理工具、杀毒软件、360 安全卫士等工具来保护系统的安全。

14.1 系统管理工具

可以利用专门的系统管理工具对计算机中的进程、网络运行情况、注册表、端口及木马等进行检测，以发现黑客的踪迹。

14.1.1 进程查看器：Process Explorer

利用进程查看器 Process Explorer 不仅可以监视、暂停、终止进程，还可以查看进程调用的 DLL 文件，查看 CPU 及内存使用情况，对进程进行调试，它是协助用户查杀木马、病毒的好工具。使用进程查看器 Process Explorer 查看进程的具体操作步骤如下。

步骤 1：下载 Process Explorer 软件，运行 Process Explorer.exe 程序，即可打开“Process Explorer”主窗口，在其中可以进行查看、结束、暂停及重启进程等操作，如图 14.1.1-1 所示。

步骤 2：在“进程”列表中选择要结束的进程并右击，在弹出菜单中选择“终止进程”选项，即可打开是否终止进程提示框，单击“确定”按钮即可终止进程，如图 14.1.1-2 所示。

步骤 3：利用进程查看器 Process Explorer 还可以终止进程树。在终止进程树之前，需要在“进程”列表中选择要终止的进程树，如图 14.1.1-3 所示。

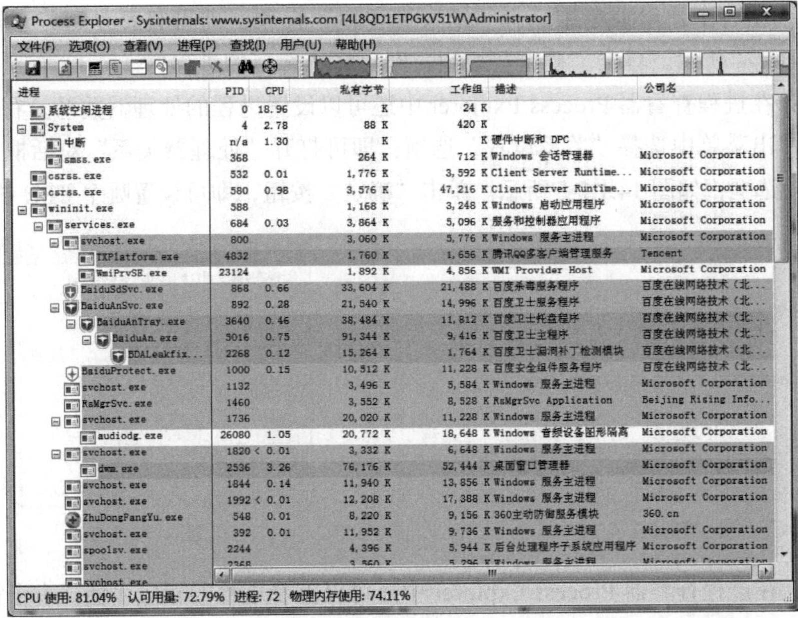

图　14.1.1-1

图　14.1.1-2

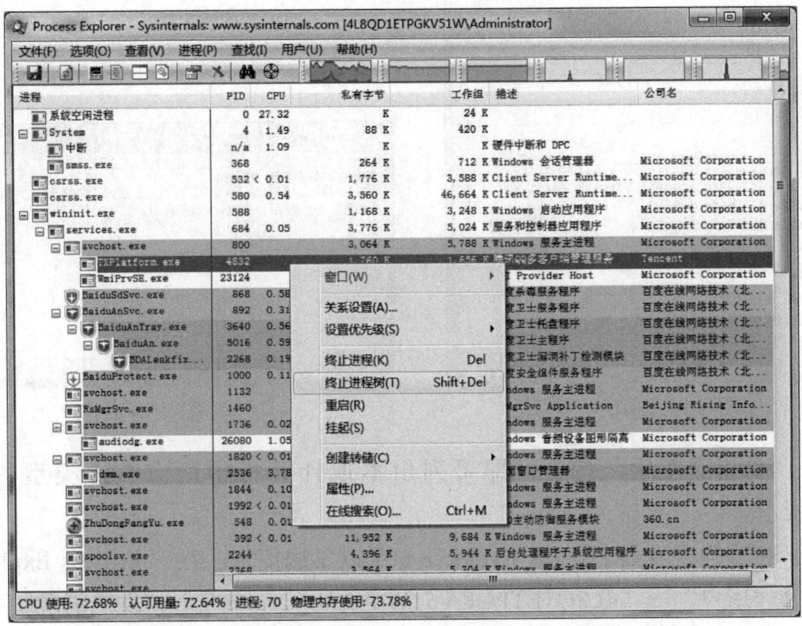

图　14.1.1-3

步骤 4：在右击弹出菜单中选择“结束进程树”选项，即可打开是否终止进程树提示框，如图 14.1.1-4 所示。单击“确定”按钮，即可终止选定的进程树。

步骤 5：在进程查看器 Process Explorer 中还可以设置进程的处理器关系。右击需要设置的进程，在弹出菜单中选择“关系设置”选项，即可打开“处理器关系”对话框，可在其中勾选相应的复选框，如图 14.1.1-5 所示。单击“确定”按钮，即可设置哪个 CPU 执行该进程。

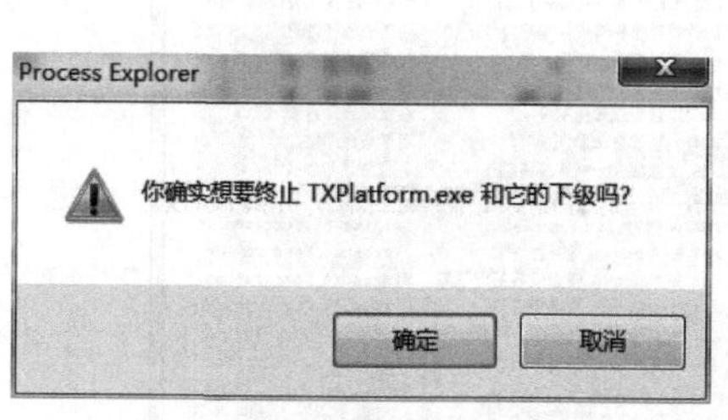

图 14.1.1-4

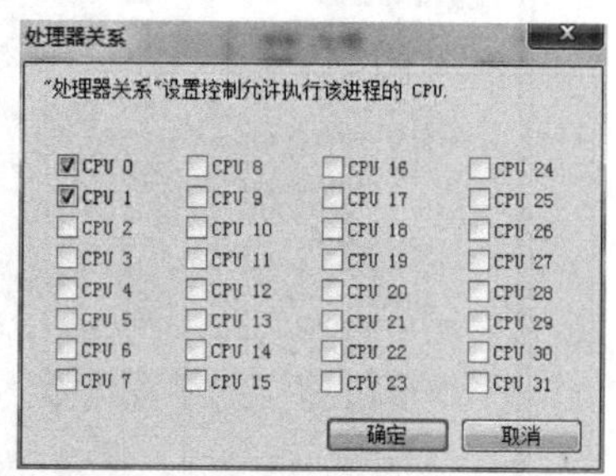

图 14.1.1-5

步骤 6：在进程查看器 Process Explorer 中还可以查看进程的相应属性。右击需要查看属性的进程，在弹出菜单中选择“属性”选项，即可打开“属性”对话框，如图 14.1.1-6 所示。

步骤 7：在进程查看器 Process Explorer 中还可以找到相应进程。在“Process Explorer”主窗口中依次选择“查找”→“查找句柄或 DLL”菜单项，即可打开“Process Explorer 搜索”对话框，在其中文本框中输入“dll”，如图 14.1.1-7 所示。

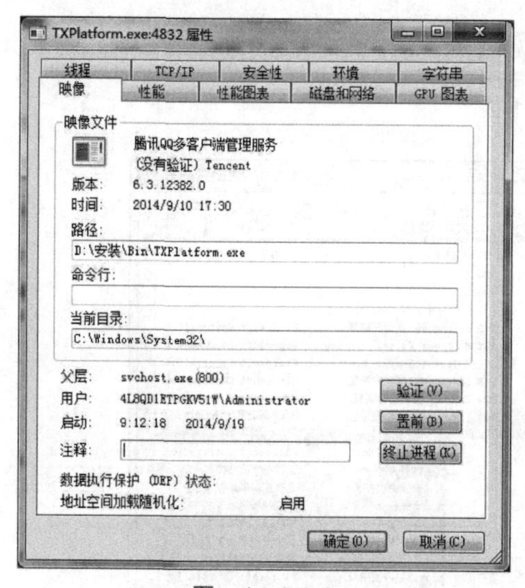

图 14.1.1-6

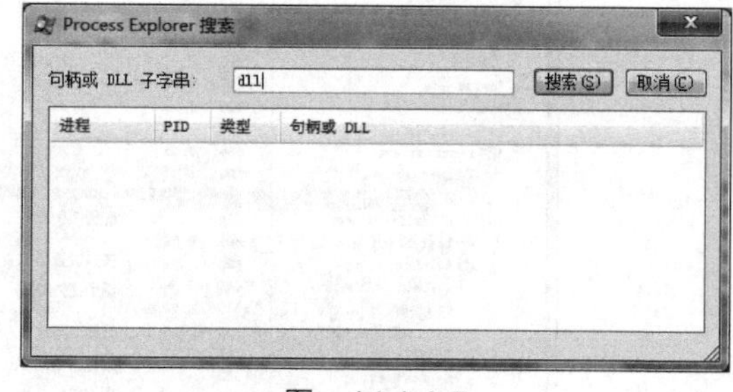

图 14.1.1-7

步骤 8：单击“搜索”按钮，即可列出本地计算机中所有 DLL 类型的进程，如图 14.1.1-8 所示。

步骤 9：在进程查看器 Process Explorer 中可以发送信息。在“Process Explorer”主窗口中依次选择“用户”→“4L8Q1ETPGKV51W\Administrator”→“发送消息”菜单项，即可打开“发送消息”对话框，如图 14.1.1-9 所示。

图　14.1.1-8

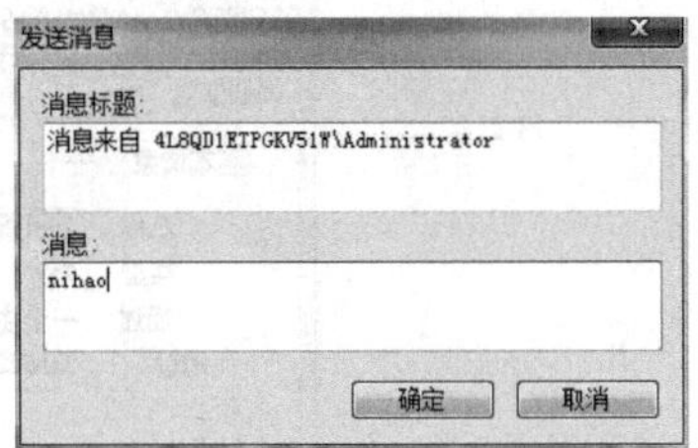

图　14.1.1-9

步骤 10：在“消息”文本框中输入要发送的信息，然后单击“确定”按钮，即可看到发送信息的标题和内容，如图 14.1.1-10 所示。

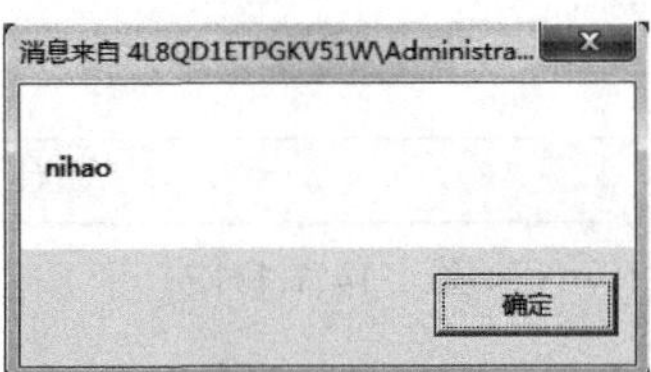

图　14.1.1-10

步骤 11：在进程查看器 Process Explorer 中可以查看句柄属性。在“Process Explorer”主窗口的工具栏中单击“显示下层窗格”按钮，在“进程”列表中单击某个进程，即可在下面的窗格中显示出该进程包含的句柄，如图 14.1.1-11 所示。

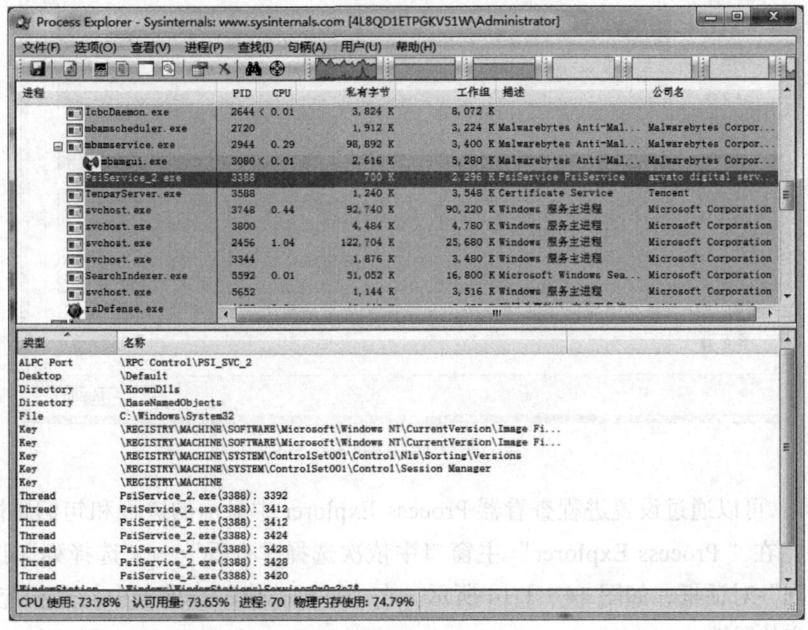

图　14.1.1-11

步骤 12：选中要查看属性的句柄后，在“Process Explorer”主窗口中依次选择“句柄”→“属性”选项，即可打开“属性”对话框，如图 14.1.1-12 所示。在“详细信息”选项卡中可看到该句柄的详细信息；在“安全”选项卡中可看到该句柄的安全信息。

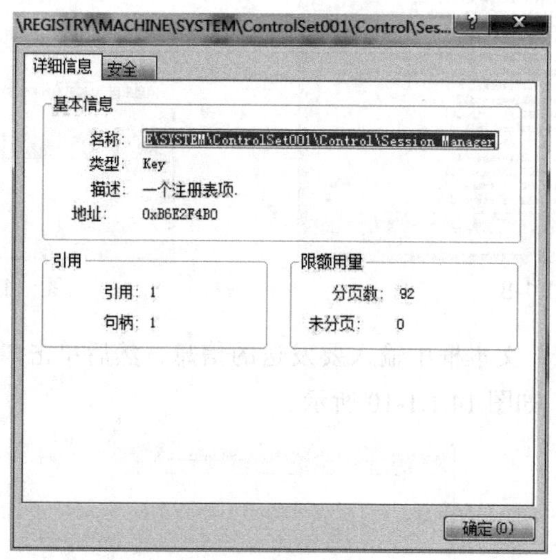

图 14.1.1-12

步骤 13：在进程查看器 Process Explorer 中还可以查看系统信息。在“Process Explorer”主窗口的工具栏中单击“系统信息”按钮，即可打开“系统信息”对话框，在其中可看到当前系统的各种详细信息，如图 14.1.1-13 所示。

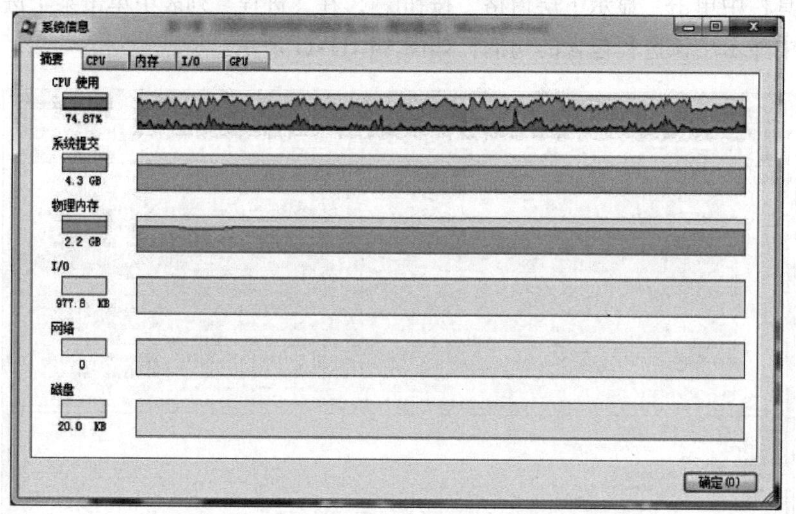

图 14.1.1-13

步骤 14：可以通过设置进程查看器 Process Explorer 中显示的进程和句柄属性，来满足不同的需要。在“Process Explorer”主窗口中依次选择“查看”→“选择列”选项，即可打开“选择列”对话框，如图 14.1.1-14 所示。在“进程映像”选项卡中勾选相应的复选框，即可显示相应的属性。

步骤 15：在“进程性能”选项卡中勾选“ CPU 使用”和“句柄计数”复选框，如图 14.1.1-15 所示。在“句柄”选项卡中可设置显示进程视图中的列，这里勾选“类型”“名称”“句柄值”和“文件共享标记”复选框，如图 14.1.1-16 所示。

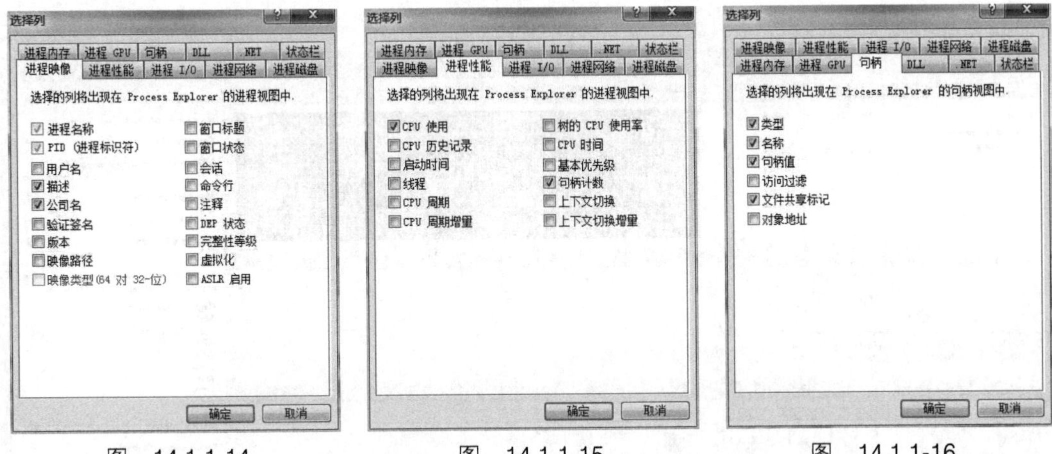

图 14.1.1-14　　图 14.1.1-15　　图 14.1.1-16

步骤 16：还可在其中设置“ DLL”选项卡和“状态栏”选项卡，单击“确定”按钮，即可在“Process Explorer”主窗口中看到设置属性后显示的进程，如图 14.1.1-17 所示。

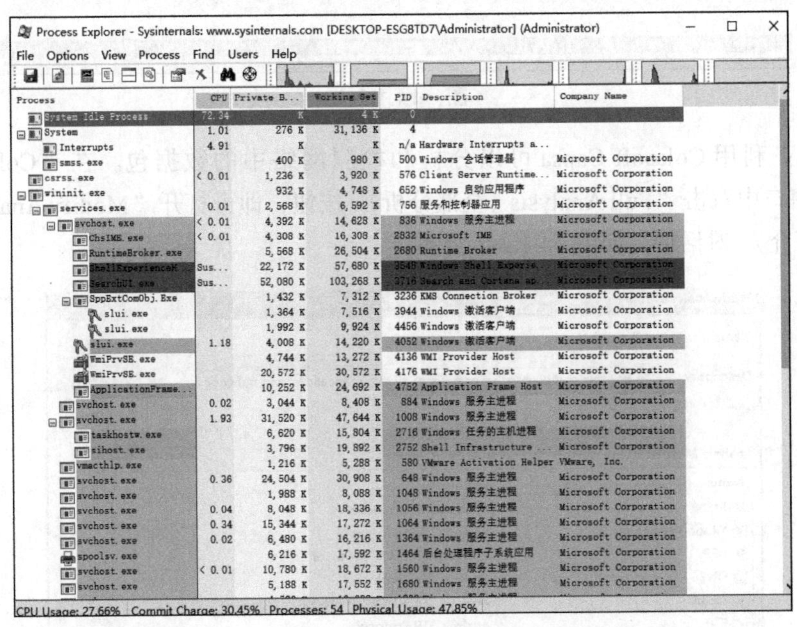

图 14.1.1-17

14.1.2 网络检测工具：Colasoft Capsa

Colasoft Capsa 是一款基于 TCP/IP 协议的网络监测、嗅探、分析工具。使用该工具可以捕获本地和网络中的 IP 数据包，并进行分析、监测。该工具的使用步骤如下。

步骤1：下载并安装Colasoft Capsa，在桌面上双击快捷图标，即可打开“Colasoft Capsa Demo”主窗口，在其中可看到本机计算机IP地址及网络连接情况，如图14.1.2-1所示。

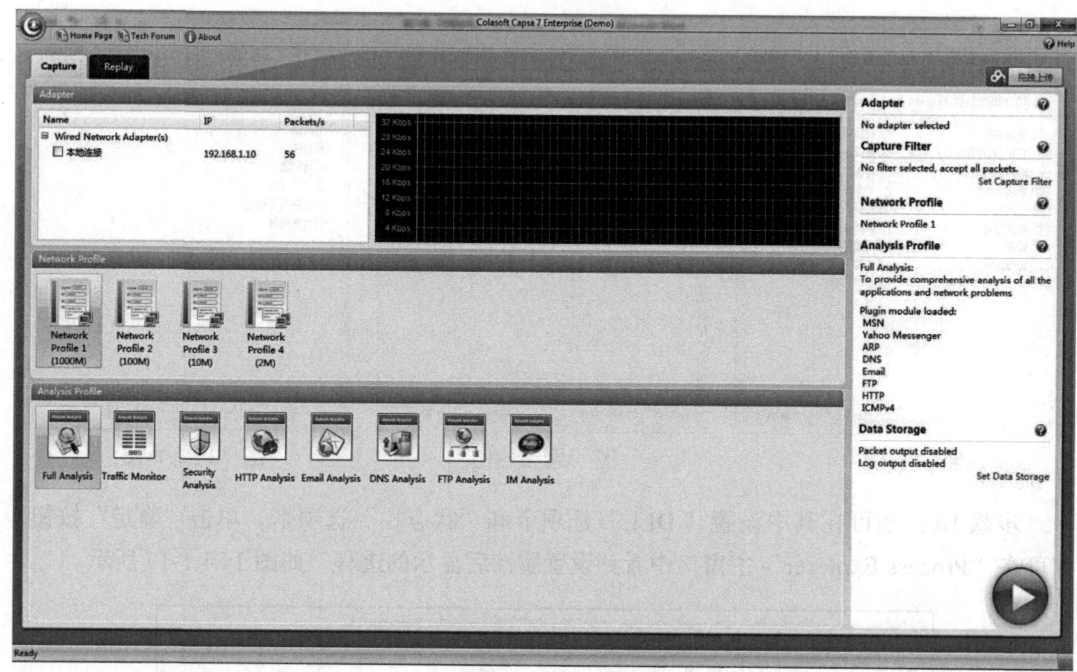

图 14.1.2-1

步骤2：利用Colasoft Capsa可以分析和检测网络中的数据包。在“Colasoft Capsa Demo”主窗口中双击“Full Analysis（全部分析）”按钮，即可打开“Modify Analysis Profile（修改分析简介）”对话框，如图14.1.2-2所示。

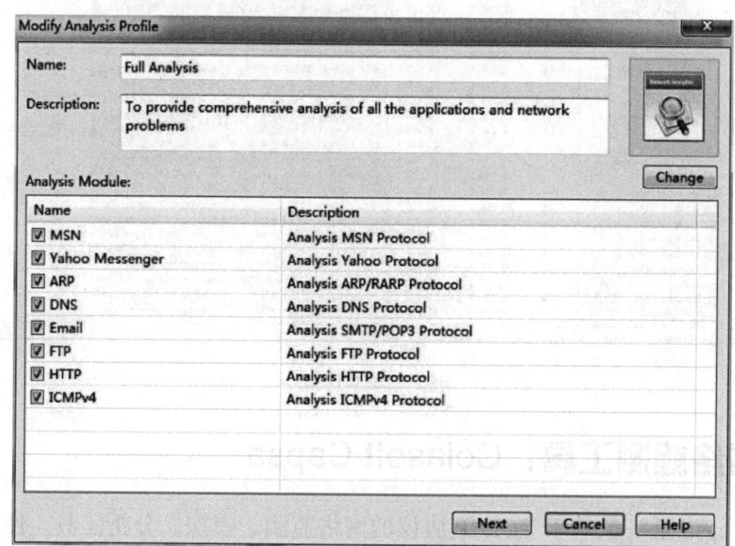

图 14.1.2-2

步骤 3：在其中勾选相应的复选框后，单击“Next”按钮，即可打开“Analysis Profile Options（分析简介选项）”对话框，如图 14.1.2-3 所示。在“Analysis Object（分析对象）”选项卡中勾选相应的复选框，即可选择要分析的对象。

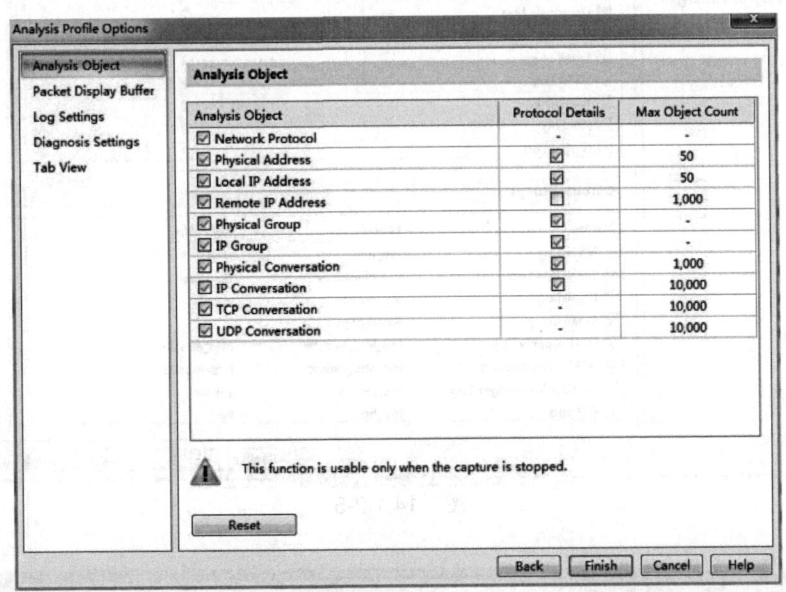

图　14.1.2-3

步骤 4：在“Packet Display Buffer（数据包缓冲区）”选项卡中可以设置数据包缓冲区的大小，如图 14.1.2-4 所示。在“Log Settings（日志设置）”选项卡中可设置要保存的日志类型，如图 14.1.2-5 所示。在“Diagnosis Settings（诊断设置）”选项卡中可设置诊断分析的各个属性，如图 14.1.2-6 所示。

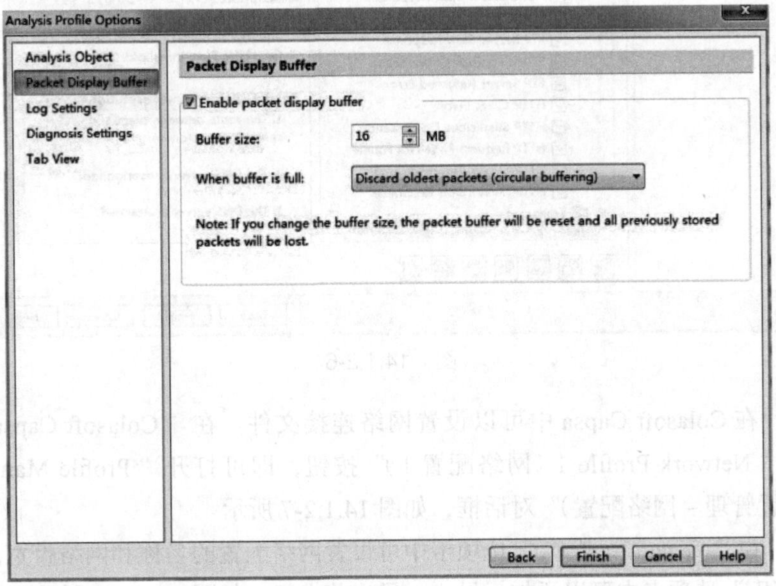

图　14.1.2-4

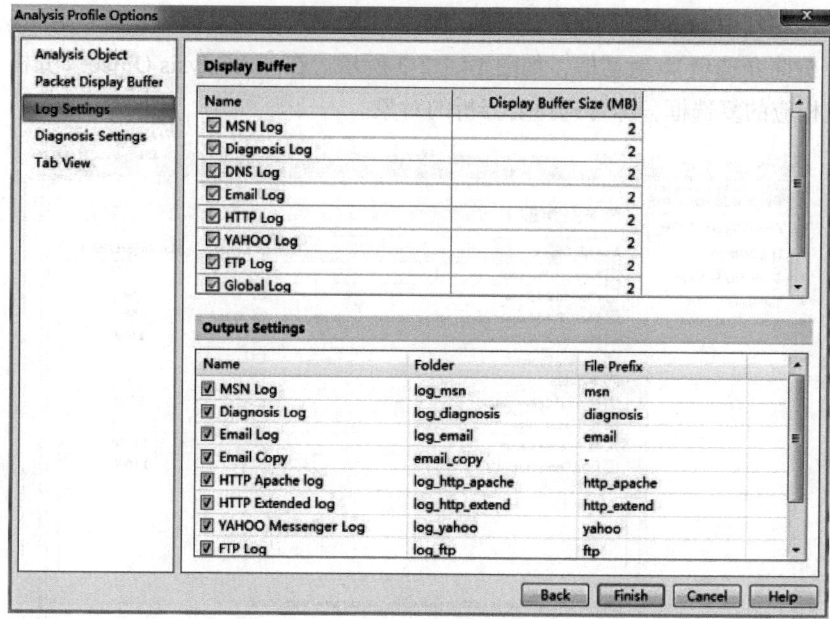

图　14.1.2-5

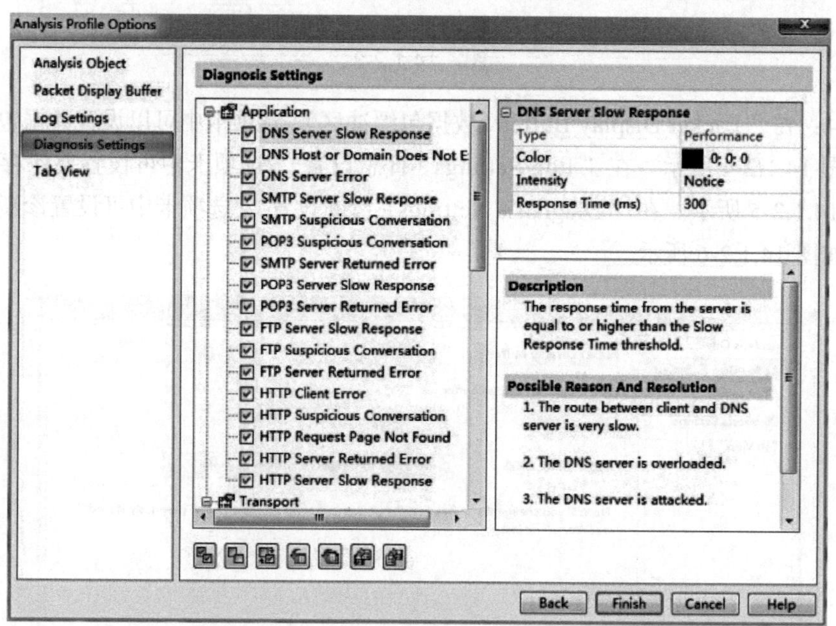

图　14.1.2-6

步骤 5：在 Colasoft Capsa 中可以设置网络连接文件。在“Colasoft Capsa Demo”主窗口中双击“Network Profile 1（网络配置 1）”按钮，即可打开“Profile Manage-Network Profile 1（配置管理 – 网络配置）”对话框，如图 14.1.2-7 所示。

步骤 6：在“General（基本）”选项卡中可设置网络配置的名称和网络带宽。在“Node Group（节点组）”选项卡中可以添加、导入、导出节点组，如图 14.1.2-8 所示。

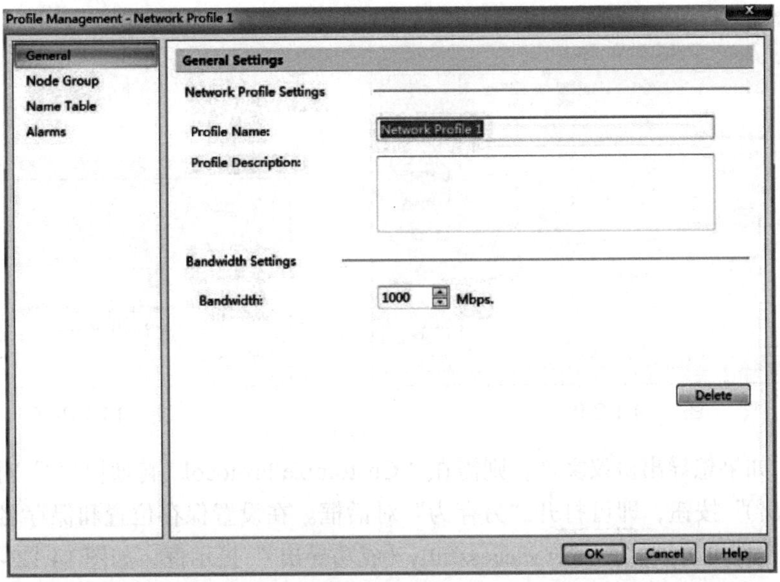

图　14.1.2-7

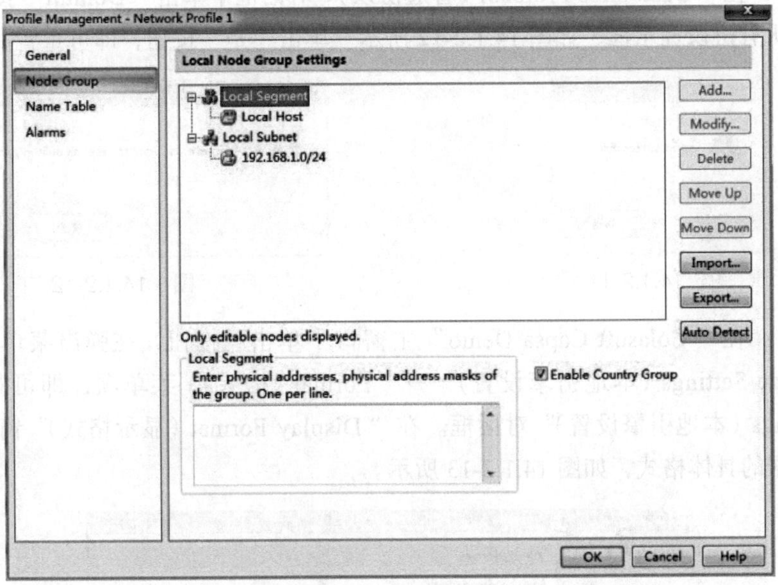

图　14.1.2-8

步骤 7：在 Colasoft Capsa 中可以查看各个协议及其对应的端口。在“Colasoft Capsa Demo”主窗口中单击按钮，在弹出菜单中依次选择“Local Engine Settings（本地引擎设置）”→“Custom Protocol（普通协议）”菜单项，即可打开“Customize Protocol（普通协议）”对话框，在其中可进行添加、修改、导入和导出协议等操作，如图 14.1.2-9 所示。

步骤 8：如果想对某个协议进行修改，则先在协议“Name”列表中选中该协议，单击“Modify（修改）”按钮，即可打开“Modify Protocol（修改协议）”对话框，如图 14.1.2-10 所示。

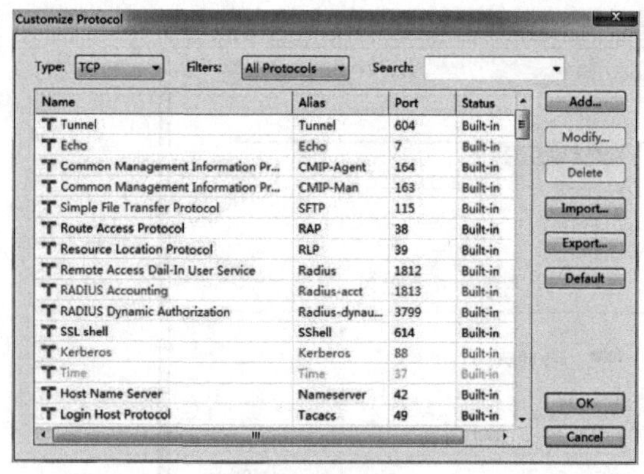

图 14.1.2-9

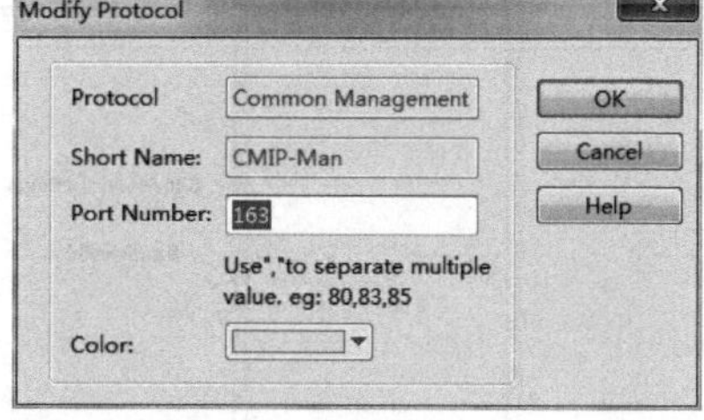

图 14.1.2-10

步骤 9：如果想导出协议文件，则需在“Customize Protocol（普通协议）”对话框中单击“Export（导出）”按钮，即可打开“另存为”对话框。在设置保存位置和保存名称后，单击“保存”按钮，即可看到“Export successfully（成功导出）”提示框，如图 14.1.2-11 所示。单击“确定”按钮，即可完成导出协议操作。

步骤 10：在“Customize Protocol（普通协议）”对话框中单击“Default”按钮，即可打开是否重置所有协议提示框，如图 14.1.2-12 所示。单击“是”按钮，即可重置所有的协议。

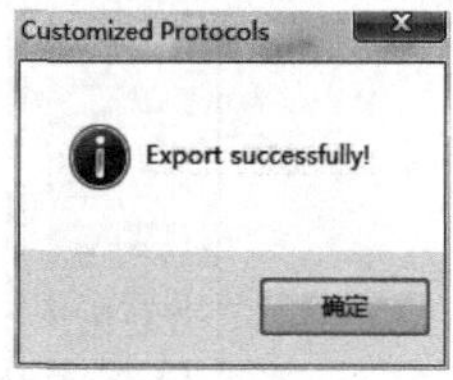

图 14.1.2-11

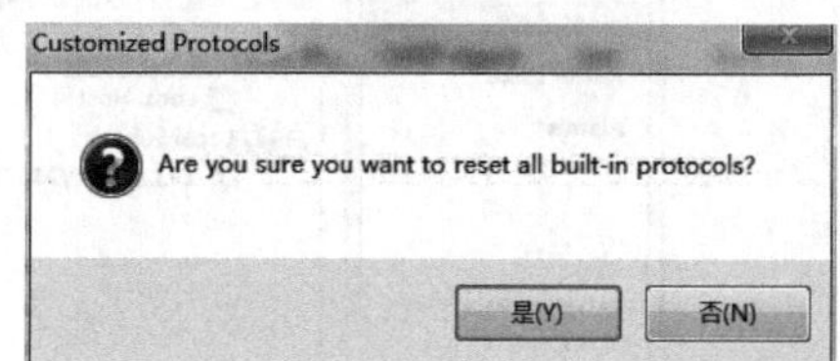

图 14.1.2-12

步骤 11：在“Colasoft Capsa Demo”主窗口中单击按钮，在弹出菜单中依次选择“Local Engine Settings（本地引擎设置）”→“Format（格式）”菜单项，即可打开“Local Engine Settings（本地引擎设置）”对话框。在“Display Format（显示格式）”窗格中可设置显示网络数据的具体格式，如图 14.1.2-13 所示。

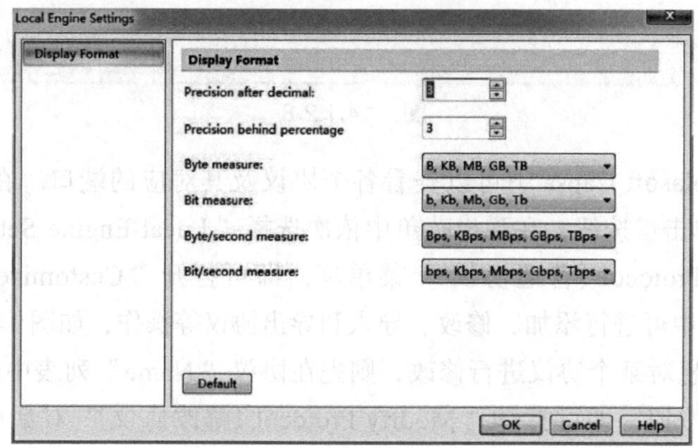

图 14.1.2-13

14.2 间谍软件防护实战

间谍软件的主要危害是严重干扰用户使用互联网操作，如推广弹出式广告、影响用户网上购物、干扰在线聊天、欺骗用户浏览搜索引擎引导网站等。同时还有可能导致机器速度变慢，或出现突然断开网络等情况，这主要是因为间谍软件会占用大量系统资源。

14.2.1 间谍软件防护概述

间谍软件主要攻击微软操作系统，通过 Internet Explorer 漏洞进入，并隐藏在 Windows 的薄弱之处。有些间谍软件（尤其是恶意 Cookie 文件）可以在任何浏览器中发生作用，但这只是间谍软件中很小的一部分。微软的一些软件产品，如 Internet Explorer、Word、Outlook 和 Media Player 等，一旦下载就将自动执行，从而使间谍软件很容易乘虚而入。

如果出现如下情况，则用户的计算机中可能已经存在间谍软件或其他有害软件：

- 用户没有浏览网页也会看见弹出式广告。
- 用户的 Web 浏览器先打开页面（主页）或浏览器，搜索设置已在用户不知情的情况下被更改。
- 浏览器中有一个用户不需要的新工具栏，并且很难将其删除。
- 计算机完成某些任务所需的时间比以往要长。
- 计算机崩溃的次数突然上升。

间谍软件通常和显示广告软件（称为“广告软件”）、跟踪个人、敏感信息等软件联系在一起，但这并不意味着所有提供广告或跟踪用户在线活动的软件都是恶意软件。如用户可能要注册免费音乐服务，但代价是要同意接收目标广告。如果同意了该条款，则表示已确定这是一桩公平交易。用户也可能同意让该公司跟踪自己在线活动，以确定要显示的广告。

其他有害软件则会做出一些令人烦恼的更改，而且可能会导致计算机变慢或崩溃。这些程序能够更改 Web 浏览器的主页或搜索页，或在浏览器中添加用户不需要的附加组件，还可能会使用户很难将自己的设置恢复为原始设置。一切的关键在于用户（或其他使用自己计算机的人）是否了解软件要执行的操作，以及是否已同意将软件安装在自己的计算机上。

间谍软件或其他有害软件有多种方法可以侵入用户的系统，常见伎俩是在用户安装需要的其他软件（如音乐或视频文件共享程序）时，被偷偷地安装该软件。有时在特定软件安装中已经记录了包括有害软件的信息，但此信息可能出现在许可协议或隐私声明的结尾处。

14.2.2 用 SpySweeper 清除间谍软件

当大家安装了某些免费的软件或浏览某个网站时，都可能使用间谍软件潜入。黑客除监视用户的上网习惯（如上网时间、经常浏览的网站及购买了什么商品等）外，还有可能记录用户的信用卡账号和密码，这给用户安全带来了重大隐患。Spy Sweeper 是一款五星级的间谍软件清理工具，它还提供主页保护和 Cookies 保护等功能。具体的操作步骤如下。

步骤 1：运行“Webroot AntiVirus”，单击页面左侧的“Options”按钮，如图 14.2.2-1 所示。

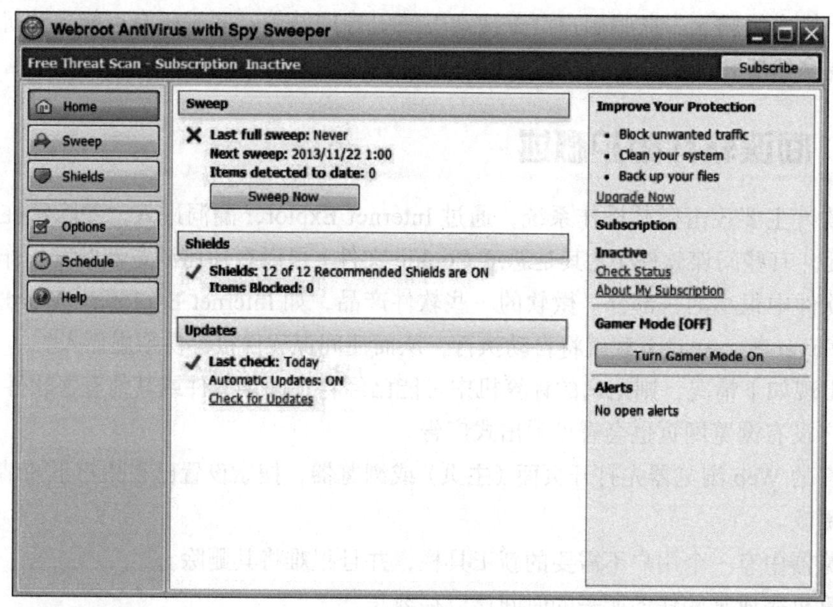

图 14.2.2-1

步骤 2：切换至“Sweep”标签，设置扫描方式，如选中快速扫描方式“Quick Sweep”，如图 14.2.2-2 所示。

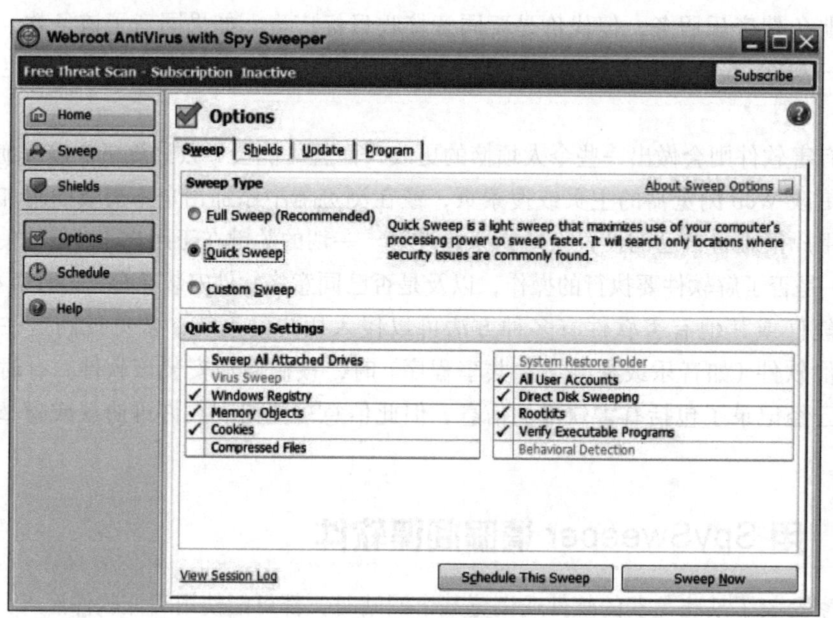

图 14.2.2-2

步骤 3：选择“Custom Sweep（自定义扫描方式）”选项自定义扫描方式，用户可以在下方列表中对扫描进行设置，然后单击“Change Settings”超链接，如图 14.2.2-3 所示。

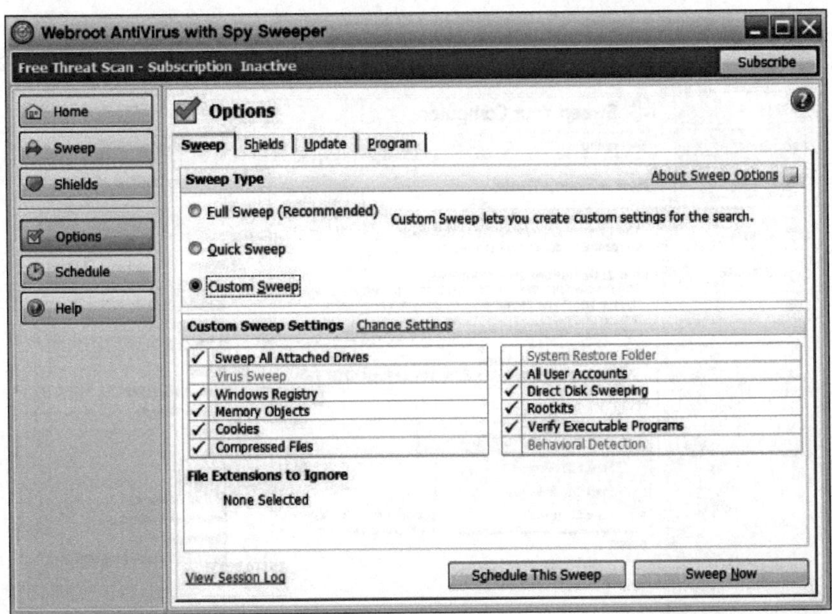

图　14.2.2-3

步骤 4：打开“Where to Sweep”对话框，用户可以具体设置扫描或跳过的对象，然后单击“OK”按钮，如图 14.2.2-4 所示。

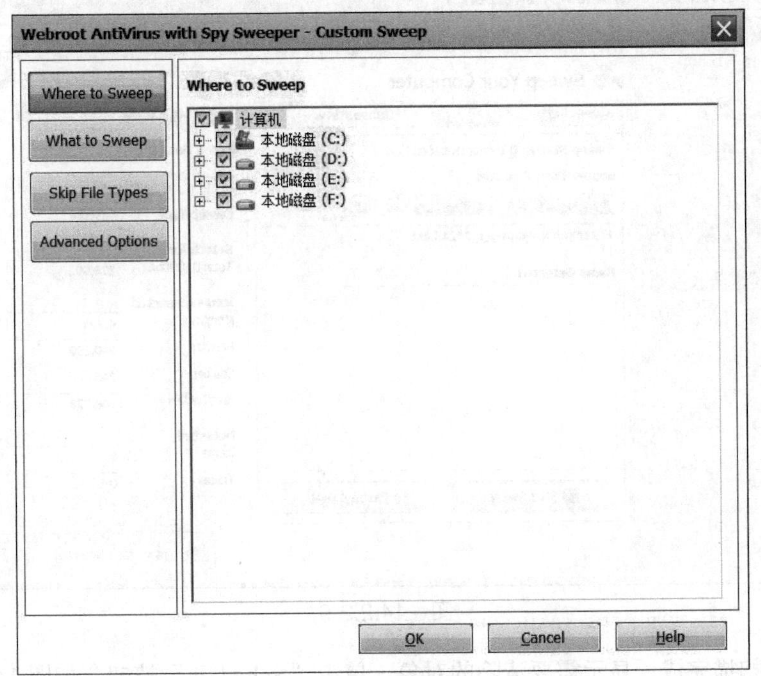

图　14.2.2-4

步骤5：返回主界面，单击左侧“Sweep”按钮，在下拉列表中选择“Start Custom Sweep（开始自定义扫描）”命令，如图14.2.2-5所示。

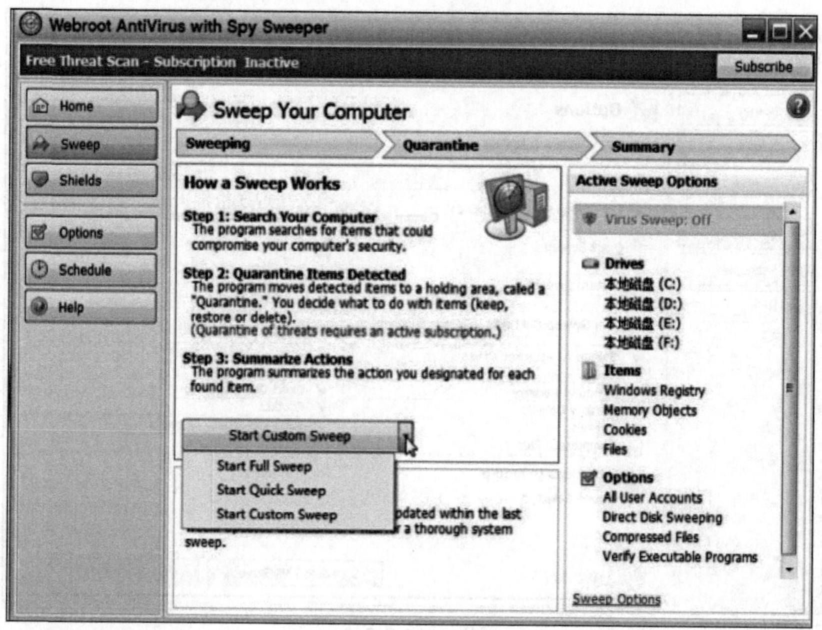

图 14.2.2-5

步骤6：开始扫描，界面上显示扫描进度及扫描结果，如图14.2.2-6所示。

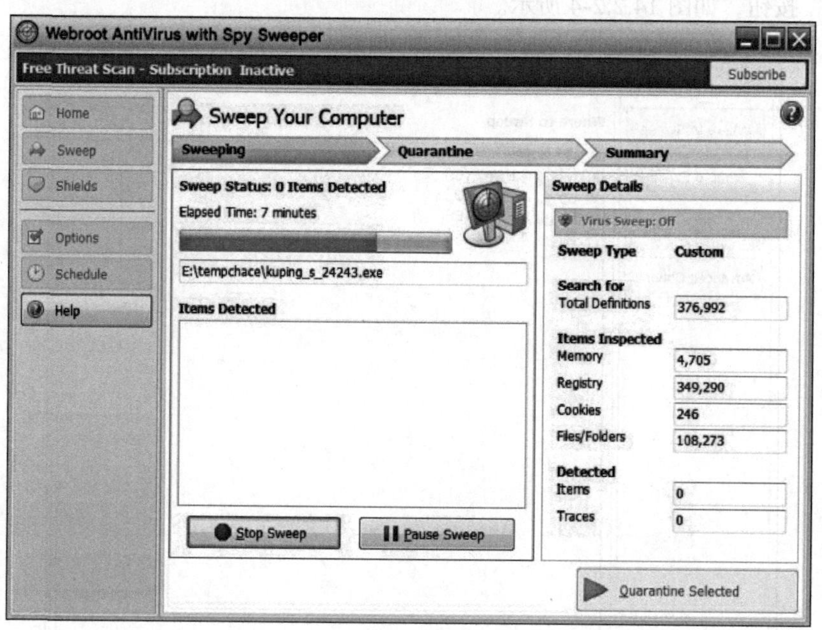

图 14.2.2-6

步骤7：扫描完成，显示需要清除的对象，单击“Schedule”按钮，如图14.2.2-7所示。

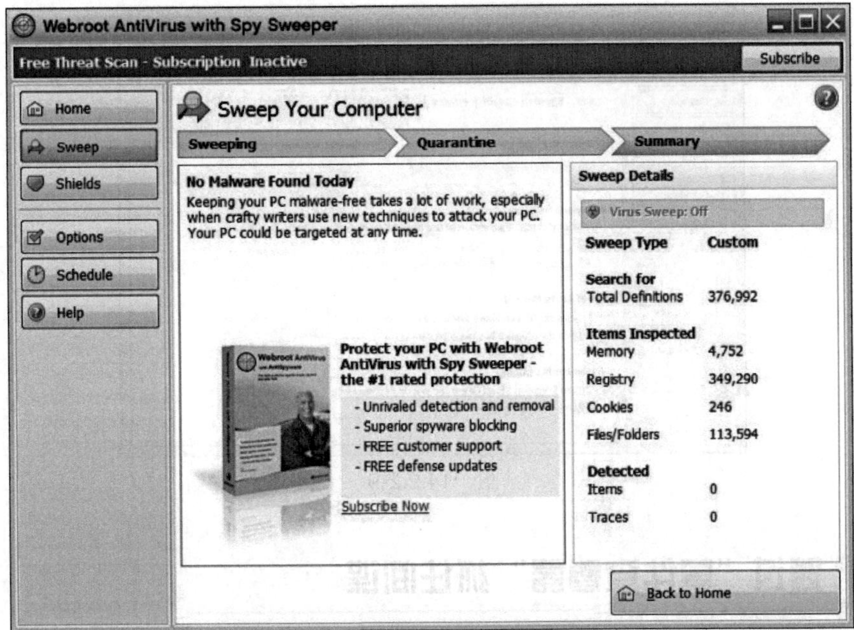

图 14.2.2-7

步骤 8：打开“ Schedule”页面，可创建定时扫描任务，其中包括扫描事件、开始扫描时间等，如图 14.2.2-8 所示。

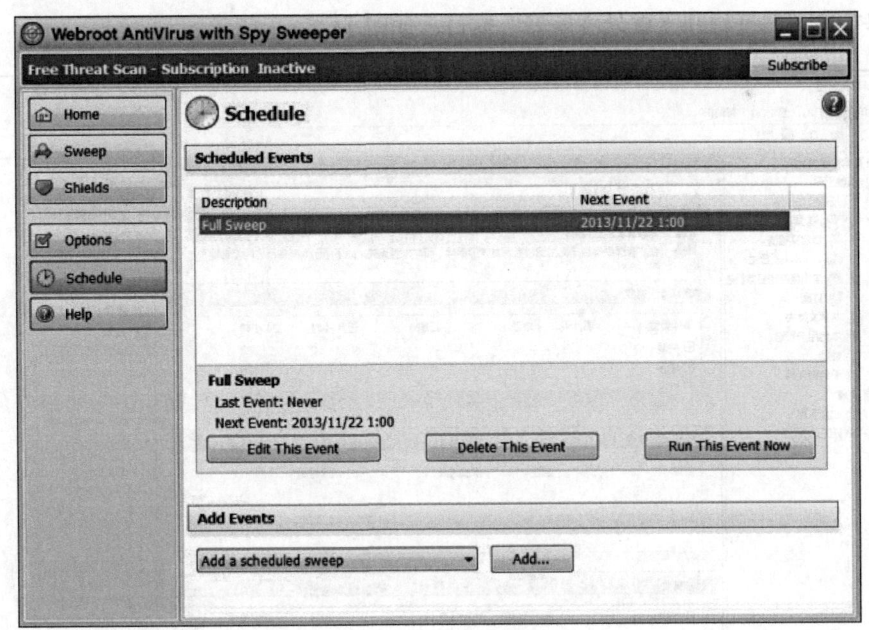

图 14.2.2-8

步骤 9：单击左侧“ Options”按钮，选择“ Shields”选项卡，在其中设置各种对象的防御选项，可以使用户在上网过程中及时保护系统，如图 14.2.2-9 所示。

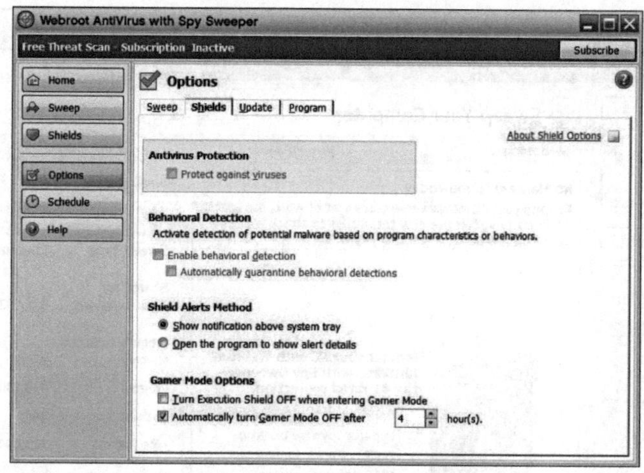

图 14.2.2-9

14.2.3 通过“事件查看器”抓住间谍

如果用户关心系统的安全，并且想快捷地查找出系统的安全隐患或发生的安全问题的原因，可通过 Windows 系统中“事件查看器”发现一些安全问题的苗头及已植入系统的“间谍”所在。在 Windows 10 系统中打开“事件查看器”方法为：右键单击桌面“此电脑”图标，选择“管理”选项，在打开的“计算机管理”界面中单击“系统工具”，然后单击“事件查看器”选项即可打开“事件查看器”窗口，如图 14.2.3-1 所示。

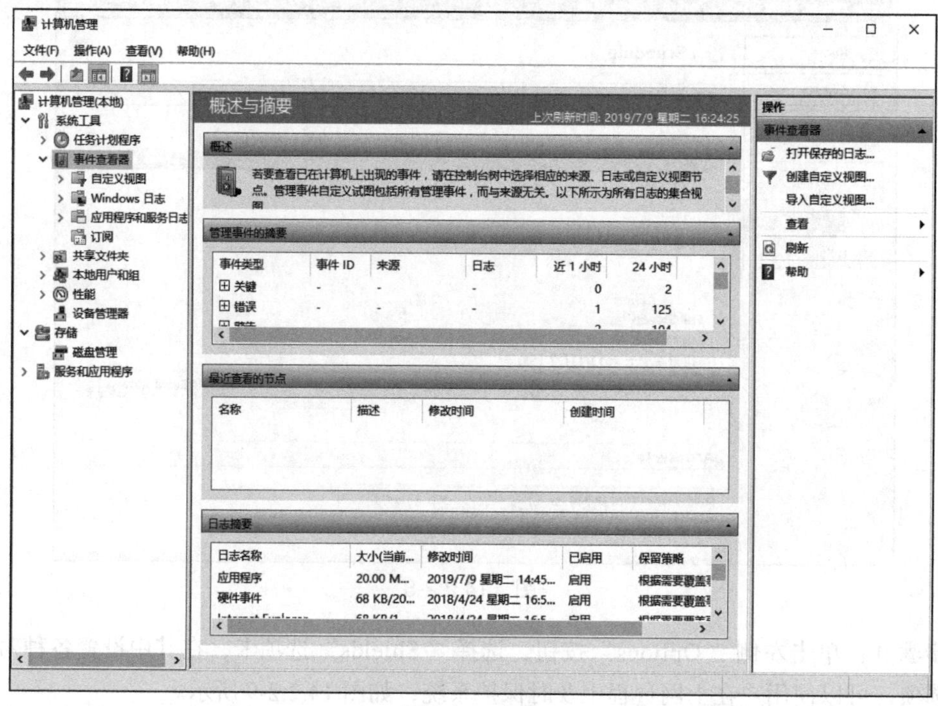

图 14.2.3-1

（1）事件查看器查获“间谍”实例

由于日志记录了系统运行过程中大量的操作事件，为了方便用户查阅这些信息，采取了“编号”方式，同一编号代表同一类操作事件，示例如图 14.2.3-2 所示。

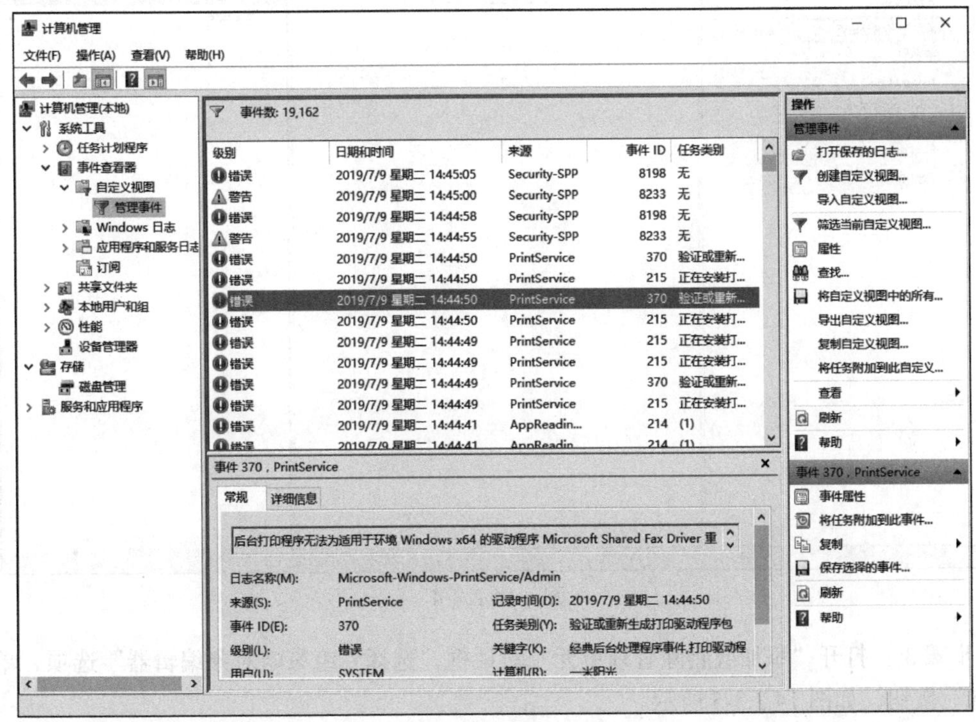

图　14.2.3-2

（2）安全日志的启用

安全日志在默认情况下是停用的，但作为维护系统安全中最重要的措施之一，将其开启显然是非常必要的。通过查阅安全日志，可以得知系统是否有恶意入侵的行为等。启用安全日志的具体操作步骤如下。

步骤 1：打开“运行”对话框，在命令框中输入“mmc”命令，然后单击“确定”按钮，如图 14.2.3-3 所示。

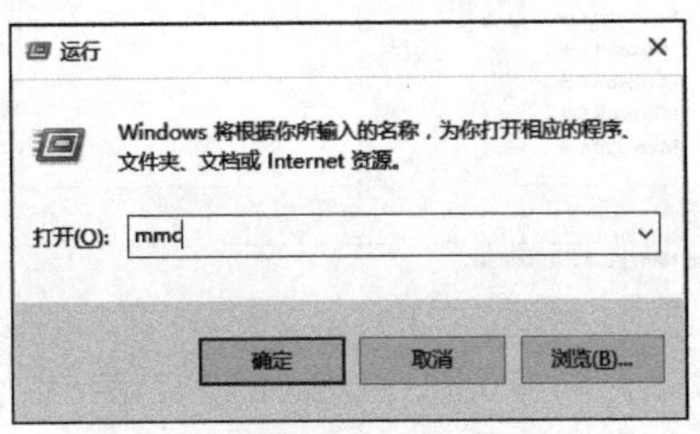

图　14.2.3-3

步骤 2：打开“控制台”窗口，依次单击“文件”→“添加 / 删除管理单元”菜单项，如图 14.2.3-4 所示。

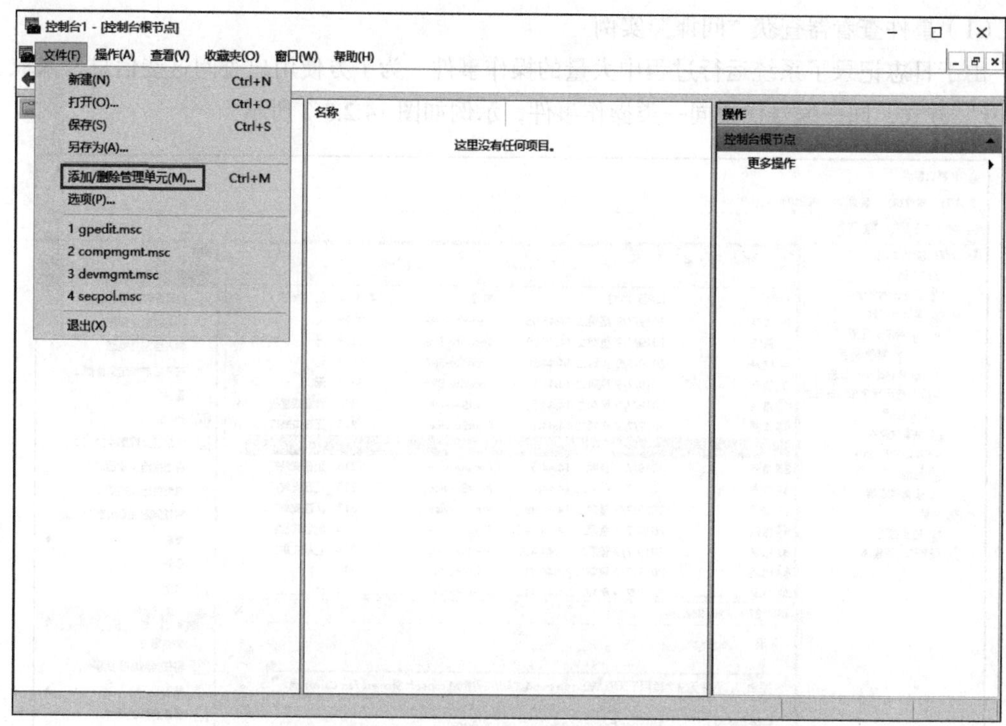

图 14.2.3-4

步骤 3：打开“添加或删除管理单元”对话框，选择“组策略对象编辑器”选项，单击“添加”按钮，如图 14.2.3-5 所示。

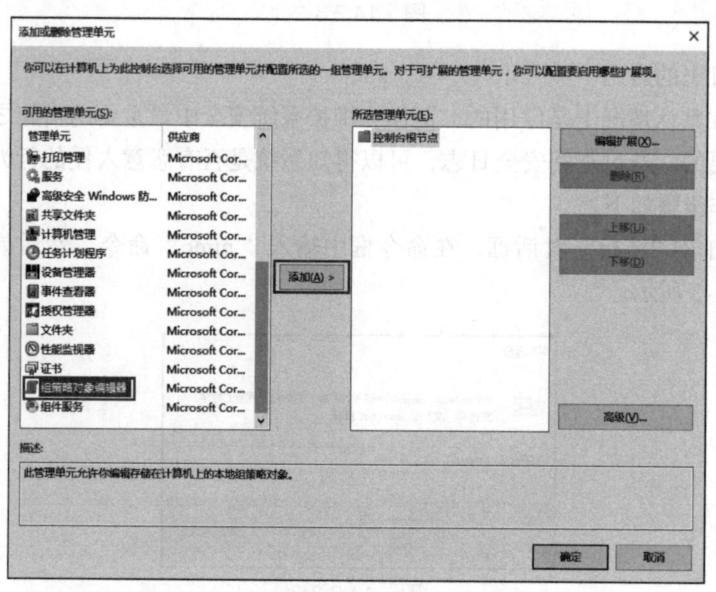

图 14.2.3-5

步骤 4：打开“选择组策略对象”对话框，选择“本地计算机”选项，单击“完成”按钮，即可完成开启日志，如图 14.2.3-6 所示。

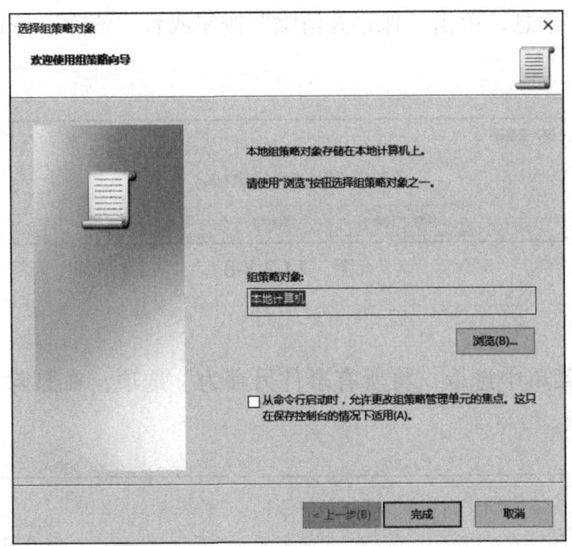

图　14.2.3-6

（3）用“事件查看器”清除日志

由于日志记录了大量的系统信息，需要占用一定的磁盘空间，如果是个人计算机，可经常清除日志以减少磁盘占用量。如果觉得日志内容比较重要，则可以将其保存到安全的地方。

清除日志方法一

步骤 1：打开“事件查看器”窗口，在窗口中右击需要清除的日志，在快捷菜单中单击“清除日志”命令，如图 14.2.3-7 所示。

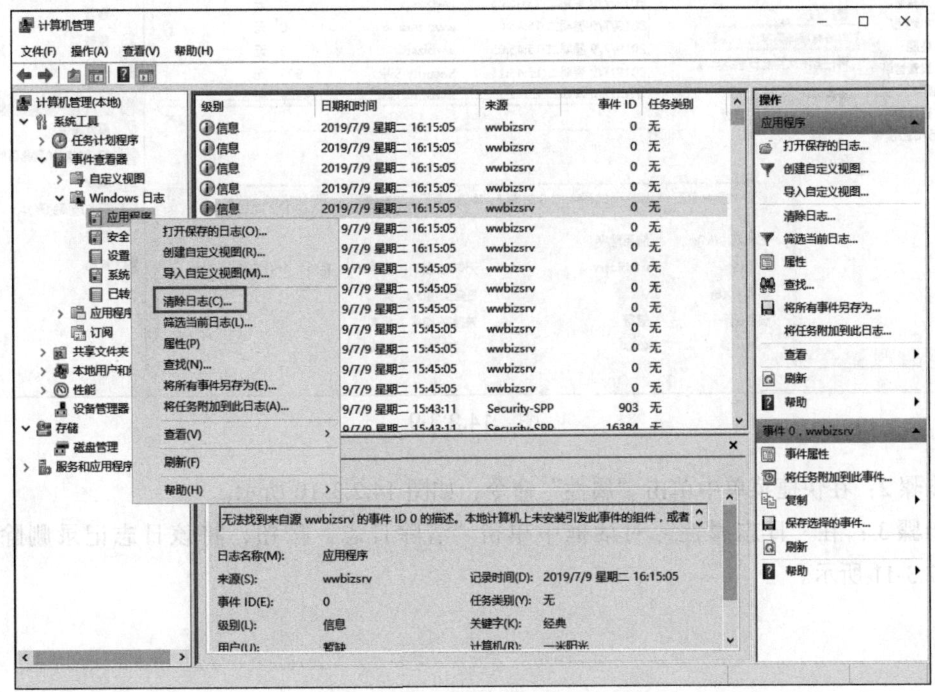

图　14.2.3-7

步骤 2：查看提示信息，单击“保存并清除”按钮或者“清除”按钮皆可，如图 14.2.3-8 所示。

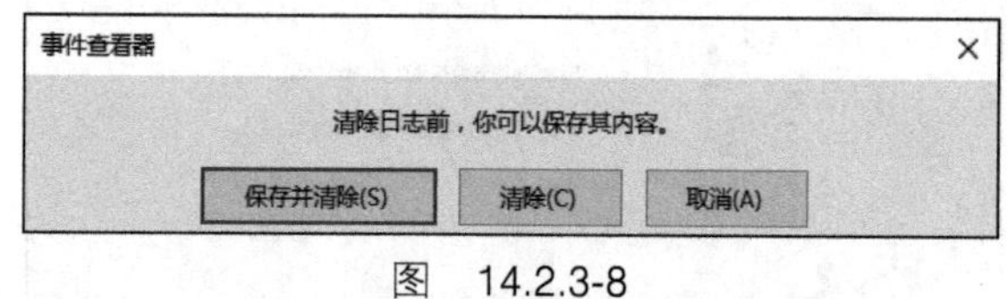

图 14.2.3-8

清除日志方法二

步骤 1：在快捷菜单中选取“将所有事件另存为”选项，在删除前将日志记录保存下来，如图 14.2.3-9 所示。

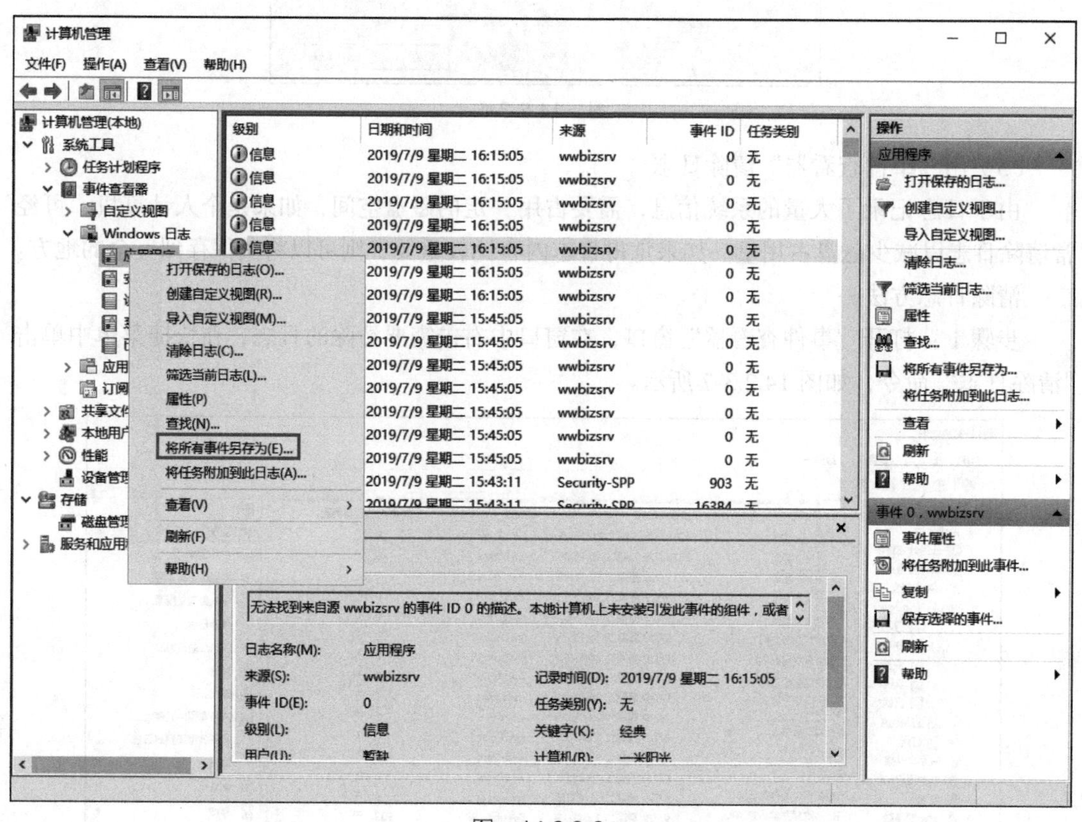

图 14.2.3-9

步骤 2：在快捷菜单中单击“属性”命令，如图 14.2.3-10 所示。

步骤 3：在“日志属性”对话框中单击“清除日志”按钮，将该日志记录删除，如图 14.2.3-11 所示。

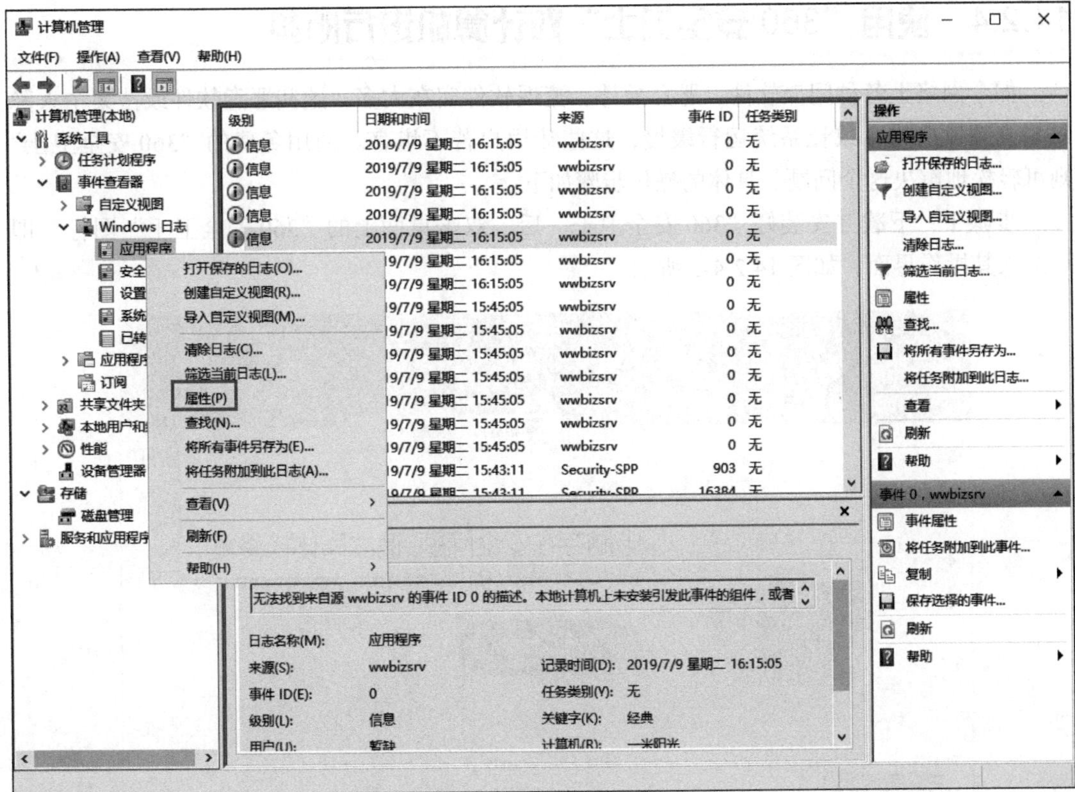

图　14.2.3-10

日志属性 - 应用程序 (类型: 管理的)

常规　订阅

全名(F): Application

日志路径(L): %SystemRoot%\System32\Winevt\Logs\Application.evtx

日志大小: 20.00 MB(20,975,616 个字节)

创建时间: 2018年4月24日 星期二 16:49:06

修改时间: 2019年7月9日 星期二 14:45:05

访问时间: 2018年4月24日 星期二 16:49:06

☑ 启用日志记录(E)

日志最大大小(KB)(X): 20480

达到事件日志最大大小时:

◉ 按需要覆盖事件(旧事件优先)(W)

○ 日志满时将其存档，不覆盖事件(A)

○ 不覆盖事件(手动清除日志)(N)

清除日志(R)

确定　取消　应用(P)

图　14.2.3-11

14.2.4 使用“360 安全卫士”对计算机进行防护

如今网络上各种间谍软件、恶意插件、流氓软件实在太多，这些恶意软件或搜集个人隐私，或频发广告，或让系统运行缓慢，这些让用户苦不堪言。使用免费的“360 安全卫士”则可轻松地解决这个问题。具体的操作步骤如下。

步骤 1：下载并安装好“360 安全卫士”后，双击桌面上的“360 安全卫士”图标，即可进入其操作界面，如图 14.2.4-1 所示。

图 14.2.4-1

步骤 2：单击“立即体检”按钮即可对系统进行全面的检测，如图 14.2.4-2 所示。

图 14.2.4-2

步骤 3：扫描结果如图 14.2.4-3 所示。可以单击“一键修复”快速修复漏洞问题。

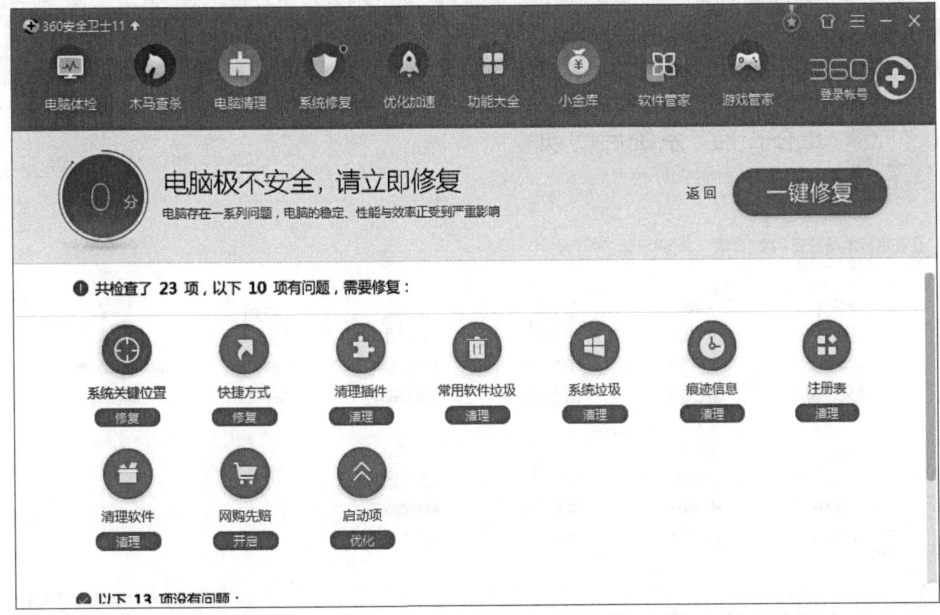

图　14.2.4-3

步骤 4：单击“木马查杀”按钮，可进行木马的查杀，如图 14.2.4-4 所示。

图　14.2.4-4

步骤 5：单击“快速查杀”按钮，进行木马查杀，如图 14.2.4-5 所示。

步骤 6：扫描完成后，如有需要修复内容，单击“一键处理”按钮即可进行木马查杀修复，如图 14.2.4-6 所示。

图 14.2.4-5

图 14.2.4-6

步骤 7：单击“电脑清理”按钮，可以进行计算机垃圾文件的清理，如图 14.2.4-7 所示。

步骤 8：单击“全面清理”按钮，进行计算机垃圾文件的查找，如图 14.2.4-8 所示。

图　14.2.4-7

图　14.2.4-8

步骤 9：扫描完成后，可以单击“一键清理”便可进行垃圾文件的清理，如图 14.2.4-9 所示。

图 14.2.4-9

步骤 10：单击“优化加速”按钮，可以进行系统性能优化查找，如图 14.2.4-10 所示。

图 14.2.4-10

步骤 11：单击“全面加速”按钮，可以进行全面性能优化查找，如图 14.2.4-11 所示。

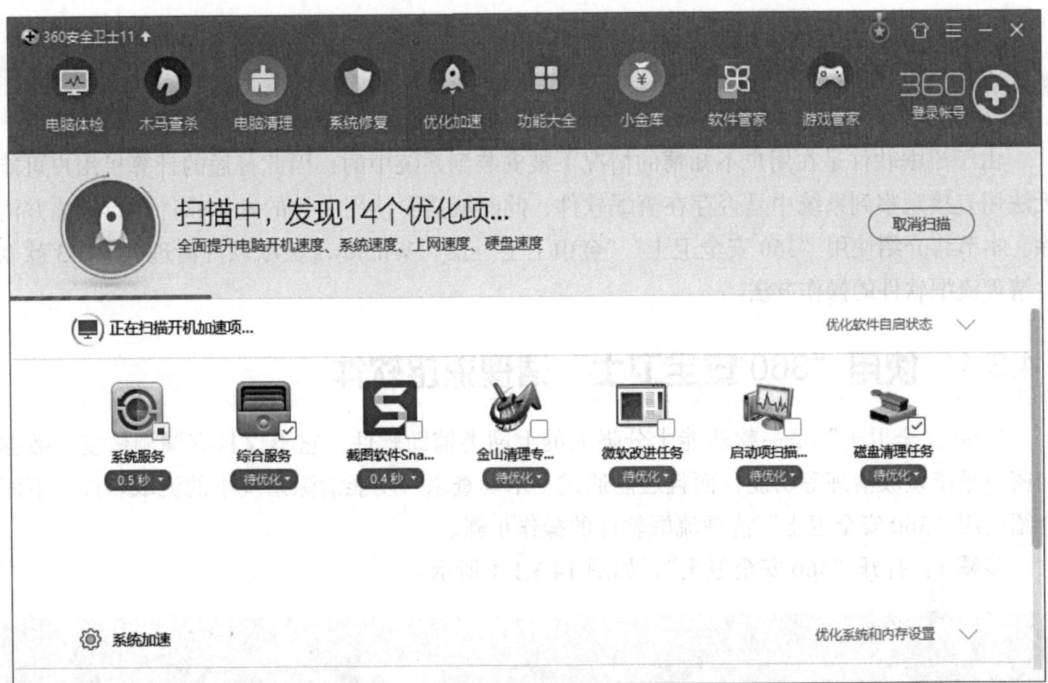

图　14.2.4-11

步骤 12：扫描完成后，可以单击“立即优化”按钮即可进行优化加速，如图 14.2.4-12 所示。

图　14.2.4-12

14.3 流氓软件的清除

由于流氓软件是在用户不知情的情况下被安装到系统中的，因此普通的计算机用户可能无法用直接观察到系统中是否存在流氓软件，此时就需要使用专业的查杀软件进行扫描并清除。本节将介绍使用“360 安全卫士”“金山卫士”及“ Windows 流氓软件清理大师”3 款软件清理流氓软件的操作方法。

14.3.1 使用“360 安全卫士”清理流氓软件

“360 安全卫士”是一款功能十分强大的上网类辅助软件，它不仅具有漏洞修复、数据加密及系统垃圾清理等功能，而且还能通过“木马查杀”功能清除系统中的流氓软件。下面介绍使用“360 安全卫士”清理流氓软件的操作步骤。

步骤 1：打开“360 安全卫士”，如图 14.3.1-1 所示。

图 14.3.1-1

步骤 2：单击“立即体检”按钮，可以开始系统全面漏洞补丁扫描，如图 14.3.1-2 所示。

步骤 3：体检结束，检查结果如图 14.3.1-3 所示。“360 安全卫士”会列出需要进行修复的项，可以单击“一键修复”按钮，全部进行快速修复。

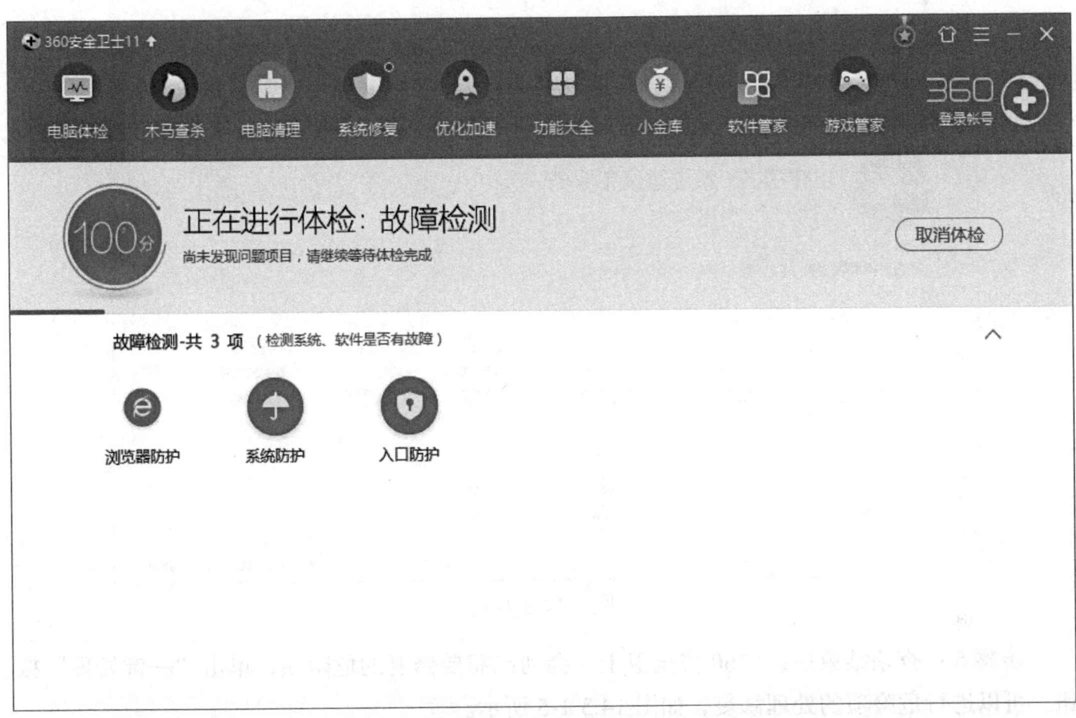

图　14.3.1-2

图　14.3.1-3

步骤 4：单击“木马查杀”按钮，可以进行木马扫描，如图 14.3.1-4 所示。

图　14.3.1-4

步骤 5：查杀结束后，“360 安全卫士”会列出需要修复的危险项，单击“一键处理”按钮，可以进行危险项的处理修复，如图 14.3.1-5 所示。

图　14.3.1-5

14.3.2　使用“金山卫士”清理流氓软件

“金山卫士”是一款由金山网络技术有限公司推出的安全类软件，该软件提供了木马查杀、漏洞检测等功能。同样它也提供了插件清理的功能，只要清理了这些插件，系统中的流氓软件也就被清理了。

步骤 1：打开“金山卫士”，单击“立即体检”按钮，即可对系统进行全面体检，如图 14.3.2-1 所示。

图 14.3.2-1

步骤 2：等待体检结果，如图 14.3.2-2 所示。

图 14.3.2-2

步骤 3：体检结果如图 14.3.2-3 所示。单击异常项中的“修复”按钮，即可进行异常修复。

图 14.3.2-3

步骤 4：单击“查杀木马”按钮，进入木马查杀页面，单击“快速扫描”可进行木马扫描，如图 14.3.2-4 所示。

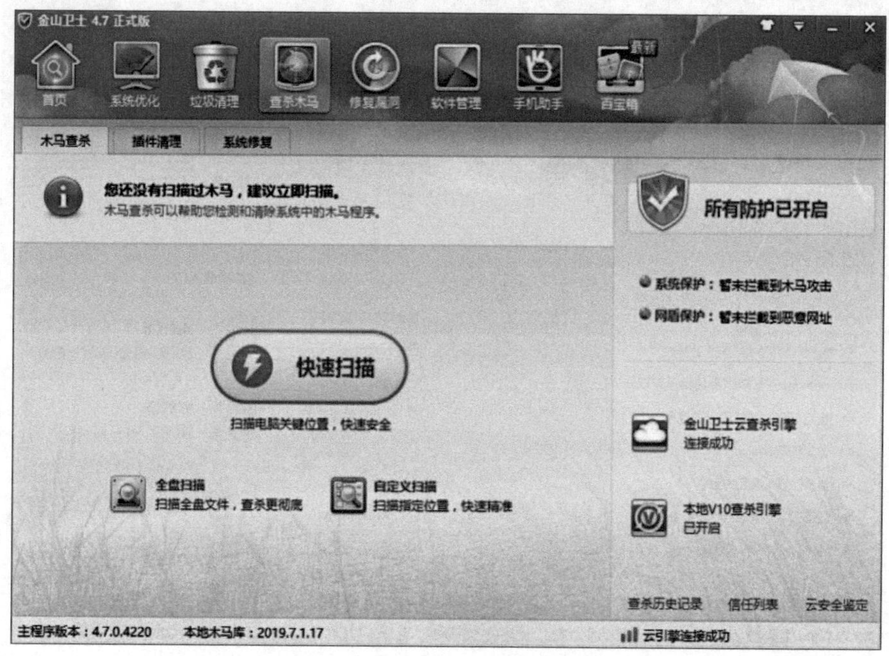

图 14.3.2-4

步骤 5：扫描结果如图 14.3.2-5 所示。单击“立即修复”按钮，可快速进行漏洞修复。

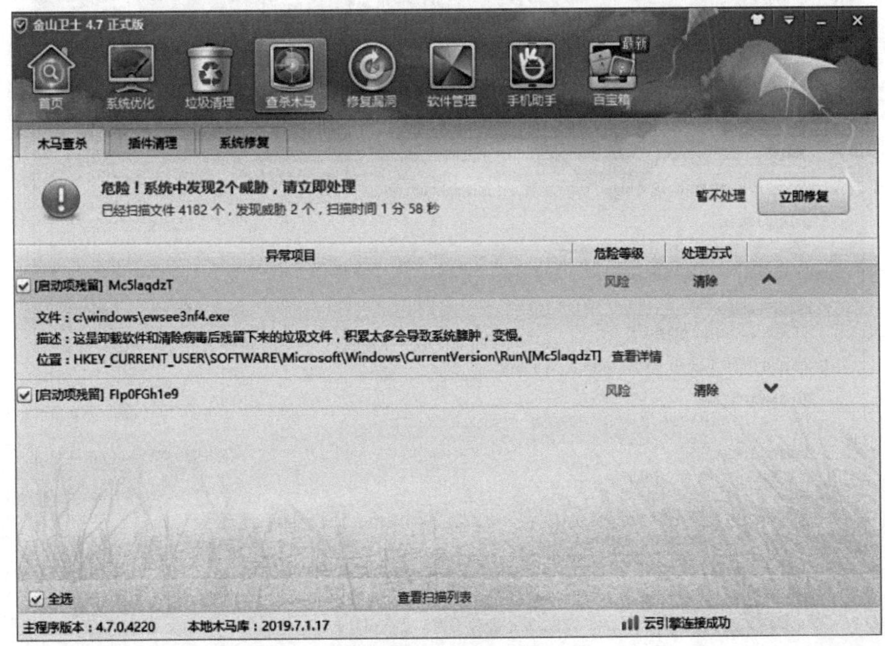

图　14.3.2-5

步骤 6：单击“插件清理”选项卡，进入插件清理页面，单击“开始扫描”按钮，进行插件扫描，如图 14.3.2-6 所示。

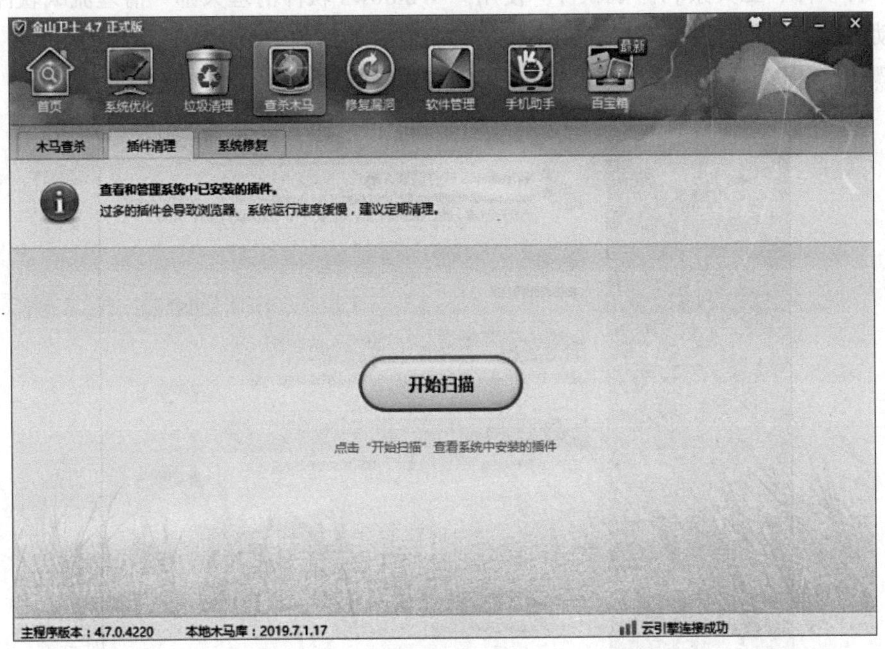

图　14.3.2-6

步骤 7：扫描结果如图 14.3.2-7 所示。如需要处理，可单独选择需要修复的插件进行修复。

图 14.3.2-7

14.3.3 使用“Windows 软件清理大师”清理流氓软件

“Windows 软件清理大师”是一款完全免费的系统维护工具，它能够检测、清理已知的大多数广告软件、工具条和流氓软件。使用“Windows 软件清理大师”清理流氓软件比较简单，启动该软件后，软件会自动检测系统中的流氓软件，用户只需确认清理即可。

步骤 1：启动“Windows 软件清理大师”程序，如图 14.3.3-1 所示。

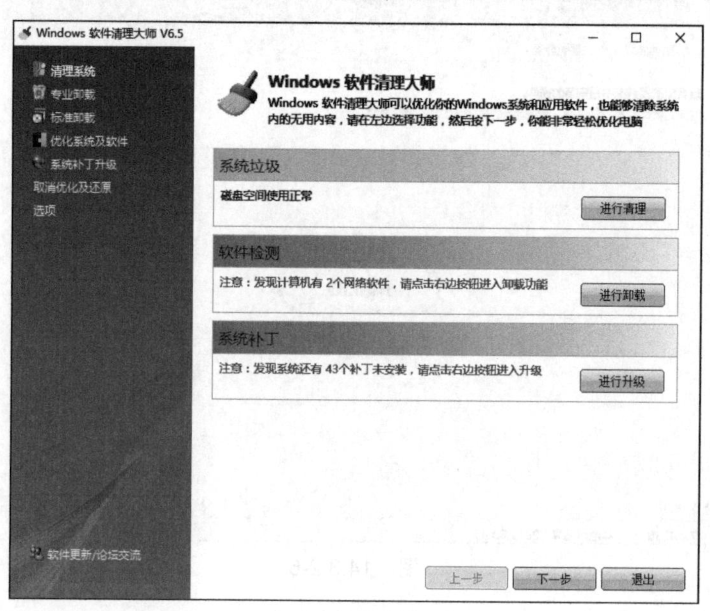

图 14.3.3-1

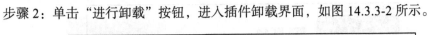

步骤 2：单击“进行卸载”按钮，进入插件卸载界面，如图 14.3.3-2 所示。

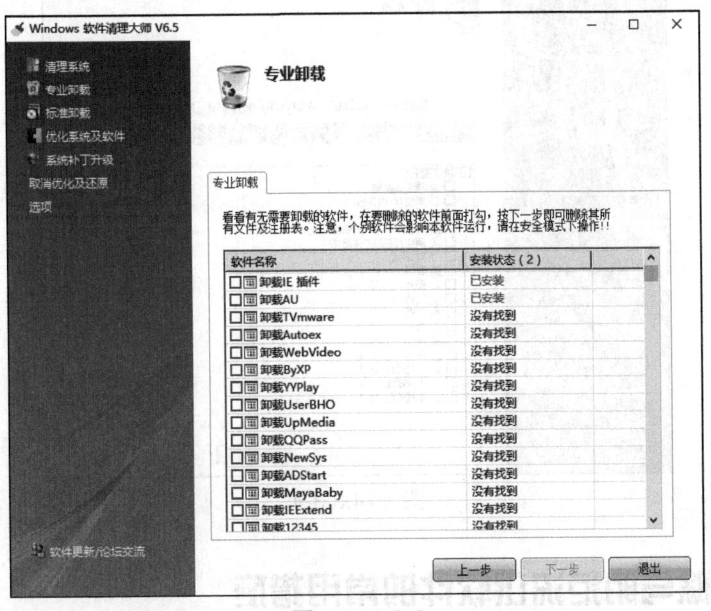

图 14.3.3-2

步骤 3：在“软件名称”列表中勾选需要卸载的插件项，单击“下一步”按钮，开始卸载，卸载完成如图 14.3.3-3 所示。

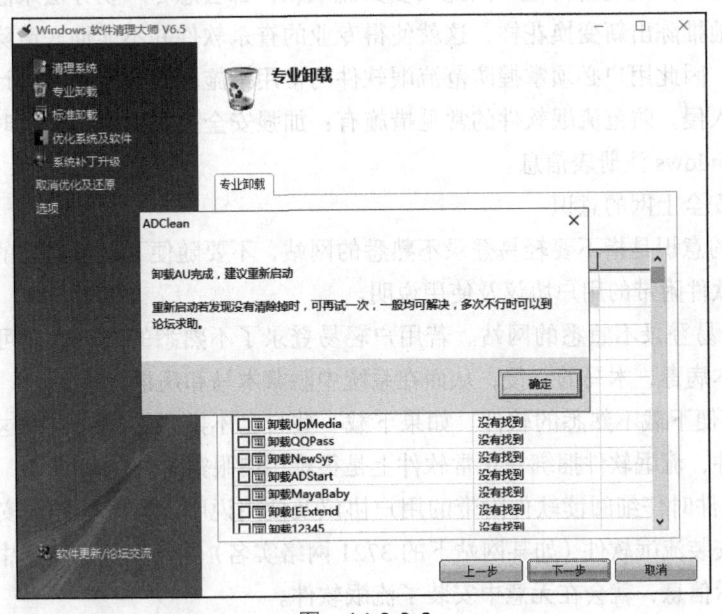

图 14.3.3-3

步骤 4：单击“确定”按钮，完成卸载。单击“上一步”按钮，返回主界面，单击“进行清理”按钮，进入“清理系统”界面，如图 14.3.3-4 所示。

步骤 5：选择不同的选项卡，勾选需要清理的选项，单击“下一步”按钮即可进行清理。

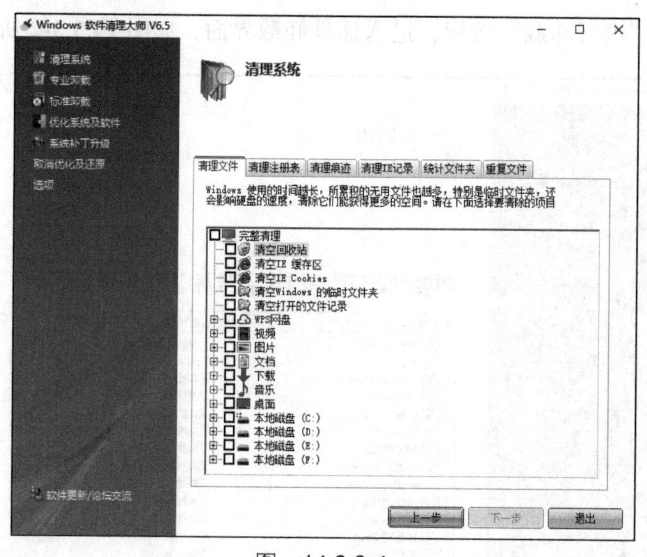

图 14.3.3-4

14.3.4 清除与防范流氓软件的常用措施

流氓软件与间谍软件是两类对计算机有着重大威胁的软件，它们都会在用户不察觉的情况下被安装到系统中，然后在系统中搜集用户的隐私信息，并将它们传送出去。

由于存在着巨大的利益价值，因此大多数流氓软件都会想尽一切办法来隐藏自己不被发现，并且不断地推陈出新变换花样，这就使得专业的查杀软件并不能彻底清除系统中存在的所有流氓软件。因此用户必须掌握防范流氓软件的常用措施，才能使自己的计算机尽量不遭受流氓软件的入侵。防范流氓软件的常见措施有：加强安全上网的意识，及时安装系统补丁和定期检查 Windows 注册表信息。

（1）加强安全上网的意识

安全上网的意识是指不要轻易登录不熟悉的网站，不要随便下载不熟悉的软件，安装软件时仔细阅读软件附带的用户协议及使用说明。

1）不要轻易登录不熟悉的网站。若用户轻易登录了不熟悉的网站，很可能会导致系统遭受网页中脚本病毒、木马的入侵，从而在系统中隐藏木马和病毒。

2）不要随便下载不熟悉的软件。如果下载一些自己不熟悉的软件，则这些软件有可能捆绑了流氓软件，流氓软件捆绑枉正常软件上是很难用肉眼察觉的。

3）安装软件时仔细阅读软件附带的用户协议及使用说明。有些软件在安装的过程中会询问用户是否安装流氓软件（如某网站下的 3721 网络实名）并且默认处于选中状态。如果用户不认真看提示信息，就会在无意中安装了流氓软件。

（2）及时安装系统补丁

在计算机中安装操作系统后，用户应及时为系统安装漏洞补丁，以避免被某些流氓软件利用已知的漏洞入侵自己的计算机。由于某些流氓软件会隐藏在网页中，为了防范这些流氓软件，用户可以选择使用安全系数较高的第三方浏览器，如 360 浏览器、火狐浏览器、遨游浏览器等，这些浏览器都能够自动识别含有流氓软件的网页。

（3）定期检查 Windows 注册表信息

流氓软件一旦被成功地安装在系统中，就会将一些信息写入 Windows 注册表，具体的位置是 HKEY_LOCAL_MACHINE\SOFTWARE\Microsoft\Windows\CurrentVersion\Run 子键。如果看到“Run”子键中存在一些陌生的程序键值，则很可能是流氓软件创建的，就需要删除该键值，并用专业的查杀软件扫描系统。

14.4 网络防护工具实战

网络这个先进工具给人们带来了无尽的便捷，但在便捷的同时也存在着安全隐患。因此，为了将安全隐患降到最低点，最便捷有效的做法就是做好网络的安全防御工作。

14.4.1 AD-Aware 让间谍程序消失无踪

系统安全工具 AD-Aware 可以扫描出用户计算机中从网站发送进来的广告跟踪文件和相关文件，然后安全地将它们删除掉，使用户不会因此而泄露自己的隐私和数据。它能够搜索并删除的广告服务程序包括：Web3000、Gator、Cydoor、Radiate/Aureate、Flyswat、Conducent/TimeSink 和 CometCursor 等。该软件的扫描速度相当快，可生成详细的报告并在眨眼间将恶意软件都删除掉。具体的操作步骤如下。

步骤 1：运行“AD-Aware”软件，进入“AD-Aware”主窗口，并单击“扫描系统”按钮，如图 14.4.1-1 所示。

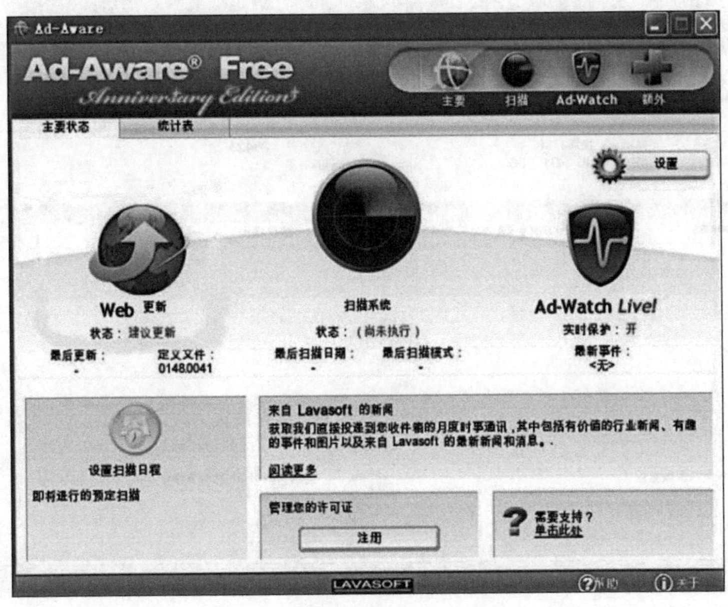

图 14.4.1-1

步骤 2：进入“扫描”操作窗口，可选择“快速扫描”“完全扫描”“概要扫描”3 种扫描方式。选择好扫描方式之后，单击窗口下方的“现在扫描”按钮，如图 14.4.1-2 所示。

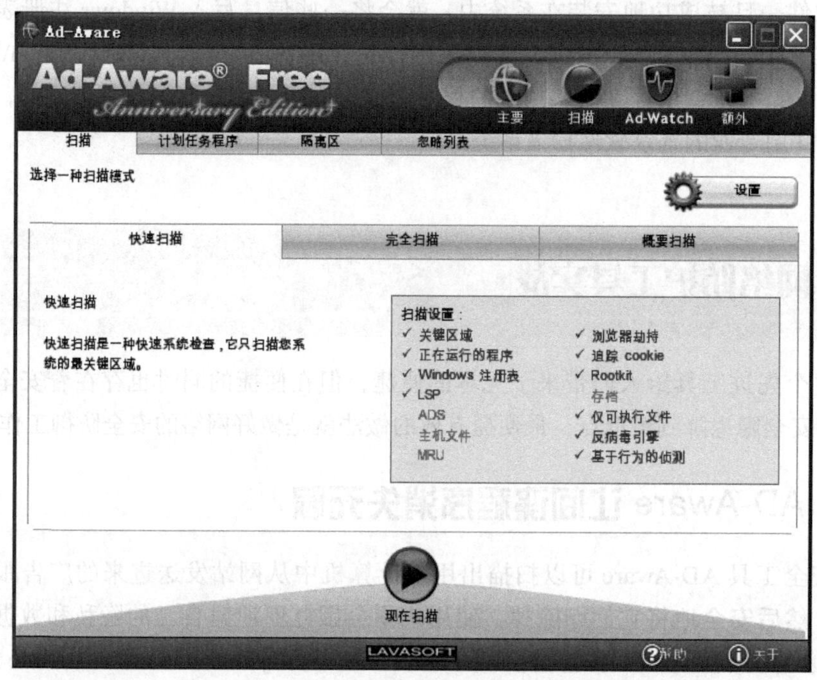

图 14.4.1-2

步骤 3：正在扫描，显示扫描时间、扫描的对象信息，如图 14.4.1-3 所示。

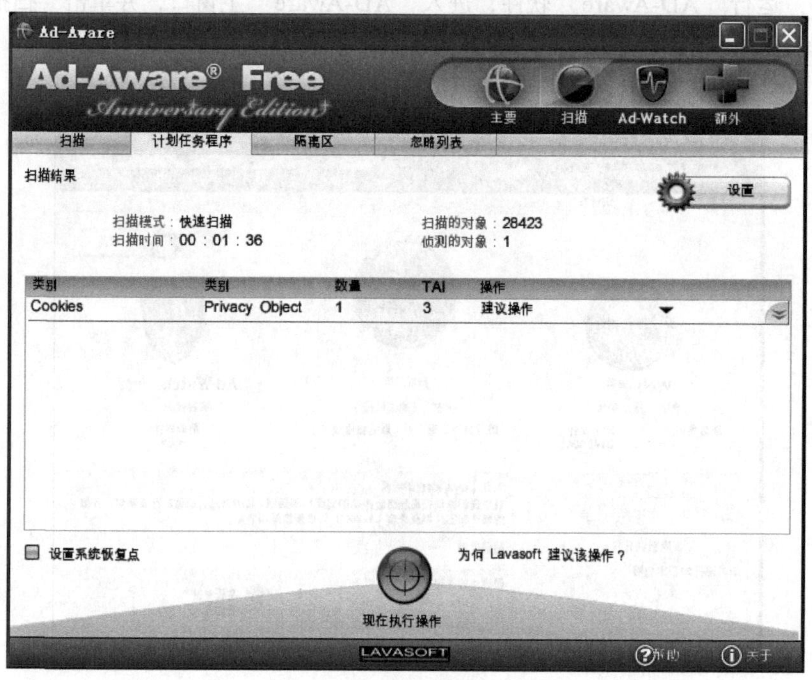

图 14.4.1-3

步骤 4：查看扫描结果，若要清除所有扫描出的对象，则需要在“操作”一栏中选择“移除所有”命令，然后单击“现在执行操作”按钮，即可成功清除所有对象，如图 14.4.1-4 所示。

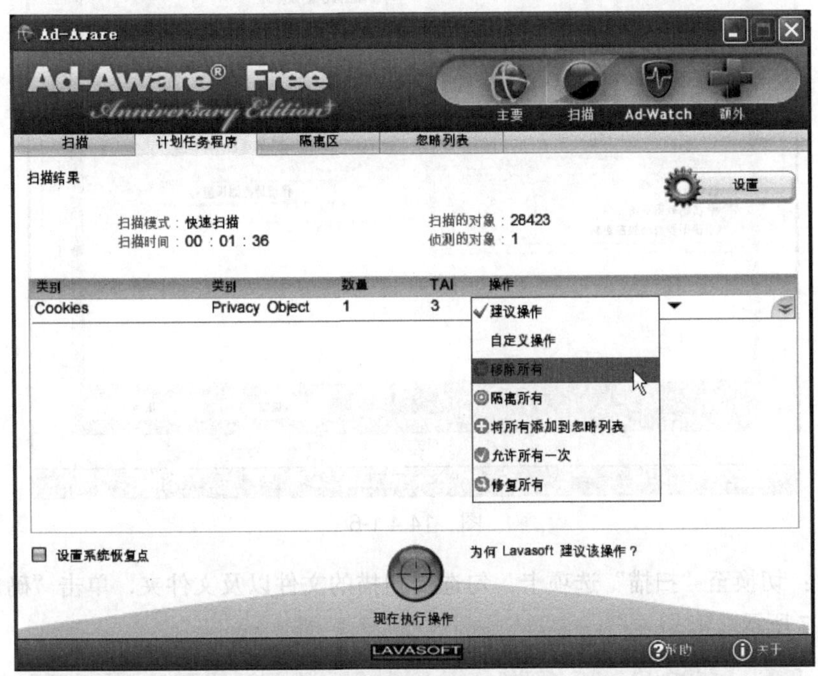

图　14.4.1-4

提示

为了维持计算机系统的安全及稳定性，移除间谍软件及广告软件应该是一项持续并经常进行的工作。因此，用户最好能够定期对系统进行扫描。

步骤 5：返回扫描窗口，单击窗口右侧的“设置”按钮，如图 14.4.1-5 所示。

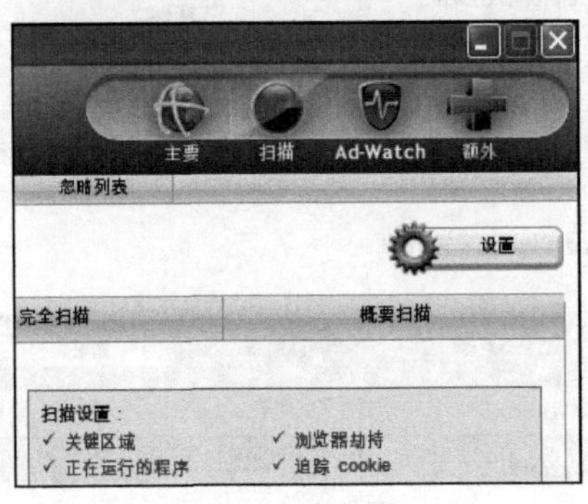

图　14.4.1-5

步骤 6：进入选项设置窗口，在“更新”选项卡中可进行“软件和定义文件更新”“信息更新”等更新设置，单击“确定”按钮，如图 14.4.1-6 所示。

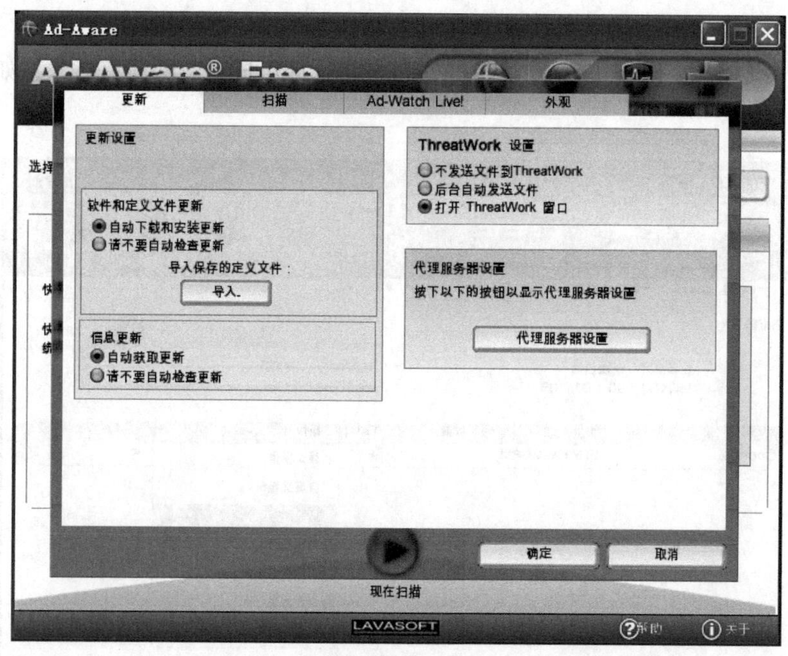

图 14.4.1-6

步骤 7：切换至“扫描”选项卡，勾选要扫描的文件以及文件夹，单击“确定”按钮，如图 14.4.1-7 所示。

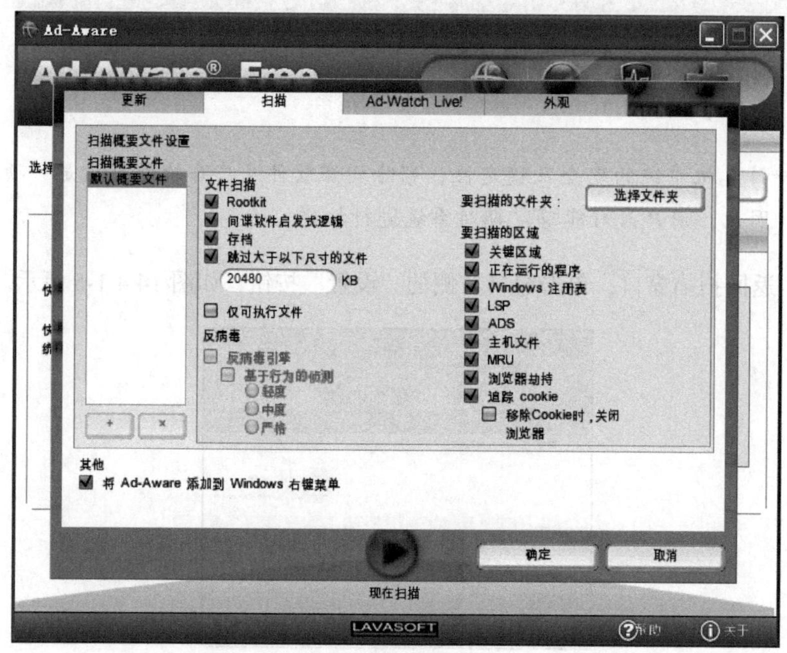

图 14.4.1-7

步骤 8：切换至“Ad-Watch Live!”选项卡，对“常规”“侦测层”及“警告和通知”进行设置，单击“确定”按钮，如图 14.4.1-8 所示。

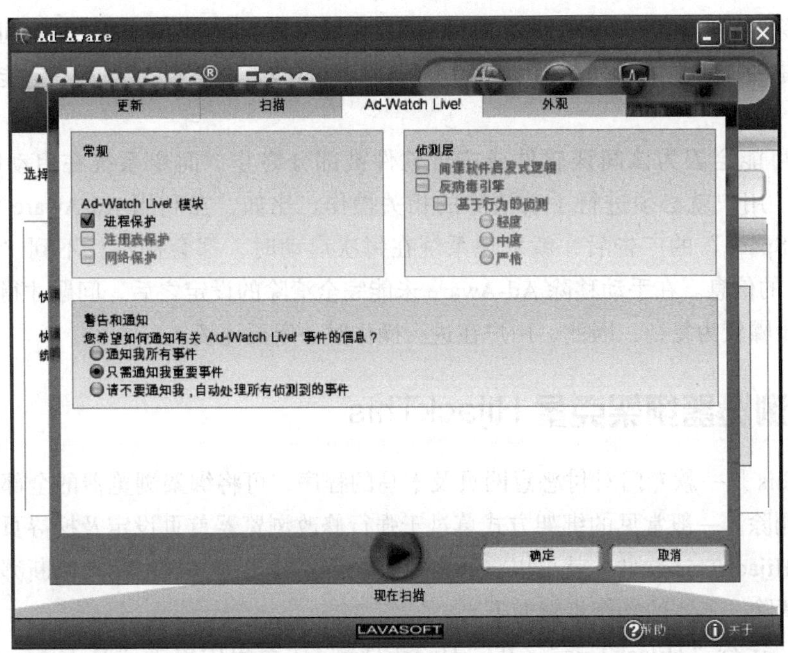

图 14.4.1-8

步骤 9：切换至“外观”选项卡，对“常规”“语言”“皮肤”进行设置，单击“确定”按钮，如图 14.4.1-9 所示。

图 14.4.1-9

在使用步骤上，Ad-Aware 跟一般的病毒清除软件没有太大区别，主要包括了扫描及清除两大部分。不论是间谍软件还是广告软件，都会高度危害计算机系统的安全性及稳定性，所以都有移除的必要。由于不同的间谍软件或广告软件其设定各不相同，移除间谍软件或广告软件并不是一项容易的工作，即使利用反间谍软件或反广告软件，也不一定能完全将其成功移除。

有时，可能会因为该间谍软件或广告软件被部分终止，而令系统在启动时出现错误信息。此时，用户就必须进行手动清除的相关操作。比如，在利用 Ad-Aware 移除一个名为“BookedSpace”的广告后，就发现系统在每次启动时，都会提示找不到“bs3.dll”及“bsxx5.dll”的信息。在手动移除 Ad-Aware 未能完全清除的设定之后，问题才得以解决。由于手动移除步骤较为复杂，因此，用户在进行操作时一定要谨慎。

14.4.2 浏览器绑架克星 HijackThis

HijackThis 是一款专门对付恶意网页及木马的程序，可将绑架浏览器的全部恶意程序找出来并将其删除。一般常见的绑架方式莫过于强行修改浏览器首页设定及搜寻页设定。如果用户使用了 HijackThis 软件，就可以将所有可疑的程序找出来，再由用户判断哪个程序是肇祸者并将其清除。具体的操作步骤如下。

步骤 1：运行“HijackThis”，在“HijackThis”主菜单中单击“Do a system scan and save a logfile（扫描系统并保存日志文件）”按钮，如图 14.4.2-1 所示。

步骤 2：开始扫描系统，可查看扫描信息，如图 14.4.2-2 所示。

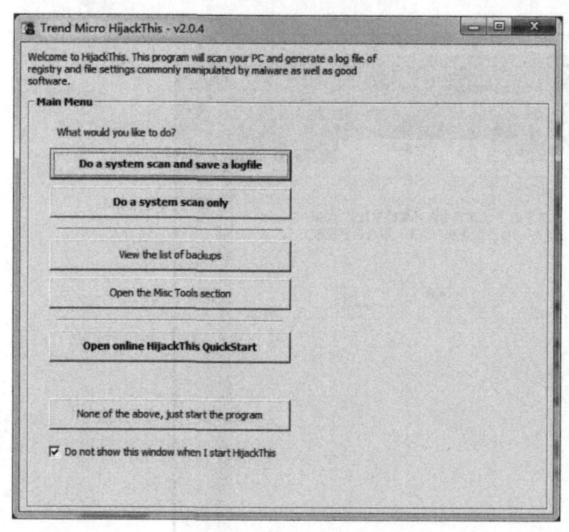

图 14.4.2-1

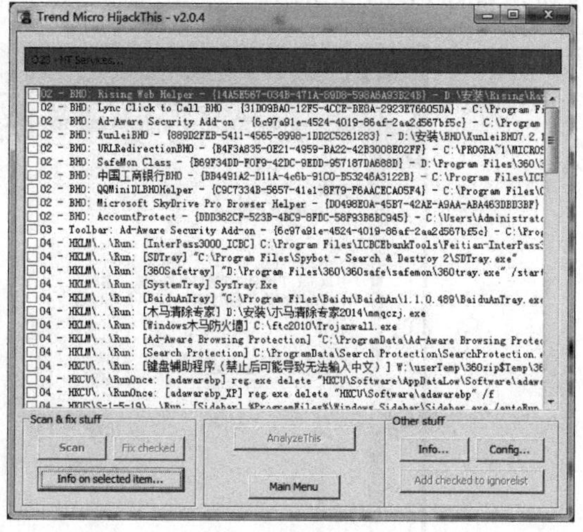

图 14.4.2-2

步骤 3：扫描结果将会保存到记事本中，如图 14.4.2-3 所示。

步骤 4：勾选需要修复的项目，单击“Info on selected item（所选项目信息）”按钮，如图 14.4.2-4 所示。

步骤 5：查看说明信息，单击“确定”按钮，如图 14.4.2-5 所示。

步骤 6：返回扫描窗口，单击“Fix checked（修复选项）”按钮，如图 14.4.2-6 所示。

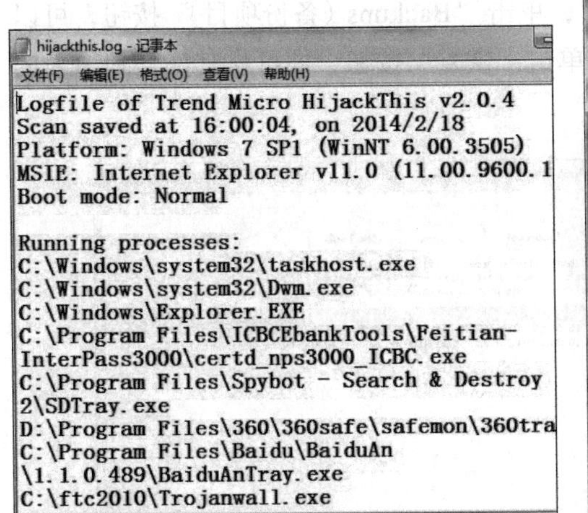

图　14.4.2-3

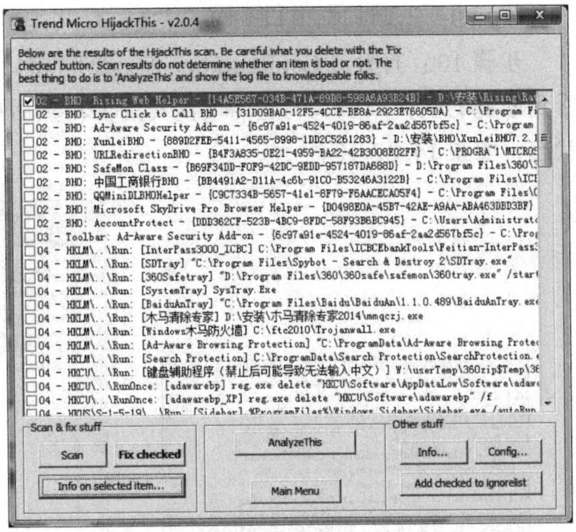

图　14.4.2-4

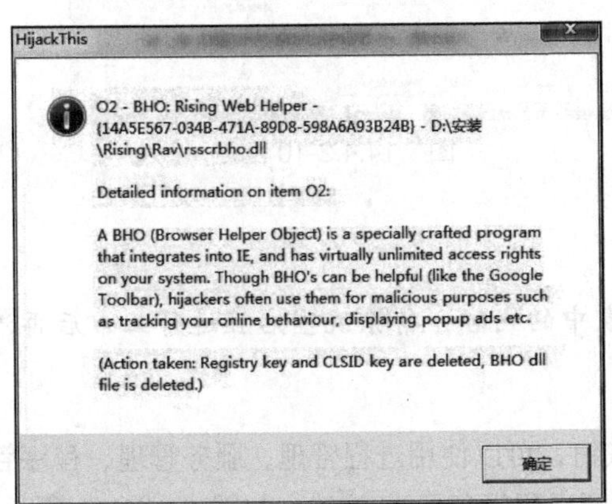

图　14.4.2-5

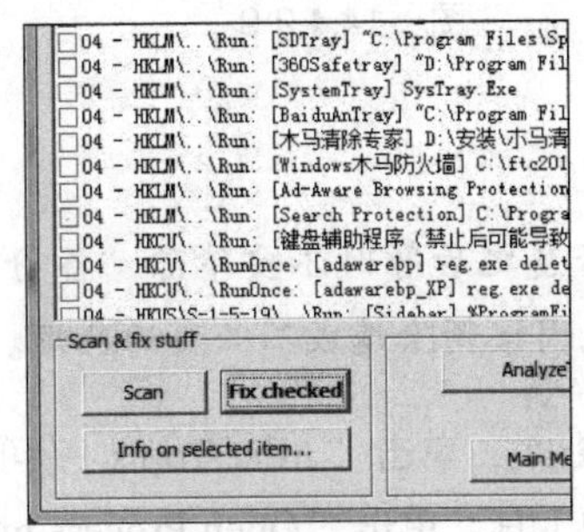

图　14.4.2-6

步骤 7：查看提示信息，单击“是”按钮对所选项目进行修复，如图 14.4.2-7 所示。

步骤 8：返回扫描窗口。如果用户不了解某些可疑项目的是否需要修复，单击“Analyze This（分析）”按钮，将扫描到的可疑内容发送到网站，让其帮助分析，如图 14.4.2-8 所示。

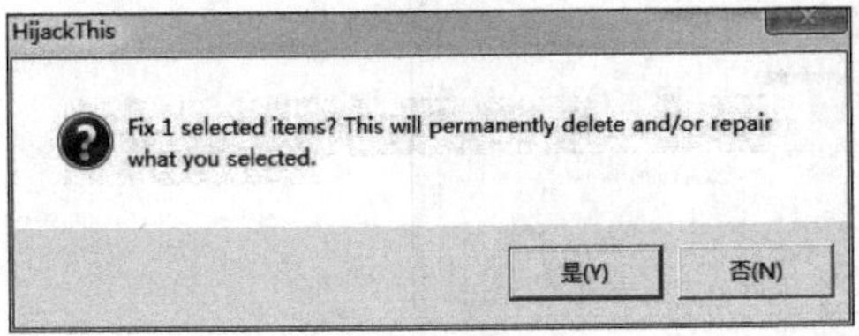

图　14.4.2-7

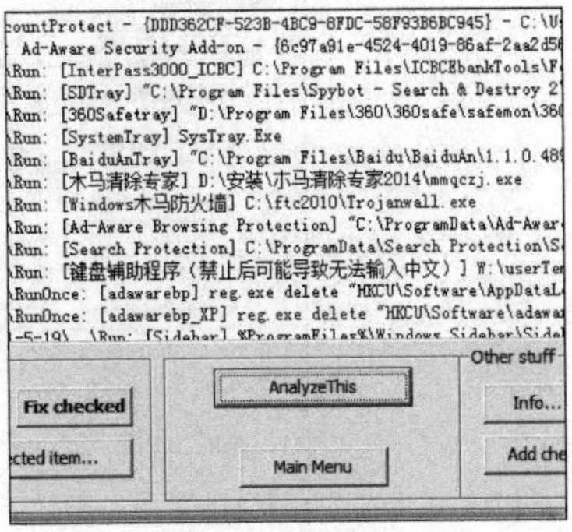

图　14.4.2-8

步骤 9：返回扫描窗口，单击“Config（配置）”按钮，如图 14.4.2-9 所示。

步骤 10：打开“Configuration（配置）”窗口，单击“Backups（备份项目）”按钮，可以看到修复的项目列表。勾选需要恢复的项目然后单击“恢复”按钮，即可将其恢复到原来的状态，如图 14.4.2-10 所示。

图 14.4.2-9

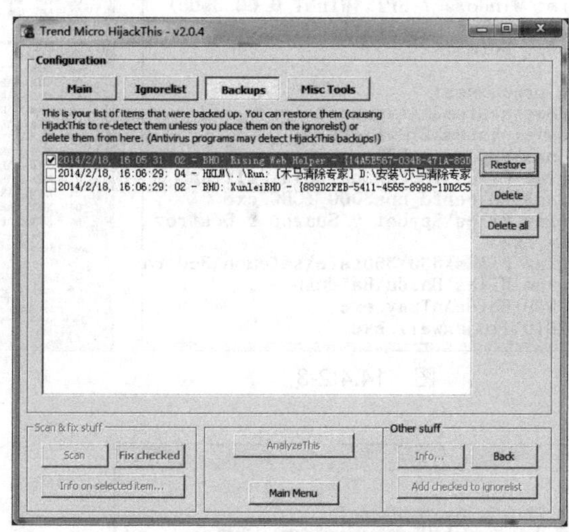

图 14.4.2-10

提示

在修复之后暂时不要清除“备份项目”列表中的内容，待系统重启且运行正常后再清除，以免因误删除造成不必要的麻烦。

步骤 11：单击“Misc Tools（杂项工具）”按钮，可以使用进程管理、服务管理、程序管理等多种工具。单击“Open Process manager（打开进程管理器）”按钮，如图 14.4.2-11 所示。

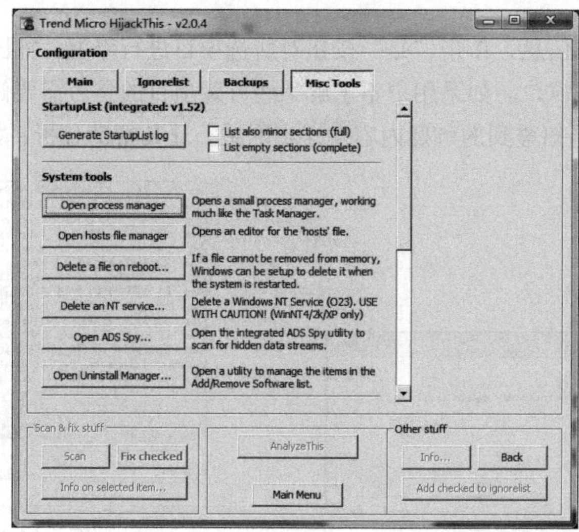

图 14.4.2-11

步骤 12：打开“Process Manager（进程管理）”窗口，可以对当前运行的进程进行管理，如图 14.4.2-12 所示。

步骤 13：返回“杂项工具”窗口，单击“ Delete a file on reboot（重启后删除文件）”按钮，如图 14.4.2-13 所示。

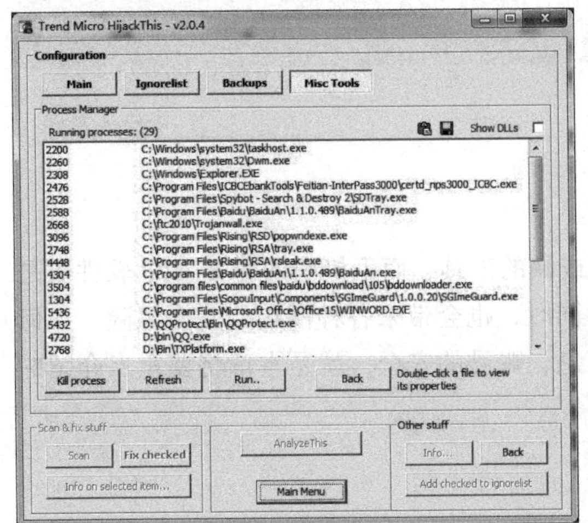

图　14.4.2-12

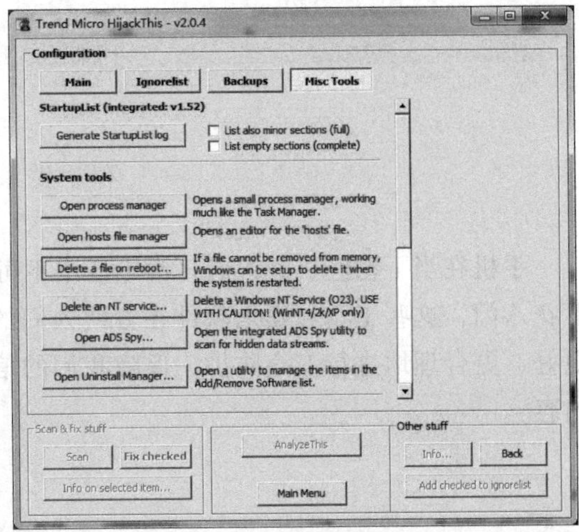

图　14.4.2-13

步骤 14：选定需要删除的文件，单击“打开”按钮，则可在系统重启时将其删除。

步骤 15：返回“杂项工具”窗口，单击“ Open Uninstall Manager（打开卸载管理器）”按钮，如图 14.4.2-14 所示。

步骤 16：打开“ Add/Remove Programs Manager（添加 / 移除程序管理器）”窗口，选中一个项目，单击“ Delete this entry（删除该项目）”按钮，即可删除该项目，如图 14.4.2-15 所示。

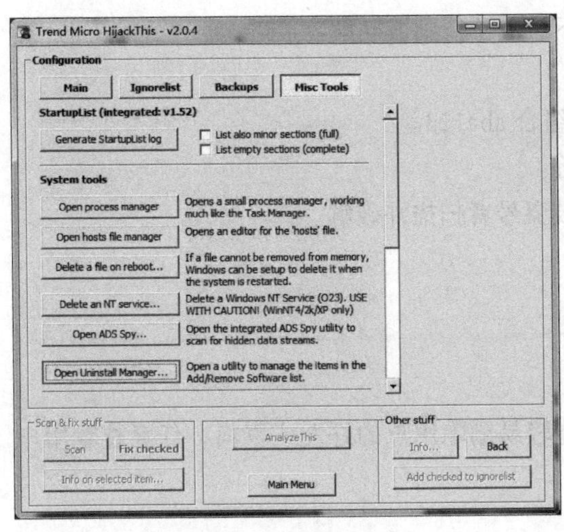

图　14.4.2-14

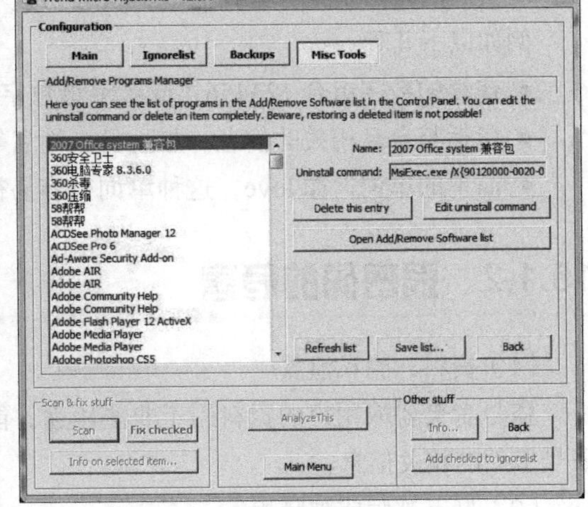

图　14.4.2-15

第15章 常用手机软件的安全防护

手机在当下已经成为人们日常生活中不可或缺的工具，而手机中的各类APP软件更是五花八门，这些工具和娱乐软件在方便人们的同时，也会带来各种潜在的安全风险。如何更好、更合理地进行安全防护，保障我们的信息、账号的安全，就是本章将要重点介绍的内容。

15.1 账号安全从设置密码开始

随着当下各类应用软件的不断增多，各种注册账号随之出现。那么我们注册账号时所使用的密码是否合理安全呢？下面我们就来介绍一下应该如何设置密码。

15.1.1 了解弱密码

弱密码的特点是组合方式简单，很容易被不法分子猜到或破解。

例如以下几种：

- 连续的数字组合123456，或者字母数字组合abc123。
- 包括与自己相关的信息，如生日、姓名等。
- 简单的单词，如love，这种单词很容易被盗号者扫描并破解。

15.1.2 弱密码的危害

（1）资料、隐私泄露

盗号者会盗取用户的资料用于非法用途，能轻易删除用户的好友或资料，任意查看用户账号里面的相关信息。

（2）好友被骗或被骚扰

盗号者会伪装成用户本人，骗取其好友的钱财；或发送垃圾消息或邮件，骚扰用户的好友。

（3）虚拟财产被盗

密码被盗后，盗号者会立即盗取手机游戏中的 Q 币、游戏装备、支付账号信息等，用户的虚拟财产、真实银行财产都存在被盗取的可能。

15.1.3　如何合理进行密码设置

（1）设置强密码

在设置密码时，应注意以下几点关键内容：

- 避免包含个人信息。
- 不使用连续的数字或简单的单词。
- 混合使用大、小写字母，数字或符号的组合密码。

（2）妥善保管密码

- 不要将密码告诉他人。
- 不要将密码记录在手机中，以免被不法分子窃取。
- 如果记不住密码，可将密码写在纸上，一定要注意妥善保管。

（3）使用不同的密码

- 如果有多个账号，建议使用不同的密码，以免其中一个被盗，其他账号同时遭受损失。
- 不要使用与其他上网软件相同的密码，一旦密码被泄露，手机的账号也将存在风险。

15.2　常用网络购物软件的安全防护措施

网络购物在我们日常的生活中已经非常普遍，而使用手机 App 进行网络购物的行为更为常见。但在我们享受手机 App 带给我们便利的同时，也不能忽略账号安全。本节就来介绍一下常用手机购物软件账号的安全设置。

15.2.1　天猫账号的安全设置

天猫是我们日常进行网上购物较为常用的手机 App。下面介绍一下其账号的安全设置步骤。

步骤 1：登录手机天猫，单击“我”图标，如图 15.2.1-1 所示。

步骤 2：单击右上角的设置图标，进入“设置”页面，如图 15.2.1-2 所示。

步骤 3：单击“账户安全”选项，进入“账户安全”界面，如图 15.2.1-3 所示。

步骤 4：单击“账户保护”选项，进入“账户保护”界面，如图 15.2.1-4 所示。

图 15.2.1-1

图 15.2.1-2

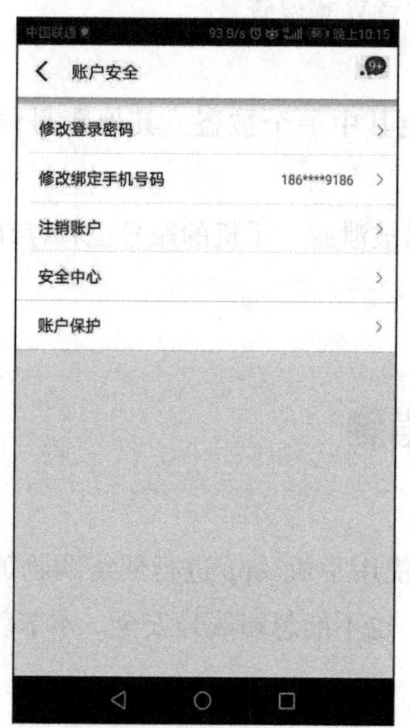

图 15.2.1-3

图 15.2.1-4

步骤 5：单击“手机验证”选项，进入“手机验证”界面，如图 15.2.1-5 所示。

步骤 6：滑动“手机验证”至开启状态，进入“安全检测”界面。输入绑定手机号收到的校验码，单击“下一步”按钮，如图 15.2.1-6 所示。

步骤 7：完成手机验证设置后，再登录手机天猫的时候，会进行绑定手机号的校验。

步骤 8：返回“账户保护”界面，单击“声纹密保”选项，如图 15.2.1-7 所示。

步骤 9：进入“声音密保”界面，单击“开启”按钮，进行声音密保设置，如图 15.2.1-8 所示。

图　15.2.1-5

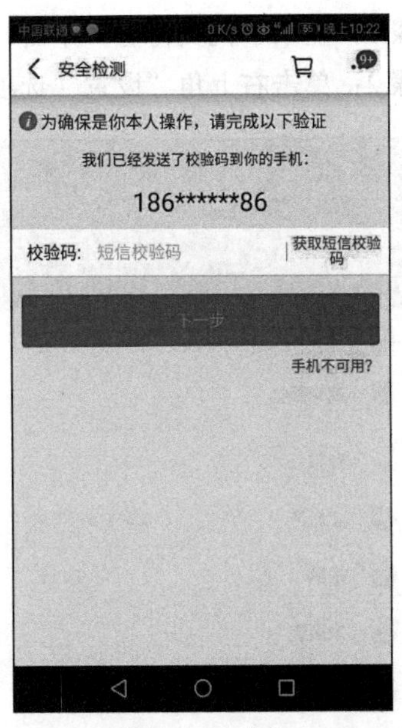

图　15.2.1-6

图　15.2.1-7

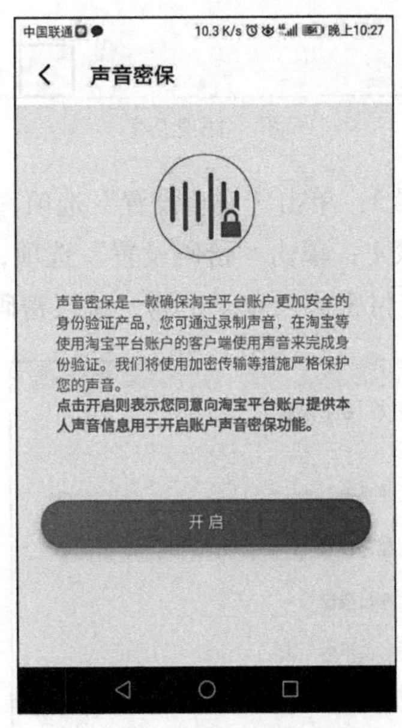

图　15.2.1-8

步骤 10：声纹密保设置完成后，在以后登录手机天猫的时候，可以使用声音进行登录，而不用输入密码进行登录，能够更好地保护账号的安全。

15.2.2　支付宝账号的安全设置

支付宝是我们日常进行网上购物较为常用的手机 App。下面介绍一下其账号的安全设置。

步骤 1：登录手机支付宝，单击“我的”图标，如图 15.2.2-1 所示。

步骤 2：单击右上角“设置”选项，进入“设置”界面，如图 15.2.2-2 所示。

图 15.2.2-1

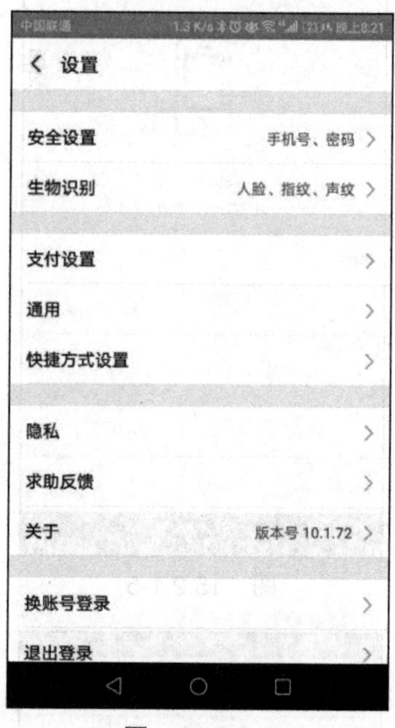

图 15.2.2-2

步骤 3：单击“安全设置”选项，进入“安全设置”界面，如图 15.2.2-3 所示。

步骤 4：单击“密码设置”选项，进入“密码设置”界面，如图 15.2.2-4 所示。在此可以设置支付密码与登录密码，建议密码设置要尽量复杂，不要设置弱密码，避免被破解。

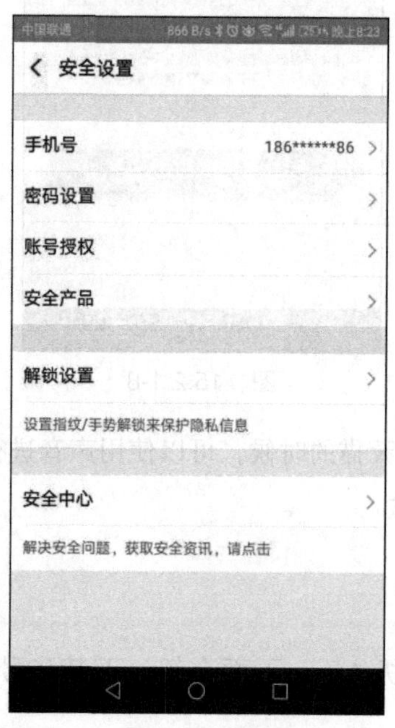

图 15.2.2-3

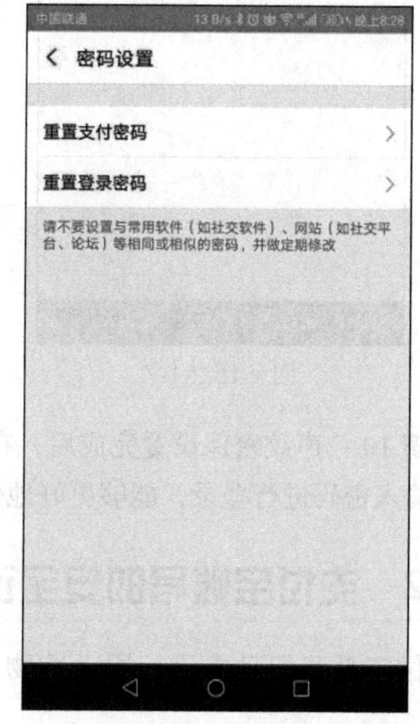

图 15.2.2-4

步骤 5：返回“安全设置”界面，单击“解锁设置”选项，进入“指纹 / 手势解锁”界面，如图 15.2.2-5 所示。

步骤 6：选择“启动支付宝时”单选项，进入“请选择需要解锁的页面”界面，如图 15.2.2-6 所示。滑动“指纹”开关至开启状态，可以使用指纹验证。滑动“手势密码”开关至开启状态，可以使用手势密码验证。

图　15.2.2-5

图　15.2.2-6

15.3　常用手机安全软件

现在越来越多的人重视手机安全问题，特别是手机中装了一些理财支付软件后，手机安全就显得更为重要了。下面就介绍几款常用的手机安全软件的使用方法。

15.3.1　“360 手机卫士”常用安全设置

步骤 1：打开“360 手机卫士”，如图 15.3.1-1 所示。

步骤 2：进入首界面后，手机卫士会自动进行检测，如果手机中有需要修复的漏洞，首界面会出现“即刻修复”按钮，单击即可进入修复界面，如图 15.3.1-2 所示。检测完毕后，会提示需要修复的选项，单击选项进行修复即可。

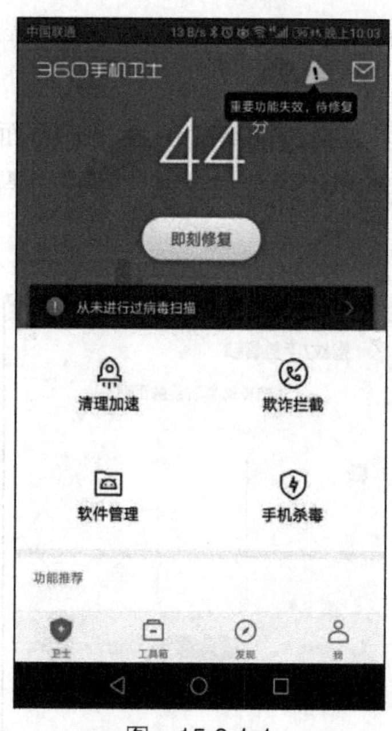

图 15.3.1-1

图 15.3.1-2

步骤 3：返回“手机杀毒”界面，单击“实时防护”选项的立即开启按钮，“360 手机卫士”后台即可对手机进行实时防护，如图 15.3.1-3 所示。

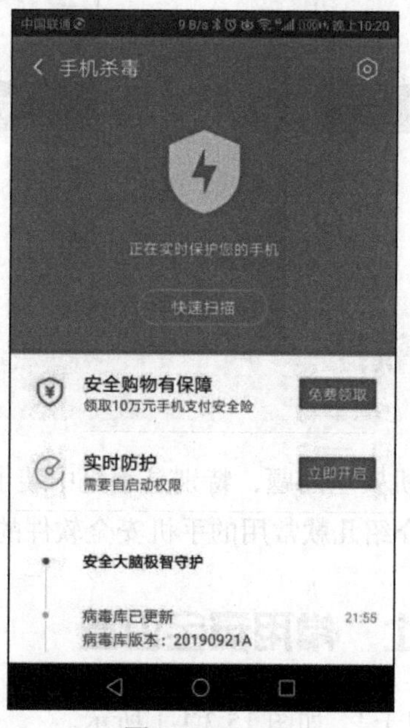

图 15.3.1-3

15.3.2 “腾讯手机管家”常用安全设置

步骤 1：打开“腾讯手机管家”，如图 15.3.2-1 所示。

步骤 2：进入首界面后，手机管家会自动进行检测，如果手机中有需要修复的漏洞，首界面会出现“一键优化”按钮，单击即可进入修复界面，如图 15.3.2-2 所示。检测完毕后，会提示需要修复的选项，单击选项进行修复即可。

图　15.3.2-1

图　15.3.2-2

步骤 3：返回“腾讯手机管家”首界面，单击“应用安全”选项，进入“应用安全中心”界面，如图 15.3.2-3 所示。

步骤 4：单击“开启保护”按钮，进入“开启账号保护”界面，如图 15.3.2-4 所示。单击“马上开启”按钮，即可开启对应应用的账号保护。

图　15.3.2-3

图　15.3.2-4

推荐阅读

玩转黑客，从黑客攻防从入门到精通系列开始！
本系列丛书已畅销20多万册！

黑客攻防从入门到精通

作者：恒盛杰资讯 编著 ISBN：978-7-111-41765-1 定价：49.00元

黑客攻防从入门到精通（实战版）

作者：王叶 李瑞华 等编著 ISBN：978-7-111-46873-8 定价：59.00元

黑客攻防从入门到精通（绝招版）

作者：王叶 武新华 编著 ISBN：978-7-111-46987-2 定价：69.00元

黑客攻防从入门到精通（命令版）

作者：武新华 李书梅 编著 ISBN：978-7-111-53279-8 定价：69.00元